PADS VX.2.2 电路设计与仿真从入门到精通

云课版

李瑞 解璞 闫聪聪 编著

人民邮电出版社
北京

图书在版编目（CIP）数据

PADS VX.2.2电路设计与仿真从入门到精通 / 李瑞，解璞，闫聪聪编著. -- 北京 : 人民邮电出版社，2019.4
ISBN 978-7-115-50137-0

Ⅰ. ①P… Ⅱ. ①李… ②解… ③闫… Ⅲ. ①印刷电路－电路设计－计算机辅助设计－应用软件 Ⅳ. ①TN410.2

中国版本图书馆CIP数据核字(2018)第263520号

内 容 提 要

全书以 PADS VX.2.2 为平台，介绍了电路设计的方法和技巧。全书共 18 章，第 1 章为绪论；第 2 章介绍 PADS VX.2.2 的安装；第 3 章介绍 PADS VX.2.2 的图形用户界面 PADS Logic VX.2.2；第 4 章介绍 PADS Logic VX.2.2 原理图设计；第 5 章介绍原理图高级编辑；第 6 章介绍 PADS Logic VX.2.2 图形绘制；第 7 章介绍 PADS VX.2.2 的印制电路板界面 PADS Layout VX.2.2；第 8 章介绍 PADS Layout VX.2.2 的基本操作及常用命令；第 9 章介绍 PADS Layout VX.2.2 初步设计；第 10 章介绍系统参数和设计规则设置；第 11 章介绍元件库的使用及 PCB 封装的制作；第 12 章介绍 PADS VX.2.2 布局布线设计；第 13 章介绍工程设计更改和覆铜设计；第 14 章介绍自动尺寸标注；第 15 章介绍设计验证；第 16 章介绍 CAM 输出；第 17 章介绍调试器设计实例；第 18 章介绍多种印制电路板设计。

本书可以作为大中专院校电子相关专业课堂教学教材，也可以作为各种培训机构培训教材，同时适合电子设计爱好者作为自学辅导书。

◆ 编　　著　李　瑞　解　璞　闫聪聪
　责任编辑　俞　彬
　责任印制　马振武
◆ 人民邮电出版社出版发行　　北京市丰台区成寿寺路 11 号
　邮编　100164　　电子邮件　315@ptpress.com.cn
　网址　http://www.ptpress.com.cn
　北京市艺辉印刷有限公司印刷
◆ 开本：787×1092　1/16
　印张：25　　　　　　　　2019 年 4 月第 1 版
　字数：682 千字　　　　　2019 年 4 月北京第 1 次印刷

定价：69.00 元

读者服务热线：(010)81055256　印装质量热线：(010)81055316
反盗版热线：(010)81055315
广告经营许可证：京东工商广登字 20170147 号

前言
PREFACE

EDA（电子设计自动化，Electronic Design Automation）技术是现代电子工程领域的一门新技术，它提供了基于计算机和信息技术的电路系统设计方法。EDA 技术的发展和推广极大地推动了电子工业的发展。EDA 在教学和产业界的技术推广是当今业界的一个技术热点。EDA 技术是现代电子工业中不可缺少的一项技术，掌握这种技术是通信电子类高校学生就业的一个基本条件。

电路及 PCB 设计是 EDA 技术中的一个重要内容，PADS 是其中比较杰出的一款软件，在国内流行最早、应用面最宽。随着计算机技术的发展，从 20 世纪 80 年代中期起计算机开始大量进入各个领域。在这种背景下，美国 Mentor Graphics 公司推出了 PADS 软件。该软件的 PADS VX.2.2 版本是基于 PC 平台开发的，完全符合 Windows 操作习惯，具有高效率的布局、布线功能，是解决电路中复杂的高速、高密度互连问题的理想平台。PADS VX.2.2 较以前版本 PADS 功能更加强大，它是桌面环境下以设计管理和协作技术（PDM）为核心的一个优秀的印制电路板设计系统。

PADS VX.2.2 主要分三个部分：PADS Logic、PADS Layout、PADS Router。三个界面，三个模块，相互独立又互有联系，独立操作时互不干扰，相互传导时又一脉传承。本书的编写按模块分别编写，首先介绍 PADS VX.2.2 的特点、新功能及安装，然后讲解原理图部分，包括图形用户界面、原理图设计、原理图高级编辑和图形绘制。其次介绍 PCB 设计部分，包括印制电路板界面、基本操作及常用命令、初步设计、系统参数和规则设置、元件库的使用及 PCB 封装的制作、布局布线设计、工程设计更改和铺铜设计、自动标注尺寸、设计验证和 CAM 输出。其中，布线操作在 PADS Layout 或 PADS Router 中均可，书中详细介绍了两种不同方法。最后两章详细讲解电路板设计实例，包括调试器设计实例和多种印制电路板设计实例。

书中各部分在介绍的过程中，由浅入深，从易到难，各章节既相对独立又前后关联。作者根据自己多年的经验及学习的通常心理，及时给出总结和相关提示，帮助读者及时快捷地掌握所学知识。全书解说翔实，图文并茂，语言简洁，思路清晰，既可以作为初学者的入门教材，也可作为相关行业工程技术人员以及各院校相关专业师生的学习参考用书。

本书除利用传统的纸面讲解外，随书配送了丰富的学习资源。扫描“资源下载”二维码即可获得下载方式。资源包含全书实例操作过程视频文件和实例源文件。

资源下载

为了方便读者学习，本书以二维码的形式提供了全书视频教程，扫描“云课”二维码，即可播放全书视频，也可扫描正文中的二维码观看对应章节的视频。

云课

提示：关注“职场研究社”公众号，回复关键词“50137”，即可获得所有资源的获取方式。

本书由航天工程大学的李瑞老师、陆军工程大学石家庄校区的解璞老师和石家庄三维书屋文化传播有限公司的闫聪聪老师主编。胡仁喜、刘昌丽、康士廷、孟培、王培合、解江坤、王艳池、王玉秋、王义发、卢园、杨雪静、李亚莉、吴秋彦、王玮、王敏、井晓翠、王泽朋、卢思梦、张亭、秦志霞、刘丽丽、毛瑢等也参加了部分章节的编写工作。

由于时间仓促，加上作者水平有限，书中不足之处在所难免，望广大读者发送邮件到 renruichi@ptpress.com.cn 批评指正，编者将不胜感激。

编者

2018 年 12 月

目 录

CONTENTS

Chapter 1

第1章 绪论

本章主要介绍PADS的基本概念及特点，包括PCB设计的一般原则、基本步骤、标准规范等。其次本章着重介绍了美国Mentor Graphics公司的PCB设计软件——PADS VX.2.2，包括PADS VX.2.2的发展过程以及它的新特点。PADS VX.2.2是一款非常优秀的PCB设计软件，它具有完整强大的PCB绘制工具，界面和操作十分简洁。

学习重点

- PCB设计的标准和规范
- PADS VX.2.2的新特点

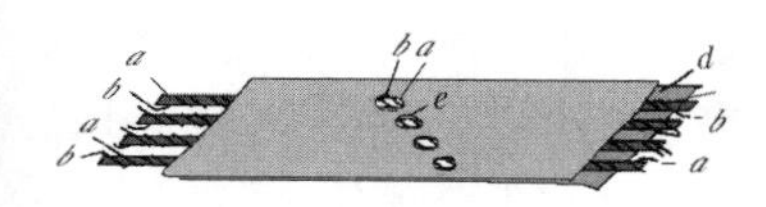

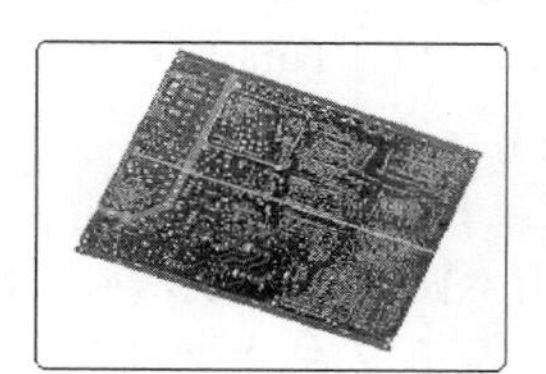

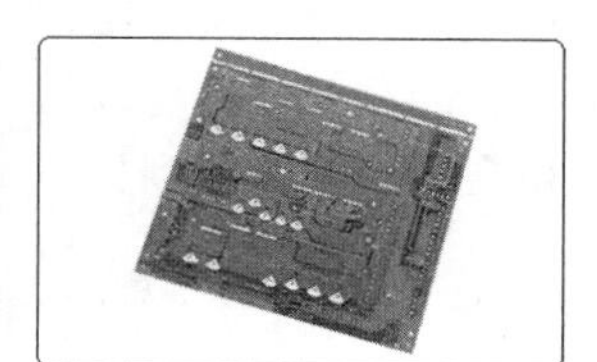

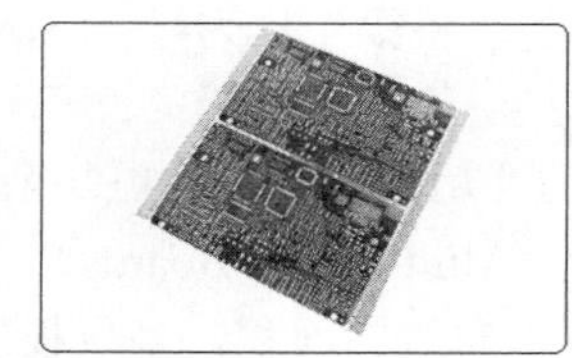

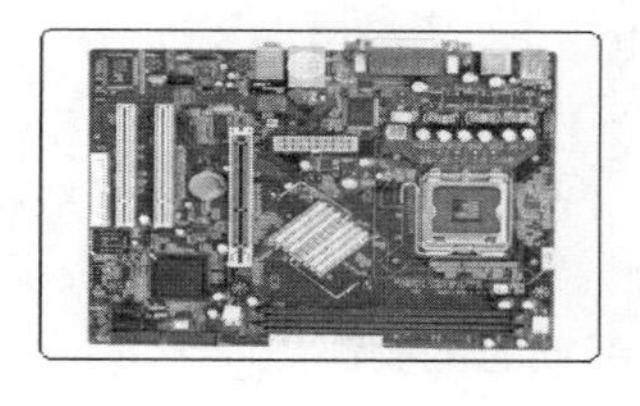

1.1 PCB 的基本概念及设计工具

能见到的电子设备大都离不开 PCB，小到电子手表、计算器，大到计算机、通信电子设备、军用武器系统，只要有集成电路等电子元器件，它们之间电气互连就要用到 PCB。

1.1.1 PCB 技术的概念

1. PCB 概念及应用

PCB 是印制电路板（Printed Circuit Board）的英文缩写。通常把在绝缘基材上，按预定设计，制成印制电路、印制元器件或两者组合而成的导电图形称为印制电路。这样就把印制电路或印制电路的成品板称为印制电路板，亦简称印制板。

PCB 提供集成电路等各种电子元器件固定装配的机械支撑，实现集成电路等各种电子元器件之间的布线和电气连接或电绝缘，提供所要求的电气特性，如特性阻抗等。同时为自动锡焊提供阻焊图形，为元器件插装、检查、维修提供识别字符和图形。

2. PCB 发展及演变

印制电路基本概念在 20 世纪初已有人在专利中提出过，早在 1903 年 Mr.Albert Hanson 便首先将“电路”（Circuit）概念应用于电话交换机系统。它是用金属箔予以切割成电路导体，将之黏贴于石蜡纸上，上面同样贴上一层石蜡纸，就成了现今 PCB 的结构雏形，如图 1-1 所示。

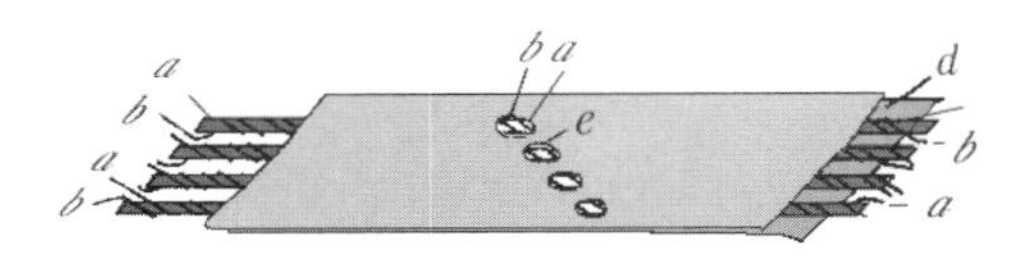

图 1-1　PCB 雏形图

至 1936 年，Dr Paul Eisner 真正发明了 PCB 的制作技术，也发表多项专利。而今天的 print-tech（photoimage transfer）的技术，就是沿袭其发明而来的。

3. PCB 分类及制造

根据 PCB 材质、结构、用途的不同，可以对 PCB 进行多种分类，下面仅就 PCB 层数的不同，对 PCB 分类进行简单的介绍。

（1）单面板（Single-Sided Boards）

在最基本的 PCB 上，零件集中在其中一面，导线则集中在另一面上。因为导线只出现在其中一面，所以我们就称这种 PCB 为单面板（Single-sided）。因为单面板在设计电路上有许多严格的限制（因为只有一面，布线间不能交叉而必须绕独自的路径），所以只有早期的电路才使用这类的电路板，如图 1-2 所示。

（2）双面板（Double-Sided Boards）

这种电路板的两面都有布线。不过要用上两面的导线，必须要在两面间有适当的电路连接才行。这种电路间的“桥梁”称为导孔（via）。导孔是在 PCB 上，充满或涂上金属的小洞，它可以与两面的导线相连接。因为双面板的面积比单面板大了一倍，而且布线可以互相交错（可以绕到另一面），所以它更适合用在比单面板更复杂的电路上，如图 1-3 所示。

（3）多层板（Multi-Layer Boards）

为了增加可以布线的面积，多层板用上了更多单面或双面的布线板。多层板使用数片双面板，并在每层板间放进一层绝缘层后黏牢（压合）。电路板的层数就代表了有几层独立的布线层，通常层数都是偶数，并且包含最外侧的两层。大部分的主板都是 4 ～ 8 层的结构，不过技术上可以做到近 100 层的 PCB。大型的超级计算机大多使用相当多层的主板，不过因为这类计算机已经可以用许多普通计算机的集群代替，所以多层板已经渐渐不被使用了。因为 PCB 中的各层都紧密结合，一般不太容易看出实际数目，不过如果仔细观察主板，应该可以看出来。

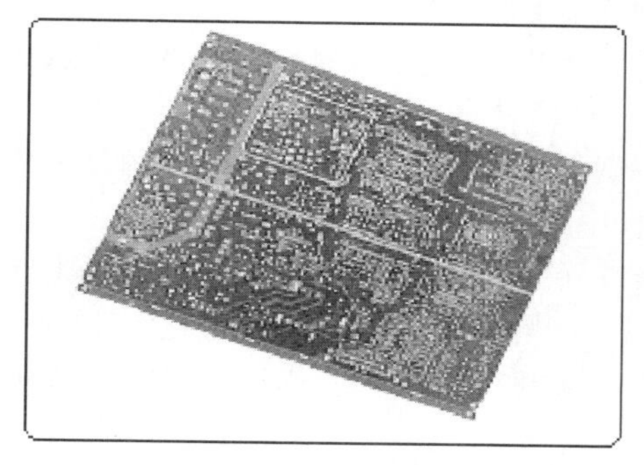

图 1-2　单面板

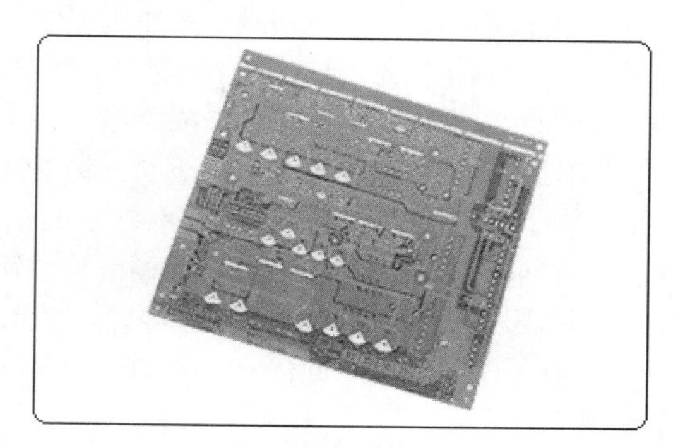

图 1-3　双面板

刚刚提到的导孔（via），如果应用在双面板上，那么一定都是打穿整个电路板。不过在多层板当中，如果只想连接其中一些电路，那么导孔可能会浪费一些其他层的电路空间。埋孔（Buried vias）和盲孔（Blind vias）技术可以避免这个问题，因为它们只穿透其中几层。盲孔是将几层内部 PCB 与表面 PCB 连接，不需穿透整个电路板。埋孔则只连接内部的 PCB，所以仅从表面是看不出来的。

在多层板 PCB 中，整层都直接连接上地线与电源。所以我们将各层分类为信号（Signal）层、电源（Power）层或是地线（Ground）层。如果 PCB 上的零件需要不同的电源供应，通常这类 PCB 会有两层以上的电源与电线层，如图 1-4 所示。

PCB 是如何制造出来的呢？打开通用电脑的键盘就能看到一张软性薄膜（挠性的绝缘基材），印上有银白色（银浆）的导电图形与键位图形。因为通常用丝网漏印方法得到这种图形，所以称这种印制电路板为挠性银浆印制电路板。

而各种电脑主板、显卡、网卡、调制解调器、声卡及家用电器上的印制电路板就不同了，如图 1-5 所示。它们所用的基材是纸基（常用于单面）或玻璃布基（常用于双面及多层）、预浸酚醛或环氧树脂，表层一面或两面粘上覆铜簿再层压固化而成。这种电路板覆铜簿板材，就称其为刚性板，再制成印制电路板，就称其为刚性印制电路板。单面有印制电路图形的称为单面印制电路板，双面有印制电路图形，再通过孔的金属化进行双面互连形成的印制电路板，就称其为双面板。如果用一块双面作内层、两块单面作外层或两块双面作内层、两块单面作外层的印制电路板，通过定位系统及绝缘黏结材料交替在一起且导电图形按设计要求进行互连，就称为四层、六层印制电路板了，也称为多层印制电路板。

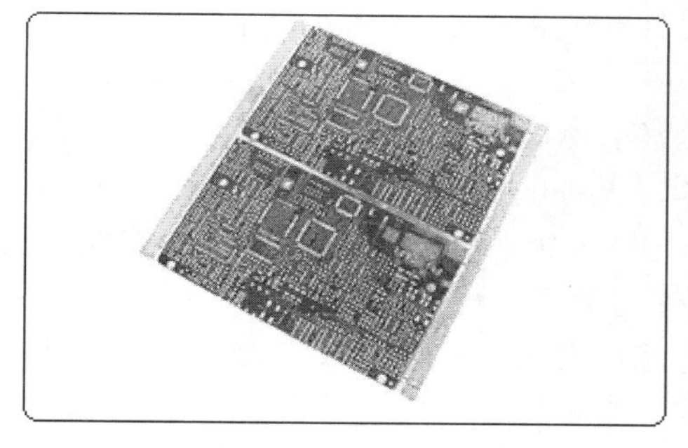

图 1-4　多层板

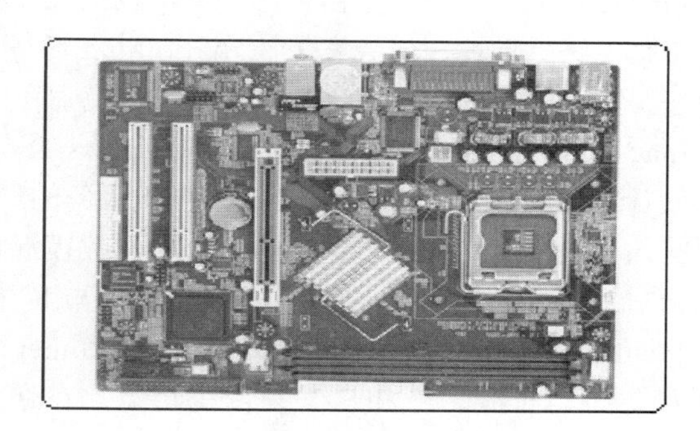

图 1-5　集成电路板

为进一步认识PCB，有必要了解一下单面、双面印制电路板及普通多层板的制作工艺，以加深对它的了解。

单面刚性印制板：单面覆铜板→下料→刷洗、干燥→网印电路抗蚀刻图形→固化检查修板→蚀刻铜→去抗蚀印料、干燥→钻网印及冲压定位孔→刷洗、干燥→网印阻焊图形（常用绿油）、UV固化→网印字符标记图形、UV固化→预热、冲孔及外形→电气开、短路测试→刷洗、干燥→预涂助焊防氧化剂（干燥）→检验包装→成品出厂。

双面刚性印制板：双面覆铜板→下料→钻基准孔→数控钻导通孔→检验、去毛刺刷洗→化学镀（导通孔金属化）→全板电镀薄铜→检验刷洗→网印负性电路图形、固化（干膜或湿膜）、曝光、显影→检验、修板→电路图形电镀→电镀锡（抗蚀镍/金）→去印料（感光膜）→蚀刻铜→退锡→清洁刷洗→网印阻焊图形（贴感光干膜或湿膜、曝光、显影、热固化，常用感光热固化绿油）→清洗、干燥→网印标记字符图形、固化→外形加工→清洗、干燥→电气通断检测→喷锡或有机保焊膜→检验包装→成品出厂。

贯通孔金属化法制造多层板：内层覆铜板双面开料→刷洗→钻定位孔→贴光致抗蚀干膜或涂覆光致抗蚀剂→曝光→显影→蚀刻与去膜→内层粗化、去氧化→内层检查→外层单面覆铜板电路制作、B阶黏结片、板材黏结片检查、钻定位孔→层压→数控制钻孔→孔检查→孔前处理与化学镀铜→全板镀薄铜→镀层检查→贴光致耐电镀干膜或涂覆光致耐电镀剂→面层底板曝光→显影、修板→电路图形电镀→电镀锡铅合金或镍/金镀→去膜与蚀刻→检查→网印阻焊图形或光致阻焊图形→印制字符图形→热风整平或有机保焊膜→数控洗外形→成品检查→包装出厂。

从工艺流程可以看出多层板工艺是从双面孔金属化工艺基础上发展起来的。它除了继承双面工艺外，还有几个独特内容：金属化孔内层互连、钻孔与去环氧钻污、定位系统、层压和专用材料。

1.1.2 PCB设计的常用工具

PCB设计软件种类很多，如PADS、Cadence PSD、PSpice、PCB Studio、TANGO、Altium（Protel）、OrCAD、Viewlogic等。目前，国内流行的主要有PADS、PSpice、Altium和OrCAD，下面就对它们进行简单介绍。

1. PADS

Innoveda公司曾是美国著名的电子设计自动化软件（EDA）及系统供应厂家，它由ViewLogic、Summit和PADS三家公司合并而成。Innoveda公司主要致力于电子设计自动化领域的研究和开发，特别是在高速设计领域，其产品具有很高的知名度，被众多用户采用。

Innoveda的软件产品覆盖范围广泛，包括设计输入、数字和模拟电路仿真、可编程逻辑器件设计、印制电路板设计、信号完整性分析、电磁兼容性分析和串扰分析、汽车电子和机电系统布线软件等。

Innoveda公司现在被美国Mentor Graphics公司收购，Mentor Graphics公司是世界著名的从事电子设计自动化系统设计、制造、销售和服务的厂家。Mentor软件及系统覆盖面广，产品包括设计图输入、数字电路分析、模拟电路分析、数模混合电路分析、故障模拟测试分析、印制电路板自动设计与制造、全定制及半定制IC设计软件与IC校验软件等一体化产品。

Mentor Graphics公司的PADS Layout/Router环境作为业界主流的PCB设计平台，以其强大的交互式布局布线功能和易学易用等特点，在通信、半导体、消费电子和医疗电子等当前活跃的工业领域得到了广泛的应用。PADS Layout/Router支持完整的PCB设计流程，涵盖了从原理图网表导入，规则驱动下的交互式布局布线，DRC/DFT/DFM 校验与分析，直到最后的生产文件（Gerber）、装配文件及物料清单（BOM）输出等全方位的功能需求，确保 PCB 工程师高效率地完成设计任务。

2. PSpice

PSpice 是功能强大的模拟电路和数字电路混合仿真 EDA 软件，它可以进行各种电路仿真、激励建立、温度与噪声分析、模拟控制、波形输出和数据输出，并在同一个窗口内同时显示模拟与数字的仿真结果。

3. Altium

Altium 是 Protel 的升级版本。早期的 Protel 主要作为印制板自动布线工具使用，只有电原理图绘制和印制板设计功能，被广泛熟知的版本是 Protel 99se。Protel 公司后改名为 Altium 公司，推出的最新版本 Altium Designer 是庞大的 EDA 软件，包含电原理图绘制、模拟电路与数字电路混合信号仿真、多层印制电路板设计（包含印制电路板自动布线）、可编程逻辑器件设计、图表和电子表格生成、支持宏操作等功能，是完整的板级全方位电子设计系统。

4. OrCAD

OrCAD 是由 OrCAD 公司于 20 世纪 80 年代末推出的电子设计自动化（EDA）软件。OrCAD 界面友好直观，集成了电原理图绘制、印制电路板设计、模拟与数字电路混合仿真、可编程逻辑器件设计等功能，其元器件库是所有 EDA 软件中最丰富的，达 8 500 个，收入了几乎所有通用电子元器件模块。

1.1.3 PCB 技术的发展趋势

1. 中国已是 PCB 生产大国

印制电路板是信息产业的基础，从计算机、电视机到电子玩具等，绝大多数电子电器产品中有电路板存在。中国电子电路产业和中国电子信息产业一样，在近年来一直保持着高速增长。这一增长趋势还将持续更长一段时间。尤其是近年来我国消费类电子和汽车电子的飞速发展更是为电子电路业提供了广阔空间。

随着世界各国在中国投资的 IT 产业、电子整机制造业的迅猛发展，世界各国 PCB 企业也相继在中国进行大规模的投资。世界知名 PCB 生产企业中的绝大部分在中国已经建立了生产基地并在积极扩张。可以预计未来几年，中国仍然是世界 PCB 生产企业投资与转移的重要目的地。

2. PCB 业应关注新技术

PCB 行业是集电子、机械、计算机、光学、材料和化工等多学科的一个行业。PCB 技术是跟着 IC 技术发展的，在电子互连技术里占有重要位置，因此，PCB 技术和制造业的发展将对一个国家的电子工业产生很大的推动作用。

目前的电子设计大多是集成系统级设计，整个项目中既包含硬件整机设计又包含软件开发，这种技术特点向电子工程师提出了新的挑战。首先，如何在设计早期将系统软硬件功能划分得比较合理，形成有效的功能结构框架，以避免冗余循环过程；其次，如何在短时间内设计出高性能高可靠的 PCB。因为软件的开发很大程度上依赖硬件的实现，只有保证整机设计一次通过，才会更有效地缩短设计周期。下面讨论在新的技术背景下，系统板级设计的新特点及新策略。

众所周知，电子技术的发展日新月异，而这种变化的根源，一个主要因素是芯片技术的进步。半导体工艺日趋物理极限，现已达到深亚微米水平，超大规模电路成为芯片发展主流。而这种工艺和规模的变化又带来了许多新的电子设计瓶颈，遍及整个电子业。板级设计也受到了很大的冲击，最明显的一个变化是芯片封装的种类极大丰富，如BGA、TQFP、PLCC等封装类型的涌现；其次，高密度引脚封装及小型化封装成为一种时尚，以期实现整机产品小型化，如MCM技术的广泛应用；另外，芯片工作频率的提高，使系统工作频率的提高成为可能。

而这些变化必然给板级设计带来许多问题和挑战。首先，由于高密度引脚及引脚尺寸日趋物理极限，导致低的布通率；其次，由于系统时钟频率的提高，引起时序及信号完整性问题；最后，工程师希望能在PC平台上用更好的工具完成复杂的高性能的设计。由此，我们不难看出，PCB设计有以下三种趋势。

- 高速数字电路（即高时钟频率及快速边沿）的设计成为主流。
- 产品小型化及高性能必须面对在同一块板上由于混合信号设计技术（即数字、模拟及射频混合设计）所带来的分布效应问题。
- 设计难度的提高，导致传统的设计流程及设计方法，以及PC上的CAD工具很难胜任当前的技术挑战，因此，EDA软件工具平台从UNIX转移到NT平台成为业界公认的一种趋势。

2003年以来世界电子电路行业技术迅速发展，集中表现在无源（即埋入式或嵌入式）元器件PCB、喷墨PCB工艺、光技术PCB、纳米材料在PCB上的应用等方面。中国印制电路行业协会（CPCA）秘书长王龙基表示："纵观目前国际电子电路的发展现状和趋势，关于中国电子电路印制电路板的产业技术及政策，我认为重心应当放在IC封装CSP、光电板（Opticbackpanel）、刚挠结合板、高多层板和G板等高附加值的产品上来。"

在技术方面，印制电路板向高密度化和高性能化方向发展。高密度化可以从孔、线、层、面四方面概括。目前世界上可做到最小孔径50 μm，甚至更小。线宽线距基本发展到50 μm甚至30 μm。层可以做得很薄，最薄可以做到30 μm左右，甚至更低。表面涂布镀锡、镀银、OSP甚至发展到镀镍、镀钯、镀金等万能型表面涂布。

这些印制板主要代表是HDI/BUM板、IC基板、集成元器件印制板、刚挠性印制板和光路印制板。特别是光路印制板，现在印制板的信号传输或处理都是用"电"来处理，"电"的信号已经基本上快接近极限了。"电"最大的缺点就是电磁干扰，必然要用光来代替"电"进行信号传输和处理。印制板里既有光路层传输信号，又有电路层传输信号，这两种组合起来就叫光电印制板或光电基板、光电印制电路板。

HDI高密度互连PCB技术会带动IC、LSI技术的发展。因此PCB技术的发展应得到更多的关注和相关行业及相应政策的支持，包括进口设备、进口关键材料、技术引进、海关税收以及资金来源的支持。

针对广泛看好的IC封装基板，我国存在的问题在于：一是IC核心技术专利都在国外厂商手里，原来就没有进入到这一产业链环节中去；二是由于技术水平不过关，因而在这方面还尚待突破。

而对于HDI板的加工制造，如何从材料、加工工艺和新技术研发学习入手掌握HDI电路板的技术，是国内PCB业面临的一个新的挑战。

3. 环保成为不变的主题

PCB在生产过程中会有废料、废气和废水产生。如果因为有污染而去阻止或扼杀这个行业发展，这并不是好办法。其出路应当是走清洁生产和可持续发展的道路。在CPCA的号召下，PCB企业十分注意推行建立ISO-14000国际环境管理体系。目前，增产不增污的思想在PCB行业已深入人心。

如何有效地进行废弃电路板的资源化回收处理，已经成为当前关系到我国经济、社会和环境可持续发展及我国再生资源回收利用的一个新课题，引起了我国政府的高度重视。"印制电路板回收利用与无害化处理技术”已被列入国家发改委组织实施的资源综合利用国家重大产业技术开发专项。

1.2 PCB 设计的基础

1.2.1 PCB 设计的基本步骤

为了让用户对电路设计过程有一个整体的认识和理解，下面介绍一下PCB电路板的总体设计流程。

通常情况下，从接到设计要求书到最终制作出 PCB 电路板，主要经历以下几个步骤。

（1）案例分析

这个步骤严格来说并不是 PCB 电路板设计的内容，但对后面的 PCB 电路板设计又是必不可少的。案例分析的主要任务是来决定如何设计原理图电路，同时也影响到 PCB 电路板如何规划。

（2）绘制原理图元器件

PADS Logic VX.2.2 虽然提供了丰富的原理图元器件库，但不可能包括所有元器件，必要时需动手设计原理图元器件，建立自己的元器件库。

（3）绘制电路原理图

找到所有需要的原理图元器件后，就可以开始绘制原理图了。根据电路复杂程度决定是否需要使用层次原理图。完成原理图后，用 ERC（电气规则检查）工具查错，找到出错原因并修改原理图电路，重新查错到没有原则性错误为止。

（4）绘制元器件封装

与原理图元器件库一样，PCB 也不可能提供所有元器件的封装，需要自行设计并建立新的元器件封装库。

（5）电路仿真

在完成设计电路原理图之后，对电路设计结果并不十分确定，因此需要通过电路仿真来验证。还可以用于确定电路中某些重要元器件的参数。

（6）设计 PCB 电路板

确认原理图没有错误之后，开始 PCB 的绘制。首先绘出 PCB 的轮廓，确定工艺要求（使用几层板等），然后将原理图传输到 PCB 中，在网络报表（简单介绍来历功能）、设计规则和原理图的引导下布局和布线。

（7）生成 PCB 并打印

设计了 PCB 后，还需要生成 PCB 的有关报表，并打印 PCB 图。

（8）生成计算机辅助制造文件

此过程是电路设计时另一个关键环节，它将决定该产品的实用性能，需要考虑的因素很多，不同的电路有不同要求。

（9）文档整理

对原理图、PCB 图及元器件清单等文件予以保存，以便日后维护、修改。

1.2.2 PCB 设计的基本要求

众所周知做 PCB 就是把设计好的电路原理图变成一块实实在在的 PCB 电路板。请别小看这一过程，有很多原理上行得通的东西在工程中却难以实现，或是别人能实现的东西另一些人却实现不了。因此说做一块 PCB 不难，但要做好一块 PCB 却不是一件容易的事情。

微电子领域的两大难点在于高频信号和微弱信号的处理，在这方面 PCB 制作水平就显得尤其重要，同样的原理设计，同样的元器件，不同的人制作出来的 PCB 就具有不同的结果，那么如何才能做出一块好的 PCB 呢？

1. 要明确设计目标

完成一个设计任务，首先要明确其设计目标，是普通的 PCB、高频 PCB、小信号处理 PCB 还是既有高频率又有小信号处理的 PCB。如果是普通的 PCB，只要做到布局布线合理整齐，机械尺寸准确无误即可。如有中负载线和长线，就要采用一定的手段进行处理，减轻负载，长线要加强驱动，重点是防止长线反射。当板上有超过 40 MHz 的信号线时，就要对这些信号线进行特殊的考虑，比如线间串扰等问题。如果频率更高一些，对布线的长度就有更严格的限制，根据分布参数的网络理论，高速电路与其连线间的相互作用是决定性因素，在系统设计时不能忽略。随着传输速度的提高，在信号线上的负载将会相应增加，相邻信号线间的串扰将成正比增加，通常高速电路的功耗和热耗散也都很大，在做高速 PCB 时应引起足够的重视。

当板上有毫伏级甚至微伏级的微弱信号时，对这些信号线就需要特别的关照，小信号由于太微弱，非常容易受到其他强信号的干扰，屏蔽措施常常是必要的，否则将大大降低信噪比，以致有用信号被噪声淹没，不能有效地提取出来。

对电路板的调测也要在设计阶段加以考虑。测试点的物理位置，测试点的隔离等因素不可忽略，因为有些小信号和高频信号是不能直接把探头加上去进行测量的。

此外还要考虑其他一些相关因素，如电路板层数、采用元器件的封装外形、电路板的机械强度等。在做 PCB 电路板前，要做到对该设计的设计目标心中有数。

2. 了解所用元器件的功能对布局布线的要求

我们知道，有些特殊元器件在布局布线时有特殊的要求，比如 LOTI 和 APH 所用的模拟信号放大器。模拟信号放大器对电源要求要平稳、纹波小。模拟小信号部分要尽量远离功率器件。在 OTI 板上，小信号放大部分还专门加有屏蔽罩，把杂散的电磁干扰给屏蔽掉。NTOI 板上用的 GLINK 芯片采用的是 ECL 工艺，功耗大、发热厉害，对散热问题必须在布局时就进行特殊考虑。若采用自然散热，就要把 GLINK 芯片放在空气流通比较顺畅的地方，而且散出来的热量还不能对其他芯片构成大的影响。如果电路板上装有喇叭或其他大功率的器件，有可能对电源造成严重的污染，这一点也应引起足够的重视。

3. 考虑元器件布局

元器件的布局首先要考虑的一个因素就是电性能，把连线关系密切的元器件尽量放在一起，尤其对一些高速线，布局时就要使它尽可能地短，功率信号和小信号器件要分开。在满足电路性能的前提下，还要考虑元器件摆放整齐、美观，便于测试，电路板的机械尺寸、插座的位置等也需认真考虑。

高速系统中的接地和互连线上的传输延迟时间也是在系统设计时首先要考虑的因素。信号线上的传输时间对总的系统速度影响很大，特别是对高速的 ECL 电路。虽然集成电路块本身速度很高，但由于在底板上用普通的互连线（每 30 cm 线长约有 2 ns 的延迟量）带来延迟时间的增加，可使系统速度大为降低。像移位寄存器、同步计数器这种同步工作部件最好放在同一块插件板上，因为到不同插件板上的时钟信号的传输延迟时间不相等，可能使移位寄存器产生错误，若不能放在一块板上，则同步是关键，从公共时钟源连到各插件板的时钟线的长度必须相等。

4. 考虑布线

随着 OTNI 和星形光纤网的设计完成，以后会有更多的 100MHz 以上的具有高速信号线的电路板需要设计，这里将介绍高速线的一些基本概念。

（1）传输线

印制电路板上的任何一条“长”的信号通路都可以视为一种传输线。如果该线的传输延迟时间比信号上升时间短得多，那么信号上升期间所产生的反射都将被淹没，不再呈现过冲、反冲和振铃。对现在大多数的 MOS 电路来说，由于上升时间对线传输延迟时间之比大得多，所以走线可长以米计而无信号失真。而对于速度较快的逻辑电路，特别是超高速 ECL 集成电路来说，由于边沿速度的增快，若无其他措施，走线的长度必须大大缩短，以保持信号的完整性。

有两种方法能使高速电路在相对长的线上工作而无严重的波形失真，TTL 对快速下降边沿采用肖特基二极管钳位方法，使过冲量被钳制在比地电位低一个二极管压降的电平上，这就减少了后面的反冲幅度，较慢的上升边沿允许有过冲，但它被在电平“H”状态下电路的相对高的输出阻抗（50 ～ 80 Ω）所衰减。此外，电平“H”状态的抗扰度较大，使反冲问题并不十分突出，对 HCT 系列的器件，若采用肖特基二极管箝位和串联电阻端接方法相结合，其改善的效果将会更加明显。

当沿信号线有扇出时，在较高的位速率和较快的边沿速率下，上述介绍的 TTL 整形方法显得有些不足。因为线中存在着反射波，它们在高位速率下将趋于合成，从而引起信号严重失真和抗干扰能力降低。因此，为了解决反射问题，在 ECL 系统中通常使用线阻抗匹配法。用这种方法能使反射受到控制，信号的完整性得到保证。

严格地说，对于有较慢边沿速度的常规 TTL 和 CMOS 器件以及有较快边沿速度的高速 ECL 器件，传输线并不总是需要的。但是当使用传输线时，它们具有能预测连线时延和通过阻抗匹配来控制反射和振荡的优点。

决定是否采用传输线的基本因素有以下五个。

- 系统信号的沿速率。
- 连线距离。
- 容性负载（扇出的多少）。
- 电阻性负载（线的端接方式）。
- 允许的反冲和过冲百分比（交流抗扰度的降低程度）。

（2）传输线的几种类型

- 同轴电缆和双绞线。它们经常用在系统与系统之间的连接。同轴电缆的特性阻抗通常有 50 Ω 和 75 Ω，双绞线通常为 110 Ω。
- 印制板上的微带线。微带线是一根带状导线（信号线），与地平面之间用一种电介质隔离开。最常使用的微带线结构有 4 种：表面微带线（surface microstrip）、嵌入式微带线（embedded microstrip）、带状线（stripline）和双带线（dual-stripline）。下面只说明表面微带线结构，其他几种可参考相关资料。表面微带线模型结构如图 1-6 所示。

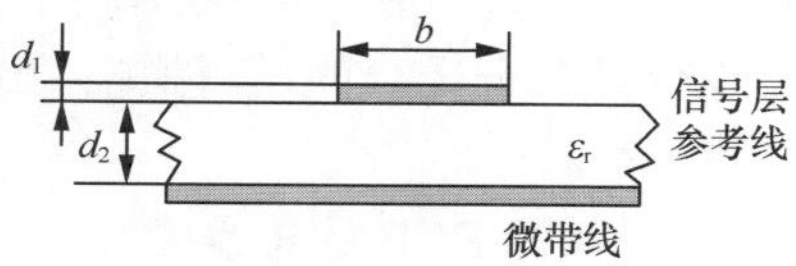

图 1-6　表面微带线模型结构

如果线的厚度、宽度以及与地平面之间的距离是可控制的，则它的特性阻抗也是可以控制的。微带线的特性阻抗 Z_0 为：

$$Z_0=\frac{87\ln[5.98d_2/(0.8b+d_1)]}{\sqrt{\varepsilon_r}+1.41}$$

式中，ε_r 为印制板介质材料的相对介电常数；b 为 PCB 传输导线线宽；d_1 为 PCB 传输导线线厚；d_2 为 PCB 介质层厚度。

单位长度微带线的传输延迟时间，仅仅取决于介电常数而与线的宽度或间隔无关。

- 印制板中的带状线。带状线是一条置于两层导电平面之间的电介质中间的铜带线。如果线的厚度和宽度、介质的介电常数以及两层导电平面间的距离是可控的，那么线的特性阻抗也是可控的。同样，单位长度带状线的传输延迟时间与线的宽度或间距是无关的，仅取决于所用介质的相对介电常数。

（3）端接传输线

在一条线的接收端用一个与线特性阻抗相等的电阻端接，则称该传输线为并联端接线。它主要是为了获得最好的电性能，包括驱动分布负载而采用的。

有时为了节省电源消耗，对端接的电阻上再串接一个电容形成交流端接电路，它能有效地降低直流损耗。

在驱动器和传输线之间串接一个电阻，而线的终端不再接端接电阻，这种端接方法称为串联端接。较长线上的过冲和振铃可用串联阻尼或串联端接技术来控制，串联阻尼是利用一个与驱动门输出端串联的小电阻（一般为 10 ～ 75 Ω）来实现的。这种阻尼方法适合与特性阻抗来受控制的线相连用，如底板布线，无地平面的电路板和大多数绕接线等。

串联端接时串联电阻的值与电路（驱动门）输出阻抗之和等于传输线的特性阻抗。串联端接线存在着只能在终端使用集总负载和传输延迟时间较长的缺点。但是，这可以通过使用多余串联端接传输线的方法加以克服。

（4）非端接传输线

如果线延迟时间比信号上升时间短得多，可以在不用串联端接或并联端接的情况下使用传输线。如果一根非端接线的双程延迟（信号在传输线上往返一次的时间）比脉冲信号的上升时间短，那么由于非端接所引起的反冲大约是逻辑摆幅的 15%。最大开路线长度近似为：

$$L_{max} < t_r/2t_{pd}$$

式中，t_r 为上升时间；t_{pd} 为单位线长的传输延迟时间。

（5）几种端接方式的比较

并联端接线和串联端接线都各有优点，究竟用哪一种，还是两种都用，这要看设计者的喜好和系统的要求而定。并联端接线的主要优点是系统速度快和信号在线上传输完整无失真。长线上的负载既不会影响驱动长线的驱动门的传输延迟时间，又不会影响它的信号边沿速度，但将使信号沿该长线的传输延迟时间增大。在驱动大扇出时，负载可经分支短线沿线分布，而不像串联端接中那样必须把负载集中在线的终端。

串联端接方法使电路有驱动几条平行负载线的能力，串联端接线由于容性负载所引起的延迟时间增量约比相应并联端接线的大一倍，而短线则因容性负载使边沿速度放慢和驱动门延迟时间增大。但是，串联端接线的串扰比并联端接线的要小，其主要原因是沿串联端接线传送的信号幅度仅仅是二分之一的逻辑摆幅，因而开关电流也只有并联端接的开关电流的一半，信号能量小串扰也就小。

5. 考虑 PCB 的布线技术

做 PCB 时是选用双面板还是多层板，要看最高工作频率和电路系统的复杂程度以及对组装密度的要求来决定。在时钟频率超过 200 MHz 时最好选用多层板。如果工作频率超过 350 MHz，最好选用以聚四氟乙烯作为介质层的印制电路板，因为它的高频衰耗要小些，寄生电容要小些，传输速度要快些，还由于 Z_0 较大而省功耗。对印制电路板的走线有如下原则要求。

- 所有平行信号线之间要尽量留有较大的间隔，以减少串扰。如果有两条相距较近的信号线，最好在两线之间走一条接地线，这样可以起到屏蔽作用。
- 设计信号传输线时要避免急拐弯，以防传输线特性阻抗的突变而产生反射，要尽量设计成具有一定尺寸的均匀的圆弧线。
- 印制线的宽度可根据上述微带线和带状线的特性阻抗计算公式计算，印制电路板上的微带线的特性阻抗一般在 50 ～ 120 Ω。要想得到大的特性阻抗，线宽必须做得很窄。但很细的线条又不容易制作。综合各种因素考虑，一般选择 68 Ω 左右的阻抗值比较合适，因为选择 68 Ω 的特性阻抗，可以在延迟时间和功耗之间达到最佳平衡。一条 50 Ω 的传输线将消耗更多的功率；较大的阻抗固然可以使消耗功率减少，但会使传输延迟时间增大。负载电容会造成传输延迟时间的增大和特性阻抗的降低。但特性阻抗很低的线段单位长度的本征电容比较大，所以传输延迟时间及特性阻抗受负载电容的影响较小。具有适当端接的传输线的一个重要特征是，分支短线对线延迟时间应没有什么影响。当 Z_0 为 50 Ω 时。分支短线的长度必须限制在 2.5 cm 以内，以免出现很大的振动。
- 对于双面板（或六层板中走四层线），电路板两面的线要互相垂直，以防止互相感应产主串扰。
- 印制板上若装有大电流器件，如继电器、指示灯、喇叭等，它们的地线最好要分开单独走，以减少地线上的噪声。这些大电流器件的地线应连到插件板和背板上的一个独立的地总线上去，而且这些独立的地线还应该与整个系统的接地点相连接。
- 如果板上有小信号放大器，则放大前的弱信号线要远离强信号线，而且走线要尽可能地短，如有可能还要用地线对其进行屏蔽。

小技巧

实际电路板绘制过程中，常常按如下步骤操作。

（1）首先规划出该电子设备的各项系统规格。包含系统功能、成本限制、大小、运作情形等，接下来必须要制作出系统的功能方块图，方块间的关系也必须要标示出来。将系统分割数个 PCB 的话，不仅在尺寸上可以缩小，也可以让系统具有升级与交换零件的能力。系统功能方块图就提供了分割的依据，像是计算机就可以分成主板、显示卡、声卡、软盘驱动器和电源等。

（2）决定使用封装方法和各 PCB 的大小。当各 PCB 使用的技术和电路数量都决定好，接下来就是决定电路板的大小了。如果设计得过大，那么封装技术就要改变，或是重新进行分割的动作。在选择技术时，也要将电路图的品质与速度都考量进去。

（3）绘出所有 PCB 的电路概图。概图中要表示出各零件间的相互连接细节。所有系统中的 PCB 都必须要描出来，现今大多采用 CAD（Computer Aided Design，计算机辅助设计）的方式。

（4）初步设计的仿真运作。为了确保设计出来的电路图可以正常运作，这必须先用计算机软件来仿真一次。这类软件可以读取设计图，并且用许多方式显示电路运作的情况。这比起实际做出一块样本 PCB，然后用手动测量要更有效率。

（5）将零件放上 PCB。零件放置的方式，是根据它们之间如何相连来决定的。它们必须以最有效率的方式与路径相连接。所谓有效率的布线，就是牵线越短并且通过层数越少（这也同时减少导孔的数目）越好。为了让各零件都能够拥有完美的配线，放置的位置是很重要的。

（6）测试布线可能性，与高速下的正确运作。现今的部分计算机软件，可以检查各零件摆设的位置是否可以正确连接，或是检查在高速运作下这样是否可以正确运作。这项步骤称为安排零件，不过在此不会太深入研究这些。如果电路设计有问题，在实地导出电路前，还可以重新安排零件的位置。

（7）导出 PCB 上电路。在概图中的连接，现在将会实地做成布线的样子。这项步骤通常都是全自动的，不过一般来说还是需要手动更改某些部分。每一次的设计，都必须要符合一套规定，像是电路间的最小保留空隙、最小电路宽度和其他类似的实际限制等。这些规定依照电路的速度、传送信号的强弱、电路对耗电与噪声的敏感度以及材质品质与制造设备等因素而有不同。如果电流强度上升，那导线的粗细也必须要增加。为了降低 PCB 的成本，在减少层数的同时，也必须要注意这些规定是否仍旧符合。如果需要超过两层的构造，那么通常会使用到电源层以及地线层，来避免信号层上的传送信号受到影响，并且可以当作信号层的防护罩。

（8）导线后电路测试。为了确定电路在导线后能够正常运作，它必须要通过最后检测。这项检测也可以检查是否有不正确的连接，并且所有联机都照着概图走。

（9）建立制作档案。因为目前有许多设计 PCB 的 CAD 工具，制造厂商必须有符合标准的档案，才能制造电路板。标准规格有好几种，不过最常用的是 Gerber files 规格。一组 Gerber files 包括各信号、电源以及地线层的平面图，阻焊层与网板印刷面的平面图，以及钻孔与取放等指定档案。

（10）电磁兼容问题。没有按照 EMC（电磁兼容）规格设计的电子设备，很可能会散发出电磁能量，并且干扰附近的电器。EMC 对 EMI（电磁干扰）、EMF（电磁场）和 RFI（射频干扰）等都规定了最大的限制。这项规定可以确保该电器与附近其他电器的正常运作。EMC 对一项设备，散射或传导到另一设备的能量有严格的限制，并且设计时要减少对外来 EMF、EMI、RFI 等的磁化率。换言之，这项规定的目的就是要防止电磁能量进入或由装置散发出。这其实是一项很难解决的问题，一般大多会使用电源和地线层，或是将 PCB 放进金属盒子当中以解决这些问题。电源和地线层可以防止信号层受干扰，金属盒的效用也差不多。电路的最大速度得看如何照 EMC 规定做了。内部的 EMI，像是导体间的电流耗损，会随着频率上升而增强。如果两者之间的电流差距过大，那么一定要拉长两者间的距离。这也告诉我们如何避免高压，以及让电路的电流消耗降到最低。布线的延迟率也很重要，所以长度自然越短越好。因此布线良好的小 PCB，会比大 PCB 更适合在高速下运作。

1.2.3 PCB 设计的标准规范

1. 国际规范的历史与现状

电路板供需双方均各有品质检验的成文规范，通常刚性印制电路板最为全球业者所广用的国际规范有 3 种，即 MIL-P-55110、IEC-326-5/-6 及 IPC-RB-276。MIL-P-55110 是电路板最早出现也最具公信力与影响力的正式规范，其 1993 年最新 E 版内容甚为精彩，为业界所必读的重要文件，近年因跟不上时代脚步而渐失色。IEC-326 为“国际电工委员会”（IEC）所推出共 11 份有关 PCB 的系列规范，为全球各会员协商投票下的产物，除了少数欧商外一般较少引用。IPC 原为美国“印制电路板协会”（Institute of Printed Circuit）的简称，创会时仅 6 个团体会员，经多年努力成长与吸收外国成员，现已发展到 6000 余团体会员之大型国际学术组织，并改名为“The Institute for

Interconnecting and Packaging Electronic Circuits”。其所发表有关电路板的各种品质、技术、研究及市场调研等文件极多，为全球上下游电子业界所倚重。IPC 有关硬质电路板的品质规范，原有单双面的 IPC-D-250 及多层板的 IPC-ML-950 等两份，历经数次版本的修订，直到 1992 年 3 月才再整合成为单一体系的 IPC-RB-276。

2. PCB 的全面质量管理

对 PCB 的整个生产过程进行质量管理涉及设计、材料、设备、工艺、检验、储存、包装和全体职工素质等各方面的管理。要获得高质量的 PCB，要注意下述 4 个方面。

- 良好的产品设计。
- 高质量的材料及合适的设备。
- 成熟的生产工艺。
- 技术熟练的生产人员。

即使保证了上述 4 个方面要求，要获得质量高、合格率高的 PCB，还需要建立一个质量保证部门进行全面质量管理，制定和贯彻一系列的质量保证措施。

1.3 PADS VX.2.2 简介

PADS（Personal Automated Design System）以 PCB 为主导产品，最著名的软件为 PADS。PADS 系列软件最初由 PADS Software Inc. 公司推出，后来几经易手，从 Innoveda 公司到现在的 Mentor Graphics 公司，目前已经成为 Mentor Graphics 旗下最犀利的电路设计与制板工具之一。

1.3.1 PADS 的发展

作为世界顶级 EDA 厂商，Mentor Graphics 公司最新推出的 PADS VX.2.2 电路设计与制板软件，秉承了 PADS 系列软件功能强劲、操作简单的一贯传统，在电子工程设计领域得到了广泛应用，已经成为当今最优秀的 EDA 软件之一。

PADS 软件是 Mentor Graphics 公司的电路原理图和 PCB 设计工具软件。目前该软件是国内从事电路设计的工程师和技术人员主要使用的电路设计软件之一，是 PCB 设计高端用户最常用的工具软件。按时间先后：

PADS 2005—PADS 2007—PADS 9.0—PADS 9.1—PADS 9.2—PADS 9.3—PADS 9.4—PADS 9.5—PADS Standard 标准版 VX1.2—PADS Standard PlusVX1.2—PADS Standard Plus VX2—Mentor PADS Standard Plus VX 2.2—Mentor PADS Professional 专业版 VX 1—Mentor PADS Professional 专业版 VX 2.1—Mentor PADS Professional 专业版 VX 2.2。

MentorGraphics 公司的 PADS Layout/Router 环境作为业界主流的 PCB 设计平台，以其强大的交互式布局布线功能和易学易用等特点，在通信、半导体、消费电子和医疗电子等当前最活跃的工业领域得到了广泛的应用。PADS Layout/Router 支持完整的 PCB 设计流程，涵盖了从原理图网表导入、规则驱动下的交互式布局布线、DRC/DFT/DFM 校验与分析，直到最后的生产文件（Gerber）、装配文件及物料清单（BOM）输出等全方位的功能需求，确保 PCB 工程师高效率地完成设计任务。

PADS 2005：稳定性比较好，但是很多新功能都没有。

PADS 2007：相比 PADS 2005 增加了一些功能，比如能够在 PCB 中显示器件的管脚号，操作习惯也发生了一些变化；而且 PADS 2007 套装软件目前共有 3 个版本，分别为 PADS PE、PADS

XE 及 PADS SE，随着不同的版本而有更强大的功能，可适应各种不同的设计需求。

PADS SE 功能包含设计定义、版本配置及自动电路设计能力。PADS XE 套装软件则增加了类比模拟及信号整合分析功能。如果使用者需要的是最高级及高速的功能，PADS SE 则是最佳选择。PADS 套装软件也包括了一个参数资料的资料库，让使用者可以安装该产品，并且快速开始设计，而不需要花时间及成本在资料库的开发上。Mentor Graphics 正和事业伙伴共同努力，以确定该资料库的高品质，并能有大量的支援元器件，且可时时更新。

PADS 9.1：基于 Windows 平台的 PCB 设计环境，操作界面（GUI）简便直观、容易上手；兼容 Protel/P-CAD/CADStar/Expedition 设计；支持设计复用；具有优秀的 RF 设计功能；基于形状的无网格布线器，支持人机交互式布线功能；支持层次式规则及高速设计规则定义；规则驱动布线与 DRC 检验；智能自动布线；支持生产（Gerber）、自动装配及物料清单（BOM）文件输出。

PADS 9.2：相比以前的版本增加了一些比较重要的功能，比如能在 PCB 中显示 Pad、Trace 和 Via 的网络名，能够在 Layout 和 Router 之间快速切换等，非常好用。最重要的一点是：支持 Windows 7 系统。目前大多工程师使用的是 PADS 2007，同时 PADS 实现了从高版本向低版本的兼容，例如 PADS 2005 能打开 PADS 2007 的工程文件。

PADS 9.3 和 PADS 9.4：发布于 2011 年，操作系统为 Windows 2000、Windows XP 和 Windows 7，支持公制单位的设计和符号创建，增加了 DxDataBook 功能、PADSArchiver 项目归档等功能。

PADS 9.5：发布于 2012 年 10 月，操作系统为 Windows 2000、Windows XP 和 Windows 7 操作系统，为了满足高级的自动布线和交互式的高速布线工具市场需求，软件推出了最新的基于 Latium 结构的快速交互式布线编辑器。

目前，PADS 系列软件最新版本为 PADS VX.2.2，发布于 2017 年 5 月。主要包括 PADS Logic VX.2.2、PADS Layout VX.2.2 和 PADS Router VX.2.2、DxDesignr、IO Designer、Hyperlynx 等软件，可进行原理图设计、PCB 设计、电路仿真等任务。

PADS Logic 是一个功能强大、多页的原理图设计输入工具，为 PADS Layout VX.2.2 提供了一个高效、简单的设计环境。PADS Layout/Router 是复杂的、高速印制电路板的最终选择的设计环境。它是一个强有力的基于形状化、规则驱动的布局布线设计解决方案，它采用自动和交互式的布线方法，采用先进的目标链接与嵌入自动化功能，有机地集成了前后端的设计工具，包括最终的测试、准备和生产制造过程。PADS Layout 支持 Microsoft 标准的编程界面，结合了自动化的方式，采用了一个 Visual Basic 程序和目标链接与嵌入功能。这些标准的接口界面使得与其他基于 Windows 的补充设计工具链接更加方便有效。它还能够很容易地客户化定制用户的设计工具和过程。

1.3.2 PADS VX.2.2 的特性

PADS VX.2.2 主要致力于自动或批处理方式的高速电路布线约束，其物理设计环境将成为一个“明确的高速电路设计”解决方案。为了满足高级的自动布线和交互式的高速布线工具市场需求，Innoveda 于 2017 年 5 月推出了最新的 PADS Logic VX.2.2、PADS Layout VX.2.2 和 PADS Router VX.2.2，这是 Innoveda 最新的基于 Latium 结构的快速交互式布线编辑器。下面对 PADS Layout VX.2.2 设计系统的主要功能做一些简要介绍。

1. 用户定制的图形用户界面（GUI）

PADS Logic 为设计者提供了更多的基于 Latium 结构的图形用户界面，包括用户定制工具栏、快捷键、菜单以及中文菜单，使设计者能够更多地对设计环境进行控制，使设计者的工作更加有效率。

2. PADS Router

PADS Router 是一个强有力的、全新的高速电路自动布线工具。PADS Router 提供了自动化的批处理方式进行差分对的布线、长度控制布线，包括最短长度、最长长度和长度匹配。约束规则可以定义在设计规则的任何层次上，自动布线器将完成设计者定义的这些约束。网络的拓扑结构能够被设置和保护，以确保关键的网络信号能够以期望的顺序和路径连接。管脚数量非常多和管脚非常细的器件在 PADS Router 中能够非常容易地进行自动布线，以保持元器件的安全间距和布线规则。当建议的元器件规则不能达到布通时，将自动采用这些安全间距和导线宽度规则。

PADS Router 主要的功能特点如下。

- 采用高速电路网络的自动布线，减少了布线所需要的时间。
- 提供了设计的完整性，避免手工布线可能出现的错误。
- 采用了自动和易于使用的工具，提供了更好的布线控制能力。
- 采用 Latium 技术，具有非常高的性能。
- 网络拓扑结构的设置和保护。
- 减少了完成设计的时间，更少冲突。
- 确保所有的高速电路约束都能够满足。
- 确保具有更高设计密度的布通率。

3. 设计验证

PADS Layout/Router VX.2.2 提供了许多新的规则，并能够自动地进行布线。这些规则包括最小 / 最大长度、差分对元器件安全间距和布线规则、网络连接顺序。新的验证工具允许以批处理方式检查这些规则，使得设计者的设计能够满足所有的约束规则。

4. 高级封装工具集

PADS Layout VX.2.2 可以使用高级的封装工具集（Advanced Packaging Toolkit），以前仅仅在 PADSBGA 中才有效，PADS Layout 的用户现在通过使用其提供的高级功能模块，包括芯片、Die Flag 和布线向导，可以设计含有裸芯片的元器件，作为一个或一些芯片模块、板上系统。

其主要功能如下。

- 作为裸片芯片元器件的衬底设计选件。
- 单芯片封装。
- 多芯片封装。
- 板上系统。
- 建立芯片。
- Wire Bond 布局。
- 自动的 Trave Routing。
- Die Flag 和 Power Rings。

5. PADS VX.2.2 新特点及功能扩展

PADS VX.2.2 提供了与其他 PCB 设计软件、CAM 加工软件、机械设计软件的接口，方便了不同设计环境下的数据转换和传递工作。

- MGC 流程之间的转换：PCB 转换，从 PADS 到 PADS Professional 和 Xpedition Enterprise。
- 库转换：PADS Designer 和 PADS 网表库到中心库。
- 文件的转换：改进了从 Altium 到 PADS 的转换。
- 项目转换：将电气网络和关联的设计规则从网表项目转换到集成化项目。

- PSpice 转换器更新 / 改进：持续更新和增强了 PADS AMS PSpice 转换器。这个版本的转换器改进，包括对处理模型语法的几个更改，早期的版本中，它们不能正确转换。
- 模拟仿真收敛改进：持续研究和实施更有效的方法，解决棘手的模拟仿真问题。这个版本包括支持添加分流元件到模拟仿真（cshunt 和 gshunt），以及处理分零问题的更好的逻辑。
- 电气网络改进：Layout/Router 电子表格中的电气网络的值，真实对应约束管理器中的值。
- CAM 改进：引入了一种新的 CAM 完整性测试，打开 CAM 文档对话框，在其中的任意对话框中单击确定，都会单独执行它。

1.4 思考与练习

思考 1．怎样做一块好的 PCB，一般的设计原则和基本步骤是什么？

思考 2．PCB 设计的规范有哪些？

思考 3．PADS VX.2.2 的新特点是什么？

思考 4．PADS VX.2.2 新特点及功能扩展有哪些？

练习．实际操作 PADS VX.2.2。

Chapter 2

第2章 PADS VX.2.2的安装

本章主要介绍PADS VX.2.2的安装及软件的运行条件，包括PADS VX.2.2所需的软件环境和硬件配置，对PADS VX.2.2的安装过程进行了详细的表述，并对PADS VX.2.2安装过程中出现的一些问题进行了解释和解决。

学习重点

- PADS VX.2.2的安装

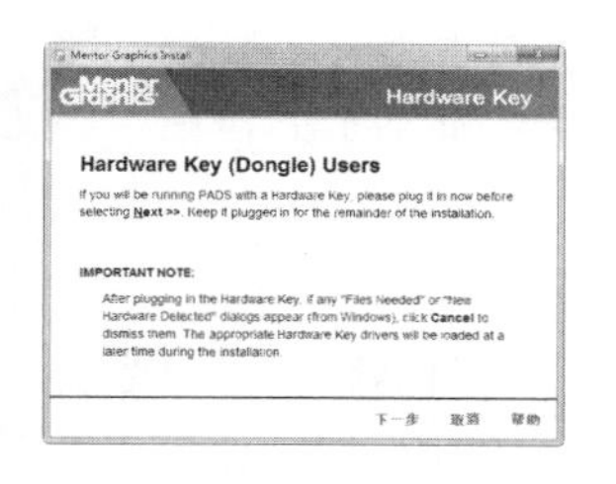

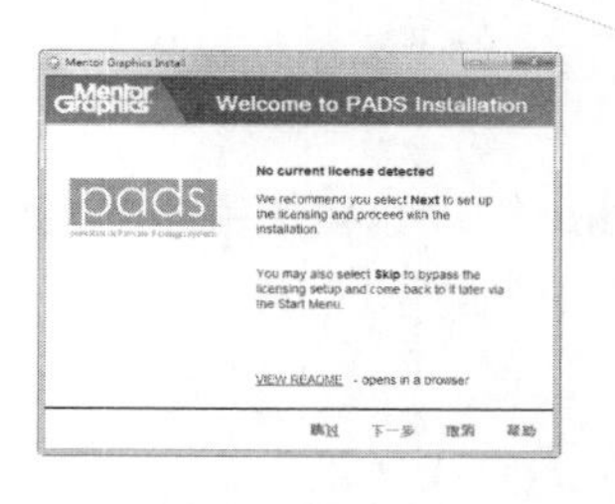

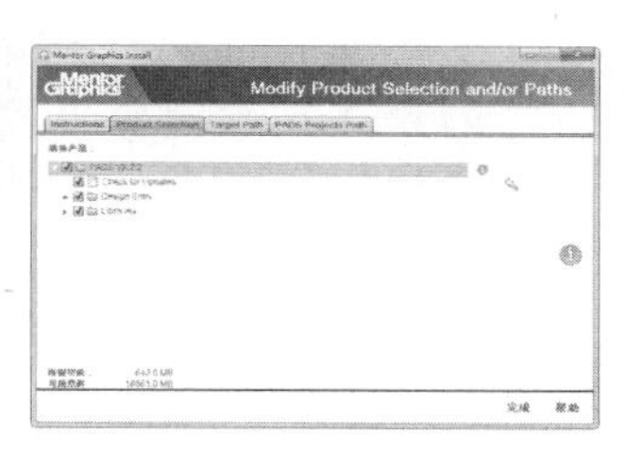

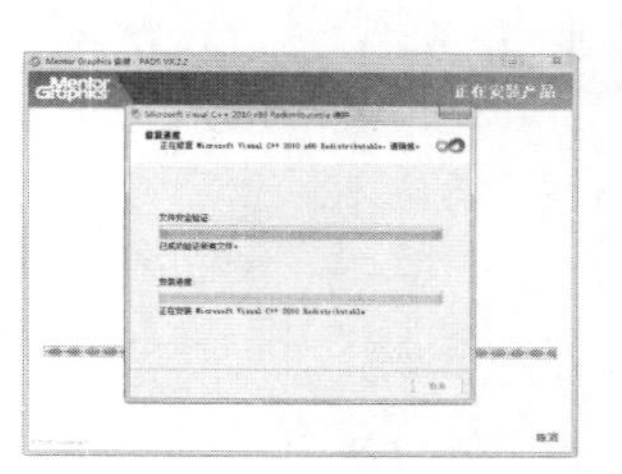

2.1 PADS VX.2.2 的运行条件

在开始安装 PADS 前，应该对 PADS 系统正常运行所需要的电脑硬件要求和操作系统环境等进行一定的了解，这样会对接下来的软件安装和以后的使用有帮助。

2.1.1 PADS VX.2.2 运行的硬件配置

PADS 系统是一套标准 Windows 风格的应用软件，而且整个安装过程的系统提示相当明确，所以安装 PADS 系统并非一件难事，只是在安装前应该了解它的安装基本条件。

- 奔腾系列及以上处理器。
- 至少 1 GB 内存，但在实际使用中，内存的需求会随着设计文件的不同或同一文件的使用方式不同而改变。它主要取决于下列几个方面。
  - DRC（设计规则检查）打开或关闭。
  - 设计文件中连接线的数目。
  - 设计文件的板层数。
- 三按键或滚轮式鼠标。
- 1 024 像素 ×768 像素屏幕区域，颜色至少为 256 色的显示器。
- 磁盘空间要求：下载空间 2.5 GB，安装空间 3 GB。

2.1.2 PADS VX.2.2 运行的软件环境

1. 操作系统要求

Windows 7（32 位和 64 位）、Windows Vista SP1（32 位）、Windows XP SP3（32 位）。

如果将 PADS 安装在一台单机上使用，称为单机版。这台单机可以是网络中的一个客户终端机或者服务器本身。如果需要安装 PADS 网络版，请先联系网络管理员以了解更多关于网络方面的信息。

要正确地安装 PADS VX.2.2，需要有授权（License）的支持，厂家对 PADS VX.2.2 提供两种形式的授权支持：一是浮动授权服务器（Floating License Server），适用于网络安装；二是绑定授权，即一种典型的授权文件 License.dat，通常位于 /Padspwr/security/license 目录下，适用于单机安装。

2. 网络系统要求

为了在网络中运行 PADS 的 PADS License 管理器和使用浮动安全模式，当前的网络必须支持 TCP/IP 协议；授权服务器在网络中必须拥有一个静态的 IP 地址；客户端必须连接到拥有授权服务器的网络上；每个客户端都要有网卡接口。

2.2 PADS VX.2.2 的安装步骤

2.2.1 PADS VX.2.2 的安装

本小节将介绍如何安装 PADS，如果在安装过程中有什么问题，随时可按键盘上 F1 功能键打开安装在线帮助。

将 PADS VX.2.2 的安装光盘放入光驱中，安装程序自动启动，光盘中包括三个安装部分：PADS Logic、PADS Layout、PADS Video，将分别进行安装。

到安装目录下找到“PADS LOGIC/PADS LogicVX.2.2_mib”文件，双击启动安装程序，弹出图 2-1 所示界面。

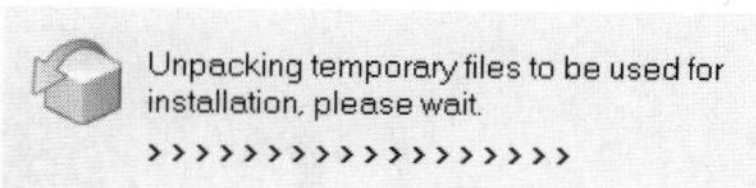

图 2-1 安装启动示意图

单击 PADS LogicVX.2.2_mib 文件，开始安装 PADS VX.2.2。弹出图 2-2 所示的“Mentor Graphics Install”对话框。

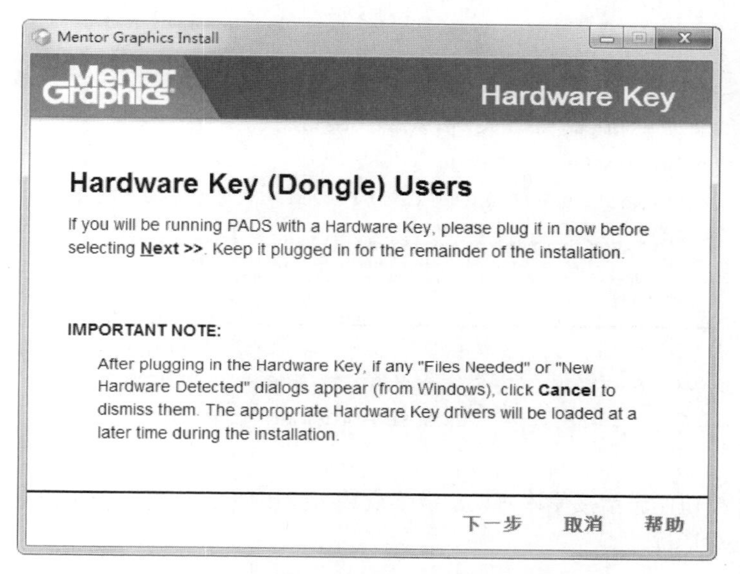

图 2-2 “Mentor Graphics Install”对话框

单击“下一步”按钮继续安装程序，弹出图 2-3 所示的安装提示界面。提示没有检测到授权文件。

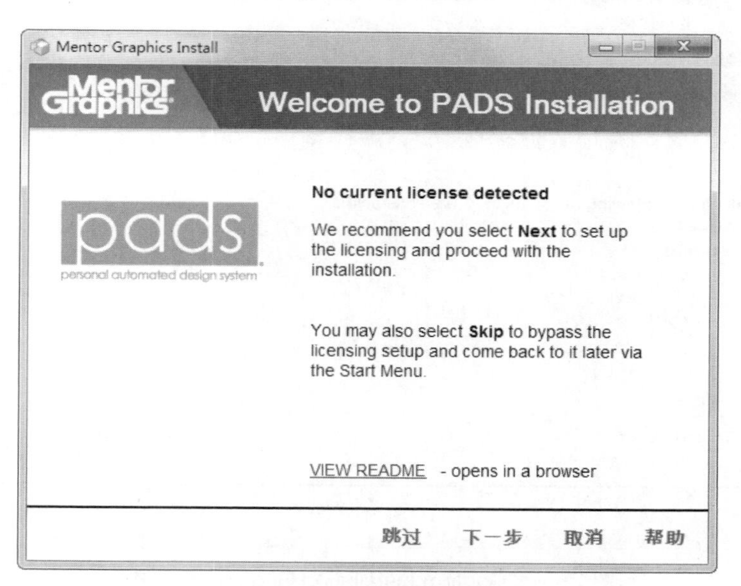

图 2-3 安装提示界面

单击“跳过”按钮，弹出“License Agreement（授权许可协议）”对话框，如图 2-4 所示，这是 Mentor Graphics 公司关于 PADS 软件的授权许可协议。

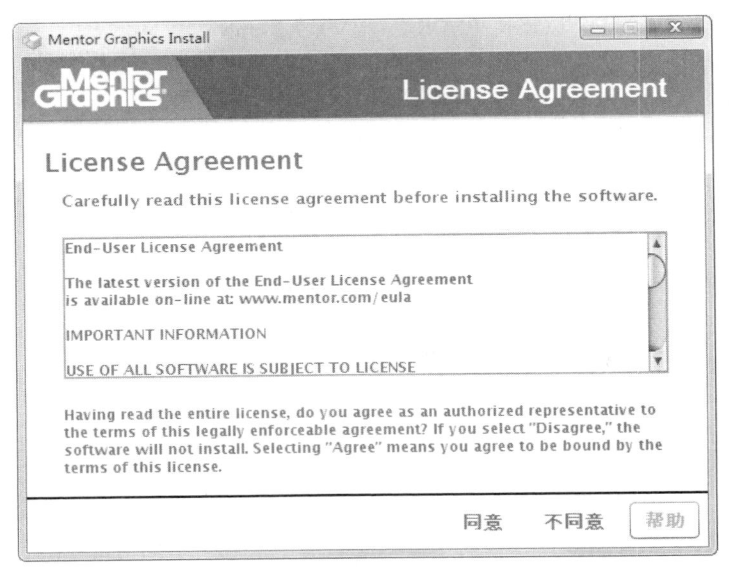

图 2-4 “License Agreement”对话框

单击“同意”按钮，表示接受该协议，继续安装，弹出图 2-5 所示“Confirm Installation Choice（确认安装选择）”对话框。

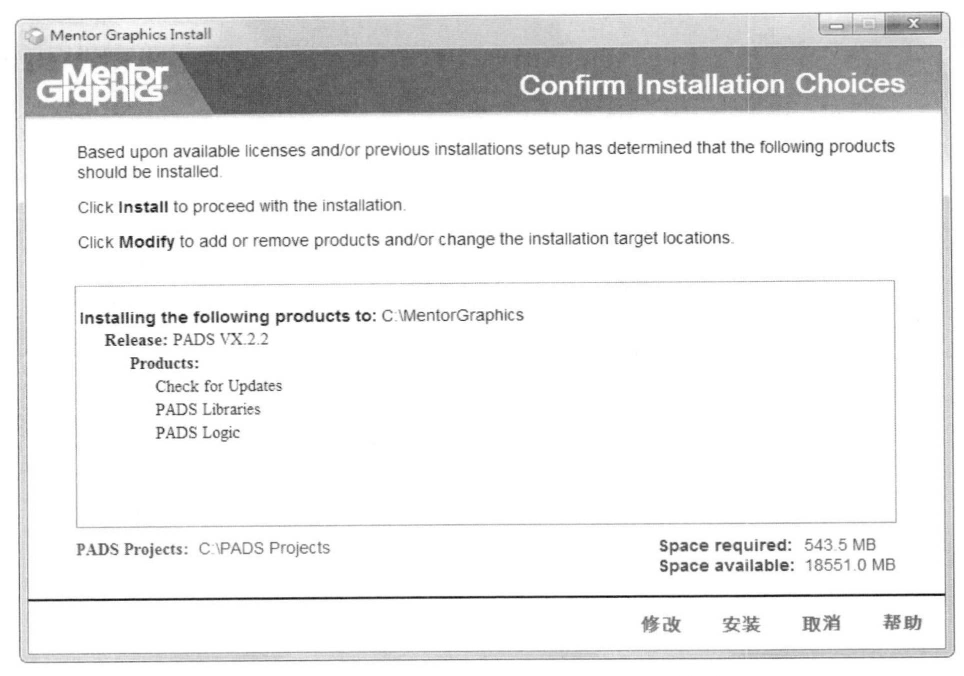

图 2-5 “Confirm Installation Choice”对话框

单击“修改”按钮，进入配置安装环境界面，如图 2-6 所示。

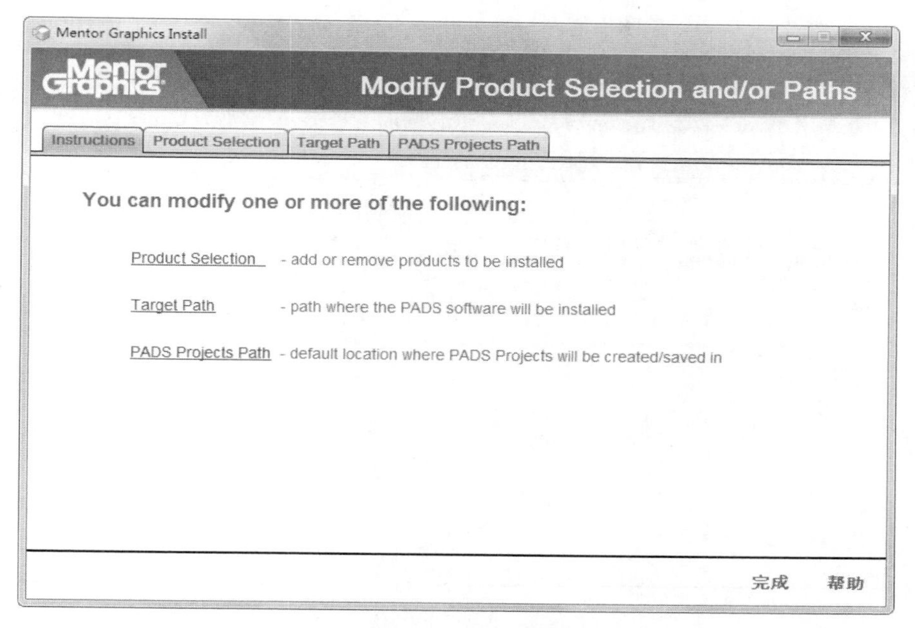

图 2-6　确认安装路径

单击“Product Selection”，选择需要安装的工具，如无特殊要求，选择所有的类型，如图2-7所示。

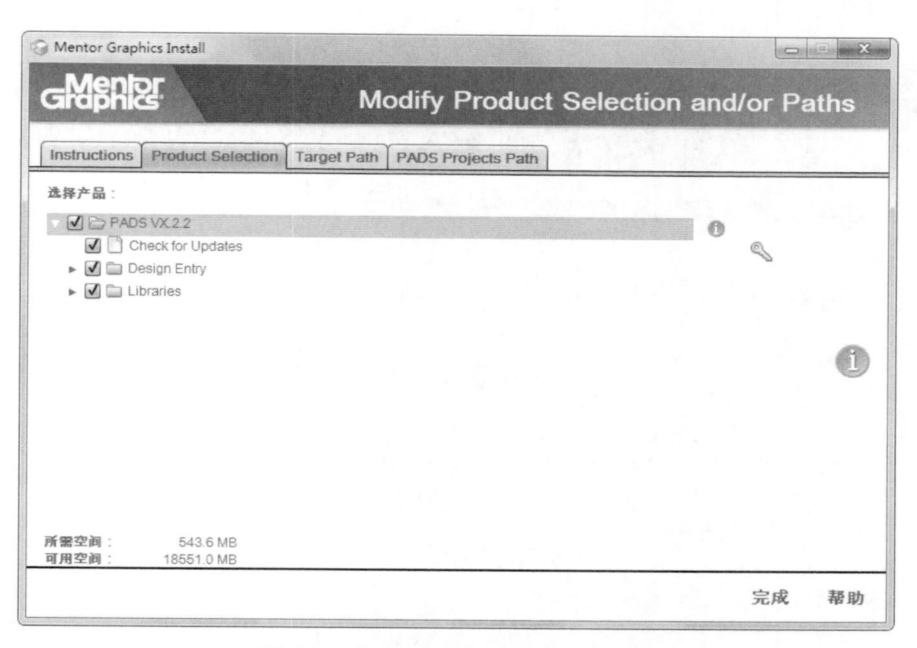

图 2-7　“Product Selection”对话框

单击“Target Path（目标路径）”，选择目标文件安装的路径，显示了默认的安装路径，单击

“Browse（浏览）”按钮可以改变安装目录，如图 2-8 所示。

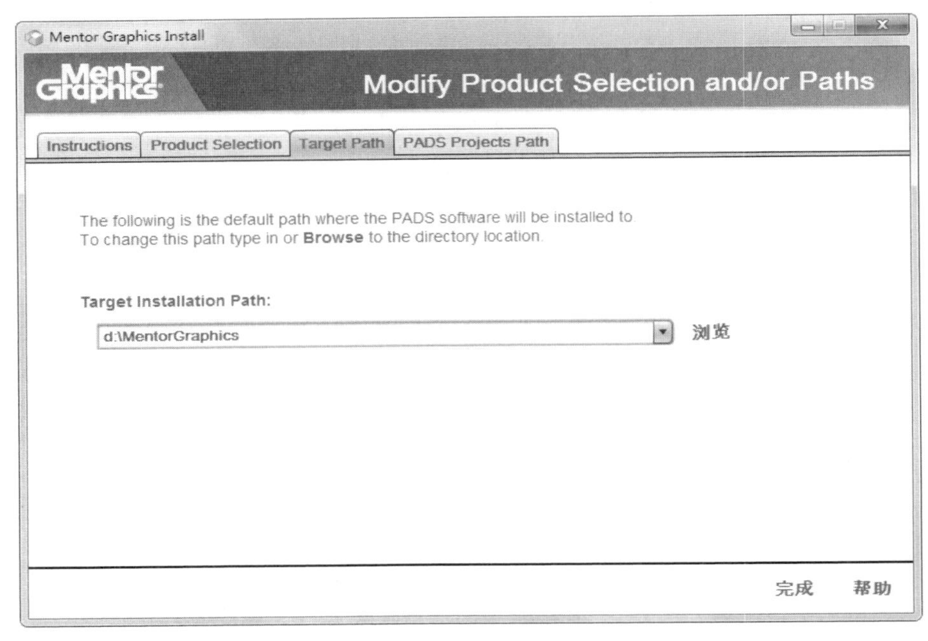

图 2-8 “Target Path”对话框

单击“PADS Projects Path”，选择项目文件保存路径，显示了默认的安装路径，单击“Browse（浏览）”按钮可以改变安装目录，如图 2-9 所示。

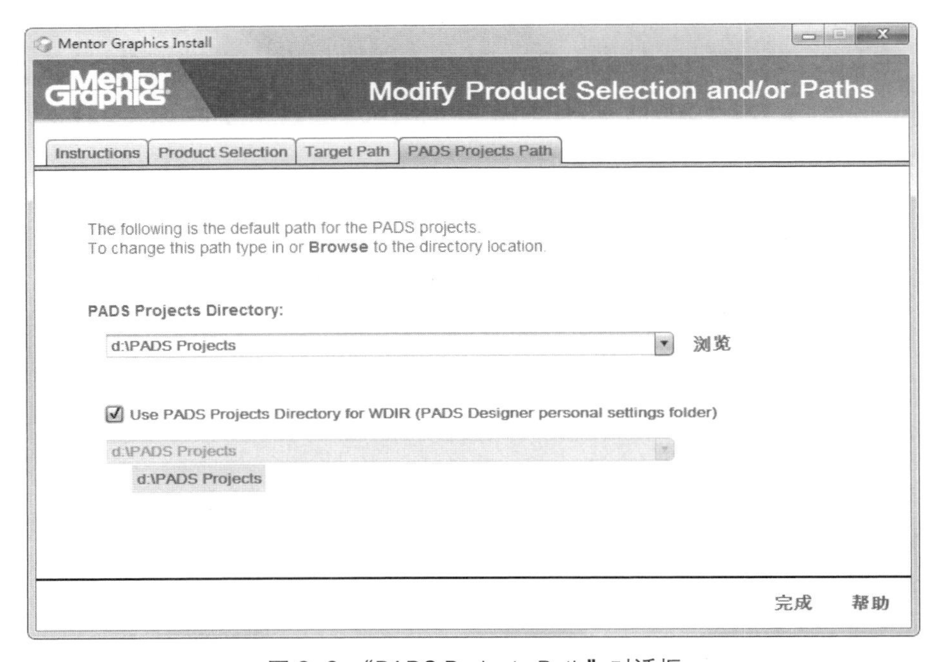

图 2-9 “PADS Projects Path”对话框

单击“完成”按钮，返回“Confirm Installation Choice”对话框，如图 2-10 所示。

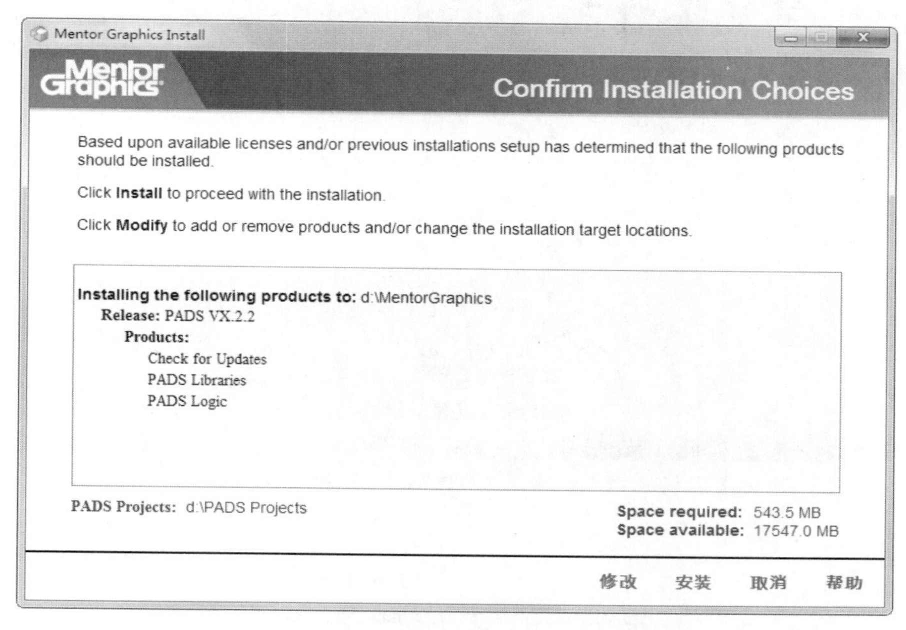

图 2-10　“Confirm Installation Choice”对话框

单击“安装”按钮，弹出软件自身部件安装进度对话框，显示安装进度，弹出图 2-11 和图 2-12 所示界面时，需要等待安装。

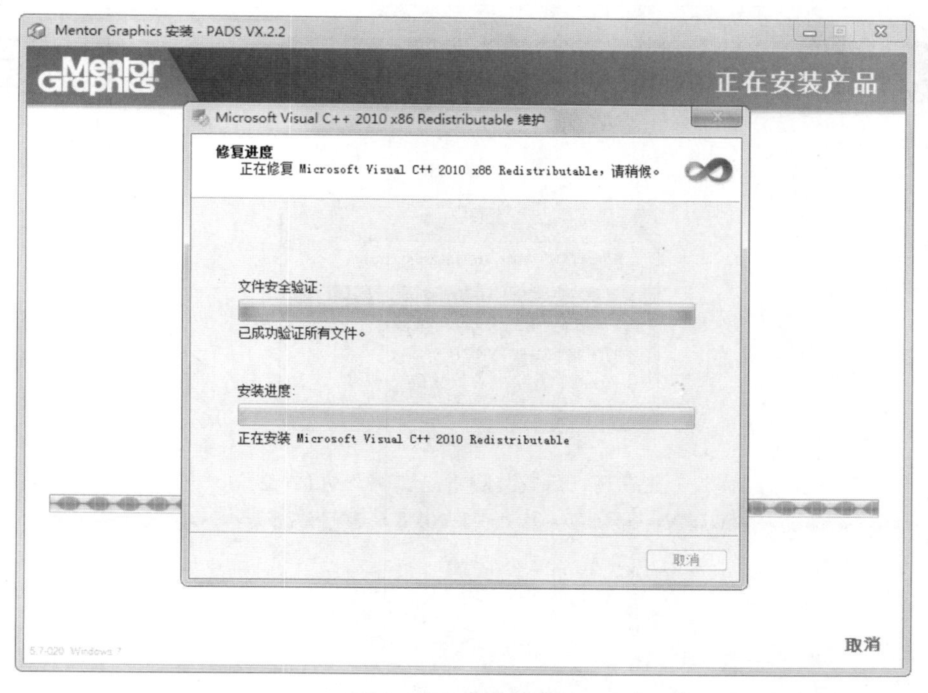

图 2-11　安装进度 1

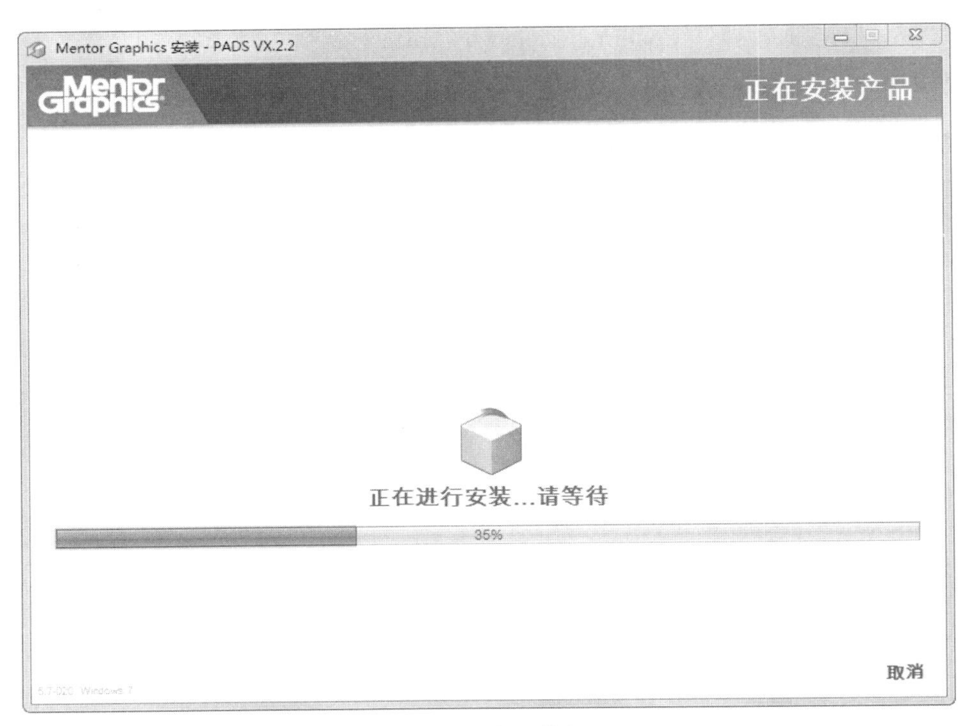

图 2-12　安装进度 2

安装完软件自身部件后弹出图 2-13 所示的对话框。

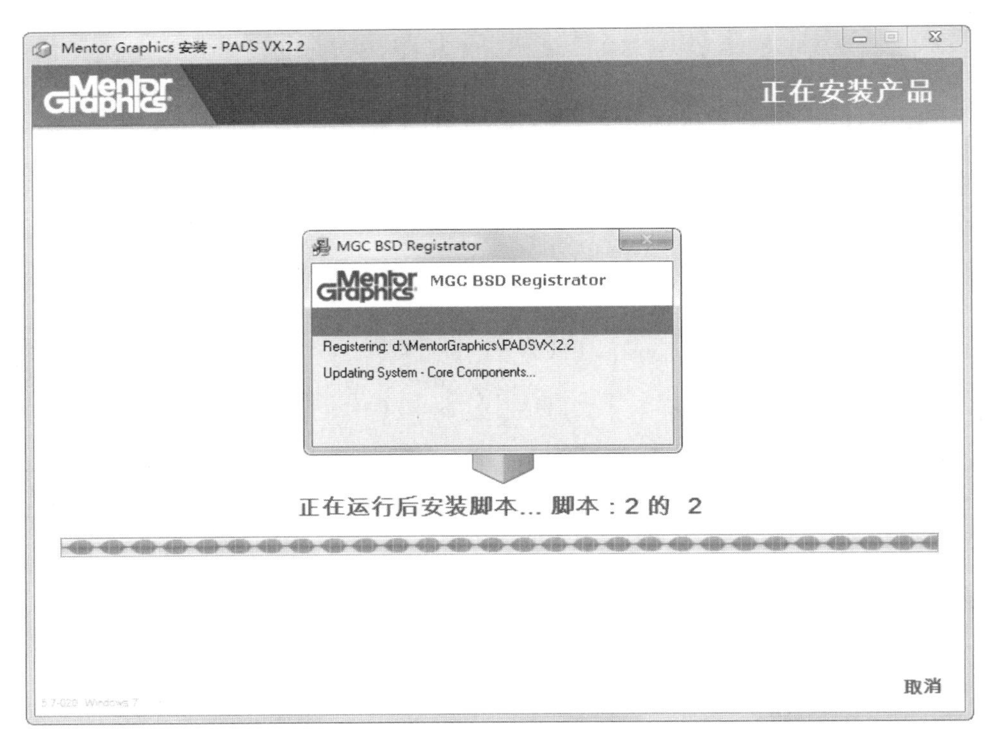

图 2-13　收集信息对话框

进度完成 100% 后，弹出“PADS Installation Complete（安装完成）”对话框，如图 2-14 所示。单击“完成”按钮，退出对话框，完成安装。

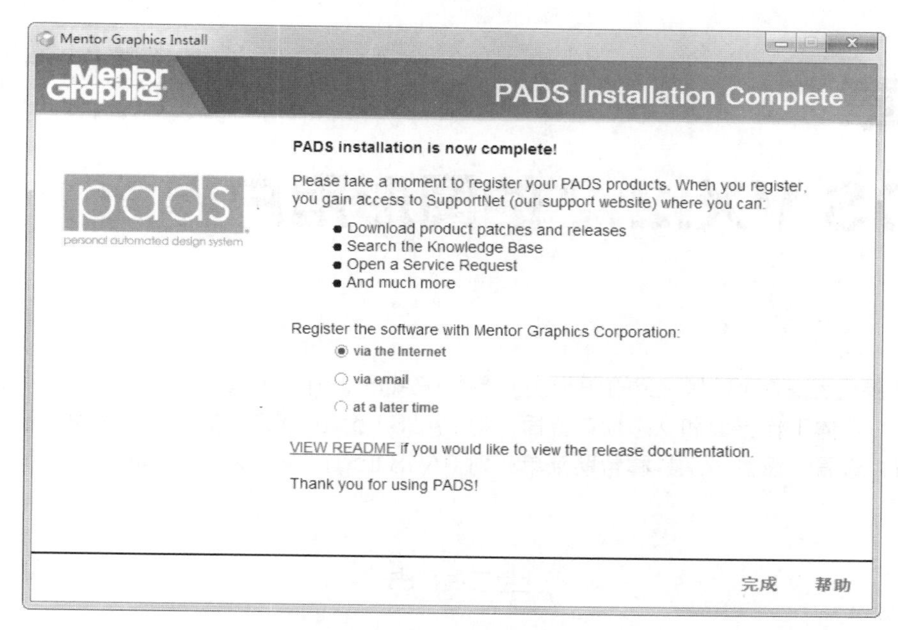

图 2-14　安装完成

在 PADS Layout 找到“PADS VX.2.2_mib_mib”文件进行安装，安装步骤同上。

2.2.2　PADS VX.2.2 的安装总结

在安装之前一定要先了解此软件对电脑系统硬件以及操作系统的要求。在安装过程中如果发生问题，一定要联系上下安装步骤和出错信息进行分析或看看在线安装帮助。

2.3　思考与练习

思考 1．PADS VX.2.2 基本的安装步骤是什么？

思考 2．PADS VX.2.2 安装过程中应该注意什么？

练习．实际安装 PADS VX.2.2。

Chapter 3

第3章 PADS VX.2.2 的图形用户界面

本章主要介绍 PADS VX.2.2 的图形用户界面 PADS Logic VX.2.2。包括 PADS Logic VX.2.2 的启动界面、整体工作界面和状态窗口界面。对 PADS Logic VX.2.2 的菜单系统进行了介绍，包括文件、编辑、查看、设置、工具和帮助菜单，对 PADS Logic VX.2.2 的工具也进行了简要的介绍。

学习重点

- PADS Logic VX.2.2 的界面
- PADS Logic VX.2.2 的菜单

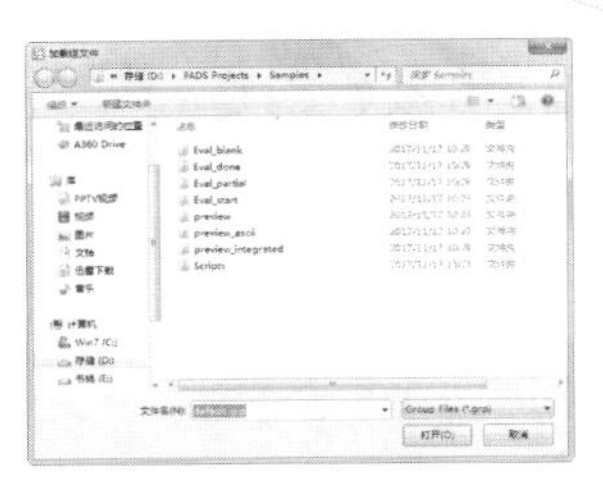

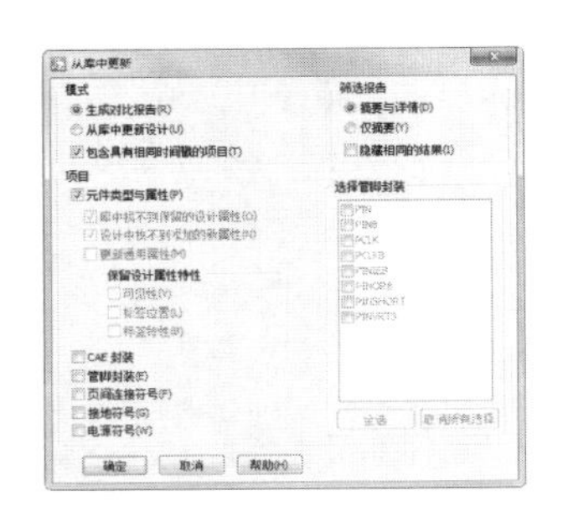

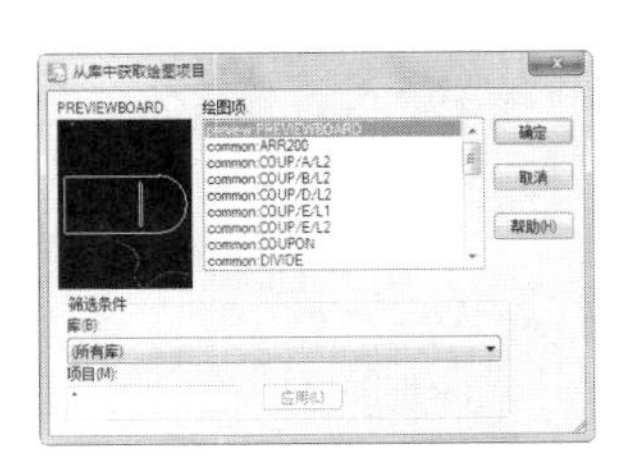

3.1 PADS Logic VX.2.2 的启动

PADS Logic 是专门用于绘制原理图的 EDA 工具，它的易用性和实用性都深受用户好评。在此首先介绍 PADS Logic VX.2.2 的启动方法，PADS Logic VX.2.2 通常有以下 3 种基本启动方式，任意一种都可以启动 PADS Logic VX.2.2，如图 3-1 所示。

- 单击 Windows 任务栏中的开始按钮，选择“程序→ PADS VX.2.2 → Design Entry → PADS Logic VX.2.2”，启动 PADS Logic VX.2.2。
- 在 Windows 桌面上直接单击 PADS Logic VX.2.2 图标，这是安装程序自动生成的快捷方式。
- 直接单击以前保存过的 PADS Logic 文件（扩展名为 .sch），通过程序关联启动 PADS Logic VX.2.2。

图 3-1 PADS Logic VX.2.2 的启动

3.2 PADS Logic VX.2.2 整体图形界面

PADS Logic 采用图形用户界面（Graphical User Interface），简称为 GUI。这种图形用户界面同标准的 Windows 软件的风格一致，包括从层叠式菜单结构到快捷键的使用，还有系统在线帮助等。PADS Logic VX.2.2 的用户界面设计得非常易于使用，在努力满足高级用户需要的同时还考虑到许多初次使用 PADS 软件的工程人员。GUI 如图 3-2 所示。

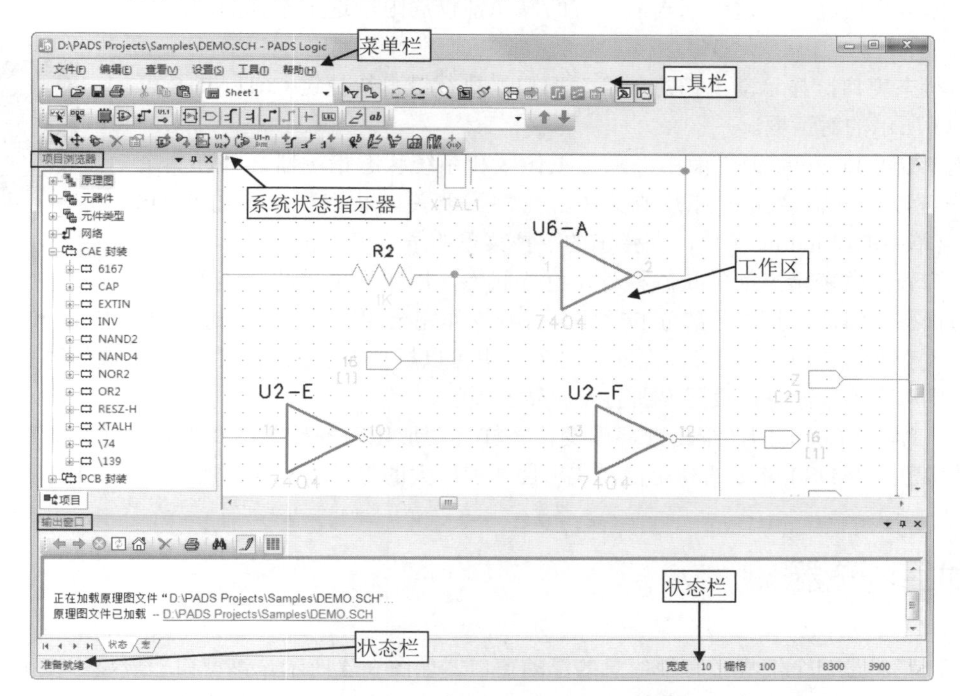

图 3-2 PADS Logic VX.2.2 图形用户界面

3.3 PADS Logic VX.2.2 界面简介

PADS Logic VX.2.2 不但具有标准的 Windows 用户界面，而且在这些标准的各个图标上都带有非常形象化的功能图形，使用户一接触到就可以根据这些功能图标上的图形判断出此功能图标的大概功能。这将会使你对 PADS Logic VX.2.2 有一个整体的系统概念。本章将就 PADS Logic 的整体界面进行介绍。

从图 3-2 中可知，PADS Logic 图形界面有 6 个部分，分别如下。

（1）项目浏览器：此窗口可以根据需要打开和关闭，是一个动态信息的显示窗口。

（2）状态栏：在进行各种操作时状态栏都会实时显示一些相关的信息，所以在设计过程中应养成查看状态栏的习惯。

- 默认的宽度：显示默认线宽设置。
- 默认的工作栅格：显示当前的设计栅格的设置大小，注意区分设计栅格与显示栅格的不同。
- 鼠标指针的 x 和 y 坐标：显示光标在图纸上的具体坐标。

（3）菜单栏：同所有的标准 Windows 应用软件一样，PADS Logic VX.2.2 采用的是标准的下拉式菜单。

（4）输出窗口：从中可以实时显示文件运行阶段消息。

（5）系统状态指示器：这个系统状态指示器位于工作区的左上角，对于大多数的用户，它可以说是一个被遗忘的角落。其实它很多时候同样很有用。它同日常生活中公路交通十字路口的指示灯一样，当没有进入任何的操作工具盒时，呈现绿色，这代表用户可以选择或打开任何一个工具盒；但当打开一个工具盒而且选择了其中的一个功能图标之后，这个指示器将变成红色，这表示当前所有的操作都仅局限于这个选择的功能图标之内。

（6）状态窗口：显示动态信息的活动窗口，执行键盘快捷键 Ctrl+Alt+S 可打开图 3-3 所示的对话框。

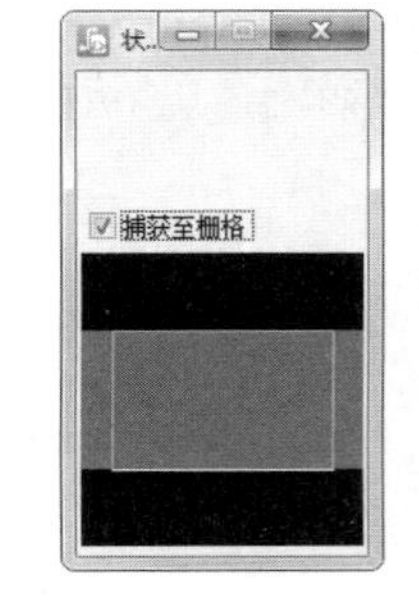

图 3-3　状态窗口

上述 PADS Logic 图形界面中，除了工作区和系统状态指示器之外，其余的各部分可以根据需要进行打开或关闭。比如需要关闭状态栏，单击 PADS Logic 主菜单中的 Window 菜单，在弹出的下拉菜单的子菜单“状态栏”前有一个“√”符号，这表示当前的状态栏处于打开状态，用鼠标单击此子菜单，则变为关闭状态。同理，其他各部分的关闭与打开操作完全相同。除了通过主菜单 Window 下的各个子菜单来改变 PADS Logic 图形界面的风格外，也可以根据自己的爱好和习惯，选择菜单中的“设置”→“显示颜色”命令，设置界面与设计显示颜色。

总之，PADS Logic 的图形用户界面变化多样，图形化的各种图标及工具盒简易而直观，正是基于这种特色，PADS Logic 的易用性和实用性才被广大的电子工程师们所接受与青睐。

3.4 项目浏览器

项目浏览器是一个汇集了有用信息的浮动窗口，如图 3-4 所示。该窗口一般显示在工作区域的左上方，用于标示当前选中元器件的详细信息，包括元器件标号、元器件类型等。

1. 显示方式

（1）自动隐藏：单击图3-4中右上角的按钮，自动隐藏“项目浏览器”面板，右上角变为按钮，在左侧固定添加“项目浏览器”面板。将鼠标指针放置在“项目浏览器”图标上，显示“项目浏览器”，如图3-5所示，移开鼠标，则自动隐藏面板，只显示图标。

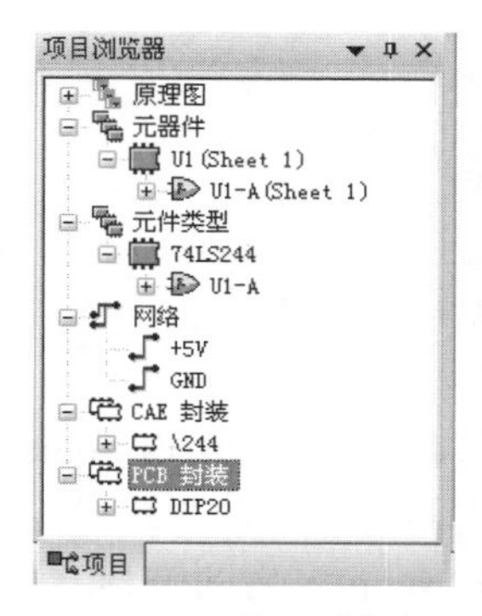

图3-4　项目浏览器

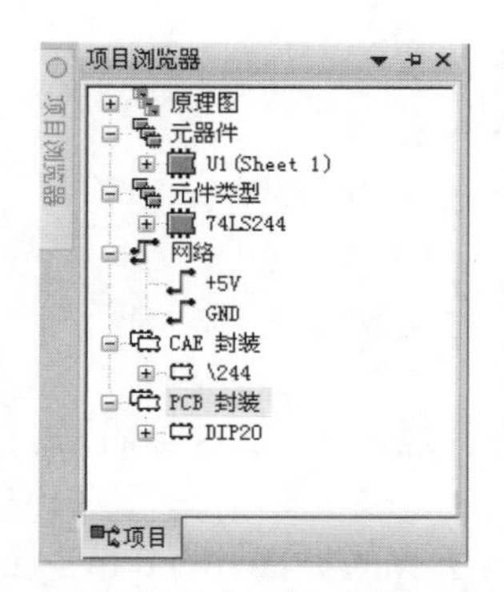

图3-5　自动隐藏“项目浏览器”

（2）锁定显示：单击右上角按钮，锁定项目浏览器，将面板打开固定在左侧。

（3）浮动显示：在图3-6所示界面中，单击右上角的按钮，在下拉菜单中选择“Floating（浮动）”命令，则面板从左侧脱离出来，成为独立的窗口，如图3-7所示。

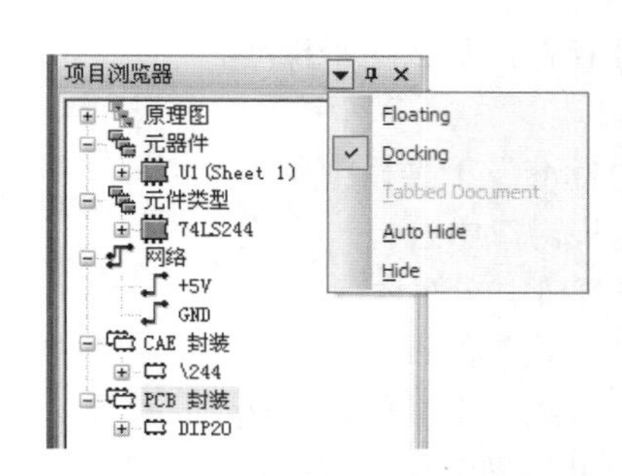

图3-6　切换窗口显示方式

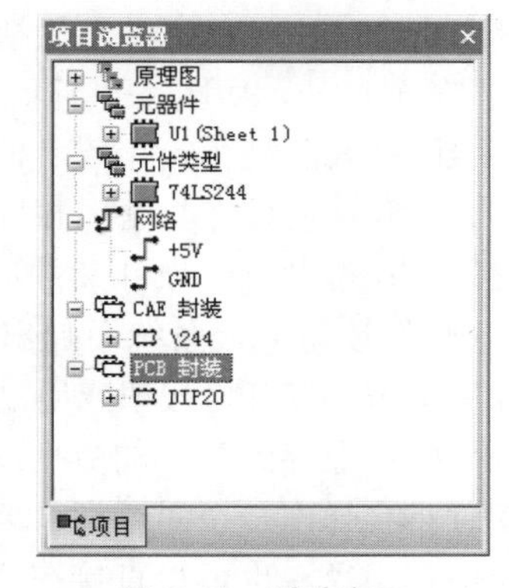

图3-7　浮动窗口

2. 打开“项目浏览器”的3种方法

（1）在原理图设计环境下执行“查看”→“项目浏览器”菜单命令。

（2）在原理图设计环境下执行键盘快捷键Ctrl+Alt+S。

（3）在原理图设计环境下单击“标准”工具栏中的“项目浏览器”按钮。

3. 关闭项目浏览器的4种方法

（1）在状态窗口为激活窗口的情况下，按键盘上的Esc键。

（2）在打开“项目浏览器”的情况下，执行“查看”→“项目浏览器”菜单命令。

（3）单击状态窗口上的关闭按钮。

（4）在原理图设计环境下取消选中“标准”工具栏中的“项目浏览器”按钮。

4. 项目浏览器汇集的系统信息

（1）原理图；

（2）元器件；

（3）元器件类型；

（4）网络；

（5）CAE 封装；

（6）PCB 封装。

3.5 菜单栏

为了能更快地掌握 PADS Logic 的使用方法和功能，本节将首先对 PADS Logic 菜单栏做详细介绍。

菜单栏同所有的标准 Windows 应用软件一样，PADS Logic 采用的是标准的下拉式菜单。主菜单一共包括 6 种：“文件”“编辑”“查看”“设置”“工具”“帮助”，下面对各菜单进行简要说明。

3.5.1 “文件”菜单

“文件”菜单主要聚集了一些跟文件输入、输出方面有关的功能菜单，这些功能包括对文件的保存、打开和打印输出等。另外还包括了“库”和“报告”等。在 PADS 系统中选择菜单栏中的“文件”，将其子菜单打开，如图 3-8 所示。

- “新建”：在新建另一个设计时，如果当前设计存在，那么这个操作将会清除当前设计数据，并且会出现警告窗口。
- “打开”：打开一个设计文件，也可以直接在“标准”工具栏中单击“打开”按钮，系统会弹出一个对话窗口，从窗口中选择一个文件后单击“打开”按钮或用鼠标左键直接双击窗口中文件名。
- “保存”：保存改变过的数据或当前的设计。如果是新的设计，则存盘时将会弹出一个对话框，要求对当前的设计输入一个文件名和选择保存路径。也可以直接在“标准”工具栏中单击“保存”按钮来代替这个菜单功能。
- “另存为”：当希望将当前的更改或设计保存为另一个文件名或改变存盘路径时，那么可以在弹出的对话框中输入想保存的新文件名或重新选择新的存盘路径。
- “导入”：为导入原理图文件命令。执行该命令后可以导入文本文件、目标连接嵌入文件、工程设计更改文件以及 PADS 布局规则文件。
- “导出”：同“导入”一样，可以选择输出不同格式的文件。
- “生成 PDF”：用来创建 PDF 文档。执行该命令后，弹出图 3-9 所示的“文件创建 PDF”对话框，在选定的目录文件中输入文件名称。
- “归档”：将编辑的文件分类放置在对应的文件夹中，如图 3-10 所示。

图 3-8 “文件”菜单

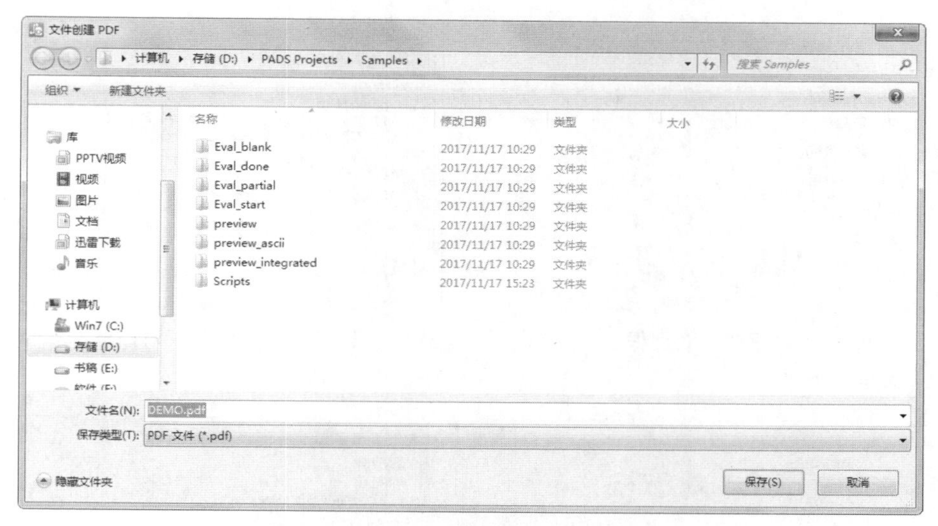

图 3-9 “文件创建 PDF”对话框

- “库”：打开“库管理器”，可以对元器件库和库中元器件进行统一管理，如图 3-11 所示。比如查看元器件、建造新的元器件库和复制编辑元器件等。

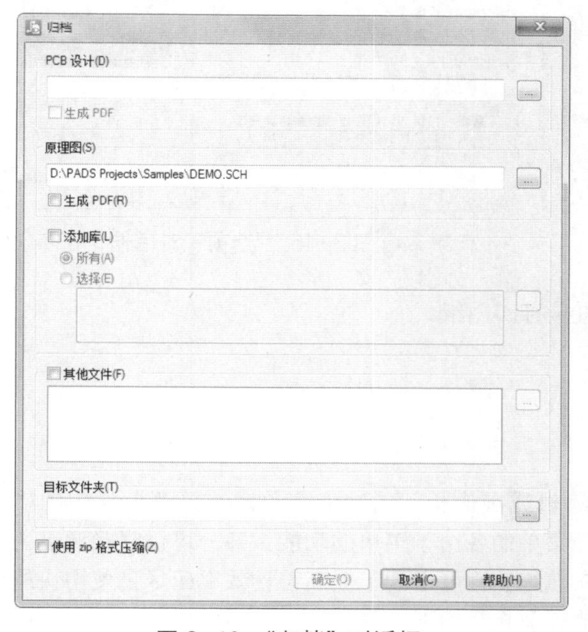

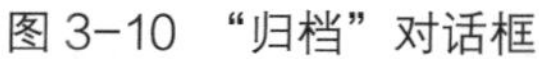
图 3-10 “归档”对话框

图 3-11 “库管理器”对话框

- “报告”：打开这个菜单可以创建各种报表，诸如元器件统计数据、网络统计数据和材料清单等，如图 3-12 所示。
- “绘图”：打开这个菜单可以设置绘图属性，如图 3-13 所示。
- “打印预览”：选择此命令，弹出图 3-14 所示的“选择预览”对话框，设置输出打印机及各种打印参数，显示打印结果。特别注意的是，在 PADS Logic 中的输出打印机是借用 Windows 系统的打印驱动程序，所以只需在 Windows 中设置好就可以了。单击“选择预览”对话框中的“选项”按钮，弹出“选项”对话框，在对话框中设置打印参数，如图 3-15 所示。

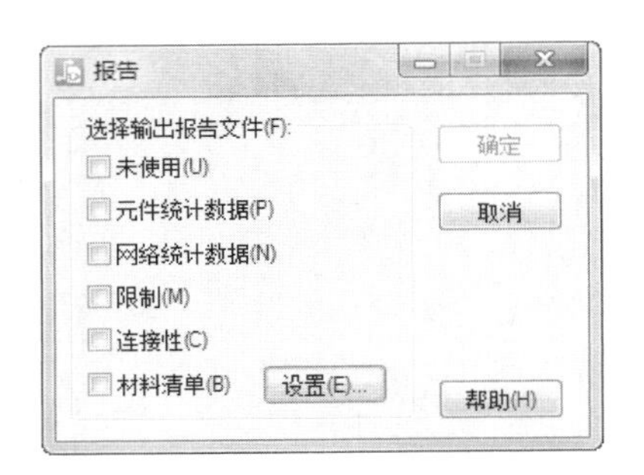

图 3-12 “报告”对话框

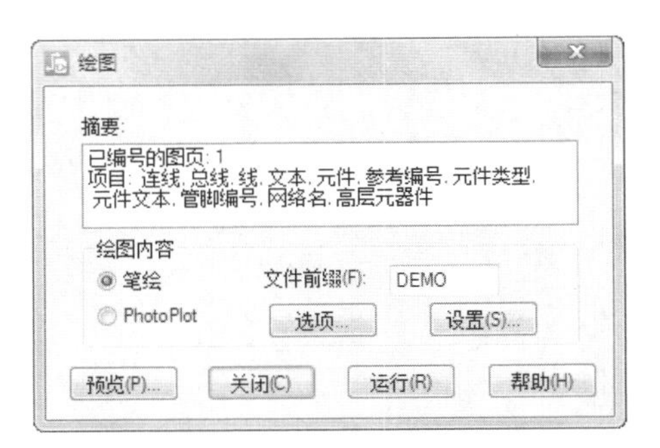

图 3-13 “绘图”对话框

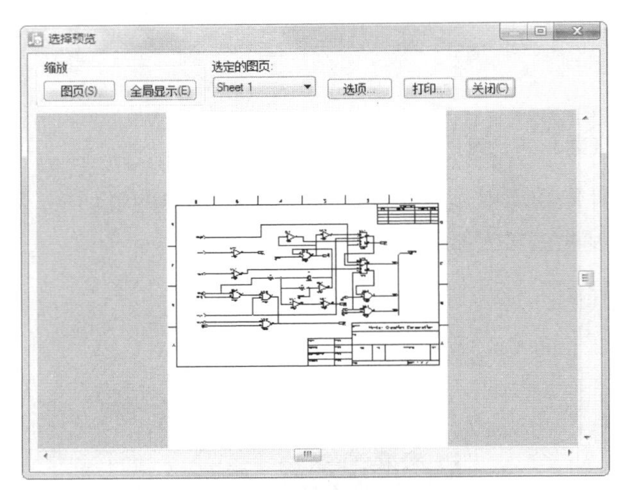

图 3-14 “选择预览”对话框

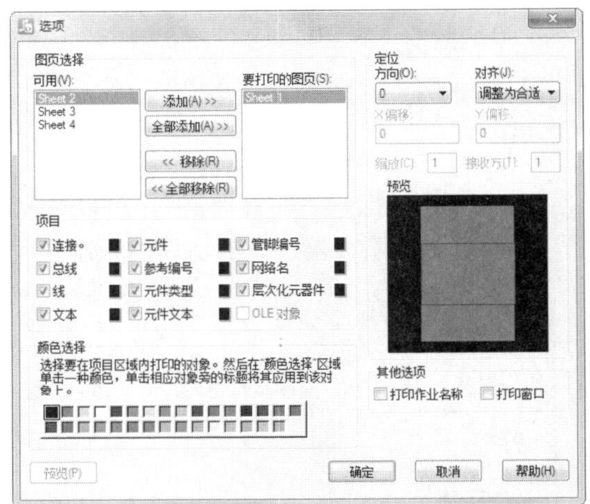

图 3-15 “选项”对话框

- “打印”：选择此命令，连接打印机，直接打印图纸。
- “退出”：退出 PADS Logic VX.2.2。

3.5.2 “编辑”菜单

“编辑”菜单主要是一些对设计对象进行编辑或操作相关的功能菜单。选择菜单栏中的“编辑”，则会弹出编辑菜单，如图 3-16 所示。编辑菜单的各个子菜单的功能大部分可以直接通过工具栏中的功能图标或快捷命令来完成，所以建议在熟练的程度上为了提高设计效率应尽量使用快捷键和工具栏图标来代替这些功能。下面就各子菜单分别介绍如下。

- “撤销”：取消先前的操作，返回先前的某一动作。也可以在工具栏中直接用鼠标单击快捷“撤销”图标来完成。
- “重做”：同“撤销”相反。用来恢复取消的操作。也可以在工具栏中直接用鼠标单击“重做”图标来完成。
- “剪切”：从当前的设计中选择某一目标后，移植到另一个目的地或别的 Windows 应用程序。
- “复制”：复制设计中某一选定的对象。
- “粘贴”：将“剪切”或“复制”的对象放到目的地，这个对象允许从别的 Windows 应用程序中获得。

- “复制为 BMP 文件”：将选定的对象以位图的形式复制到本系统或其他 Windows 应用程序（比如 Word）中。注意与“复制”功能的区别。
- “将选择存入文件中”：弹出图 3-17 所示的“组保存文件”对话框，将选定的对象以组的形式复制到“.grp”文件或其他应用程序中。注意与“复制”功能的区别。

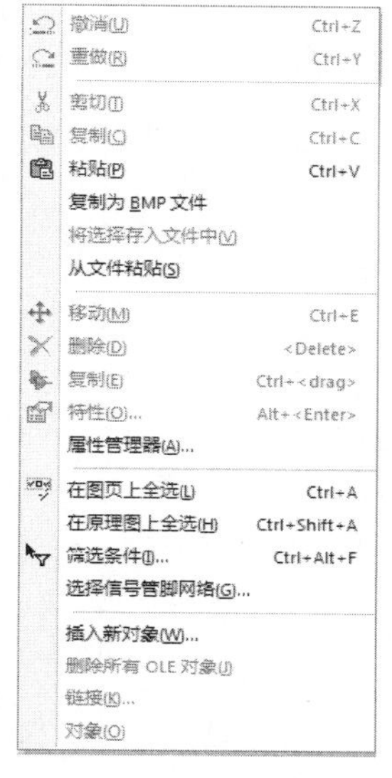

图 3-16　“编辑”菜单

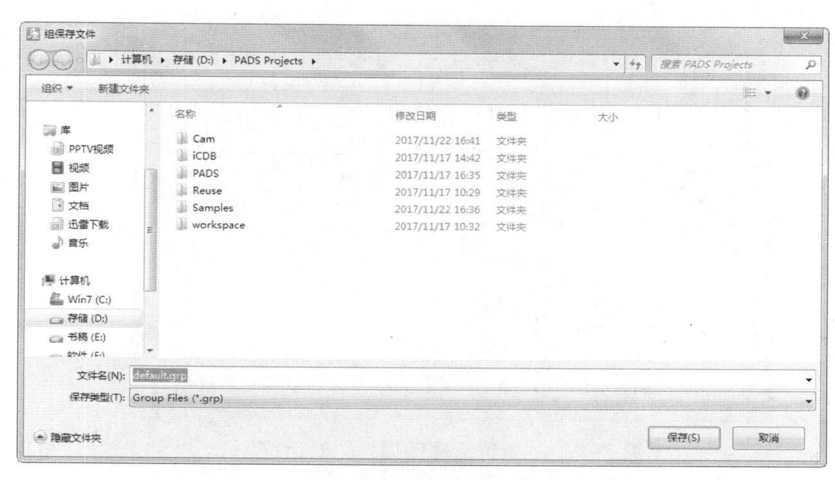

图 3-17　“组保存文件”对话框

- “从文件粘贴”：将在“将选择存入文件中”对话框中保存的组文件加载到图形文件编辑环境中，执行此命令，弹出图 3-18 所示的“加载组文件”对话框。
- “移动”：将选定的目标进行位置变动。当选定某一目标之后，它将会附属在鼠标指针上，然后移动鼠标指针到所希望的位置，单击鼠标即可。
- “删除”：从当前的设计中删除选择的对象。
- “复制”：不需要执行“粘贴”命令，直接复制选中对象。对比与上面“复制”命令的区别。
- “特性”：打开“元件特性”对话框，如图 3-19 所示，对所选择的对象进行一些信息查询和修改。

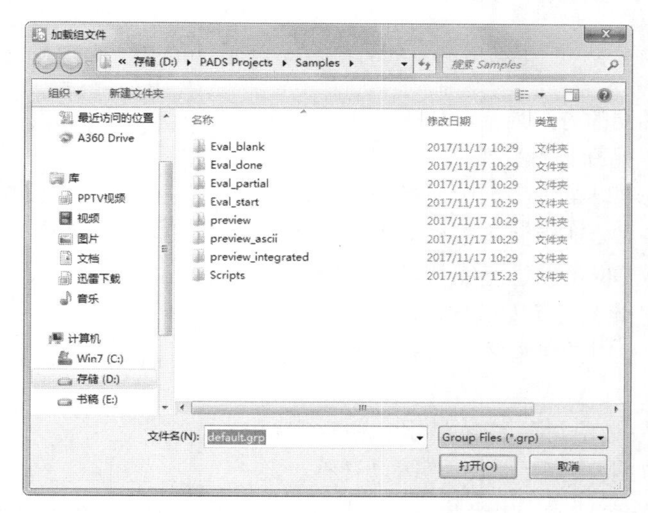

图 3-18　“加载组文件”对话框

图 3-19　“元件特性”对话框

- “属性管理器”：激活此功能之后，弹出图 3-20 所示的对话框，可以在其对话框里对当前的设计按其对话框中的分类进行属性列表编辑，也可按照要求来列出一张属性报表来。
- “在图页上全选”：选中图页上显示的所有对象。
- “在原理图上全选”：选中原理图上显示的所有对象。
- “筛选条件”：打开图 3-21 所示的对话框，选择所希望查找的对象类型，从“设计项目”、“绘图项”中选择希望被选择对象的表现形式。

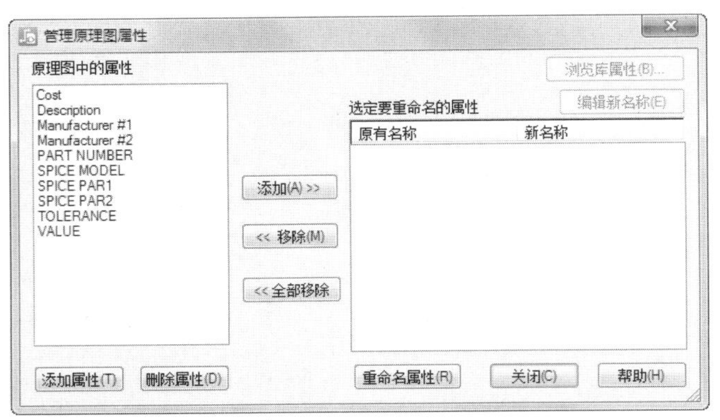

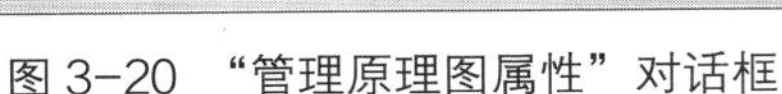
图 3-20 “管理原理图属性”对话框

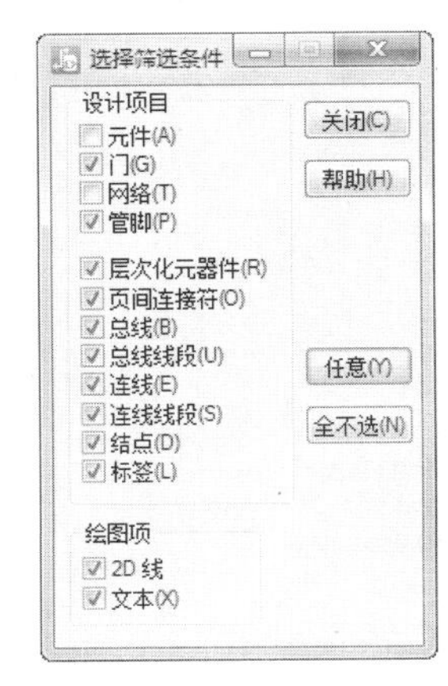

图 3-21 “选择筛选条件”对话框

- “选择信号管脚网络”：在弹出的对话框中显示原理图中的信号管脚网络。
- “插入新对象”：将文件内容、多媒体程序和各种图片以对象的形式插入到当前的设计中，并可直接在设计中单击插入的对象而启动对象的应用程序来打开或编辑它。
- “删除所有的 OLE 对象”：利用此功能可以删除掉当前所有的 OLE 目标（例如用 Insert New Object 插入的对象）。详情可参考本书第七章节。此功能只有在 PADS 3.0V 以上版本才具有。
- “链接”：当打开此对话框后，可以对当前设计的嵌入对象进行编辑。
- “对象”：这个功能菜单只有在当前的设计中用鼠标去激活某一 OLE 对象时才会有效，然后就可以对所选中的对象进行编辑和转换成不同的格式。

3.5.3 “查看”菜单

“查看”菜单主要用于对当前设计以不同的方式显示，如图 3-22 所示。

图 3-22 “查看”菜单

- “缩放”：当鼠标单击此菜单时，鼠标指针将变成为一个放大镜。单击鼠标左键时，整个设计画面将以单击点为中心进行放大，反之亦然；当单击鼠标右键时，整个设计画面将以单击点为中心进行缩小。在键盘上按数字键 9 或 3 也可以进行缩放，同时需要在小键盘处按“Numlock”键使键盘此刻处于非数字状态，否则操作将无效。直接单击“标准”工具栏中的“缩放”按钮也可进行缩放功能。
- “图页”：将当前设计以图框为最边沿进行整体显示，注意它跟“全局显示”的区别，在板框外如果还有元器件，“图页”不一定能显示出来，而“全局显示”却能全部显示出来。

- “全局显示”：将当前的设计以满屏显示出来，它以画面的对象为准而跟边界显示不一样。
- “选择”：选择对象。
- “重画”：将电脑的内存清理之后，重新将存在于内存之中的文件数据显示出来，当设计因修改或其他操作而使设计画面混乱时，可用此功能进行画面重整。
- “进入下一层”：在层次化电路中切换层，进入当前所在层的下一层。
- “进入上一层”：在层次化电路中切换层，进入当前所在层的上一层。
- “输出窗口”：激活此功能，打开“输出窗口”。
- “项目浏览器”：激活此功能，打开“项目浏览器”。
- “保存视图”：弹出图 3-23 所示的对话框，将当前设计的显示状态以文件的方式存盘。在其对话框中单击“捕获”后输入视图名称，如图 3-24 所示，则电脑就会将当前设计的显示状态存入新视图中。返回主菜单时，在主菜单“保存视图”的下面多了一个“视图 1”命令。不管在什么时候，只要在菜单中单击“视图 1”，则当前的设计就会以“视图 1”的形式显示出来。

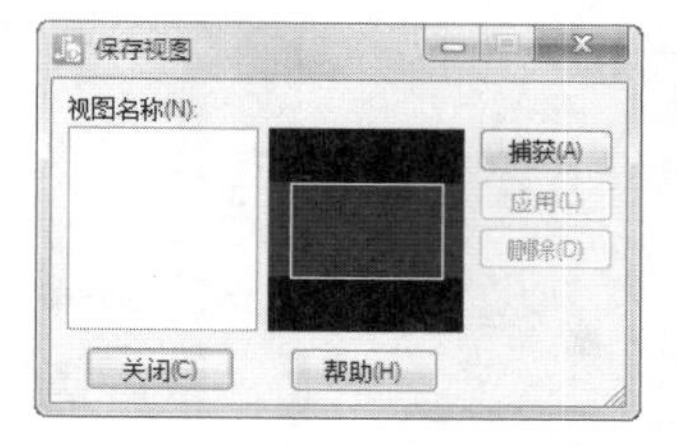

图 3-23　“保存视图”对话框

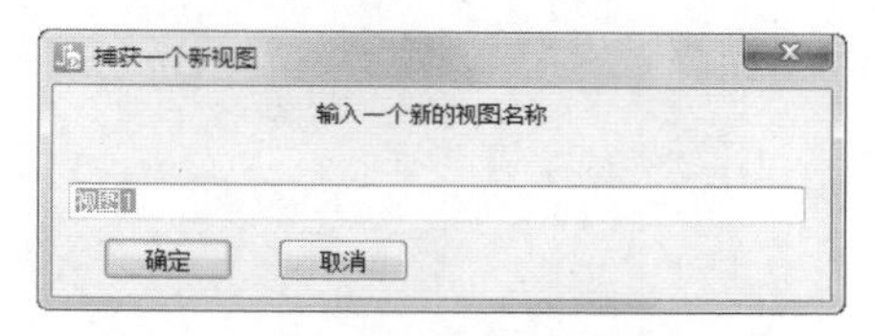

图 3-24　“捕获一个新视图”对话框

- “上一视图”：单击此功能可以返回到当前设计画面的前一个画面。
- “下一视图”：单击此功能可以返回到当前设计画面的后一个画面。

3.5.4　“设置”菜单

“设置”菜单主要用来对系统设计中各种参数的设置和定义。菜单图 3-25 所示。

- “图页”：设置编辑图纸编号。执行此命令弹出图 3-26 所示的“图页”对话框，可添加、删除、编辑已编号的图页。

图 3-25　“设置”菜单

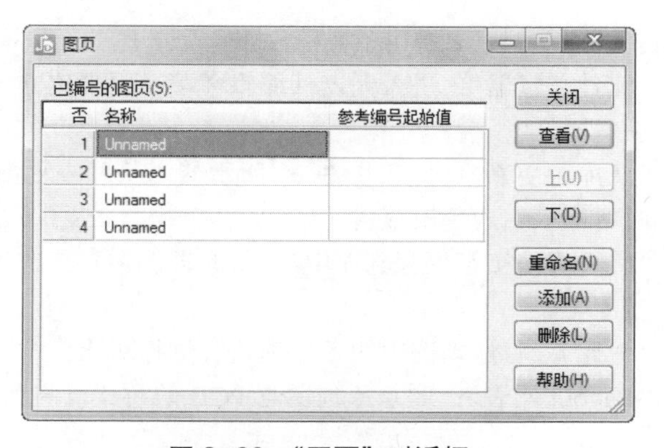

图 3-26　“图页”对话框

- “字体”：设置原理图中字体大小、样式，如图 3-27 所示。可在“默认字体”下拉列表中选择所需字体；同时可设置字体加粗、斜体、加下画线操作。

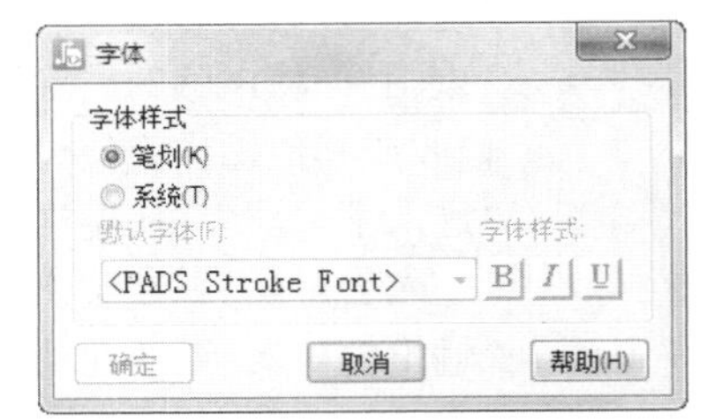

图 3-27 “字体”对话框

- “设计规则”：编辑设计过程中的规则。这是一个很重要的设置，在此对话框中可以对所设计的 PCB 进行规则约束的定义。例如线宽、线距，对高频电路可以定义任何一个网络的延时、阻抗、电容等。
- “层定义”：定义电路图中的层，弹出图 3-28 所示的“层设置”对话框。
- “显示颜色”：激活此功能菜单，可以对当前设计的各种目标进行颜色设置，如图 3-29 所示。用鼠标单击某一颜色块，然后再用鼠标单击所希望使用此颜色的目标即可。也可以用“调色板”调配自己喜欢的颜色，并可将当前的颜色设置在对话框的“配置”中保存为一个文件，供以后需要时调用。

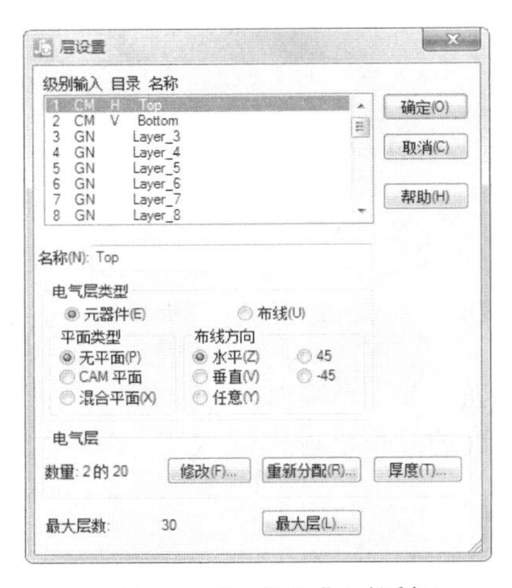

图 3-28 “层设置”对话框

图 3-29 “显示颜色”对话框

3.5.5 “工具”菜单

“工具”菜单为设计者提供了各种各样的设计工具，图 3-30 所示为 PADS Logic VX.2.2“工具”菜单。

- “元件编辑器”：进入元器件编辑环境，用来建立一个新的元器件或修改旧的元器件的一个编辑器。
- “从库中更新”：弹出图 3-31 所示的“从库中更新”对话框，从元器件库中自动更新，同时可即刻生成更改报告。
- “将页间连接符保存到库中”：将原理图中存在的项目，包括电源、接地、页间连接符保存到库中。
- “对比”：将原理图中的各选项依次进行对比。
- “Layout 网表”：联系原理图与 PCB 的桥梁，将前者导出到后者中，弹出图 3-32 所示的对话框。
- “SPICE 网表”：完成原理图的导出，建立与另一种 SPICE 文件的对应链接。

- “PADS Layout”：打开“PADS Layout”，进行印制电路板设计。

图 3-30　“工具”菜单

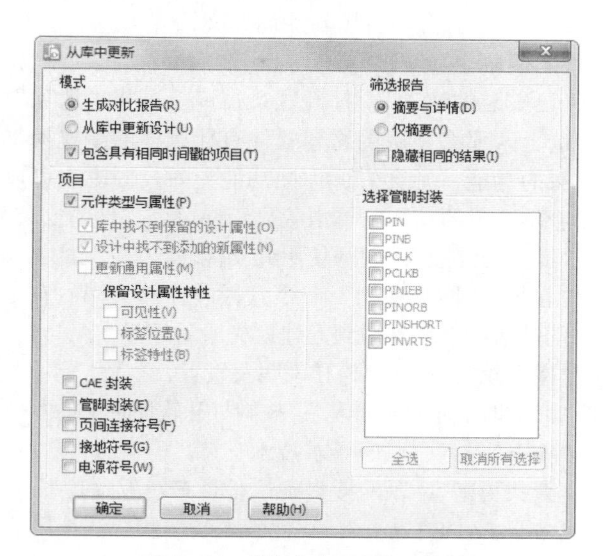

图 3-31　“从库中更新”对话框

- “PADS Router”：打开“PADS Router”，进行电路板布线设计。
- “宏”：进行宏设计，根据自己的需求建立快捷宏键。
- “基本脚本”：设置加载不同版本的基本脚本文件。
- “自定义”：在弹出的图 3-33 所示的对话框中可以设置工具栏、菜单栏等基本界面显示操作。

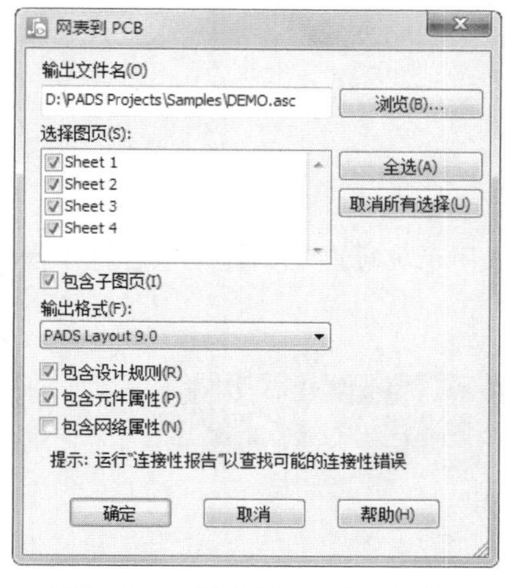

图 3-32　“网表到 PCB”对话框

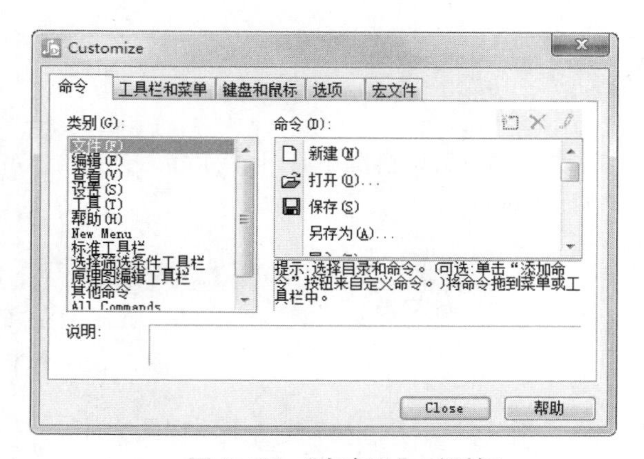

图 3-33　“自定义”对话框

- “选项”：分别有“常规”“设计”“文本”“线宽”四大类基本设置，详情参考相关章节。

3.5.6　“帮助”菜单

从“帮助”菜单中可以了解不知道的疑难问题答案，如图 3-34 所示。

- “打开 PADS Logic 帮助”：如果对 PADS 的使用有什么疑难问题，那么就请打开。
- “文档”：打开网页版功能简介文档。
- “无模命令”：打开 PADS Logic 向导文件。
- “已安装的选项”：打开这个窗口，可将“选项”窗口中的选项都选上，那么使用的这套软件有什么样的配置就很清楚了。如果没有的功能，则会告诉你此功能无效，同时也可以在这里关掉那些看不顺眼的功能。单击版显示许可证文件的安装路径。
- “提交增强版”：联网使用此功能。
- “教程”：同“文档”命令打开同样的文档。有些问题很多用户特别是新用户经常碰到，建议先看看这里。
- “接口规范”：库 AS II 说明及设置。
- “启动时显示欢迎屏幕”：控制打开软件时主界面是否显示欢迎屏幕。
- “Web 支持”：联网寻求技术支持。
- “查找更新”：联网搜索确认是否有新版本。
- “关于 PADS Logic”：软件版本及一些合法使用的说明。

图 3-34 “帮助”菜单

3.6 工具栏

在工具栏中收集了一些比较常用功能的图标以方便用户操作使用。同所有的标准 Windows 应用软件一样，PADS Logic 采用的是标准的按钮式工具。但有别于其他软件的是，本软件基础工具栏只有“标准工具栏”，在标准工具栏中又衍生出两个子工具栏“原理图编辑工具栏”和“选择筛选条件工具栏”。

下面就对各工具栏进行一一说明。

3.6.1 标准工具栏

启动软件，默认情况下打开“标准工具栏”，如图 3-35 所示。标准工具栏中包含基本操作命令，下面进行简单说明。

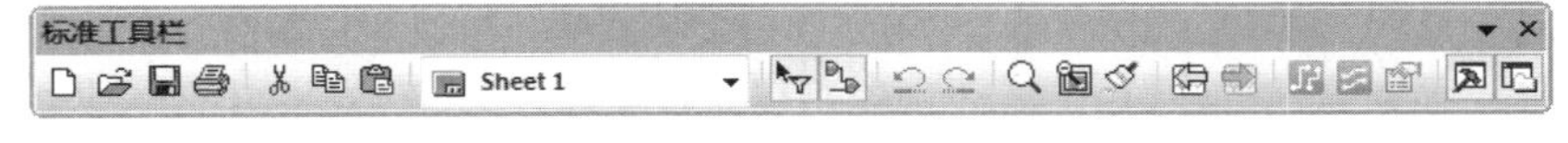

图 3-35 标准工具栏

- “新建”图标：新建一个原理图文件。
- “打开”图标：打开一个原理图文件。
- “保存”图标：保存原理图文件。
- “打印”图标：打印原理图文件。
- “剪切”图标：剪切原理图中的对象，包括元器件、导线等。
- “复制”图标：复制原理图中的对象，包括元器件、导线等。
- “粘贴”图标：粘贴原理图中的对象，包括元器件、导线等。
- “图页选择”图标：在下拉列表中显示图纸名称。

- “选择工具栏”图标：单击此按钮，打开“选择筛选工具栏”，可利用此工具栏中按钮进行原理图编辑。
- “原理图编辑工具栏”图标：单击此按钮，打开“原理图编辑工具栏”，可利用此工具栏中按钮进行原理图绘制。
- “撤销”图标：撤销上一步操作。
- “重做”图标：重复撤销的操作。
- “缩放模式”图标：单击此按钮，鼠标指针变成形状，在空白处单击，适当缩放图纸。
- “图页”图标：全部显示图纸。
- “刷新”图标：刷新视图。
- “上一视图”图标：快捷查看当前的视图或上一个视图。
- “下一个类型”图标：快捷查看当前的视图或下一个视图。
- “PADS Layout”图标：单击此按钮图标打开“PADS Layout”，进行印制电路板设计。
- “PADS Router”图标：单击此按钮图标打开“PADS Router”，进行电路板布线设计。PADS Router 与 PADS Layout 工具类似，也是进行电路板设计的工具。
- “Layout/Router Link 特性”图标：连接“PADS Layout”、“PADS Router”。
- “输出窗口”图标：单击此按钮，打开“输出窗口”。
- “项目浏览器”图标：单击此按钮，打开“项目浏览器”。

3.6.2 原理图编辑工具栏

单击“标准”工具栏中的“原理图编辑工具栏”按钮，打开图 3-36 所示的“原理图编辑工具栏”，将浮动的工具栏拖动添加到菜单栏下方，以方便原理图设计。

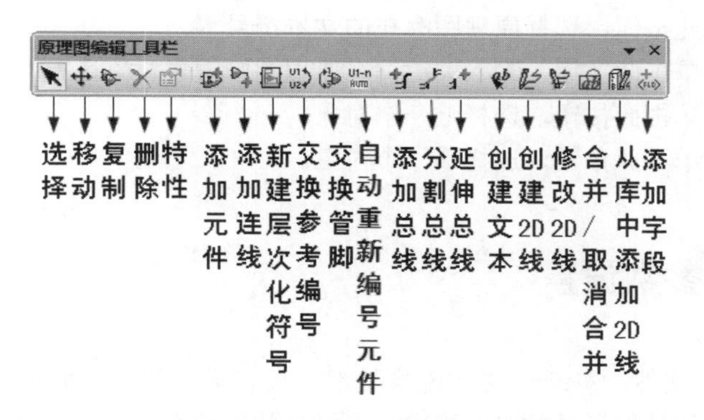

图 3-36　原理图编辑工具栏

3.6.3 选择筛选条件工具栏

单击“标准”工具栏中的“选择工具栏”按钮，打开图 3-37 所示的工具栏，将浮动的工具栏拖动添加到菜单栏下方，以方便原理图设计。

各按钮选项功能介绍如下。

- 任意：单击此按钮，可在原理图中选择任意对象。

- 全不选：单击此按钮，禁止在原理图中选择对象。

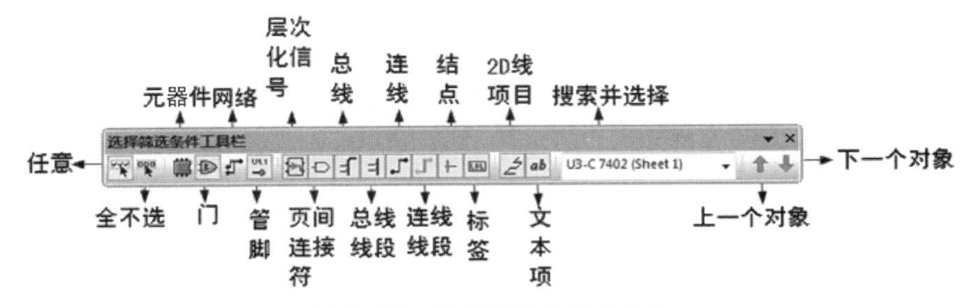

图 3-37　选择筛选条件工具栏

- 元器件：单击此按钮，选择原理图存在的元器件。
- 门：单击此按钮，选择原理图存在的门单元。
- 网络：单击此按钮，选择原理图存在的网络标签。
- 管脚：单击此按钮，选择原理图存在的管脚单元。
- 层次化信号：单击此按钮，选择原理图中层次化信号，本按钮只适用于层次电路。
- 页间连接符：单击此按钮，选择原理图存在的页间连接符。
- 总线：单击此按钮，选择原理图存在的总线符号。
- 总线线段：单击此按钮，选择原理图存在的总线线段符号。
- 连线：单击此按钮，选择原理图存在的电气连接。
- 连线线段：单击此按钮，选择原理图存在的电气连线线段。
- 结点：单击此按钮，选择原理图存在的电气结点。
- 标签：单击此按钮，选择原理图存在的标签符号。
- 2D 线项目：单击此按钮，选择原理图存在的 2D 线。
- 文本项：单击此按钮，选择原理图存在的文本符号。
- 搜索并选择：单击此按钮，输入关键词在原理图中搜索对象选中。
- 上一个对象：单击此按钮，选择上一个对象。
- 下一个对象：单击此按钮，选择下一个对象。

3.7 PADS Logic 参数设置

对于应用任何一个软件，重新设置环境参数都是很有必要的。一般来讲，一个软件安装在系统中，系统都会按照此软件编译时的设置为准，通常称软件原有的设置为默认值，有时将习惯也称为默认值。

对于一个应用软件，在众多的使用者之间会因为习惯不同而需要设置不同的环境参数，同时也会因为设计的要求各异而改变原有的设置。不管是哪一种情况，PADS Logic 的环境参数设置与设计参数设置均为用户提供了一个广阔的设置空间。 本节针对实用性，主要详细介绍的参数设置如下所示。

- 图页设置。
- 显示颜色设置。
- 优先参数设置。

3.7.1 图页设置

1. 图纸绘制的两种方法

对于一个大的工程设计，往往需要很多的工程图纸才能绘制完全部的工程设计图。鉴于这种情况，一般会采用两种方法。

（1）采用层次结构：这种方法就是将整个设计在总图中划分为多个模块，这些模块与总图之间并不是孤立的，而是采用一定的设计手段使它们保持一定的逻辑关系，然后分别对每一个模块进行绘制。

（2）分页法：将整个设计分成多张图纸进行绘制，而每张图纸的逻辑关系主要靠网络标号来联结。

总之，不管采用哪一种方式，都难免要进行对图纸的增加与减少等方面的管理，这就需要对其进行设置。在图3-2所示的主菜单中单击“设置”→“图页”，则弹出图3-38所示的“图页”设置窗口。

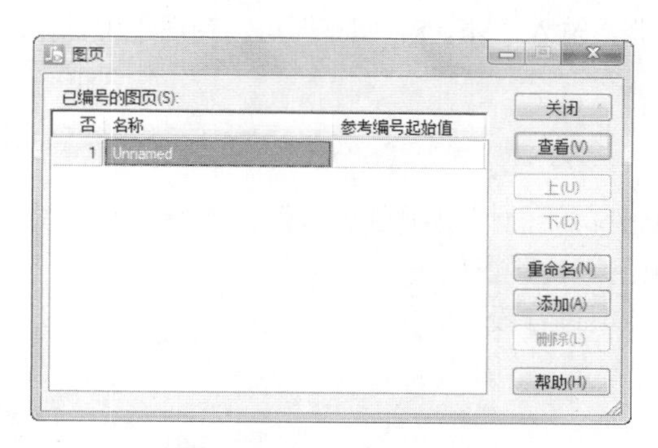

图3-38 “图页”设置

2. 设置窗口

从图3-38中可知，整个“图页”设置窗口可分为两大部分。

（1）图纸的命名：在窗口中的“已编号的图页”下可以对图纸进行排序，“否”为固定排序，不可以更改。同时可以对每一张图纸进行命名，图纸的命名部分为可编辑区，可任意改动内容和交换命名。

（2）功能键部分：在窗口的右边一共提供了8个功能键，用来对图纸的命名进行编辑，分别如下。

- 查看：当从窗口左边的命名区选择某一张图纸时，可以利用此功能键查看该张图纸上的电路图情况。
- 上：当有了多张图之后，有时需要重新排列图纸的顺序，这种要求可能是查看方便或打印需要。使用“上”功能或“下”功能就可以自由地交换每一张图纸的相对顺序。
- 下：其功能参照“上”。
- 重命名：可以对每张图纸的名称进行修改。
- 添加：当现有图纸不能完成整个设计的需求时，使用此功能添加新的图纸。PADS Logic 允许用户为一个原理图设置多达1 024张图纸。
- 删除：对当前多余的图纸进行删除。
- 帮助：如果有不明白的地方，单击此按钮寻找所需答案。
- 关闭：单击此按钮，关闭对话框。完成添加图之后，在“项目浏览器”中会显示新添加的图纸，如图 3-39 所示，即当前为原理图新添加的“Sheet 2”后的项目浏览器状态。单击“标准工具栏”中的选择图纸按钮，切换图纸，如图 3-40 所示。

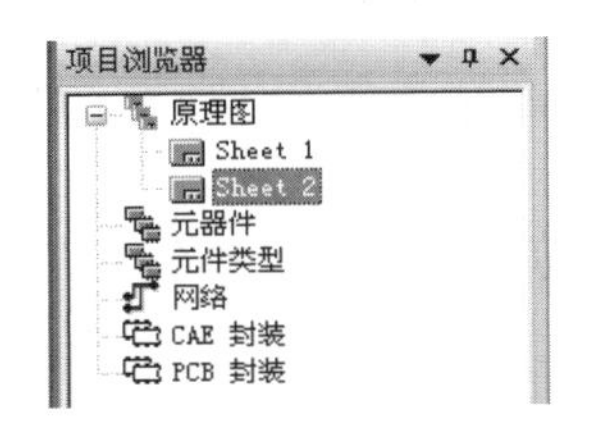

图 3-39　项目浏览器

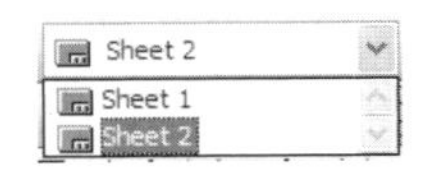

图 3-40　切换图纸

除了对图纸的适当设置可以给设计带来方便外，很多时候使用快捷键或快捷命令是最方便的。比如在设计中，经常会改变当前显示图纸，一般情况下都是在工具栏中去单击所需的图纸，当设计图纸少量时并没多大不便，但是图纸太多时就会显得太麻烦。这时如果使用快捷命令“Sh”就省事多了。比如需要交换当前图纸到第 5 张，输入“Sh　5”回车即可，当然也可以输入图纸名称，如“Sh PADS”。

3.7.2　颜色设置

PADS Logic 提供了一个多功能的环境颜色设置器，选择菜单栏中的“设置”→“显示颜色”，弹出图 3-41 所示的“显示颜色”设置窗口。

在此窗口中可以对下列各项进行设置。

- 背景。
- 选择。
- 连线。
- 总线。
- 线。
- 元件。
- 层次化器件。
- 文本。
- 参考编号。
- 元件类型。
- 元件文本。
- 管脚编号。
- 网络名。
- 字段。

图 3-41　“显示颜色”设置窗口

在进行颜色设置时，首先从窗口的最上面“选定的颜色”下选择一种颜色，然后单击所需设置项后颜色块即可将其设置成所选颜色。PADS Logic 一共提供了 32 种颜色供选择设置，但这并不一定可以满足所有用户的需求，这时可以选择窗口右边的“调色板”来自己调配所需颜色。

假如希望调用系统默认颜色配置，单击“配置”下拉窗口选择其中一个即可。

3.7.3　优先参数设置

选择菜单栏中的“工具”→“选项”命令，进入优先参数设置。这项设置针对设计整体而言，在里面设置的参数拥有极高的优先权。而这些设置参数几乎都与设计环境有关，有时也可称其为环境参数设置，在“选项”设置中总共有四大部分设置。

1. “常规”参数设置

选择菜单栏中的“工具”→“选项”命令，则弹出优先参数设置窗口。单击“常规”选项，则系统进入了“常规”参数设置界面，如图3-42所示。

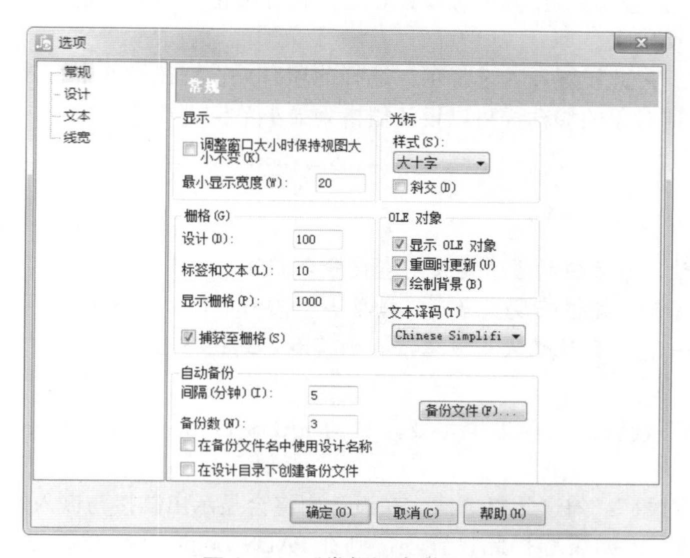

图3-42 “常规”参数设置

从图3-42中可知“常规”参数设置共有6个部分，分别如下。

（1）“显示”设置。

- “调整窗口大小时保持视图大小不变”：勾选此复选框，当调整查看窗口设置时，系统维持在窗口中的屏幕比例。
- “最小显示宽度”：默认设置为20。

（2）“光标”设置：在这类设置中，可以对鼠标指针的风格进行设置，鼠标指针风格有以下4种可供选择。

- 正常。
- 小十字。
- 大十字。
- 全屏。

一般情况下系统默认的设置鼠标指针都是大十字，但可以通过选择下面的“斜交”复选框使鼠标指针改变为倾斜十字鼠标指针显示。

（3）“栅格”设置：在PADS Logic中有两类栅格，即设计栅格和显示栅格。在这类设置中一共有4项设置，如下所示。

- “设计”：设计栅格主要用于控制设计过程中，比如放置元器件和连线时所能移动的最小单位间隔，用于绘制项目，如多边形、不封闭图形、圆和矩形。如果最小的栅格设置是2 mil（密耳，千分之一英寸），那么所绘制图形各边之距离一定是2 mil的整数倍。可以在任何模式下通过直接命令来设置设计栅格，也可选择主菜单中“工具”→“选项”命令，并且选择设计表可以观察到当前的设计栅格设置情况。默认设置为100。

- “标签和文本”：标签和文本大小。
- “显示栅格”：在设计画面中，显示栅格是可见的，如果不能看见，则是因为显示栅格点阵值设置得太小（显示栅格值设置范围为10～9 998）。显示栅格在设计中只具有辅助参考作用。它并不能真正地去控制操作中移动的最小单位。鉴于显示栅格的可见性，可以设置显示点栅格与设计栅格相同或可以设置它为设计栅格的倍数，这样就可以通过显示栅格将设计栅格体现出来。
- “捕获至栅格”：此设置项为选择项，选择此项有关设置在设计中有效。当此设置项在设计有效时，任何对象的移动都将以设计栅格为最小单位进行移动。

小技巧

设置显示栅格最简单方便的方法是使用直接命令GD。

有时为了关闭显示点栅格而设置显示点栅格小于某一个值。但这并不是真正地取消，除非用缩放（Zoom）将一个小区域放大很多倍，否则将看不到栅格点。

（4）“OLE对象”设置：这项设置主要是针对PADS Logic中的链接嵌入对象，一共有3项设置，如下所示。

- “显示OLE对象”：勾选此复选框，在设计中将会显示出链接与嵌入的对象。
- “重画时更新”：如果选择此设置项，则在PADS Logic链接对象的目标应用程序中编辑PADS Logic的链接对象时，可以通过刷新来使链接对象自动更新数据。
- “绘制背景”：此设置项设置为有效时，可以通过PADS Logic中“设置”→“显示颜色”菜单命令来设置PADS Logic中嵌入对象的背景颜色。如果此设置无效，嵌入对象将变为透明状。

（5）“文本译码”设置：默认选择“Chinese Simplifise”。

（6）“自动备份”设置：PADS Logic软件自从进入Windows版之后，在设计文件自动备份功能上采用了更为保险和灵活的办法。下面就来看看其相关的设置。

- “间隔（分钟）”：当设置好自动备份文件个数之后，系统将允许设置每个自动备份文件之间的时间距离（设置范围为1～30分钟）。在设置时并不是时间间隔越小越好，当然间隔越小，自动备份文件的数据就越接近当前的设计，但是这样系统就会频繁地进行自动存盘备份，从而大大影响了设计速度，导致在设计过程中出现暂时挡机状态。
- “备份数”：PADS Logic的自动备份文件的个数可以人为地设置，允许的设置个数范围是1～9。这比早期的PADS软件只有一个自动备份文件要保险得多。在设置自动备份文件个数时并非越多越好，正确的设置应配合间隔时间来进行。
- “备份文件”：默认的自动备份文件名是LogicX.sch，可以通过此项设置来改变这个默认的自动备份文件名。单击此按钮，则弹出图3-43所示窗口，窗口中PADS Logic（0～3）为默认的自动备份文件名。

2. “设计”参数设置

单击图3-42中“设计”选项便可进入“设计”参数设置，如图3-44所示。

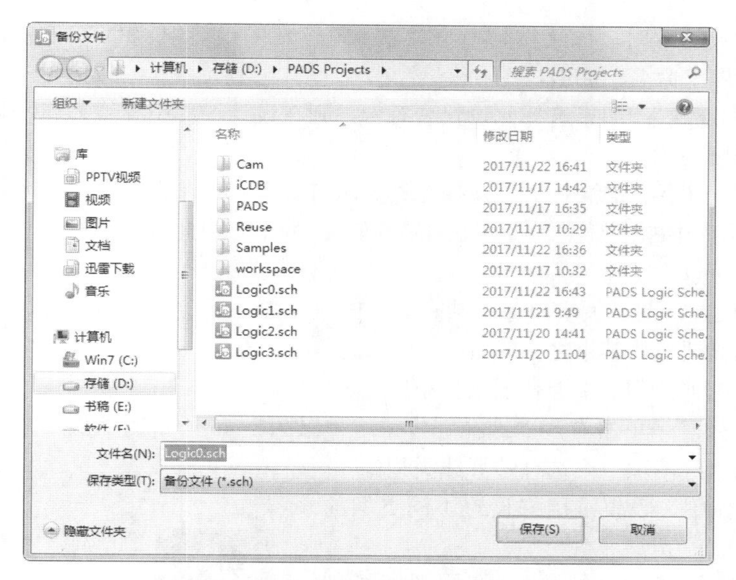

图 3-43　改变默认的自动备份文件名

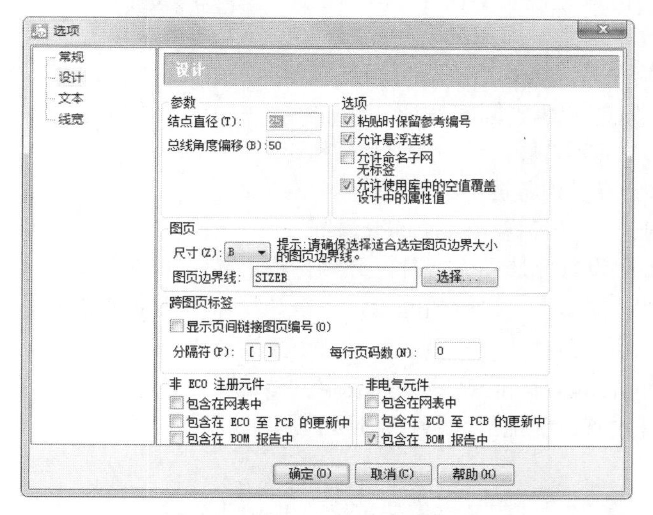

图 3-44　“设计”参数设置

“设计”参数设置主要是针对在设计过程中用到的一些相关设置，比如绘制原理图纸张的大小、粘贴块中元器件的命名等。从图 3-44 所示可知，相关设置一共有 6 部分，介绍如下。

（1）“参数”设置。

- “结点直径”：在绘制原理图中有很多的相交线，两个网络线相交，如果在相交处没有结点，这表示它们并没有任何链接关系，但如果有结点，则表示这两个相交网络实际上是同一网络，这个相交结点直径的大小就是设置项后的数值。
- “总线角度偏移”：设置总线拐角处的角度，其值范围是 0 ～ 250。

（2）“选项”设置。

- “粘贴时保留参考编号”：如果选择此设置项有效，则当粘贴一个对象到设计中时，PADS Logic 将维持对象中原有的元器件参考符（如元器件名），但如果跟当前的设计中元器件名有冲突时，系统将自动重新命名并将这个重新命名的信息在默认的编辑器中显示出来。

当关闭此设置项时，如果粘贴一个对象到一个新的设计中，PADS Logic 将重新以第一个数字为顺序来命名，如 U1。

- "允许悬浮连线"：如果选择此设置项有效，则在设计过程中导线为连线呈现悬浮状态也可以实现连接。
- "允许命名子网络标签"：如果选择此设置项有效，可以在设计中重新命名网络标签。
- "允许使用库中的空值覆盖设计中的属性值"：如果选择此设置项有效，则元器件属性在设置过程中可以为空值。

（3）"图页"设置：图纸大小尺寸一共有 A、B、C、D、E、A4、A3、A2、A1、A0 和 F 这 11 种可供选择，根据需要选择其中之一即可。

- "尺寸"：在下拉列表中选择图纸大小。
- "图页边界线"：单击右侧"选择"按钮，弹出图 3-45 所示的"从库中获取绘图项目"对话框，在"绘图项"中选择边界线类型。

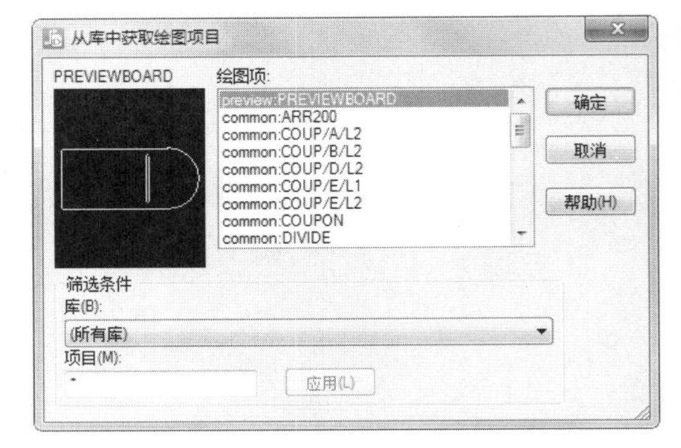

图 3-45 "从库中获取绘图项目"对话框

（4）"跨图页标签"设置：用来设置不同页间的连接符。

- "显示页间链接图页编号"：在原理图绘制中，如果绘制的原理图页数大于 2，则经常会出现分别位于两张不同图纸上的元器件之间的逻辑连接关系。这就需要靠页间连接符来进行连接。但是页间连接符只能连接不同页间的同一网络的元器件脚，当看到一个页间连接符但并不知道在其他各页图纸中是有同一网络，为了做到这一点就需要用到页间分隔符。
- "分隔符"：如果设置此选项无效时，分隔符将不显示在设计中。
- "每行页码数"：文本框中设置的是设定一个分离器中所最多能包含的页数，如果页码数大于这个数，则系统会自动分配显示在另一个分离器中。

（5）非 ECO 注册元件设置：非 ECO 注册元器件适应范围。

（6）非电气元器件设置：非电气元器件适应范围。

3. "文本"设置

"文本"的设置主要针对设计中文本类型对象。单击图 3-42 所示的"文本"选项进入文本设置窗口，如图 3-46 所示。

文本高度的设置只需要在其对应项中输入设置数据即可。有关"文本"类中包括的设置对象介绍如下。

- 管脚编号。
- 管脚名称。
- 参考编号。
- 元件类型。
- 属性标签。
- 其他文本。
- 属性标签。
- 其他文本。

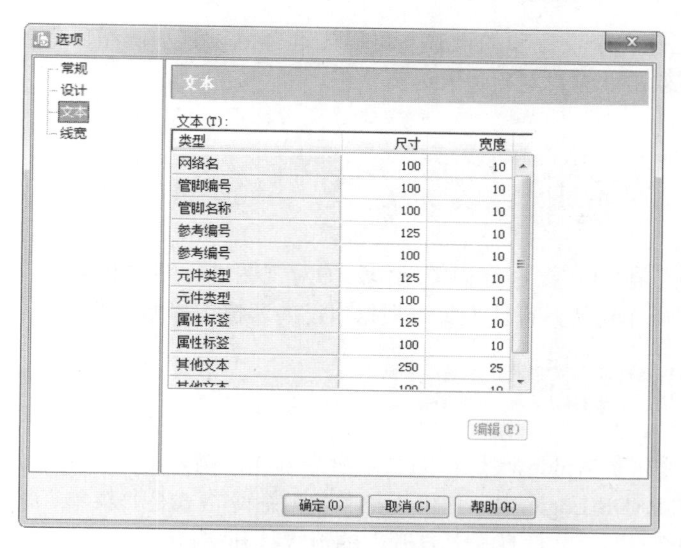

图 3-46　文本的设置

如果需要改变上述各个设置项的设置，可以先选择欲设置项，然后单击“编辑”按钮进行编辑，更快捷的方式是双击欲编辑对象进入编辑状态。

4. “线宽”设置

“线宽”的设置主要针对设计中线性类型对象。单击图 3-42 所示的“线宽”选项进入“线宽”设置窗口，如图 3-47 所示。

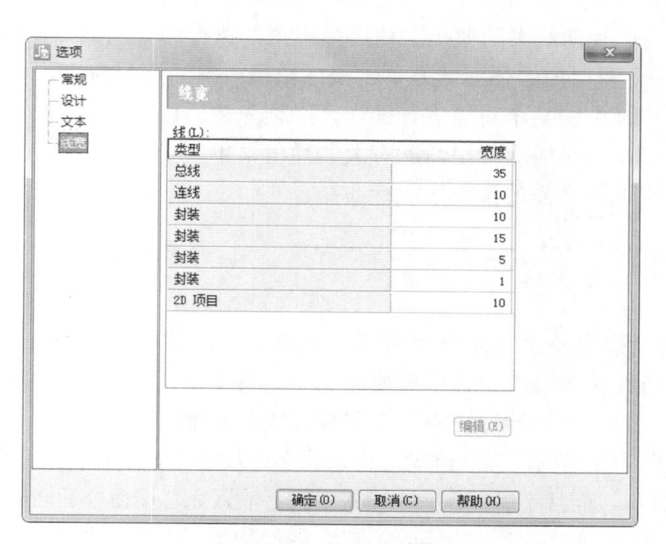

图 3-47　线宽的设置

宽度的设置只需要在其对应项中输入设置数据即可。有关“线宽”中所包括的设置对象介绍如下。

- 总线。
- 连线。
- 封装。
- 2D 项目。

如果需要改变上述各个设置项的设置，可以先选择欲设置项，然后单击“编辑”按钮进行编辑，更快捷的方式是双击欲编辑对象进入编辑状态。

3.8 视图操作

在设计原理图时，常常需要进行视图操作，如对视图进行缩放和移动等。PADS Logic 为用户提供了很方便的视图操作功能，设计人员可根据自己的习惯选择相应的方式。

3.8.1 PADS Logic 的交互操作过程

PADS Logic 使用标准 Windows 风格的菜单命令方式，例如用弹出菜单、快捷键、工具栏和工具盒执行命令等。在 PADS Logic 中，使用下拉菜单的命令格式是“菜单 / 命令”。例如，使用“文件”菜单中的“打开”，即“文件”→“打开”的形式打开文件。

3.8.2 使用弹出菜单执行命令

PADS Logic 除了使用菜单来执行某个命令外，也可以通过单击鼠标右键，从弹出菜单中选择子菜单来执行某个命令。PADS Logic 最大的特点就是不管是工具栏还是菜单，均采用层叠式结构，这种层叠的结构方式非常方便直观，易学易用。在设计过程中不管处于哪一个操作模式下，都可以单击鼠标右键，系统会弹出与当前操作有关的菜单供选择。也就是说，在具体操作某一功能时单击鼠标右键就可以激活与此功能相关的菜单。使用弹出菜单执行命令的具体操作步骤如下。

（1）在 PADS Logic 窗口内的任何地方单击鼠标左键，激活这个窗口。

（2）如果需要对设计中的某个对象进行操作，必须先激活此对象。

（3）单击鼠标右键，则系统会弹出与此有关的弹出菜单。

（4）从弹出菜单中选择所需的菜单来执行命令。

3.8.3 直接命令和快捷键

直接命令亦称为无模命令，它的应用能够大大提高工作效率。因为在设计过程中有各种各样的设置，但是有的设置经常会随着设计的需要而变动，甚至在某一个具体的操作过程中也会多次改变。无模命令通常用于那些在设计过程中经常需要改变的设置。

直接命令窗口是自动激活的，当从键盘上输入的字母是一个有效的直接命令的第一个字母时，直接命令窗口自动激活弹出，而且不受任何操作模式限制。输入完直接命令后回车即可执行直接命令。

直接按键盘中的 M，弹出图 3-48 所示的右键快捷菜单，可直接选择菜单上的命令进行操作。

直接按键盘中的“S R1”，弹出“无模命令”对话框，如图 3-49 所示，单击回车键，在原理图中查找元器件 R1，并局部放大显示该元器件。

注意

对话框中输入的命令中“R1”为元器件名称，与前面的无模命令间有无空格均可。

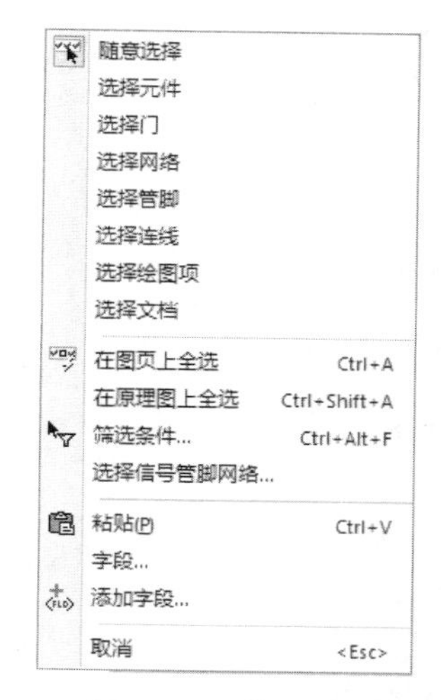

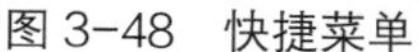

图 3-48　快捷菜单

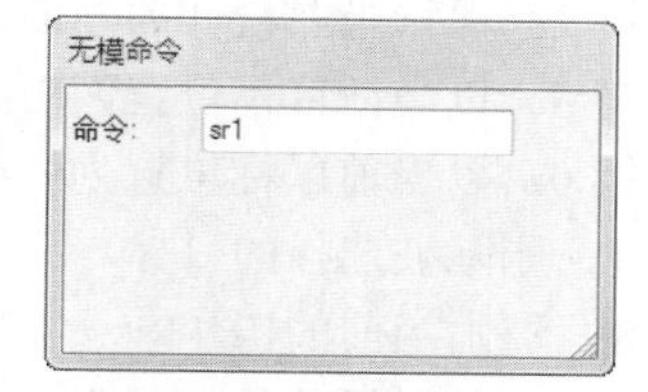

图 3-49　“无模命令”对话框

快捷键允许通过键盘直接输入命令及其选项。PADS Logic 应用了大量的标准 Windows 快捷键，下面介绍几个常用的快捷键的功能。

- Alt-F 键：用于显示文件菜单等命令。
- Esc 键：取消当前的命令和命令序列。

有关 PADS Logic 中所有快捷键的介绍请参考在线帮助，记住一些常用的快捷键能使设计变得快捷而又方便。

3.8.4　键盘与鼠标使用技巧

PADS Logic 除了使用菜单、工具栏及鼠标右键快捷命令等方法外，还有一些可以使用鼠标与键盘来执行的快捷方法，下面一一介绍。

（1）利用鼠标进行选择或高亮设计对象。

- 单击取消已经被选择的目标。
- 利用右键打开当前可选择的操作。
- 在设计空白处单击鼠标左键可取消已选择的目标。

（2）添加方式选择：按住 Ctrl 键不放同时用鼠标左键选择另外的对象，并可进行重复选择。

（3）包括多个选择对象时，若需要取消选择某项目，将鼠标指针放在被选择目标上，按住 Ctrl 键的同时单击鼠标左键，被选择目标将变为不被选择状态。

（4）鼠标的一些其他有效的选择方式。

- 选择管脚对（Pin Pairs）=Shift+ 选择连线。
- 选择整个网络（Nets）=Click+F6。
- 选择一个网络上的所有管脚（Pine）=Shift+ 选择管脚（Pin）。
- 选择多边形（Polygon）所有的边 =Shift+ 选择多边形一条边。
- 在多个之间选择 = 选择第一个之后按 Shift。

但是对于某些操作来讲，鼠标就可能不如键盘那么方便。比如在移动元器件或走线时希望按照设计栅格为移动单位进行移动，利用键盘每按一下就移动一个设计栅格，所以定位非常准确，而鼠标就没那么方便。当然进行远距离移动或无精度坐标移动，键盘同样不能与鼠标相比。

下面就一些有关键盘右边数字小键盘的一些相关操作介绍如下。

- 数字键 7：用于显示当前设计全部。
- 数字键 8：向上移动一个设计栅格。
- 数字键 9：以当前鼠标位置为中心进行放大设计。
- 数字键 4：保持当前设计的画面比例，将设计向左移动一个设计栅格。
- 数字键 6：向右移动一个设计栅格。
- 数字键 1：刷新设计画面。
- 数字键 2：保持当前设计的画面比例，将设计向下移动一个设计栅格。
- 数字键 3：以当前鼠标位置为中心缩小当前设计。
- 数字键 0：以当前鼠标位置为中心保持比例重显设计画面。
- Del 键：删除被选择的目标。
- Esc 键：取消当前的操作。
- Tab 键：对被激活的目标或者激活范围内的目标进行选择。
- 键盘上的其他键与数字小键盘上的同名键功能相同。Page Up 键等同于数字小键盘中的 PgUp 键，Page Down 键等同于数字小键盘中的 PgDn 键，Home 键等同于数字小键盘中的 Home 键，End 键等同于数字小键盘中的 End 键，Insert 键等同于数字小键盘中的 Ins 键，Delete 键等同于数字小键盘中的 Del 键。

3.8.5 缩放命令

有几种方法可以控制设计图形的放大和缩小。

使用两键鼠标可以打开和关闭缩放图标。在缩放方式下，鼠标指针的移动将改变缩放的比例。使用三键鼠标时，中间键的缩放方式始终有效。

放大和缩小是通过将鼠标指针放在区域的中心，然后拖出一个区域进行的。

为了进行缩放，可按如下步骤操作。

（1）在工具栏上选择“缩放”图标。如果使用三键鼠标，则直接跳到第（2）步，使用中间键替代放大步骤和缩小步骤中的鼠标左键。

（2）放大：在希望观察的区域中心按住鼠标左键，向上拖动鼠标指针，即远离你的方向，随着鼠标指针的移动，将出现一个动态的矩形，当这个矩形包含了希望观察的区域后，松开鼠标即可。

（3）缩小：重复第（2）步的内容，但是拖动的方向向下或向着你的方向。一个虚线构成的矩形就是当前要观察的区域。

（4）按缩放方式图标结束缩放方式。

3.8.6 状态窗口

使用状态窗口进行缩放或取景。状态窗口显示了当前观察区域和原理图绘图区域的相对位置。

1. 使用状态窗口取景

（1）如果状态窗口现在没有打开或不可见，则可以按 Ctrl+Alt+S 组合键打开状态窗口。

（2）在状态窗口内，可以看到一个绿色的区域，为当前观察区域，PADS Logic 窗口内的动作会在这里体现。取景会在状态窗口内进行相应匹配。

（3）为了使用状态窗口进行取景，可以按住鼠标左键，平滑地在状态窗口内移动鼠标指针，就可以平移视图，从而实现所需要的取景操作。

2. 使用状态窗口缩放

（1）如果状态窗口现在没有打开或不可见，则可以按 Ctrl+Alt+S 组合键打开状态窗口。

（2）在状态窗口内，可以看到一个绿色的区域，为当前观察区域，PADS Logic 窗口内的动作会在这里体现。取景会在状态窗口内进行相应匹配。

（3）为了使用状态窗口进行缩放操作，可以按住鼠标右键，在状态窗口内用鼠标指针拖出一个视窗矩形（绿色区域）就可以对鼠标指针拖出的窗口视图实现缩放操作，注意观察这个区域是怎样代表所定义的区域的。

在使用状态窗口时，选择菜单栏中的“工具”→“选项”命令，设置缓冲大小，从而调节视图的放大缩小操作的速度。

3.9 思考与练习

思考 1．PADS Logic VX.2.2 有几个菜单命令，分别是什么？

思考 2．PADS Logic VX.2.2 参数如何设置？

练习 1．使用 3 种方法启动 PADS Logic VX.2.2。

练习 2．实际演练如何缩放 PADS Logic VX.2.2 中的对象。

Chapter 4

第4章 PADS Logic VX.2.2 原理图设计

本章主要介绍在 PADS Logic 图形界面中进行原理图设计，原理图中有两个基本要素：元器件符号和线路连接。绘制原理图的主要操作就是将元器件符号放置在原理图图纸上，然后用线将元器件符号中的管脚连接起来，建立正确的电气连接。如何将二者有机联系，对原理图设计有着至关重要的作用，需要多加学习和练习。

学习重点

- PADS Logic VX.2.2 的环境设置
- PADS Logic VX.2.2 编辑元器件
- PADS Logic VX.2.2 电气连接

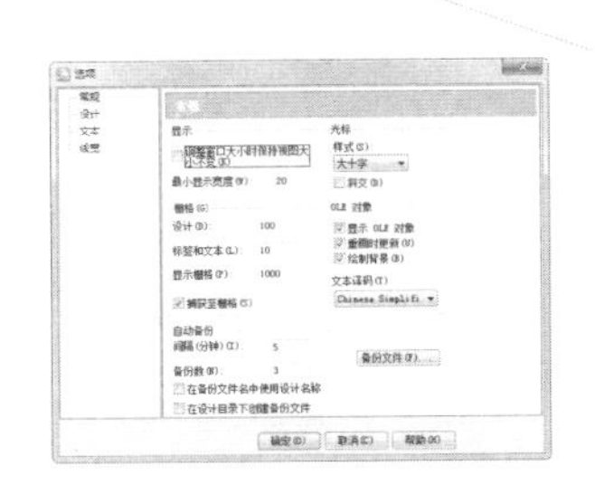

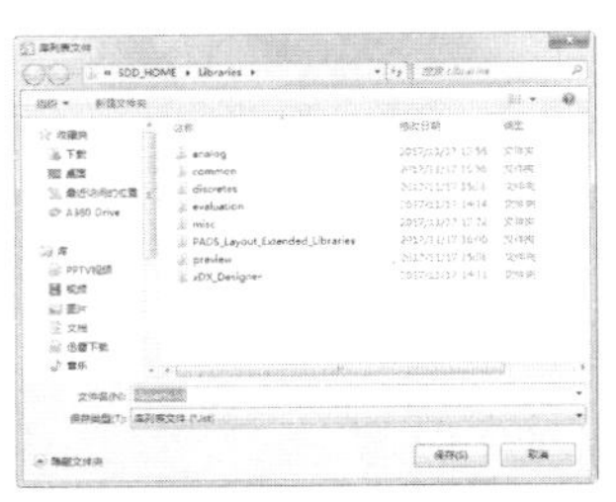

4.1 电路原理图的设计步骤

电路原理图的设计大致可以分为新建原理图文件、设置工作环境、放置元器件、原理图的布线、建立网络报表、原理图的电气规则检查、编译和调整等几个步骤，其流程如图 4-1 所示。

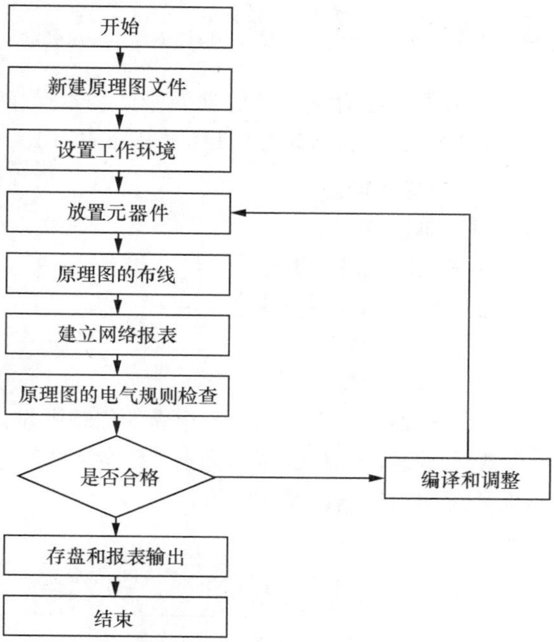

图 4-1　原理图设计流程图

1. 新建原理图文件

在进入电路图设计系统之前，首先要在工程中建立新的原理图文件和 PCB 文件。

2. 设置工作环境

根据实际电路的复杂程度来设置图纸的大小。在电路设计的整个过程中，图纸的大小都可以不断地调整，设置合适的图纸大小是完成原理图设计的第一步。

3. 放置元器件

从元器件库中选取元器件，放置到图纸的合适位置，并对元器件的名称、封装进行定义和设定，根据元器件之间的连线等联系对元器件在工作平面上的位置进行调整和修改，使原理图美观且易懂。

4. 原理图的布线

根据实际电路的需要，利用原理图提供的各种工具、指令进行布线，将工作平面上的元器件用具有电气意义的导线、符号连接起来，构成一幅完整的电路原理图。

5. 建立网络报表

完成上面的步骤以后，可以看到一张完整的电路原理图了，但是要完成电路板的设计，还需要生成一个网络报表文件。网络报表是印制电路板和电路原理图之间的桥梁。

6. 原理图的电气规则检查

当完成原理图布线后，需要设置项目编译选项来编译当前项目，利用 PADS Logic VX.2.2 提供的错误检查报告修改原理图。

7. 编译和调整

如果原理图已通过电气检查，那么原理图的设计就完成了。这是对于一般电路设计而言，如果是较大的项目，通常需要对电路的多次修改才能够通过电气规则检查。

8. 存盘和报表输出

PADS Logic VX.2.2 提供了利用各种报表工具生成的报表，同时可以对设计好的原理图和各种报表进行存盘和输出打印，为印制电路板的设计做好准备。

4.2 原理图的编辑环境

PADS Logic VX.2.2 为用户提供了一个十分友好且宜用的设计环境，它延续传统的 EDA 设计模式，各个文件之间互不干扰又互有关联。因此，要进行一个 PCB 电路板的整体设计，就要在进行电路原理图设计的时候，创建一个新的原理图文件。

4.2.1 创建、保存和打开原理图文件

本节将介绍有关文件管理的一些基本操作方法，包括新建文件、保存文件和打开文件等，这些都是 PADS Logic VX.2.2 操作最基础的知识。

1. 新建文件

（1）执行方式

菜单栏：文件→新建。

工具栏：标准→新建。

快捷键：Ctrl+N。

（2）操作步骤

执行该命令，系统创建一个新的原理图设计文件。

随着原理图文件的创建弹出“替换字体”对话框，如图 4-2 所示。如无特殊要求，单击“中止”按钮，关闭对话框，默认字体。

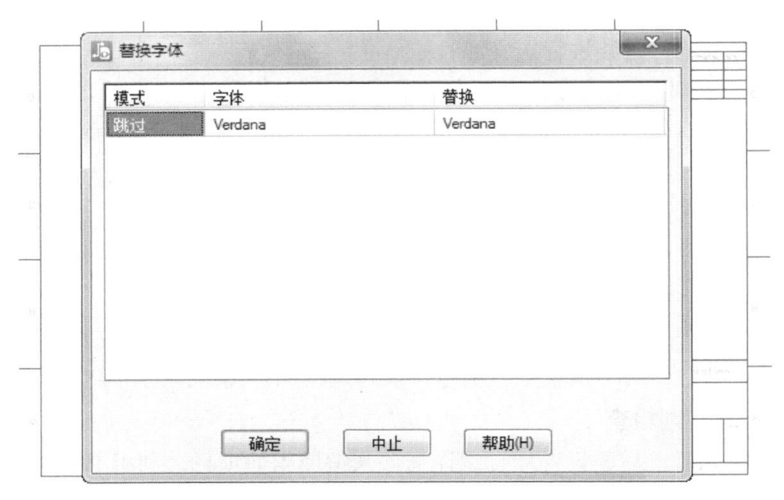

图 4-2 “替换字体”对话框

2. 保存文件

（1）执行方式

菜单栏：文件→保存。

工具栏：标准→保存。

快捷键：Ctrl+S。

（2）操作步骤

执行上述命令后，若文件已命名，则 PADS 自动保存为“sch”为后缀的文件；若文件未命名（即为默认名 default.sch），则系统打开“文件另存为”对话框，如图 4-3 所示，用户可以命名保存。在“保存在”下拉列表框中可以指定保存文件的路径；在“保存类型”下拉列表框中可以指定保存文件的类型。

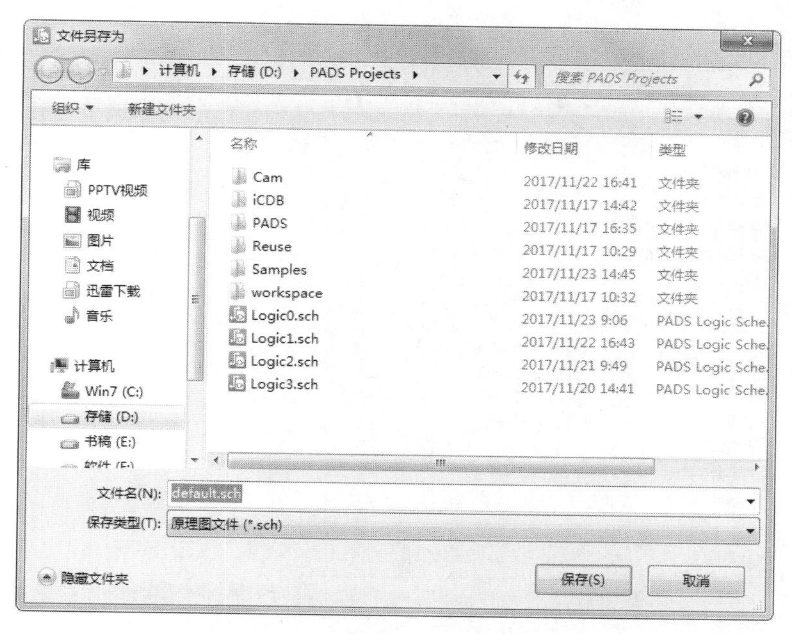

图 4-3　“文件另存为”对话框

为了防止因意外操作或计算机系统故障导致正在绘制的图形文件丢失，可以对当前图形文件设置自动保存。步骤如下。

- 选择菜单栏中的“工具”→“选项”命令，弹出优先参数设置窗口。单击“常规”选项，则系统进入了“常规”参数设置界面，如图 4-4 所示。

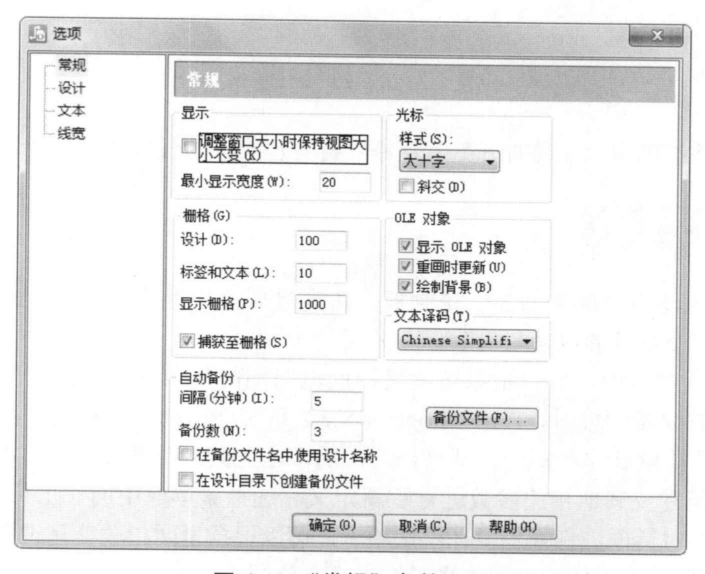

图 4-4　“常规”参数设置

- 在“间隔（分钟）”文本框中输入保存间隔，在“备份数”文本框中输入保存数。单击“备份文件”按钮，弹出图 4-5 所示的窗口，窗口中 PADS Logic（0 ～ 3）为默认的自动备份文件名。

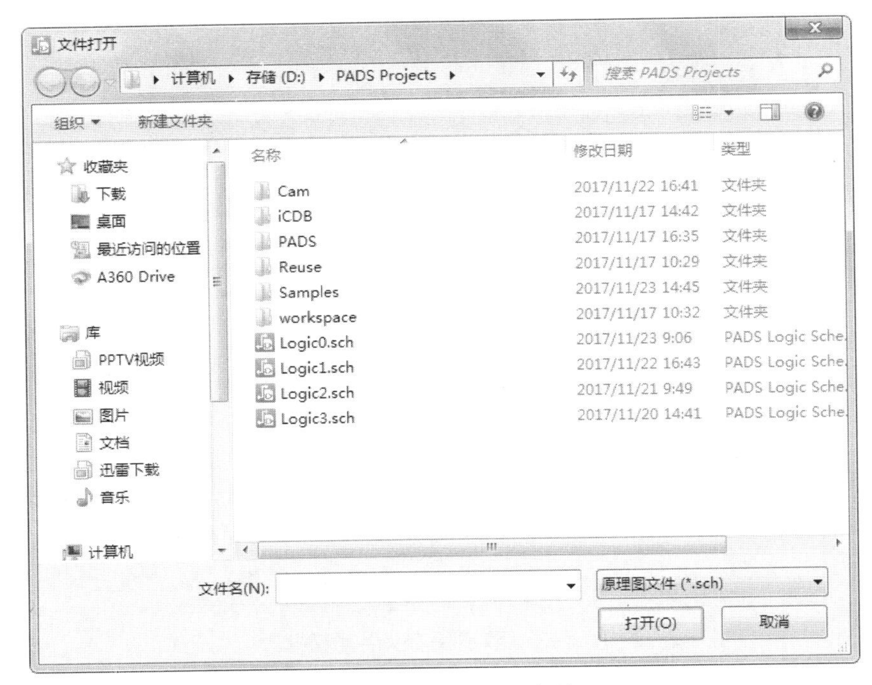

图 4-5　打开原理图文件

3. 打开文件

（1）执行方式

菜单栏：文件→打开。

工具栏：标准→打开。

快捷键：Ctrl+O。

（2）操作步骤

执行该命令，系统弹出“文件打开”对话框，打开已存在的设计文件，如图 4-5 所示。

4.2.2　原理图图纸设置

原理图设计是电路设计的第一步，是制板、仿真等后续步骤的基础。因此，一幅原理图正确与否，直接关系到整个设计的成功与失败。

在原理图的绘制过程中，可以根据所要设计的电路图的复杂程度，先对图纸进行设置。虽然在进入电路原理图的编辑环境时，PADS Logic VX.2.2 系统会自动给出相关的图纸默认参数，但是在大多数情况下，这些默认参数不一定适合用户的需求，尤其是图纸尺寸。可以根据设计对象的复杂程度来对图纸的尺寸及其他相关参数进行重新定义。选择菜单栏中的“工具”→“选项”命令，系统将弹出“选项”对话框，打开“设计”选项卡，可以根据里面相关信息设置图纸有关参数。在“图页”选项组下“尺寸”下拉列表中选择图纸大小，如图 4-6 所示。

与此同时，还需要选择图纸的边界，要保证图纸边界和图纸大小相匹配。单击“图页边界线”文本框右侧的“选择”按钮，弹出“从库中获取绘图项目”对话框，如图 4-7 所示，在“库”下拉列表中选择边界类型。由于列表中选项太多，可以在“项目”文本框中输入边界线类型名称进行过滤，然后在“绘图项”栏中选择所需，在“图片”栏中显示所选图框缩略图。选中该库，单击“应用”按钮后即加载到图纸中。

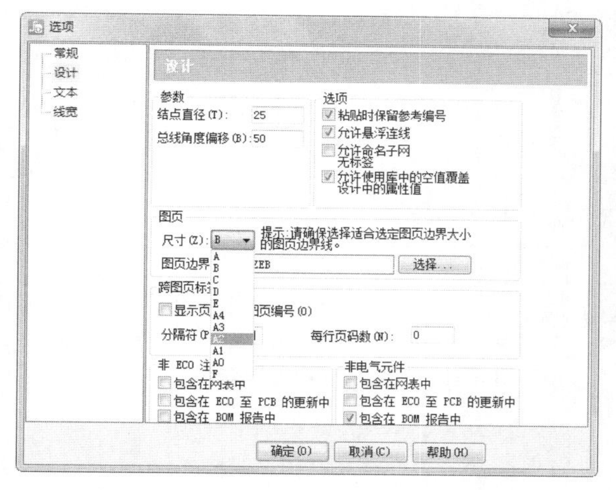

图 4-6　“设计”参数设置

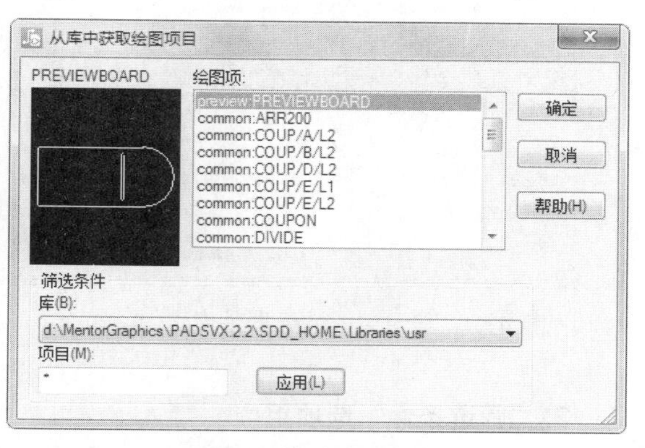

图 4-7　“从库中获取绘图项目”对话框

4.3　加载元器件库

在绘制电路原理图的过程中，首先要在图纸上放置需要的元器件符号。PADS Logic VX.2.2 作为一个专业的电子电路计算机辅助设计软件，一般常用的电子元器件符号都可以在它的元器件库中找到，用户只需在元器件库中查找所需的元器件符号，并将其放置在图纸适当的位置即可。

4.3.1　元器件库管理器

选择菜单栏中的“文件”→“库”命令，弹出图 4-8 所示的“库管理器”对话框，在该对话框中，用户可以进行加载或创建新的元器件库等操作。

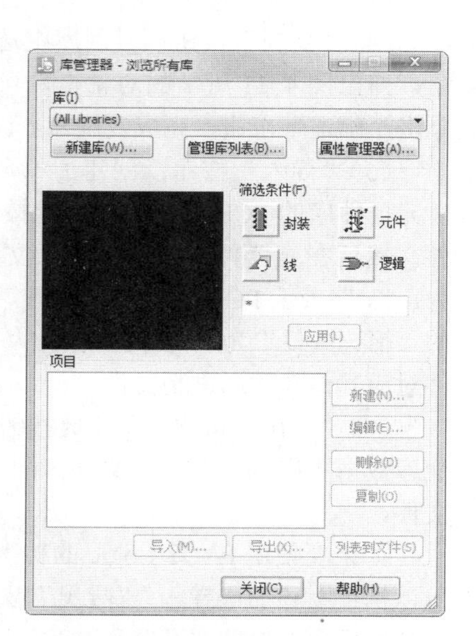

图 4-8　“库管理器”对话框

下面详细介绍该对话框各功能选项。

1. “库”选项组

在此下拉列表中，选择库文件路径，下面的各项操作将在路径中的元器件库文件中执行。

（1）“新建库”按钮：单击此按钮，新建库文件。

（2）“管理库列表”按钮：单击此按钮，弹出“库列表”对话框，如图 4-9 所示，可以看到此时系统已经装入的元器件库。

（3）“属性管理器”按钮：单击此按钮，弹出“管理库属性”对话框，如图 4-10 所示。在该对话框中，设置管理元器件库中元器件属性。“添加属性”“删除属性”等按钮设置元器件库中的元器件在添加到原理图中后需要设置的属性种类。

图 4-9 显示装入的元器件库

图 4-10 “管理库属性”对话框

2. “筛选条件”选项组

在 PADS Logic VX.2.2 中，按内容分为 4 种库，如下所述。

（1）封装：元器件的 PCB 封装图形。

（2）元器件：元器件在原理图中的图形显示，包含元器件的相关属性，如管脚、门、逻辑属性等。

（3）线：库中存储通用图形数据。

（4）逻辑：元器件的原理图形表示，如与门、与非门等。

在左侧的矩形框中显示库元器件缩略图。

3. “项目”选项组

（1）“新建”按钮：单击此按钮，新建库元器件并进入编辑环境，绘制新的库元器件。

（2）“编辑”按钮：进入当前选中元器件的编辑环境，对库元器件进行修改。

（3）“删除”按钮：删除库中选中的元器件。

（4）“复制”按钮：复制库中选中的元器件。单击此按钮，弹出图 4-11 所示的对话框，可以输入新的名称，然后单击“确定”按钮，完成复制命令。

图 4-11 复制元器件

（5）“导入”按钮：创建了一个元器件库后，还需要创建元器件库的 PCB 封装，单击此按钮，弹出图 4-12 所示的“库导入文件”对话框，可导入其他文件，然后在元器件库中利用导入文件进行设置。通常导入文件为二进制文件，有 4 种类型，分别为：“.d”表示 PCB 封装库；“.p”表示元器件库；“.l”表示图形库；“.c”表示 Logic 库。由于选中的“筛选条件”为“元件”，因此，导入的二进制文件为“.p”（元器件库）。同样，其他 3 种筛选条件对应其他 3 种二进制文件。

（6）“导出”按钮：单击此按钮，弹出图 4-13 所示的“库导出文件”对话框，将元器件库或其他库数据导出为一个文本文件，同“导入”一样，4 种不同的筛选条件对应导出 4 种不同的二进制文件。

如果要使用 PADS Logic 的转换工具从其他软件所提供的库转换 PCB 的封装库和元器件库，则可以执行上述的“导入”“导出”操作，经 PCB 的封装库和元器件库都连接在一个库上，从而可以更方便后面的原理图设置和 PCB 设计。

图 4-12　“库导入文件”对话框

图 4-13　“库导出文件”对话框

4.3.2　元器件的查找

当用户不知道元器件在哪个库中时，就要查找需要的元器件。查找元器件的步骤如下所述。

选择菜单栏中的“文件”→“库”命令，弹出“库管理器”对话框，在“库”下拉列表中选择“All Libraries（所有库）”选项，在“筛选条件”选项组下单击“元件”，在“应用”按钮上方的过滤栏中输入关键词“*54”，然后单击“应用”按钮即可开始查找。在“元件类型”列表中选择符合条件的元器件，如图 4-14 所示。

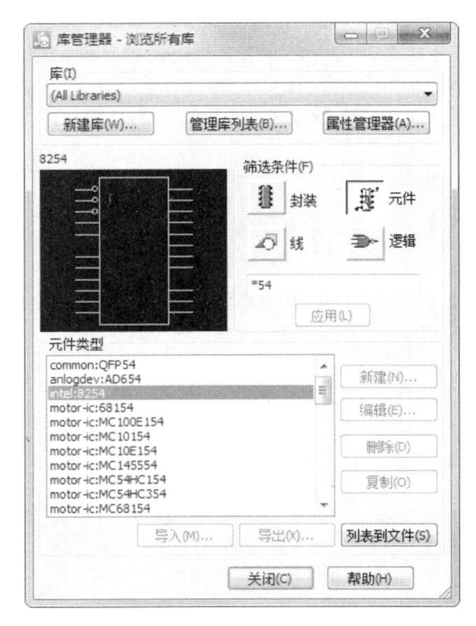

图 4-14　查找元器件对话框

4.3.3　加载和卸载元器件库

装入所需的元器件库的具体操作如下所示。

选择菜单栏中的“文件”→“库”命令，弹出“库管理器”对话框，单击“管理库列表”按钮，弹出“库列表”对话框，如图 4-15 所示，可以看到此时系统已经装入的元器件库。

下面简单介绍对话框中各选项。

- “添加”“移除”按钮：用来设置元器件库的种类。单击“添加”按钮，弹出“添加库”对话框，如图 4-16 所示。可以在“Library”文件夹下选择所需元器件库文件。同样的方法，若需要卸载某个元器件库文件，只需要单击选中对应的元器件库文件，单击“移除”按钮，即可卸载选中的元器件库文件。

图 4-15　显示装入的元器件库

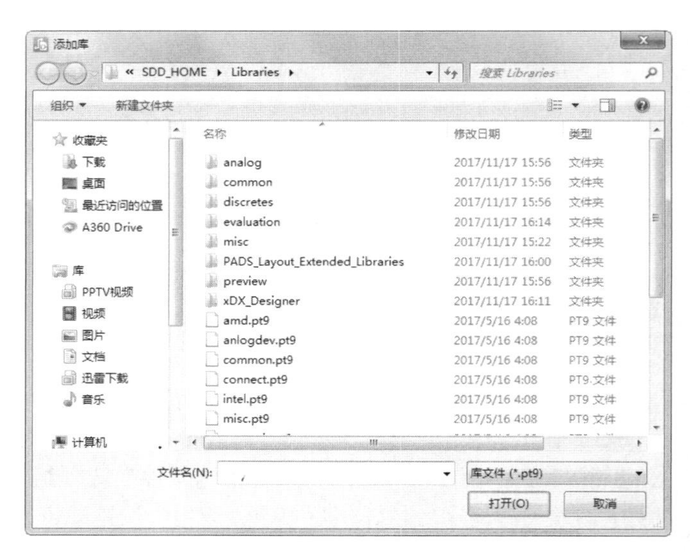

图 4-16　“添加库”对话框

- “上”和“下”按钮：用来改变元器件库排列顺序。
- “共享“：勾选此复选框，则可设置所加载的库为其他设计文件共享。设置为共享后，如果打开新的设计项目，该库也存在于库列表中，可直接从该库中选择元器件。
- “允许搜索”：勾选此复选框，设置已加载的或已存在的元器件库可以进行元器件搜索。

重复操作可以把所需要的各种库文件添加到系统中，称为当前可用的库文件。加载完毕后，关闭对话框。这时所有加载的元器件库都出现在元器件库面板中，用户可以选择使用。

4.3.4　创建元器件库文件

通过元器件库管理器，可以创建新的元器件库文件。创建元器件库的步骤如下。

选择菜单栏中的“文件”→“库”命令，弹出“库管理器”对话框，单击“新建库”按钮，弹出“新建库”对话框，如图 4-17 所示，在弹出的对话框中设置文件路径，输入库文件名称，新建库文件，其中，PADS Logic VX.2.2 的库后缀名为“.pt9”。

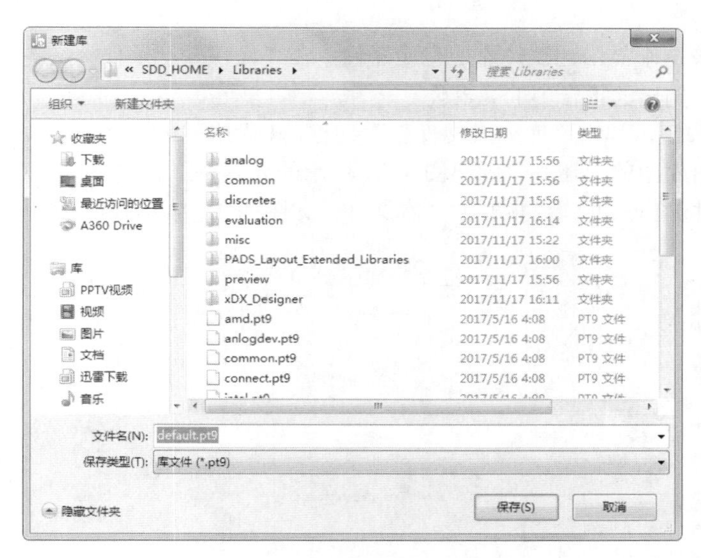

图 4-17　“新建库”对话框

4.3.5　生成元器件库元器件报告文件

PADS Logic VX.2.2 允许生成元器件库中的所有图元的报告文件，如元器件、PCB 封装、图形库或 CAE 图元。

选择菜单栏中的“文件”→“库”命令，弹出“库管理器”对话框，单击“列表到文件”按钮，弹出“报告管理器”按钮，如图 4-18 所示。

双击左侧“可用属性”列表框中的选项，如双击“Cost”，可将其添加到右侧“选定的属性”列表框中，如图 4-19 所示。

同样，在图 4-18 所示的左侧“可用属性”列表框中选中“Cost”，单击“包含”按钮，将“Cost”添加到右侧“选定的属性”列表框中。选中右侧“Cost”，单击“不含”按钮，将“Cost”返回到左侧，如图 4-19 所示。

图 4-18 “报告管理器”对话框

图 4-19 交换选项

在“元件”列表框中显示元器件库所有元器件，在“元件筛选条件”文本框中输入关键词筛选元器件，可筛选最终输出的报告中的元器件。

单击“运行”按钮，弹出“库列表文件”对话框，如图 4-20 所示，输入文件名称，单击“保存”按钮，保存输出库中的元器件，弹出图 4-21 所示的元器件报告输出提示对话框，单击“确定”按钮，完成报告文件输出，并弹出报告的文本文件，如图 4-22 所示。可以打印这个文本文件。

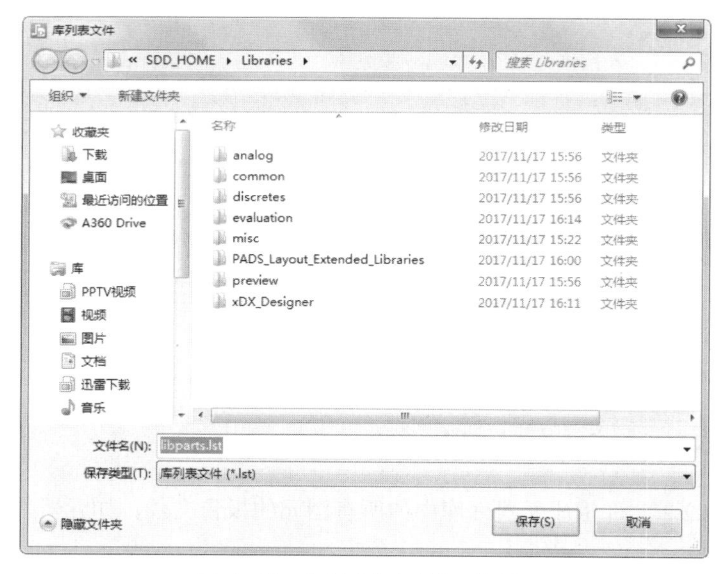

图 4-20 “库列表文件”对话框

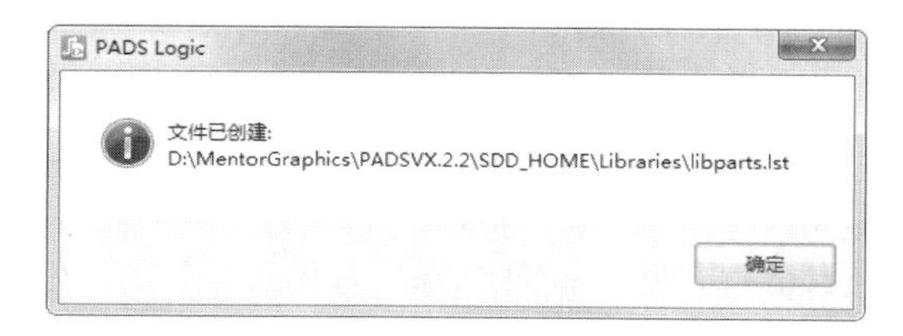

图 4-21 元器件报告输出提示

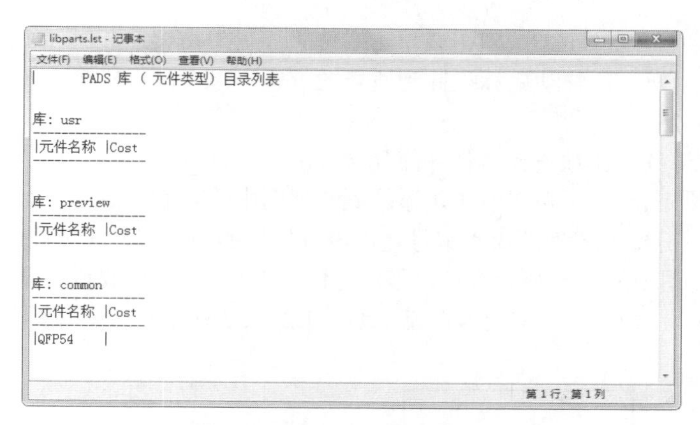

图 4-22　文本文件

4.4 元器件的放置

在当前项目中加载了元器件库后，就要在原理图中放置元器件，然后进行属性编辑，最后才能进行后期的连线、仿真或生成网络报表等操作。

4.4.1　在原理图中放置元器件

在放置元器件符号前，需要知道元器件符号在哪一个元器件库中，并需要载入该元器件库。

下面以放置库“lb”中的“74LS244-CC”为例，说明放置元器件的具体步骤。

（1）单击“标准”工具栏中的“原理图编辑工具栏”按钮，或选择菜单栏中的“查看”→“工具栏”→“原理图编辑工具栏”命令，打开“原理图编辑”工具栏。

（2）单击“原理图编辑”工具栏中的“添加元件”按钮，弹出“从库中添加元件”对话框，在左上方显示元器件的缩略图更为直观地显示元器件，如图 4-23 所示。

（3）在“库”列表框中选择“.lb”文件，在“项目”文本框中输入关键词“*74LS244*”。其中，在起始与结尾均输入“*”，表示关键词前可以是任意一个字符的通配符，也可用“？”表示单个字符的通配符。使用过滤器中的通配符在元器件库中搜索元器件可以方便地定位所需要的元器件，从而提高设计效率。

（4）单击“应用”按钮，在“项目”列表框中显示符合条件的筛选结果，如图 4-24 所示。

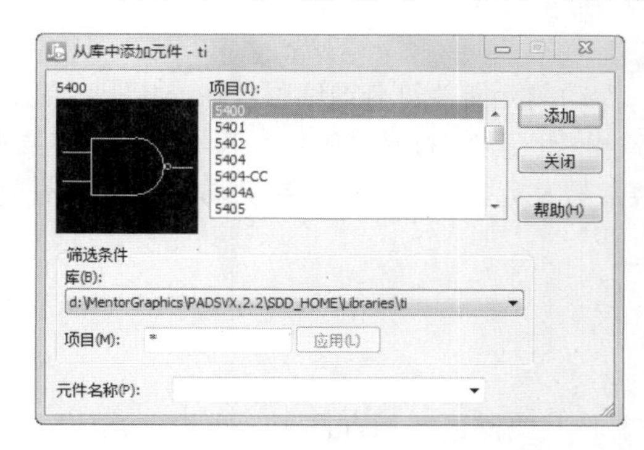

图 4-23　“从库中添加元件”对话框

图 4-24　筛选元器件

（5）选中元器件 74LS244-CC，双击或单击右侧“添加”按钮，此时元器件符号附着在鼠标指针上，如图 4-25（a）所示，移动鼠标指针到适当的位置，单击鼠标左键，将元器件放置在当前光标的位置上，如图 4-25（b）所示。

下面介绍图 4-25（b）中放置元器件各部分含义。

- “U1”：由图 4-25（b）可以看出，添加到原理图中的元器件自动分配到 U1 这个流水编号。PADS Logic 分配元器件的流水编号是以没有使用的最小编号来分配的，由于图 4-25 中放置的是原理图中的第一个元器件，因此分配了 U1，若继续放置元器件（不包括同个元器件的子模块），则顺序分配元器件流水编号 U2、U3……

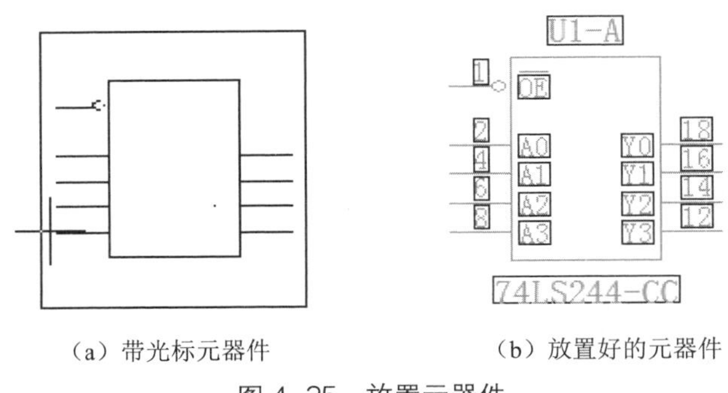

（a）带光标元器件　　（b）放置好的元器件

图 4-25　放置元器件

- “-A”：如果选择的是由多个子模块集成的元器件，如图 4-25 中选择的 74LS244-CC，若继续放置，则系统自动顺序增加的编号是 U1-B、U1-C、U1-D……无论是多张还是单张图纸，在同一个设计文件中，不允许存在任何两个元器件拥有完全相同的编号，如图 4-26 所示。

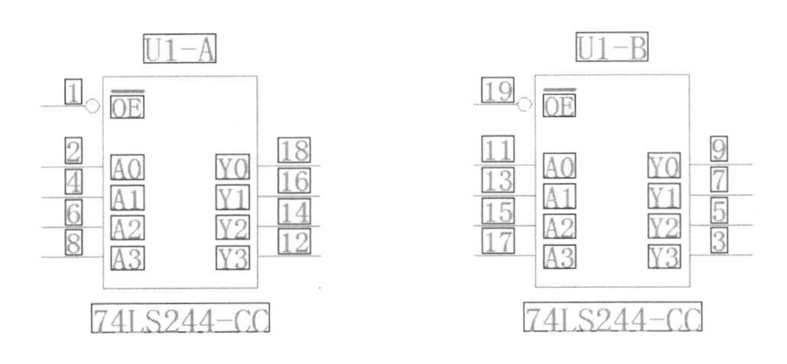

图 4-26　放置元器件模块

（6）放置完一个元器件后，继续移动鼠标指针，浮动的元器件符号继续附着在光标上，依上放置元器件的方法，继续增加元器件。PADS Logic 自动分配元器件的流水编号，若不符合电路要求，可在放置完后进行属性编辑修改编号。若确定不需要放置某元器件，单击右键菜单中的“取消”命令或按 Esc 键结束放置。

4.4.2　元器件的删除

当在电路原理图上放置了错误的元器件时，就要将其删除。在原理图上，可以一次删除一个元器件，也可以一次删除多个元器件。

1. 执行方式

菜单栏：编辑→删除。

工具栏：原理图编辑→删除。

快捷键：Delete。

2. 操作步骤

（1）执行该命令，鼠标指针会变成右下角带 V 字图标的十字形。将十字形光标移到要删除的元器件上，单击即可将其从电路原理图上删除。

（2）此时，光标仍处于十字形状态，可以继续单击删除其他元器件。若不需要删除元器件，选择菜单栏中的“查看”→“重画”命令或单击“原理图编辑”工具栏中的“刷新”按钮，完全删除对象。

（3）也可以单击选取要删除的元器件，然后按 Delete 键将其删除。

（4）若需要一次性删除多个元器件，用鼠标选取要删除的多个元器件，元器件显示高亮后，选择菜单栏中的“编辑”→“删除”命令或按 Delete 键，即可以将选取的多个元器件删除。

上面的删除操作除了可以用于选取的元器件，还包括总线、连线等。

4.5 编辑元器件属性

在原理图上放置的所有元器件都具有自身的特定属性，在放置好每一个元器件后，应该对其属性进行正确的编辑和设置，以免使后面的网络报表生成及 PCB 的制作产生错误。

4.5.1 编辑元器件流水号

在原理图中放置完成元器件后，就可以进行属性编辑。首先就是对元器件流水号的编辑。根据元器件放置顺序，系统自动顺序添加元器件的流水号，若放置顺序与元器件设定的编号不同，则需要修改元器件的流水号。步骤如下所述。

双击要编辑的元器件编号“U1-A”或在元器件编号上单击鼠标右键，弹出图 4-27 所示的快捷菜单，选择“特性”命令，弹出“参考编号特性”对话框，如图 4-28 所示。

图 4-27　快捷菜单

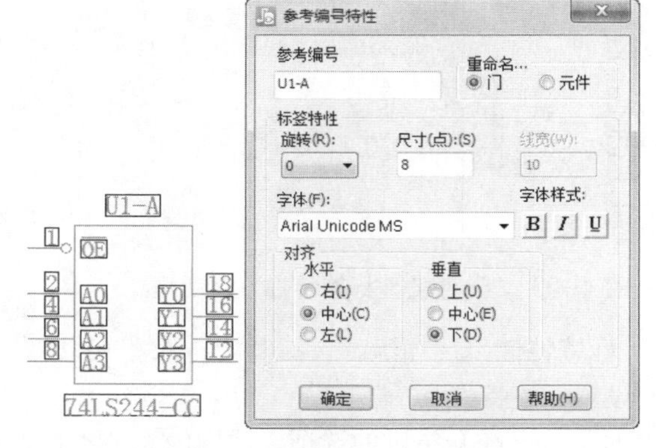

图 4-28　“参考编号特性”对话框

对话框中各参数选项如下所述。

- “参考编号”文本框：输入元器件名称。
- “重命名”选项组：单个元器件则选择“元件”，多个子模块元器件，则显示选择“门”。

- “标签特性”选项组：设置标签属性，在“旋转”下拉列表中设置元器件旋转角度，在“尺寸”文本框中输入元器件外形尺寸；在“字体”下拉列表中选择字体样式；在“字体样式”选项组中设置编号字体，包含 3 种样式 **B** *I* U，分别为加粗、斜体、下划线。
- “对齐”选项组：包含水平、竖直两个选项，“水平”选项又包括右、中心、左，“垂直”选项包括上、中心、下。

4.5.2 设置元器件类型

在绘制原理图过程中，如果元器件库中没有需要的元器件，但有与所需元器件外形相似或相同的元器件，则只需在其基础上进行修改即可。这里介绍如何修改元器件类型，步骤如下。

双击元器件名称“74LS244-CC”或选中对象单击鼠标右键弹出图 4-27 所示的快捷菜单，选择“特性”命令，弹出“元件类型标签特性”对话框，如图 4-29 所示。

对话框中各选项介绍如下。

- “元件类型”选项：在“名称”栏下显示元器件名称“74LS244-CC”，单击下方的“更改类型”按钮，弹出“更改元件类型”对话框，如图 4-30 所示。在此对话框中更改元器件。其中，在“属性”选项组下两个复选框中设置更新的属性范围，在“应用更新到”选项组下三个单选钮“此门”、“此元件”、“所有此类型的元件”中设置应用对象。默认的设置是“此门”，表示在替换时只替换选择的逻辑门；第 2 个选项“此元件”表示将替换整个元器件，但是只针对被选择的元器件；第 3 个选项“所有此类型的元器件”表示将替换当前设计中所有这种元器件类型的元器件。“筛选条件”与前面相同，这里不再赘述。

图 4-29 “元件类型标签特性”对话框

图 4-30 “更改元件类型”对话框

- “标签特性”选项组：包括“旋转”、“尺寸”、“线宽”、“字体”和“字体样式”5 个选项，设置标签特性。

对上面章节已经介绍过的选项，后面的章节不再赘述。

4.5.3 设置元器件管脚

双击图 4-31 所示的元器件“RES-1/2W”上的管脚 1 或选中对象在右键弹出的快捷菜单中选择

“特性”命令，弹出“管脚特性”对话框，如图 4-31 所示。

对话框中各选项介绍如下所述。

- “管脚”选项组：在此选项组中显示的信息包括管脚、名称、交换、类型、网络。
- “元件”选项组：显示元器件编号 R1 及门编号 R1。
- “修改”选项组：分别可以设置修改元器件 / 门、网络、字体。单击“字体”按钮，弹出“管脚标签字体”对话框，如图 4-32 所示，在该对话框中设置管脚字体。

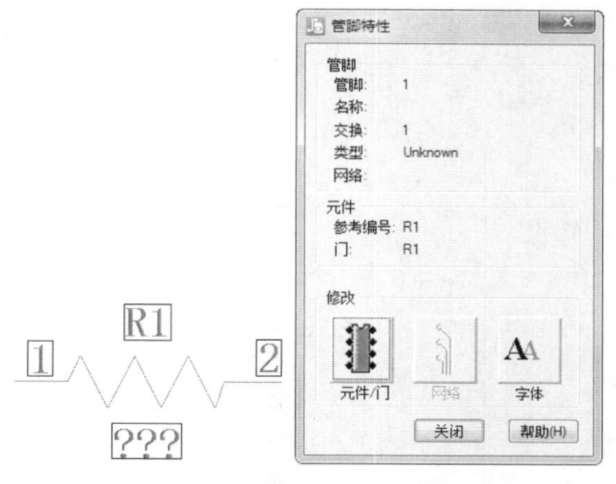

图 4-31　“管脚特性”对话框

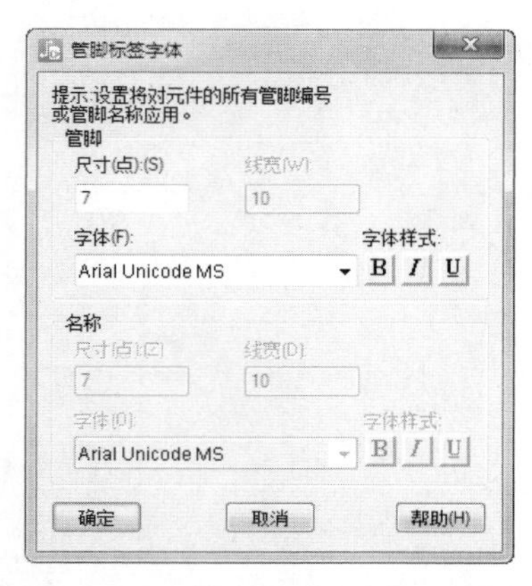

图 4-32　“管脚标签字体”对话框

4.5.4　设置元器件参数值

双击图 4-33 所示的元器件“RES-1/2W”下方的参数值“？？？”，或在参数值上单击鼠标右键弹出快捷菜单中选择“特性”命令，弹出“属性特性”对话框，如图 4-33 所示。

对话框中各选项介绍如下。

- “属性”选项：设置元器件属性值。在“名称”栏显示要设置的参数名称为“Value”，参数对应的值为“？？？”，参数值可随意修改，结果如图 4-34 所示。
- 对上面章节已经介绍过的选项，后面的章节不再赘述。

图 4-33　“属性特性”对话框

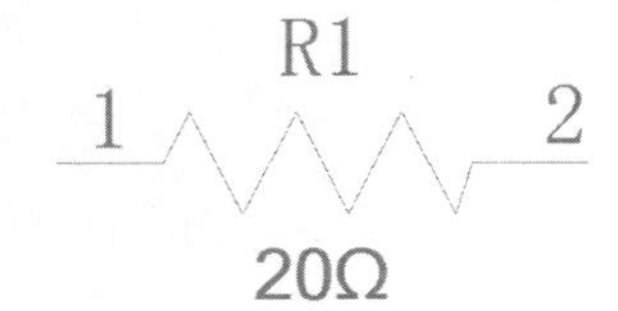

图 4-34　设置参数值

4.5.5 交换参考编号

单击“原理图编辑”工具栏中的“交换参考编号”按钮，单击图 4-35（a）中左侧的元器件“U1-A”，元器件外侧添加矩形框，选中元器件，如图 4-35（b）所示，继续单击右侧元器件“U1-B”，交换两元器件编号，如图 4-35（c）所示。

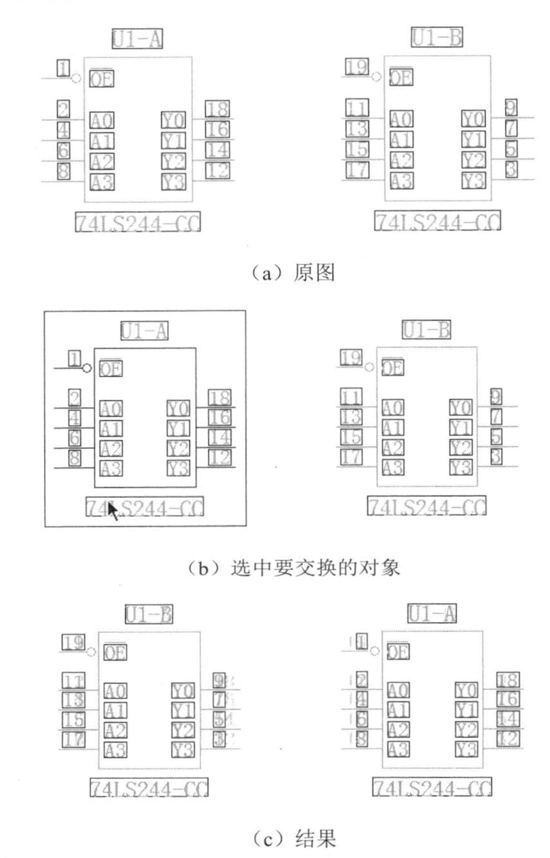

（a）原图

（b）选中要交换的对象

（c）结果

图 4-35　元器件交换编号

图 4-35 所示为同一元器件中的两个子模块互换编号，图 4-36 所示为同类型的元器件互换编号，图 4-37 所示为不同类型的元器件互换编号。可以看出，无论两个元器件类型如何，均可互换编号，步骤完全相同。

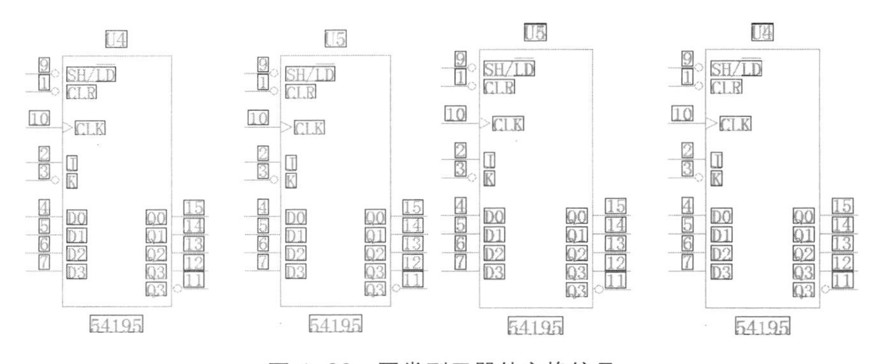

图 4-36　同类型元器件交换编号

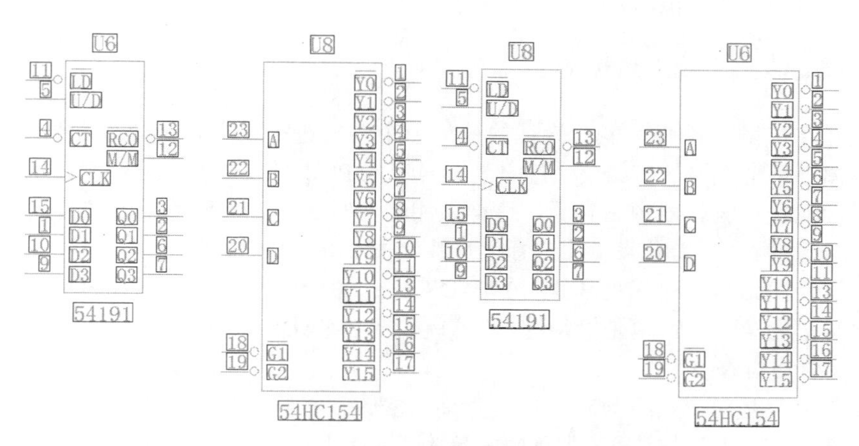

图 4-37　不同类型元器件交换编号

4.5.6　交换管脚

在绘制原理图过程中，如果元器件库中没有需要的元器件，但有与所需元器件外形相似的元器件，进行编辑即可使用。

原理图中的元器件符号外形一般包括边框和管脚。下面将介绍若元器件边框相同，只是管脚排布有所不同时如何调整元器件管脚，操作步骤如下所述。

1. 交换同属性管脚

单击“原理图编辑”工具栏中的“交换管脚”按钮，光标由原来的十字形变为右下角带 V 字的图标，单击图 4-38（a）中的管脚 1，管脚 1 上矩形框变为白色，显示选中对象。继续单击同属性的管脚 2，如图 4-38（b）所示，完成管脚交换，结果如图 4-38（c）所示。

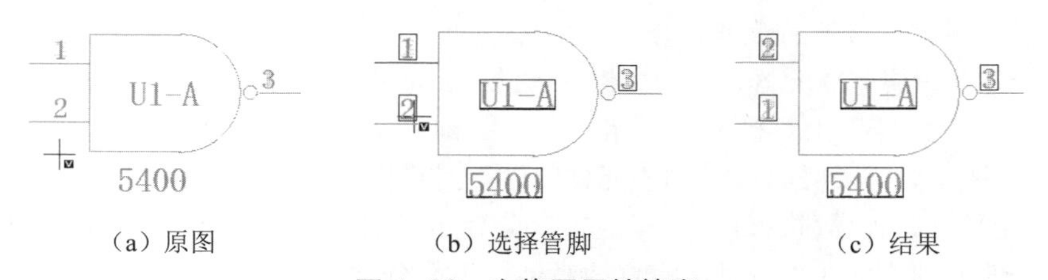

（a）原图　（b）选择管脚　（c）结果

图 4-38　交换同属性管脚

2. 交换不同属性管脚

单击“原理图编辑”工具栏中的“交换管脚”按钮，单击图 4-39（a）中的管脚 1，管脚 1 上矩形框变为白色，显示选中对象，继续单击不同属性的管脚 3，弹出图 4-40 所示的警告对话框，单击“是”按钮，完成管脚交换，结果如图 4-39（b）所示。

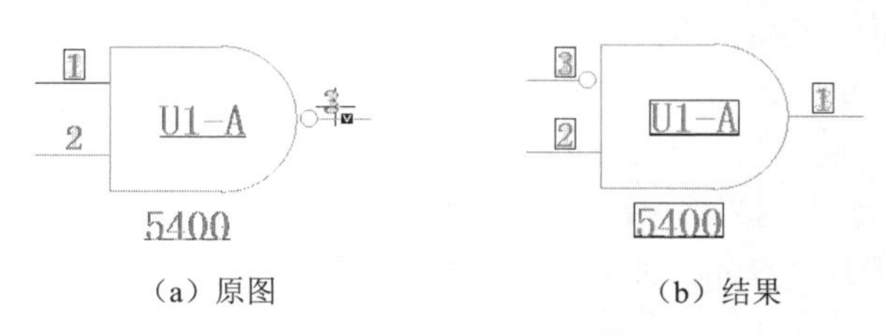

（a）原图　（b）结果

图 4-39　交换不同属性管脚

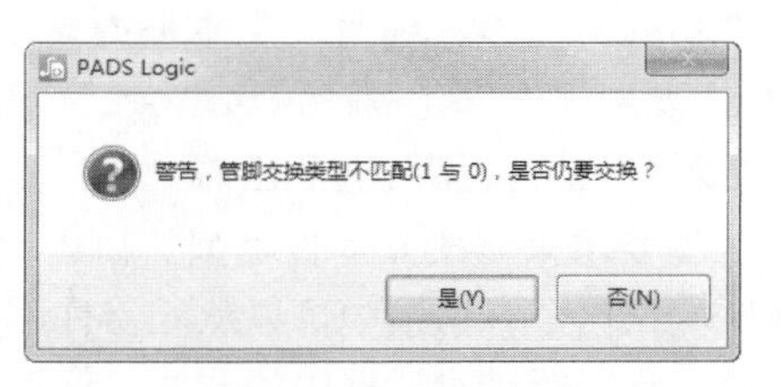

图 4-40　警告对话框

4.5.7 元器件属性查询与修改

在设计过程中，随时都有可能对设计的任何一个对象进行属性查询和进行某一方面的改动。比如对于原理图中某个元器件，如果希望看看其对应的 PCB 封装，可以通过库管理器找到这个元器件，然后再到元器件编辑器中去查看，这样做相当费时费力。较简单的方法是先激活这个元器件，然后单击鼠标右键，从弹出菜单中选择“特性”去了解。

第二种方法显然比第一种有效得多，在 PADS Logic 中激活任何一个对象时单击鼠标右键都会发现，在弹出菜单的第一子菜单是“特性”，这就表明在 PADS Logic 中，任何被点亮的对象都可以对其属性进行查询与修改。

在设计中如果只是对个别少数对象进行查询与修改，将其点亮后单击鼠标右键，再从弹出菜单中去选择子菜单“特性”来完成这个目的好像并不太费事，但如在检查设计时需要对大量的对象查询，再使用这种方法就会变得麻烦。而在实际工作过程中选择希望操作的对象，单击“原理图编辑”工具栏中图标“特性”，当激活某对象后就直接进入了查询与修改状态。

利用 PADS Logic 提供的专用查询工具可以非常方便地对设计中的任何对象实时进行查询了解及在线查询修改，通过查询该对象的电气特性、网络链接关系、所属类型和属性等都会非常清楚。

查询可以针对任何对象，在本小节中将介绍如何对元器件进行查询与修改。其内容如下所述。

- 对元器件逻辑门的查询及修改。
- 对元器件名的查询及修改。
- 对元器件统计表的查询。
- 对元器件逻辑门封装的查询及修改。
- 对元器件属性可显示性的查询及修改。
- 对元器件属性的查询及修改。
- 对元器件所对应的 PCB 封装的查询及修改。
- 对元器件的信号管脚的查询及修改。

上面一一介绍了编辑修改元器件单个属性的方法，下面详细介绍如何设置元器件其他属性。

单击“选择筛选条件”工具栏中的“元件”按钮，双击要编辑的元器件，打开“元件特性”对话框。图 4-41 所示为 74LS244-CC 的“元件特性”对话框。

从图 4-41 中可知，元器件的编辑与修改窗口分为 4 个部分，从表面看只有最下面一类“修改”中才可以进行修改，其实前 3 部分都具有修改功能。下面分别介绍窗口中的这 4 个部分。

1. “参考编号”选项区域

这里的“参考编号”指的是设计中的逻辑门名和元器件名，所以在这一类中可以查询和修改逻辑门名和元器件名。

在选项组下显示元器件编号，如 U1、R1 等。在窗口中的编辑栏保持着旧的逻辑门名，如显示的编号不符合要求，单击右侧的“重命名元件”按钮，弹出图 4-42 所示的“重命名元件”对话框，在“新的元件参考编号”文本框中显示元器件旧编号，可在文本框中删除“U1”，输入新的编号，如“U2”，则元器件编号 U2 就会出现在原理图上。

2. “元件类型”选项区域

主要用来修改元器件类型。单击“更改类型”按钮，弹出图 4-30 所示的“更改元件类型”对话框，在这个对话框中可以从元器件库重新选择一种元器件类型去替换被查询修改的元器件，前面已经详细介绍过对话框中的选项，这里不再赘述。

图 4-41　“元件特性”对话框

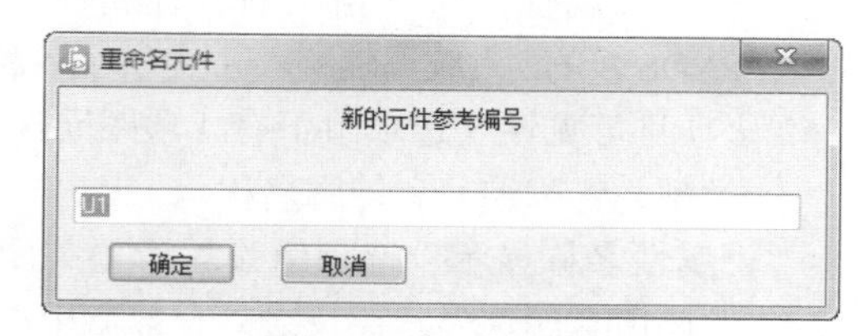

图 4-42　“重命名元件”对话框

另外在改变元器件类型时可以不必进入到“元件特性”对话框里来进行，只需直接单击元器件的类型名进行特性编辑即可进行元器件类型替换。

3. “元件信息”选项区域

这个选项主要显示了一些关于被查询对象的相关信息，比如对应的 PCB 封装、管脚数、逻辑系列、ECO 已注册、信号管脚数、门数、未使用及门封装等。在这里不单单是信息的显示，同样可以改变某些对象。比如在“门封装”这个设置项中如果被选择的逻辑门有多种封装形式，可以在这里进行替换。

在这一类中还有一个“统计数据”按钮，单击此按钮，弹出文本文件，在文件中显示上述元器件管脚统计信息，如图 4-43 所示，直观地描述元器件情况。

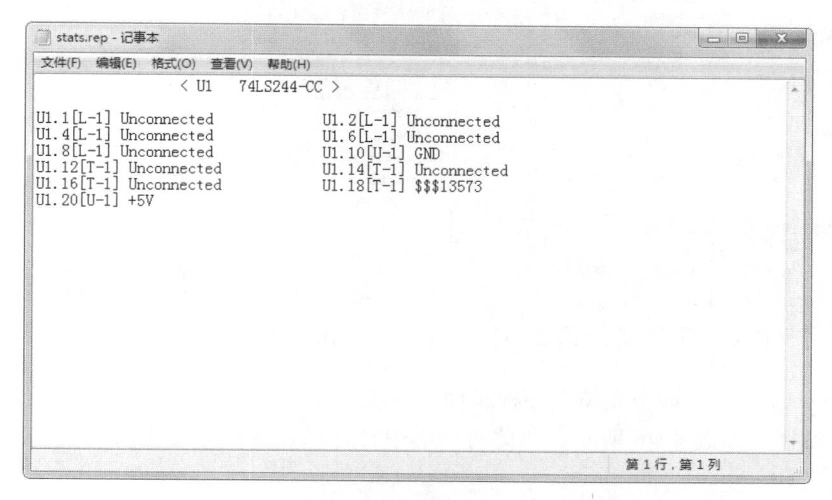


```
              < U1    74LS244-CC >

U1.1[L-1] Unconnected            U1.2[L-1] Unconnected
U1.4[L-1] Unconnected            U1.6[L-1] Unconnected
U1.8[L-1] Unconnected            U1.10[U-1] GND
U1.12[T-1] Unconnected           U1.14[T-1] Unconnected
U1.16[T-1] Unconnected           U1.18[T-1] $$$13573
U1.20[U-1] +5V
```

图 4-43　统计文本文件

这个窗口实际上是一个记事本，它显示这个元器件每一个管脚的相关信息。比如第 3 项“U1.10[U-1]　GND”表示元器件 U1 第①脚所属网络为 GND，且为负载输出端。

4. “修改”选项区域

在这个修改类型中有 4 个图标，它们分别是：可见性、属性、PCB 封装和信号管脚。

下面分别介绍这 4 种可修改项。

（1）可见性：主要是针对被查询修改对象的属性而言，让某个属性在设计画面中显示出来。勾选选项前面的复选框，则选项在原理图中显示；反之，则隐藏选项。单击此按钮，弹出“元件文本可见性”对话框，如图 4-44 所示。

- “属性”选项组下显示了这个被查询修改对象所有已经设置了的属性，如果希望哪一个属性内容在设计中显示出来，那么只需要单击它，使其前面的选择框中打上“√”号。图 4-44 所示“属性”选项组下有 6 种属性，但这并不表明被修改对象只有这 6 种属性，因为 PADS Logic 系统属性字典中提供了各种各样的属性，这需要靠自己去设置。
- “项目可见性”选项组下有 4 项跟元件关系很密切的显示选择项，分别是参考编号、元件类型、管脚编号和管脚名称。
- “属性名称显示”选项组设置希望关闭所有的属性或打开所有的属性。选择“全部禁用”关闭所有属性显示；反之“全部启用”打开所有的属性显示；而“无更改”只显示没有改变的属性。

关于窗口中“应用更新到”前面讲过，这里不再重复。

（2）属性：设置元件参数属性。

单击此按钮，弹出“元件属性”对话框，如图 4-45 所示。在左侧“属性”栏中显示元器件固有的属性，分别显示属性的名称与值。若需要修改，可直接在对象上双击修改。同时，右侧“添加”、“删除”、“编辑”按钮，增加属性，并在“值”选项组下输入其内容，否则其属性形同无效。

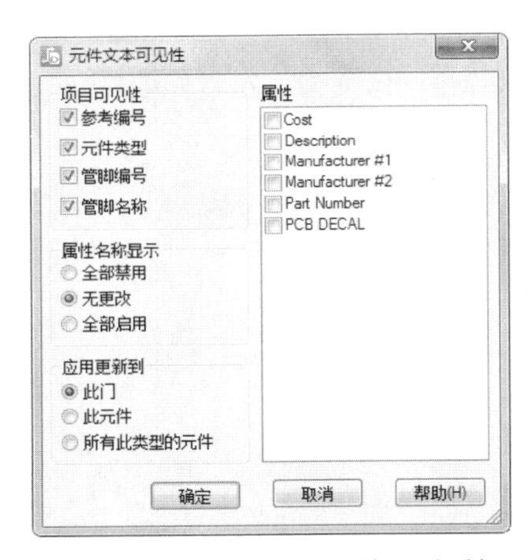

图 4-44 “元件文本可见性”对话框

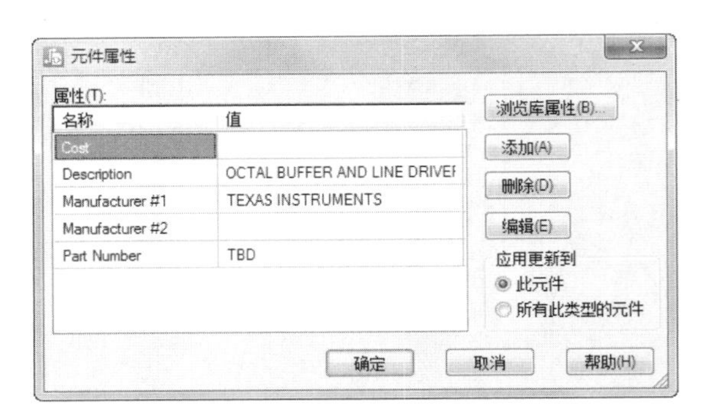

图 4-45 “元件属性”对话框

如图中 Cost（价格），如不太清楚各种属性可以通过单击右上角“浏览库属性”按钮，弹出“浏览库属性”对话框，如图 4-46 所示。在此对话框中打开属性字典选择元器件库中的属性，将其添加到元器件属性中。

（3）PCB 封装：此项功能主要用于查询修改元器件所对应的 PCB 封装，单击此按钮，弹出图 4-47 所示的“PCB 封装分配”对话框，在此对话框中显示封装类型及其缩略图。

如果元器件没有对应的 PCB 封装，此窗口内将没有任何封装名，有时可能此逻辑元器件类型有对应的封装，也就是在图 4-47 窗口“库中的备选项”下有 PCB 封装名，但是没有分配在“原理图中的已分配封装”。如果是这样，在传报表时就会显示这个元器件在封装库中找不到对应的 PCB 封装。所以必须在“库中的备选项”下选择一个 PCB 封装名，通过“分配”按钮分配到“原理图中的已分配封装”下。

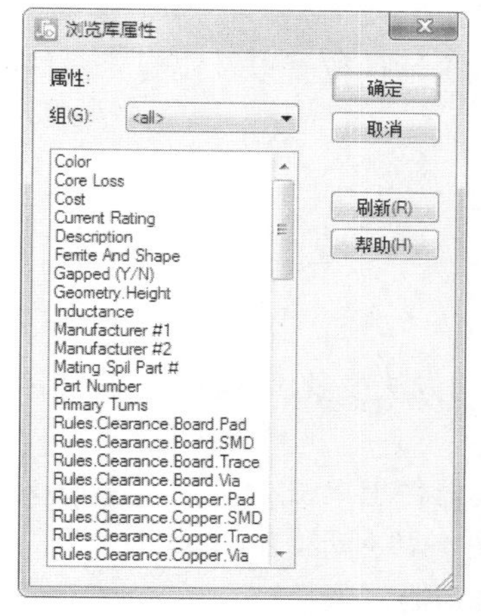

图 4-46 “浏览库属性”对话框

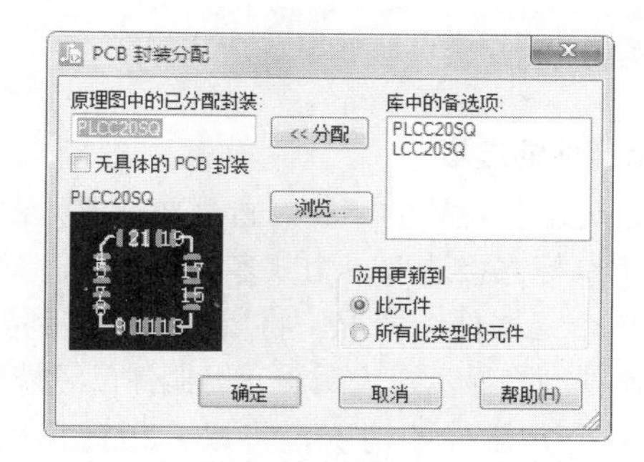

图 4-47 “PCB 封装分配”对话框

注意

如果此元器件类型在建立时本身就没分配 PCB 封装，即使通过窗口中“浏览”按钮强行调入某个 PCB 封装在“库中的备选项”下也是无效的。因此在传网表时如发现某个元器件报告说没对应的 PCB 封装时，先查询这个元器件是否分配了 PCB 封装，如果这里没有分配或根本就没有对应的 PCB 封装，那么打开元器件库修改其元器件的类型增加其对应 PCB 封装内容。

（4）信号管脚：主要设置元器件管脚属性的编辑、添加与移除。

单击此按钮，弹出图 4-48 所示的“元件信号管脚”对话框，在右侧显示元器件管脚名称，可利用左侧的“添加”、“移除”、“编辑”命令编辑管脚。

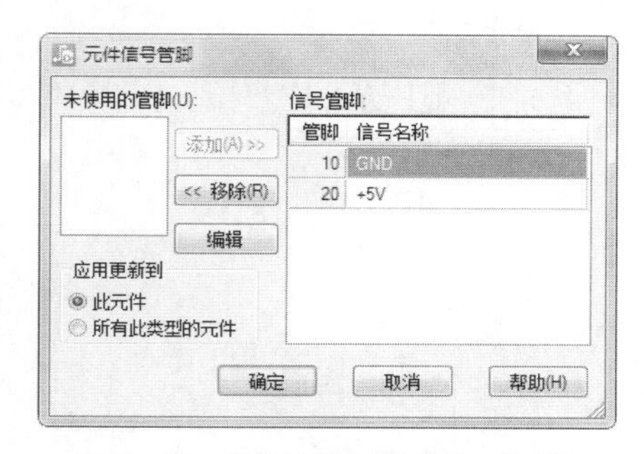

图 4-48 “元件信号管脚”对话框

在这个窗口中可知被查询修改元器件的第⑩管脚接地，第⑳管脚为电源管脚，可以对这两个管脚进行编辑改变其电气特性。如果在窗口中“未使用的管脚”下有任何管脚时，表明这些管脚没有被使用，可以通过“添加”按钮分配到“信号管脚”下定义其电气特性，反之可以用“移除”按钮移出其“信号管脚”下已定义的管脚到“未使用的管脚”下变为未使用管脚。

在窗口“应用更新到”下可以设定为“此元件”，其修改将只仅仅对被选择元器件有效，若设定为“所有此类型的元件”则对当前设计中所有同类型的元器件类型都有效。

最后需要提醒注意的是，对于在这个元器件查询与修改中的某些项目并不一定要通过这种方式来完成，比如在前面介绍的窗口中第一部分“重命名门”下的“重命名元件”项和“更改类型”项，其实直接单击元器件的元器件名和元器件类型名即可进行查询与修改。

一般情况下，对元器件属性设置只需设置元器件编号，其他采用默认设置即可。

4.6 元器件位置的调整

元器件位置的调整就是利用各种命令将元器件移动到合适的位置以及实现元器件的旋转、复制与粘贴、排列与对齐等。

4.6.1 元器件的选取和取消选取

1. 元器件的选取

要实现元器件位置的调整，首先要选取元器件。选取的方法很多，下面介绍几种常用的方法。

（1）用鼠标直接选取单个或多个元器件。

对于单个元器件的情况，将鼠标指针移到要选取的元器件上单击即可。元器件高亮显示，表明该元器器件已经被选取，如图 4-49 所示。

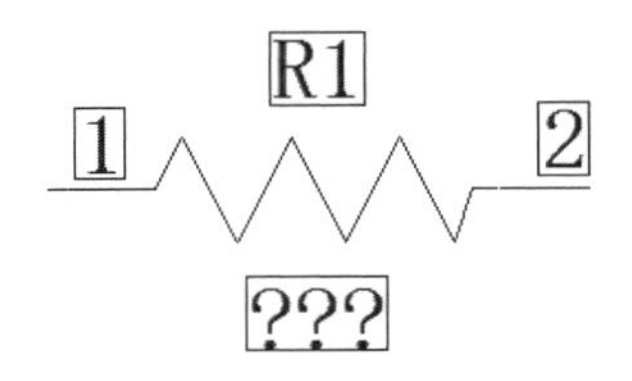

图 4-49 选取单个元器件

对于多个元器件的情况，将鼠标指针移到要选取的元器件上单击即可，按住“Ctrl”键进行选择，选中的多个元器件高亮显示，如图 4-50 所示。

（2）利用矩形框选取单个或多个元器件。

对于单个或多个元器件的情况，按住鼠标并拖动，拖出一个矩形框，将要选取的元器件包含在该矩形框中，如图 4-51 所示，释放鼠标后即可选取单个或多个元器件。选中的元器件高亮显示，如图 4-52 所示。

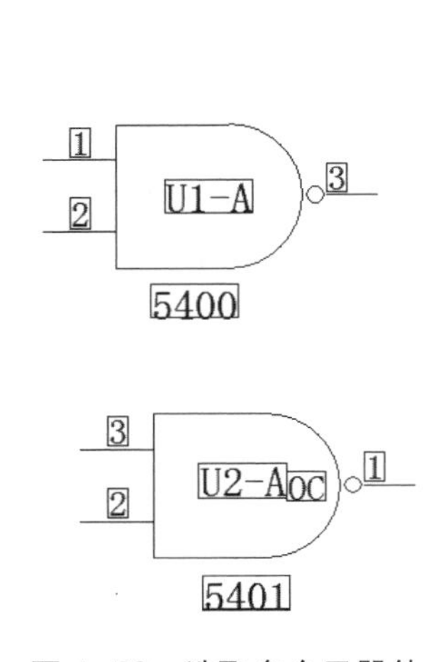

图 4-50 选取多个元器件

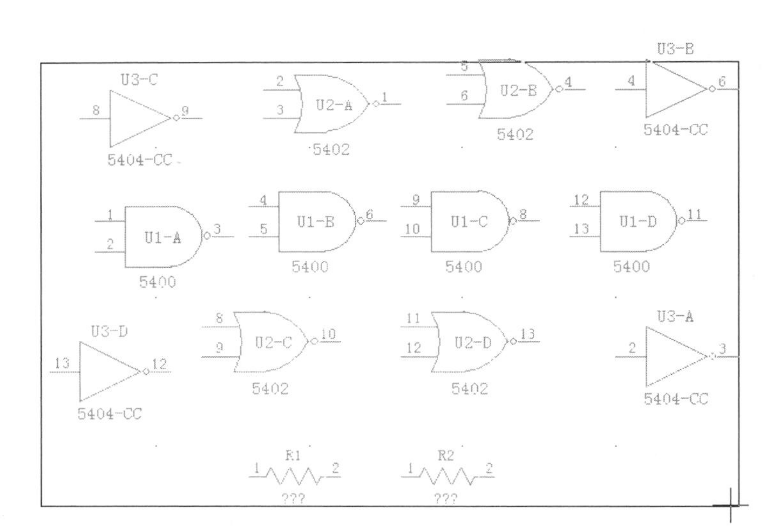

图 4-51 拖出矩形框

在图 4-51 中，只要元器件的一部分在矩形框内，则显示选中对象，与矩形框从上到下框选、从下到上框选无关。

（3）利用右键菜单选取单个或多个元器件。

单击鼠标右键，弹出图 4-53 所示的快捷菜单，选中“选择元件”命令，在原理图中选择元器件，选中包含子模块的元器件时，在其中一个子模块上单击，则自动选中所有子模块。选中“随意选择”命令，在原理图中选择单个元器件。

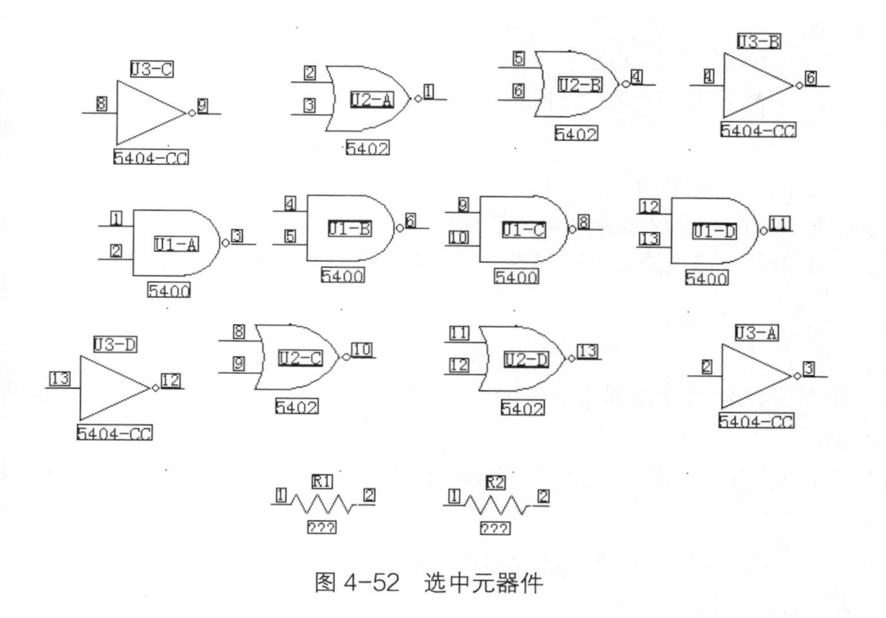

图 4-52　选中元器件

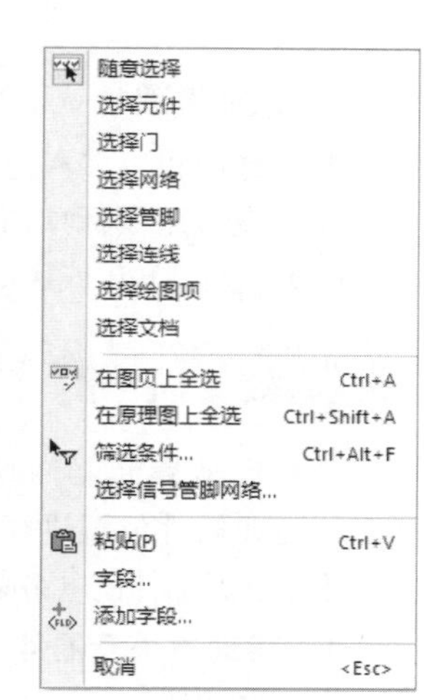

图 4-53　快捷菜单

“选择元件”与“随意选择”命令对一般元器件没有差别，但对于包含子模块的元器件，执行“随意选择”命令时，选中的对象仅是单击的单一模块。可根据不同的需求选择对应命令。同时，“随意选择”命令还可以选择任何对象，“选择元件”命令只能针对整个元器件。下面分别讲解整个元器件外的对象的选择方法。

如果想选择元器件的逻辑门单元，则单击鼠标右键，在快捷菜单中选择“选择门”命令，再在原理图中所需门单元上单击，门单元高亮显示，此时，单击元器件其余单元不显示选中，只能选中门单元；如果想选择管脚单元，以此类推。

（4）利用工具栏选取元器件。

PADS Logic 还提供了“选择过滤器”工具栏，用于选择元器件或元器件的图形单元，如门、网络、管脚及元器件连接工具，如连线、网络标签、结点、文本等选项，如图 4-54 所示。功能同图 4-53 中快捷菜单中命令相同。

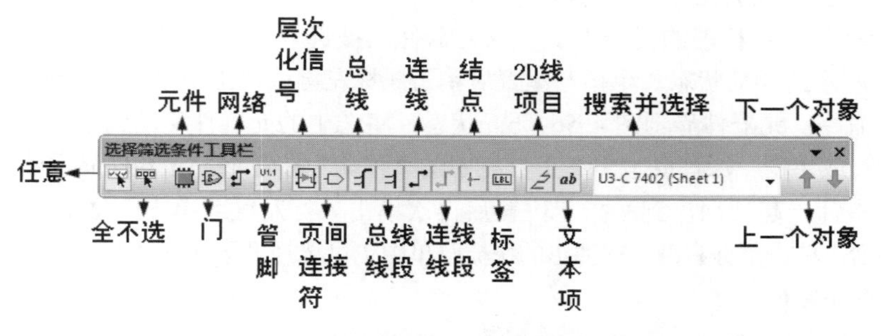

图 4-54　“选择过滤器”工具栏

单击“选择过滤器”工具栏中的“任意”按钮，工具栏默认显示打开门、管脚等按钮功能，记载选择对应的对象时，可执行命令；在图 4-54 中没有选中“网络”按钮，则需单击“网络”按钮，即可选中网络单元。单击“全不选”按钮，工具栏显示如图 4-55 所示，此时在原理图中无法选择任何对象。

图 4-55　全不选

2. 取消选取

取消选取也有多种方法，这里介绍两种常用的方法。

（1）直接用鼠标单击电路原理图的空白区域，即可取消选取。

（2）按住 Shift 或 Alt 键，单击某一已被选取的元器件，可以将其他未单击的对象取消选取。

4.6.2　元器件的移动

一般在放置元器件时，每个元器件的位置都是估计的，在进行原理图布线之前还需要进行布局，即对元器件位置进行调整。

要改变元器件在电路原理图上的位置，就要移动元器件。包括移动单个元器件和同时移动多个元器件。

1. 移动单个元器件

分为移动单个未选取的元器件和移动单个已选取的元器件两种。

（1）移动单个未选取的元器件的方法。

将鼠标指针移到需要移动的元器件上（不需要选取），如图 4-56(a) 所示，按住鼠标左键不放，拖动鼠标，元器件将会随鼠标指针一起移动，如图 4-56（b）所示，此时鼠标可松开，元器件随鼠标指针的移动而移动，到达指定位置后再次单击鼠标左键或单击空格键，即可完成移动，如图 4-56（c）所示。元器件显示选中状态，在空白处单击，取消元器件选中。

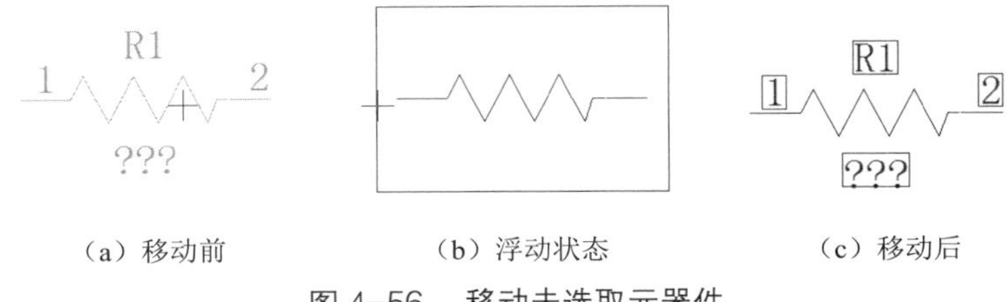

（a）移动前　　（b）浮动状态　　（c）移动后

图 4-56　移动未选取元器件

（2）移动单个已选取的元器件的方法。

将鼠标指针移到需要移动的元器件上（该元器件已被选取），同样按住鼠标左键拖动，元器件显示图 4-56(b) 所示的浮动状态，至指定位置后单击鼠标左键或单击空格键；或选择菜单栏中的“编辑”→“移动”命令，元器件显示图 4-56（b）状态，将选中的元器件移动到指定位置后单击鼠标左键或单击空格键；或单击“原理图编辑”工具栏中的“移动”按钮，元器件显示图 4-56（b）状态，元器件将随鼠标指针一起移动，到达指定位置后再次单击鼠标左键或单击空格键，完成移动。

选中元器件后，单击鼠标右键，在弹出的快捷菜单中也可选择“移动”命令，完成对元器件的移动。

2. 移动多个元器件

需要同时移动多个元器件时，首先要将所有要移动的元器件选中。在其中任意一个元器件上按住鼠标左键，拖动鼠标（可一直按住鼠标，也可拖动后放开），所有选中的元器件将随光标整体移动，到达指定位置后单击鼠标左键或单击空格键；或选择菜单栏中的“编辑”→“移动”命令，将所有选中的元器件整体移动到指定位置；或单击“原理图编辑”工具栏中的“移动”按钮，将所有元器件整体移动到指定位置，完成移动。

在原理图布局过程中，除了需要调整元器件的位置，还需要调整其余单元，如门、网络、连线等，方法与移动元器件相同，这里不再赘述，读者可自行练习。

4.6.3 元器件的旋转

在绘制原理图的过程中，为了方便布线，往往要对元器件进行旋转操作，在元器件放置过程中，放置方法除了上述的快捷键外还可单击鼠标右键弹出图 4-57 所示的快捷菜单，选中对应命令。

下面介绍几种常用的旋转方法。

1. 90° 旋转

在元器件放置过程中，元器件变成浮动状态，直接使用快捷键 Ctrl+R 或单击鼠标右键在图 4-57 中选择“90 度旋转”命令，可以对元器件进行旋转操作。图 4-58 所示的 R1、R2 分别为旋转前与旋转后的状态。

2. 实现元器件左右对调

在元器件放置过程中，元器件变为浮动状态，直接使用快捷键 Ctrl+F 或在右键快捷菜单中选择“X 镜像”，可以对元器件进行左右对调操作，如图 4-59 所示。

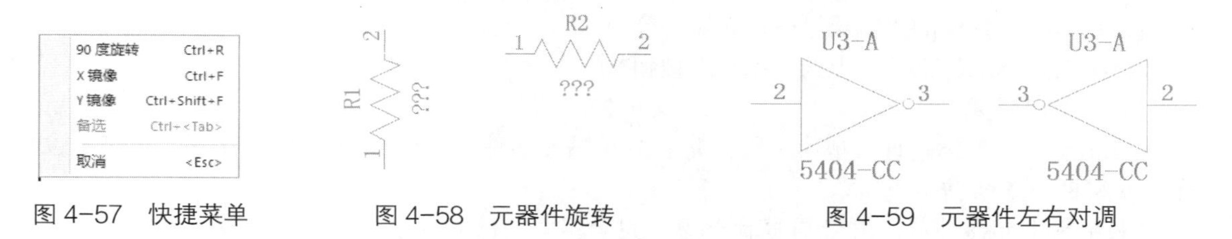

图 4-57　快捷菜单　　图 4-58　元器件旋转　　图 4-59　元器件左右对调

3. 实现元器件上下对调

在元器件放置过程中，元器件变为浮动状态后，直接使用快捷键 Ctrl+Shift+F 或使用右键快捷菜单中的“Y 镜像”命令，可以对元器件进行上下对调操作，如图 4-60 所示。

元器件的旋转操作也可以在放置后进行。单击选中对象，直接使用快捷键或单击鼠标右键弹出图 4-61 所示的快捷菜单选择命令。

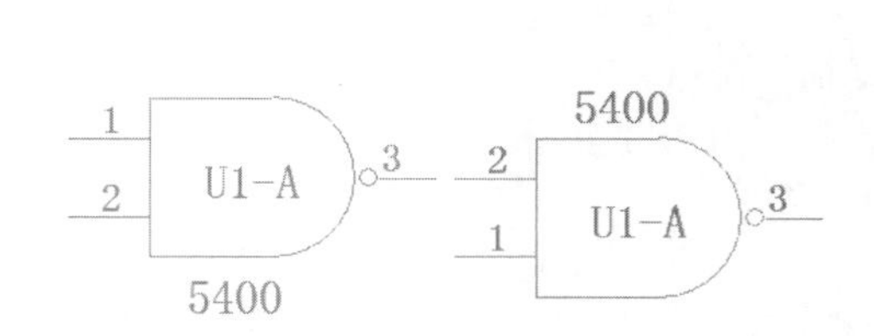

图 4-60　元器件上下对调

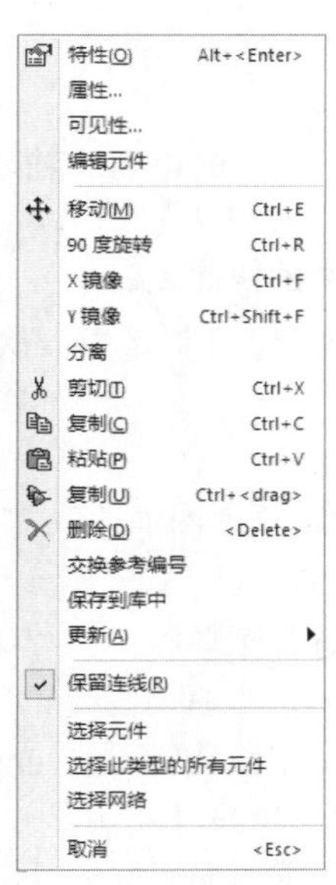

图 4-61　快捷菜单

4.6.4　元器件的复制与粘贴

PADS Logic 同样有复制、粘贴的操作，操作对象同样不止包括元器件，还包括单个单元及相关电气符号，方法相同，因此这里只简单介绍元器件的复制、粘贴操作。

1. 元器件的复制

元器件的复制是指将元器件复制到剪贴板中，具体步骤如下。

（1）在电路原理图上选取需要复制的元器件或元器件组。

（2）执行命令。

- 选择菜单栏中的“编辑”→“复制”命令。
- 单击“标准”工具栏中的“复制”按钮。
- 使用快捷键 Ctrl+C。

即可将元器件复制到剪贴板中，完成复制操作。

2. 元器件的粘贴

元器件的粘贴就是把剪贴板中的元器件放置到编辑区里，有 3 种方法。

（1）选择菜单栏中的“编辑”→“粘贴”命令。

（2）单击“标准”工具栏上的“粘贴”按钮。

（3）使用快捷键 Ctrl+V。

执行粘贴后，鼠标指针变成十字形并带有欲粘贴元器件的虚影，如图 4-62 所示。在指定位置上单击左键即可完成粘贴操作。

粘贴结果中元器件流水编号与复制对象不完全相同，自动顺序排布。图 4-63 为图 4-62 放置显示结果，复制 U3-A，由于原理图中已有 U3-B、U3-C、U3-D，因此粘贴对象编号顺延成为 U4-A。

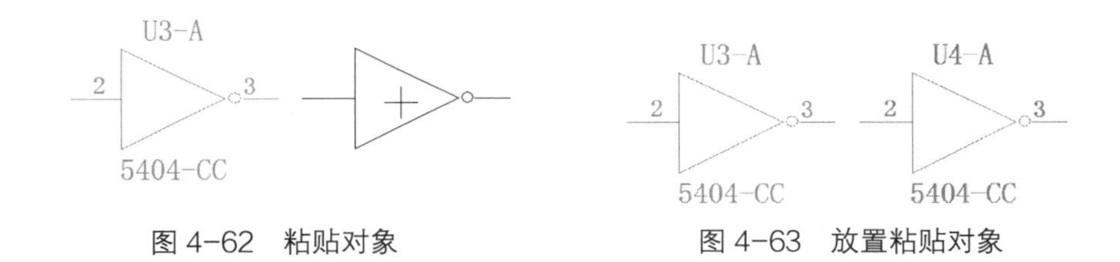

图 4-62　粘贴对象　　　图 4-63　放置粘贴对象

3. 元器件的快速复制

元器件的快速复制是指一次性复制无须执行粘贴命令即可多次将同一个元器件重复粘贴到图纸上。

具体步骤如下。

（1）在电路原理图上选取需要复制的元器件或元器件组。

（2）执行命令。

- 选择菜单栏中的“编辑”→“复制”命令。
- 单击“原理图编辑”工具栏中的“复制”按钮。
- 使用快捷键 Ctrl+drag。

前两个步骤可互换。

图 4-64 所示为显示快速复制的结果。

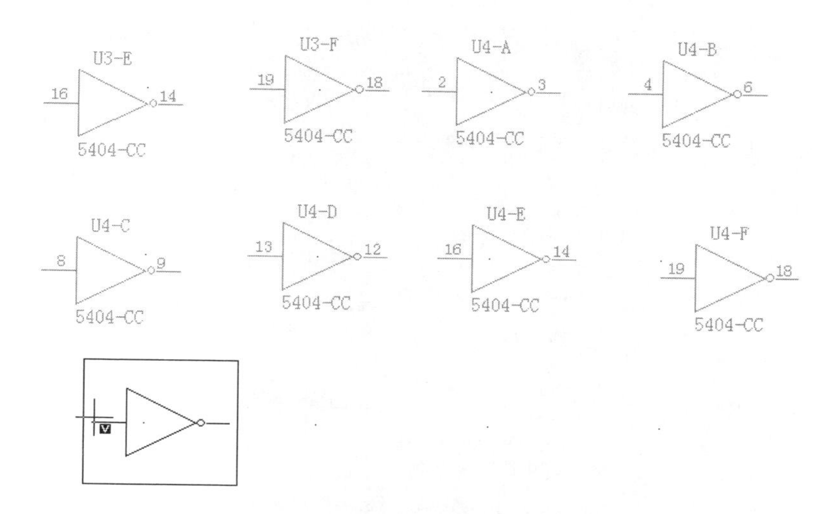

图 4-64　快速复制结果

4.6.5　实例——单片机原理图

扫码看视频

【创建步骤】

（1）启动 PADS Logic VX.2.2，进入原理图设计欢迎界面。

（2）选择菜单栏中的“文件”→“新建”命令，新建带图框的空白原理图文件，自动弹出“替换字体”对话框，如图 4-65 所示。单击“确定”按钮，退出对话框，进入原理图编辑环境。

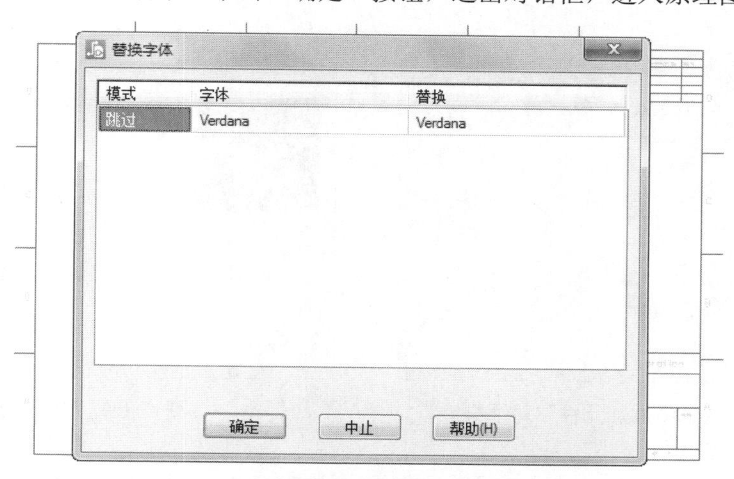

图 4-65　“替换字体”对话框

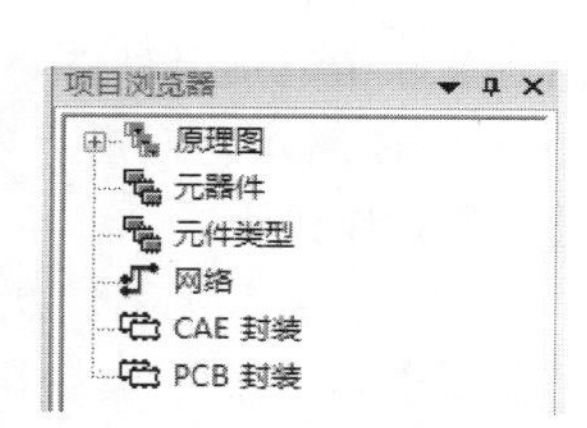

图 4-66　项目浏览器

（3）在原理图编辑环境中，默认打开“原理图编辑”工具栏、“选择筛选条件”工具栏，打开项目浏览器，如图 4-66 所示。

（4）选择菜单栏中的“工具”→“选项”命令，弹出“选项”对话框，如图 4-67 所示。选择默认设置，单击“确定”按钮，退出对话框。

由于不知道元器件所在元器件库名称，因此直接在全库中搜索元器件。

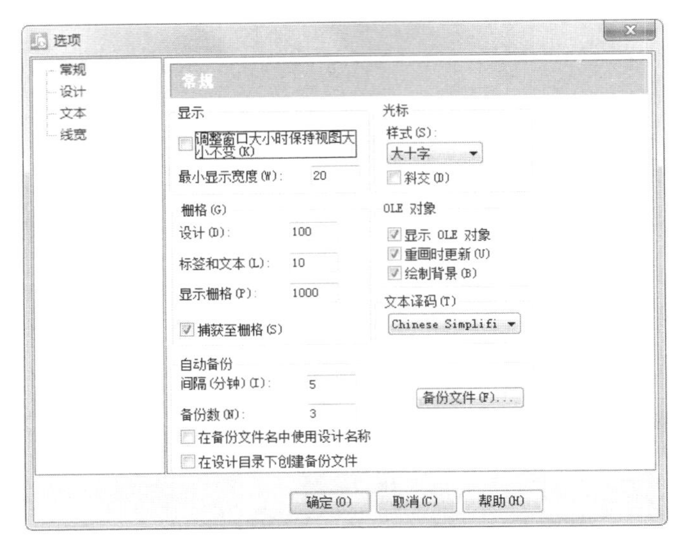

图 4-67 “选项”对话框

（5）放置存储器。这里使用的存储器是 32KB*8 位带锁存器㉘脚 CMOS 可固化程序的存储器。

单击“原理图编辑”工具栏中的“添加元件”按钮，弹出“从库中添加元件”对话框，在“库”下拉列表中选择“所有库”选项，在“项目”文本框中输入过滤条件“*87C256*”，如图 4-68 所示。搜索元器件名称中包含“87C256”的所有元器件，单击“应用”按钮，在“项目”列表框中显示查找结果，如图 4-69 所示。单击“添加”按钮，元器件符号 87C256 粘连在鼠标指针上，并且随鼠标指针移动，在原理图中空白处单击，放置元器件符号，如图 4-70 所示。

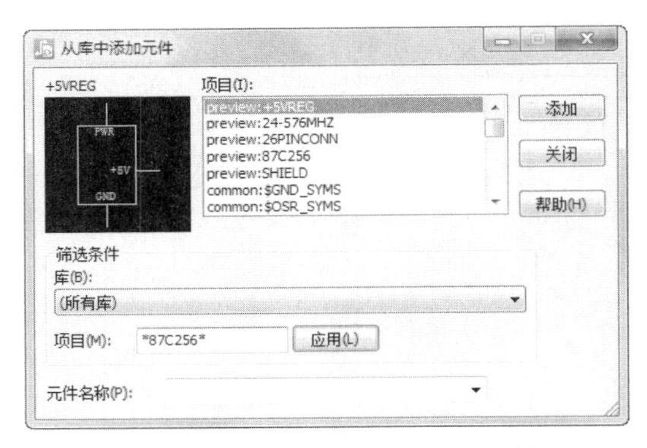

图 4-68 “从库中添加元件”对话框

图 4-69 查找结果

（6）放置发射极耦合逻辑内存解码器。单击“原理图编辑”工具栏中的“添加元件”按钮，弹出“从库中添加元件”对话框，在过滤框条件文本框中输入“*AM100415*”，单击“应用”按钮，如图 4-71 所示。双击“项目”列表中的元器件符号或单击“添加”按钮，将选择的内存解码器放置在原理图纸上。

（7）放置反相器。此元器件由 6 个 COS/MOS 反相器电路组成，主要用作通用反相器，即用于不需要中功率 TTL 驱动和逻辑电平转换的电路。单击“原理图编辑”工具栏中的“添加元件”按钮，弹出“从库中添加元件”对话框，在过滤框条件文本框中输入“*CD4069*”，单击“应用”按钮，如图 4-72 所示。双击“项目”列表中的元器件符号或单击“添加”按钮，将选择的反相器放置在原理图纸上。

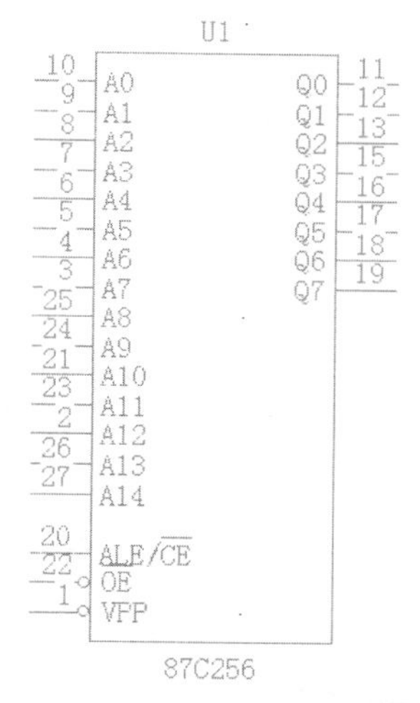

图 4-70　放置 87C256 芯片

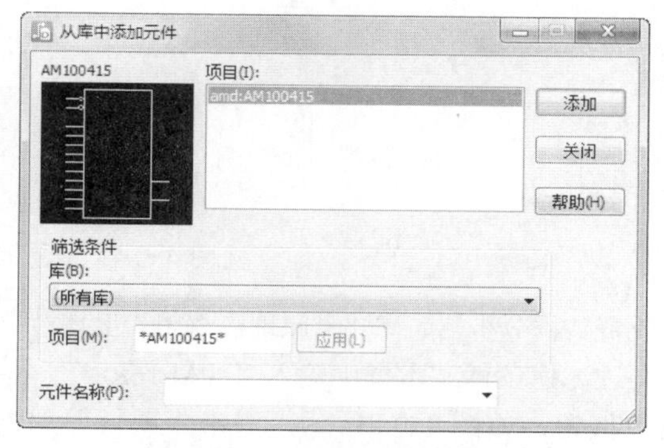

图 4-71　选择内存解码器

注意

PADS Logic 分配 U3 作为元器件“CD4069”的参考编号，PADS Logic 默认编号“3”是“没有用到的最小的编号”，所以 PADS Logic 在编号使用时，将自动分配前面没有使用过的编号。

（8）放置或非门。这里使用的还有或非门“CD4001B”，按照与上面相同的方法进行加载，如图 4-73 所示。

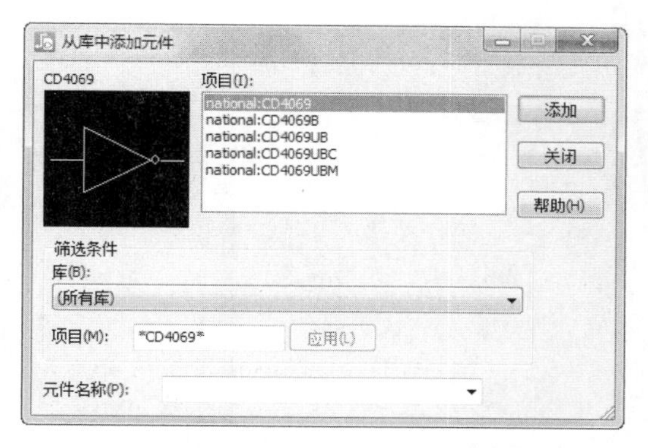

图 4-72　选择反相器 CD4069

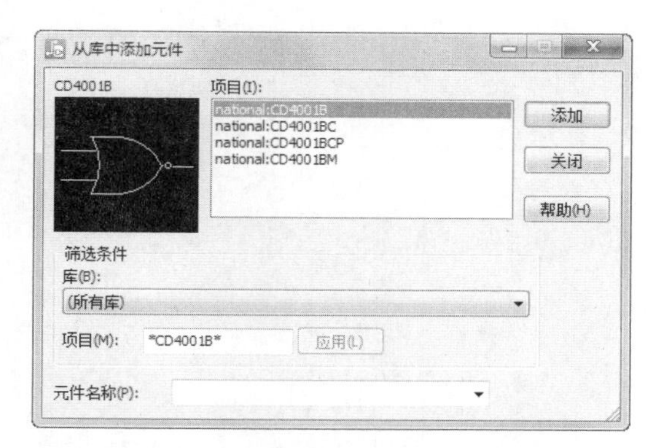

图 4-73　选择或非门 CD4001B

注意

由于门元器件是多模块元器件，在放置过程中，移动鼠标指针，放置完一个元器件后，继续通过单击鼠标左键放置更多的元器件，如图 4-74 所示。

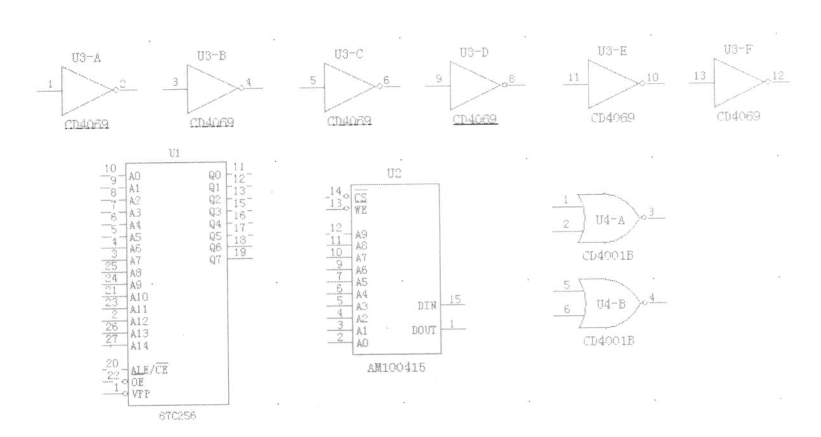

图 4-74　放置元器件

（9）放置数据分析器。单击“原理图编辑”工具栏中的“添加元件”按钮，弹出“从库中添加元件”对话框，在过滤框条件文本框中输入“*PAL16R8*”，单击“应用”按钮，如图 4-75 所示。双击“项目”列表中的元器件符号或单击“添加”按钮，将选择的芯片放置在原理图纸上。

图 4-75　放置芯片

（10）放置外围元器件。根据电路设计要求，在原理图中放置 3 个电阻元器件“R1”、“R2”、“R3”和一个晶体振荡器元器件“XTAL1”。同时，由于原理图中有同类型元器件，因此可使用不同方法放置相同器件，例如使用复制粘贴命令。也可继续利用上面的添加元器件的方法。结果如图 4-76 所示。

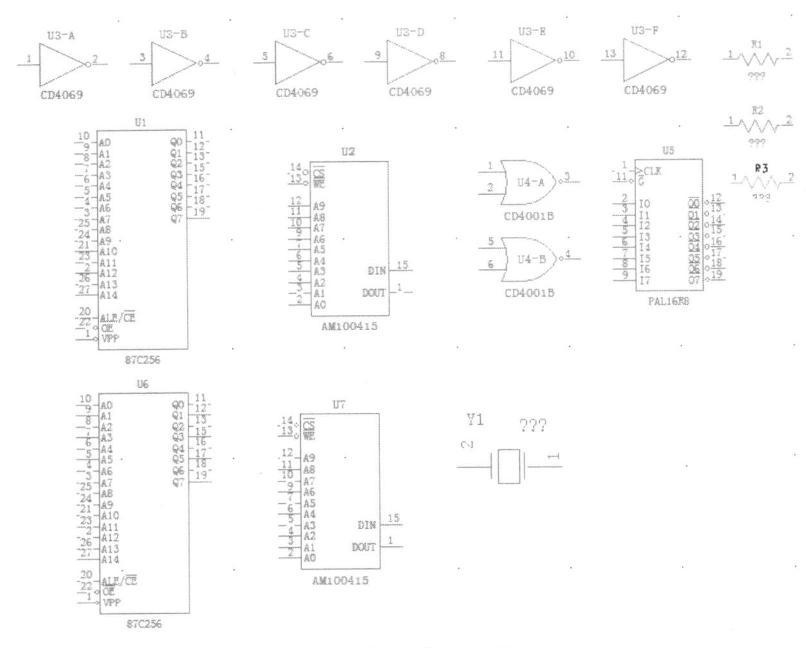

图 4-76　完成放置

（11）元器件布局。完成元器件放置后，按照电路设计要求对元器件进行布局操作，结果如图 4-77 所示。

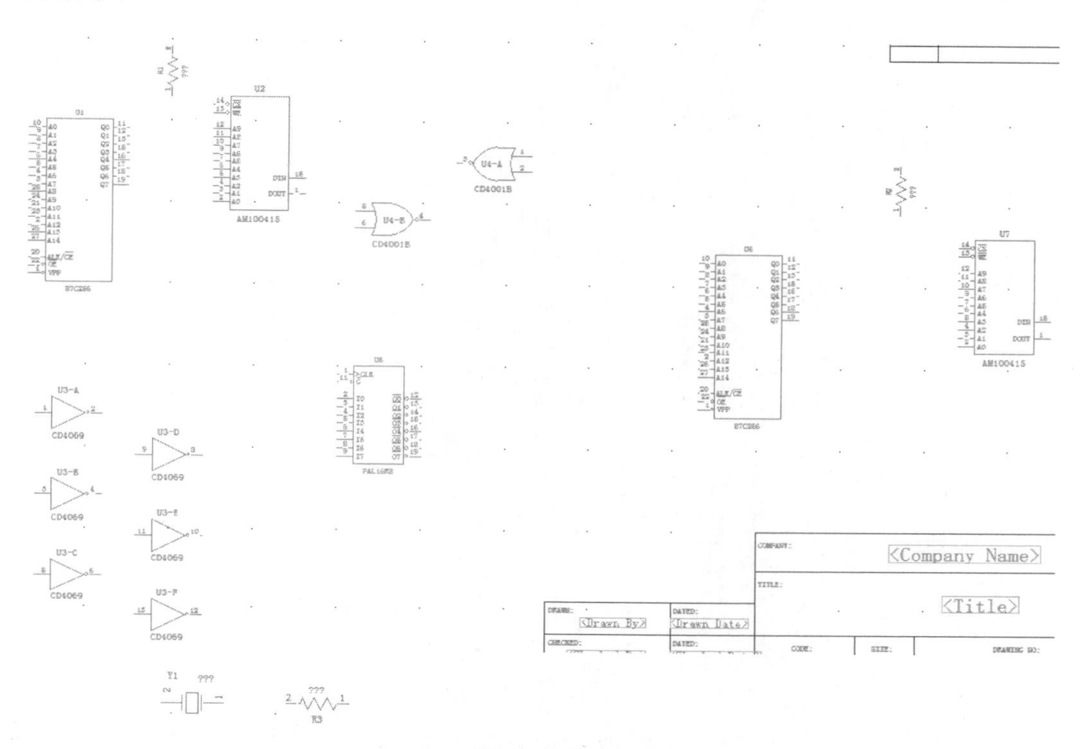

图 4-77　放置元器件

（12）设置元器件属性。

在图纸上放置好元器件之后，再对各个元器件的属性进行设置，包括元器件的标识、序号、型号和封装形式等。

双击电阻元器件打开“元件特性”对话框，图 4-78 为电阻属性设置对话框。单击“属性”按钮，弹出“元件属性”对话框，在“Value（值）”文本框中输入“10k”，如图 4-79 所示。单击“确定”按钮，弹出对话框属性设置结果如图 4-80 所示。

图 4-78　设置电阻属性

图 4-79　设置参数值

图 4-80　设置完成的电阻

其他元器件的属性设置可以参考前面章节，这里不再赘述。设置好元器件属性后的原理图如图 4-81 所示。

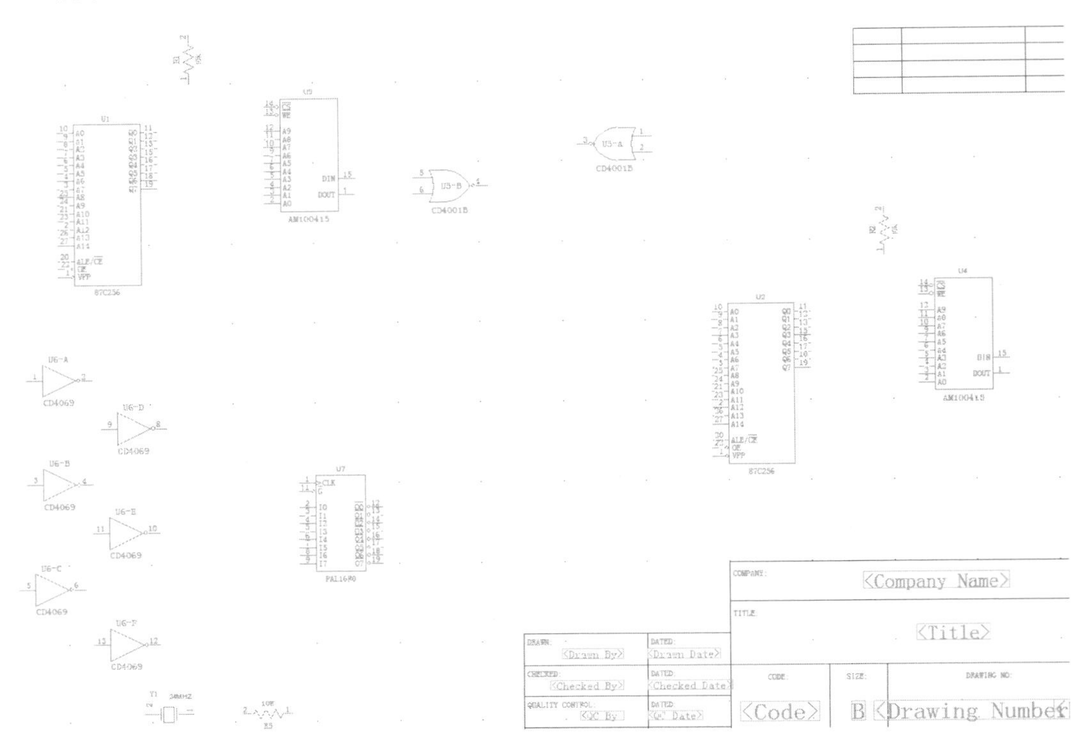

图 4-81　设置好元器件属性后的原理图

4.7 元器件的电气连接

元器件之间电气连接的主要方式是通过导线来连接。导线是电路原理图中最重要也是用得最多的图元，它具有电气连接的意义，不同于一般的绘图工具，绘图工具没有电气连接的意义。

4.7.1 添加和编辑连线

导线是电气连接中最基本的组成单位。连接线路是电气设计中的重要步骤。当将所有元器件放置在原理图中，按照设计要求进行布线，建立网络的实际连通性成为首要解决的问题。下面详细叙述连线的相关操作。

1. 建立新的连线

从“标准”工具栏中选择“打开”图标，打开图 4-81 所示放置元器件的文件。

从“标准工具栏”中选择“原理图编辑工具栏”按钮，单击打开“原理图编辑工具栏”，从工具栏中选择“添加连线”按钮，接着连线完成原理图设计，进行连线的具体操作步骤如下。

（1）选择连线的起点，如图 4-82 所示的 U1 的管脚⑪，在元器件起点管脚⑪上单击鼠标左键。

（2）选中连线起点后，在鼠标指针上会黏附着连线，移动鼠标，黏附连线会一起移动，如图 4-83 所示。当连线到终点元器件管脚时，双击鼠标左键即可完成连线，结果如图 4-84 所示。

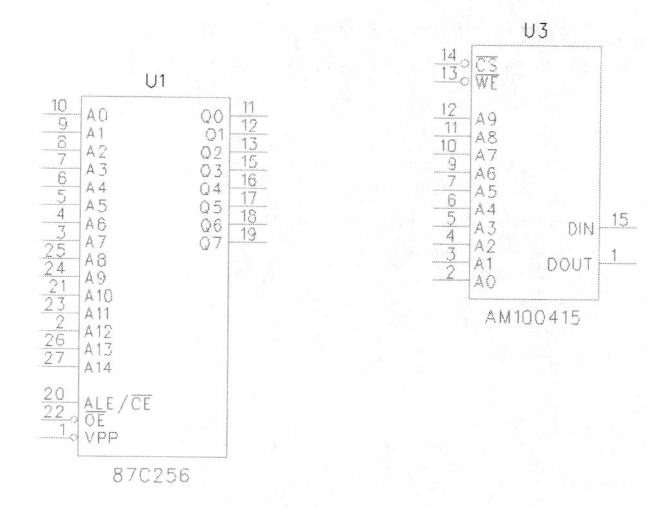

图 4-82　捕捉起点

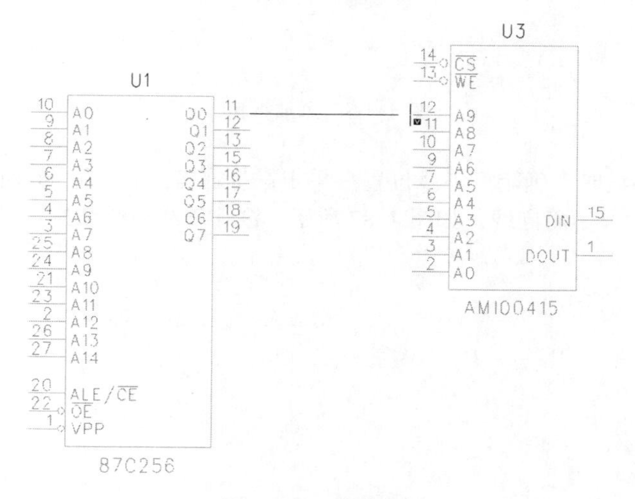

图 4-83　移动鼠标

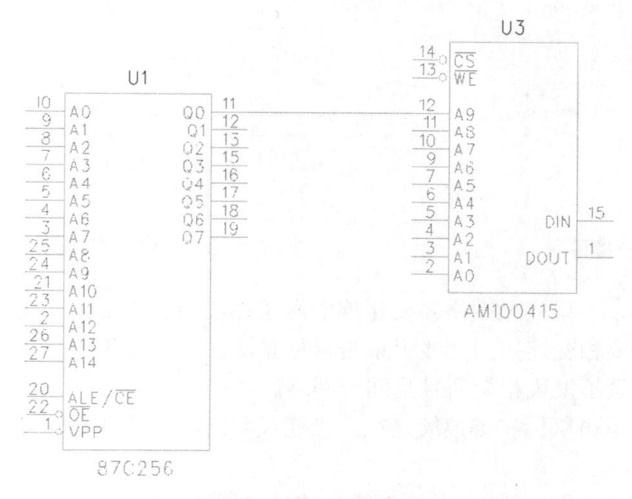

图 4-84　完成连线

（3）当需要拐角时，确定好拐角位置后单击鼠标左键即可，添加拐角后继续拖动鼠标，绘制连线，如图 4-85 所示；当不需要拐角时，单击鼠标右键，弹出快捷菜单，选择“删除拐角”命令即可，如图 4-86 所示。

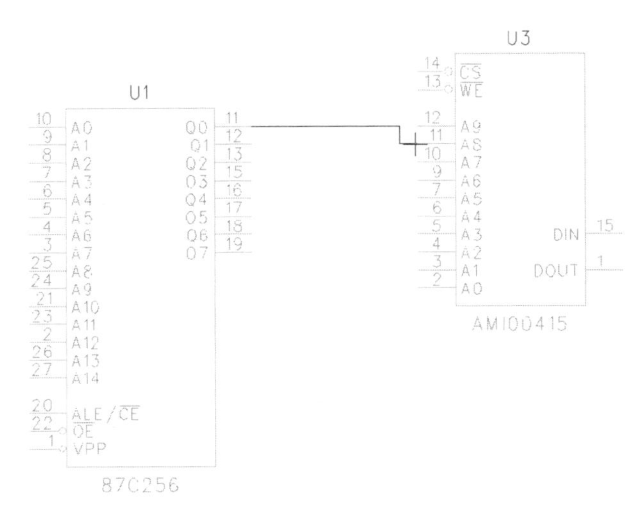

图 4-85　添加拐角

（4）当需要绘制斜线时，确定好斜线位置后单击鼠标右键，在图 4-86 所示的快捷菜单中选择“角度”命令即可，图中显示斜向线，如图 4-87 所示，添加斜线后继续拖动鼠标，绘制连线。

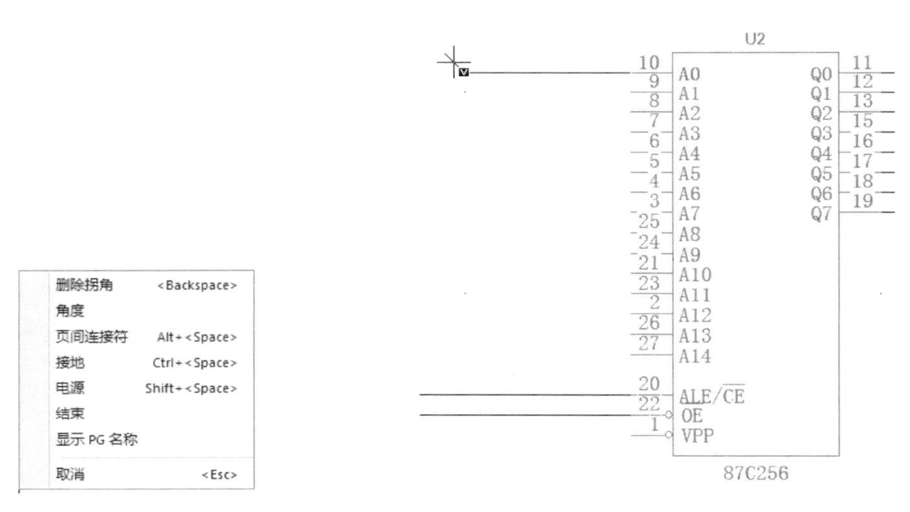

图 4-86　快捷菜单

图 4-87　添加斜线

（5）在连线过程中，如果同一网络需要相连的两条连线相交，则在连线过程中，将黏附在鼠标指针上的连线移动到需要相交连接的连线上单击鼠标左键，这时系统会自动增加相交结点，相交结点标志着这两条线的关系不仅仅相交而且是同一网络。

（6）在相交结点上单击鼠标左键继续连线，当连线到终点元器件管脚时，双击鼠标左键即可完成连线。

按照上述步骤可以完成图 4-88 所示的连线，结果如图 4-89 所示。

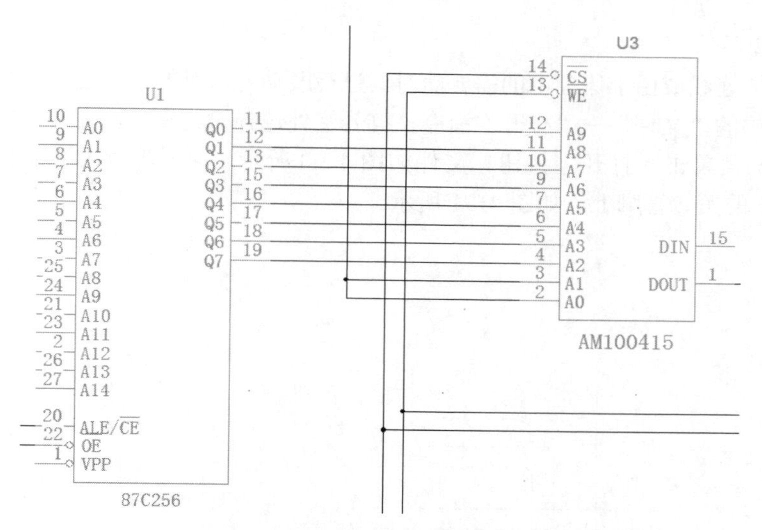

图 4-88　添加相交结点

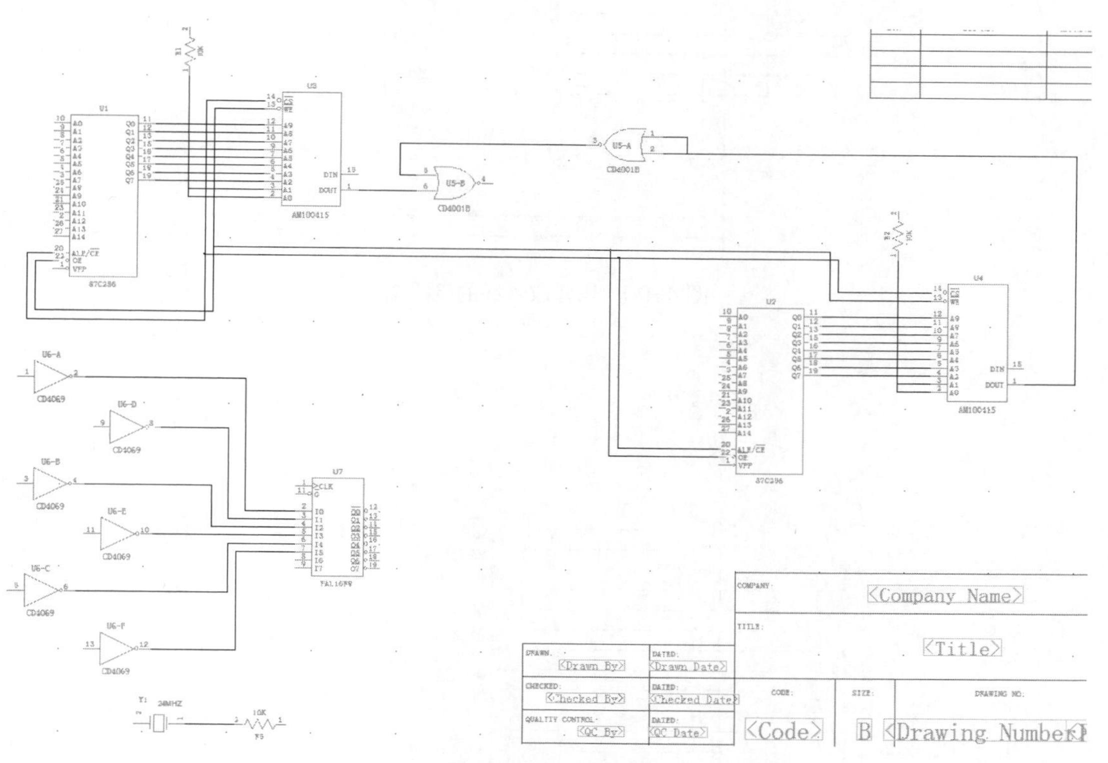

图 4-89　完成连线

注意

在绘制的原理图中要注意识别相交的连线是否为同一网络，因为这些相交的连线在视觉上有时很容易产生错觉。

2. 编辑连线

对于建立好的连线或由于原理上的需要而对其进行改动是常有的事。这里进行详细介绍。

选择菜单栏中的“文件”→“打开”命令，打开文件选择对话窗口，在窗口中选择 Demo 文件 previewconnect.sch，单击“打开”按钮。文件如图 4-90 所示，对元器件 U3 的第③管脚修改并将其重新连接到 U3 的第⑮管脚上，如图 4-91 所示。

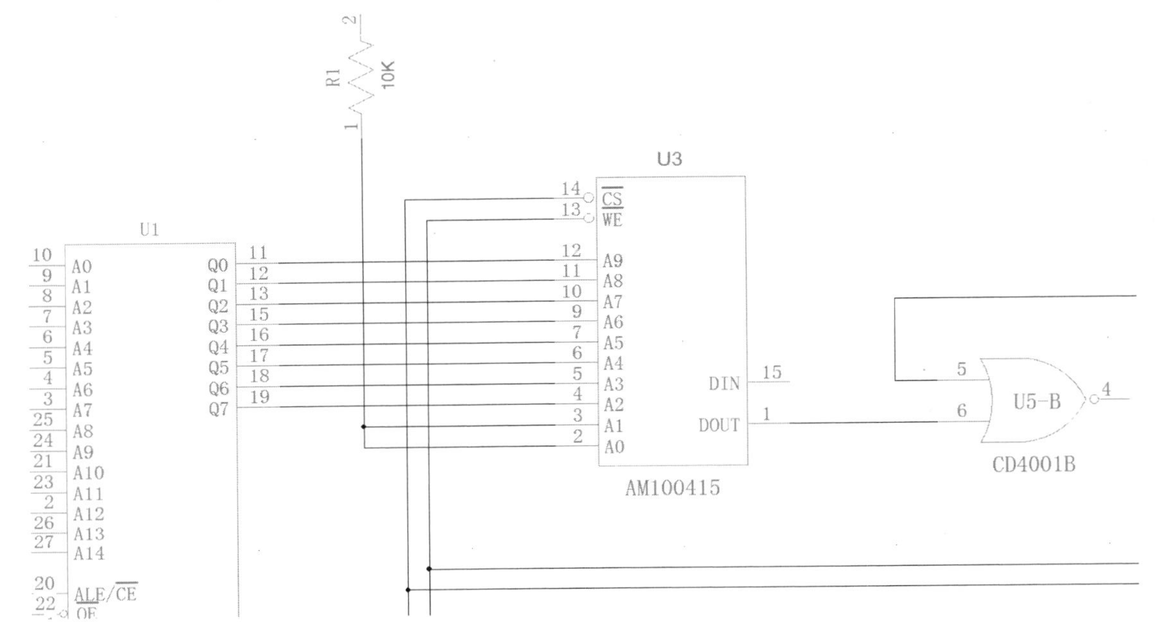

图 4-90　需修改连线的电路图

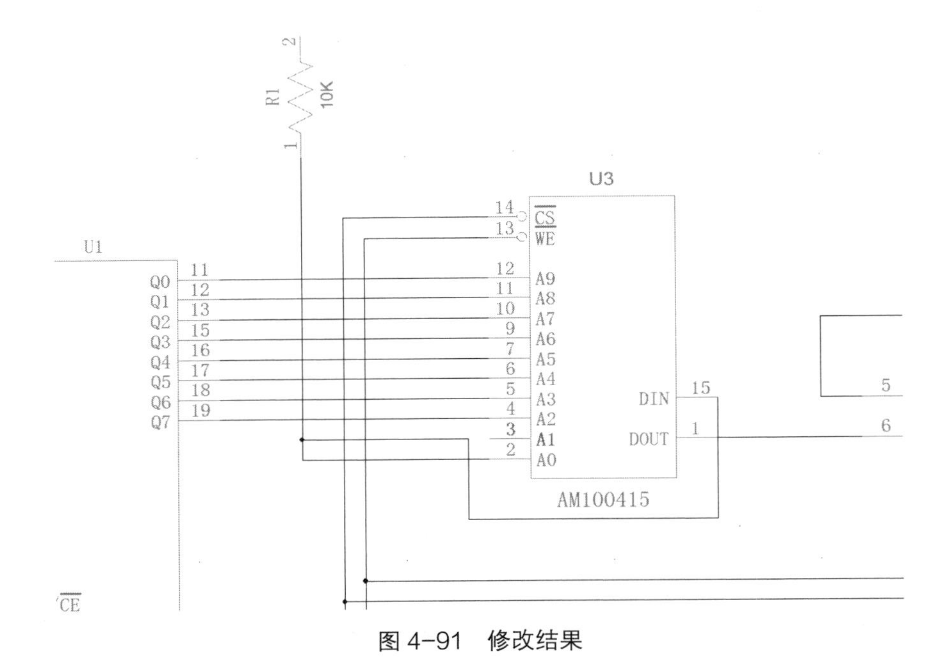

图 4-91　修改结果

要对图 4-90 中 U2 第③管脚重新连接有两种方法。

- 单击“选择筛选条件”工具栏中的“删除”按钮，用鼠标左键单击 U3 第③管脚的连线，删除此连线后重新建立连接线到 U3 的第⑮管脚。
- 选择“原理图编辑”工具栏中的“选择”按钮，用鼠标单击 U3 第③管脚连线的末端，则连线末端黏附在鼠标上，移动鼠标，最后在与 U3 第⑮管脚连接处双击鼠标完成连线。

注意

在修改连线时，一定要先在工具栏中选择“选择”图标后再选择连线进行移动，否则无法执行移动操作。

4.7.2　添加和修改总线

总线就是在设计原理图时，为了精炼原理图的设计而对原理图中一些具有相似名称信号线的总称。这些相似名称的信号线并不一定需要具有相同的属性，它们可以是一些相互独立的连接线，而且并不需要放在相同的区域或页面上。在这一小节将介绍有关总线的各种操作，包括建立、连接、分割、延伸总线。

1. 建立总线

虽然总线也是一种信号连线，但却是一种特殊的信号连接方式，是指一组具有相关性的信号线，如数据总线、地址总线、控制总线等的组合。

在大规模的原理图设计，尤其是数字电路的设计中，如果只用导线来完成各元器件之间的电气连接，那么整个原理图的连线就会显得杂乱而烦琐。而总线的运用可以大大简化原理图的连线操作，使原理图更加整洁、美观。原理图中使用较粗的线条代表总线。

通常总线会有网络定义，将多个信号定义为一个网络，而以总线名称开头，后面连接想用的数字，及总线各分支子信号的网络名，如图 4-92 所示。

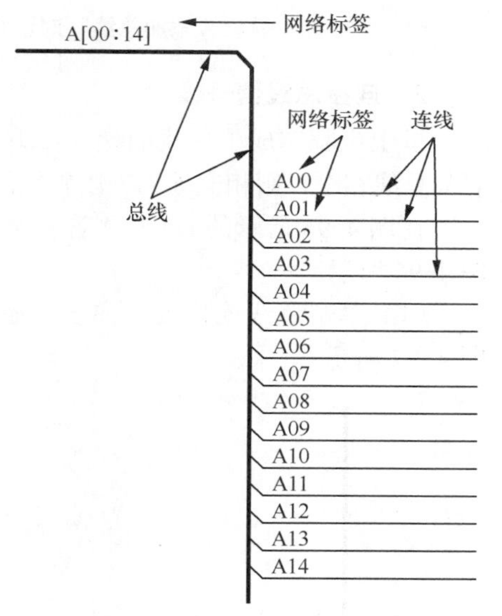

图 4-92　总线示意图

增加总线的操作步骤如下所述。

（1）从键盘上输入直接命令（S U2），将设计画面定位在 IC U2 处并以 U2 为中心将画面放大到适当的倍数。

（2）单击“选择筛选条件”工具栏中的“总线”按钮。再单击“原理图编辑”工具栏中的“添加总线”按钮，进入总线设计模式。

（3）首先确定总线起点，在起点处单击鼠标左键。

（4）移动鼠标，鼠标指针上黏附着可以随着鼠标移动方向不同而作相应变化的总线，将鼠标指针朝着自己所需总线形式的方向移动，这时可单击鼠标右键，弹出图 4-93 所示的菜单。

完成	<Enter>
添加拐角	<Space>
删除拐角	<Backspace>
取消	<Esc>

图 4-93　编辑总线菜单

从图 4-93 中可知，利用弹出菜单可以对总线增加和删除一个拐角的操作。但实际设计中，在增加或删除一个拐角时靠弹出菜单来完成比较麻烦。只需在前一个拐角确定后单击鼠标左键就可以增加第 2 个拐角；将总线沿原路返回，当拐角消失后单击鼠标即可删除拐角。完成总线时双击鼠标左键。

（5）当完成总线时，系统会自动弹出图 4-94 所示的对话框。在弹出对话框中要求输入总线名，而且在窗口后面还有格式提示，如果总线名输入格式错误，系统会弹出提示窗口。

（6）当输入总线名正确后总线名黏附于鼠标指针上，移动到适当的位置后单击鼠标左键确定，结果如图 4-95 所示。

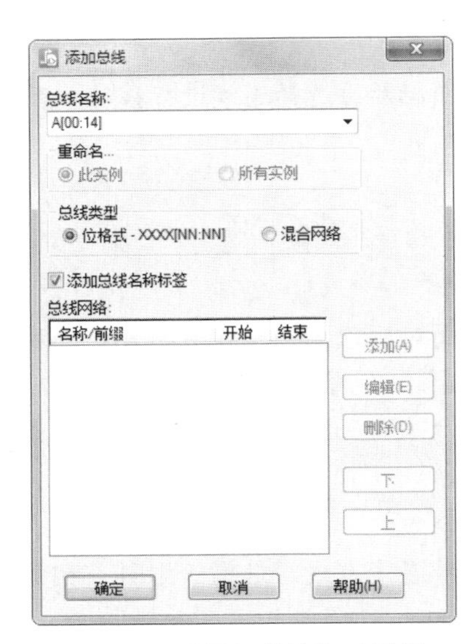

图 4-94 “添加总线”对话框

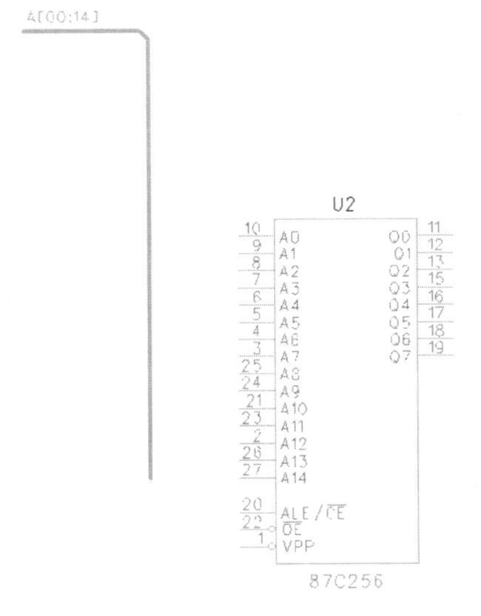

图 4-95 添加总线

2. 连接总线信号线

以上步骤完成了总线的绘制，下一步还要将各信号线连接在总线上。在连线过程中，如果需要与总线相交，则相交处为一段斜线段。信号连接步骤如下所述。

在图 4-95 所示的 U2 左侧管脚⑩上捕捉起点，向左侧拖动，到正对左侧总线 A[00:14] 处，如图 4-96 所示。

（1）单击总线连接处，弹出“添加总线网络名”对话框，在对话框中输入名称“A00”，如图 4-97 所示。

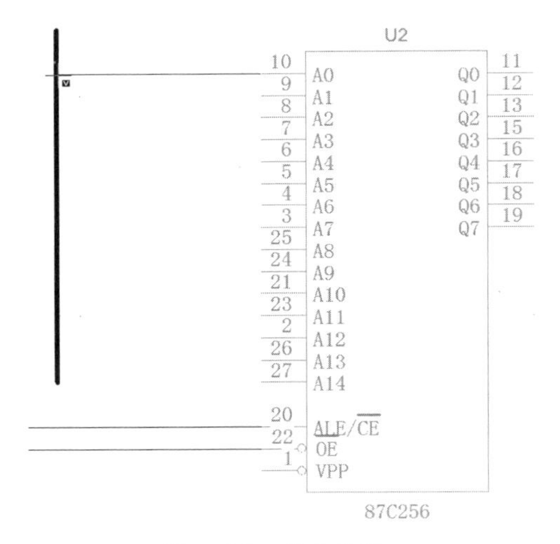

图 4-96 单击总线

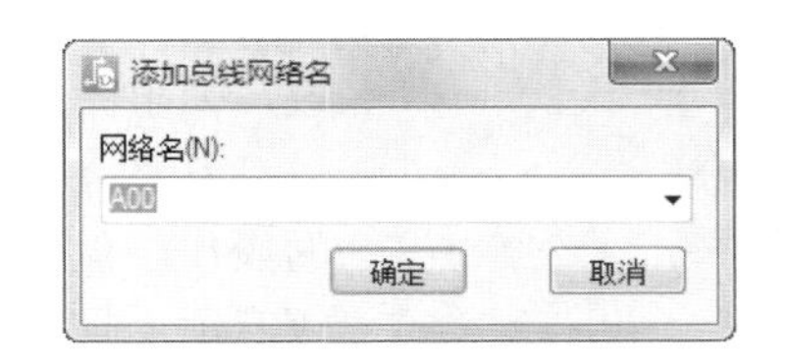

图 4-97 输入网络名

（2）此时，从管脚⑩引出的连线自动分配给总线，相交处自动添加一小段斜线，自动附着输入的网络名，标志着这两条线的关系不仅仅相交而且是同一网络，如图 4-98 所示。

（3）单击“添加总线网络名”对话框中的“确定”按钮，完成连线，结果如图 4-99 所示。

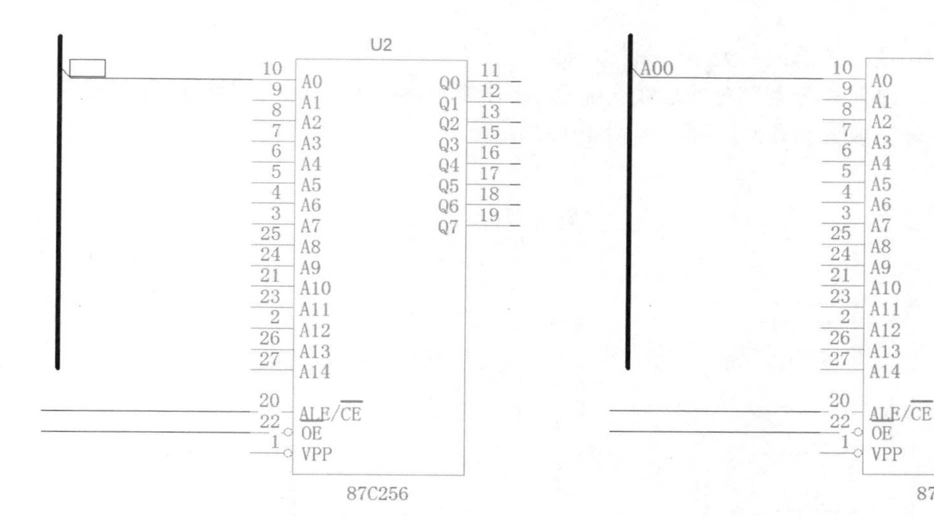

图 4-98　添加连接　　图 4-99　完成连线

（4）按照上述步骤可以完成总线连接，结果如图 4-100 所示。

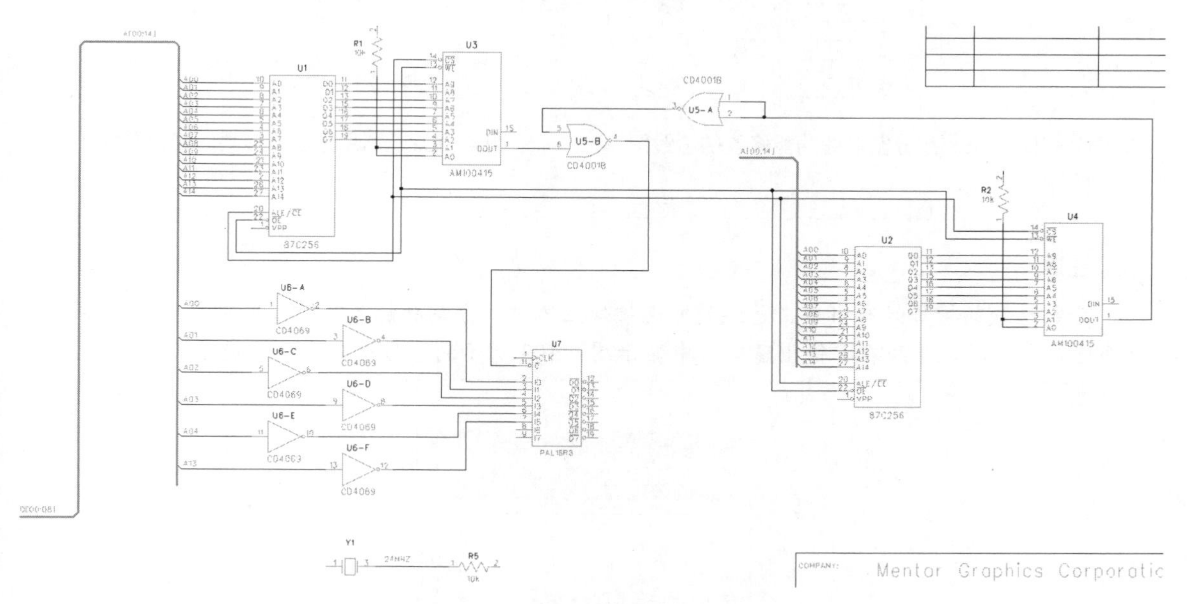

图 4-100　总线连接

3. 分割总线

绘制完成的总线并不是固定不变的，新绘一条总线时并非一次性绘好，有时需要对原理图进行修改等，这时往往是直接在原来总线的基础上进行修改。PADS Logic 在总线工具盒中提供了两种修改总线的工具，分别是分割总线和延伸总线。

未利用分割总线功能的电路图如图 4-101 所示，其修改步骤如下。

（1）从键盘上输入直接命令（S U2）将设计画面定位在 IC U2 处并以 U2 为中心将画面放大到适当的倍数。

（2）单击“选择筛选条件”工具栏中的“总线”按钮，单击“原理图编辑”工具栏中的“分割总线”按钮。

（3）在图 4-101 所示的总线某处单击鼠标左键。

（4）移动鼠标，这时被分割部分的总线会随着鼠标指针的移动而变化，调整分割部分总线到适当的位置，单击鼠标完成分割修改过程，如图 4-102 所示。

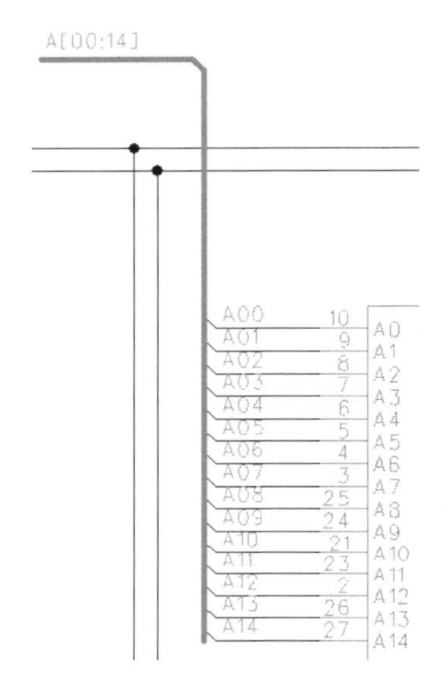

图 4-101　未利用分割总线功能修改的总线图

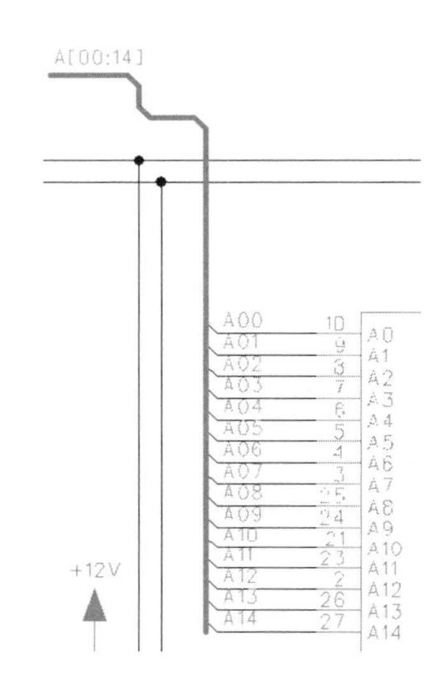

图 4-102　利用分割总线功能修改总线

注意

分割总线的操作只有当单击总线的非连接处主体时，分割功能才有效，当单击总线与各网络线连接部分时，系统在“输出窗口”中显示图 4-103 所示的警告信息，以示提示。

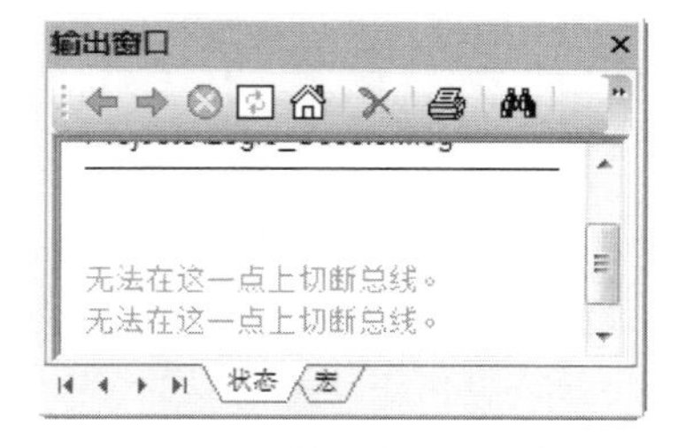

图 4-103　禁止分割总线提示

4. 延伸总线

修改总线的第 2 种方式是运用“延伸总线”，顾名思义，延伸就是在原来的基础上进行一定的扩展，所以这个操作相对比较简单。

延伸总线操作步骤如下所述。

（1）从键盘上输入直接命令（S U2），将设计画面定位在 IC U2 处并以 U2 为中心将画面放大到适当的倍数，如图 4-104 所示。

（2）单击“选择筛选条件”工具栏中的“总线”按钮，单击“选择筛选条件”工具栏中的“延伸总线”图标。

（3）在图中单击总线的端部，这时总线的端部会随着鼠标的移动而进行延伸变化，如图 4-105 所示。在总线延伸变化中可以增加总线拐角，当其延伸到适当位置后单击鼠标左键确定即可，如图 4-106 所示。

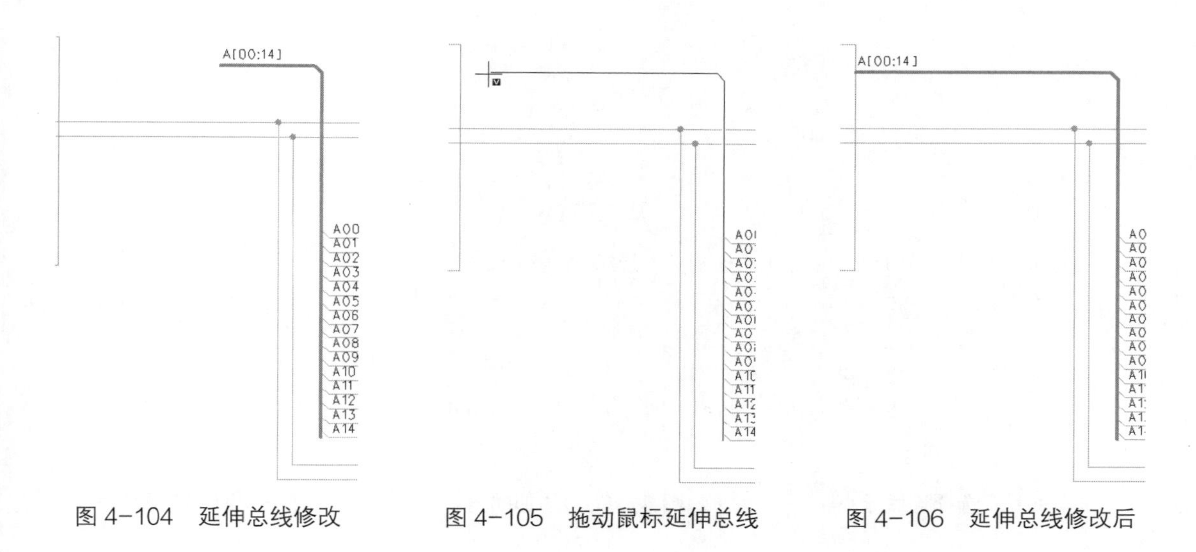

图 4-104　延伸总线修改　　图 4-105　拖动鼠标延伸总线　　图 4-106　延伸总线修改后

注意

在运用延伸总线功能时要注意，延伸总线只是针对总线的两个端部。如果在延伸总线功能模式下单击总线非端部的部分，则操作无效。

4.7.3　放置页间连接符

在原理图设计过程中，页间连接符用于在相同的页面或不同的页面之间进行元器件管脚同一网络的连接。一个大的项目分成若干个小的项目文件进行设计，需要页间连接符进行连通。

当生成网表文件时，PADS Logic 自动地将具有相同页间连接符的网络连接在一起。为了介绍跨页连接操作，这里仍然以 Demo 文件 previewconnect.sch 为例，其放置符号的操作如下所述。

（1）从键盘上输入直接命令（S U7），将设计画面定位在 IC U7 处并以 U7 为中心将画面放大到适当的倍数。

（2）单击“原理图编辑”工具栏中的“添加连线”按钮，执行连线操作。

（3）选择图 4-107 中元器件 U7 的管脚①，慢慢地移动鼠标指针到左面，在拐角处单击鼠标左键以便增加一个连接线拐角，继续进行连线。

注意

为了建立一个连线拐角，在需要拐角的地方单击鼠标左键。按 BackSpace 或选择“删除拐角”命令，将删除最后一个拐角。

（4）移动鼠标指针向上到参考编号 U7 的上面，如图 4-108 所示。单击鼠标右键，弹出图 4-109 所示的快捷菜单，从弹出菜单中选择“页间连接符”命令。

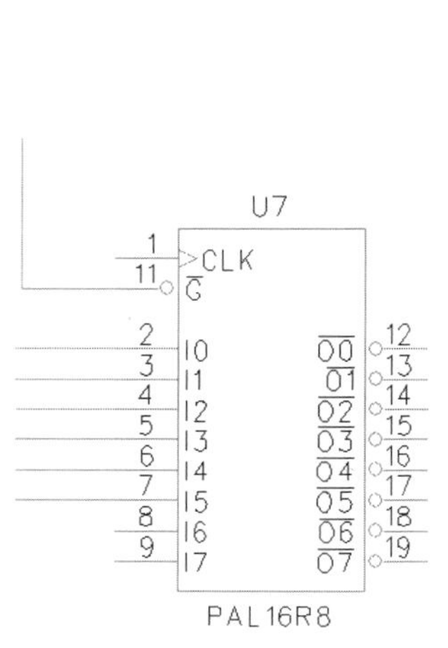

图 4-107　选择连线起点

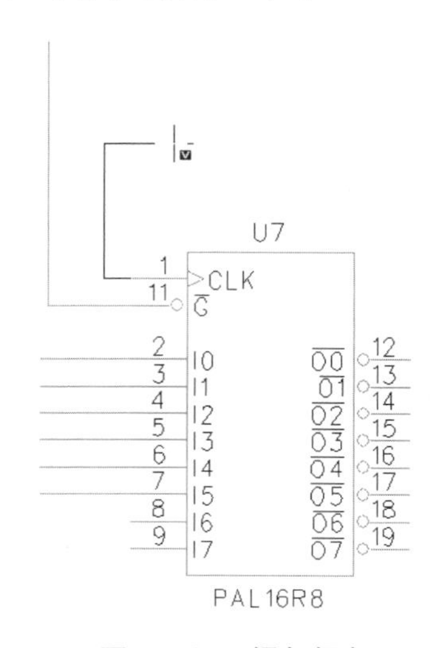

图 4-108　添加拐角

图 4-109　快捷菜单

（5）当从弹出菜单中选择了“页间连接符”之后，一个页间连接符黏附在鼠标指针上，如图 4-110 所示。

注意

单击鼠标右键，弹出图 4-111 所示菜单，选择 X 镜像，将页间连接符镜像到右侧，调整方向如图 4-112 所示；同时，也可直接使用快捷键旋转（Ctrl+R）或镜像（Ctrl+F）页间连接符。

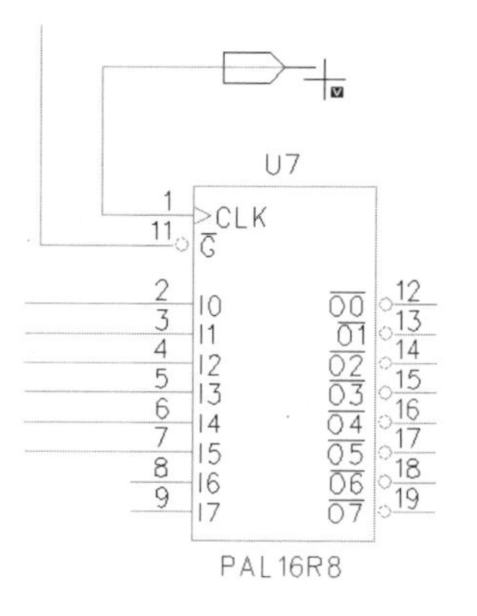

图 4-110　显示页间连接符

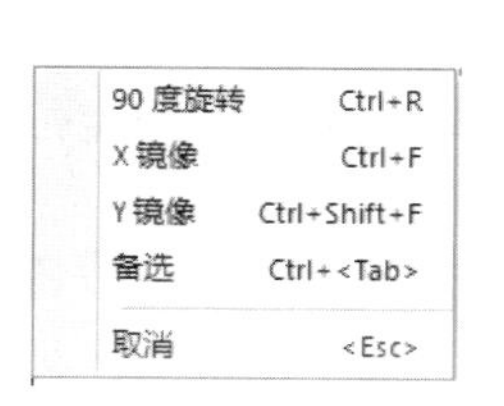

图 4-111　右键菜单

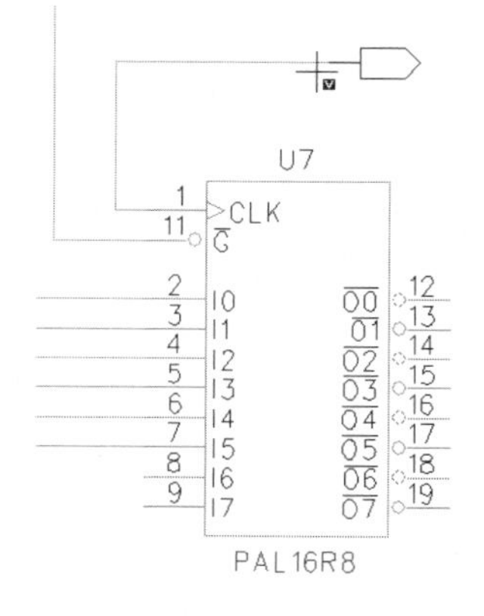

图 4-112　X 镜像调整

（6）单击鼠标左键，在 U7 的上方放置一个页间连接符。这时系统又会弹出对话框，如图 4-113 所示，在图中输入网络名“28MHz”，单击“确定”按钮，退出对话框，完成页间连接符的插入，结果如图 4-114 所示。

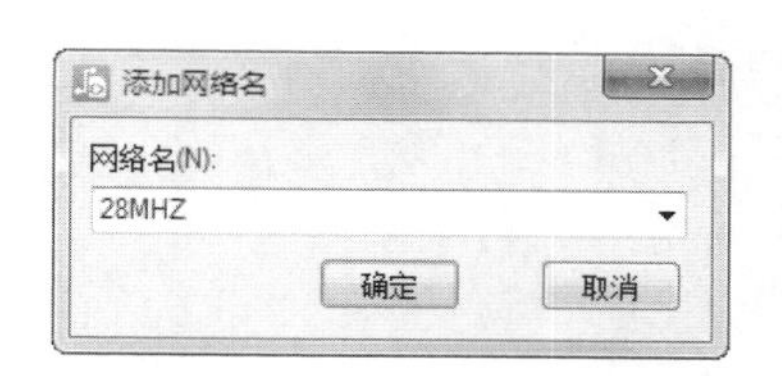

图 4-113　输入网络名

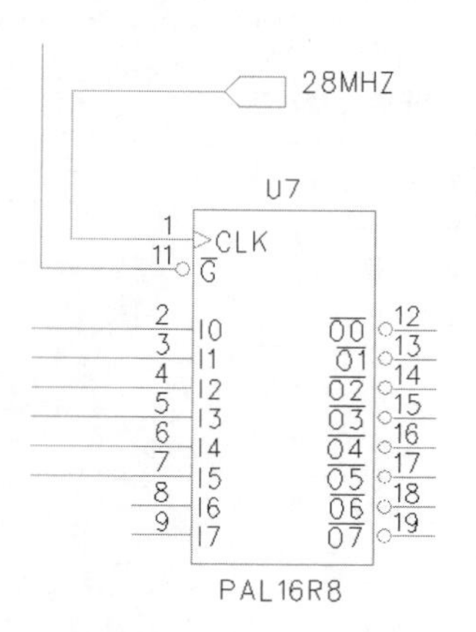

图 4-114　插入页间连接符

注意

不管在同一页还是在不同的页，只要网络名相同，那么就是同一网络。通过页间连接符就可以将不同页面的同一网络连接在一起。

4.7.4　放置电源和接地符号

电源和接地符号是电路原理图中必不可少的组成部分。为了使所绘制的原理图简洁明了，在连接线完成连接到电源或地线时使用一个特殊的符号（地线和电源符号），这样就可以使用地线符号将元器件的管脚连接到地线网络，电源符号可以连接元器件的管脚到电源网络。

还是以 Demo 文件 previewconnect.sch 为例，从打开的 previewconnect.sch 文件中可知，元器件 U3 的第⑮管脚需要连接到 +12 V 网络。增加连线到电源和接地具体连接操作如下所述。

（1）利用屏幕放大功能将 U3 的第⑮管脚附近放大。

（2）单击“原理图编辑”工具栏中的“添加连线”按钮，选择 U3 的⑮脚。

（3）当走出一段线后单击鼠标右键，弹出图 4-115 所示菜单，从弹出菜单中选择电源，一个电源符号黏附在鼠标指针上。

（4）为了连接 U3 的第⑮管脚到 +12 V，这时黏附在鼠标指针上的电源符号并不一定是 +12 V 电源符号，所以必须单击鼠标右键，从弹出菜单中选择“备选”，如图 4-116 所示。出现的电源符号可能同样不是所需的 +12 V 电源符号。如果继续这样选择弹出菜单“备选”就比较麻烦，可以使用在键盘上按快捷键 Ctrl+Tab 循环各种各样的电源符号，直到 +12 V 符号出现。单击鼠标左键确定，放置 +12 V 电源符号。这时连接到电源的网络名称不只出现在原理图中，还将出现在左边的“项目浏览器”中，如图 4-117 所示。

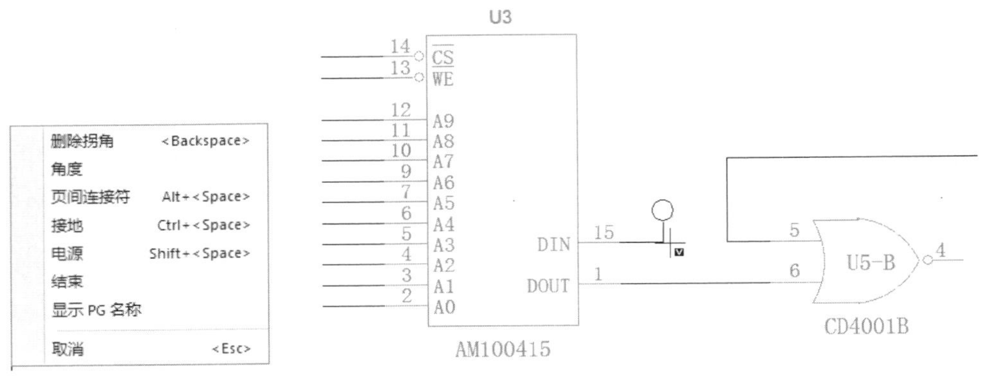

图 4-115 选择“电源”

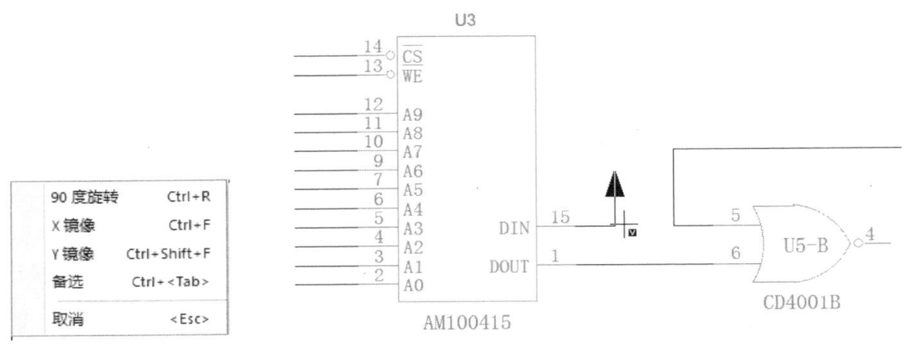

图 4-116 选择“备选”

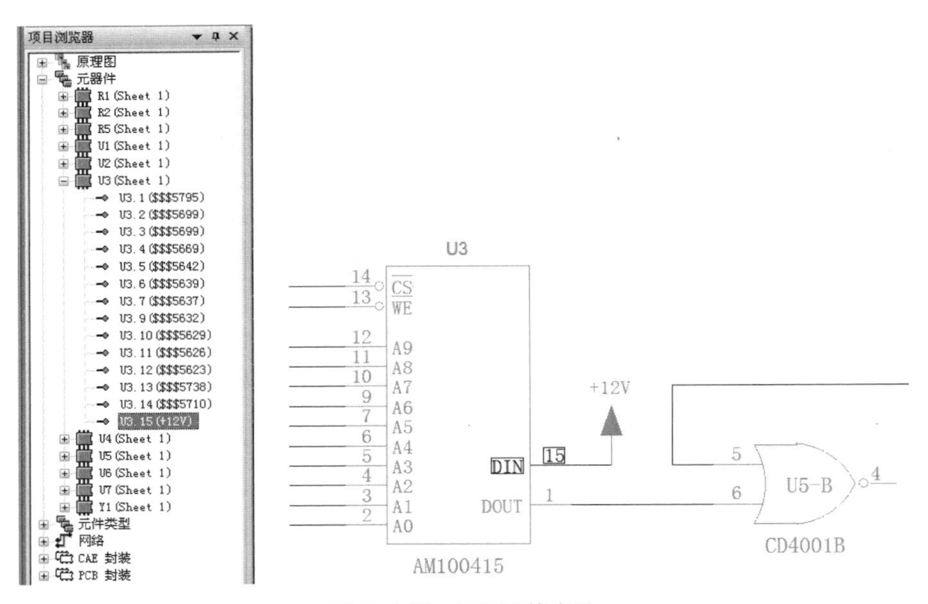

图 4-117 显示网络名称

上述操作是完成一个电源符号的放置，下面介绍怎样放置接地符号。使用同一文件 previewconnect.sch 为例，其操作如下所述。

（1）利用屏幕放大功能将 R5 的第②管脚附近放大。

（2）单击“原理图编辑”工具栏中的“添加连线”按钮，选择 R5 的②脚。

（3）当走出一段线后单击鼠标右键，弹出图 4-115 所示菜单，从弹出菜单中选择“接地”，一个接地符号黏附在鼠标指针上，如图 4-118 所示，单击鼠标左键，放置接地符号，如图 4-119 所示。

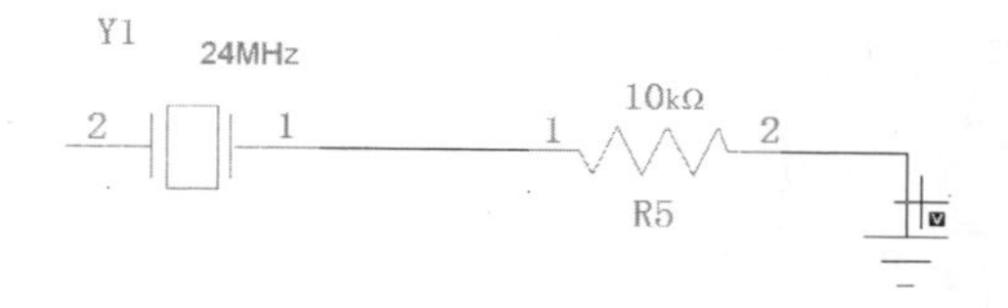

图 4-118　显示接地符号

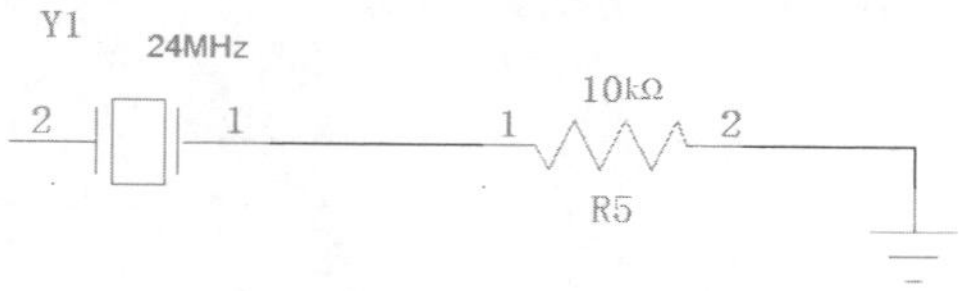

图 4-119　放置接地符号

（4）如果需要将接地网络名显示出来，在图 4-115 所示中先选择“显示 PG 名称”，然后再选择“接地”符号进行放置，这时在接地符号旁边将显示网络字符 GND，如图 4-120 所示。

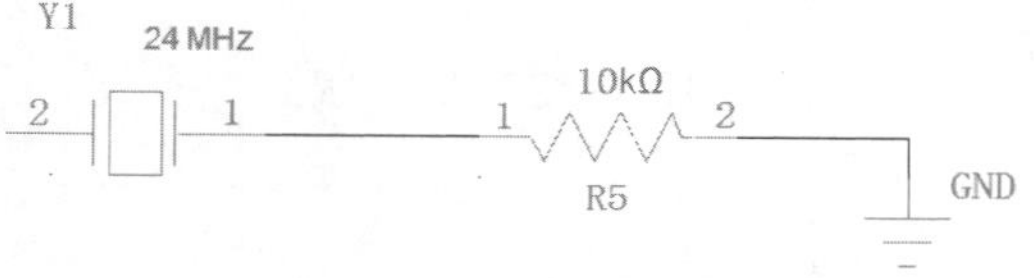

图 4-120　显示网络名称

（5）为了连接 R5 的②脚到 GND，这时黏附在鼠标指针上的接地符号并不一定是所需接地符号，所以必须单击鼠标右键弹出图 4-121 所示菜单，从中选择“备选”命令，如图 4-116 所示。这时出现的接地符号可能同样不是所需的接地符号，如图 4-122 所示。

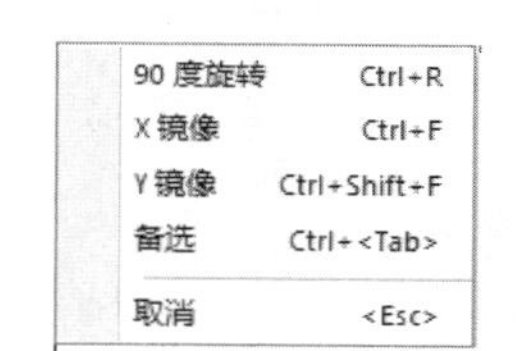

图 4-121　快捷菜单

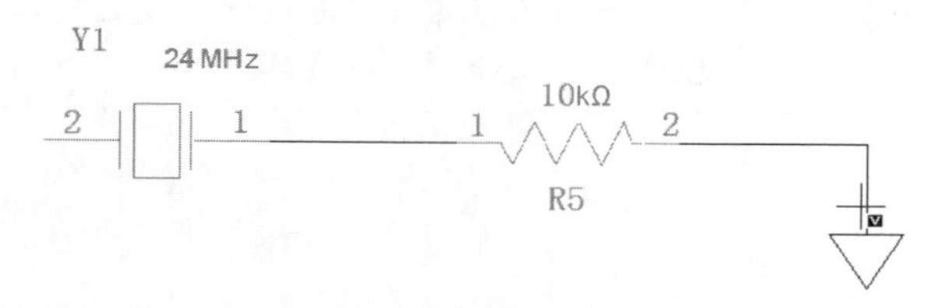

图 4-122　切换接地符号

（6）可继续选择“备选”命令，也可按快捷键“Alt+Tab”循环各种各样的接地符号，直到所需符号出现为止。单击鼠标左键确定，放置接地符号。这时连接到地的网络名称将出现在状态栏的左面。

注意

电源和接地符号并非固定不变，可以对其进行编辑，甚至可以按照自己的习惯表达方式去增加。

4.7.5　放置网络符号

在原理图绘制过程中，元器件之间的电气连接除了使用导线外，还可以通过设置网络标签的方法来实现。

网络标签具有实际的电气连接意义，具有相同网络标签的导线或元器件管脚不管在图上是否连接在一起，其电气关系都是连接在一起的。特别是在连接的线路比较远，或者线路过于复杂，而使走线比较困难时，使用网络标签代替实际走线可以大大简化原理图。

下面以放置电源网络标签为例介绍网络标签的放置，具体步骤如下。

（1）利用屏幕放大功能将 U5-B 附近放大，如图 4-123 所示。

（2）单击“原理图编辑”工具栏中的“添加连线”按钮，选择 U5-B 的第④管脚。

（3）选中连线起点后，在鼠标指针上会黏附着连线，移动鼠标，黏附连线会一起移动，双击鼠标左键或单击回车键完成绘制。这些连线是浮动的，此时，连线被赋予一个默认的名称，结果如图 4-124 所示。

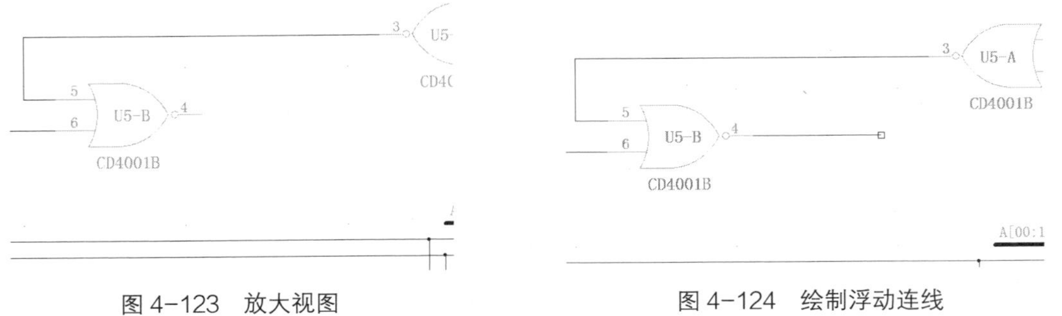

图 4-123　放大视图　　　　图 4-124　绘制浮动连线

注意

需进行相关设置后，浮动的连线才可以绘制，否则无法绘制，具体步骤如下所示。选择菜单栏中的“工具”→“选项”命令，弹出“选项”对话框，如图 4-125 所示，打开“设计”选项卡，在右侧“选项”组下勾选“允许悬浮连线”复选框，单击“确定”按钮，退出对话框。完成此设置后，在原理图中可以绘制浮动连线。

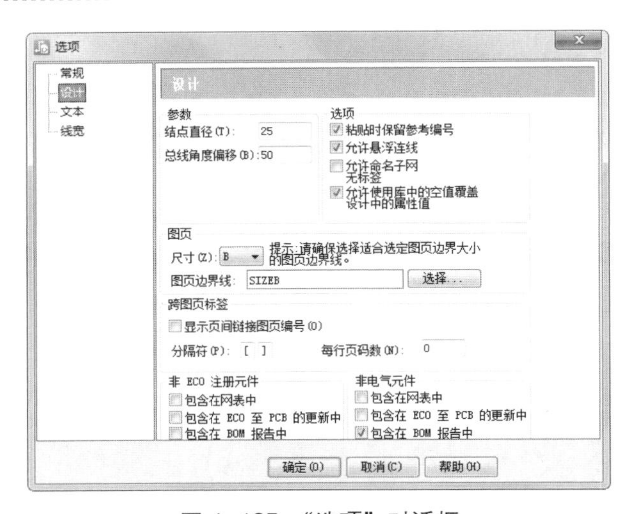

图 4-125　“选项”对话框

（4）按 Esc 键或从右键快捷菜单中选择“取消”命令，结束连线操作。

下面介绍连线及其网络名的查询与修改方法。

1. 连线的网络特性

（1）双击浮动连线，弹出“网络特性”对话框，显示默认名称，如图 4-126 所示。

（2）在对话框中勾选“网络名标签”复选框，在选择编辑框中输入或选择网络名称，在原理图中显示输入选择的网络名，如图 4-127 所示。

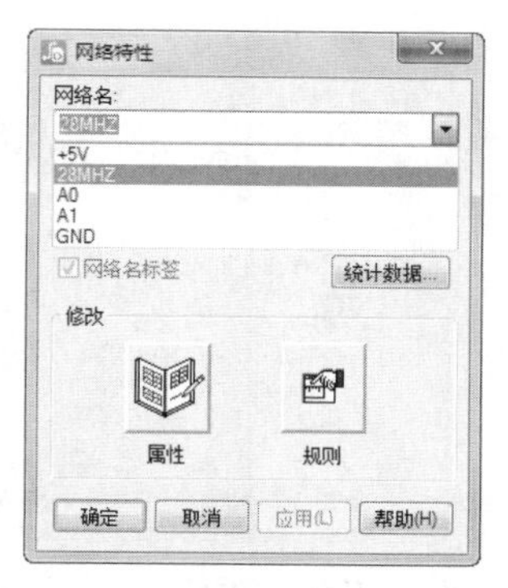

图 4-126　“网络特性”对话框

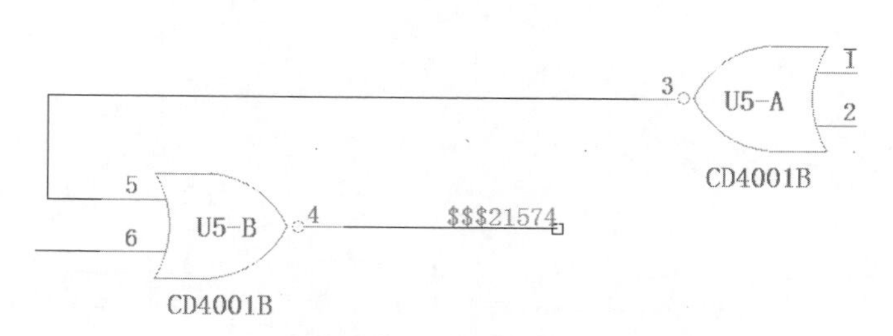

图 4-127　显示网络名

注意

所有连线都会被赋予一个固定的网络名称，也可通过相同的方式显示名称，图 4-128 所示为几种网络名显示方法。

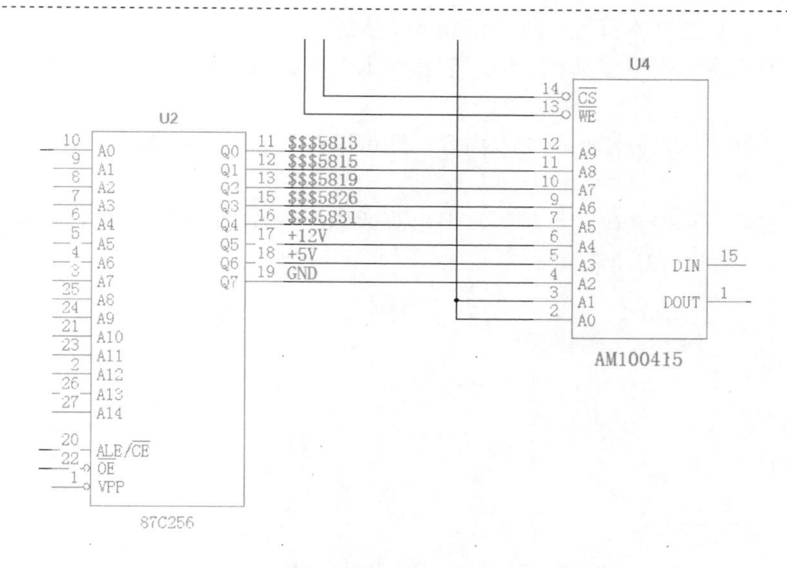

图 4-128　显示网络名的电气图

（3）如果单击窗口中的“统计数据”按钮，系统将此被选择网络的有关信息记录在 PADS Logic 设置的编辑器记事本中并弹出，如图 4-129 所示。

（4）同时可以通过选择对话框“网络名”下的网络来与被选择网络连接成一个网络，从而达到网络合并的目的。

除此之外，单击对话框中“属性”和“规则”图标来改变网络的属性和被选网络的设计规则。查询修改完之后，单击“确定”按钮即可完成网络的查询与修改。

2. 网络名特性

双击连线上的网络名，弹出图 4-130 所示的“网络名特性”对话框，显示默认名称。

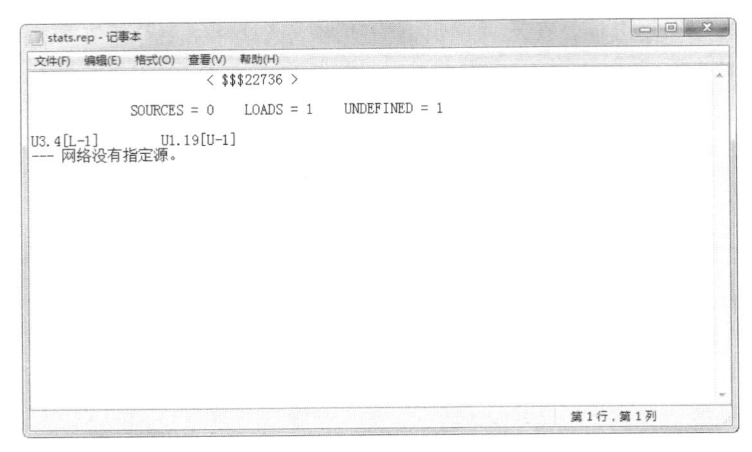

图 4-129 网络信息报告

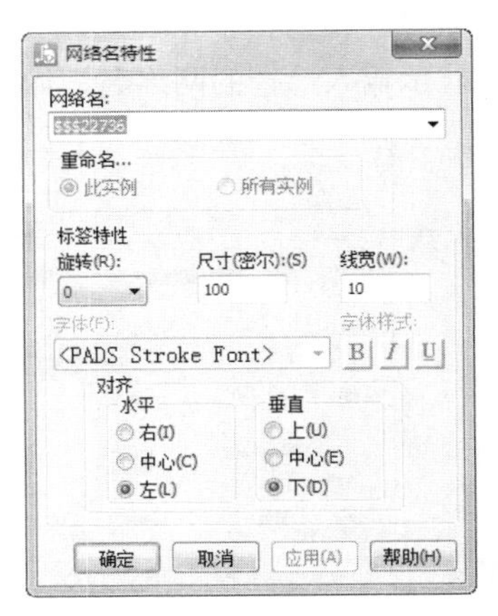

图 4-130 “网络名特性”对话框

4.7.6 放置普通文本符号

在绘制电路原理图的时候，为了增加原理图的可读性，设计者会在原理图的关键位置添加文字说明，即添加文本符号。

在原理图中添加普通文本符号，具体步骤如下所述。

（1）单击“原理图编辑”工具栏中的“创建文本”按钮，弹出图 4-131 所示的“添加自由文本”对话框。

（2）在该对话框中输入要添加的文本内容，还可以在下面的选项中设置文本的字体、样式、对齐方式等。

（3）完成设置后，单击“确定”按钮，退出对话框，进入文本放置状态，鼠标指针上附着一个浮动的文本符号，如图 4-132 所示。

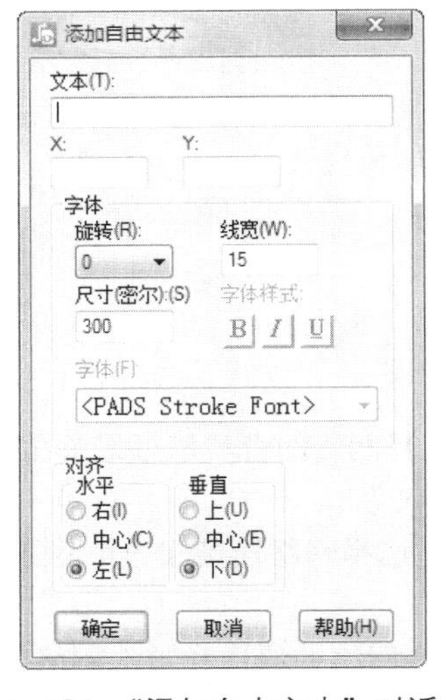

图 4-131 “添加自由文本”对话框

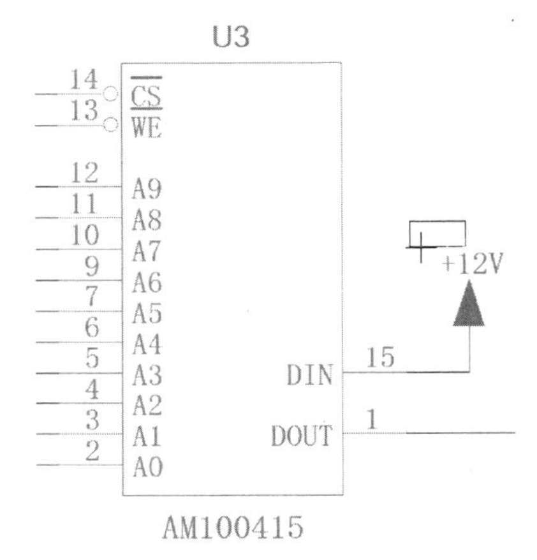

图 4-132 显示浮动文本符号

（4）拖动鼠标，在相应位置单击鼠标左键，将文本放置在原理图中，如图 4-133 所示。同时继续弹出“添加自由文本”对话框，如需放置，可继续在对话框中的输入文本内容；若无须放置，则单击“取消”按钮，或单击右上角“关闭”按钮☒，关闭对话框即可。

相对于元器件的查询与修改来讲，文本的操作就简单得多。

单击文本文字后，单击“原理图编辑”工具栏中的“特性”按钮，弹出图 4-134 所示的“文本特性”对话框。

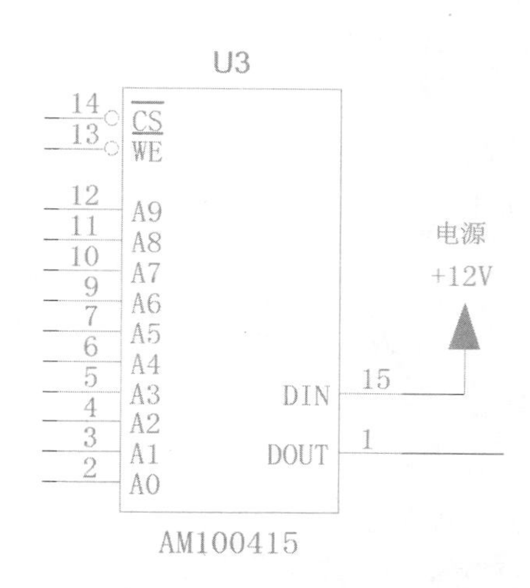

图 4-133　放置文本符号

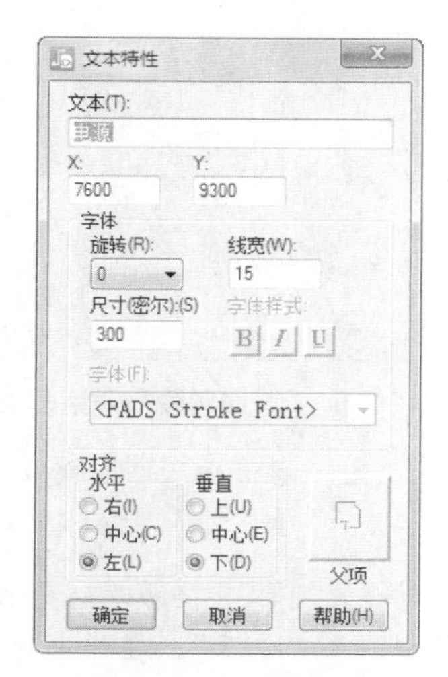

图 4-134　文本特性

通过“文本特性”对话框中的“文本”编辑框可以改变被选择文本文字的内容。

文本文字坐标（*X*, *Y*）的值如果不是在对文本文字有严格的坐标控制下，一般不会在这里设置，而是通过直接在设计中移动文本文字到适当的位置即可。

除此之外，还可以通过窗口中的设置项“尺寸”和“线宽”来改变被选择项文本文字的字体高度和文体线宽。

假如所选择的文本文字是一个与图形冻结而成的冻结体中的文本文字，则可以选择窗口中“父项”按钮而直接对这个冻结体中的图形进行查询与修改操作。而对于文本文字的方位，一般通过直接移动文本文体来改变。

4.7.7 添加字段

在绘制电路原理图的时候，为了简化文本的修改，将文本设置成一个变量，无须重复修改文本，只须修改变量值即可，这种变量文本被称为“字段”。下面介绍具体的操作方法。

（1）单击“原理图编辑”工具栏中的“添加字段”按钮，弹出“添加字段”对话框。

（2）可以在该对话框“名称”下拉列表中选择已有的变量，也可自己设置变量名，输入变量值，如图 4-135 所示，在下面的选项组下设置变量的字体、样式、对齐方式等。

（3）完成设置后，单击“确定”按钮，退出对话框，进入字段放置状态，鼠标指针上附着一个浮动的字段符号，如图 4-136 所示。

（4）拖动鼠标，在相应位置单击鼠标左键，将字段变量值放置在原理图中，如图 4-137 所示。同时继续弹出“添加字段”对话框，如需放置，可继续在对话框中输入变量名及变量值；若无需放置，则单击“取消”按钮，或单击右上角“关闭”按钮☒，关闭对话框即可。

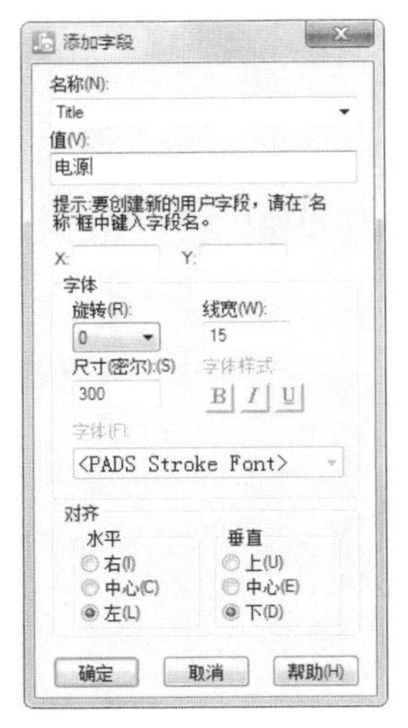

图 4-135 “添加字段”对话框

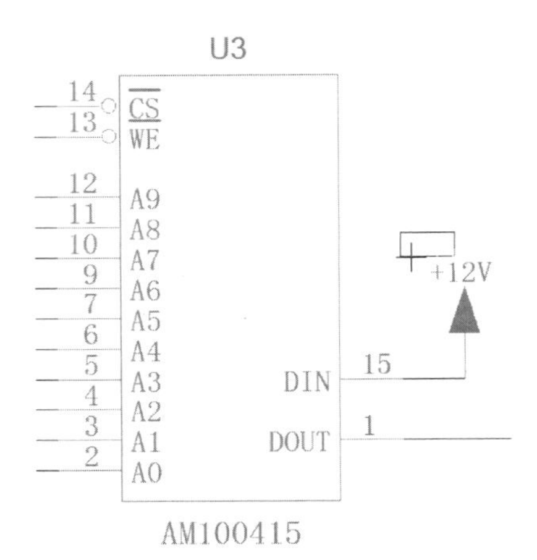

图 4-136 显示浮动字段符号

注意

在任何时候都可以直接修改变量值，从而达到修改所有已使用字段的目的，在图 4-137 所示中，双击其中一个“电源”，在弹出的“添加字段”对话框中，修改变量值为“电源符号”，则两个字段均改为“电源符号”，如图 4-138 所示。

若图 4-137 中的两个字符为普通文本，想达到图 4-138 所示的效果，需要两次修改字符。对于原理图中放置大量相同文本的情况，使用字段命令可大大节省时间；原理图中放置不同文本，则“字段”命令与“文本”命令，使用任何一种均可。

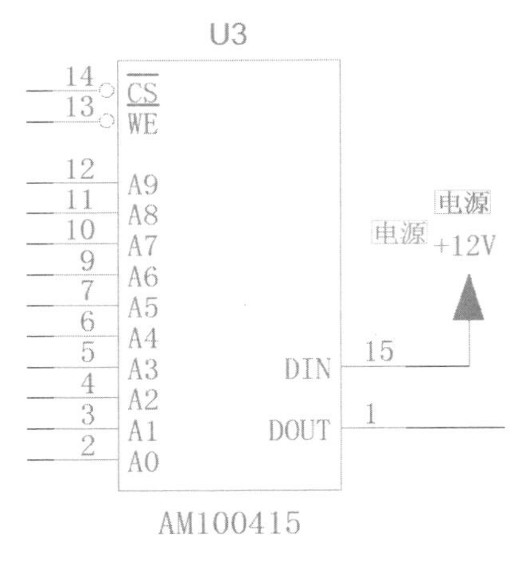

图 4-137 放置字段符号

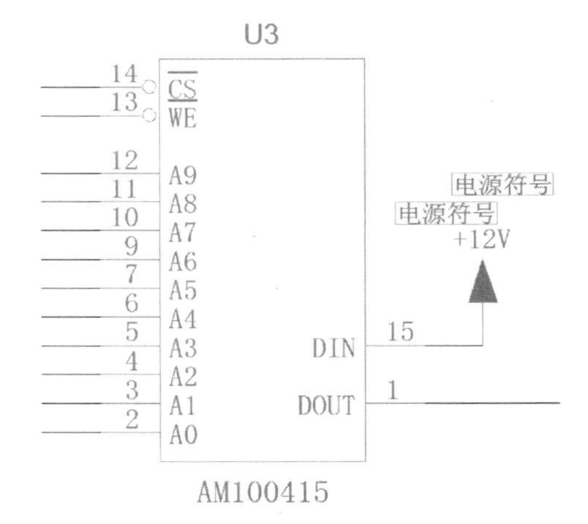

图 4-138 修改字段

4.8 综合实例——绘制 LT1587CM 电路原理图

通过前面章节的学习，用户对 PADS Logic VX.2.2 原理图编辑环境、原理图编辑器的使用有了初步的了解，而且能够完成简单电路原理图的绘制。这一节从实际操作的角度出发，通过具体的实例来说明怎样使用原理图编辑器来完成电路的设计工作。

图 4-139 所示为 PCI 卡各元器件间信号连接的原理示意图。通过该图可以基本了解 PCI 卡中各元器件之间的连接关系，但是在实际原理图设计过程中除了要完成这些元器件间的基本连接外，还要考虑其他的电路方面的一些因素。

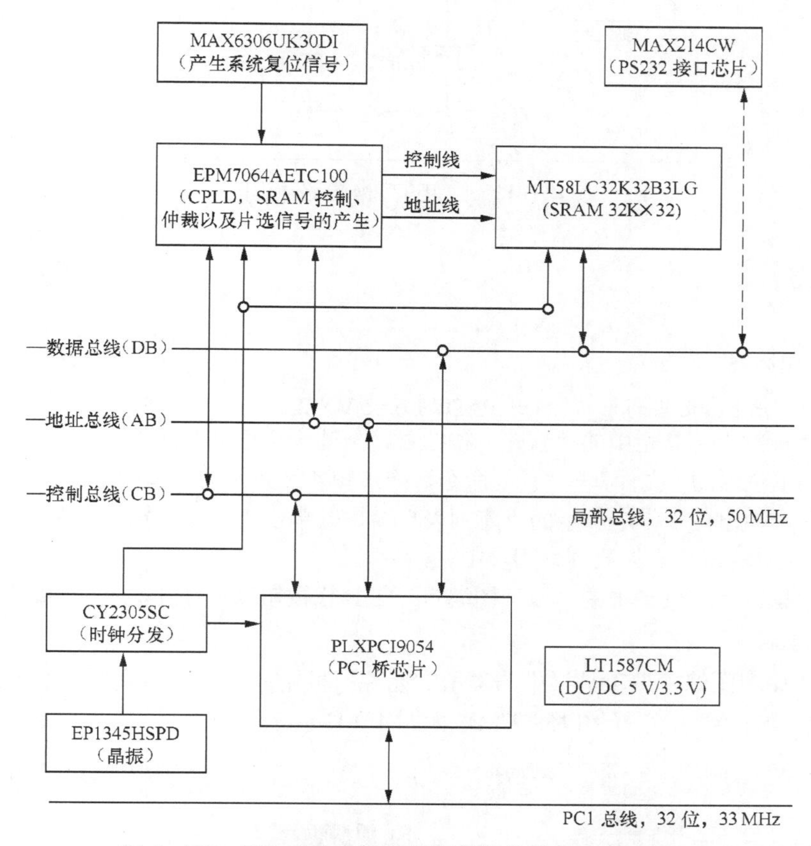

图 4-139　PCI 卡中各元器件间信号连接的原理示意图

原理图中放置了电源电路的元器件 LT1587CM，该元器件的作用是将 PCI 接口提供的 5 V 输入电源转化为 3.3 V 输出电源提供给板卡上相关的需要 3.3 V 电源的器件使用。

图 4-140 所示为 LT1587CM 的元器件手册上提供的典型应用电路图。为了在该电路图的基础上进一步改善电路性能，分别在 5 V 电源输入端加入 0.1 μF 的电容，在 3.3 V 输出电源端加入 0.01 μF 的电容，最终 LT1587CM 的原理图设计结果如图 4-141 所示。

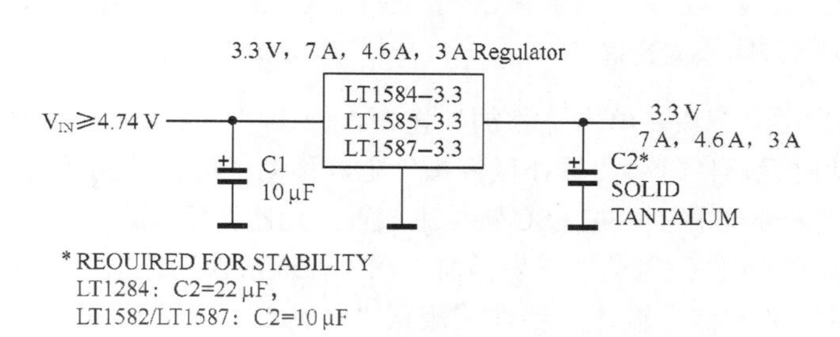

图 4-140　LT1587CM 的典型应用电路

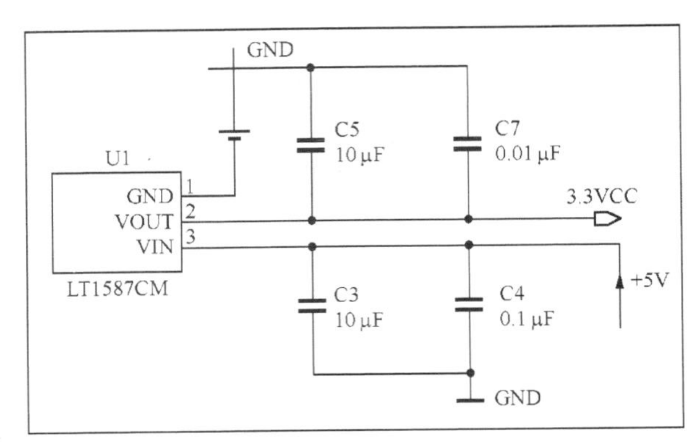

图 4-141　LT1587CM 电路原理图

扫码看视频

1. 设置工作环境

（1）单击 PADS Logic 图标，打开 PADS Logic VX.2.2。

（2）单击“标准”工具栏中的“新建”按钮，新建一个原理图文件。

（3）选择菜单栏中的“文件”→“库”命令，弹出图 4-8 所示的“库管理器”对话框，单击“管理库列表”按钮，弹出图 4-142 所示的“库列表”窗口，单击“添加”按钮，在“源文件 \4”路径下选择库文件“PADS.pt9”，加载到库列表中。

（4）单击“标准”工具栏中的“原理图编辑”工具栏按钮，打开“原理图编辑”工具栏。

2. 增加元器件

（1）单击“原理图编辑”工具栏中的“增加元件”按钮，弹出“从库中添加元件”对话框，在元器件库“PADS.pt9”中选择 LT1587CM，如图 4-143 所示。

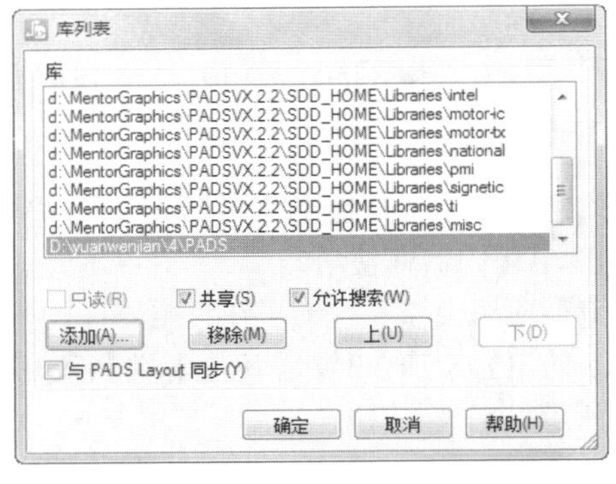

图 4-142　“库列表”对话框

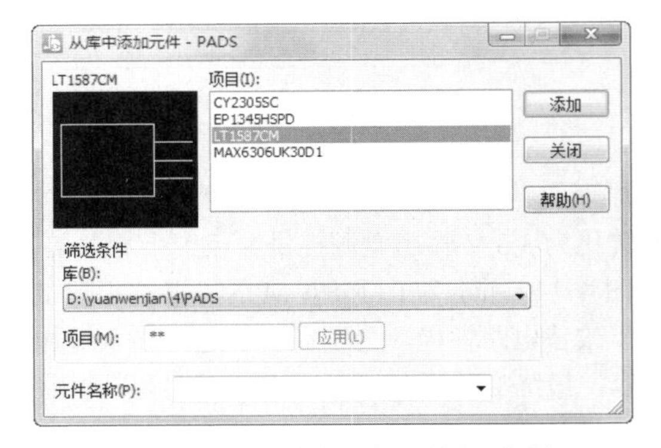

图 4-143　“从库中添加元件”对话框

（2）选中“LT1587CM”项，单击“添加”按钮，弹出“Question”对话框，在文本框中输入元器件前缀“U”，此时元器件符号附着在鼠标指针上，移动鼠标指针到适当位置，单击鼠标左键，将元器件放置在当前光标的位置上，按 ESC 键结束放置，元器件标号默认为 U1，如图 4-144 所示。

（3）将“从库中添加元件”对话框置为当前，在“筛选条件”选项组下“库”下拉列表中选择“所有库”，在“项目”文本框中输入元器件关键词“*Cap*”，单击“应用”按钮，在“项目”列表框中显示电容元器件，如图 4-145 所示。

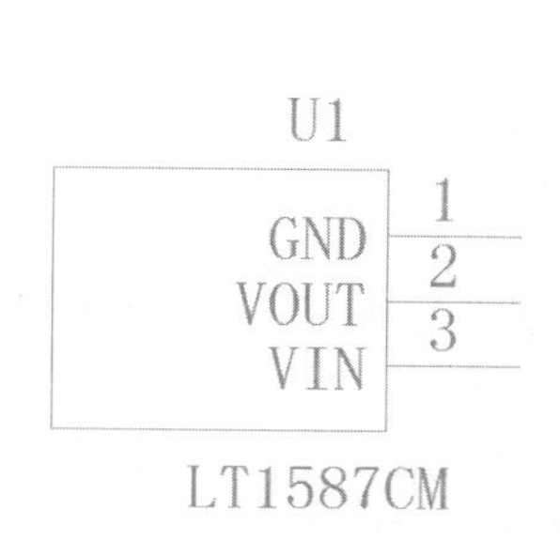

图 4-144　放置 LT1587CM

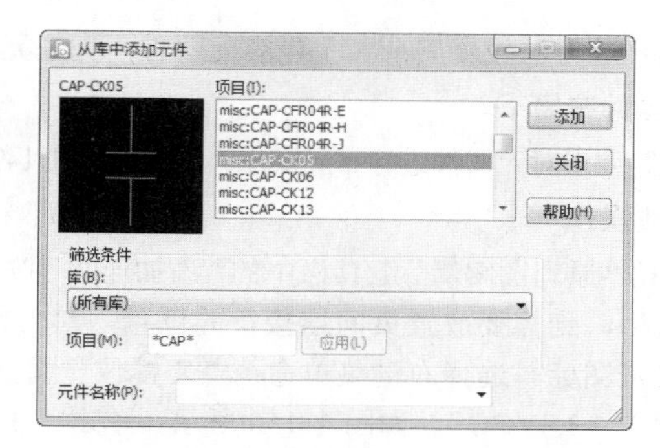

图 4-145　“从库中添加元件”对话框

（4）选择“CAP-CK05”项，单击“添加”按钮，此时元器件符号附着在鼠标指针上，移动鼠标指针到适当位置，单击鼠标左键，将元器件放置在当前鼠标指针的位置上，如图 4-146 所示。继续放置元器件，最后按 ESC 键结束放置。

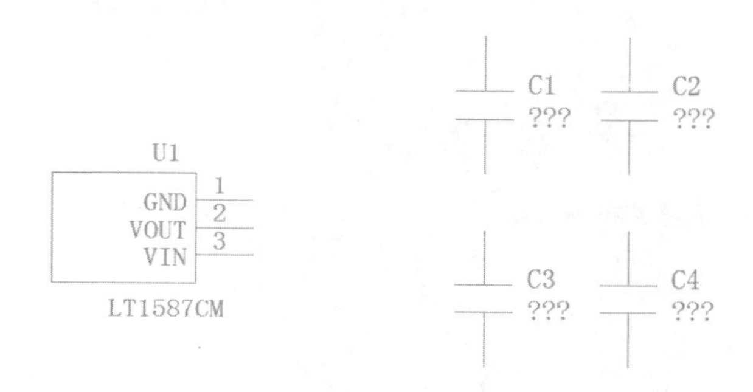

图 4-146　放置多个电容元器件

3. 编辑元器件

（1）双击电容元器件 C1，弹出图 4-147 所示的“元件特性”对话框，单击“重命名元件”按钮，在弹出的“重命名元件”对话框中输入“C5”，单击“确定”按钮，完成参考编号设置。

（2）单击“元件特性”对话框中的“属性”按钮，弹出“元件属性”对话框，在“Value（值）”选项中修改参数值为“10 μF”，如图 4-148 所示。单击“确定”按钮，退出对话框。

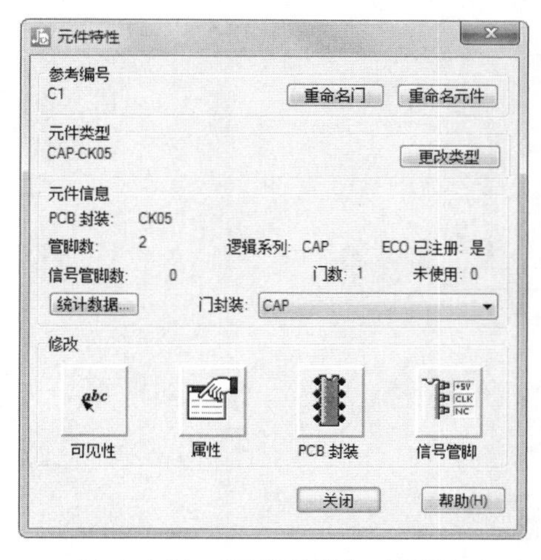

图 4-147　“元件特性”对话框

图 4-148　“元件属性”对话框

（3）同样的方法设置其余 3 个电容元器件，完成元器件显示设置。

4. 元器件布局

按照电路要求对元器件进行布局操作，结果如图 4-149 所示。

5. 布线操作

（1）单击“原理图编辑”工具栏中的“添加连线”按钮，进入连线模式。在 U1 管脚②处单击，向右拖动鼠标，到需要放置页间连接符的位置，单击鼠标右键选择“页间连接符”命令，显示浮动页间连接符图标。选择右键菜单命令“X 镜像”调整方向，单击鼠标左键，弹出“添加网络名”对话框，输入“3.3VCC”，如图 4-150 所示。单击“确定”按钮，完成页间连接符的放置，结果如图 4-151 所示。

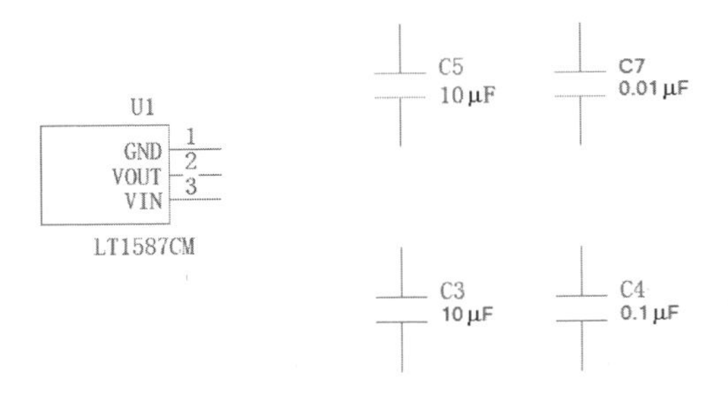

图 4-149 元器件布局结果

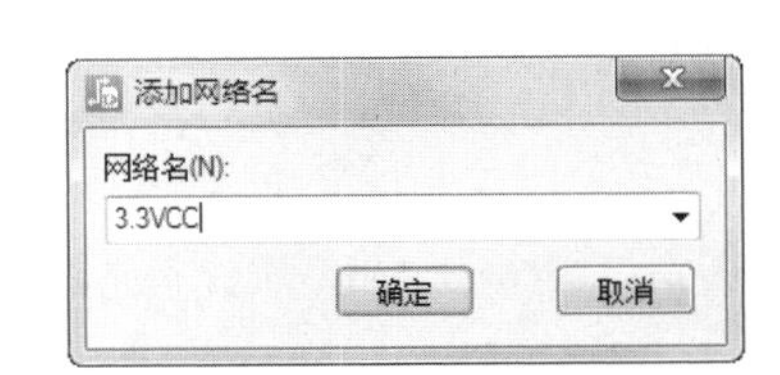

图 4-150 “添加网络名”对话框

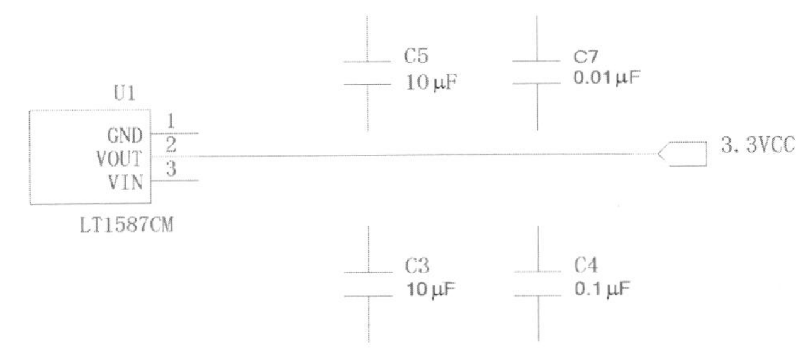

图 4-151 放置页间连接符

（2）单击“原理图编辑”工具栏中的“添加连线”按钮，进入连线模式，放置接地、电源符号，结果如图 4-152 所示。

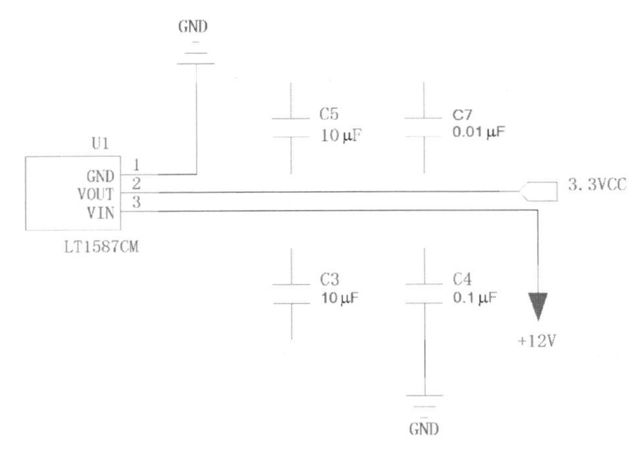

图 4-152 放置接地、电源符号

注意

在原理图中表示连接到 5 V 电源，表示连接到地，也表示接地。在建立连接到地时，如果首先选中了弹出菜单中的“显示 PG 名称”（显示电源和地的名称）项时，如图 4-153 所示，则当建立连接到地时会在地连线上出现信号的名称“GND”，否则就不显示信号名称“GND”。这两种方式对于原理图除了在显示上有所不同外，实际上对电路是完全相同的。对于电源的连接也是一样的方法。

（3）单击“原理图编辑”工具栏中的“添加连线”按钮，进入连线模式，进行剩余连线操作，结果如图 4-154 所示。

删除拐角	<Backspace>
角度	
页间连接符	Alt+<Space>
接地	Ctrl+<Space>
电源	Shift+<Space>
结束	
显示 PG 名称	
取消	<Esc>

图 4-153　建立连线时的弹出式菜单

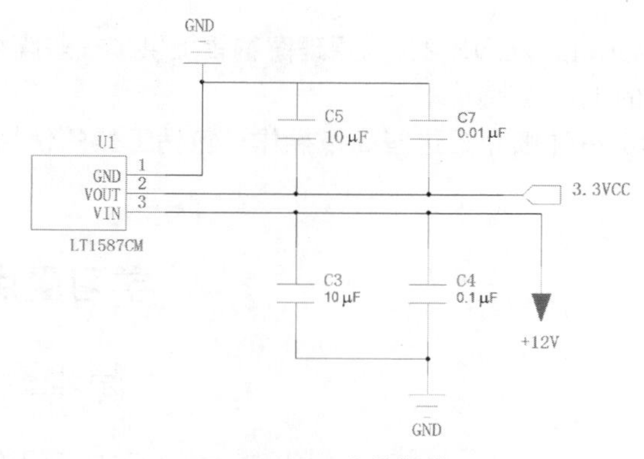

图 4-154　连线操作

6. 保存

原理图绘制完成后，单击“标准”工具栏中的“保存”按钮，输入原理图名称“Power.sch”，保存绘制好的原理图文件。

7. 退出

选择菜单栏中的“文件”→“退出”命令，退出 PADS Logic。

4.9 思考与练习

思考 1．简述 PADS Logic 原理图设计步骤。
思考 2．原理图电气连接有几种，各是什么？
练习 1．实际操作放置元器件。
练习 2．实际操作调整元器件位置。
练习 3．实际操作元器件电气连接。

Chapter 5

第5章 原理图高级编辑

PADS Logic VX.2.2 为原理图编辑提供了一些高级操作，掌握了这些高级操作，将大大提高电路设计的工作效率。

本章将详细介绍这些高级操作，包括工具的使用、基本操作、层次电路的设计和报表文件的生成等。

学习重点

- 原理图编辑环境中工具的使用
- 元器件编号管理
- 元器件的过滤
- 原理图的查错和编译

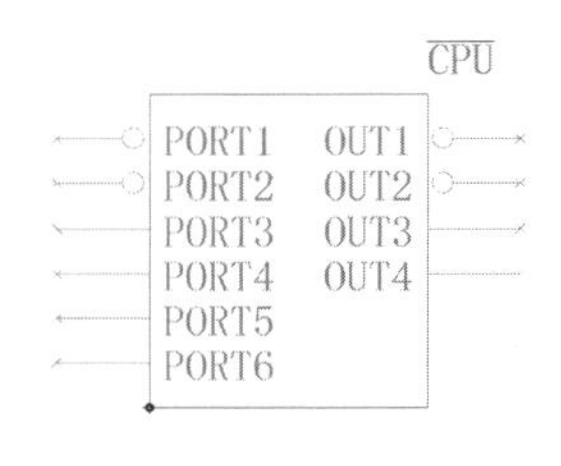

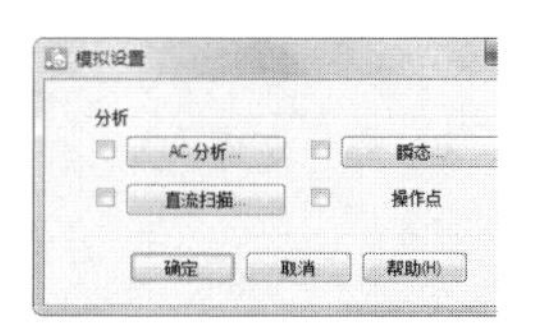

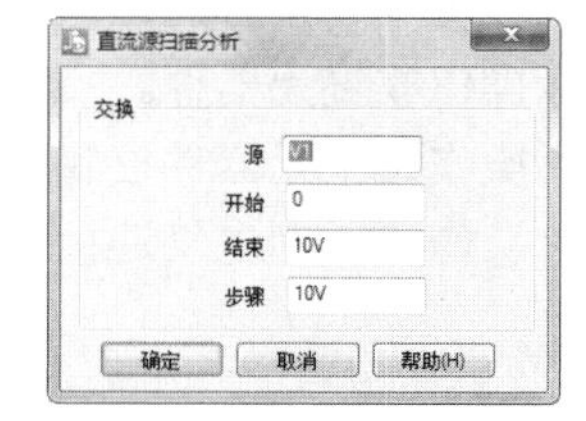

5.1 层次化电路设计

随着电子技术的发展，所要绘制的电路越来越复杂，在一张图纸上很难完整地绘制出来，即使绘制出来但因为过于复杂，不利于用户的阅读分析与检测，也容易出错。层次电路的出现解决了这一问题，而层次化符号则是层次电路有别于其他一般电路的主要区别，本节将介绍如何放置层次化符号。

5.1.1 层次电路简介

当一个电路比较复杂时，就应该采用层次电路图来设计，即将整个电路系统按功能划分成若干个功能模块，每一个模块都有相对独立的功能。按功能分，层次原理图分为顶层原理图、子原理图，然后，在不同的原理图纸上分别绘制出各个功能模块，在这些子原理图之间建立连接关系，从而完成整个电路系统的设计。由顶层原理图和子原理图共同组成，这就是所谓的层次化结构。而层次化符号就是各原理图连接的纽带。

图 5-1 所示为一个层次原理图的基本结构图。

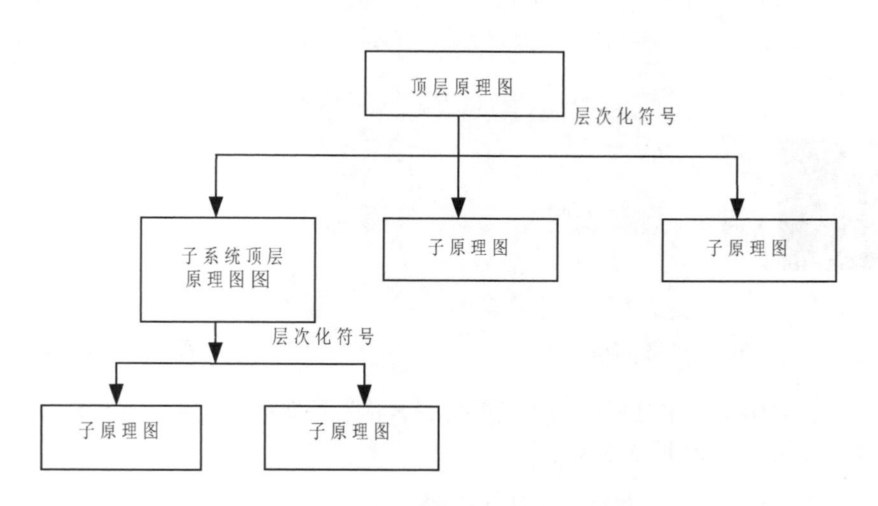

图 5-1　层次原理图的基本结构图

针对每一个具体的电路模块，可以分别绘制相应的电路原理图，该原理图一般称之为子原理图，而各个电路模块之间的连接关系则采用一个顶层原理图来表示。顶层原理图主要由若干个原理图符号即层次化符号组成，用来表示各个电路模块之间的系统连接关系，描述了整体电路的功能结构。这样，把整个系统电路分解成顶层原理图和若干个子原理图以分别进行设计。

其中，子原理图用来描述某一电路模块具体功能的普通电路原理图，只不过增加了一些页间连接符，作为与顶层原理图进行电气连接的接口。

5.1.2 绘制层次化符号

层次化符号外轮廓包含方框、管脚（输入、输出），每一个层次化符号代表一张原理图；放置层次化符号的具体步骤如下所述。

（1）单击“原理图编辑”工具栏中的“新建层次化符号”按钮，弹出图 5-2 所示的“层次化符号向导”对话框。

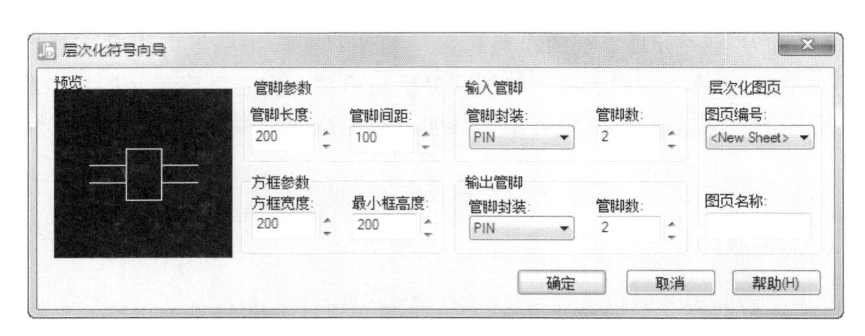

图 5-2 “层次化符号向导”对话框

（2）在该对话框中左侧显示层次化符号预览，右侧显示各选项设置参数：管脚参数、方框参数、输入管脚和输出管脚，可按照所需进行设置。在右下角“图页名称”文本框中输入层次化符号名称，即层次化符号所对应的子原理图名称。

（3）按照图 5-3 所示的设置完对话框后，单击“确定”按钮，退出对话框，进入“Hierchical symbol：CPU（层次化符号）”编辑状态，编辑窗口显示的层次化符号，如图 5-4 所示。

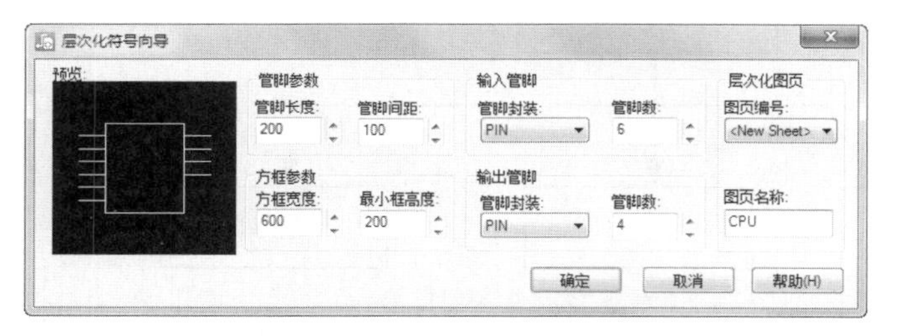

图 5-3 设置层次化符号

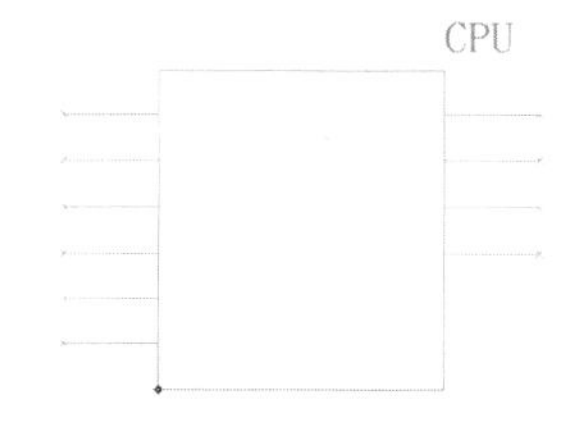

图 5-4 编辑层次化符号

（4）单击“符号编辑”工具栏中的“设置管脚名称”按钮，弹出“端点起始名称”对话框，输入管脚名称“PORT1”，如图 5-5 所示。

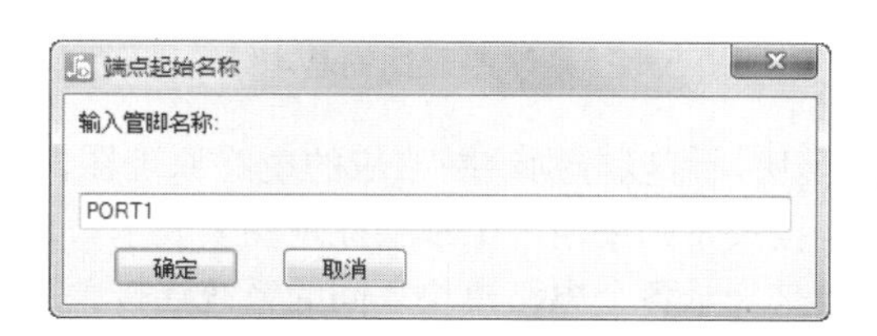

图 5-5 “端点起始名称”对话框

（5）单击“确定”按钮，退出对话框，在左侧最上方管脚处单击，显示管脚名称“PORT1”，如图 5-6 所示，继续在下方管脚上单击，依次显示的管脚名称“PORT2”、“PORT3”、“PORT4”、“PORT5”、“PORT6”；同样的方法，在右侧输出管脚上设置管脚名称“OUT1”、“OUT2”、“OUT3”、“OUT4”。

（6）单击“符号编辑”工具栏中的“更改管脚类型”按钮，弹出“管脚封装浏览”对话框，如图 5-7 所示。

（7）在对话框左侧显示管脚预览，在右侧“管脚”列表框中选择管脚类型“PINB”，单击“确定”按钮，退出对话框，在对应管脚上单击，修改管脚类型，结果如图 5-8 所示。

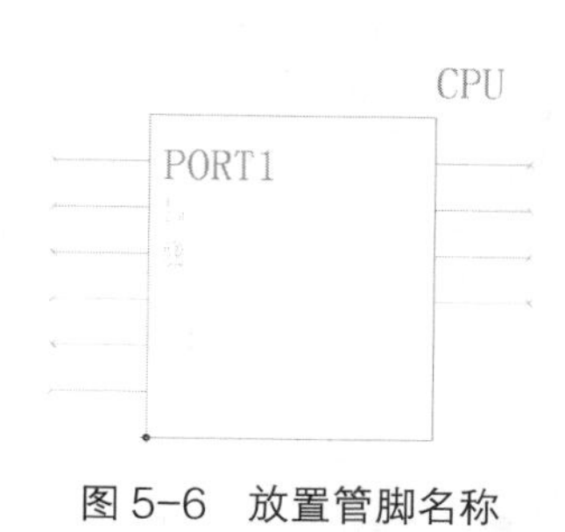

图 5-6　放置管脚名称

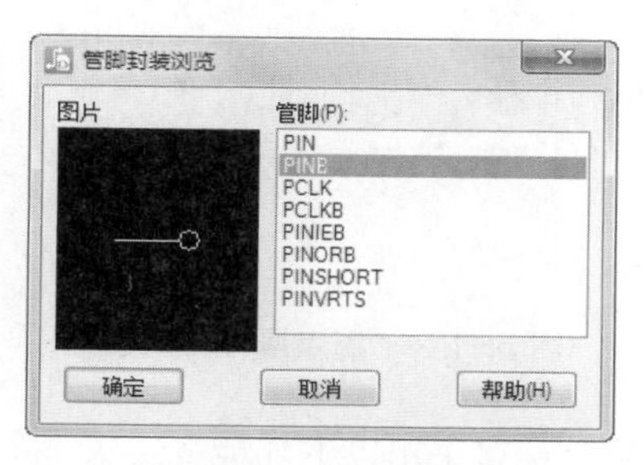

图 5-7　“管脚封装浏览”对话框

（8）单击“符号编辑”工具栏中的“增加端点”按钮，弹出“管脚封装浏览”对话框，选择要新增加的管脚类型，选择默认类型“PIN”，单击“确定”按钮，退出对话框，鼠标指针上附着浮动的管脚符号，如图 5-9 所示。

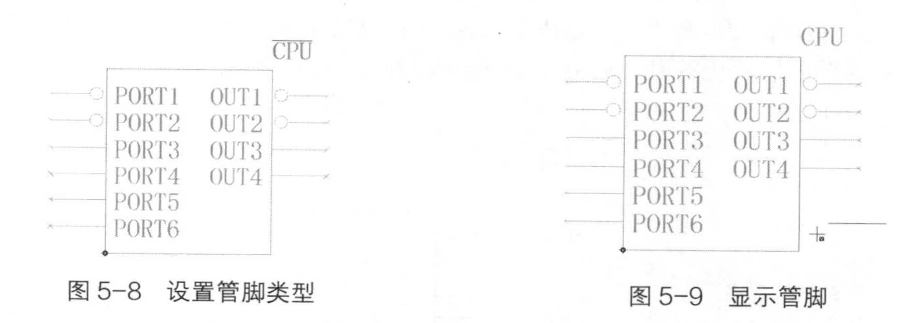

图 5-8　设置管脚类型

图 5-9　显示管脚

（9）单击鼠标右键在快捷菜单中选择“X 镜像”命令或直接使用快捷键“Ctrl+F”，镜像浮动的管脚符号，结果如图 5-10 所示。

（10）在方块外侧单击，放置新增管脚符号，结果如图 5-11 所示。“新增 | 端点”命令与“新建层次化符号”中设置输入输出管脚个数作用相同。进入层次化符号编辑器后，层次化符号中的管脚位置也可调整，直接拖动鼠标即可。

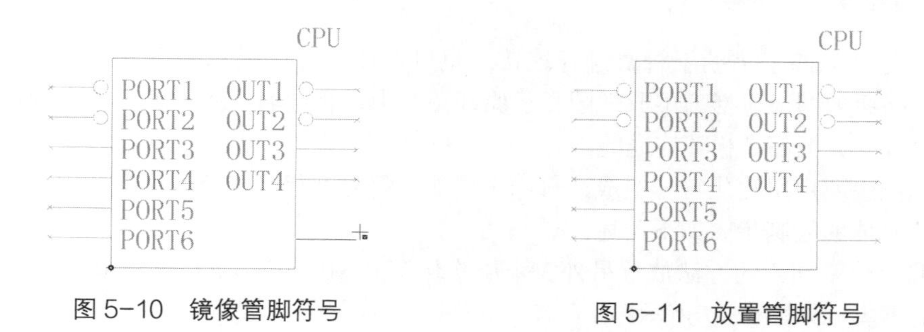

图 5-10　镜像管脚符号

图 5-11　放置管脚符号

（11）双击管脚，弹出“端点特性”对话框，在“名称”文本框中输入“GND”，如图 5-12 所示。单击“更改封装”按钮，可弹出“管脚封装浏览”对话框，修改管脚类型。单击“确定”按钮，退出对话框，完成管脚名称修改，结果如图 5-13 所示。

图 5-12 “端点属性”对话框

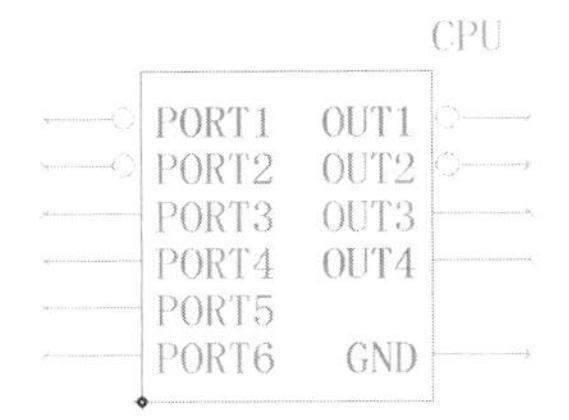

图 5-13 修改管脚名称

设置管脚名称可采用以下几种方法。

- 单击“符号编辑”工具栏中的“设置管脚名称”按钮，弹出“端点起始名称”对话框，输入名称，单击添加名称的管脚。
- 单击“符号编辑”工具栏中的“更改管脚名称”按钮，单击需要修改的管脚，弹出“Pin Name（管脚名称）”对话框，如图 5-14 所示。
- 双击管脚，弹出“端点属性”对话框。

（12）选择菜单栏中的“文件”→“完成”命令，退出层次化符号编辑器，返回原理图编辑环境，十字光标上附着浮动的层次化符号，如图 5-15 所示，在原理图空白处单击，放置绘制完成的层次化符号，如图 5-16 所示。

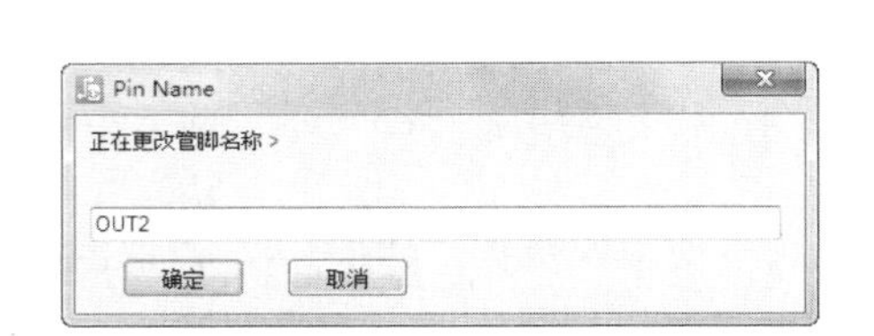

图 5-14 “Pin Name（管脚名称）”对话框

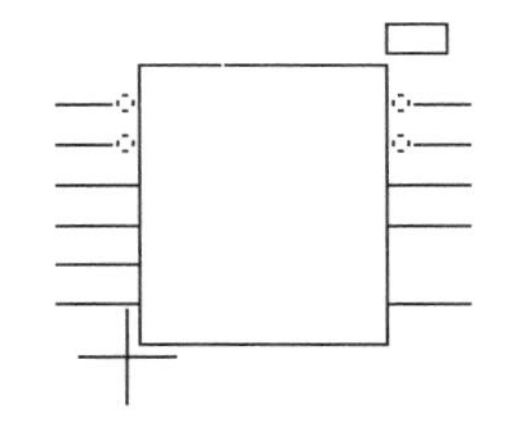

图 5-15 浮动的符号

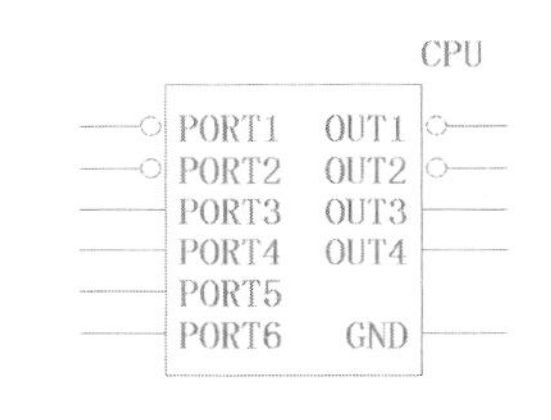

图 5-16 放置层次化符号

5.1.3 绘制层次化电路

层次化符号之间除了借助于管脚进行连接，也可以使用导线或总线完成连接。此外，同一个项目的所有电路原理图（包括顶层原理图和子原理图）中，相同名称的输入、输出管脚和页间连接符之间，在电气意义上都是相互连通的。

顶层原理图主要由层次化符号组成，每一个层次化符号都代表一个相应的子原理图文件。

顶层电路具体的绘制步骤如下所述。

（1）按照上一章同样的方法放置另外 3 个层次化符号 SENSOR1、SENSOR2 和 SENSOR3，并设置好相应的管脚，如图 5-17 所示。

（2）与元器件布局相同，利用鼠标拖动，把所有的层次化符号放在合适的位置处。

（3）单击“原理图编辑”工具栏中的“添加连线”按钮，使用导线或总线把每一个层次化符号上的相应管脚连接起来。同时，使用导线在层次化符号的管脚上放置好接地符号，如图 5-18 所示。

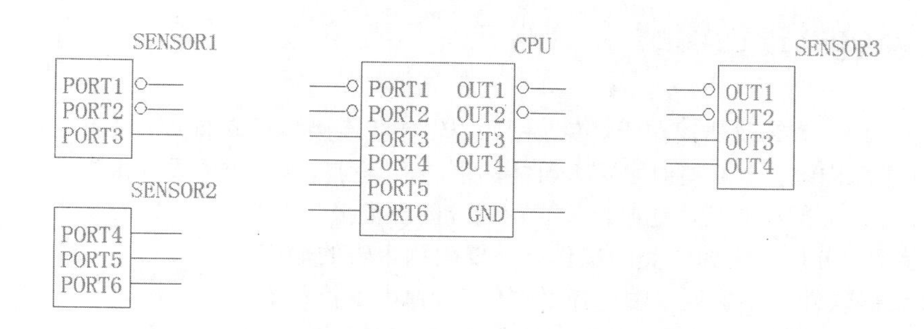

图 5-17　设置好的 4 个层次化符号

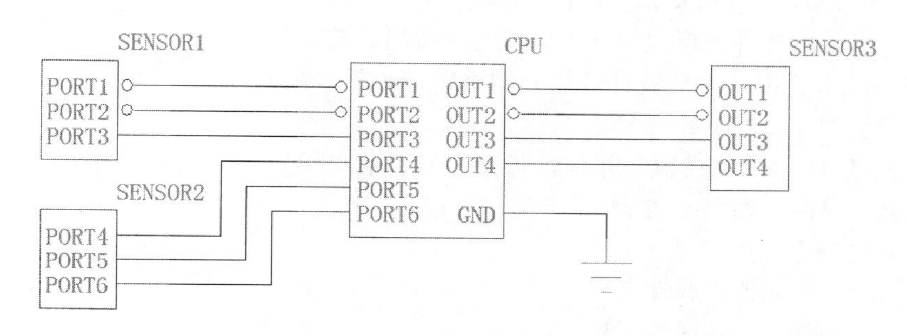

图 5-18　添加连线

（4）单击“原理图编辑”工具栏中的“创建文本”按钮，弹出图 5-19 所示的“添加自由文本”对话框，在该对话框中输入要添加的文本内容，按照图 5-20 所示设置文本的字体和样式。

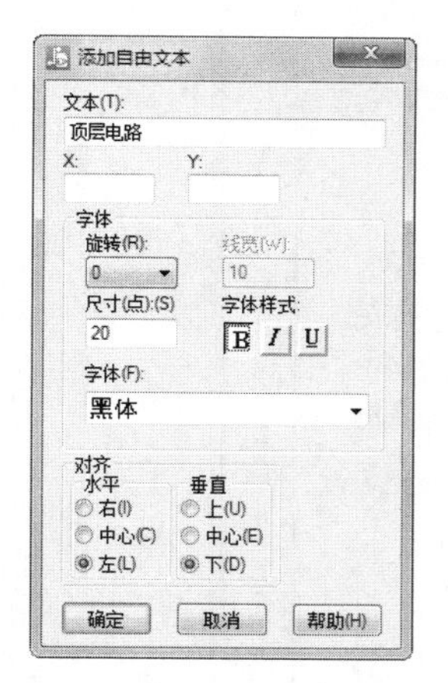

图 5-19　“添加自由文本”对话框

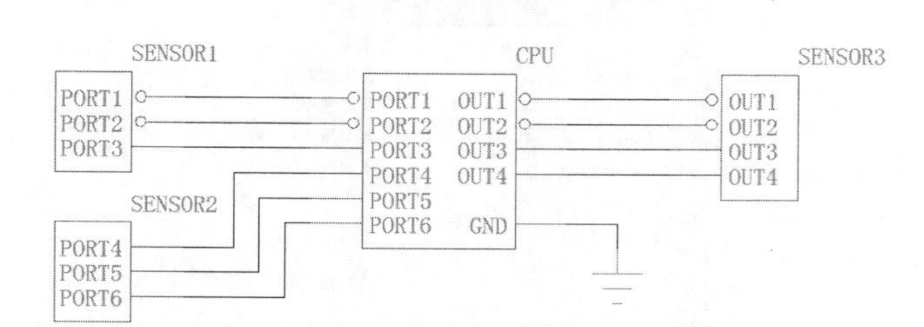

图 5-20　添加标题

（5）完成设置后，单击“确定”按钮，退出对话框，进入文本放置状态，鼠标指针上附着一个浮动的文本符号，将文本放置到电路图中上方，完成顶层原理图的绘制。

在层次化符号的内部给出了一个或多个表示连接关系的管脚。对于这些管脚，在子原理图中都有相同名称的输入、输出页间连接符与之相对应，以便建立起不同层次间的信号通道。子原理图的绘制方法与普通电路原理图的绘制方法相同，在前面已经学习过，主要由各种具体的元器件、导线等构成，这里不再赘述。

5.2 PADS Logic报告输出

在设计过程中，人为的错误在所难免（例如逻辑连线连接错误或漏掉了某个逻辑连线的连接），而这些错误如果靠肉眼去寻找有时是不太可能的事，但是可以从产生的设计报告中去发现。

当完成了原理图的绘制后，这时需要当前设计的各类报告以便对此设计进行统计分析。诸如此类的工作都需要用到报告的输出。打开PADS Logic软件，在主菜单中选择“文件”，弹出下拉菜单，从下拉菜单中单击子菜单“报告”，则弹出图5-21所示的报告生成窗口。

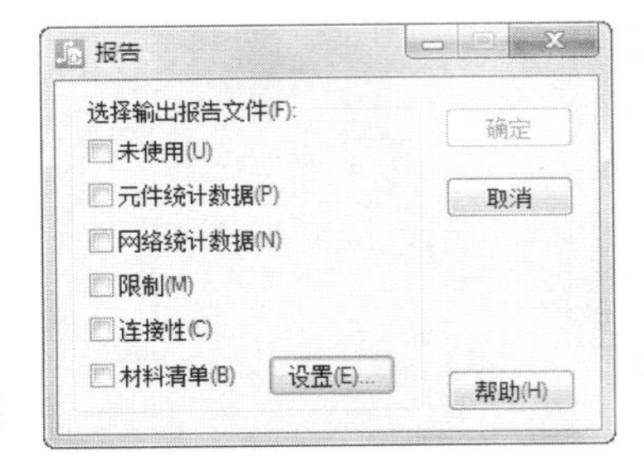

图5-21 报告输出

从图5-21中可知，在PADS Logic中可以输出6种不同类型的报告，这些报告可以用文件的形式保存下来或打印输出。这6种类型的报告分别是：未使用；元件统计数据；网络统计数据；限制；连接性；材料清单。

（1）单击图5-21中的“设置”按钮，弹出“材料清单设置”对话框，打开“属性”选项卡，显示原理图元器件属性，如图5-22所示。

对话框中各选项意义如下。

- 上：将选中的元器件属性上移。
- 下：将选中的元器件属性下移。
- 添加：添加元器件属性。
- 编辑：编辑元器件属性。
- 移除：移除元器件属性。
- 重置：恢复默认设置。

图5-22 “属性”选项卡

（2）打开“格式”选项卡，设置原理图分隔符、文件格式等，如图5-23所示。

（3）打开“剪贴板视图”选项卡，显示元器件详细信息，选择可进行复制操作的元器件，如图5-24所示。

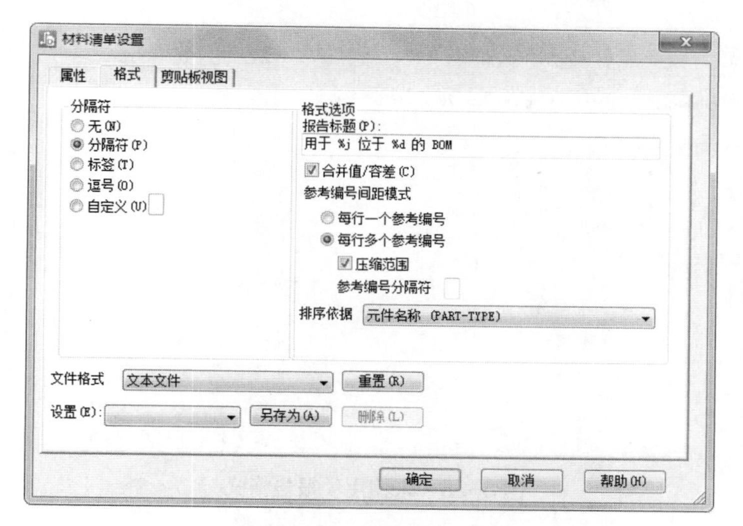

图 5-23 “格式”选项卡

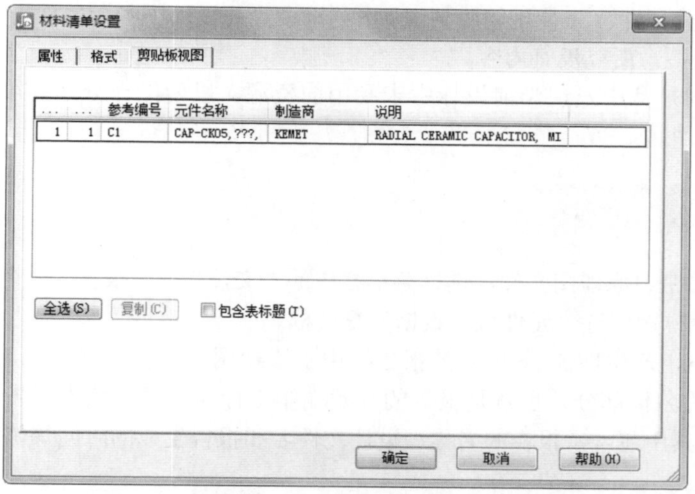

图 5-24 “剪贴板”选项卡

了解了如何进行元器件设置后，下面详细介绍 6 个不同类型的报告文件。

5.2.1　未使用情况报告

在生成报告时必须打开设计文件，否则生成的将是一张没有任何数据的空白报告，因为报告的数据来自于当前的设计。

选择菜单栏中的“文件”→“报告”命令，在弹出的“报告”对话框中勾选“未使用”复选框，单击“确定”按钮，弹出图 5-25 所示的原理图输出的未使用项报告。可以看到在该报告中包含 3 部分。

在报告的始端第一行（未使用项报告 --Untitled--Fri Nov 24 11:29:50 2017）中包含了报告的名称、设计文件名和报告生成的时间等信息。

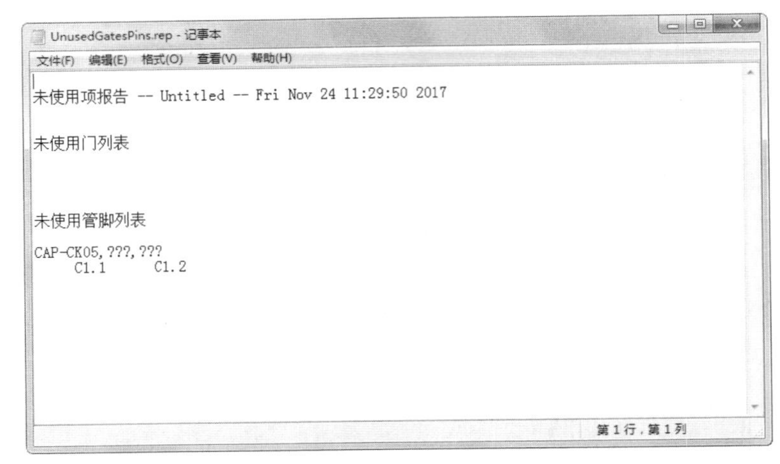

图 5-25 未使用项报告格式

在报告的第 2 个信息栏（未使用门列表）下分别列出了当前设计中末使用的逻辑门，由于当前是空白原理图，所以没有内容。

在报告的第 3 个信息栏（未使用管脚列表）下列出了当前设计中各元器件未使用的元器件管脚，由于当前是空白原理图，所以没有内容。

产生报告的目的是从中发现当前设计中未利用的资源，以便能充分地利用。同时发现那些隐藏的错误，及时得以纠正。

5.2.2 元器件统计数据报告

对于一个新建的空白原理图文件，选择菜单栏中的“文件”→“报告”命令，在弹出的图 5-21 所示的“报告”对话框中勾选“元件统计数据”复选框。

单击 确定 按钮，产生图 5-26 所示的报告。由于原理图中没有任何内容，所以在该元器件统计报告中只有报告的名称部分，也就是报告的开始端第 1 行（元器件状态报告 --Untitled-- Fri Nov 24 11:31:34 2017），其中包含了报告的名称、设计文件名和报告生成的时间等信息。

图 5-26 元器件统计数据报告格式

元器件统计数据报告的作用是通过有序的汇总方式总结当前设计中的所有元器件的信息。

5.2.3 网络统计数据报告

对于一个新建的空白原理图文件，选择菜单栏中的“文件”→“报告”命令，在弹出的图 5-21 所示的“报告”对话框中勾选“网络统计数据”复选框。

单击 确定 按钮，产生图 5-27 所示的报告。由于原理图中没有任何内容，所以在该网络统计数据报告中只有报告的名称部分，也就是报告的开始端第 1 行（网络状态报告 --Untitled --Fri Nov 24 11:32:40 2017），其中包含了报告的名称、设计文件名和报告生成的时间等信息。

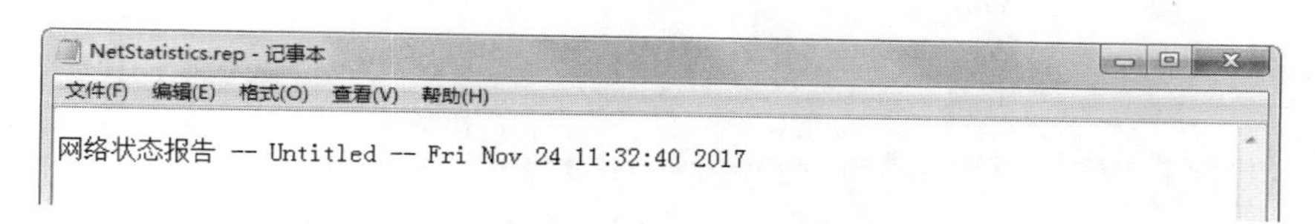
NetStatistics.rep - 记事本

文件(F) 编辑(E) 格式(O) 查看(V) 帮助(H)

网络状态报告 -- Untitled -- Fri Nov 24 11:32:40 2017

图 5-27　网络统计数据报告格式

网络统计数据报告的作用是对当前设计中所有网络的属性及相互间的关系进行有序的统计。

5.2.4　限制报告

对于一个新建的空白原理图文件，选择菜单栏中的“文件”→“报告”命令，在弹出的图 5-21 所示的“报告”对话框中勾选“限制”复选框。

单击 确定 按钮，则产生图 5-28 所示的报告。

DesignLimits.rep - 记事本

文件(F) 编辑(E) 格式(O) 查看(V) 帮助(H)

作业限制报告 -- Untitled -- Fri Nov 24 11:33:12 2017

项目类型	已分配	已使用
图页	1024	1
图页门/网络参考	2048	1
元件	256	1
元件参数参考编号	1024	13
元件参数名称	2048	239
网络	256	0
网络字符	1024	235
其他	988	988

-------------- 下一图页编号 1 --------------

第 1 行，第 1 列

图 5-28　限制报告格式

限制报告主要显示的是当前 PADS Logic 设计文件的各个项目（元器件、网络和文本文字等）在系统中所能允许的最大数目和已经利用了的数目。这个最大的极限数目不但跟当前设计的每一个项目数量有关，而且也取决于电脑系统本身的内存资源。

从输出的报告中可以知道，报告的第一部分显示了本系统可利用资源的极限值，但同时紧接着又显示了目前资源被利用的情况，这样使设计者对当前系统资源情况一目了然。在表第一部分第一列分别为各个项目对象，在表的第二列中列出了系统允许的极限值，以此相对应的第三列中列出了目前设计已经应用了的资源。

5.2.5　连接性报告

对于一个新建的空白原理图文件，选择菜单栏中的“文件”→“报告”命令，在弹出的图 5-21 所示的“报告”对话框中勾选“连接性”复选框。

单击 确定 按钮，则产生图 5-29 所示的报告。由于原理图中没有任何内容，所以在该连接性报告中只有报告的名称部分，也就是报告的开始端第 1 行（页间连接参考编号表和连接性错误报告 -Untitled-Fri Nov 24 11:33:36 2017），其中包含了报告的名称、设计文件名和报告生成的时间等信息。

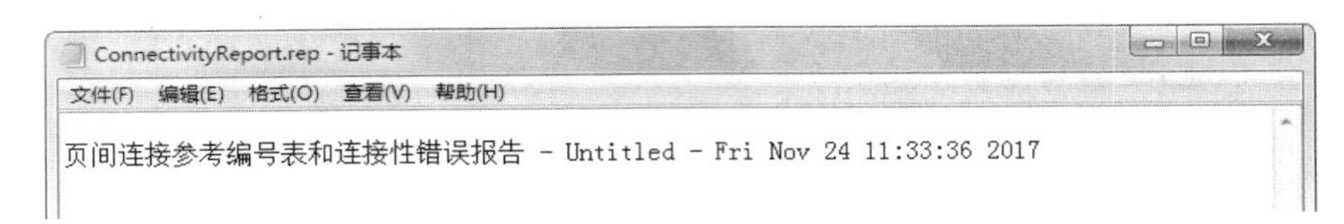

图 5-29　连接性报告格式

页间连接符是在原理图设计过程中设置不同页而为同一网络的一种连接方法，连接性报告能使我们通过报告中连接符的坐标迅速地找到所需的连接符。

5.2.6　材料清单报告

对于一个新建的空白原理图文件，在图 5-21 所示的对话框中单击 设置(E)... 按钮，弹出图 5-30 所示的“材料清单设置”对话框。

图 5-30　“材料清单设置”对话框

然后在图 5-21 所示的“报告”对话框中选择“材料清单”选项后，单击 确定 按钮，则产生一个当前原理图的材料清单报告，如图 5-31 所示。

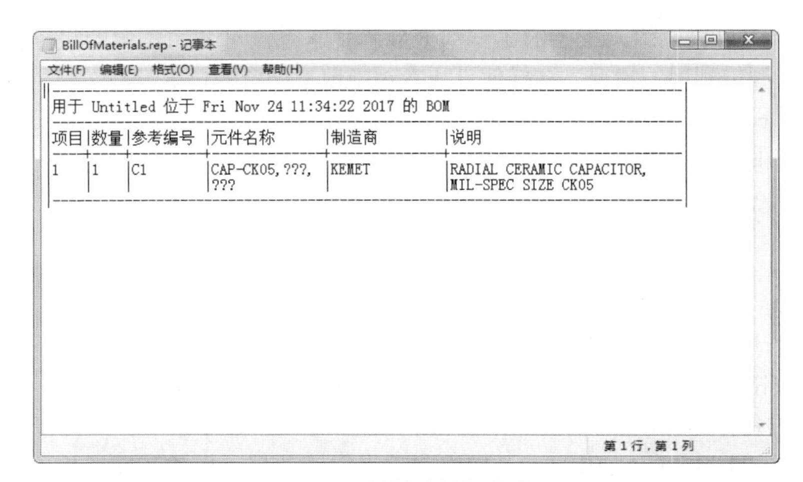

图 5-31　材料清单报告格式

由于当前原理图中没有任何内容，所以在材料清单报告中只包含了以下两部分内容。

- 材料清单报告的名称部分。
- 材料清单部分。

5.3 打印输出

原理图设计完成后，经常需要输出一些数据或图纸。本节将介绍原理图的报表打印输出。

PADS Logic VX.2.2 具有丰富的报表功能，可以方便地生成各种不同类型的报表。当电路原理图设计完成并且经过报告输出检查之后，应该充分利用系统所提供的这种功能来创建各种原理图的报表文件。借助于这些报表，用户能够从不同的角度更好地掌握整个项目的设计信息，以便为下一步的设计工作做好充足的准备。

为方便原理图的浏览和交流，经常需要将原理图打印到图纸上。PADS Logic VX.2.2 提供了直接将原理图打印输出的功能。

在打印之前首先进行打印设置。单击菜单栏中的“文件”→“打印预览”命令，弹出“选择预览”对话框，如图 5-32 所示。

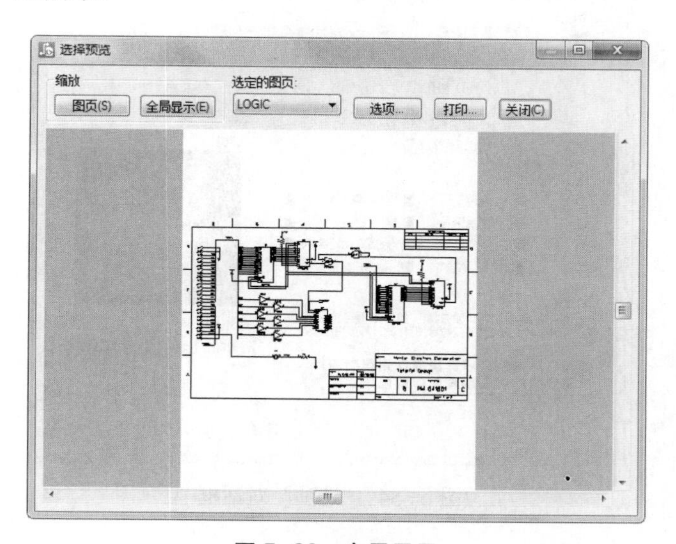

图 5-32　全局显示

单击“图页”按钮，预览显示为整个页面显示，如图 5-33 所示。单击“全局显示”按钮，显示图 5-32 所示的预览效果。

在“选定的图页”下拉列表中选择需要打印设置的图页。

单击“选项”按钮，弹出“选项”对话框，如图 5-34 所示。该对话框中各选项介绍如下。

（1）“图页选择”选项组：该选项组中包含“可用”“要打印的图页”两个选项。其中，“要打印的图页”选项栏下为正在设置、预览的图页；“可用”选项栏下为还没有设置的图页。

- “添加”按钮：可将左侧选中的单个图页添加到右侧（一次只能选中一个选项）。
- “全部添加”按钮：可一次性将左侧所有选项添加到右侧。
- “移除”按钮：可将右侧选中的单个图页转移到左侧（一次只能选中一个选项）。
- “全部移除”按钮：可一次性将右侧所有选项移除到左侧。

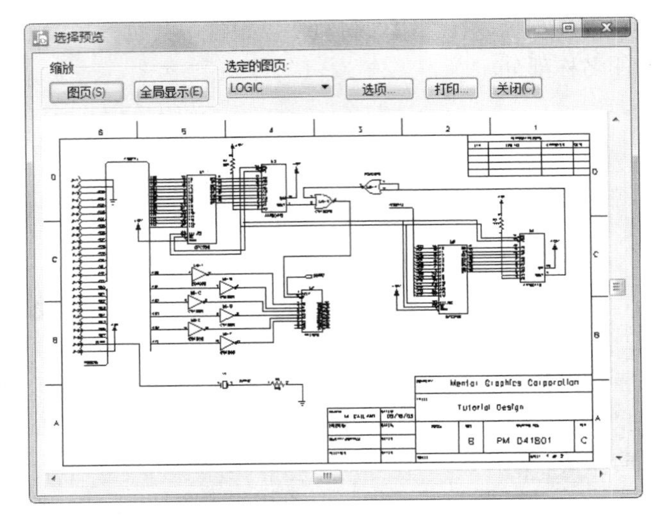

图 5-33　图页显示

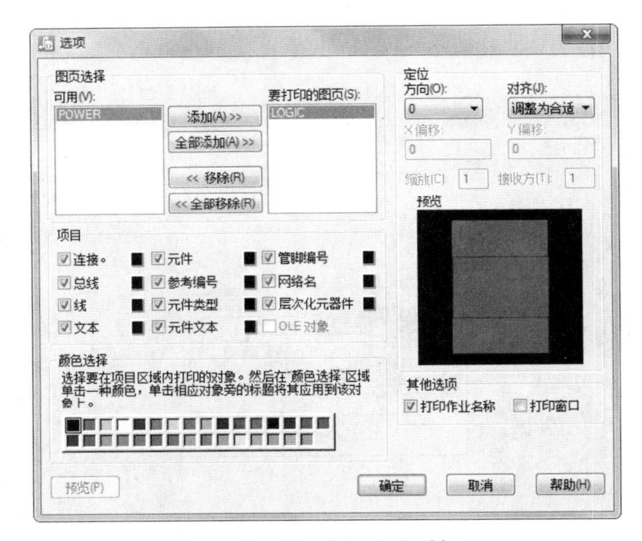

图 5-34　“选项”对话框

注意

双击两侧选项组下图页选项，也可添加、移除到另一侧。

（2）“定位”选项组：该选项组用来调整图纸在整个编辑环境中的位置。主要包括方向、对齐、X 偏移、Y 偏移、缩放、接收方和预览。

（3）“项目”选项组：该选项组用来显示原理图的打印预览项目。

（4）“颜色选择”选项组：该选项组用来选择要在项目区域内打印的对象。

（5）“其他选项”选项组：该选项组包括打印作业名称、打印窗口。

设置、预览完成后，单击“打印”按钮，打印原理图。

此外，选择菜单栏中的“文件”→“打印”命令，或单击“原理图标准”工具栏中的“打印”

按钮，也可以实现打印原理图的功能。

5.4 生成网络表

网络表主要是原理图中元器件之间的链接。在进行 PCB 设计或仿真时，需要元器件之间的链接，在 PADS Logic 中，可以为 PCB 生成网络表。

5.4.1 生成 SPICE 网络表

SPICE 网络表主要用于电路的仿真，具体步骤如下所述。

（1）选择菜单栏中的“工具”→“SPICE 网络表”命令，弹出图 5-35 所示的“SPICEnet”对话框。

- 选择图页：可以在该列表中选择需要输出网络表的原理图纸。
- 包含子图面：勾选此复选框，则输出原理图所包含的子图页的网络表。
- 输出格式：在该下拉列表中，可以设置输出的 SPICE 网络表格式：intusoft ICAP/4 格式、Berkeley SPICE 3 格式、PSpice 格式。

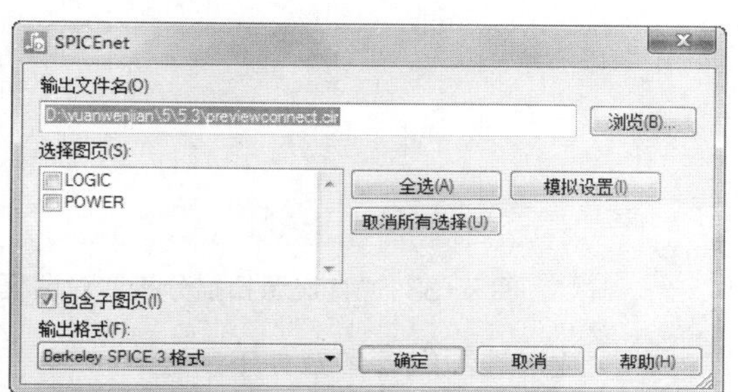

图 5-35　“SPICEnet”对话框

（2）单击“模拟设置”按钮，进入“模拟设置”对话框，如图 5-36 所示。

通过该对话框可以设置 AC 分析（交流分析）、直流扫描分析和瞬态分析等。

- AC 分析：交流分析，使 SPICE 仿真器执行频域分析。
- 直流扫描分析：使 SPICE 仿真器在指定频率下执行操作点分析。
- 瞬态分析：使 SPICE 仿真器执行时域分析。

在该对话框中还可以设置操作点选项，设置 SPICE 仿真器确定电路的直流操作点。

（3）单击“AC 分析”按钮，弹出图 5-37 所示的 AC 分析对话框。

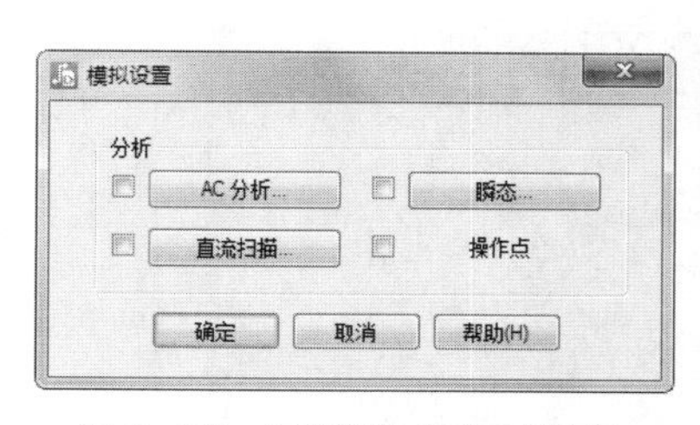

图 5-36　“模拟设置”对话框

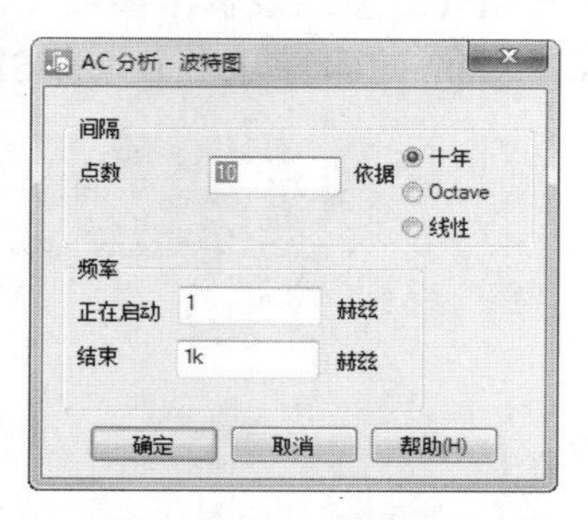

图 5-37　“AC 分析”对话框

“间隔”选项组各参数如下所述。

- 点数：可以输入间隔的点数。
- 依据：包括三种变量，十年、Octave（八进制）和线性。

“频率”选项组各参数如下所述。

- 正在启动：输入仿真分析的起始频率。
- 结束：输入仿真分析的结束频率。

（4）单击“直流扫描”按钮，弹出图 5-38 所示的“直流源扫描分析”对话框。

“交换”选项组各参数如下所述。

- 源：可以输入电压或电流源的名称。
- 开始：可以输入扫描起始电压值。
- 结束：可以输入扫描终止电压值。
- 步骤：可以输入扫描的增量值。

（5）单击“瞬态”按钮，弹出图 5-39 所示的“瞬态分析”对话框。

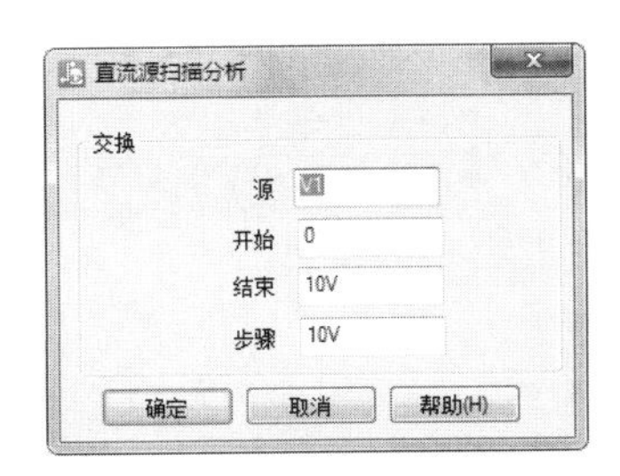

图 5-38 “直流源扫描分析”对话框

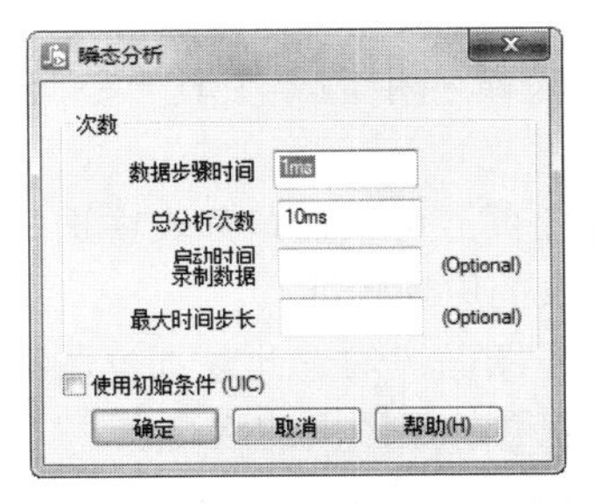

图 5-39 “瞬态分析”对话框

“次数”选项组各参数如下所述。

- 数据步骤时间：可以输入分析的增量值。
- 总分析次数：可以分析结束的时间。
- 启动时间录制数据：可以输入分析开始记录数据的时间，如果仿真文件过大，且数据不是很重要，可以进行设置。在文本框中输入特定时间（*s），则分析数据记录从该时间开始录制，录制的数据是整个过程的某一段，这样文件变小。若不设置，默认记录整个分析过程。
- 最大时间步长：可以输入最大时间步长值。

“使用初条件”复选框：选择此复选框，则 SPICE 使用“IC=。。。”所设定的初始瞬态值进行瞬态分析，不再求解静态操作点。

（6）完成 SPICE 网络表输出参数设置后，单击“确定”按钮，即生成 SPICE 网络表文件“.cir”。PADS Logic VX.2.2 随即打开一个包含 SPICE 网络表信息的文本文件，如图 5-40 所示。

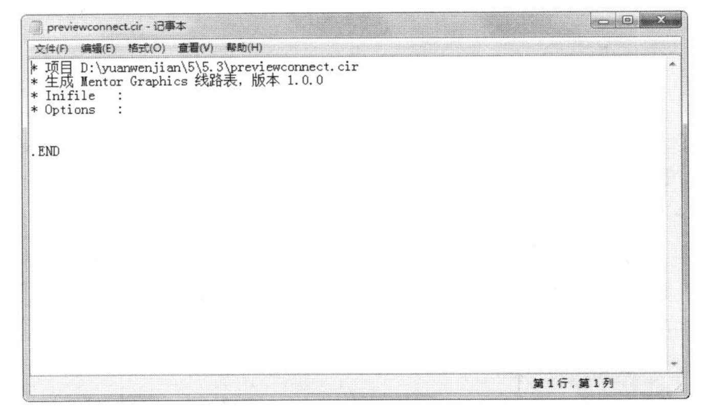

图 5-40 网络表文件

5.4.2 生成PCB网络表

在设计PCB时，可以在PADS Logic中生成网络表，然后将其导入到PADS Layout中进行布局布线。

在PADS Logic中，选择菜单栏中的“工具”→“PADS Layout”命令或单击“标准”工具栏中的“PADS Layout”图标，打开“PADS Layout链接”对话框，如图5-41所示。

下面介绍图5-41所示的“PADS Layout链接”窗口中各个按钮的功能。

1. “选择”选项卡

在此选项卡中选择需要输出网络表的原理图纸，如图5-41所示。

2. “设计”选项卡

一共有4个按钮，如图5-42所示，具体功能分别介绍如下。

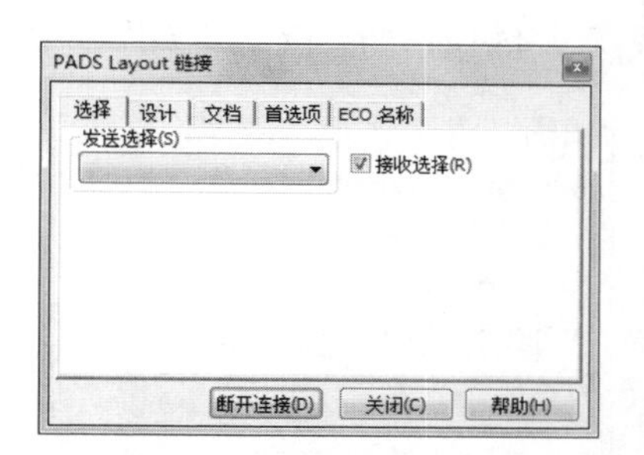

图5-41 “PADS Layout链接”对话框

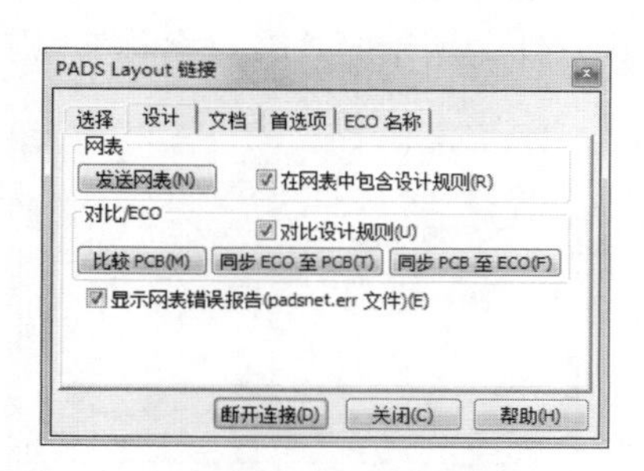

图5-42 “设计”选项卡

（1）发送网表：通过它可以将原理图自动传送入PADS Layout中，在传输网络表前可以在窗口中“文档”和“首选项”模式下进行一些相关的设置，这两个设置模式之后会介绍。

（2）比较PCB：在设计的过程中可以时时通过“比较PCB”来观察当前的PCB设计是否与原理图设计保持一致。如果不一致，系统将会把那些不一致的信息记录在记事本中，然后弹出以供查阅。

（3）同步ECO至PCB：如果在原理图设计中定义了PCB设计过程中所必须遵守的规则（比如线宽、线距等），那么可以通过“同步ECO至PCB”（将规则传送入PCB设计中）按钮将这些规则传送到当前的PCB设计中。在进行PCB设计时，如果将DRC（设计规则在线检查）打开，那么设计操作将受这些规则所控制。

（4）同步PCB至ECO：这个按钮功能同以上介绍的功能按钮“同步ECO至PCB”刚好相反，因为可能会在PADS Layout设计环境中去定义某些规则或修改在Power Logic中定义的规则，那么可以通过“同步PCB至ECO”（将规则从PCB反传回ECO中）按钮将这些规则反传送回当前的原理图设计中去，使原理图具有同PCB相同的规则设置。

PADS Layout与PADS Logic在进行数据传输时是双向的，任何一方的数据都可以时时传给对方，这有力地保证了设计的正确性。

3. “文档”选项卡

单击图5-41所示中的“文档”选项，则窗口变为图5-43所示的窗口。

“文档”设置模式主要用来设置跟PADS Logic中当前设计OLE所链接的PCB设计对象的路径和文件名，单击按钮可以在PADS Layout中重新建立一个新的链接对象。

4. “首选项”选项卡

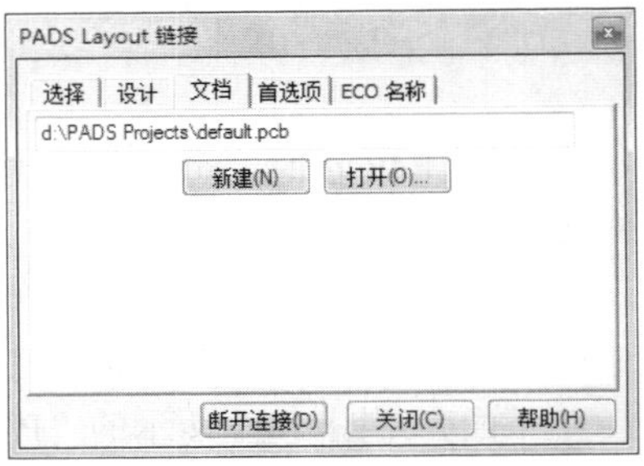

单击图 5-41 中所示的“首选项”，则窗口变成图 5-44 所示的“首选项”设置窗口。

在图 5-44 中有三项参数可以设置，这些参数设置控制了在进行双向数据传输时所传输的数据，介绍如下。

（1）忽略未使用的管脚网络：如果选择此项设置，那么必须在下面“名称”后输入此忽略未使用元器件管脚的网络名。

（2）包含属性：在此项设置中有两个选项可供选择使用，分别是：元件和网络。两者可以选其一也可全选，比如选择“元件”表示当 PADS Logic 跟 PADS Layout 进行数据同步或其他操作时需要包括元器件的属性。

图 5-43　OLE 文件路径设置

（3）对比 PCB 讨论分配：勾选该复选框，为原理图中的元件分配 PCB 封装。

5. “ECO 名称”选项卡

单击图 5-41 中所示的“ECO 名称”，则窗口变成图 5-45 所示的“ECO 名称”设置窗口。

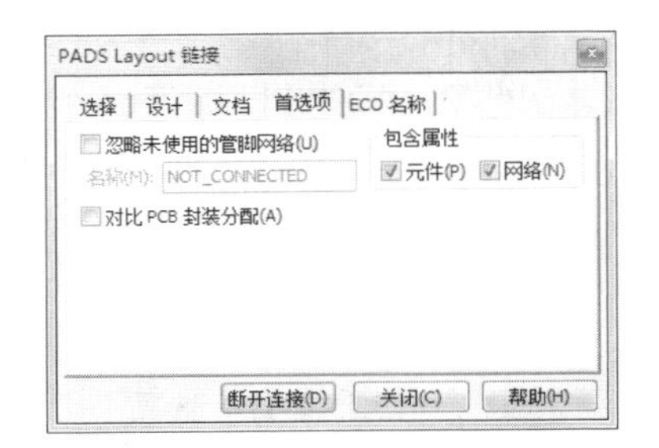

图 5-44　“首选项”设置

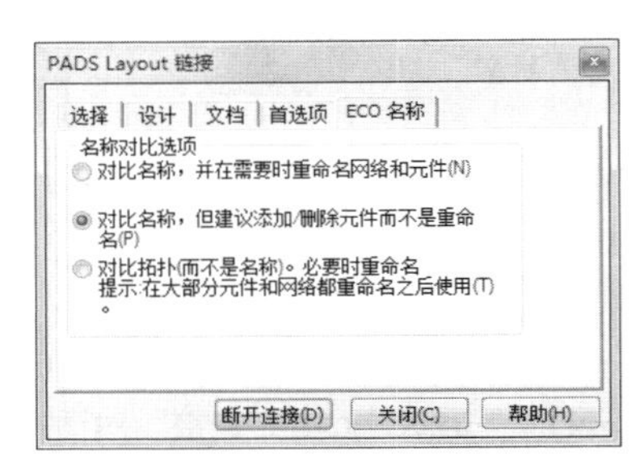

图 5-45　“ECO 名称”设置

5.4.3　网络表导入 PADS Layout

按照上述步骤生成网络表后，即可打开 PADS Layout 进入网络表的导入。PADS Layout 生成的“.asc”文件显示元器件摆放结果，将在后面的章节中讲述如何布局和布线。

5.5　思考与练习

思考 1．PADS Logic VX.2.2 的层次电路是什么？

思考 2．PADS Logic 的报告输出有哪些？

练习 1．实际操作 PADS Logic VX.2.2 的层次电路。

练习 2．演示如何生成网络表。

Chapter 6

第6章 PADS Logic VX.2.2 图形绘制

本章主要介绍在 PADS Logic 图界面中进行图形绘制，在原理图中绘制各种标注信息，使电路原理图更清晰，数据更完整，可读性更强。各种图元均不具有电气连接特性，所以系统在进行 ERC 检查及转换成网络表时，它们不会产生任何影响，也不会附加在网络表数据中。

学习重点

- PADS Logic VX.2.2 的元器件库设计
- PADS Logic VX.2.2 编辑图形
- PADS Logic VX.2.2 图形与文字

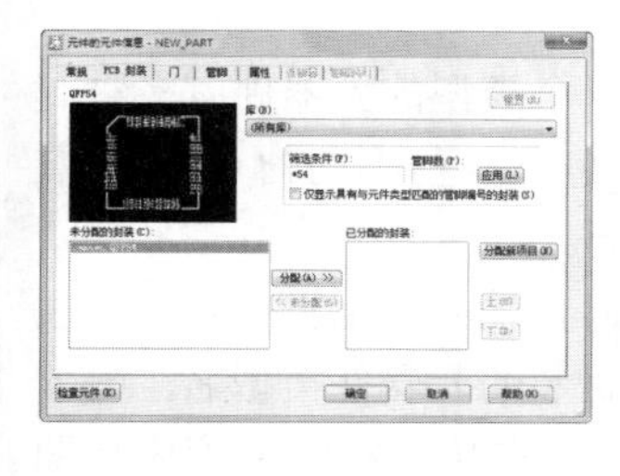

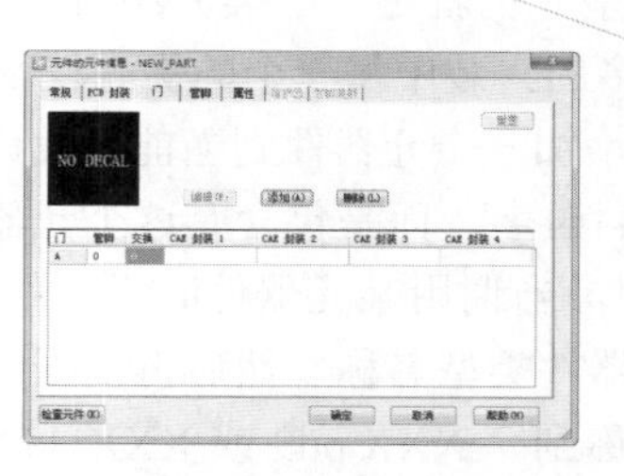

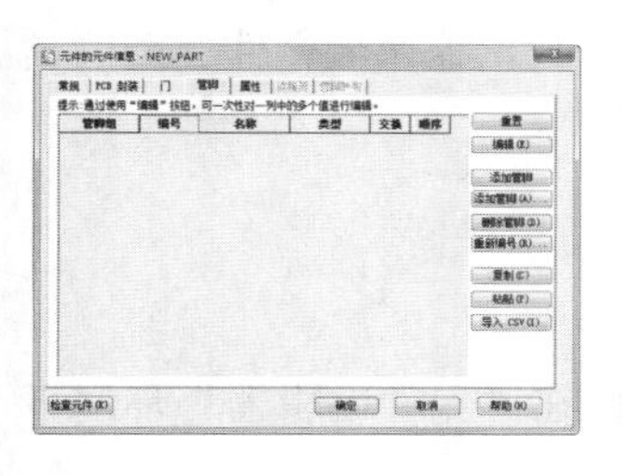

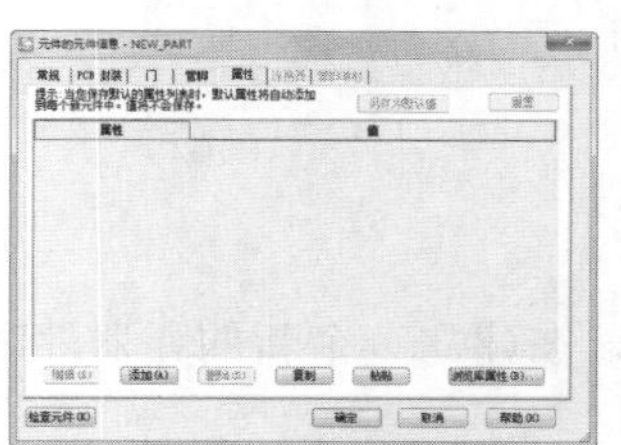

6.1 PADS Logic 元器件库设计

在设计电路之前，我们必须保证所用到的元器件都在 PADS Logic 和 PADS Layout 中存在，其中包括元器件的逻辑封装和 PCB 封装。

6.1.1 元器件封装简述

很多的 PADS 用户，特别是新的用户对 PCB 封装、CAE 和元器件类型这三者非常容易混淆，总之，只要记住 PCB 封装和 CAE 封装（逻辑封装）只是一个具体的封装，不具有任何电气特性，它是元器件类型的一个组成部分，是元器件类型在设计中的一个实体表现。所以当建好一个 PCB 封装或者 CAE 封装时，千万别忘了将该封装指明所属元器件类。元器件既可在 PADS Logic 中建，也可以在 PADS Layout 中建。

PCB 封装是一个实际零件在 PCB 上的脚印图形，如图 6-1 所示，有关这个脚印图形的相关资料都存放在库文件 XXX.pd9 中，它包含各个管脚之间的间距及每个脚在 PCB 各层的参数、元器件外框图形、元器件的基准点等信息。所有的 PCB 封装只能在 PADS 的封装编辑中建立。

CAE 封装是零件在原理图中的一个电子符号，如图 6-2 所示。有关它的资料都存放在库文件 XXX.ld9 中，这些资料描述了这个电子符号各个管脚的电气特性及外形等。CAE 封装只能在 PADS Logic 中建立。

图 6-1　PCB 封装　　　　图 6-2　CAE 封装

元器件类型在库管理器中用元器件图标来表现，它不像 PCB 封装和 CAE 封装那样每一个封装名都有唯一的元器件封装与其对应，而元器件类型是一个类的概念，所以在 PADS 系统中称其为元器件类型。

对于元器件封装，PADS 巧妙地使用了这种类的管理方法来管理同一个类型的元器件有多种封装的情况。在 PADS 中，一个元器件类型（也就是一个类）中可以最多包含 4 种不同的 CAE 封装和 16 种不同的 PCB 封装，当然这些众多的封装中每一个的优先权都不同。

当用“添加元件”命令或快捷图标增加一个元器件到当前的设计中时，输入对话框或从库中去寻找的不是 PCB 封装名，也不是 CAE 封装名，而是包含有这个元器件封装的元器件类型名，元器件类型的资料存放在库文件 XXX.pt9 中。当调用某元器件时，系统一定会先从 XXX.pt9 库中按照输入的元器件类型名寻找该元器件的元器件类型名称，然后再依据这个元器件类型中包含的资料里所指示的 PCB 封装名称或 CAE 封装名称到库 XXX.pd9 或 XXX..ld9 中去找出这个元器件类型的具体封装，进而将该封装调入当前的设计中。

6.1.2 元器件编辑器

我们先来看看如何建立元器件类型，在建立一个新的元器件时可以在“元件编辑器”环境下建立。

（1）选择菜单栏中的“工具”→“元件编辑器”命令，弹出图 6-3 所示窗口，进入元器件编辑环境。

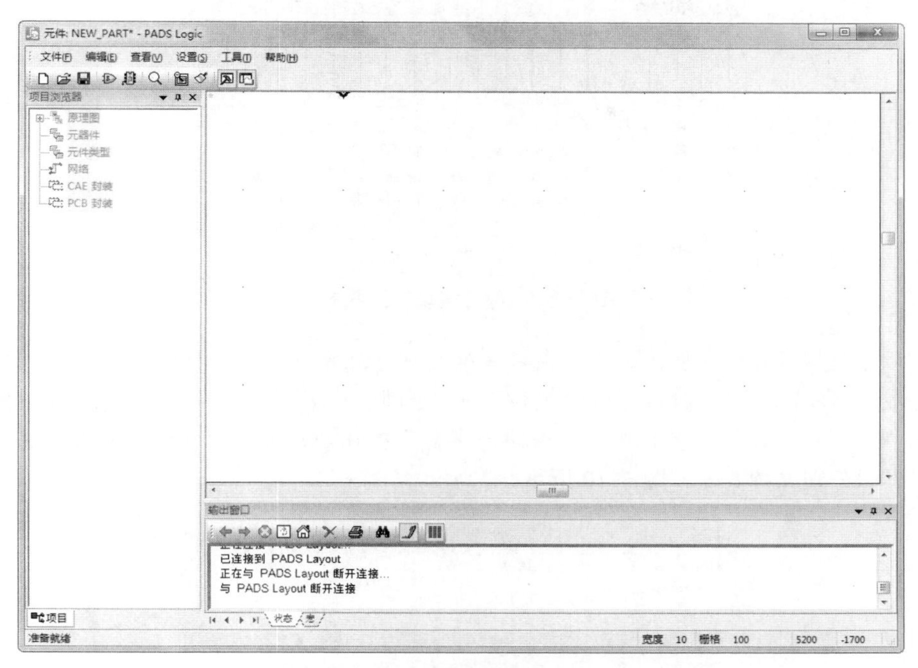

图 6-3　元器件编辑环境

（2）单击“元件编辑”工具栏中的“编辑图形”按钮，弹出提示对话框，单击“确定”按钮，默认创建 NEW_PART，进入编辑环境，如图 6-4 所示。

图 6-4　编辑元器件 NEW_PART

（3）单击“元件编辑”工具栏中的“封装编辑”工具栏，弹出“符号编辑”工具栏，如图 6-5 所示。

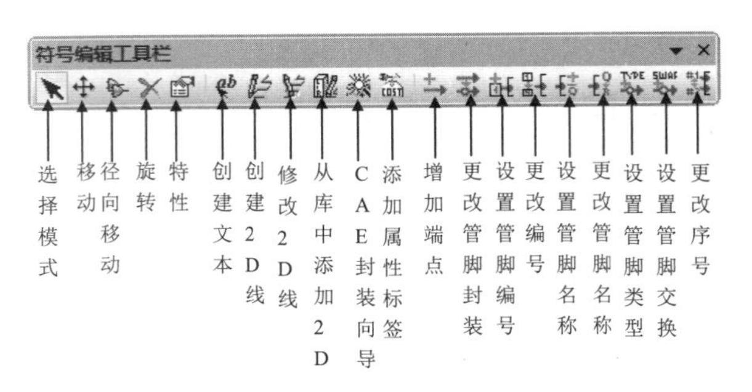

图 6-5 “符号编辑”工具栏

（4）利用工具栏按钮绘制图形，绘制工具在第五章已讲解，这里不再赘述。

（5）完成绘制之后，选择菜单栏中的“文件”→“返回至元件”命令，返回图 6-3 所示的编辑环境。

（6）单击“元件编辑”工具栏中的“编辑电参数”按钮，弹出“元件的元件信息”对话框，其各选项卡界面分别如图 6-6 ～图 6-10 所示。

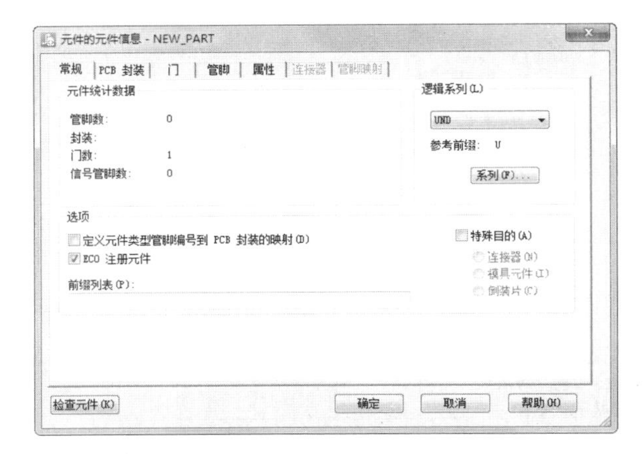

图 6-6 “元件的元件信息”对话框

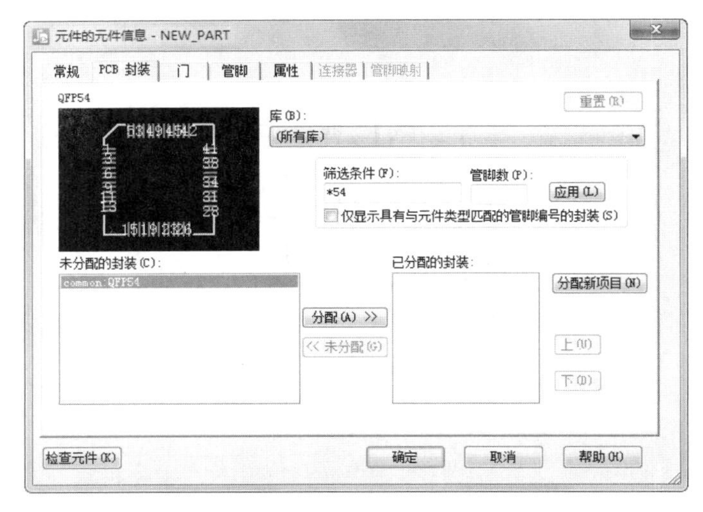

图 6-7 “PCB 封装”选项卡

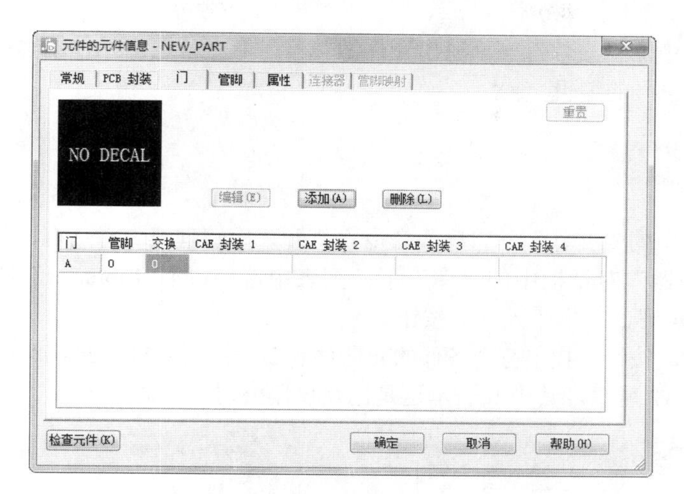

图 6-8 “门”选项卡

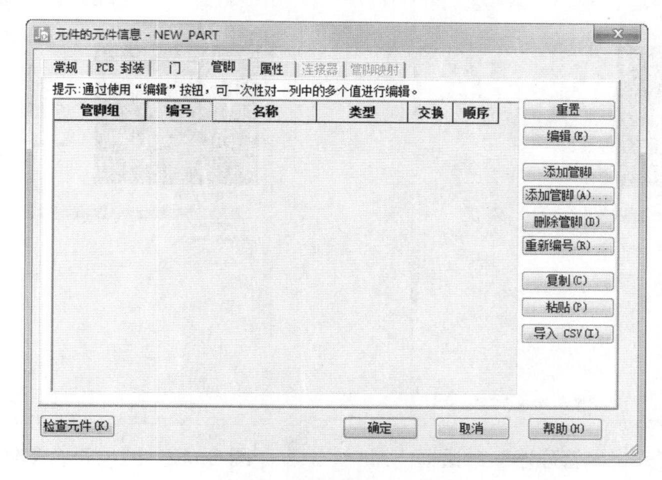

图 6-9 “管脚”选项卡

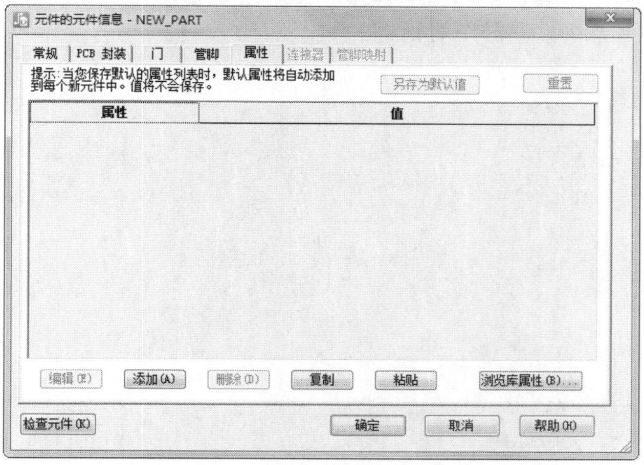

图 6-10 “属性”选项卡

在此对话框中，用户可以详细了解到该元件的电参数信息，在不同选项卡中设置参数，这里不再赘述，读者可自行查询资料，对不同元件符号按标准进行不同参数设置。

（7）选择菜单栏中的“文件”→“退出元件编辑器”命令，退出元件编辑环境，返回原理图设计界面，完成元器件符号的编辑。

6.1.3 CAM 封装信息

（1）选择菜单栏中的“文件”→“库”命令，打开“库管理器”对话框，如图 6-11 所示。

（2）在“库管理器”对话框中的“库”下拉列表中选择“All Libraries”选项，在“筛选”文本框中输入“74LS244*”，单击“元件”按钮。

（3）单击“应用”按钮，找出符合条件的元器件有 3 个：“ti：74LS244”“ti：74LS244-CC”“ti：74LS244A”，如图 6-12 所示。其中 ti 表示这是德州仪器公司的元器件库。

图 6-11 打开“库管理器”对话框

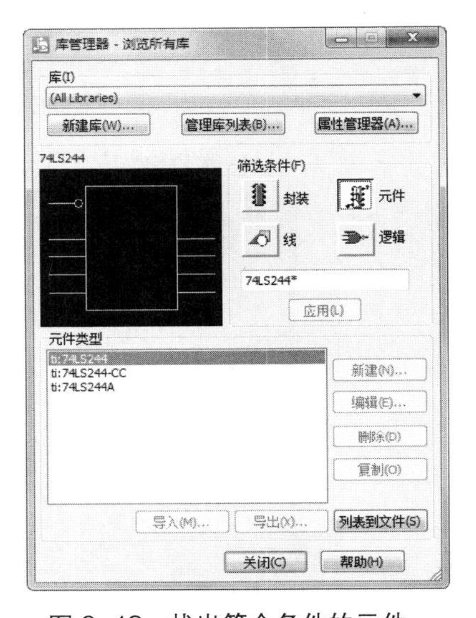

图 6-12 找出符合条件的元件

（4）单击“元件类型”列表框中的 74LS244，单击“编辑”按钮，进入图 6-13 所示修改状态。单击“关闭”按钮，关闭“库管理器”对话框。

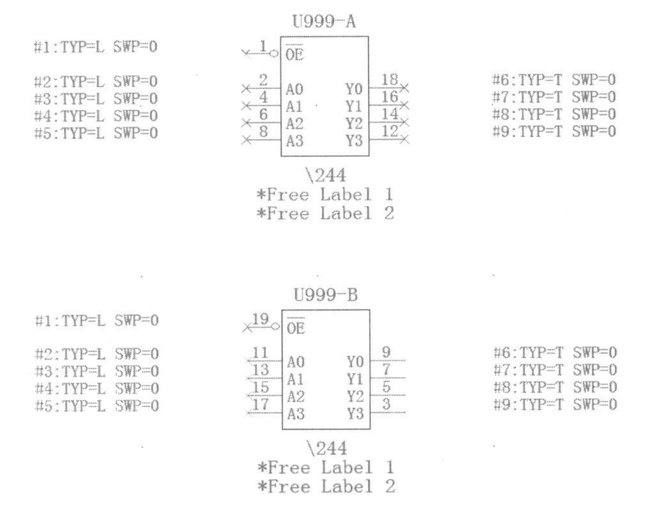

图 6-13 修改元器件的状态

（5）选择菜单栏中的“编辑”→“元件类型编辑器”命令，打开图 6-14 所示的对话框。

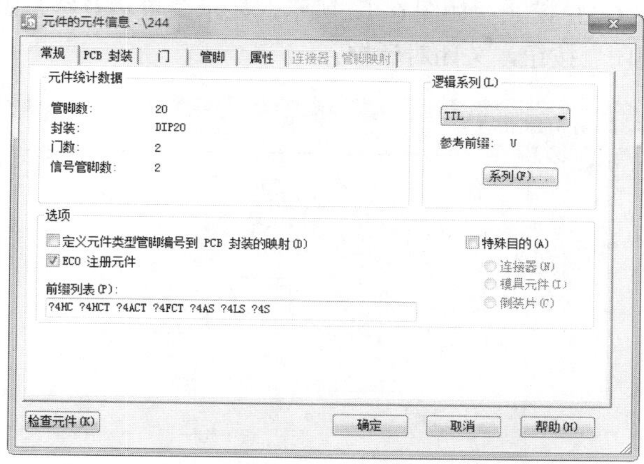

图 6-14　“元件的元件信息”对话框

在此对话框中，用户可以详细了解到该元器件的信息，同时也可以体会到元器件类型、CAE 封装和 PCB 封装三者的关系。

6.1.4　实例——新建逻辑封装 74LS244

下面详细讲述如何建立元器件“74LS244”的逻辑封装（CAE 封装）。

扫码看视频

【创建步骤】

（1）双击 PADS Logic VX.2.2 图标，打开 PADS Logic VX.2.2。

（2）选择菜单栏中的“文件”→“库”命令，打开“库管理器”对话框，如图 6-11 所示。

（3）在“库”选项的下拉列表中选择…\Libraries\usr 选项，单击“筛选条件”选项组下的“逻辑”按钮，如图 6-15 所示。

图 6-15　“库管理器”对话框

（4）单击“CAE 封装”选项组下的“新建”按钮，表示新建一个 CAE 封装存放在用户的库文件中。

（5）PADS Logic 进入 CAE 模式，如图 6-16 所示，显示菜单栏及符号编辑器工具栏。单击“库管理器”对话框中的“关闭”按钮，关闭对话框。

图 6-16　PADS Logic 的 CAE 模式

（6）单击“符号编辑器”工具栏中的“封装编辑”按钮，弹出“符号编辑”工具栏。单击“符号编辑”工具栏中的“创建 2D 线”按钮，进入绘制 2D 线状态。

（7）在工作区域中单击鼠标右键，在弹出的快捷菜单中选择“矩形”和“正交”命令，表示绘制一个垂直的矩形。在工作区域原点处单击鼠标左键，将原点确定为矩形的一个顶点。移动鼠标指针，拉出一个 600mil*1 400mil 的矩形，单击鼠标左键确定矩形的另外一个顶点，如图 6-17 所示。

注意

在绘制矩形过程中，拖动鼠标，在右下角状态栏显示移动点坐标，根据坐标移动鼠标指针，可确定矩形大小，如图 6-18 所示。

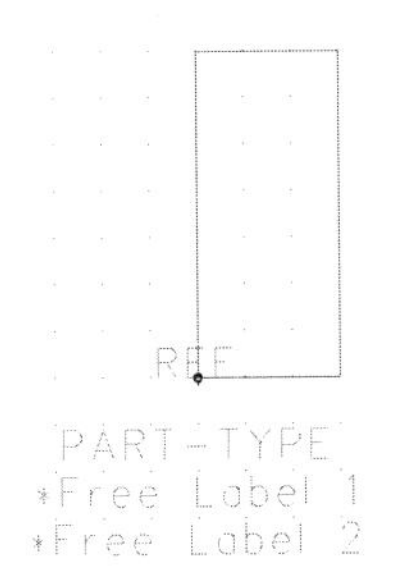

图 6-17　74LS244 的边框

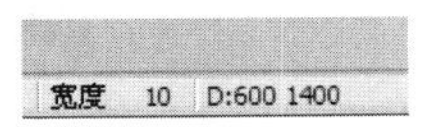

图 6-18　显示坐标

（8）单击“符号编辑”工具栏中的“增加端点”按钮，弹出“管脚封装浏览”对话框，如图 6-19 所示。

（9）在图 6-19 中的“管脚”列表框中选择 PIN 选项，单击“确定”按钮关闭对话框。

（10）此时，一个管脚的图形符号附着在鼠标指针上，移动鼠标指针到放置管脚的地方单击鼠标左键，如此操作放置 8 个管脚，如图 6-20 所示。

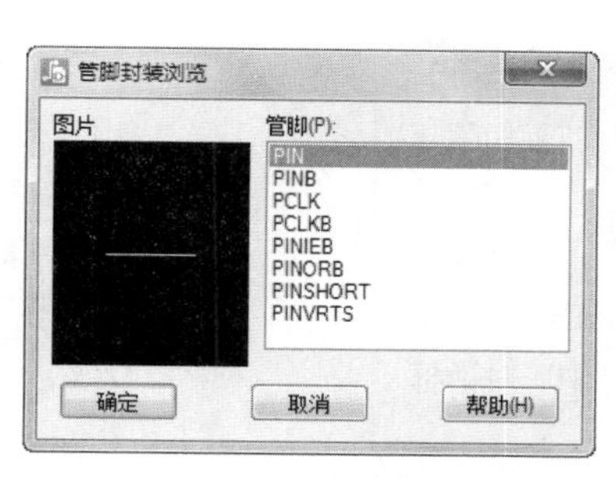

图 6-19　“管脚封装浏览”对话框

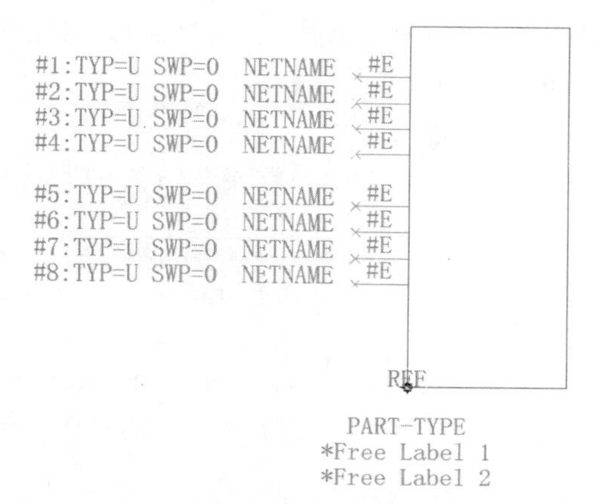

图 6-20　绘制了 8 个管脚的 CAE

（11）在端点管脚放置状态下，在工作区域中单击鼠标右键，弹出图 6-21 所示菜单，在菜单中选择“更改管脚封装”命令，再次打开“管脚封装浏览”对话框，如图 6-19 所示。

（12）在图 6-19 中“管脚”列表框中选择 PINB 选项，单击“确定”按钮关闭对话框。如上操作放置两个 PINB 类型的管脚，如图 6-22 所示。

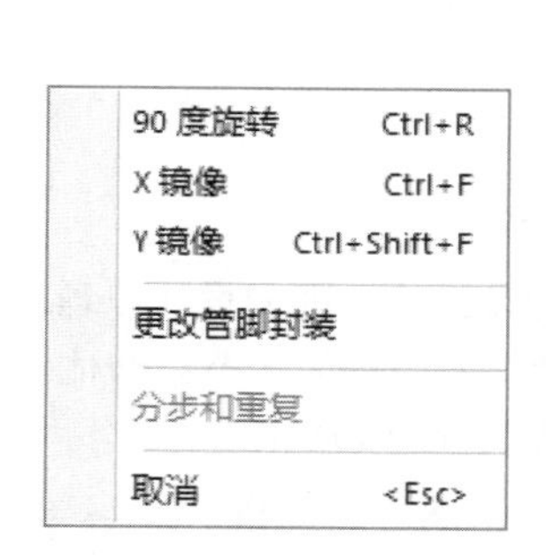

图 6-21　右键弹出菜单

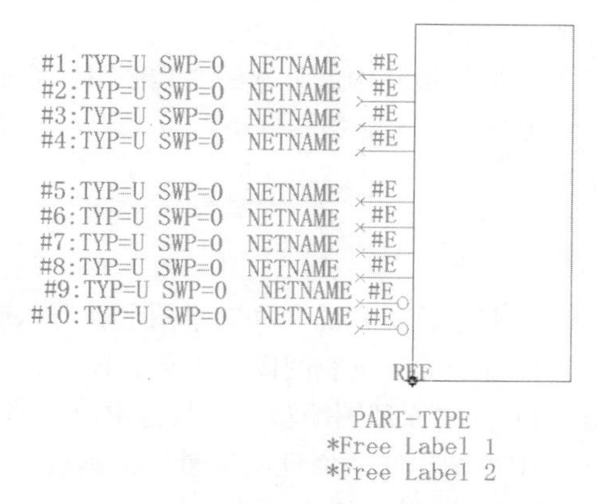

图 6-22　绘制了 10 个管脚的 CAE

（13）再依次增加 10 个管脚，绘制完成后如图 6-23 所示。

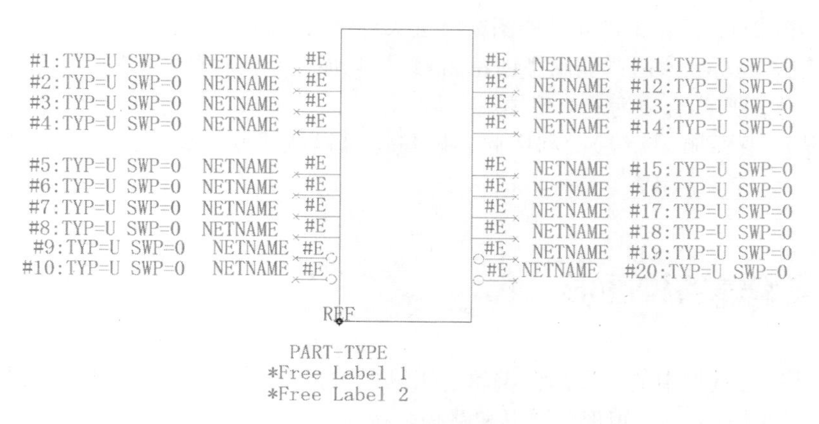

图 6-23　绘制完成的 CAE

（14）单击“符号编辑器”工具栏中的“保存”按钮，弹出“将 CAE 封装保存到库中”对话框，如图 6-24 所示。

图 6-24 “将 CAE 封装保存到库中”对话框

（15）选择菜单栏中的“文件”→“退出”命令，退出。

6.2 进入图形绘制模式

在元器件或原理图绘制中，图形绘制也比较常用，特别是在建立元器件时需要绘制各种各样的元器件外形。

这里指的图形是指几种最基本的二维图形，它们分别如下所述。

- 多边形。
- 矩形。
- 圆形。
- 路径。

一般来讲，有了这基本的 4 种二维图形就可以满足原理图的设计了，因为设计原理图毕竟不是结构设计，需要复杂的三维空间图。不管怎样，它一定是这 4 种基本图形的一个组合体。

在 PADS Logic“原理图编辑”工具栏中绘制图形的按钮，如图 6-25 所示。

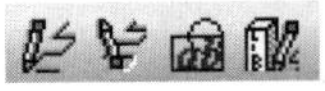

从图 6-5 中可知，在“原理图编辑”工具栏中一共有 4 个跟绘图有关的按钮，它们所代表的功能如下所述。

图 6-25 绘图工具

- （创建 2D 线）：当单击此功能图标，系统将进入建立二维图形设计环境，可建立的二维图形有多边形、矩形、圆形和路径。
- （修改 2D 线 ）：单击此功能图标将进入对所绘制的二维图形进行编辑状态。
- （合并 / 取消合并）：利用“创建 2D 线”只能建立几种基本的图形，使用此功能可以将各种基本图形结合成为一个整体。
- （从库中添加 2D 线）：利用此功能按钮可以从线库中调用绘制完成的图形或图形组合体。

6.3 绘制与编辑各种图形

单击“标准”工具栏中的“原理图编辑”工具栏按钮，打开绘图工具，如图 6-26 所示。本节将介绍绘制与编辑多边形、矩形、圆形和路径。

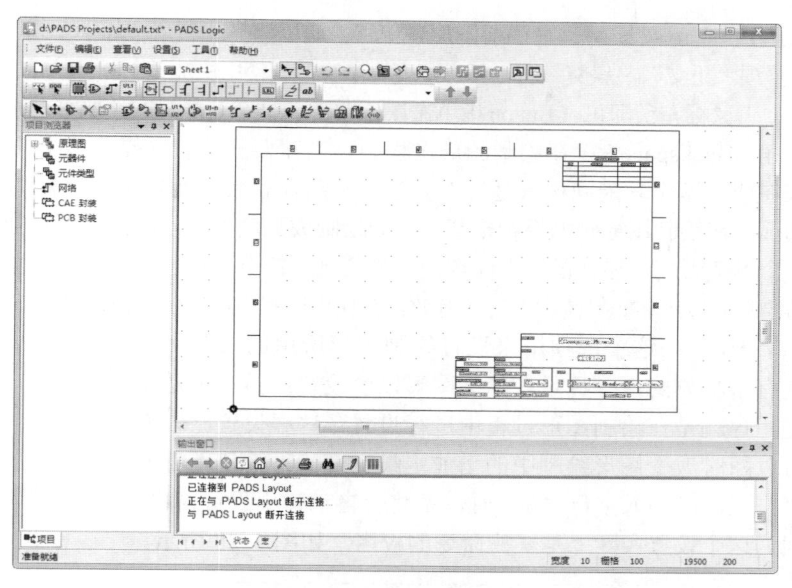

图 6-26　打开绘图工具

6.3.1　绘制与编辑多边形

多边形图形是泛指一种不定型图形，这种不定型表现在它的边数可以根据需要来决定，而在图形的形状上也是人为的。

注意

多边形和路径是有区别的。

在操作上，多边形一定要在所绘制的图形封闭时才可以完成操作，而路径可以在图形的任何一个点完成操作。当然利用路径可以绘制出多边形和另外几种基本的图形，所以从这个角度来讲，路径是一种万能绘图法。

1. 绘制多边形

绘制多边形首先必须进入绘图模式，如图 6-26 所示。单击“原理图编辑”工具栏中的“创建 2D 线”按钮，然后将十字光标移动到设计环境画面中的空白处，单击鼠标右键，则会弹出图 6-27 所示菜单。

完成	<DoubleClick>
添加拐角	LButton+<Click>
删除拐角	<Backspace>
添加圆弧	
宽度...	{W<nn>}
多边形	{HP}
圆形	{HC}
矩形	{HR}
✓ 路径	{HH}
正交	{AO}
✓ 斜交	{AD}
任意角度	{AA}
取消	<Esc>

图 6-27　选择绘制图形

图 6-27 所示菜单介绍如下所述。

- 完成 <DoubleClick>：只有在绘图过程中上面 4 个选项才有效，因为它们只在绘图过程中才可以用到。在绘制图形时，不管是 4 种基本图形中哪一种，只要单击此菜单中的此项选择都可以完成图形绘制。但是在绘制多边形时，如果在没有完成一个多边形的绘制而中途单击此选项，那么系统将以此点和起点的正交线来完成所绘制的多边形。可以使用快捷键 DoubleClick 来取代此菜单选项功能。DoubleClick 的意思是双击鼠标左键就可结束图形绘制，非常方便。

- 添加拐角 LButton+<Click>：在当前图形操作点上通过选择此项来增加一个拐角，而角度由菜单中的设置项“正交”、“斜交”和“任意角度”来决定。使用快捷键 Click（单击），指在需要拐角处单击一下鼠标左键即可。LButton 指单击鼠标左键。这个功能只在绘制多边形和路径时有效。
- 删除拐角 <Backspace>：在绘制图形过程中，当需要删除当前操作线上的拐角时可使用此选项来完成。这个功能同样只是针对多边形和路径有效，而且它不具有快捷键操作。
- 添加圆弧：在绘制图形时如果希望某个部分绘制成弧度形状，选择此项，当前的走线马上会变成一个可变弧度，移动鼠标来任意调整弧度直到符合要求之后单击鼠标左键确定。这个功能只是绘制多边形和非封闭图形时才有效。在使用过程中可以使用快捷键 Click（单击）来替代。
- 宽度 {W<nn>}：这个选项用来设置绘制图形所用的线宽。设置线宽有两种方式：一种是在绘制图形以前设置；另一种是在线设置，也就是在绘制图形过程中进行设置，这样设置比较方便，可以随时改变图形绘制中的当前走线宽度。不管使用哪一种设置方式，当输入字母“w”时，都将会自动弹出设置窗口，这是因为这个设置实际上是快捷命令的应用，如图 6-28 所示。

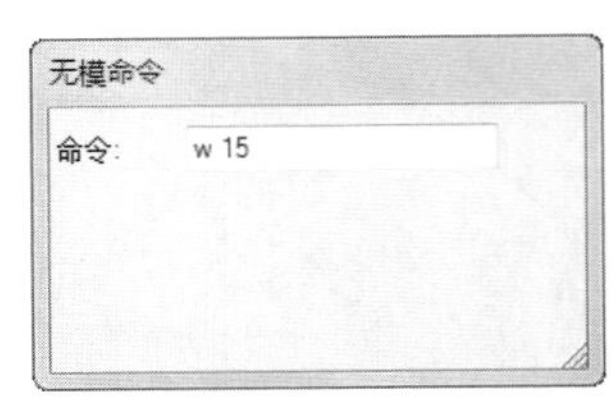

图 6-28　设置线宽

注意

需要设置线宽为 15 mils 时，在图 6-28 所示的窗口中输入“w 15”即可。

- 多边形 {HP}：单击此选项进入多边形图形绘制模式。
- 圆形 {HC}：用来绘制圆形图形。
- 矩形 {HR}：用来绘制矩形图形。
- 路径 {HH}：绘制非封闭图形。
- 正交 {AO}：在绘制多边形和非封闭图形时，如果选择此选项，那拐角将呈现 90°。
- 斜交 {AD}：同正交选项一样，不同之处在于设置此项时在绘画过程中拐角将为斜角。
- 任意角度 {AA}：在绘图时其拐角将由设计者确定。可以移动鼠标改变拐角的角度，当满足要求时单击鼠标左键确定即可。
- 取消 <Esc>：退出创建 2D 线操作。

只有在充分理解这些选项的前提下才可能准确绘制出所需的图形。当需要绘制多边形时，选择图 6-27 菜单中的“多边形”选项。系统默认值就是多边形，所以当刚进入绘制图形模式时，无须选择设置项可直接绘制多边形。

2. 编辑多边形

在实际中往往需要对完成的图形进行编辑使之符合设计要求。

编辑图形首先必须进入编辑模式状态下。单击“原理图编辑”工具栏中的“修改 2D 线”按钮，然后选择所需要编辑的图形。将所编辑图形点亮之后单击鼠标右键，弹出图 6-29 所示菜单。

在图 6-29 所示菜单中选择编辑图形所需要的选项，在编辑图形之前将各个选项的内容分别介绍如下。

- 拉弧：编辑图形时选择图形中某一线段后移动鼠标，这时被选择的线段将会随着鼠标的移动而被拉成弧形。
- 分割：选择图形某一线段或圆弧，系统将以当前鼠标十字光标所在线段位置将线段进行分割。
- 删除线段：单击图形某线段或圆弧，系统将会删除单击处相邻的拐角而使之成为一条线段。
- 宽度 {W<nn>}：设置线宽，本小节前面已经介绍过，不再重复。
- 实线样式：将图形线条设置成连续点的组合。

- 点划线样式：如果设置成这种风格，图形中的二维线将变成点状连线，如图 6-30 所示。
- 已填充：将图形变成实心状态。

图 6-29　编辑图形选项

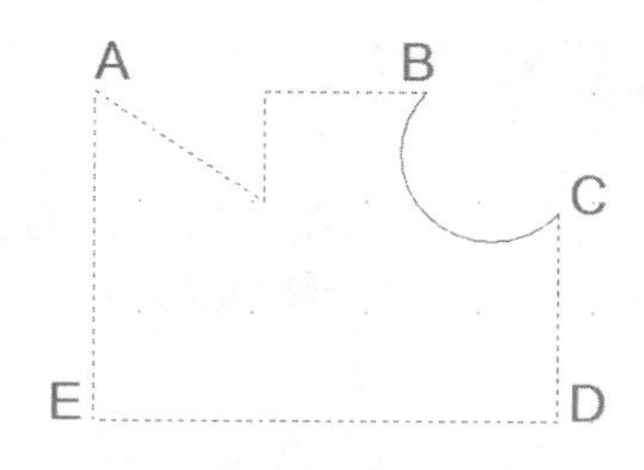

图 6-30　点划线样式

有关菜单的最后 3 个选项：正交、斜交和任意角度，在本节前面部分已经介绍，这里不再重复。

6.3.2　实例——绘制多边形

下面将以图 6-31 所示的多边形为例来介绍绘制一个多边形的具体操作步骤。

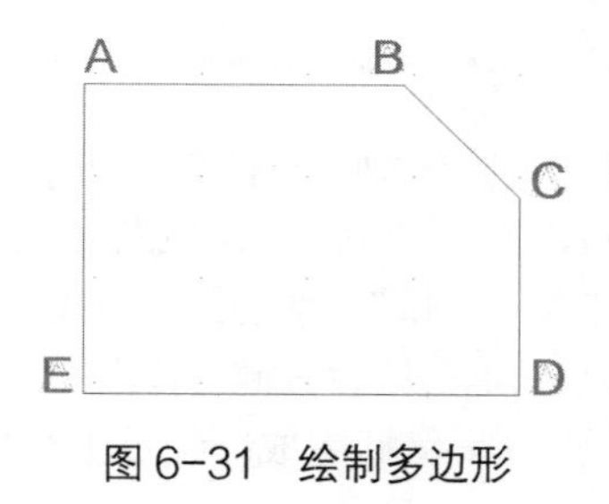

图 6-31　绘制多边形

扫码看视频

【创建步骤】

（1）选择绘图模式。单击“标准”工具栏中的“原理图编辑”工具栏按钮，打开“原理图编辑”工具栏，如图 6-26 所示。单击“原理图编辑”工具栏中的“创建 2D 线”按钮，在设计环境空白处单击鼠标右键，弹出图 6-27 所示菜单，在菜单中选择“多边形”命令，系统进入绘制多边形模式。

（2）选择所需绘制多边形的起点，在图 6-31 所示的 A 点处单击鼠标左键，然后移动鼠标指针到图中 B 点。

（3）在 B 点处移动鼠标指针旋转到图中 C 点时，单击鼠标左键确定。

（4）由于图中 C 点、D 点和 E 点都是直角，这时也需要重新设置角度的，当然如果继续使用“任意角度”是完全可以绘制出直角的，但毕竟不是太方便。单击鼠标右键，如图 6-27 所示，选择“正交”，然后移动鼠标指针到 D 点。

（5）当鼠标指针移动到 E 点时，如果此时 E 点同起点 A 点在同一条水平的垂直线上，可以双击鼠标左键，绘制图形将自动封闭完成绘制。否则只有在 E 点单击鼠标左键进行拐角，然后再双击鼠标完成绘图。

注意

在最后双击鼠标左键完成绘制多边形时，系统自动封闭图形是以当前的绘图点为基准，然后同起点保持直角关系进行自动封闭绘图，完成绘图操作。

6.3.3 实例——编辑多边形

将图 6-32 所示的多边形与图 6-31 所示的多边形比较，区别在于 B 点与 C 点之间发生了变化。本例将图 6-31 中的多边形编辑成图 6-32 中的多边形。下面看看具体的操作步骤。

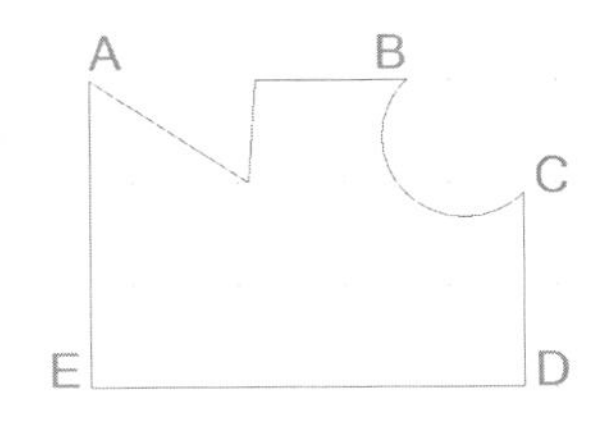

图 6-32 编辑多边形

（1）单击“原理图编辑”工具栏中的“修改 2D 线”按钮，进入编辑图形状态。

（2）单击图 6-31 中的多边形的 BC 边，将鼠标十字光标移动到图中 BC 边，单击鼠标右键，弹出菜单，如图 6-29 所示，选择菜单中选项“拉弧”，移动鼠标将线段 BC 拉成弧形，单击鼠标左键确定。

（3）选择图 6-32 中 AB 线段，然后单击鼠标右键，弹出图 6-29 所示菜单，选择“分割”，移动鼠标指针到图 6-32 中 AB 线段上一点单击鼠标完成。经过上述操作过程，完成了对图 6-31 中多边形的编辑，效果如图 6-32 所示。

6.3.4 绘制与编辑矩形

上一小节介绍了多边形的绘制与编辑，实际上，完全可以通过绘制多边形的模式和操作绘制出一个矩形来。但是系统为什么要增加一个绘制矩形功能呢？是否这是多此一举？

答案是否定的，利用绘制矩形功能绘制矩形比用绘制多边形功能绘制矩形要好得多，使用绘制矩形功能只需要确定两点就可以完成一个矩形的绘制，而使用绘制多边形功能绘制矩形需要确定 4 个点才能完成一个矩形的绘制。下面介绍绘制一个矩形图形时的基本操作步骤。

（1）单击“原理图编辑”工具栏中的“创建 2D 线”按钮，进入绘图模式，在设计环境空白处单击鼠标左键，然后再单击鼠标右键，弹出图 6-27 所示菜单，选择“矩形”选项。

（2）在起点处单击鼠标左键然后移动鼠标，如图 6-33 所示，这时会有一个可变化的矩形，决定这个矩形大小的是起点和起点对角线另一端的点。

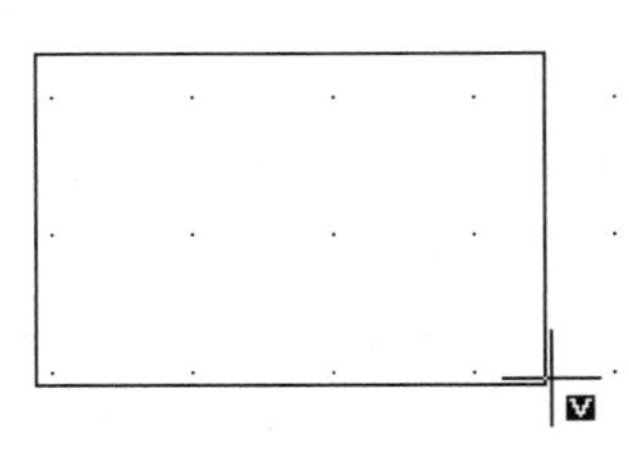

图 6-33 拖动矩形

（3）确定终点。可变化的矩形符合要求后单击鼠标左键确定，这就完成了一个矩形的绘制，如图 6-34 所示。

对绘制矩形进行编辑的方法跟多边形完全是相同的，这里不再重复。

除了使用“原理图编辑”工具栏中的“修改 2D 线”按钮可以编辑矩形和多边形之外，这里将介绍另外一种编辑方法。

首先退出绘图模式，然后用鼠标单击矩形或多边形，使矩形或多边形处于高亮状态，单击鼠标右键，则弹出图 6-35 所示菜单。

在图 6-35 所示菜单中选择“特性”命令，则弹出图 6-36 所示窗口。

图 6-34　绘制矩形

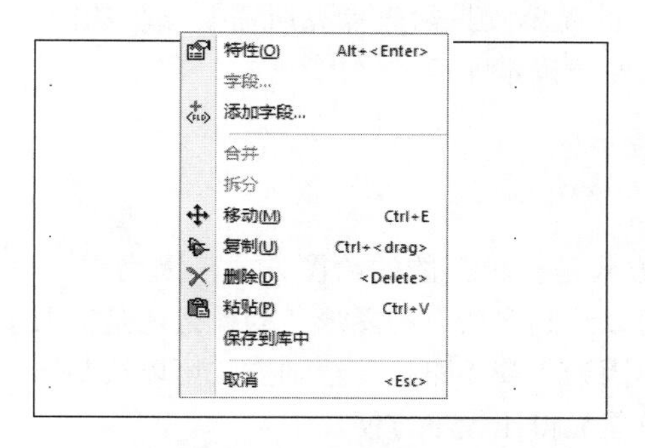

图 6-35　选择编辑功能

图 6-36　绘图特性

注意

直接双击矩形或多边形也可弹出“绘图特性”对话框。

在图 6-36 所示的窗口中有 5 种可修改选项，分别介绍如下。

- 宽度：改变图形的轮廓线宽度，在文本框后输入新的线宽值。
- 已填充：如果选择此项，被激活的图形将被填充成实心图形。
- 样式：在这种编辑选项中有两种选择：实线和点划线。
- 旋转：将图形进行旋转，旋转角度只能是 0° 或 90°。
- 镜像：将图形进行镜像处理，可选择 X 镜像或者 Y 镜像。

小技巧

从图 6-36 窗口中可知，这种编辑方式与前一小节中介绍的编辑在操作方式上完全不一样。这种编辑方式是将所有编辑项目设置好之后，系统一次性统一完成。但这种编辑方式同前一小节中介绍的使用“原理图编辑”工具栏中的“修改 2D 线”按钮进行编辑图形相比较，有一个最明显的区别就是不可以改变图形的形状。

对于图形的编辑，一般来讲基本就这两种编辑方法。

6.3.5　绘制与编辑圆

在所有绘制图形之中，可以说绘制圆是最简单的一种绘图，因为在整个绘制过程中只需要确定圆的圆心和半径这两个参数。

单击“原理图编辑”工具栏中的“修改 2D 线”按钮，进入绘图模式，单击鼠标右键选择弹出菜单中“圆形”。在当前设计中首先确定圆心，如果要求圆心位置非常准确，可以通过快捷命令来定位，比如圆心的坐标如果是 x:500 mil 和 y:600 mil，则输入快捷命令“S　500　600”就可以准确地定位在此坐标上。

然后单击鼠标左键确定，此时如果偏离圆心移动鼠标，在鼠标指针上附着一个圆，这个圆随着偏离圆心的移动半径也随着增大，当靠近圆心移动时圆半径减小，调整到所需半径时单击鼠标左键确定，如图 6-37 所示。

图 6-37　绘制圆形

圆的修改同绘制一样的简单，只需先点亮所需要编辑的圆后移动鼠标调整圆半径，最后单击鼠标左键确定即可。

6.3.6　绘制与编辑路径

前面讲过这种绘图方式是一种万能的绘图方式，因为它可以绘出上述三种方式所绘制出的所有图形。既然“路径”可以绘制出所有的图形，为什么还是需要多边形、圆和矩形绘制方式呢？这要从绘制效率上来评价，因为尽管“路径”绘制方式可以绘制出所有的图形，但是在绘制一些标准图形上，用它来绘制就可能显得比较不方便。

举例来说，当绘制一个圆时，如果使用“圆形”来绘制，则只需圆心一确定后移动鼠标确定半径即可。但对于使用“路径”来绘制一个圆，只能先绘制出一个半圆后再绘制出另一个半圆来进行组合，这样在确定圆心的坐标上就非常麻烦，特别是对其修改时就更加不方便了。但“路径”也同样有它的长处，那就是如果那 3 种方式不可以绘出的图形它都可以做到，这大概就是它可以生存的原因。

下面举例来说明如何使用“路径”方式绘制图形。这里用它绘制一个圆为例来介绍，这样不但可以绘制标准图形而且兼顾非标准图形的绘制，因为这两者使用时方法都是一样的。利用“路径”绘制一个圆的具体操作步骤如下所述。

（1）在 PADS Logic 中，单击“标准”工具栏中的“原理图编辑”工具栏按钮，打开“原理图编辑”工具栏。

（2）单击“原理图编辑”工具栏中的“创建 2D 线”按钮，进入绘图模式，再单击鼠标右键，从弹出菜单中选择“路径”命令。

（3）在设计中选择一点，不过这一点并不是圆心点，而是圆上的任意一个点。单击鼠标左键确定这一点之后偏离此点移动鼠标，但是绘制出的是一条线段而非圆弧，这是系统默认设置，如需要改变它，只需在绘制过程中单击鼠标右键，弹出图 6-38 所示的快捷菜单，选择“添加圆弧”，此时刚绘制出的线段就变成了弧线，移动此弧线成半圆，如图 6-39 所示。此时保持弧线的终点与起点在一条水平垂直线上，移动鼠标调整好半径之后单击鼠标左键确定。

图 6-38　利用“路径”方式绘图

（4）到此画出了一个圆的一半，“添加圆弧”命令只能执行一段圆弧的绘制，因此需要绘制另一半圆弧时，还要选择“添加圆弧”命令，如图 6-40 所示。同理画另一个半圆。到起点位置后单击鼠标左键确定，这样一个圆就绘制完成，结果如图 6-41 所示。

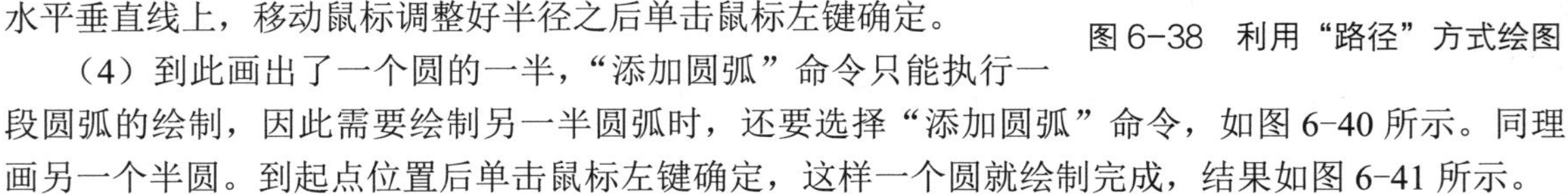

按以上步骤完成了一个圆的绘制，同理可以利用“路径”绘图方式绘出多种图形。利用“路径”方式绘出的图形与其他绘图方式的不同点在于它所绘制的图形组成单位一定是线段和弧线，这就是为什么在编辑用“路径”方式绘制图形圆时，移动圆圈时可能并不是整个圆圈都随着移动，而是圆圈一部分弧线。因此，在绘制图形时要根据所绘图形选择适当的绘制方式，以免给绘制和编辑带来

不必要的麻烦，从而提高设计效率。

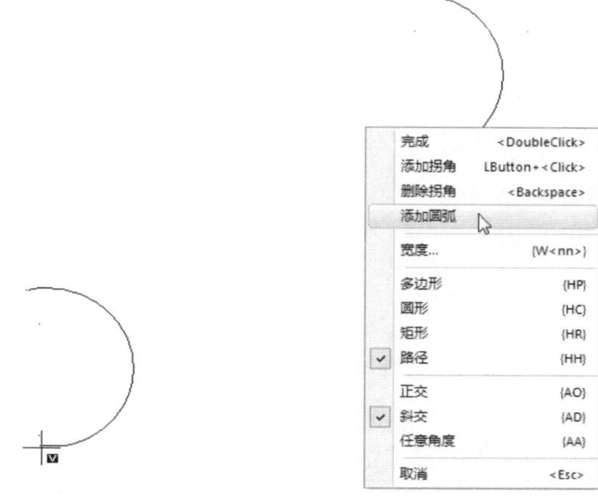

图 6-39　绘制半圆　　图 6-40　添加圆弧　　图 6-41　绘制另一半圆

6.4 图形与文字

之前已经介绍了“创建 2D 线”和“修改 2D 线”的用法。接下来将分别来介绍后面工具图标的用途和使用方法。

6.4.1　合并 / 取消合并

本小节首先介绍工具“合并 / 取消合并”的用途与使用方法。

在设计过程中根据需要有时可能会设计一些组合图形，比如由一个圆、矩形和多边形组成的一个组合图形，另外可能在组合图形中还会有一些文本文字。由于这些组合体是由不同的绘制方式得来的，所以它们是彼此独立的，如果需要对其复制、删除和移动等，则希望把这个组合图形看成一个整体来一次性操作，这样会带来很大的方便。

为了解决这个问题，PADS Logic 采用了一种称为“合并”的方法，这个“合并”功能允许将设计中的图形与图形、图形与文本文字进行冻结组合。这种冻结后的结果是将冻结体中比如图形与文字看成一个整体，当在进行复制、删除和移动等操作时都是针对这个整体而言。

如图 6-42 所示，这是一个图页框冻结体，这对于设计来讲虽然不是非常重要，但是在设计中也经常使用，因为在图页框右下角的每一个小格中包含了各种信息，比如设计者、公司名、设计日期和设计项目名等。

合并这些文字与图形很简单，首先将这个图页外框绘制好，包括右上角和右下角各小格及其中需要输入的文字内容，完成之后全部将需要合并的对象点亮，点亮每一个对象时可以按住键盘上 Ctrl 键一个一个地点亮，也可以用块方法一次性点亮各对象，然后单击鼠标右键，弹出图 6-43 所示菜单，从菜单中选择“合并”即可完成冻结。

完成了冻结之后试着移动看看，这时点亮的所有的对象都成了一个整体而一起移动，这说明成功地完成了冻结。反之，解除冻结只需点亮冻结体后单击鼠标右键，从“合并”菜单中选择“拆分”即可。

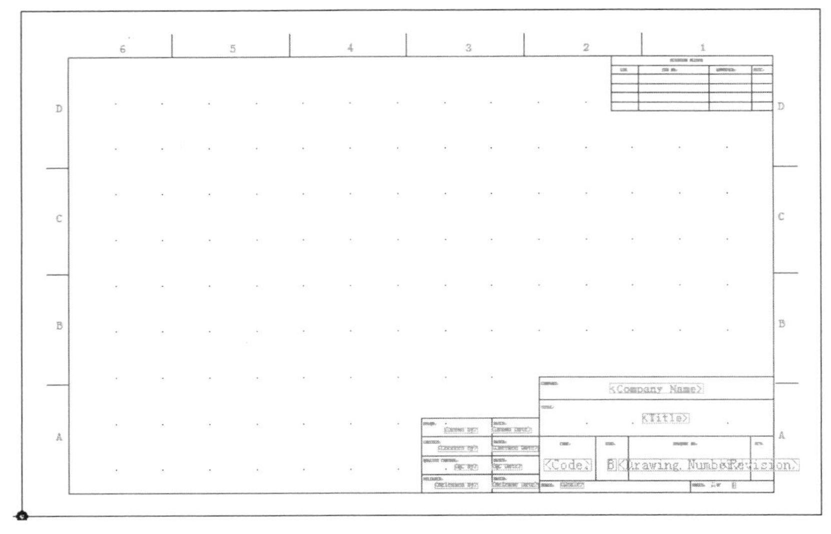

图 6-42　图页框合并

图 6-43　“合并”菜单

6.4.2　保存图形

图 6-44　保存图形

对于一些图形，特别是合并图形，在以后的设计中可能会用到，PADS Logic 允许将其保存在库中，并在元器件库管理器中通过“库”来管理。

保存图形与合并体时，先单击图形或冻结图形，再单击右键弹出图 6-43 所示的快捷菜单，选择“保存到库中”命令，这时系统会弹出一个窗口，如图 6-44 所示，在窗口选择保存图形库和图形名，单击“确定”即可。

6.4.3　增加图形

上一小节中介绍了如何将图形与合并图形保存在库中，需要时只需单击“原理图编辑”工具栏中的“从库中添加 2D 线”按钮，系统会弹出图 6-45 所示的窗口。

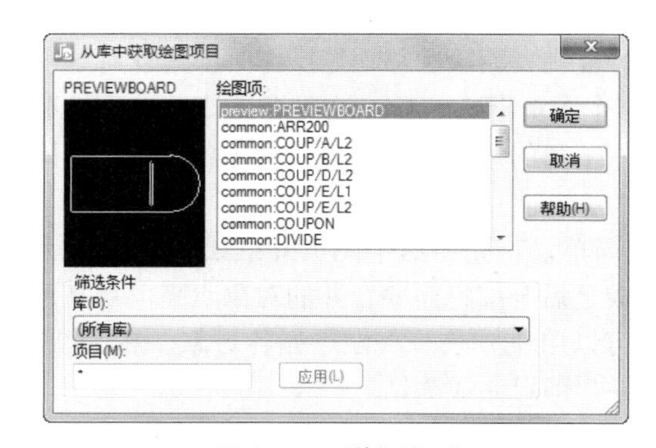

图 6-45　增加图形

在窗口“库”下找到保存图形的库，这时在这个库中所有的图形都会显示在窗口中“绘图项”

下，选择所需图形名，单击“确定”即可将图形增加到设计中。

6.4.4　图形的查询与修改

直接选中图形对象，单击“原理图编辑”工具栏中的“特性”按钮，当单击有效后，弹出图形的查询与修改窗口，如图 6-46 所示。

图形的查询与修改非常简单，从图 6-46 窗口中可知，可以对图形进行查询与修改，不再赘述。

图 6-46　图形的查询与修改

6.5 综合实例

通过前面章节的学习，用户对 PADS Logic VX.2.2 原理图绘图模式、绘图编辑工具的使用有了初步的了解，而且能够完成简单元器件外轮廓的绘制。这一节通过具体的实例来说明怎样使用绘图工具来完成电路的设计工作。

6.5.1　复位芯片设计

在本例中，将用绘图工具创建一个新的芯片元器件 MAX6306UK30D1，该元器件的作用是产生系统的复位信号，元器件示意图如图 6-47 所示，各管脚的功能见表 6-1。

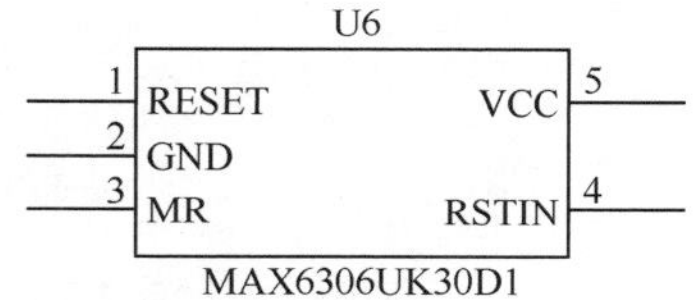

图 6-47　MAX6306UK30D1 元器件示意图

表 6-1　MAX6306UK30D1 元器件管脚说明

管 脚 编 号	管 脚 名 称	输入 / 输出	功　　能
①	RESET	输出	低有效，复位信号输出
②	GND	输入	接地
③	MR	输入	手动输入的复位信号
④	RSTIN	输入	低电压复位的比较输入
⑤	VCC	输入	接电源（3.3 V）

通过本例的学习，大家将了解在元器件编辑环境下新建原理图元器件库创建新的元器件原理图符号的方法，同时学习绘图工具按钮的使用方法。

扫码看视频

1. 创建工作环境

（1）单击 PADS Logic 图标，打开 PADS Logic VX.2.2。

（2）单击“标准”工具栏中的“新建”按钮，新建一个原理图文件。

2. 创建库文件

（1）选择菜单栏中的“文件”→“库”命令，弹出图 6-48 所示的“库管理器”对话框，单击“新建库”按钮，弹出“新建库”对话框，选择新建的库文件路径，设置为“\ 源文件 \6”，单击“保存”按钮，生成 4 个库文件 PADS.ld9、PADS.ln9、PADS.pd9 和 PADS.pt9。

（2）单击图 6-48 中“管理库列表”按钮，弹出图 6-49 所示的“库列表”对话框，显示新建的库文件自动加载到库列表中。

图 6-48 “库管理器”对话框

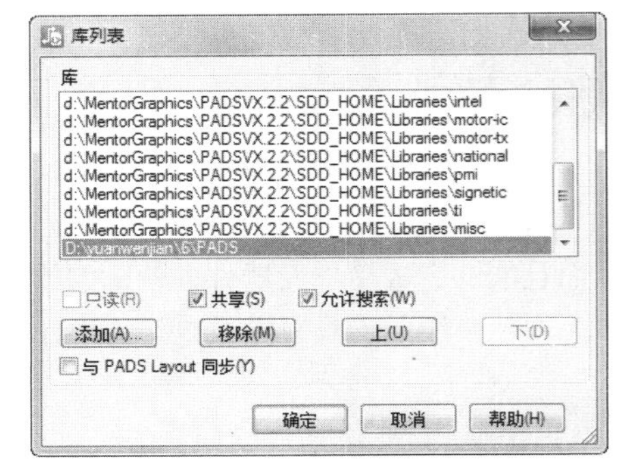

图 6-49 “库列表”对话框

3. 元器件编辑环境

（1）选择菜单栏中的“工具”→“元件编辑器”命令，系统会进入元器件封装编辑环境。在该界面中可以对元器件进行编辑，如图 6-50 所示。

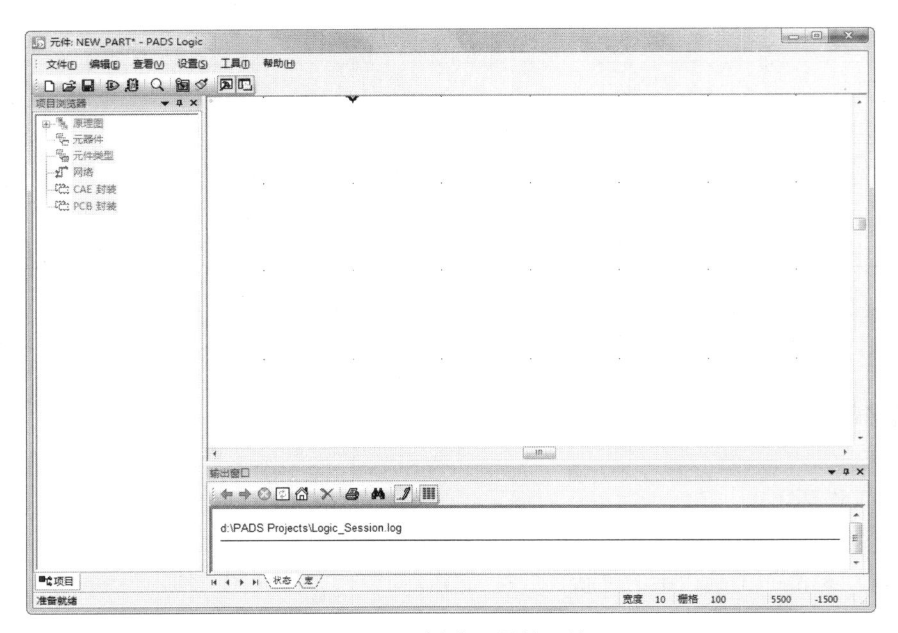

图 6-50 新建元器件环境

（2）选择菜单栏中的“文件”→“另存为”命令，弹出图 6-51 所示的“将元件和门封装另存为”对话框。在“库”下拉列表中选择新建的库文件 PADS，在“元件名”文本框中输入要创建的元器件名称 MAX6306UK30D1，单击“确定”按钮，退出对话框。

（3）单击“元件编辑”工具栏中的“编辑图形”按钮，弹出提示对话框，如图 6-52 所示，单击“确定”按钮，进入编辑元器件环境，如图 6-53 所示。

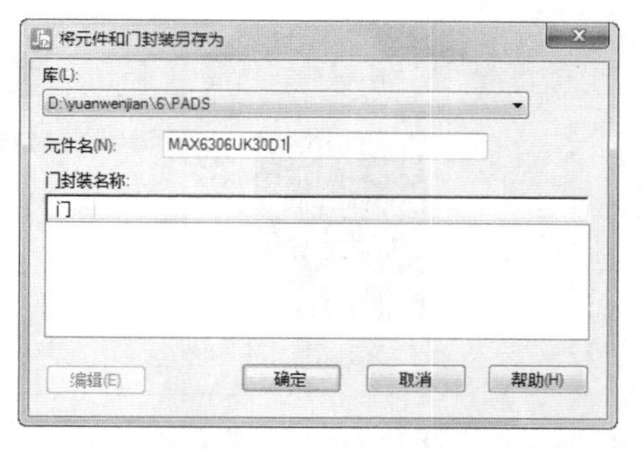

图 6-51　“将元件和门封装另存为”对话框

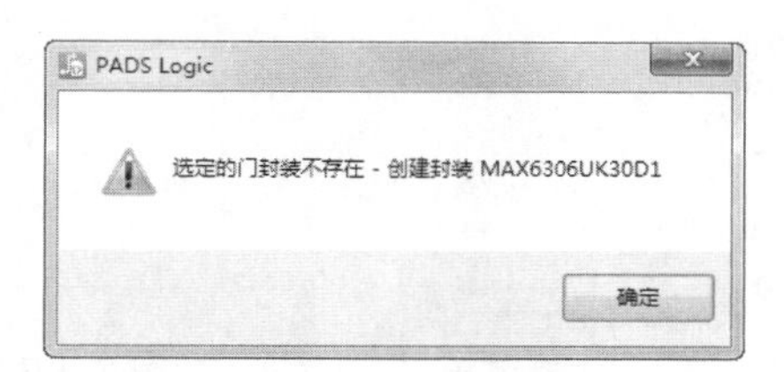

图 6-52　提示对话框

图 6-53　编辑元器件环境

4. 绘制元器件符号

（1）单击“元件编辑”工具栏中的“封装编辑”工具栏，弹出“符号编辑”工具栏。

（2）单击“符号编辑”工具栏中的“创建 2D 线”按钮，进入绘图模式，在设计环境空白处单击鼠标左键，然后再单击鼠标右键，弹出图 6-54 所示的菜单，选择“矩形”选项。

（3）在起点处单击鼠标左键然后移动鼠标，向右上方拖动，在终点单击，完成了一个矩形的绘制，如图 6-55 所示。

（4）单击“符号编辑”工具栏中的“添加端点”按钮，弹出“管脚封装浏览”对话框，选择管脚类型“PIN”，如图 6-56 所示，单击“确定”按钮，退出对话框。

（5）进入管脚放置模式，在矩形框两侧单击，在左侧放置 3 个管脚，单击右键，在弹出的快捷菜单中选择“X 镜像”命令，在右侧边框外放置两个管脚，结果如图 6-57 所示。

完成 <DoubleClick>
添加拐角 LButton+<Click>
删除拐角
添加圆弧
宽度... {W<nn>}
多边形 {HP}
圆形 {HC}
矩形 {HR}
路径 {HH}
正交 {AO}
斜交 {AD}
任意角度 {AA}
取消 <Esc>

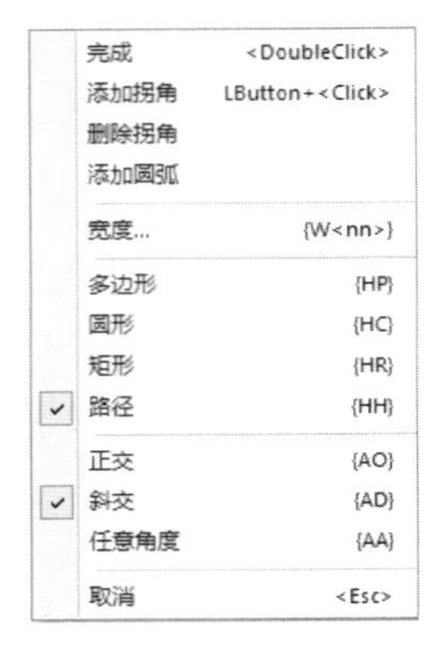

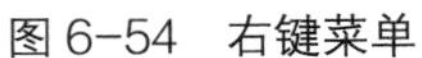

图 6-54　右键菜单

图 6-55　绘制矩形

管脚封装浏览
图片
管脚(P):
PIN
PINB
PCLK
PCLKB
PINIEB
PINORB
PINSHORT
PINVRTS
确定
取消
帮助(H)

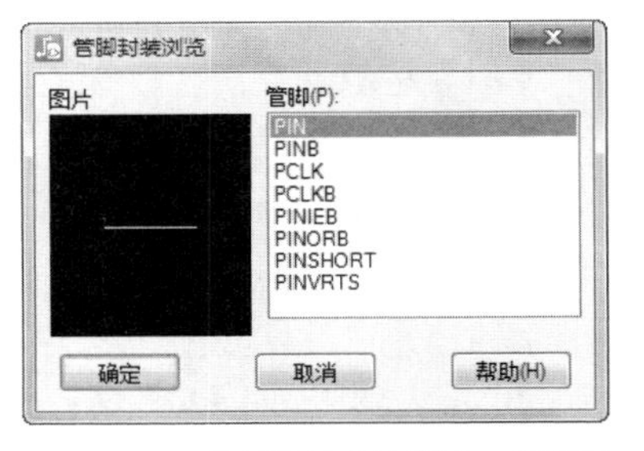

图 6-56　“管脚封装浏览”对话框

#1:TYP=U SWP=0 NETNAME 0
#2:TYP=U SWP=0 NETNAME 0
#3:TYP=U SWP=0 NETNAME 0
0 NETNAME #4:TYP=U SWP=0
0 NETNAME #5:TYP=U SWP=0
REF
NEW_PART
*Free Label 1
*Free Label 2

图 6-57　管脚放置图

（6）双击管脚 0，弹出“端点特性”对话框，在“编号”栏中输入 1，在“名称栏”输入 RESET，如图 6-58 所示，单击“确定”按钮，退出对话框。

（7）完成管脚设置，同样的方法设置其余管脚，结果如图 6-59 所示。

端点特性
封装: PIN
更改封装
编号: 1
名称: RESET
交换类: 0
类型: Undefined
确定
取消
帮助(H)

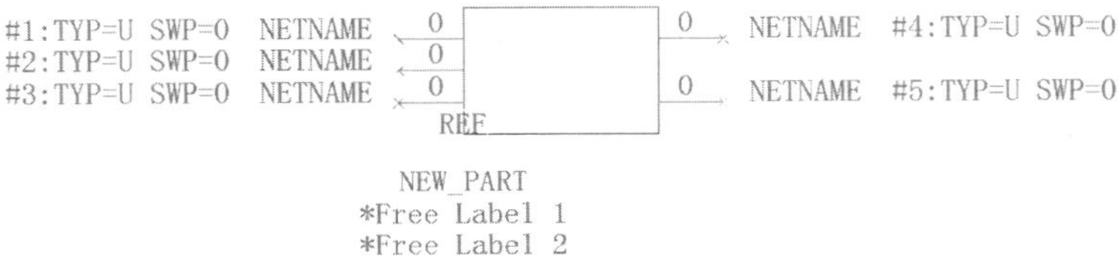

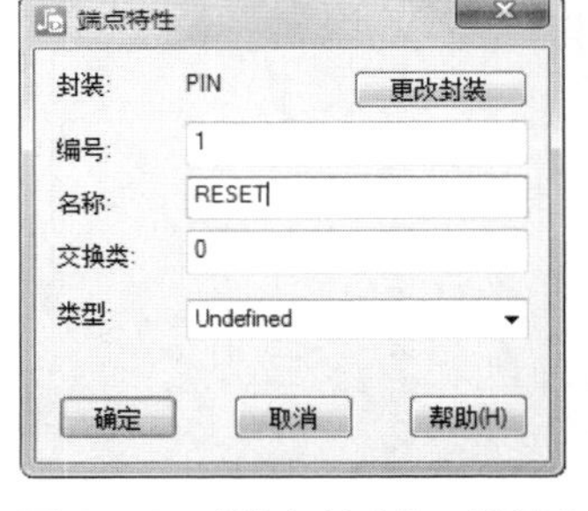

图 6-58　“端点特点”对话框

5. 返回

选择菜单栏中的“文件”→“返回至元件”命令，返回图 6-50 所示的新建元器件环境。

6. 退出

选择菜单栏中的“文件”→“退出文件编辑器”命令，返回原理图编辑环境。

#1:TYP=U SWP=0 NETNAME 1
#2:TYP=U SWP=0 NETNAME 2
#3:TYP=U SWP=0 NETNAME 3
RESET
GND
MR
VCC
RSTIN
5 NETNAME #4:TYP=U SWP=0
4 NETNAME #5:TYP=U SWP=0
REF
MAX6306UK30D1

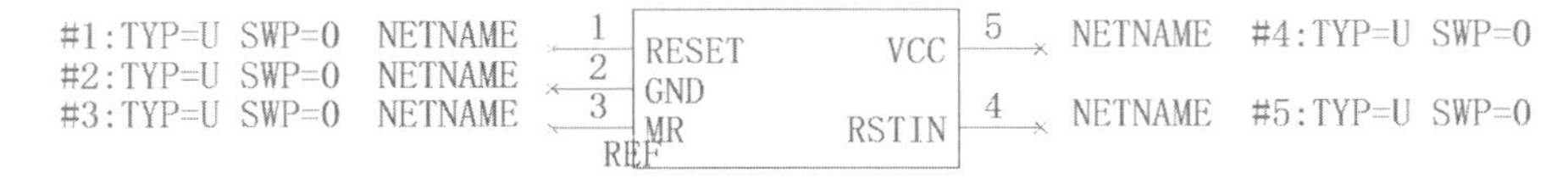

图 6-59　设置其余管脚

6.5.2　晶振元器件设计

在本例中，将用绘图工具创建晶振元器件 EP1345HSPD 的管脚示意图，如图 6-60 所示，管脚功能见表 6-2。

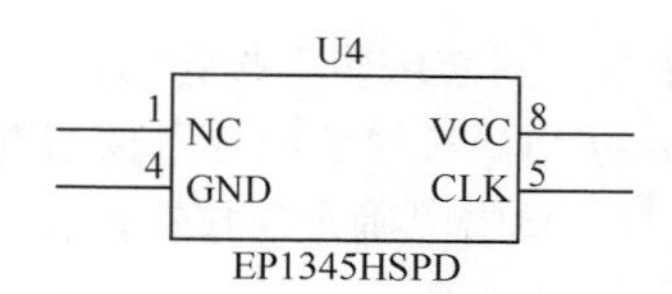

图 6-60　EP1345HSPD 元器件管脚示意图

表 6-2　EP1345HSPD 的元器件管脚说明

管 脚 编 号	管 脚 名 称	输入 / 输出	功　能
①	NC	—	悬空不连接
④	GND	输入	接地
⑤	CLK	输出	输出时钟（50 MHz）
⑧	VCC	输入	接电源（3.3 V）

【创建步骤】

（1）单击 PADS Logic 图标，打开 PADS Logic VX.2.2。

（2）单击“标准”工具栏中的“新建”按钮，新建一个原理图文件。

（3）选择菜单栏中的“工具”→“元件编辑器”命令，系统会进入元器件封装编辑环境。在该界面中可以对元器件进行编辑。

（4）单击“标准”工具栏中的“新建”按钮，弹出“选择编辑项目的类型”对话框，选择“元件类型”选项，如图 6-61 所示，单击“确定”按钮，退出对话框，进入元件编辑环境。

（5）选择菜单栏中的“文件”→“另存为”命令，弹出图 6-62 所示的“将元件和门封装另存为”对话框，在“库”下拉列表中选择新建的库文件 PADS，在“元件名”文本框中输入要创建的元器件名称 EP1345HSPD。单击“确定”按钮，退出对话框。

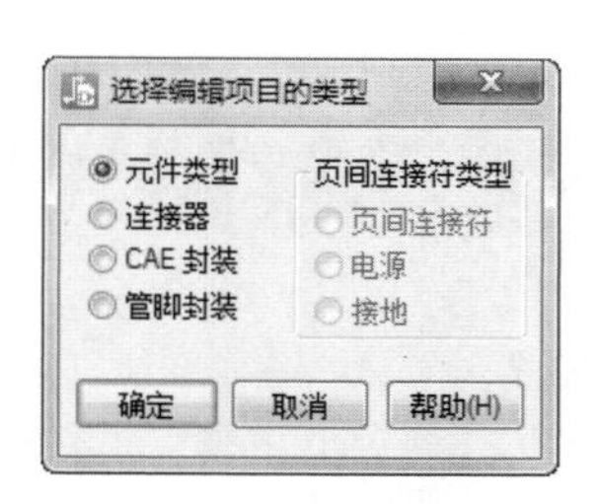

图 6-61　新建元器件类型

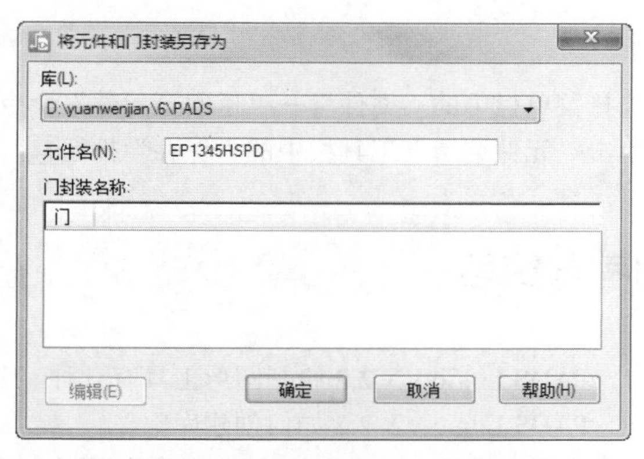

图 6-62　“将元件和门封装另存为”对话框

（6）单击“元件编辑”工具栏中的“编辑图形”按钮，弹出提示对话框，如图 6-52 所示，单击“确定”按钮，进入编辑环境。

（7）绘制元器件符号。

- 单击“元件编辑”工具栏中的“封装编辑”按钮，弹出“符号编辑”工具栏。
- 单击“符号编辑”工具栏中的“CAE 封装向导”按钮，弹出“CAE 封装向导”对话框，按照图 6-63 所示设置管脚数，单击“确定”按钮，在编辑区显示设置完成的元器件。

图 6-63 “CAE 封装向导”对话框

- 单击鼠标右键选择“选择端点”命令，依次修改端点编号，结果如图 6-64 所示。

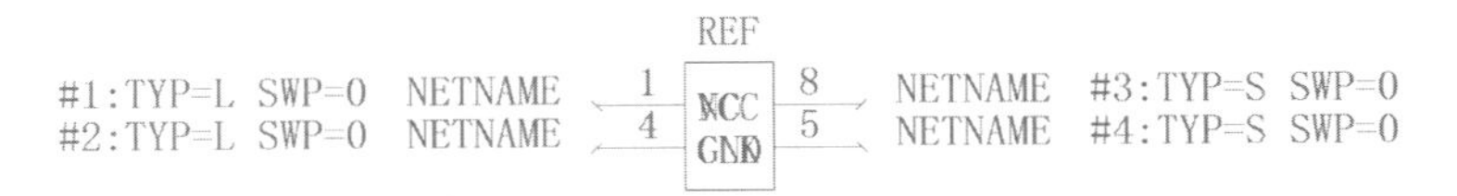

图 6-64 元器件外轮廓

由于元器件分布不均，出现叠加现象，单击“符号编辑”工具栏中的“修改 2D 线”按钮，在矩形框上单击，向右拖动矩形，调整结果如图 6-65 所示。

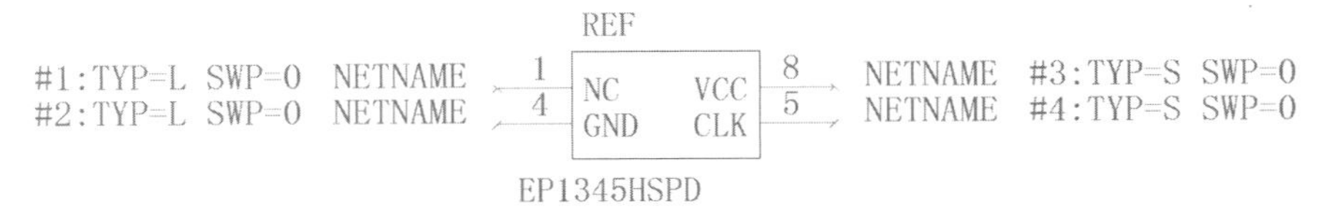

图 6-65 调整元器件

- 选择菜单栏中的“文件”→“返回至元件”命令，返回新建元器件环境。
- 单击“元件编辑”工具栏中的“保存”按钮，保存绘制完成的元器件。

6.6 思考与练习

思考 1．PADS Logic VX.2.2 绘制图形工具有几种，分别是什么？

思考 2．PADS Logic VX.2.2 如何创建库？

练习 1．实际启动 PADS Logic VX.2.2。体验库的创建。

练习 2．建立一个名为“Drawing”的元器件。

Chapter 7

第7章 PADS VX.2.2 的印制电路板界面

本章主要介绍 PADS VX.2.2 的印制电路板 PADS Layout VX.2.2 的图形用户界面。包括 PADS Layout VX.2.2 的启动界面、整体工作界面和状态窗口界面。对 PADS Layout VX.2.2 的菜单系统进行了介绍，包括文件菜单、编辑、查看、设置、工具、窗口和帮助菜单，对 PADS Layout VX.2.2 的工具也进行了简要的介绍。

学习重点

- PADS Layout VX.2.2 的界面
- PADS Layout VX.2.2 的菜单
- PADS Layout VX.2.2 的工具栏

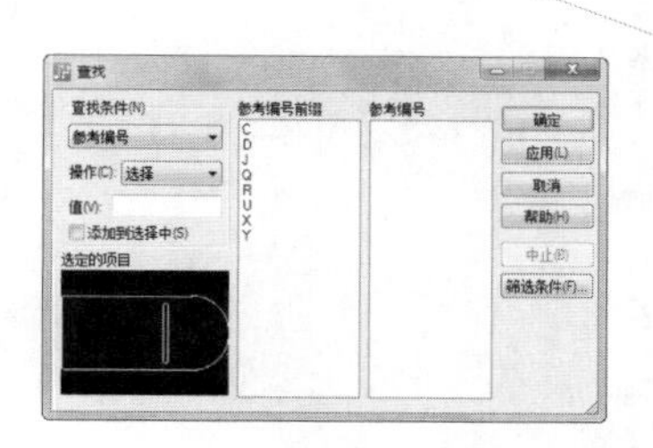

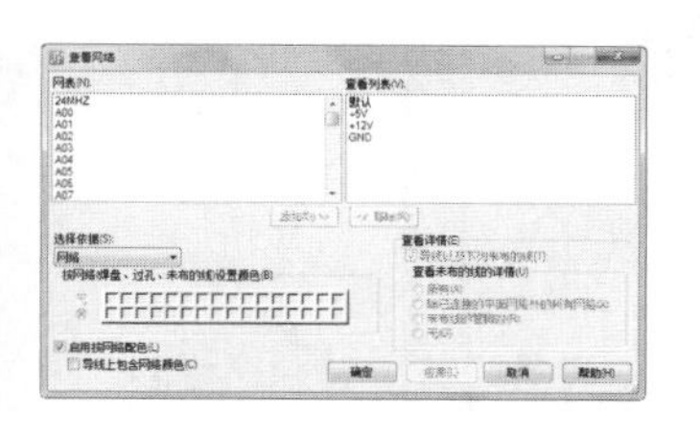

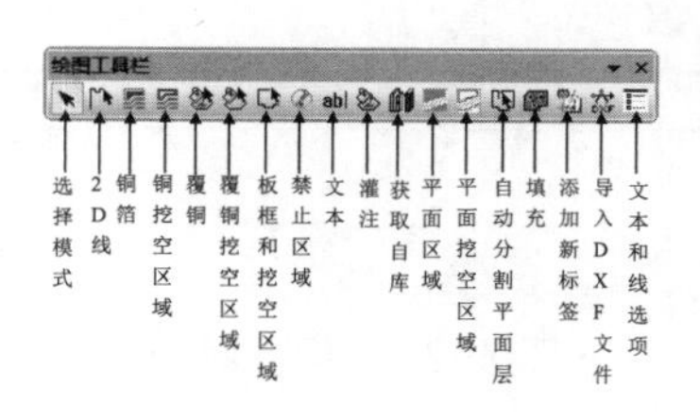

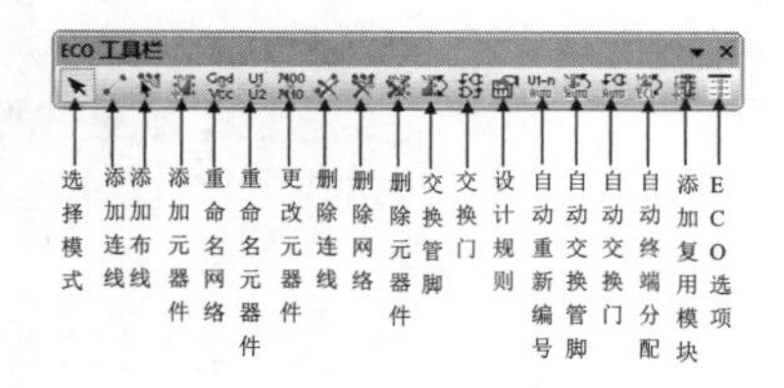

7.1 PADS Layout VX.2.2 的启动

在前面章节介绍了如何安装 PADS VX.2.2。为了使大家能更快地掌握 PADS 的使用方法和功能，本章将就 PADS Layout VX.2.2 的整体界面和各个菜单作一个简介，这将会使你对 PADS Layout VX.2.2 有一个整体的系统概念。PADS Layout VX.2.2 不但具有标准的 Windows 用户界面，而且在这些标准的各个图标上都带有非常形象化的功能图形，使用户一接触到就可以根据这些功能图标上的图形判断出此功能图标的大概功能。

首先介绍 PADS VX.2.2 的启动方法，PADS 通常有以下 3 种基本启动方式，任意一种都可以启动 PADS。

- 单击 Windows 任务栏中的开始按钮，选择"程序"→"Mentor Graphics SDD"→"PADS VX.2.2"→"Design Layout&Router"→"PADS Layout"VX.2.2，启动 PADS Layout VX.2.2。
- 在 Windows 桌面上直接单击 PADS Layout VX.2.2 快捷方式，这是安装程序自动生成的快捷方式。
- 直接单击以前保存过的 PADS Layout 文件（扩展名为 .pcb），通过程序关联启动 PADS Layout VX.2.2。

利用上述 3 种方法中的一种，启动软件，显示图 7-1 所示的启动界面。

图 7-1　PADS Layout VX.2.2 的启动

7.2 PADS Layout VX.2.2 的用户界面简介

启动 PADS Layout VX.2.2 之后，立即进入 PADS Layout VX.2.2 的欢迎界面，如图 7-2 所示，同样的，PADS Layout 采用的是完全标准的 Windows 风格。

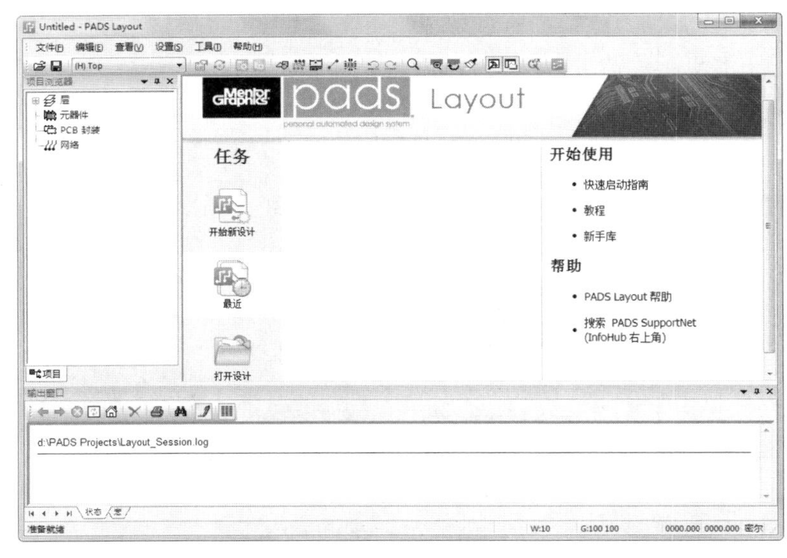

图 7-2　欢迎界面

欢迎界面不是印制电路板设计界面，因此要进行后期电路板操作还需要新建或打开新的设计文件。

7.2.1　PADS Layout VX.2.2 的整体工作界面

选择欢迎界面内的“开始新设计”按钮，立即新建新的设计文件，进入 PADS 的整体界面，弹出设置启动文件界面，如图 7-3 所示。在没有特殊说明的情况下，选择“系统默认的启动文件”，新建带图框的空白印制电路板文件。

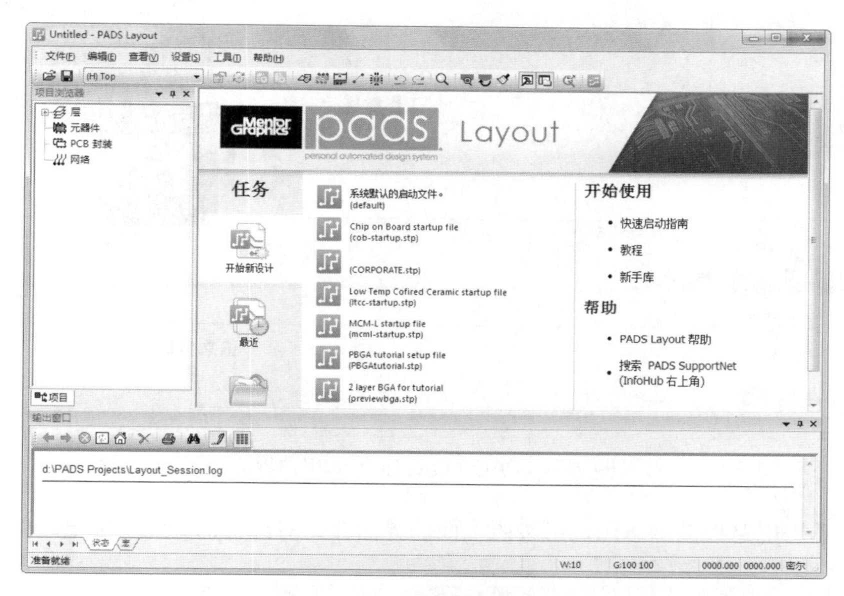

图 7-3　设置启动文件

PADS Layout 整体用户界面如图 7-4 所示，包括下拉菜单界面、弹出清单、快捷键、工具栏等，这使得用户非常容易掌握其操作。PADS 的这种易于使用和操作的特点在 EDA 软件领域中可以说是独树一帜，从而使 PADS 成为 PCB 设计和分析领域的绝对领导者。

从图 7-4 可知，PADS Layout 整体用户界面包括以下 8 个部分。

（1）状态窗口：这些窗口可以根据需要打开和关闭，是一个动态信息的显示窗口。

（2）项目浏览器：显示的是电路板中封装信息，与 PADS Lagic 中作用相同。

（3）输出窗口：显示操作信息。打开、关闭方式在原理图 PADS Lagic 中已详细讲述。

（4）信息窗口：信息窗口也称为状态栏，在进行各种操作时状态栏都会实时显示一些相关的信息，所以在设计过程中应养成查看状态栏的习惯。

- 默认的宽度：显示默认线宽设置。
- 默认的工作栅格：显示当前的设计栅格的设置大小，注意区分设计栅格与显示栅格的不同。
- 鼠标指针的 x 和 y 坐标：显示鼠标十字光标的当前坐标。
- 单位：本图中显示的是“密尔”。

（5）工作区：用于 PCB 设计及其他资料的应用区域。

（6）工具栏：在工具栏中收集了一些比较常用功能，将它们图标化以方便用户操作使用。

（7）菜单栏：同所有的标准 Windows 应用软件一样，PADS 采用的是标准的下拉式菜单。

（8）活动层：从中可以激活任何一个板层使其成为当前操作层。

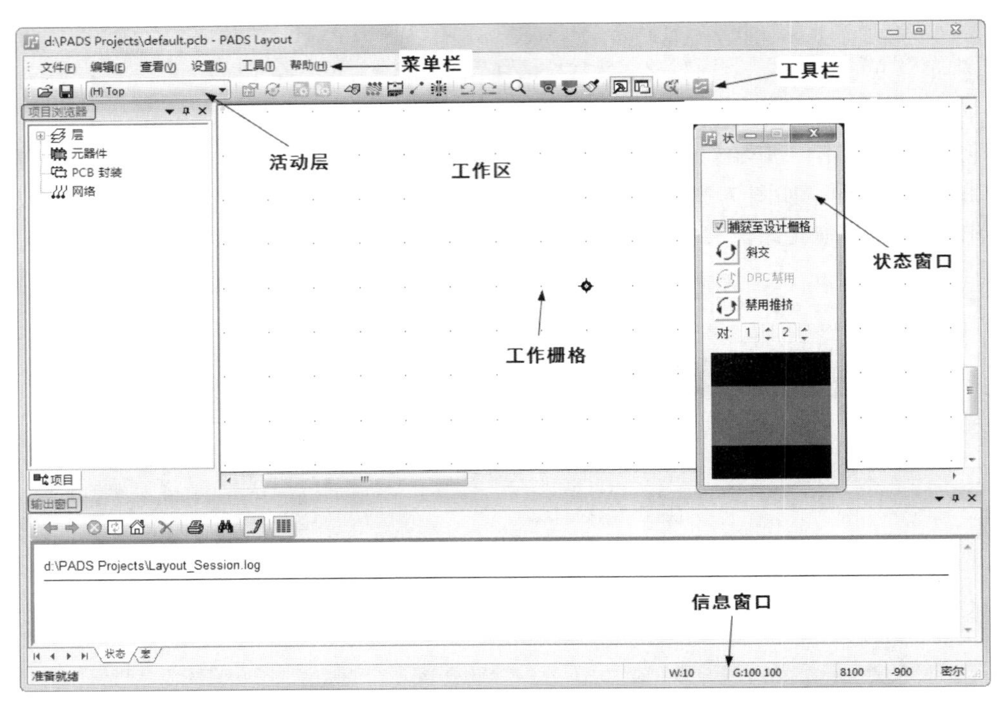

图 7-4　PADS Layout 整体用户界面

图 7-5 所示为电路板的示意图，可按照上面的界面介绍对比各部分在实际电路中的显示。

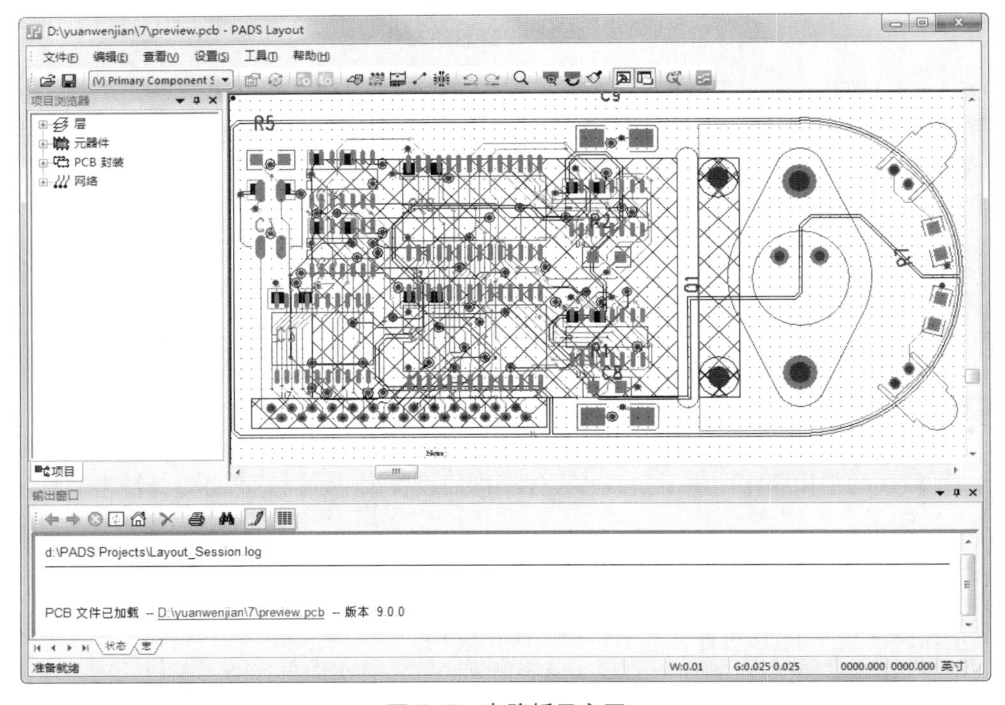

图 7-5　电路板示意图

7.2.2　PADS Layout VX.2.2 的项目浏览器

项目浏览器主要包括设计窗口中所选元器件的状态信息。PADS Layout 中的项目浏览器窗口与 PADS Logic 中的类似，但 PADS Logic 中的空白原理图中显示的信息类型下没有任何对象，但在电路板 PADS Layout 中，显示默认的设计图“项目浏览器”中“电气层”默认有两个“Top（顶层）”和“Bottom（底层）”，“常规层”有 28 个，如图 7-6 所示。

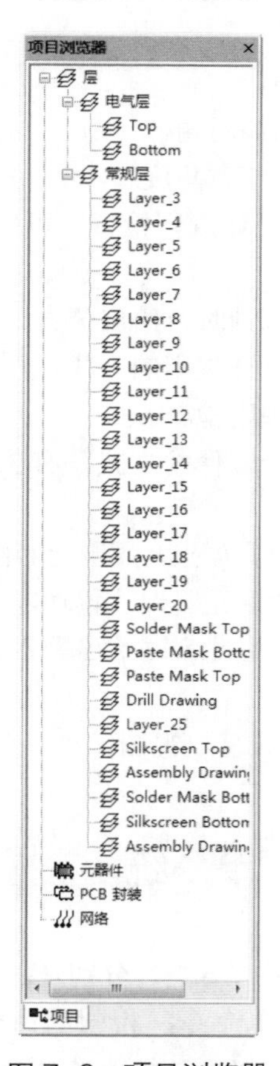

图 7-6　项目浏览器

“项目浏览器”的打开、关闭方式在原理图 PADS Lagic 中已详细讲述，这里不再赘述。

7.2.3　PADS Layout VX.2.2 的状态窗口

如图 7-7 所示，状态窗口是一个汇集了有用信息的浮动窗口，包括当前激活的命令、全局的系统设置信息。其中，全局系统设置信息也可以通过执行“工具”→“选项”菜单命令打开“选项”对话框，在其中的“设计”、“栅格和捕获”和“布线”标签页中设置。

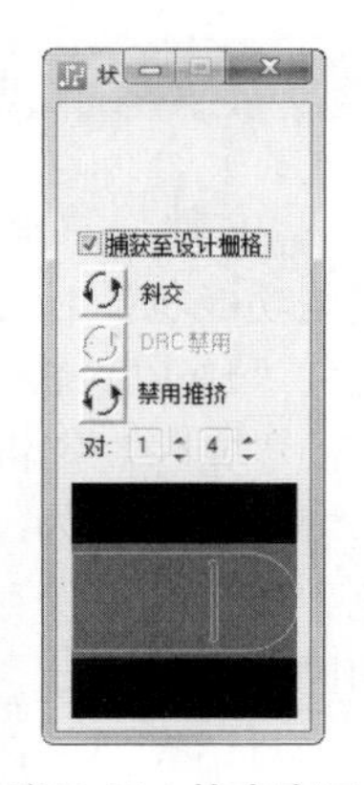

图 7-7　状态窗口

1. 打开状态窗口的方法

在 PCB 设计环境下执行键盘快捷键 Ctrl+Alt+S。

2. 关闭状态窗口的两种方法

- 在状态窗口为激活窗口的情况下，按键盘上的 Esc 键。
- 单击状态窗口上的关闭按钮。

3. 状态窗口汇集的全局系统信息介绍

（1）“捕获至设计栅格”选项：控制是否锁定栅格。选中则表示对象放在设计栅格点上。

（2）“线 / 圆弧角度”按钮：用于在布线时选择走线的角度，有 3 个选项，单击这个按钮会在下面 3 个选项之间切换。

- “斜交”选项：走线只能走直角。
- “正交”选项：走线可以走直角和对角。
- “任意角度”选项：走线可以走任意角度。

（3）“在线 DRC”按钮：对于在线设计规则检查，可以有 3 个选项，单击这个按钮会在下述 3 个选项之间切换。

- “DRC 警告”选项：违背设计规则时，给出警告。
- “DRC 禁用”选项：禁止违背设计规则的走线。
- “DRC 忽略”选项：忽略设计规则检查。

（4）“推挤”按钮：用来选择放置元器件的方式，有 3 个选项，单击这个按钮会在下述三个选项之间切换。

- “自动推挤”选项：放置元器件时，如果与周围元器件发生冲突，则自动按规则把元器件分开。
- “禁用推挤”选项：关闭自动调整元器件放置功能。
- “推挤警告”选项：在元器件发生冲突时给出警告。

（5）对（板层对）：显示布线层对。

（6）打印预览：用来观察全景视图和缩放视图。

7.3 PADS Layout VX.2.2 的菜单系统

PADS Layout VX.2.2 主菜单一共包括了 6 类，分别是：文件、编辑、查看、设置、工具和帮助。在 PADS Logic 中已经详细介绍了各菜单命令，相同的命令这里不再赘述，只简单介绍不同的命令选项，使大家对 PADS Layout 的功能有一个初步了解。

7.3.1 “文件”菜单

“文件”菜单主要聚集了一些跟文件输入、输出方面有关的功能菜单，这些功能包括对文件的保存、打开输出等。PADS Logic 新建打开的是原理图文件“*sch”，PADS Layout 新建打开的是电路板文件“*.pcb”，单击菜单栏中的“文件”则将其子菜单打开，如图 7-8 所示。

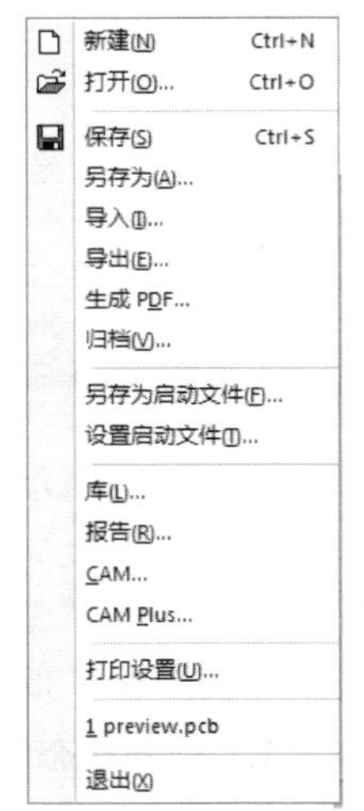

图 7-8 “文件”菜单

（1）另存为：可以利用此功能将当前设计的参数设置（例如：线距、颜色、属性等）保存为一个“*.stp”文件。这个设置文件可直接用于另外具有相同设置的设计。比如从当前设计退出创建另一个新的设计时，系统会弹出一个对话窗口。在这个窗口中可以选择一个“*.stp”文件来作为新设计的参数设置。这样就避免了去做那些无味的重复性工作。

（2）设置启动文件：打开一个启动文件。

（3）CAM：打开这个对话框可以进行绘图输出、打印和打印文件输出、输出Gerber文件和钻孔数据文件。

（4）CAM Plus：自动产生贴片机（SMT）和数控钻所需的坐标数据文件。

（5）打印设置：设置输出打印机及各种打印参数，特别注意的是，在PADS Layout中的输出打印机是借用Windows系统的打印驱动程序，所以只需在Windows中设置好就可以了。

（6）退出：退出PADS Layout VX.2.2。

7.3.2 “编辑”菜单

单击主菜单“编辑”，弹出编辑菜单，如图7-9所示。下面就各子菜单分别介绍如下。

（1）属性辞典：打开此对话框可以查看本系统中的各种属性列表。

（2）查找：打开此对话框后选择所希望查找的对象。首先从弹出图7-10所示的“查找”对话框中选择需要自动寻找的对象，然后从“操作”中选择希望被选择对象的表现形式，如高亮或只是被选择等。再从右侧列表框中选择需要查找的对象，然后单击“确定”或“应用”均可。值得提醒的是，灵活地运用好这个功能一定会带来意想不到的收获，比如删除设计中的碎铜皮和类操作修改等。

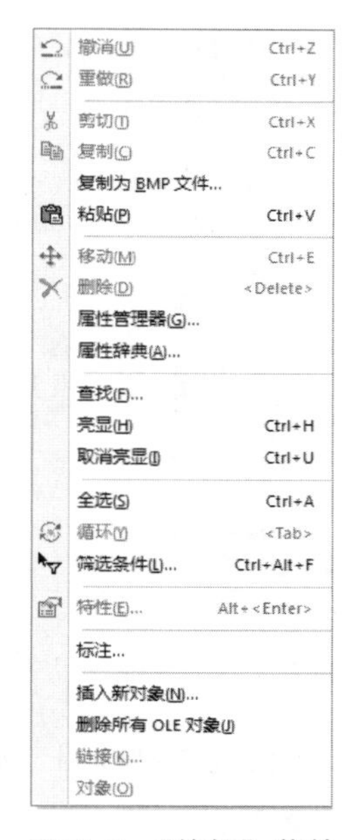

图7-9 “编辑”菜单

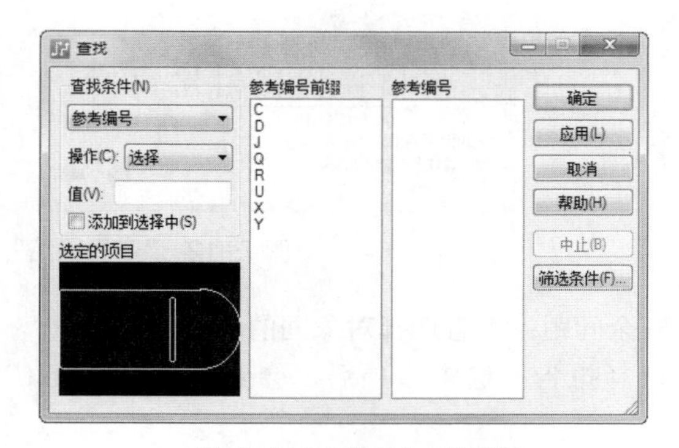

图7-10 “查找”对话框

（3）亮显：为了某种需要而使某一对象被激活后以非常特别的颜色显示出来，这种特别的颜色可以在“设置”菜单中去人为地设定，默认值为白色。

（4）取消亮显：取消“亮显”功能所做的动作。

（5）循环：在选择点的周围连续不断地捕捉所希望的目标。例如：在当前的设计中有若干条线相交于一点，但你希望从相交点中去捕捉某一条线，很明显第一次并不一定可以准确地捕捉到所希望的目标线，即使再尝试几次也可能是同样的结果。但运用“循环”只需要先选择其中相交点的任何一条线，然后运用“循环”功能或在键盘上连续按Tab键，更省事的是直接在“标准”工具栏中单击“循环”按钮，直到捕捉到所希望的目标为止。

（6）标注：执行此命令，弹出“标注”面板，为电路板添加主题、议题和标注，使电路板更形象生动、容易理解。

7.3.3 “查看”菜单

图 7-11 所示为“查看”菜单，这个菜单中的很多功能在工具栏中都有快捷图标可以直接取代，而且几乎都可以用快捷键来完成。

图 7-11 “查看”菜单

（1）板：将当前设计以板框为最边沿进行整体显示，注意它跟“全局显示”的区别，在板框外如果还有元器件，“板”不一定能显示出来，而“全局显示”却能全部显示出来。

（2）底面视图：显示电路板底面视图。

（3）簇：查看当前设计的簇，详情请参考有关章节。

（4）网络：激活此功能，弹出图 7-12 所示的“查看网络”对话框，在对话框中可以为不同的网络选择不同的颜色，然后单击“确定”，那么这些不同的网络将会以不同的颜色显示在当前设计中，这样对当前设计的一些特殊网络就一目了然。

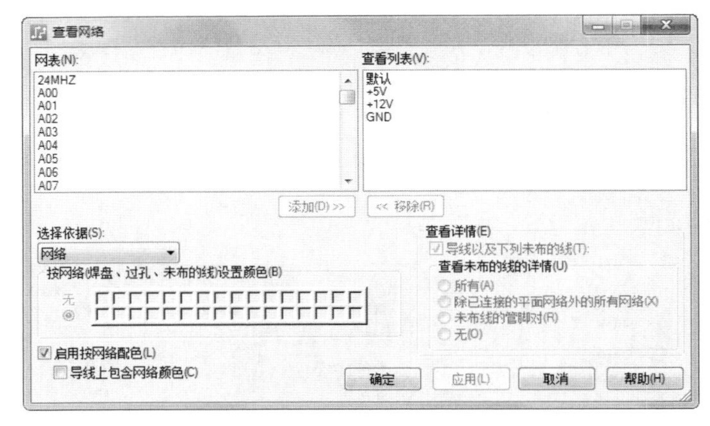

图 7-12 “查看网络”对话框

（5）安全间距：查看选择对象间的安全间距。

（6）选择报告：选中该项后，会弹出“report.txt”文件，列出当前选中的项目，如图 7-13 所示。

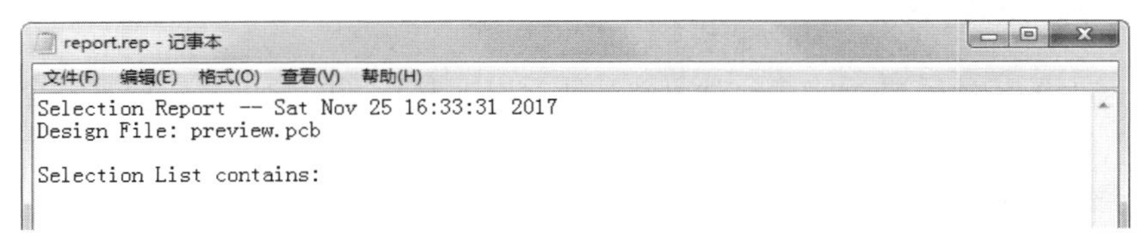

图 7-13 报告文件

（7）3D 视图：选中该项后，显示当前设计的 3D 视图，元器件封装的高度为设置时的高度，如图 7-14 所示。

图 7-14　电路板三维模型

7.3.4　“设置”菜单

“设置”菜单主要用来对系统设计中各种参数设置和定义，如图 7-15 所示。

（1）焊盘栈：激活此功能，在其对话框中可以对当前设计中的任何一个元器件的管脚进行编辑，并可定义多种不同类型的过孔及它们在各个层的属性。即使同一元器件也可对其任何一管脚进行编辑。

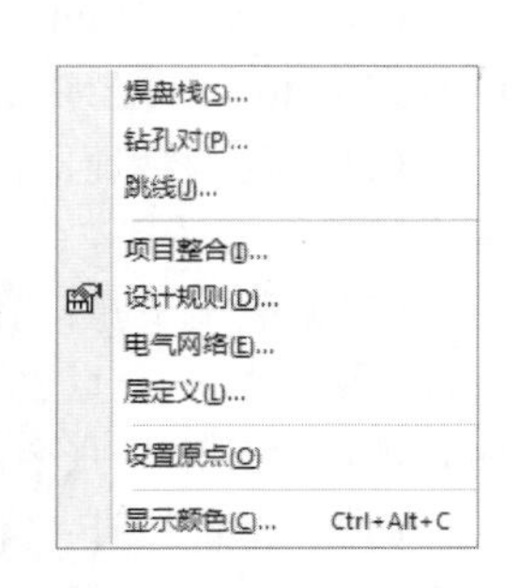

图 7-15　“设置”菜单

（2）钻孔对：在已定义过孔、盲孔及其他特殊孔时，可以通过打开对话框中的参数来设置、显示对该过定义通孔生产加工时所通过的层的描述。

（3）跳线：此功能主要用于单面板的设计，是设计单面板的一个很有用的功能。在此功能对话框中可以对所需要的跳线的长度和跳线孔的大小进行设置。

（4）项目整合：将原理图文件和电路板文件进行调试。

（5）设计规则：这是一个很重要的设置，在此对话框中可以对所设计的 PCB 进行规则约束的定义。例如线宽和线距，对高频电路可以定义任何一个网络的延时、阻抗、电容等。

（6）电气网络：统计设计文件中电气网络的信息。

（7）层定义：在此菜单对话框中可以对当前的 PCB 设计进行层的各种限制和定义，如板的层数及各层的属性定义。

（8）设置原点：在所设计的 PCB 中，所有的坐标都是相对原点而言的。用鼠标单击“设置原点”菜单，然后在当前的 PCB 设计中用鼠标单击某一点，那么这一点就成了当前设计的新的原点。

（9）显示颜色：在所设计的 PCB 中，设置所有对象背景颜色。

7.3.5 “工具”菜单

“工具”菜单为设计者提供了各种各样的设计工具，图 7-16 所示为 PADS Layout 工具菜单。

（1）PCB 封装编辑器：用来建立一个新的元器件封装或修改旧的元器件封装的一个编辑器。

（2）簇布局：进行自动簇布局。

（3）簇管理器：归类进行簇管理，详情请参考有关章节。

（4）分散元器件：将板框内所有的元器件按照其类型全部打散之后放到板框外。当将网络表传入 PADS Layout 时，可用此功能将元器件散开以方便布局。如果某元件被固定，则该元件不被移动。

（5）长度最小化：使用此功能可以将所有的同一个网络的连接优化为最短化连接（仅适用于鼠线连接）。

（6）推挤元器件：根据所设置的规则，PADS 将会自动进行移动元器件，从而可以避免一些比如元器件的重叠放置等问题。

（7）PADS Designer：通过这个连接器，可以将 PADS Layout 跟 DxDesigner 主界面连接起来，实现数据共享。DxDesigner 是原理图设计输入的完整解决方案，包括设计创建、设计定义和设计复用，提供强大的原理图输入功能，实现 PCB 网络表的自动转换。

（8）分析：对绘制完成电路板进行特性分析，下拉列表中包括：信号电源完整性和热焊盘分析。

（9）制造：可以设置 PCB 上不同元器件的安装与否、替换型号等选项。

（10）PADS Router（自动布线连接器）：自动将 PADS Layout 文件转入 PADS Router 布线器中进行自动布线。

图 7-16 “工具”菜单

（11）覆铜管理器：主要负责铜铂的灌注和恢复灌注，当然也可以在工具栏中直接单击快捷图标来进行铜铂覆盖。

（12）装配变量：在生产过程中，不同的工位就会需要不同的工装图，同一产品有时也会存在不同的装配图。一直以来人们都在为如何快速绘制出一张工装图而烦恼，现在只需要在很短的时间内就可以设计出一张令人百分之百满意的工装图。

（13）验证设计：不管是在设计过程中还是最终设计完成，这都将是你信心的保证。因为只要在设计过程中犯下了什么错误，验证设计都会将这些错误全部曝光。

（14）对比测试点：将当前设计与一个测试点文件进行比较。

（15）DFT 审计（DFT 查找）：此功能用于测试点的查找和测试点的产生及自动加入当前的设计之中。

（16）对比 /ECO：将当前的设计或一个已经存在的设计与另一个设计进行网络表比较以便观察其相同或相异之处。

（17）ECO 选项：设置对 ECO（设计更改）过程中记录整个设计更改过程的 ECO 文件的一些相关的设置。

7.4 PADS Layout VX.2.2 的工具栏

PADS Layout VX.2.2 使用的是完全 Windows 风格的标准工具栏。有关每一个图标的具体用法，在以后的各个章节中都将会逐一地详细讲解。

7.4.1　标准工具栏

启动软件，默认情况下打开“标准”工具栏，如图 7-17 所示。标准工具栏中包含基本操作命令，下面进行简单说明。

图 7-17　标准工具栏

- “打开”图标：打开一个 PCB 文件。
- “保存”图标：保存 PCB 文件。
- “图层选择”图标(V) Primary Component Sic：在下拉列表中显示图层名称。
- “特性”图标：设置选中对象的属性。
- “循环”图标：在选择点的周围连续不断地捕捉所希望的目标。
- “绘图工具栏”图标：单击此按钮，打开“绘图工具栏”工具栏。
- “设计工具栏”图标：单击此按钮，打开“设计工具栏”工具栏。
- “尺寸标注工具栏”图标：单击此按钮，打开“尺寸标注工具栏”工具栏。
- “ECO 工具栏”图标：单击此按钮，打开“ECO 工具栏”对话框。
- “BGA 工具栏”图标：单击此按钮，打开“BGA 工具栏”工具栏。
- “撤销”图标：撤销上一步操作。
- “重做”图标：重复撤销的操作。
- “缩放模式”图标：单击此按钮，鼠标变成形状，在空白处单击，适当缩放图纸。
- “板”图标：显示整个电路板。
- “底面视图”图标：显示底面电路板。
- “重画”图标：刷新视图。
- “输出窗口”图标：单击此按钮，打开“输出窗口”。
- “项目浏览器”图标：单击此按钮，打开“项目里浏览器”。
- “导入 PartQuest 元件”：单击此按钮，联网下载 Part Quest 元器件。
- “PADS Router”图标：单击此按钮打开“PADS Router”，进行电路板布线设计。PADS Router 与 PADS Layout 工具类似，也是进行电路板设计的工具。

7.4.2　绘图工具栏

单击“标准”工具栏中的“绘图工具栏”按钮，打开图 7-18 所示的“绘图”工具栏，将浮动的工具栏拖动添加到菜单栏下方，以方便电路板设计。

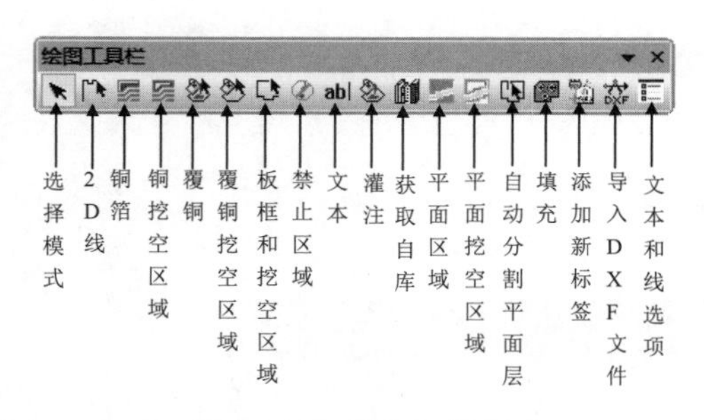

图 7-18　绘图工具栏

7.4.3　尺寸标注工具栏

单击“标准”工具栏中的“尺寸标注工具栏”按钮

，打开图 7-19 所示的尺寸标注工具栏，将浮动的工具栏拖动添加到菜单栏下方，以方便电路板设计。

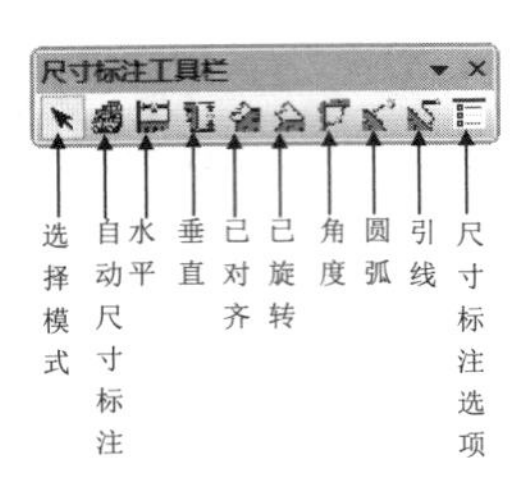

图 7-19　尺寸标注工具栏

7.4.4　设计工具栏

单击“标准”工具栏中的“设计工具栏”按钮，打开图 7-20 所示的设计工具栏，将浮动的工具栏拖动添加到菜单栏下方，以方便电路板设计。

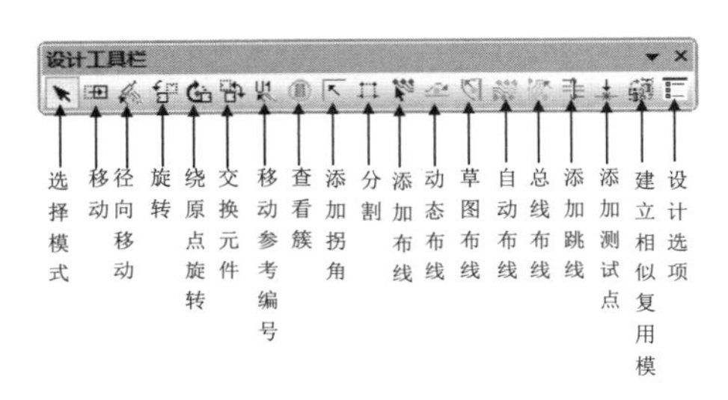

图 7-20　设计工具栏

7.4.5　ECO 工具栏

单击“标准”工具栏中的“ECO 工具栏”按钮，打开图 7-21 所示的 ECO 工具栏，将浮动的工具栏拖动添加到菜单栏下方，以方便电路板设计。

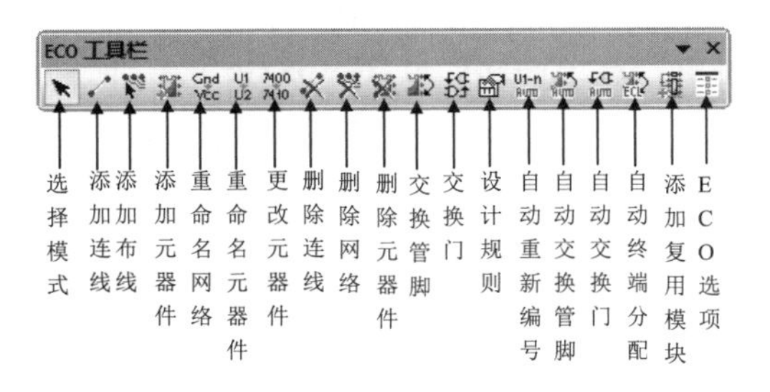

图 7-21　ECO 工具栏

7.4.6　BGA 工具栏

单击“标准”工具栏中的“BGA 工具栏”按钮，打开图 7-22 所示的 BGA 工具栏，将浮动的工具栏拖动添加到菜单栏下方，以方便电路板设计。

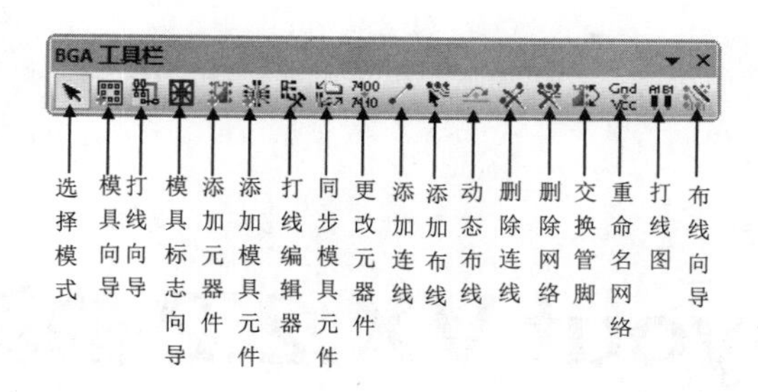

图 7-22　BGA 工具栏

7.5 思考与练习

思考 1．PADS Layout VX.2.2 的界面包括几部分，分别是什么？

思考 2．PADS Layout VX.2.2 菜单包括几部分，分别是什么？

思考 3．PADS Layout VX.2.2 的工具栏有几个按钮？简单介绍一下其功能。

思考 4．简述 PADS Layout VX.2.2 的工具栏及其图标功能。

练习 1．实际启动 PADS Layout VX.2.2。体验 PCB 的界面和操作 PCB 的菜单。

练习 2．建立一个名为“Mypcb.pcb”的 PCB 文件。

Chapter 8

第8章 PADS Layout VX.2.2 的基本操作及常用命令

本章主要包括PADS Layout的基本操作及常用命令。详细介绍了PADS Layout的鼠标、键盘以及过滤器的操作；介绍了PADS Layout VX.2.2的视图模式操作和文件操作；对PADS Layout的常用命令包括无模命令和快捷键命令进行了介绍。

学习重点

- PADS Layout 的基本操作
- PADS Layout 的常用命令

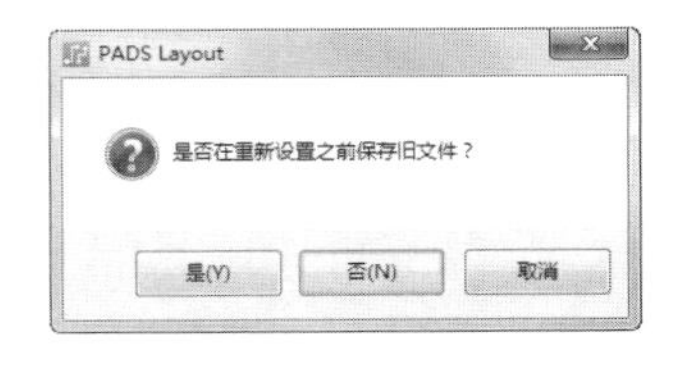

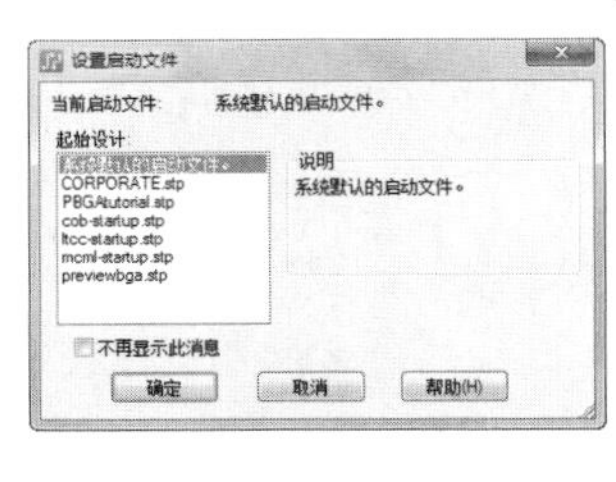

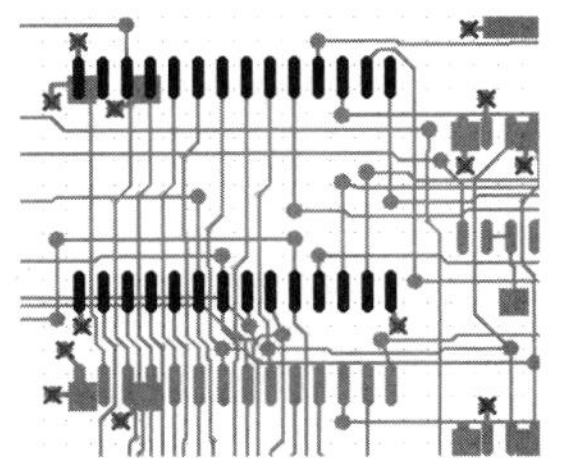

无模命令

命令: s

搜索:S{null|X|Y|R|RX|RY} <n> {<n>}

推挤 (SH) 或分割平面 (SP)

设置原点:SO{null|A} {<x> <y>}

8.1 PADS Layout VX.2.2 的基本操作

尽管 PADS Layout 是一个标准的 Windows 风格应用软件，但也具有自己的一些风格，学习和掌握好这些基本的操作对于快速入门 PADS Layout 很有必要。

8.1.1 鼠标和键盘操作

PADS 公司竭力推荐用户使用三键鼠标，因为 PADS Layout 授予了鼠标中间键一些非常方便的功能，下面介绍鼠标的三个键在 PADS Layout 操作中到底可以进行哪些操作。

1. 鼠标左键

- 单击左键可以选择一个目标对象。
- “Shift+ 单击左键”可以一次性整体添加到被选择目标中。
- “Ctrl+ 单击左键”可以逐个添加选择对象到被选择目标中或逐步从选择目标中删除。
- 双击左键对选择对象进行查询或完成操作。
- 按住左键并拖动可形成区域点亮选择。

2. 鼠标中间键

- 单击中间键后将以单击点为中心显示设计画面。
- 按住并拖动中间键可放大或缩小设计画面，同时有比例系数显示，其功能相当于工具栏 Zoom（Ctrl+W）图标的功能。

3. 鼠标右键

- 放弃选择或弹出当前功能菜单。
- 项目选择或对被选择的项目可执行操作。

除了上述介绍了鼠标三个键的基本用途外，鼠标的特殊技巧与原理图 PADS Logic 9.5 相同，在第三章中已经详细介绍，这里不再赘述。

8.1.2 文件操作

1. PADS Layout VX.2.2 的文件格式

PADS Layout VX.2.2 可以打开两种格式的文件，一种是扩展名为 .pcb 的文件，另一种是扩展名为 .reu 的文件（物理可重用文件）。执行“文件”→“打开”菜单命令，弹出文件打开对话框，在“文件类型”下拉列表中显示图 8-1 所示的文件类型。

PADS Layout 文件 (*.pcb)
执行作业文件 (*.job)
PADS Layout 复用文件 (*.reu)
所有文件 (*.*)

图 8-1　对话框

当打开一个文件时，PADS Layout VX.2.2 就会把数据格式转换为当前格式。

2. 新建 PADS Layout VX.2.2 文件

新建一个 PADS Layout VX.2.2 文件，其过程如下。

选择菜单中的“文件”→“新建”命令，系统弹出图 8-2 所示的询问对话框。

如果单击对话框中的 是(Y) 按钮，则可以完成对旧文件的保存，若选择对话框中的 否(N) 按钮，则直接弹出“设置启动文件”对话框，当前设计的改动将不被保存。

在图 8-3 所示的对话框中，“起始设计”列表框用来选择需要使用的启动文件。图中所显示的启动文件是 PADS Layout 系统自带的启动文件，以后如果需要为新的设计文件改变启动文件，则可以执行“文件”→“设置启动文件”菜单命令，通过弹出的“设置启动文件”对话框进行设置。

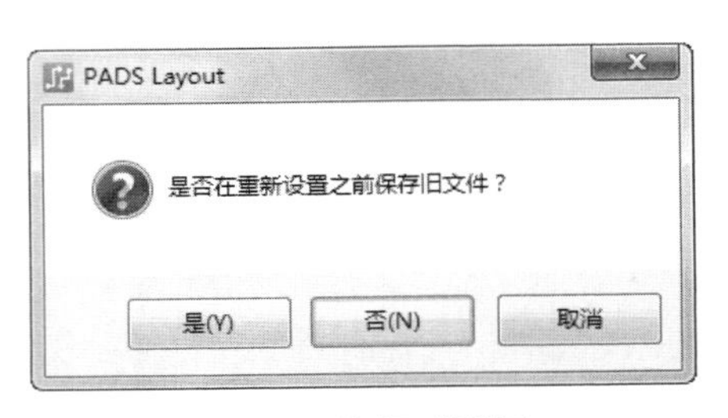

图 8-2　询问对话框

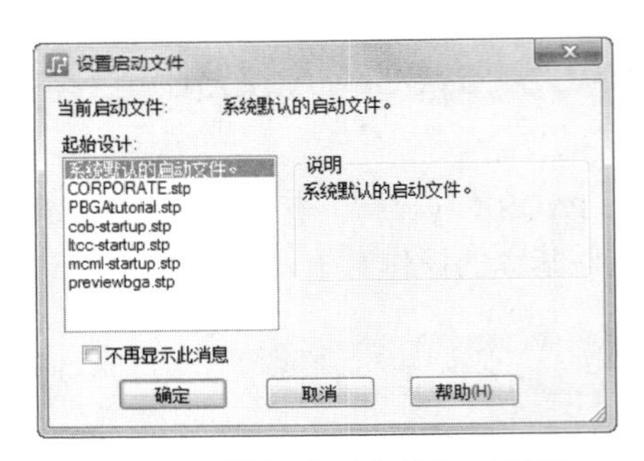

图 8-3　“设置启动文件”对话框

3. 创建 PADS Layout VX.2.2 启动文件

在 PADS Layout 中，像属性字典、颜色设置、线宽、间距规则之类的全局设置都可以保存在名为 default.asc 的启动文件中。也可以创建其他的启动文件，在启动的时候，PADS Layout 会从启动文件中读取默认的设置。

8.1.3 实例——创建一个启动文件

扫码看视频

（1）打开 PADS Layout VX.2.2。

（2）设置各种参数作为默认设置。

（3）选择菜单栏中的“文件”→“另存为启动文件”命令，弹出“另存为启动文件”对话框，如图 8-4 所示。

（4）为该文件命名，并且使用 .stp 作为扩展名。

（5）为该文件选择保存路径。

（6）保存后弹出“启动文件输出”对话框，如图 8-5 所示，从中选择需要保存的文件部分。

图 8-4　“另存为启动文件”对话框

图 8-5　“启动文件输出”对话框

（7）在“启动文件说明”文本框中输入对该启动文件的描述。

（8）单击 保存(S) 按钮完成启动文件的创建。

8.1.4　过滤器的操作

在操作 PADS Layout VX.2.2 的时候，有时非常希望只选定某一个特定的目标而不选中其他与此无关的目标。例如在布局期间只希望选中元器件，在布线设计期间只希望选中鼠线或导线。

PADS Layout 为此提供了一种非常好的工具——过滤器。所谓过滤器，顾名思义，就是一种过滤工具。我们在日常生活中见到的过滤器同 PADS Layout 中的过滤器在意义上是一样的，它允许指定被选中的目标，将没被指定的目标从过滤器中滤掉，从而保证那些没被指定的目标不被选中。

注意

在 PADS Layout 中进行操作设计时，如果对什么对象进行操作，则必须先在过滤器中选择该对象，否则将可能无法捕捉到操作对象。

在 PADS Layout 中进行过滤的方法有两种，最简单的是在没有进入任何一种功能模式的条件下，在当前设计空白处单击鼠标左键后单击鼠标右键，这时就会弹出图 8-6 所示的菜单窗口，在菜单窗口中列出了 14 种过滤目标供选择，它们分别如下所述。

随意选择；选择元器件；选择组合 / 元器件；选择簇；选择网络；选择管脚对；选择导线 / 管脚 / 未布的线；选择导线 / 管脚；选择未布的线 / 管脚；选择管脚、过孔 / 标记；选择虚拟管脚；选择形状；选择文档；选择板框。

某些选择允许多项选择，如“选择导线 / 管脚 / 未布的线”。值得注意的是，当在选择各种各样的外框时选择“选择形状”是最方便的，但 PCB 框除外，对板框操作应该选择“选择板框”。

另一种选择过滤目标的方法是在图 8-6 弹出的菜单窗口中进一步选择“筛选条件”，弹出图 8-7 所示的“选择筛选条件”对话框，从菜单“编辑”中选择“筛选条件”同样会弹出图 8-7 所示窗口，这两种操作的结果都是一样的。

“选择筛选条件”对话框有“对象”和“层”两个标签页，每个标签页对应不同的设置，如图 8-8 所示。该对话框的选择项比图 8-6 中的过滤选择项要详细得多，所以严格讲它才真正算是一个过滤器。从图 8-7 中可知，这个过滤器的过滤选项分成 3 类，它们分别如下所述。

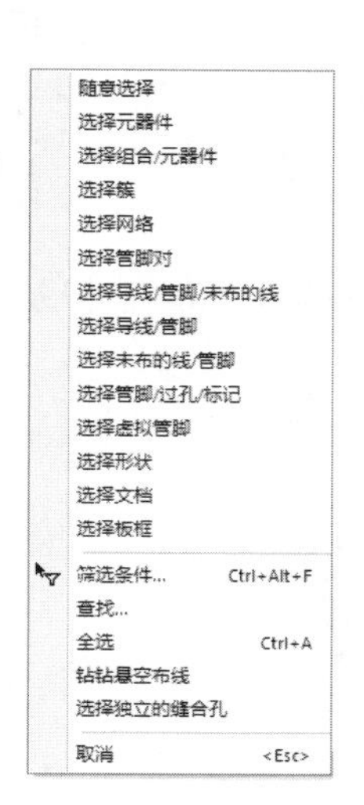

图 8-6　菜单窗口

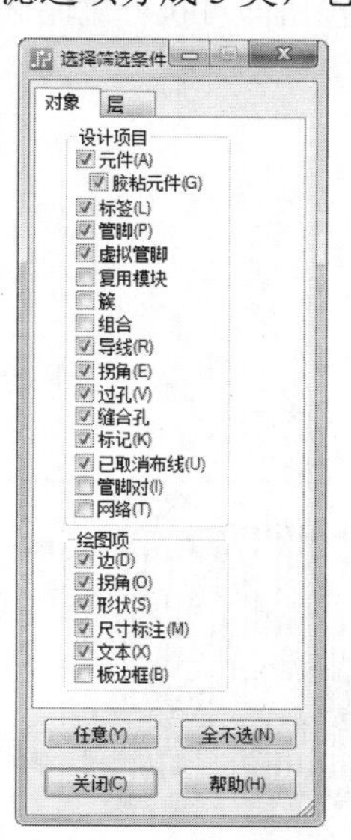

图 8-7　过滤器窗口

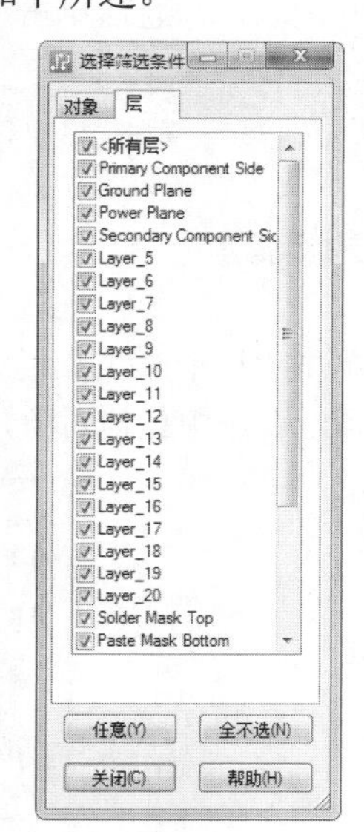

图 8-8　“层”选项卡

1. 设计项目

- 元器件。
- 标签。
- 管脚。
- 虚拟管脚。
- 复用模块。
- 簇。
- 组合。
- 导线。
- 拐角。
- 过孔。
- 缝合孔。
- 标记。
- 已取消布线。
- 管脚对。
- 网络。

2. 绘图项

- 边。
- 拐角。
- 形状。
- 尺寸标注。
- 文本。
- 板边框。

3. 层

包括“所有层”、Primary Components Side（主元器件面）等。

选择好过滤目标之后单击“关闭”按钮即可执行过滤选择。

8.1.5 实例——选中对象

【创建步骤】

（1）单击“标准”工具栏中的“打开”按钮，打开 previewrouted.pcb 文件，这时鼠标处于箭头状态，并且没有选中任何对象，如图 8-9 所示。

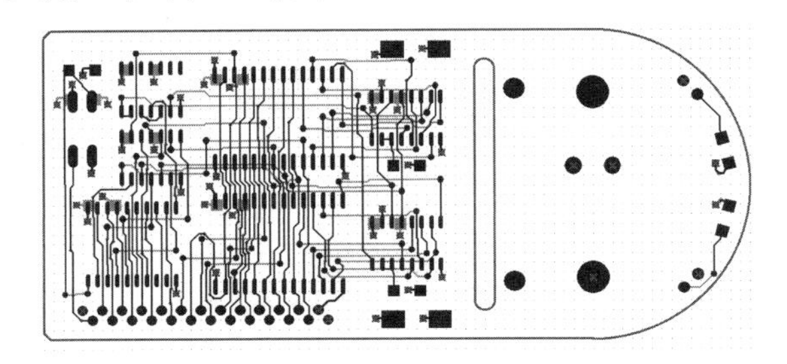

图 8-9 显示全部电路板

（2）单击鼠标右键，弹出图 8-6 所示菜单。

（3）单击鼠标左键选择“选择网络”命令，则右键菜单消失。

（4）用鼠标选择“GND”的网络，这个网络高亮显示，表示已经被选中了，如图 8-10 所示。

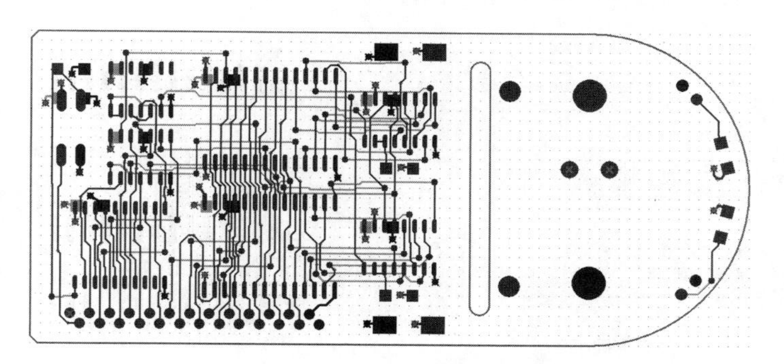

图 8-10　被选中的网络

小技巧

特别提醒大家的是，如果长时间只是对某一种目标操作（最典型的如布局，一般都是对元器件操作），请不妨将其他目标过滤掉，这样操作就非常方便了。在设计过程中，如果发生希望选的目标选不中时，请打开过滤器或改变过滤器中其他选项试试。在设计中不存在选不中的对象，但同时也要注意对于一个对象的选择可能有多种，这就需要积累经验，选择最佳方式以便提高自己的设计效率。

8.2 PADS Layout VX.2.2 的常用命令

为了提高设计效率，PADS Layout 提供了两种快捷方便的执行命令方式，即直接命令（亦称无模命令）和快捷键。这两种方式都是通过键盘来进行操作的。

8.2.1　无模命令

无模命令就是在设计过程中随时可以从键盘上输入一个有效的直接命令，“无模命令”窗口本身一般不显示出来，但只要输入的第一个字母是一个有效直接命令的开始字母，系统就会自动启动直接命令窗口并将其弹出来。

8.2.2　实例——查找对象

下面我们实际操作用无模命令寻找并选择集成电路 U2。

扫码看视频

【创建步骤】

（1）打开 PADS Layout VX.2.2 自带的 previewpreroute.pcb 文件，在当前的 previewpreroute 工作区，从键盘上输入第一个字母 S，“无模命令”输入窗口就会自动弹出来，如图 8-11 所示。

（2）在图 8-11 中继续在 S 后输入 S、U、2，然后回车。系统就会按输入的无模命令来执行这个有效的命令功能。将鼠标十字光标自动定位在集成电路 U2 上，并且集成电路 U2 高亮显示，如图 8-12 所示。

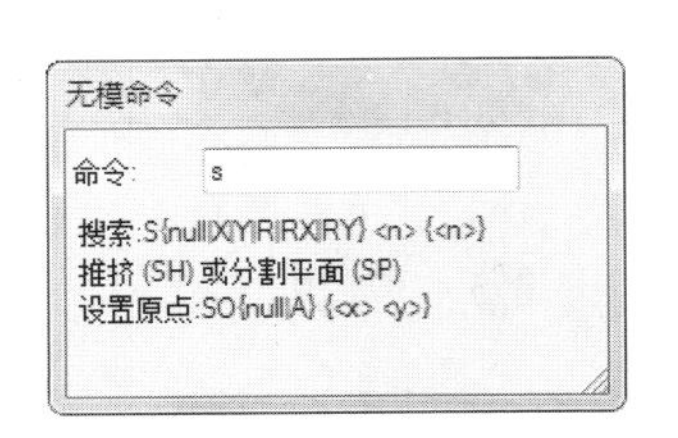

图 8-11 “无模命令”对话框

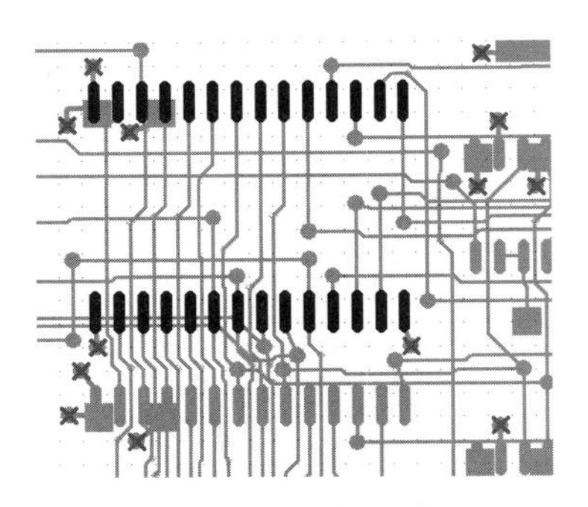

图 8-12 器件被选中图

（3）如果需要知道系统中所有的无模命令清单，可单击主菜单“帮助”中的“无模命令”子菜单，如图 8-13 所示。

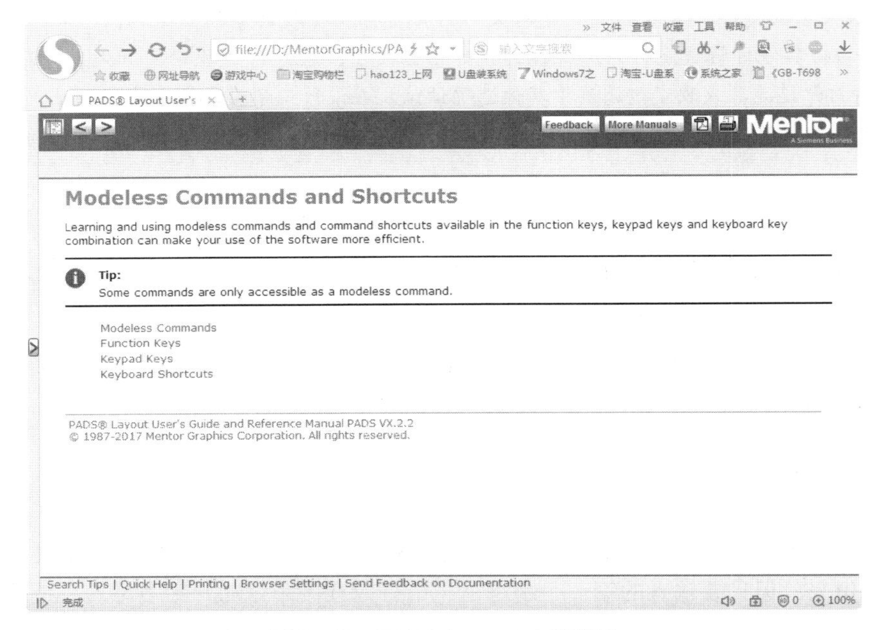

图 8-13 PADS Layout 在线帮助

8.2.3 快捷键命令

除了无模命令之外，PADS Layout 还提供了另外一种和标准 Windows 程序相同的快捷键操作方法，即从键盘按下某组合功能键来完成只能从主菜单中选择某子菜单或单击某功能键才可以完成的功能。

通过快捷键可以提高工作效率，快捷键会在菜单中的每个命令后面给出，如图 8-14 所示。例如“查看”→“重画”命令，即通过键盘输入组

查找(F)...	
亮显(H)	Ctrl+H
取消亮显(I)	Ctrl+U
全选(S)	Ctrl+A
循环(Y)	<Tab>
筛选条件(L)...	Ctrl+Alt+F
特性(E)...	Alt+<Enter>

图 8-14 菜单快捷键

合键 Ctrl+D，就可以刷新整个工作区，也可以代替工具栏中“重画”按钮图标的功能。

常用的快捷键还有以下几个。

- End 键：刷新工作区。
- PageUp 键和 PageDown 键：放大和缩小视图。
- Home 键：整板显示。
- Ctrl+R：旋转选中的对象。
- Ctrl+E：移动选中的对象。
- Ctrl+Q：查询并修改选中的对象的属性。
- Ctrl+Alt+G：弹出“选项”对话框。

8.3 思考练习

思考 1．PADS Layout 的基本操作有哪些？

思考 2．PADS Layout 的常用命令有哪些？

思考 3．PADS Layout 进行视图控制的方法有几种，分别是什么？

思考 4．PADS Layout 的视图模式有几种，分别是什么？

思考 5．PADS Layout 的过滤器具有什么功能？

练习 1．用两种方法进入过滤器模式。

练习 2．上机查找一个 PCB 图中的元器件。

练习 3．使用状态窗口控制视图。

练习 4．打开一个设计文件、创建一个设计文件。

Chapter 9

第 9 章 PADS Layout VX.2.2 初步设计

本章主要包括 PADS Layout VX.2.2 的初步设计。通过对本章的学习，大家对 PCB 的整个设计流程及每一个流程的主要功能都会有一个大概的了解。这对于刚开始学习 PCB 设计的用户建立一种系统的认识有帮助。如果需要了解每一个流程中更多详细的情况，请参阅本书的相关章节。

学习重点

- PADS Layout 的设计规范
- PADS Layout 的设计流程

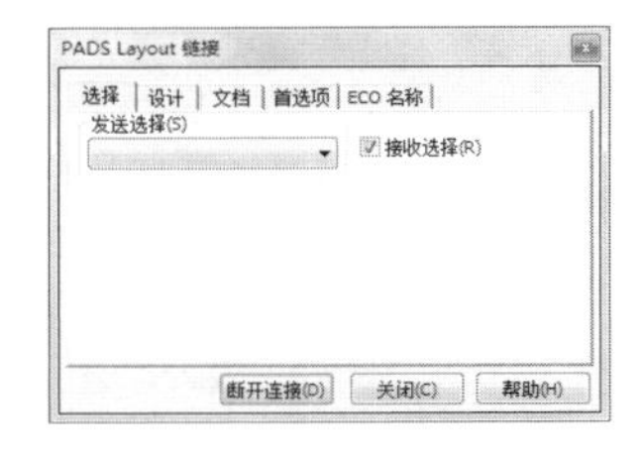

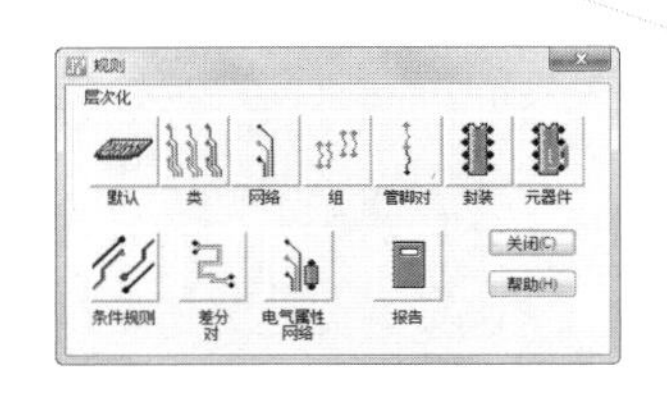

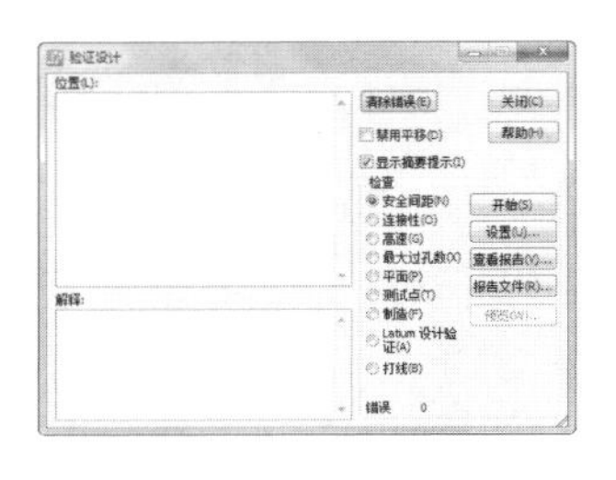

9.1 PADS Layout VX.2.2 的设计规范

9.1.1 概述

设计规范是什么？

简单地说，设计规范就是为了防止出废品而制定的一套设计规则。

防止不懂制造工艺的设计者设计出不合理 PADS Layout 板子的最有效的方法，就是结合工艺、方法制定一套有章可循的设计标准。

9.1.2 设计流程介绍

PADS Layout 的设计流程分为网表输入、规则设置、元器件布局、布线、复查和输出 6 个步骤。

1. 网表输入

网表输入有两种方法，一种是使用 PADS Logic 的 OLE 连接功能，选择“Layout 网表”。应用 OLE 功能，可以随时保持原理图和 PCB 图的一致，尽量减少出错的可能。另一种方法是直接在 PADS Layout 中装载网表，选择菜单栏中的“文件”→“导出”命令，将原理图生成的网表输入进来。

2. 规则设置

如果在原理图设计阶段就已经把 PCB 的设计规则设置好的话，就不用再进行设置了，因为输入网表时，设计规则已随网表输入进 PADS Layout 了。如果修改了设计规则，必须同步原理图，保证原理图和 PCB 的一致。除了设计规则和层定义外，还有一些规则需要设置，比如焊盘堆栈，需要修改标准过孔的大小。如果设计者新建了一个焊盘或过孔，一定要加上 Layer 25。

注意

PCB 设计规则、层定义、过孔设置、CAM 输出设置已经做成默认启动文件，名称为 Default.stp，网表输入进来以后，按照设计的实际情况，把电源网络和地分配给电源层和地层，并设置其他高级规则。在所有的规则都设置好以后，在 PADS Logic 中，使用 OLE 链接功能，更新原理图中的规则设置，保证原理图和 PCB 图的规则一致。

3. 元器件布局

网表输入以后，所有的元器件都会放在工作区的零点，重叠在一起，下一步的工作就是把这些元器件分开，按照一些规则摆放整齐，即元器件布局。PADS Layout 提供了两种方法：手工布局和自动布局。

（1）手工布局

- 根据印制板的结构尺寸画出板边。
- 将元器件分散，元器件会排列在板边的周围。
- 把元器件一个一个地移动、旋转，放到板边以内，按照一定的规则摆放整齐。

（2）自动布局

PADS Layout 提供了自动布局和自动的局部簇布局，但对大多数的设计来说效果并不理想，不推荐使用。

注意

- 布局的首要原则是保证布线的布通率，移动器件时注意鼠线的连接，把有连线关系的器件放在一起。
- 数字器件和模拟器件要分开，尽量远离。
- 去耦电容尽量靠近器件的 VCC。
- 放置器件时要考虑以后的焊接，不要太密集。
- 多使用软件提供的“排列”和“组合”功能，提高布局的效率。

4. 布线

布线的方式也有两种，手工布线和自动布线。PADS Router 提供的手工布线功能十分强大，包括自动推挤、在线设计规则检查（DRC 设置）。自动布线由 Specctra 的布线引擎进行，通常这两种方法配合使用，常用的步骤是手工 - 自动 - 手工。

（1）手工布线

- 自动布线前，先用手工布一些重要的网络，比如高频时钟、主电源等，这些网络往往对走线距离、线宽、线间距、屏蔽等有特殊的要求。
- 自动布线很难布得有规则，也要用手工布线。
- 自动布线以后，还要用手工布线对 PCB 的走线进行调整。

（2）自动布线

手工布线结束以后，剩下的网络就交给自动布线器。选择菜单栏中的“工具”→“自动布线”，启动布线器的接口，设置好 DO 文件，按“继续”就启动了 Specctra 布线器自动布线，结束后如果布通率为 100%，那么就可以进行手工调整布线了；如果不到 100%，说明布局或手工布线有问题，需要调整布局或手工布线，直至全部布通为止。

注意

有些错误可以忽略，例如有些接插件的 Outline 的一部分放在了板框外，检查间距时会出错；另外每次修改过走线和过孔之后，都要重新覆铜一次。

5. 复查

复查根据“PCB 检查表”，内容包括设计规则，层定义、线宽、间距、焊盘、过孔设置；还要重点复查器件布局的合理性，电源、地线网络的走线，高速时钟网络的走线与屏蔽，去耦电容的摆放和连接等。复查不合格，设计者要修改布局和布线，合格之后，复查者和设计者分别签字。

6. 设计输出

PCB 设计可以输出到打印机或输出光绘文件。打印机可以把 PCB 分层打印，便于设计者和复查者检查；光绘文件交给制板厂家，生产印制板。光绘文件的输出十分重要，关系到这次设计的成败，下面将着重说明输出光绘文件的注意事项。

- 需要输出的层有布线层（包括顶层、底层、中间布线层）、电源层（包括 VCC 层和 GND 层）、丝印层（包括顶层丝印、底层丝印）和阻焊层（包括顶层阻焊和底层阻焊），另外还要生成钻孔文件（NCDrill）。

- 如果电源层设置为 Split/Mixed，那么在“添加文档”窗口的“文档类型”项选择 Routing，并且每次输出光绘文件之前，都要对 PCB 图使用覆铜管理器的连接面进行覆铜；如果设置为 CAM 平面，则选择平面，在设置“层”项的时候，要把 Layer 25 加上，在 Layer 25 层中选择焊盘和过孔。
- 在“输出设置”窗口，将“光绘”的值改为 199。
- 在设置每层的 Layer 时，将“板框”选上。
- 设置丝印层的 Layer 时，不要选择“元件类型”，选择顶层（底层）和丝印层的边框、文本、2D 线。
- 设置阻焊层的“层”时，选择过孔表示过孔上不加阻焊，不选过孔表示加阻焊，视具体情况而定。
- 生成钻孔文件时，使用 PADS Layout 的默认设置，不要作任何改动。
- 所有光绘文件输出以后，用 CAM 350 打开并打印，由设计者和复查者根据“PCB 检查表”检查。

9.1.3　设计规范的概要内容

设计规范可以包罗设计过程中的所有内容，而且标准越细，设计者越容易操作，出设计废品的概率就越低。如在元器件制作标准中包含从孔径大小到丝印层尺寸的所有内容，在布线标准中则规定各种条件下的设计规则、安全间距等，这样就不会出现一些简单的人为错误。

1. 印制电路元器件布局结构设计讨论

一台性能优良的仪器，除选择高质量的元器件、合理的电路外，印制电路板的元器件布局和电气连线方向的正确结构设计是决定仪器能否可靠工作的一个关键问题。对同一种元器件和参数的电路，由于元器件布局设计和电气连线方向的不同会产生不同的结果，其结果可能存在很大的差异。因而，必须把如何正确设计印制电路板元器件布局的结构和正确选择布线方向及整体仪器的工艺结构三方面联合起来考虑。合理的工艺结构，既可消除因布线不当而产生的噪声干扰，同时便于生产中的安装、调试与检修等。

下面针对上述问题进行讨论，由于优良“结构”没有一个严格的“定义”和“模式”，因而下面讨论，只起抛砖引玉的作用，仅供参考。每一种仪器的结构必须根据具体要求（电气性能、整机结构安装及面板布局等要求），采取相应的结构设计方案，并对几种可行设计方案进行比较和反复修改。

印制板电源、地总线的布线结构选择——系统结构：模拟电路和数字电路在元器件布局图的设计和布线方法上有许多相同和不同之处。模拟电路中，由于放大器的存在，由布线产生的极小噪声电压，都会引起输出信号的严重失真，在数字电路中，TTL 噪声容限为 0.4 ～ 0.6 V，CMOS 噪声容限为 V_{CC} 的 0.3 ～ 0.45 倍，故数字电路具有较强的抗干扰的能力。

良好的电源和地总线方式的合理选择是仪器可靠工作的重要保证，相当多的干扰源是通过电源和地总线产生的，其中地线引起的噪声干扰最大。

2. 印制电路板图设计的方法和注意事项

（1）印制电路板的设计

从确定板的尺寸大小开始，印制电路板的尺寸因受机箱外壳大小限制，以能恰好安放入外壳内为宜。其次，应考虑印制电路板与外接元器件（主要是电位器、插口或另外印制电路板）的连接方式。印制电路板与外接元器件一般通过塑料导线或金属隔离线进行连接，但有时也设计成插座形式。即：在设备内安装一个插入式印制电路板要留出充当插口的接触位置。

对于安装在印制电路板上的较大的元器件，要加金属附件固定，以提高耐振、耐冲击性能。

（2）印制电路板图设计的基本方法

首先需要对所选用元器件及各种插座的规格、尺寸、面积等有完全的了解；对各部件的位置安排进行合理的、仔细地考虑，主要是从电磁场兼容性、抗干扰的角度、走线短、交叉少、电源、地的路径及去耦等方面考虑。各部件位置定出后，就是各部件的连线，按照电路图连接有关管脚，完成的方法有多种，印制电路板图的设计有计算机辅助设计与手工设计方法两种。

最原始的是手工排列布图。这比较费事，往往要反复几次，才能最后完成，这在没有其他绘图设备时也可以，这种手工排列布图方法对刚学习印制板图设计者来说也是很有帮助的。计算机辅助制图，现在有多种绘图软件，功能各异，但总的说来，绘制、修改较方便，并且可以存盘和打印。

接着，确定印制电路板所需的尺寸，并按原理图，将各个元器件位置初步确定下来，然后经过不断调整使布局更加合理。印制电路板中各元器件之间的接线安排方式如下所述。

- 印制电路中不允许有交叉电路，对于可能交叉的线条，可以用“钻”、“绕”两种办法解决。即，让某引线从别的电阻、电容、晶体管脚下的空隙处“钻”过去，或从可能交叉的某条引线的一端“绕”过去。在特殊情况下如果电路很复杂，为简化设计也允许用导线跨接，解决交叉电路问题。
- 电阻、二极管、管状电容器等元器件有“立式”“卧式”两种安装方式。立式指的是元器件体垂直于电路板安装、焊接，其优点是节省空间；卧式指的是元器件体平行并紧贴于电路板安装、焊接，其优点是元器件安装的机械强度较好。这两种不同的安装元器件，印制电路板上的元器件孔距是不一样的。
- 同一级电路的接地点应尽量靠近，并且本级电路的电源滤波电容也应接在该级接地点上。特别是本级晶体管基极、发射极的接地点不能离得太远，否则因两个接地点间的铜箔太长会引起干扰与自激，采用这样“一点接地法”的电路，工作较稳定，不易自激。
- 总地线必须严格按高频－中频－低频一级级地按弱电到强电的顺序排列原则，切不可随便翻来覆去乱接，级与级间宁肯可接线长点，也要遵守这一规定。特别是变频头、再生头、调频头的接地线安排要求更为严格，如有不当就会产生自激以致无法工作。调频头等高频电路常采用大面积包围式地线，以保证有良好的屏蔽效果。
- 强电流引线（公共地线，功放电源引线等）应尽可能宽些，以降低布线电阻及其电压降，可减小寄生耦合而产生的自激。
- 阻抗高的走线尽量短，阻抗低的走线可长一些，因为阻抗高的走线容易发热和吸收信号，引起电路不稳定。电源线、地线、无反馈元器件的基极走线、发射极引线等均属低阻抗走线。射极跟随器的基极走线、收录机两个声道的地线必须分开，各自成一路，一直到功效末端再合起来，如两路地线连来连去，极易产生串音，使分离度下降。

3. 印制板图设计中应注意下列几点

（1）布线方向：从焊接面看，元器件的排列方位尽可能保持与原理图相一致，布线方向最好与电路图走线方向相一致，因生产过程中通常需要在焊接面进行各种参数的检测，这样做便于生产中的检查、调试及检修（注：指在满足电路性能及整机安装与面板布局要求的前提下）。

（2）各元器件排列，分布要合理和均匀，力求达到整齐、美观、结构严谨的工艺要求。

（3）电阻、二极管的放置方式，分为平放与竖放两种。

- 平放：在电路元器件数量不多，而且电路板尺寸较大的情况下，一般采用平放较好；对于1/4 W以下的电阻平放时，两个焊盘间的距离一般取1.016cm（0.4英寸），1/2 W的电阻平放时，两焊盘的间距一般取1.27cm（0.5英寸）；二极管平放时，1N400X系列整流管，一般取 0.762cm（0.3 英寸）；1N540X 系列整流管，一般取 1.016 ～ 1.27cm。

- 竖放：当电路元器件数较多，而且电路板尺寸不大的情况下，一般是采用竖放，竖放时两个焊盘的间距一般取 0.254 ～ 0.508cm。

（4）电位器与 IC 座的放置原则

- 电位器：在稳压器中用来调节输出电压，故设计电位器应满足顺时针调节时输出电压升高，反时针调节时输出电压降低；在可调恒流充电器中电位器用来调节充电电流大小，设计电位器时应满足顺时针调节时，电流增大。电位器安放位置应当满足整机结构安装及面板布局的要求，因此应尽可能安放在板的边缘，旋转柄朝外。
- IC 座：设计印制电路板图时，在使用 IC 座的场合下，一定要特别注意 IC 座上定位槽放置的方位是否正确，并注意各个 IC 脚位是否正确。例如第①脚只能位于 IC 座的右下角线或者左上角，而且紧靠定位槽（从焊接面看）。

（5）进出接线端布置相关联的两引线端不要距离太大，一般为 0.508 ～ 0.762cm 较合适。进出线端尽可能集中在 1 ～ 2 个侧面，不要太过离散。

（6）设计布线图时要注意管脚排列顺序，元器件脚间距要合理。

（7）在保证电路性能要求的前提下，设计时应力求走线合理，少用外接跨线，并按一定顺序要求走线，力求直观，便于安装和检修。

（8）设计布线图时走线尽量少拐弯，力求线条简单明了。

（9）布线条宽窄和线条间距要适中，电容器两焊盘间距应尽可能与电容管脚的间距相符。

（10）设计应按一定顺序方向进行，例如可以按由左往右和由上而下的顺序进行。

9.2 PADS Layout VX.2.2 设计快速入门

初学者通过阅读本节快速入门，不仅能够对利用 PADS Layout 来进行 PCB 设计有一个大概的认识，而且可以完成一些比较简单的设计，如果需要了解更加详细的设计过程，请翻阅本书后面的相关章节。

本节按照 PCB 设计的一般流程来安排，可以说是设计流程的一个浓缩。介绍的基础是原理图绘制已经完成、PCB 所需元器件已经建立。

9.2.1 网络表的导入

将原理图网络表送入 PADS Layout 有两种方式，如果是用其他的软件来绘制的原理图，那么只有将原理图产生出一个网络表文件，然后直接在 PADS Layout 中选择菜单栏“文件”→“导入”命令，输入这个网络表文件即可。但如果是使用 PADS Logic 来绘制的原理图，只需选择菜单栏中的“工具”→“PADS Layout”命令，系统就会弹出一 OLE 动态链接 PADS Layout 对话框，如图 9-1 所示。

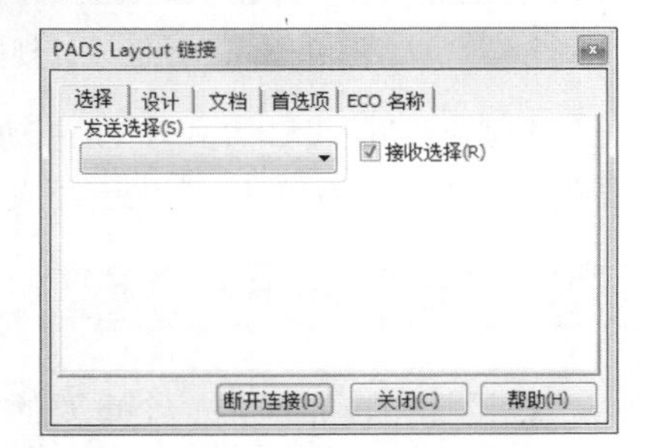

图 9-1　OLE 动态链接 PADS Layout

“PADS Layout 链接”对话框就好像一座桥梁将 PADS Layout 与 PADS Logic 动态地链接起来，通过这个窗口可以随时在这两者之间进行数据交换，实际上从 PADS Logic 中自动将原理图送入 PADS Layout 中也是这个道理。现在打开图 9-1 中 OLE

对话框中的“设计”选项卡，单击 发送网表(N) 按钮，系统会自动地将原理图网络链接关系传入 PADS Layout 中，但是往往有时由于疏忽会出现一些错误，传送网表时系统会将这些错误信息记录在记事本中。当网表传送完之后会将记事本自动打开，如图 9-2 所示。这时可以将这些错误信息打印下来后逐一去解决它们，直到没有错误为止，才算成功地将原理图网表传送入 PADS Layout 中。

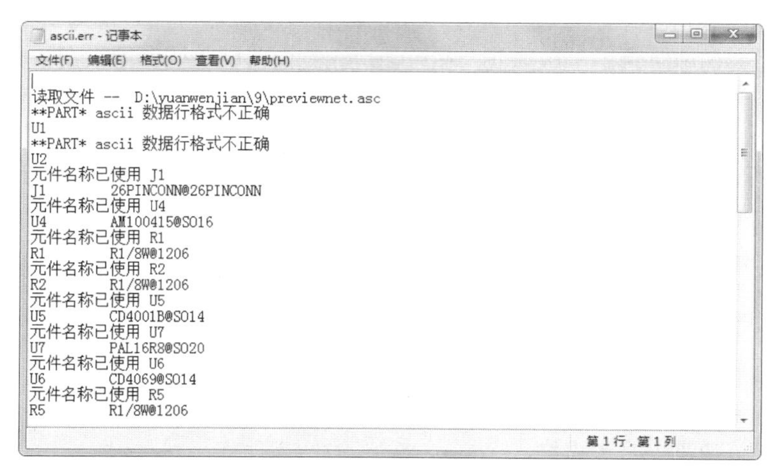

图 9-2 传送网表出错信息

9.2.2 设计规则的设置

在传输网络表以前可以在原理图 PADS Logic 选择菜单栏中的“设置”→“设计规则”命令，弹出“规则”对话框，并在其中定义原理图设计规则，如图 9-3 所示。这些设计规则信息（如网络线宽、线距等）都可以随原理图网表一起传送入 PADS Layout 中。

在 PADS Layout 中选择菜单栏中的“设置”→“设计规则”命令，弹出“规则”对话框，如图 9-4 所示。这两个“规则”对话框有相同处，也有不同处。当在进行 PCB 设计时，如果打开设计规则检查，那么设计中的一切操作都将受这些规则约束控制，这称之为规则驱动设计。

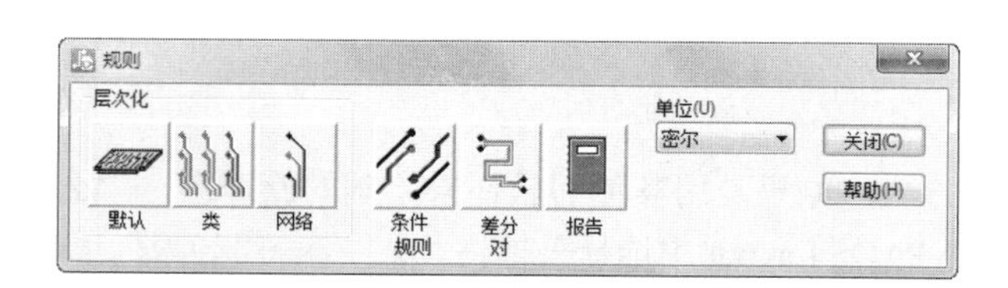

图 9-3 原理图设计规则设置

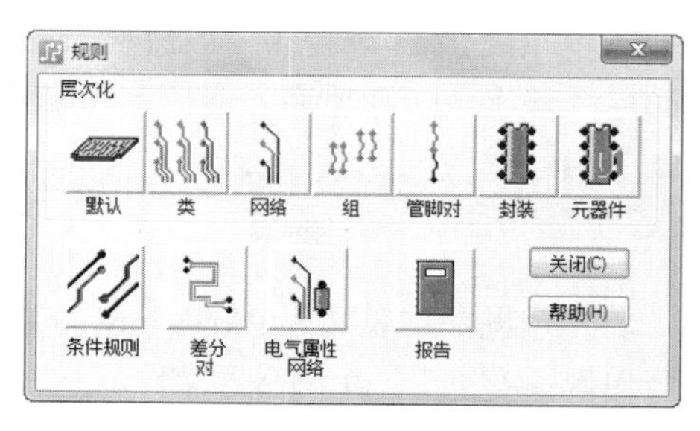

图 9-4 设计规则设置

规则驱动的设计方式和 OLE 动态链接 PADS Logic 与 PADS Layout 充分体现了 EDA 系统原理图设计同 PCB 设计的一体化已经成了现实。

9.2.3 元器件布局的设计

在设计中，布局是一个重要的环节。布局结果的好坏将直接影响布线的效果，因此可以这样认为，合理的布局是 PCB 设计成功的第一步。

布局的方式分两种，一种是交互式布局，另一种是自动布局。一般是在自动布局的基础上用交互式布局进行调整。在布局时还可根据走线的情况对门电路进行再分配，将两个门电路进行交换，使其成为便于布线的最佳布局。在布局完成后，还可对设计文件及有关信息进行返回标注于原理图，使得 PCB 中的有关信息与原理图相一致，以便在今后的建档、更改设计能同步起来，同时对模拟的有关信息进行更新，使得能对电路的电气性能及功能进行板级验证。

1. 考虑整体美观

一个产品的成功与否，一是要注重内在质量，二是兼顾整体的美观，两者都较完美才能认为该产品是成功的。

在一个 PCB 上，元器件的布局要求要均衡、疏密有序，不能头重脚轻或一头沉。

2. 布局的检查

- 印制板尺寸是否与加工图纸尺寸相符？能否符合 PCB 制造工艺要求？有无定位标记？
- 元器件在二维、三维空间上有无冲突？
- 元器件布局是否疏密有序、排列整齐？是否全部布完？
- 需经常更换的元器件能否方便地更换？插件板插入设备是否方便？
- 热敏元器件与发热元器件之间是否有适当的距离？
- 调整可调元器件是否方便？
- 在需要散热的地方，装了散热器没有？空气流是否通畅？
- 信号流程是否顺畅且互联最短？
- 插头、插座等与机械设计是否矛盾？
- 线路的干扰问题是否有所考虑？

9.2.4　布线操作的准备

在 PCB 设计中，布线是完成产品设计的重要步骤，可以说前面的准备工作都是为它而做的。在整个 PCB 中，以布线的设计过程限定最高、技巧最细、工作量最大。PCB 布线有单面布线、双面布线及多层布线。布线的方式也有两种：自动布线及交互式布线。在自动布线之前，可以用交互式预先对要求比较严格的线进行布线。输入端与输出端的边线应避免相邻平行，以免产生反射干扰。必要时应加地线隔离，两相邻层的布线要互相垂直，平行容易产生寄生耦合。

自动布线的布通率，依赖于良好的布局，布线规则可以预先设定，包括走线的弯曲次数、导通孔的数目、步进的数目等。一般先进行探索式布经线，快速地把短线连通；然后进行迷宫式布线，先把要布的连线进行全局的布线路径优化，它可以根据需要断开已布的线，并试着重新再布线，以改进总体效果。

对目前高密度的 PCB 设计已感觉到贯通孔不太适应了，浪费了许多宝贵的布线通道，为解决这一矛盾，出现了盲孔和埋孔技术。它不仅完成了导通孔的作用，还省出许多布线通道使布线过程完成得更加方便、更加流畅、更为完善。PCB 的设计过程是一个复杂而又简单的过程，要想很好地掌握它，还需广大电子工程设计人员去自己体会，才能得到其中的真谛。

1. 电源、地线的处理

即使在整个 PCB 中的布线完成得都很好，但由于电源、地线的考虑不周到而引起的干扰，会使产品的性能下降，有时甚至影响到产品的成功率。所以对电源、地线的布线要认真对待，把电源、地线所产生的噪音干扰降到最低限度，以保证产品的质量。

对每个从事电子产品设计的工程人员来说都明白地线与电源线之间噪音所产生的原因，现只对降低式抑制噪音加以表述。

- 众所周知的是在电源、地线之间加上去耦电容。
- 尽量加宽电源、地线宽度，最好是地线比电源线宽，它们的关系是：地线＞电源线＞信号线，通常信号线宽为：0.2 ～ 0.3 mm，最精细宽度可达 0.05 ～ 0.07 mm，电源线为 1.2 ～ 2.5 mm。
- 对数字电路的 PCB 可用宽的地导线组成一个回路，即构成一个地网来使用（模拟电路的地不能这样使用）。
- 用大面积铜层作地线用，在印制板上把没被用上的地方都与地相连接作为地线用。或是做成多层板，电源、地线各占用一层。

2. 数字电路与模拟电路的共地处理

现在有许多 PCB 不再是单一功能电路（数字或模拟电路），而是由数字电路和模拟电路混合构成的。因此在布线时就需要考虑它们之间互相干扰问题，特别是地线上的噪音干扰。

数字电路的频率高，模拟电路的敏感度强。对信号线来说，高频的信号线尽可能远离敏感的模拟电路器件；对地线来说，整个 PCB 对外界只有一个结点，所以必须在 PCB 内部进行处理数、模共地的问题。而在板内部数字地和模拟地实际上是分开的，它们之间互不相接，只是在 PCB 与外界连接的接口处（如插头等），数字地与模拟地有一点短接，请注意，只有一个连接点。也有在 PCB 上不共地的，这由系统设计来决定。

3. 信号线布在电（地）层上

在多层印制板布线时，由于在信号线层没有布完的线剩下已经不多，再多加层数就会造成浪费，也会给生产增加一定的工作量，成本也会相应增加。为解决这个矛盾，可以考虑在电（地）层上进行布线。首先应考虑用电源层，其次才是地层。因为最好是保留地层的完整性。

4. 大面积导体中管脚的处理

在大面积的接地（电）中，常用元器件的管脚与其连接，对管脚的处理需要进行综合的考虑。就电气性能而言，元器件管脚的焊盘与铜面满接为好，但对元器件的焊接装配就存在一些不良隐患如：焊接需要大功率加热器；容易造成虚焊点。所以兼顾电气性能与工艺需要，做成十字花焊盘，称之为热隔离（heatshield），俗称热焊盘（Thermal），这样，可使在焊接时因截面过分散热而产生虚焊点的可能性大大减少。多层板的接电（地）层管脚的处理相同。

5. 布线中网络系统的作用

在许多 CAD 系统中，布线是依据网络系统决定的。网格过密，通路虽然有所增加，但步进太小，图场的数据量过大，这必然对设备的存储空间有更高的要求，同时也对像计算机类电子产品的运算速度有极大的影响。而有些通路是无效的，如被元器件管脚的焊盘占用或被安装孔、定位孔所占用等。网格过疏，通路太少对布通率的影响极大。所以要有一个疏密合理的网格系统来支持布线的进行。

标准元器件两管脚之间的距离为 0.1 英寸（2.54 mm），所以网格系统的基础一般就定为 0.1 英寸（2.54 mm）或小于 0.1 英寸的整倍数，如：0.05 英寸、0.025 英寸、0.02 英寸等。

6. 设计规则检查（DRC）

布线设计完成后，需认真检查布线设计是否符合设计者所制定的规则，同时也需确认所制定的规则是否符合印制板生产工艺的需求，一般检查有如下几个方面。

- 线与线、线与元器件焊盘、线与贯通孔、元器件焊盘与贯通孔、贯通孔与贯通孔之间的距离是否合理，是否满足生产要求。

- 电源线和地线的宽度是否合适，电源与地线之间是否紧耦合（低的波阻抗），在 PCB 中是否还有能让地线加宽的地方。
- 对于关键的信号线是否采取了最佳措施，如长度最短，加保护线，输入线及输出线被明显地分开。
- 模拟电路和数字电路部分，是否有各自独立的地线。
- 后加在 PCB 中的图形（如图标、注标）是否会造成信号短路。
- 对一些不理想的线形进行修改。
- 在 PCB 上是否加有工艺线，阻焊是否符合生产工艺的要求，阻焊尺寸是否合适，字符标志是否压在器件焊盘上影响到电装质量。
- 多层板中的电源地层的外框边缘是否缩小，如电源地层的铜箔露出板外容易造成短路。

9.2.5　设计检查的验证

通过上述几小节的介绍，已经完成了从原理图设计到 PCB 布线设计。尽管 PADS Layout 提供了“在线检测”功能，但是实际设计中很多情况下并非整个设计过程都是将在线设计检测处于有效状态。所以当完成设计之后一定需要进行一次设计总验证，排除当前设计中的所有错误之处后才可以将设计送去生产 PCB。

进行设计总验证时，单击选择菜单栏中的“工具”→“验证设计”命令，则弹出“验证设计”窗口，如图 9-5 所示。

一般验证设计主要对“安全间距”“连接性”“平面”进行验证，如果设计是高频板，还需要进行“高速”验证。在进行验证时，千万要注意一定要使用键盘上的 Home 键让设计全部显示出来，不要局部显示，否则没有显示的部分就不能进行验证设计。

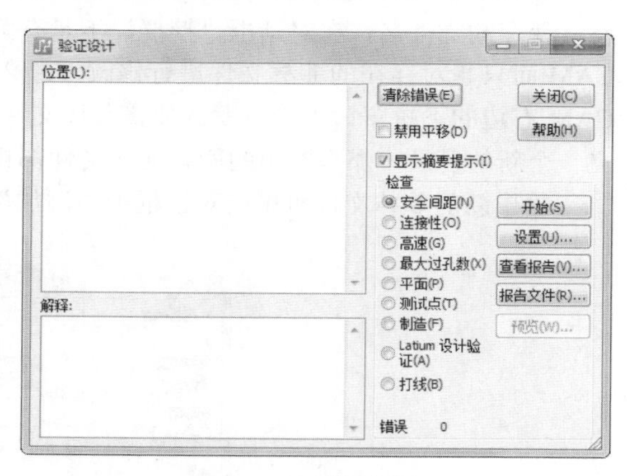

图 9-5　验证设计

小技巧

验证时如有错误出现，系统会自动使用不同的符号来表示不同的错误。

注意

在验证设计中可能会验证出各种错误出现，针对每一个错误都必须查明产生的原因并最终全部一一排除，直到完全没有错误时才可以输出菲林文件去生产 PCB。千万不要在有错误出现而不查明原因的情况下用此文件去生产 PCB，否则后果不堪设想。

9.2.6　CAM 文件输出

当完成了所有的设计并且经验证没有任何错误之后，将进行设计的最后一个过程，即输出菲林文件。首先选择菜单栏中的“文件”→“CAM”命令，弹出“定义 CAM 文件”对话框，如图 9-6 所示。

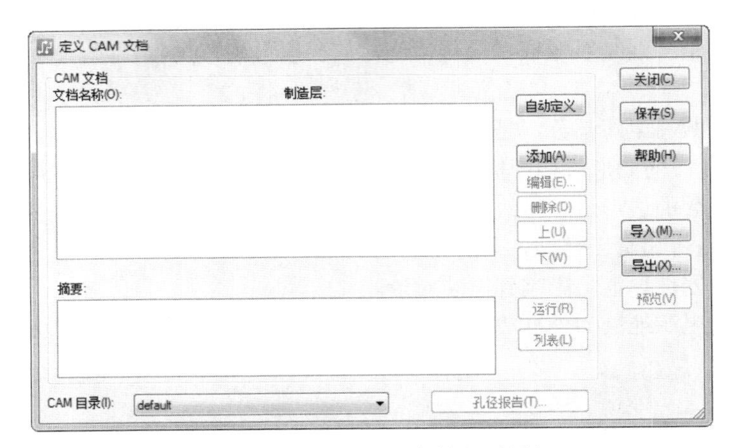

图 9-6 “定义 CAM 文档”对话框

如果当前设计以前曾经有过 CAM 输出且在退出 CAM 输出时保存，那么窗口“文档名称”下有其保存的文件名，在对话框“摘要”下是有关此保存文件的一些参数信息。如果不需要重新输出 CAM 而只想对存在的菲林文件进行修改，那么可以选择“编辑”按钮来完成。在此窗口的最下面 CAM 右边的下拉窗口中一般默认放置菲林文件的目录是“…/CAM/Default”，可以选择“创建”建立一个新的目录，那么输出的所有菲林文件都将放在设定的目录下。

输出新的菲林文件可单击对话框中“添加”按钮，弹出“添加文档”对话框，如图 9-7 所示。

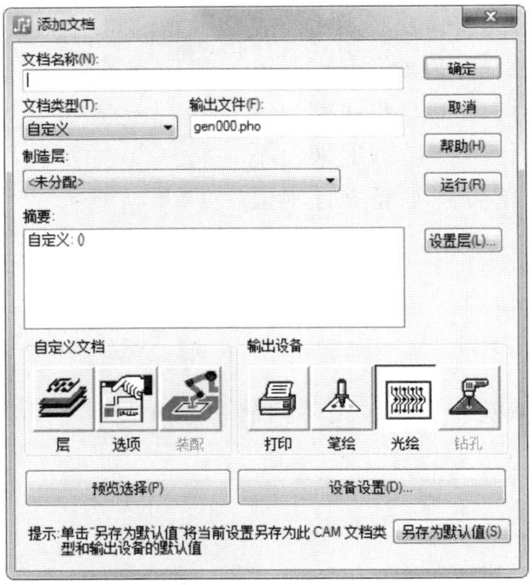

图 9-7 输出菲林文件

首先单击“光绘”按钮，使其处于菲林文件输出模式下，然后需要从“文档类型”中选择将输出菲林的什么资料（比如布线、丝印层、阻焊层等）。

选择好之后，系统将输出此菲林文件的默认参数选择显示在“摘要”中，如果需要改变就单击“层”按钮进行编辑。在编辑的过程中随时可单击“预览选择”按钮来进行阅览，看看是否符合自己的要求，当确认无误之后单击“确定”按钮，退回 CAM 输出窗口，单击“运行”按钮，则系统将按照设置将菲林文件输出并保存在设定的目录下。

9.3 PADS Layout 与其他软件的链接

PADS Layout 提供了与其他 PCB 设计软件、CAM 加工软件、机械设计软件的接口，方便不同设计环境下的数据转换和传递工作。

9.4 思考与练习

思考 1．本章介绍了 PADS Logic，请问它的无模命令与 PADS Layout 的无模命令有何异同？
思考 2．就 PADS Logic 与 PADS Layout 的操作模式进行比较。
思考 3．元器件布局的设计需要注意哪些原则？
思考 4．布线设计前需要做哪些准备？
思考 5．设计检查验证一般进行哪些检查？
练习 1．用两种方法进行网络表传送。
练习 2．上机建立一个 PCB 图中的元器件。
练习 3．导出一个 PCB 设计文件。

Chapter 10

第 10 章 系统参数和设计规则设置

本章主要包括 PADS Layout VX.2.2 的系统参数和设计规则设置。所谓设计规则就是布局布线的规则，在物理上就是对各种对象的距离和走线的宽度的约束。系统参数和设计规则设置在整个设计过程中都非常重要，因为它们包含了 PADS Layout 的大部分设置，而这又涉及设计的很多方面，其覆盖面较广，所以通过本章的学习，使大家对每一项设置所涉及的设置对象有一个清楚而明了的认识。

学习重点

- “选项”优先参数设置
- “选项”设计规则设置

Arabic
Baltic
Central European
Chinese Simplified
Chinese Traditional
Cyrillic
Greek
Hebrew
Japanese
Korean (Johab)
Korean (Wansung)
Thai
Turkish
Western European

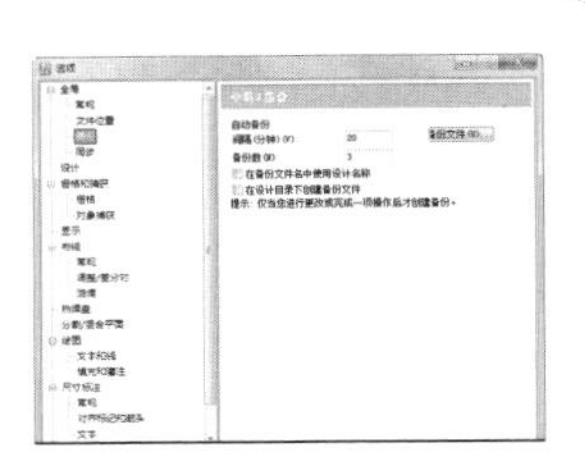

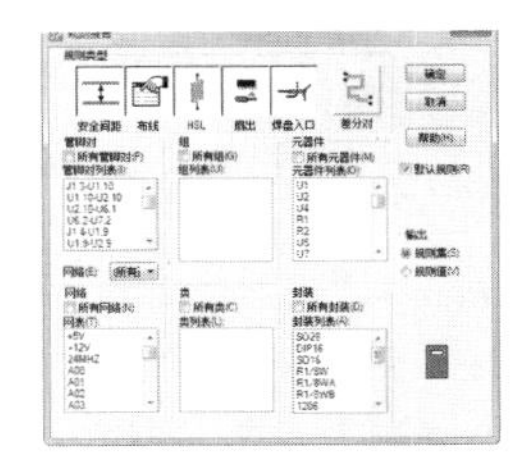

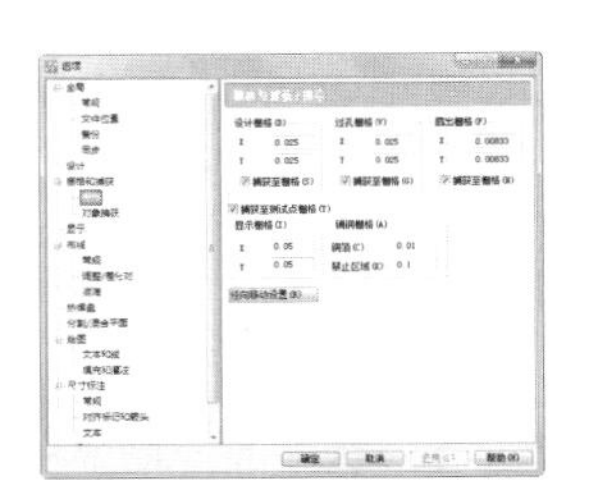

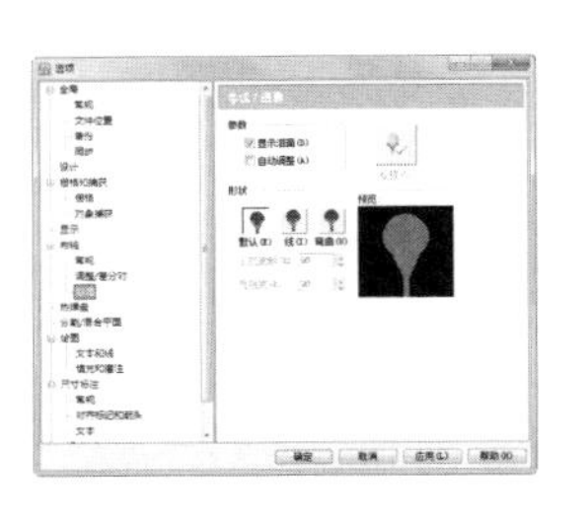

10.1 系统参数设置

在进行 PCB 设计之前，我们必须对设计环境和设计参数进行一定的设置与了解，因为这些参数自始至终地影响着设计。不能合适地设置参数不仅会大大降低工作效率，而且很可能达不到设计要求。

在本节中主要介绍有关优先参数的设置，此项设置在整个设计过程中都非常重要。

10.1.1 “全局”参数设置

选择菜单栏中的“工具”→“选项”命令，弹出“选项”对话框，选择其中的“全局”选项卡，如图 10-1 所示。

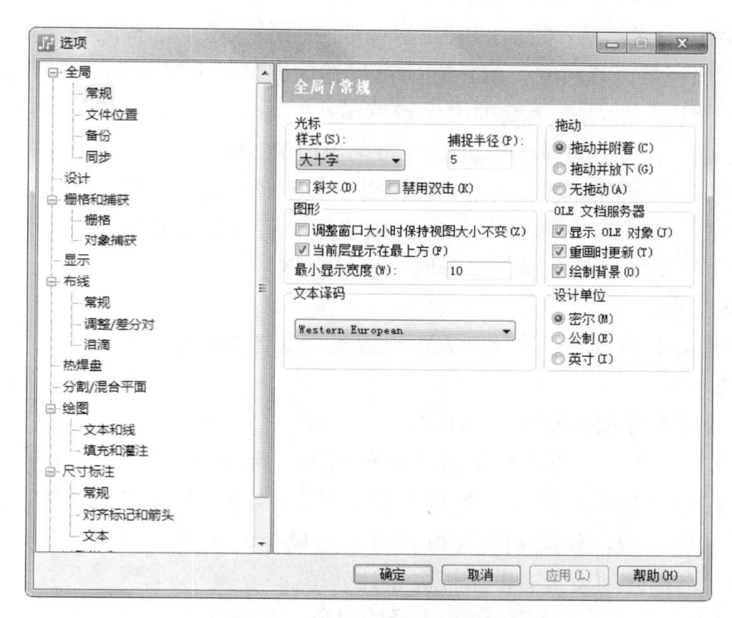

图 10-1　全局参数设置

顾名思义，“全局”参数的设置是对整体设计而言，并不专门针对哪一方面或功能。全局设置下有 4 个选项卡。

1. “常规”选项卡

（1）“光标”选项组

- “样式”选项：在这个下拉窗口中，PADS Layout 一共提供了 4 种不同的鼠标指针风格，即“正常”风格、“小十字”风格、“大十字”风格和“全屏”风格。

> **注意**
>
> 使用“全屏”显示风格在某种情况下（比如布局）会使设计变得更轻松。

- “捕捉半径”选项：该选项表示在选择或点亮某一个对象时，鼠标十字光标距离该捕捉对象多远时单击鼠标才可以有效地选择对象或点亮对象，即单击鼠标左键选择一个对象时允许的离对象最远的距离。一般默认值是 5 mil，特别注意此值设大设小既有好的一面，又有坏的一面。比如太大时虽然增加了捕捉度，但可能因为捕捉度太大而容易误选无关的对象；而捕捉半径太小时，选择对象就需要更准确地单击，所以建议用户使用默认值。

- “斜交”选项：选择这个选项，鼠标指针将以对角线的形式（“X”）显示，否则以正十字显示。
- “禁用双击”选项：如果选择了此项，则在设计中双击鼠标左键时都将视为无效的操作。双击鼠标在很多操作中都能用到，比如添加过孔、完成走线、对某对象查询等，所以不推荐选择此项。

（2）“图形”选项组

- “调整窗口大小时保持视图大小不变”设计环境窗口变化是否保持同一视图选项。当 PCB 设计环境窗口变化时，选择该选项可以保持工作画面视图与其的比例。
- “当前层显示在最上方”激活的层显示在最上面层选项。选择此项表示当前进行操作的层（激活层）拥有最高显示权，显示在所有层的前面，一般默认为选择状态。
- “最小显示宽度”选项：该选项用于设置最小显示宽度，其单位为当前设计的单位。可以人为地设定一个最小的显示线宽值。如果当前 PCB 中有小于这个值的线宽时，则此线不以其真实线宽显示而只显示其中心线；对于大于该设定值的线，按实际线宽度显示。如果该选项的值被设置为“0”时，则所有的线都以实际宽度显示。这个值越大，刷新速度越快。设计文件太大，显示刷新太慢时可以这么做。

（3）“文本译码”选项组

该选项用于设置文本字体，在下拉列表中设置类型如图 10-2 所示。

Arabic
Baltic
Central European
Chinese Simplified
Chinese Traditional
Cyrillic
Greek
Hebrew
Japanese
Korean (Johab)
Korean (Wansung)
Thai
Turkish
Western European

图 10-2　下拉列表

（4）“拖动”选项组

该选项组用来设置对象的拖动方式，共有 3 个选项。

- “拖动并附着”选项：可以拖动被选择的对象。选择该选项后，选中对象时按住鼠标左键直接拖取对象而使其移动，对象移动后可松开鼠标左键，移动到所需位置时单击鼠标左键将其对象放下即可。选择此项设置有助于提高设计效率。
- “拖动并放下”选项：可以拖动被选择的对象。选择该选项后，在移动选中对象时，不能松开鼠标左键。当松开鼠标左键时，拖动完成，即松开鼠标的位置就是对象的新位置。
- “无拖动”选项：此选择不允许拖动对象，而必须激活一个对象之后使用移动命令（如单击鼠标右键选择“移动”命令）才能移动选择对象。

（5）“OLE 文档服务器”选项组

该选项组包括三个选项。

- “显示 OLE 对象”选项：该选项用于设置是否显示已插入的 OLE 对象。如果当前设计中存在 OLE 对象，那么打开太多的 OLE 链接目标会严重影响系统的运行速度。
- “重画时更新”刷新更新数据选项：这个设置仅仅应用于 PADS Layout 被嵌入其他应用程序中的情况。在满足以下两个条件时，系统更新其他应用程序中的 PADS Layout 连接嵌入对象。
  - 在分割的窗口中编辑 PADS Layout 对象。
  - 在分割的窗口中单击（重画）按钮。
- “绘制背景”画图背景选项：这个设置仅仅应用于 PADS Layout 被嵌入其他应用程序中的情况。应用同上，可以为被嵌入的 PADS Layout 目标设置背景颜色。当此选项关闭时，背景呈透明状态。

（6）“设计单位”选项

设计单位有 3 种：密尔、公制和英寸，3 者只能选择其中之一使用。系统默认单位为“密尔”。

2. “文件位置”选项卡

选择“文件位置”选项卡，如图 10-3 所示。

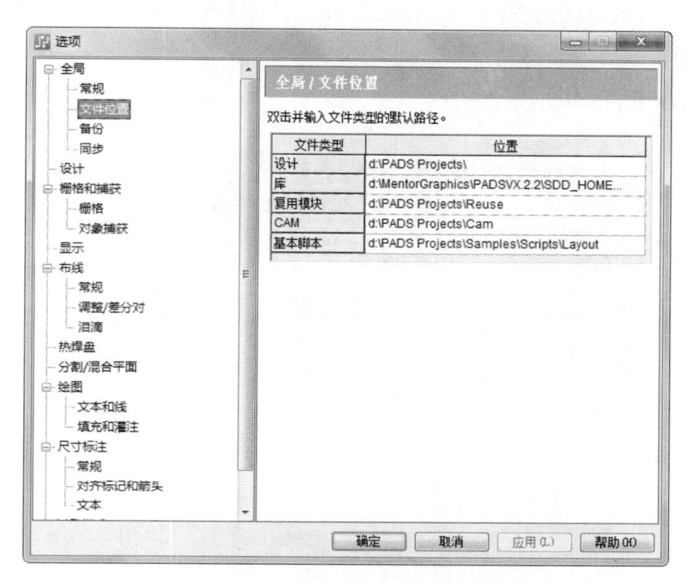

图 10-3　“文件位置”选项卡

在表格中显示文件类型及对应位置，双击即可修改文件路径。

3. “备份”选项卡

选择“备份”选项卡，如图 10-4 所示。

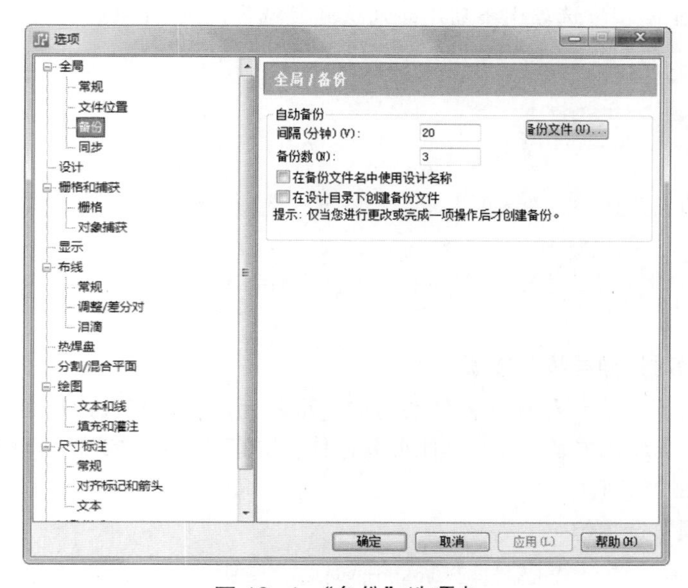

图 10-4　“备份”选项卡

“自动备份”选项组包含以下两个选项。

- “间隔（分钟）”选项：自动存盘时每个自动备份文件之间的时间间隔。此间隔值要适可而止，比如太小会因为系统总是在进行自动存盘而降低了系统对设计操作的反应。用户可以通过单击“备份文件”按钮来指定自动存盘的文件名和存放路径。
- “备份数”选项：可以设定所需的自动备份文件个数，但此数范围只能是 1 ～ 9 之间，系统默认 3 个。文件命名方式为“PADS Layout1.pcb”、“PADS Layout2.pcb”、“PADS Layout3.pcb”。

4. “同步”选项卡

选择“同步”选项卡，如图 10-5 所示。

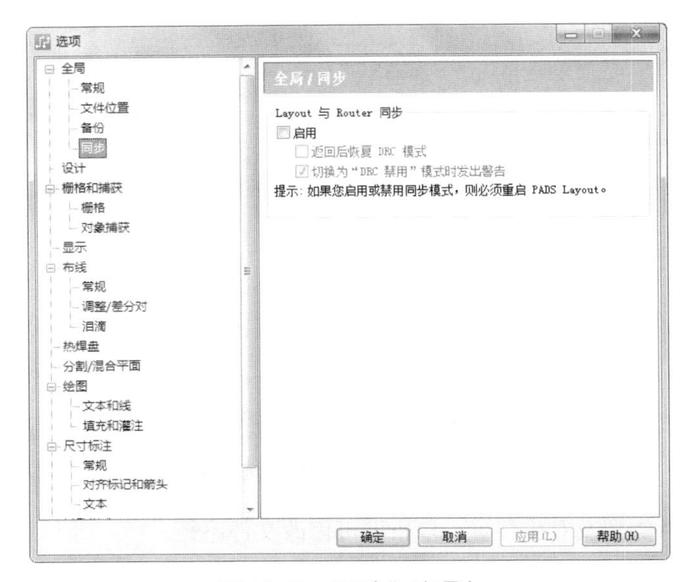

图 10-5 “同步”选项卡

“Layout 与 Router 同步”选项组下启用：勾选此复选框，则“PADS Layout”与“PADS Router”同步。

10.1.2 “设计”参数设置

选择菜单栏中的“工具”→“选项”命令，弹出“选项”对话框，选择其中的“设计”选项卡，如图 10-6 所示。

此项设置主要针对在设计中一些有关的诸如元器件移动、走线方式等方面的设置，总共包括以下 9 部分。

1. “元器件移动时拉伸导线”选项

当此选项被选择时，表示移动元器件的时候，跟此元器件管脚直接相连的布好了的走线在移动完成后仍然保持走线连接关系，反之则跟此元器件管脚直接相连的走线移动的那一部分在元器件移动后将变为鼠线连接状态。

2. “移动首选项”选项组

该选项组用于设置移动一个元器件时鼠标的捕捉点，共包含 3 个选项，每次仅允许选择一个选项。

- “按原点移动”选项：选择此项后，当选择元器件移动时，系统会自动将鼠标十字光标定位在元器件的原点上，以原点为参考点来移动。这个原点是在编辑元器件时设定的位置，而不一定是元器件本身的某个位置。

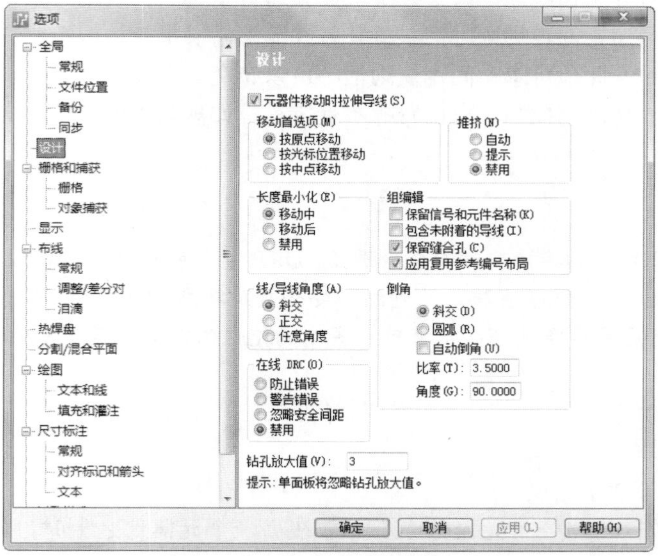

图 10-6　设计参数设置

- “按光标位置移动”选项：此项表示移动元器件时，用鼠标单击元器件任意点，则元器件移动定位时就以此点为参考点来进行移动。
- “按中点移动”选项：该选项表示在移动元器件时，系统自动把鼠标指针定位在元器件的中心上，以元器件中心为参考来移动元器件或定位。

3. “长度最小化”选项组

该选项组包括以下 3 个选项。

- “移动中”选项：在移动一个元器件时，系统会实时比较与此移动元器件管脚直接相连的同一网络连接点，并将其与最短距离点相连接。此项设置在有效状态下有助于布局设计，但对于某些特殊的 PCB 设计需要关闭这种最短化连接方式。
- “移动后”选项：选择该项后，则在移动元器件的过程中不计算鼠线长度；只有当元器件移动固定后，系统才会进行鼠线最短距离计算。
- “禁用”选项：此选项禁止系统进行鼠线长度最短化计算。

4. “线 / 导线角度”选项组

该选项组包括以下 3 个选项。

- 斜交：选中此项后，则系统在绘图或布线设计中走线时采用 45° 的整数倍改变线的方向。可以使用快捷命令 AD 直接切换到此状态下。
- 正交：与“斜交”不同，选中此项后，则系统在绘图或布线设计中走线时采用 90° 的整数倍改变线的方向。可用快捷命令 AO 取代此设置。
- 任意角度：选择该选项后，系统可以采用任意角度来改变线的方向。可用快捷命令 AA 直接关闭。

5. “在线 DRC”在线设计规则检查选项组

该选项组包括以下 4 个选项。

- 防止错误：在进行设计之前，在“设置”→“设计规则”中定义了各种各样的设计规则，比如走线宽度、线与线之间的距离、走线长度等。如果在进行设计的过程中将此项打开，那么设计将实时处于在线规则检查之下，如果违背了定义的规则，系统将会阻止继续操作。

- 警告错误：当违背间距规则时，系统警告并输出错误报告，但不允许布交叉走线。
- 忽略安全间距：此项可忽略间距规则但不可以布交叉走线。
- 禁用：关闭一切规则控制，自由发挥不受所有设计规则约束。

小技巧

以上 4 种状态模式的切换快捷键命令分别为：DRP 命令可直接切换到防止错误状态；DRW 直接切换到警告错误状态；DRI 直接切换到忽略安全间距状态；DRO 命令切换到禁用状态。我们在快捷命令的记忆上应该讲究技巧：把繁琐、多杂的记忆内容分成很多份来记不失为一种有效的方法。

6. “推挤”选项组

该选项组包括以下 3 个选项。

- “自动”选项：当将一个元器件不小心放在另一个元器件之上时，如果选择了此项设置，那么系统会自动按照设计规则来将这两个元器件分开放置。
- “提示”选项：同上面选项不同，系统首先不会自动去调整元件位置，而是弹出一个“推挤元件和组合”对话窗口进行询问，如图 10-7 所示。可以从此窗口选择任何一种推挤方向：自动、左、右、上和下，然后单击“运行”按钮，系统将按所选择的方式自动调整元器件位置来放置。
- “禁用”选项：关闭自动调整元器件放置功能。

图 10-7 “推挤元件和组合”对话窗口

7. “组编辑”选项组

这个功能主要针对块操作而言，块操作是 Windows 操作系统一大特色，所以一般都具有此项功能。块的概念就是定义一个区域，在这个区域内所有的对象就组合成了一个整体，对这个整体的操作就好像对某一单个对象操作一样。

- “保留信号和元件名称”：如果选择此项，那么在进行组编辑时（比如复制、粘贴），将会保持信号的连接性和元器件名。
- “包含未附着的导线”块操作时：当进行组编辑时，比如复制一个组，在选中的块范围内的走线不管是否在组内、有无与其他元器件相连，均被同等对待，但复制的块并不与原块保持信号线连接。
- “保留缝合孔”：选择该项后，在进行编辑时禁止删除缝合孔。
- “应用复用参考编号布局”：选择该项后，将块按照修改后的参考编号进行布局。

8. “倒角”选项

当在进行画图设计时，如果对所画图形的拐角长度有一定要求（这个拐角可以是斜角和圆弧），则可以设定一种模式，然后在画图时将按此模式来拐角处理。系统提供了 3 种方式：斜交、圆弧和自动倒角，只是在选定自动模式时，需要设定拐角圆弧的比率（半径）和角度范围。

9. “钻孔放大值”选项

“钻孔放大值”表示实际上相当于一个钻孔镀金补偿值。比如实际板中过孔直径为 30 mil，但在设计中如果不考虑补偿值，那么加工 PCB 时先钻孔，过孔按设定值 30 mil 钻孔，但此过孔还需要沉铜加工来使过孔导通，这样实际的过孔一定小于 30 mil，所以一定需要这个补偿值，其默认值为“3”。

小技巧

如果不希望使用这项设置，可以在设置“选项→过孔样式”项中不选择其设置窗口最下面的选择项“Plated（电镀）”。

10.1.3 “栅格和捕获”参数设置

选择菜单栏中的“工具”→“选项”命令，弹出“选项”对话框，单击其中的“栅格和捕获”选择项，主要分为“栅格”和“对象捕获”两个选项卡。

1. “栅格”选项卡”

首先介绍“栅格”选项卡，如图 10-8 所示。

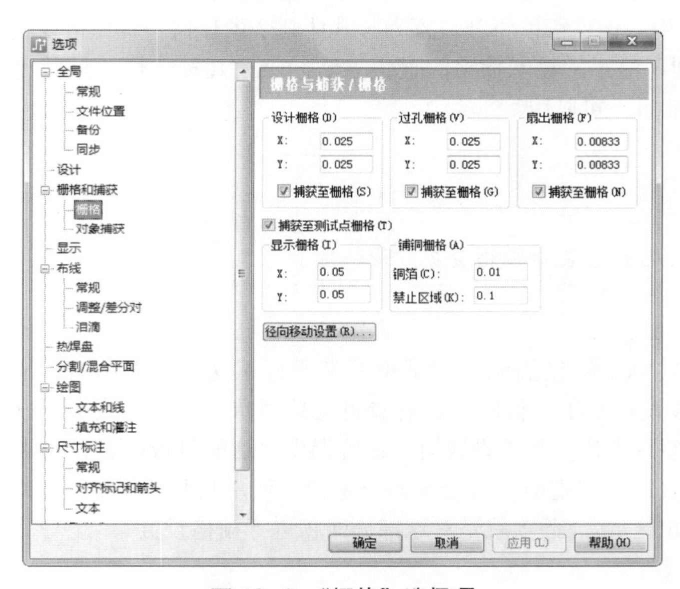

图 10-8 “栅格”选择项

注意

栅格也就是平常说的格子，建立这种网状格子主要是利用这些格子来控制需要的距离或在空间上作一个参考。能够在设计中控制移动操作或对象放置时最小间隔单位的栅格称为设计栅格，这个设计栅格是不可以显示的。而能够显示在设计画面中仅供设计参考之用的那些可见阵列格子为显示栅格。

有关栅格的设置有以下 6 个部分。

（1）“设计栅格”选项组

栅格是由 x 和 y 两个参数来决定格子的大小。多数情况下 x 和 y 值相等，也就是说栅格的每一个格子为正方形。以下各项栅格设置也一样，其实在实际设计中，设置栅格最好的方法是使用直接命令“G”，比如输入 G25。

小技巧

尽管设置了栅格参数值，但是可以不受其控制，只要不选择 x 和 y 值下面的选项“捕获至栅格”就可以了。

（2）“过孔栅格”选项组

这项设置主要控制过孔在设计中的放置条件，设置方法和“设计栅格”一样。

（3）“扇出栅格”选项组

这项设置主要是为自动布线器 PADS Router 扇出功能进行设置，其设置方法和“设计栅格”一样。

（4）“显示栅格”选项组

在设计画面中有很多的点阵，如果没有，是因为 x 和 y 值设置得太小，不妨将其变大试试。这些点阵格子就是设计参考栅格，也是唯一能真正显示出来的栅格，所以称为显示栅格。这种栅格主要用于设计中做参考用。当然可以将其设置为与其他几个中任何一种栅格设置具有相同的 x 和 y 值，那么那种栅格也得到了显示。显示栅格的设置方法同上述几种一样，只是没有选择项“捕获至栅格”，这是因为它只能看不可以用。

小技巧

使用直接命令 GD 设置显示栅格会更方便快捷。

（5）“铺铜栅格”选项组

- 铜箔：实际上铺设的铜皮都是由若干平行正交或斜交的 Hatch 线构成的。当将这些 Hatch 线设置小于某值时，就会看见它的网状结构，把线宽设置到一定大时，就看见的是一整片铜皮。此项设置用来设置铜皮中这些 Hatch 线中心线距离。
- 禁止区域：在铜皮中有时会保留一定的面积，此面积不允许铺铜。这部分面积就称之为“禁止区域”。此项就是对这部分面积进行栅格设置。

（6）“径向移动设置”

单击该按钮 径向移动设置(R)... ，则弹出图 10-9 所示的“径向移动设置”对话框。该对话框主要有 5 部分设置，分别如下。

- 极坐标栅格原点。
- 角度参数。
- 移动选项。
- 方向。
- 极坐标方向。

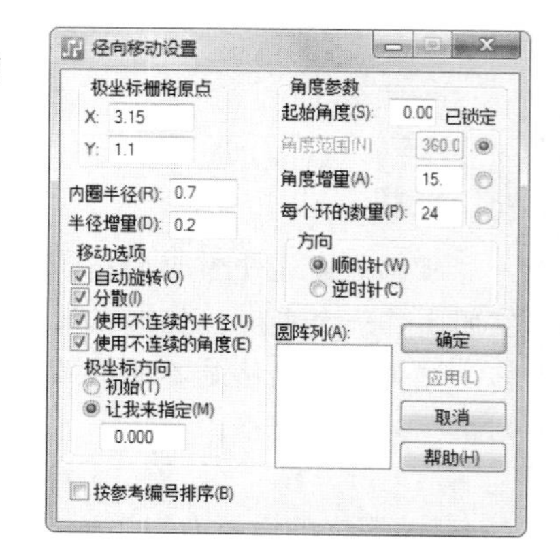

图 10-9 “径向移动设置”对话框

2. “对象捕获”选项卡

下面介绍“对象捕获”选项卡，如图 10-10 所示的设置窗口。

- 捕获至对象：勾选此复选框，设置捕获类型。
- “对象类型“选项组主要包括 8 种捕获类型，分别是：
  拐角、中心、交叉点、中点、四分之一圆周、元器件原点、管脚和过孔原点。

- 显示标记：在捕捉点显示对应的捕捉标记，“对象类型”选项组下对象右侧符号即是标记样式。
- 捕获半径：默认数值为 8.33。

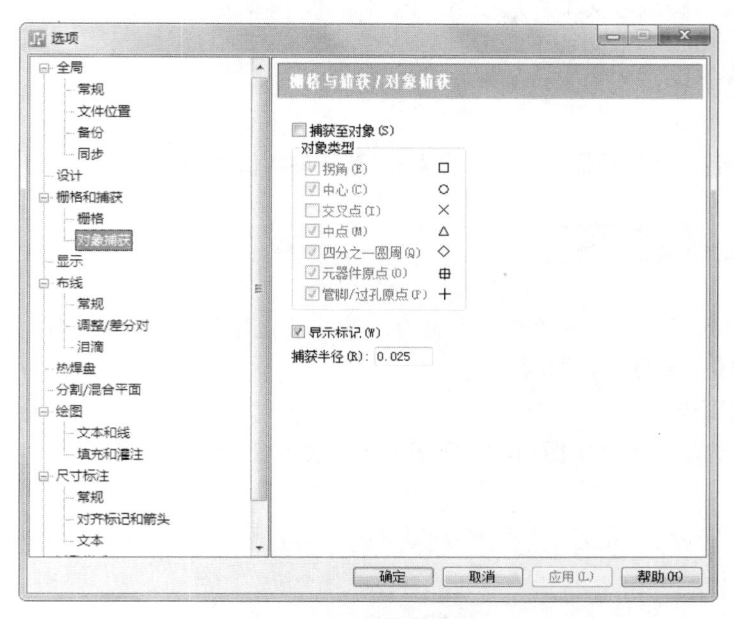

图 10-10　“对象捕获”选择项

10.1.4　“显示”参数设置

选择菜单栏中的“工具”→“选项”命令，弹出“选项”对话框，单击“显示”选择项，则弹出图 10-11 所示的设置窗口。

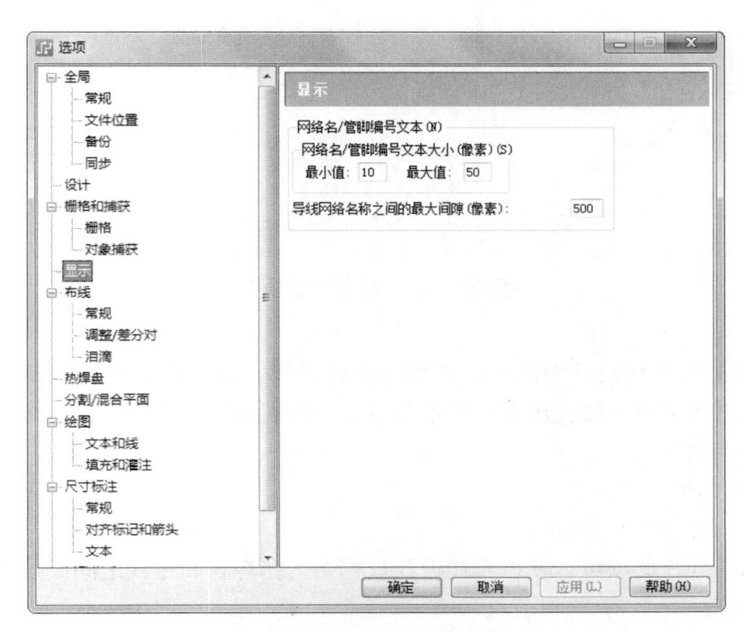

图 10-11　“显示”选项卡

显示设置主要用于设置导线、过孔及引脚上显示网络名的相关显示参数。选项卡共有以下两个选项组。

（1）“网络名 / 管脚编号文本”选项组：网络名 / 管脚编号文本大小（像素）：选择此项可以设置文本最小值、最大值，默认值如下。

- 最小值：10。
- 最大值：50。

（2）导线网络名称之间的最大间隙（像素）：默认参数值为 500。

10.1.5 “布线”参数设置

选择菜单栏中的“工具”→“选项”命令，弹出“选项”对话框，“布线”选择项下分别有三部分：常规、调整 / 差分对、泪滴。

1. “常规”选项卡

单击“常规”选项，则弹出图 10-12 所示的布线设置窗口。

图 10-12 “常规“选项卡

布线设置主要针对走线设计中的一些要求和爱好设置。这些设置可以使设计变得更加方便和可靠，所以在走线过程中或走线上出现一些不希望看到的现象时，请检查一下布线设置。“布线“选项卡共有以下 7 个选项组。

（1）“选项”选项组

该选项组中共有如下 9 个选项。

- 生成泪滴：选择此项可以使在布线设计过程中，在焊盘和走线之间或过孔与走线连接处自动产生泪滴。

注意

泪滴可以使走线与焊盘得到圆滑的过程，这是一种很好的功能，推荐使用。对于一些高精高密度板，系统还允许对泪滴进行编辑。

- 显示保护带：当在 DRC（在线规则检查）打开模式下布线时，一切操作都受在“设置→设计规则”中定义好的设计规则所控制。如果违背定义规则时，则会出现此保护圈进行阻止。保护带的半径是规则中的最小安全距离值，如图 10-13 所示。
- 亮显当前网络：选择此项表示当激活某一个网络，则此网络颜色呈高亮状态。

小技巧

高亮显示颜色在“设置→显示颜色”中设置。

- 显示钻孔：打开此项可以显示所有钻孔焊盘内径，否则均为实心圆显示状态。
- 显示标记：在主菜单“设置→层定义”设置窗口中“布线方向“下设置了每一个层的走线方向，但在实际走线时，除非设置成“任意”，否则根本不可能每一网络均在同一个方向布线。同一根走线中的某些线段可能会违背这个规则，如果选择此项“显示标记”设置，系统就会在那些违背了方向定义的线段拐角处作上一个方形标记。这对于设计无影响，推荐不要选择使用此项。
- 显示保护：可以把有某些网络设置为保护状态，先点亮需设置的网络或网络中某部分连线等，然后单击鼠标右键，选择弹出菜单中“特性”，则弹出图 10-14 所示的窗口，单击选项“保护布线”前复选框，再单击“确定”按钮即可。被保护的走线将会处于一种保护模式下，对其的编辑操作，比如修改走线、移动和删除都将视为无效。

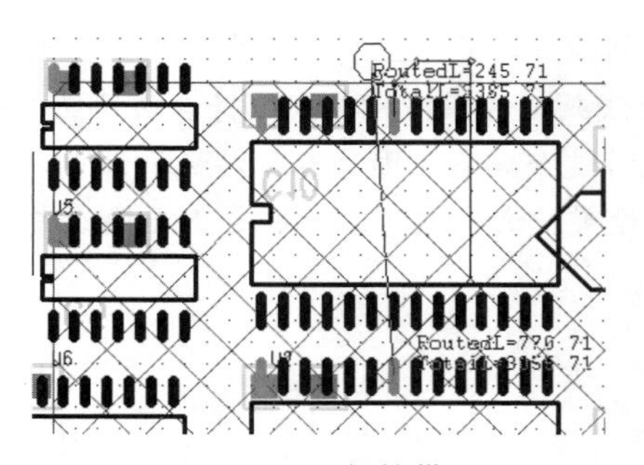

图 10-13　保护带图

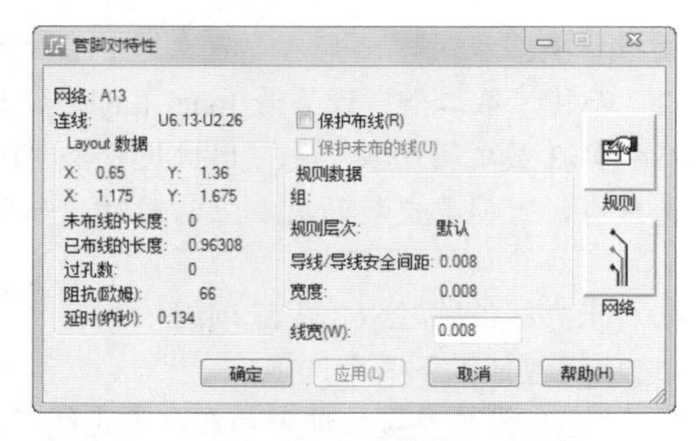

图 10-14　“管脚对特性”对话框

小技巧

当对某个网络设置了保护之后，如果在这里选择了“显示保护”项，那么在处于关闭所有实心对象并以只显示外框的模式下时（以外框线显示所有实心体的直接命令是 O），被保护的线以外框显示出来；反之以实心线显示。总之被保护的走线显示方式与其他未被保护走线刚好相反，这样就很容易区分出来，如图 10-15 所示。

- 显示测试点：如图 10-16 所示，上面的那一个过孔已经被定义为用于测试点，通过打开此项测试点标记显示设置，可以很清楚地知道哪些过孔是被作为测试点使用。

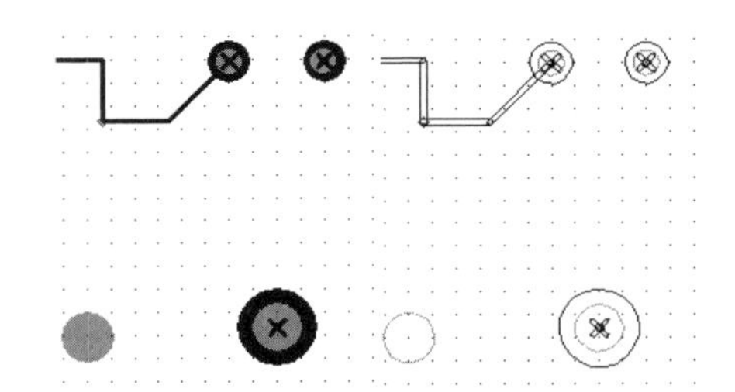

图 10-15　保护线的两种显示模式显示测试点

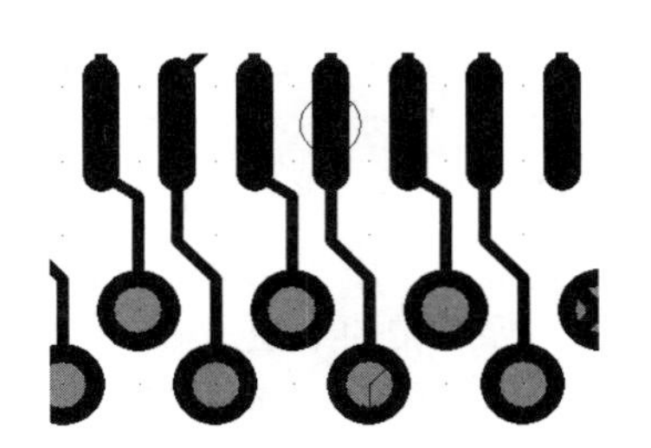

图 10-16　测试点

- 锁定测试点：选择此项表示在移动元器件时不能移动测试点。
- 显示导线长度：选择该选项后，布线时在鼠标指针处显示已布线的长度和总长度。
- 自动保护导线：该选项用于设置是否自动保护走线不被拉伸、移动、推挤和圆滑处理。
- 从任意角度接入焊盘：选择该选项后，布线可以以任意角度进出焊盘，无须考虑“焊盘角度”的设置参数。

（2）“正在居中”选项组

该选项组中的“最大通道宽度”选项用于设置最大通道宽度。

（3）“层对”选项组

这个选项组用于定义板层对，共有两个选项。

- 第一个：设置板层对的第 1 层。
- 第二个：设置板层对的第 2 层。

小技巧

当设计多层板时，比如只希望在第 2 层和第 3 层之间操作，就可以将“首个”设置为 Inner Layer2，而将“第二个”设置为 Inner Layer3，这样在走线或其他操作时，系统将自动只仅仅在第 2 层和第 3 层之间切换。也可用快捷命令“PL”来代替这个设置，因为在多层板设计中，同一根走线有时可能要交换两次以上的层对，如果都这样设置就太麻烦了，特别是正在操作中。

（4）“未布线的路径双击”选项组

该选项组包括以下两个选项。

- 动态布线：设置此项表示在动态走线模式下，只需双击鼠线即可完成一个动态布线操作。
- 添加布线：双击鼠标左键即可完成一个手工走线操作。

注意

这个设置一般默认为“添加布线”，如果需要设置成“动态布线”，则必须处于在线检查 DRC 模式下（打开在线检查用直接命令 DRP）。

（5）“平滑控制”选项组

该选项组包括以下两个选项。

- 平滑总线布线：保护一个网络的走线（包括长度受控的网络）和走线末端的过孔。
- 平滑焊盘接入 / 引出：在完成一个总线布线后，进行一个圆滑操作。

2. “调整 / 差分对”选项卡

单击“调整 / 差分对”选项，则弹出图 10-17 所示窗口。

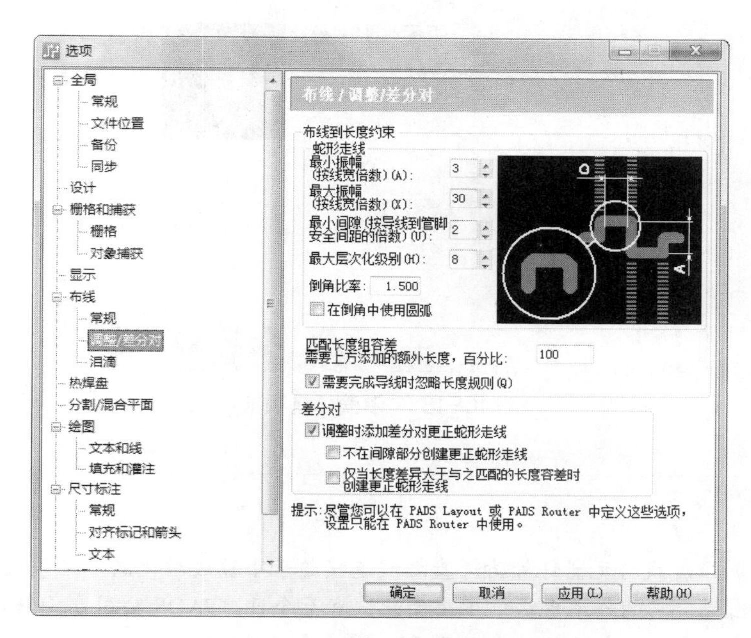

图 10-17　“调整 / 差分对“选项卡

该选项用于设置在 PADS Router 中使用的蛇形走线与差分对走线的参数。

（1）“布线到长度约束”选项组

在长度规则下布线时，约束是为了满足长度规则的要求蛇形走线，以达到所需要的布线长度。

- “蛇形走线”选项组
  - 最小振幅：蛇形布线区域最小振幅的实际值，是布线宽度乘以该文本框中的数值。
  - 最大振幅：蛇形布线区域最大振幅的实际值，是布线宽度乘以该文本框中的数值。
  - 最小间隙：蛇形布线区域最小间隙的实际值，是布线宽度乘以该文本框中的数值。
  - 最大层次化级别：默认值为 8。
  - 倒角比率：默认值为 1.5。
  - 在倒角中使用圆弧：勾选此复选框，布线时遇到拐角时直线用圆弧代替。
- 匹配长度组容差需要上方添加的额外长度，百分比。
- 需要完成导线时忽略长度规则：选中此复选框，当需要完成布线时，忽略此长度规则。

（2）“差分对”选项组

差分对走线是一种常用于高速电路 PCB 设计中差分信号的走线方法，将差分信号同时从源管脚引出，并同时进行走线，最终将差分信号连接到目标管脚位置，即差分走线的终点。

3. “泪滴”选项卡

单击“泪滴”选项，则弹出图 10-18 所示的设置窗口。

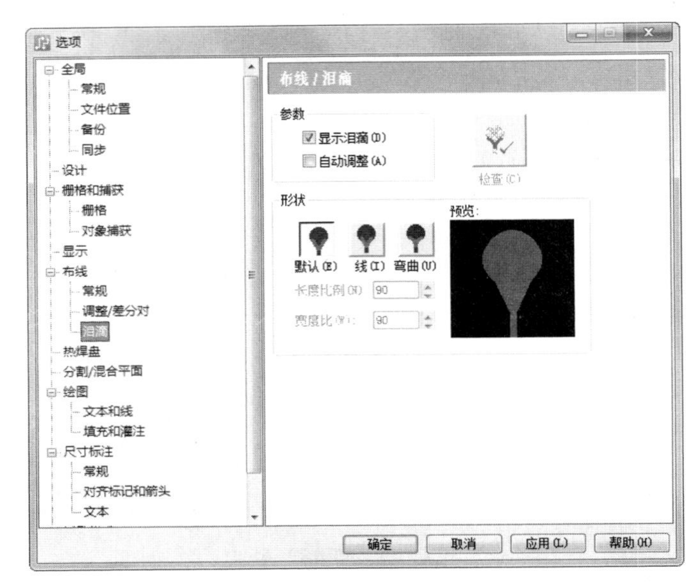

图 10-18 “泪滴“选项卡

注意

泪滴是用来加强走线与元器件管脚焊盘之间连接趋于平稳过程化的一种手段，目前随着大量高频设计板的出现，它的作用也远远不止于此。直至今日，PADS 公司在泪滴功能方面又加强了很多，适应了用户在不同领域设计中的需要。

主要包括以下两个选项组。

(1)“参数”选项组

- 显示泪滴：设置是否在设计中显示泪滴。

注意

如果设计有泪滴存在，这里设置为不显示并不影响泪滴的设计检查和最终的 CAM 输出，只是不希望它显示出来，这样可以提高画面的刷新速度。

- 自动调整：设置是否允许在设计过程中根据不同的要求来自动调整泪滴。

(2)“形状”选项组

该选项组用来设置泪滴的形状，并可以通过预览窗口观察。它主要包括以下 5 个选项。

- 默认：表示在设计中使用系统默认的泪滴形状。
- 线：这种模式下泪滴的过渡外形线为直线，可以编辑其长度与宽度。
- 弯曲：设置此种模式时，泪滴的外形线为弧形线，可以对其长度和宽度进行编辑。这种泪滴在高频和高精密集度 PCB 中非常适用。比如在高密度板中，由于泪滴外形轮廓线为弧形，所以可以节省大量的空间。
- 长度比例：设置滴泪长度与其连接的焊盘直径的比例，其值为百分数。如该项的值为 200，而其连接的焊盘直径为 60 mil，则滴泪的长度为 120 mil。

- 宽度比：设置滴泪宽度与其连接的焊盘直径的比例，其值为百分数。

10.1.6 “热焊盘”参数设置

热焊盘在电源或地层中也称为花孔，在表层铺设大片的铜皮并希望这些铜皮毫无连接关系地独立放在那里。这时一般都会将它们与地或电源网络连接起来，铜皮与这些网络中链接的焊盘或过孔称其为热焊盘，如图 10-19 所示。

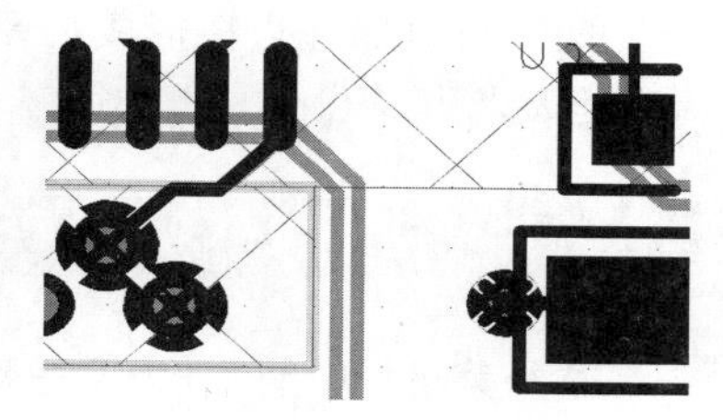

图 10-19　花孔

选择菜单栏中的“工具”→“选项”命令，弹出“选项”对话框，单击“热焊盘”选择项，则弹出图 10-20 所示的热焊盘设置窗口。

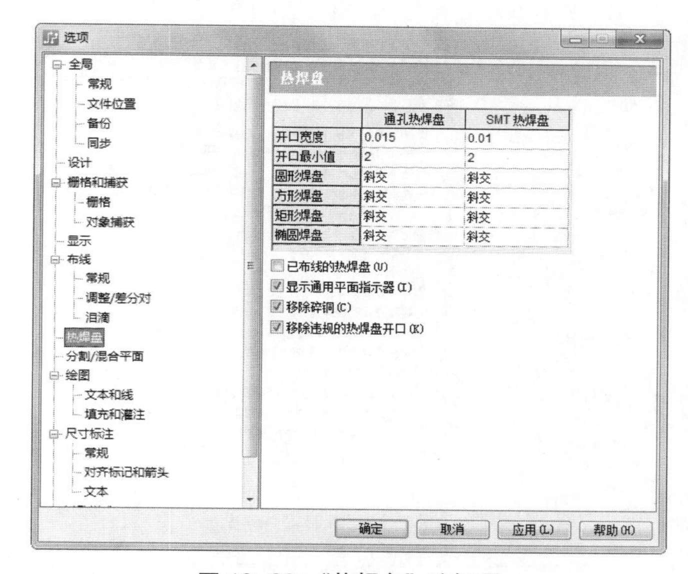

图 10-20　“热焊盘”选择项

（1）“热焊盘”选项组

- 开口宽度：用来设置花孔连接线的宽度。
- 开口最小值：用来设置与铜皮连接的最少线条数，默认值是 2 条，最大值不能超过 4。
- 圆形焊盘：显示圆形焊盘在通孔热焊盘与 SMT 热焊盘中的设置，一共有四种形状供选择，圆形、方形、矩形和椭圆形。
- 方形焊盘：显示方形焊盘在通孔热焊盘与 SMT 热焊盘中的设置。
- 矩形焊盘：显示矩形焊盘在通孔热焊盘与 SMT 热焊盘中的设置。

（2）“已布线的热焊盘”选项

如果选择了此项，系统会将元器件的管脚焊盘也形成热焊盘。

（3）“显示通用平面指示器”选项

只有在 CAM 功能里出 Gerber 文件阅览时可以看到内层电源或地层的花孔，平时的设计是看不见的。但是如果选择此选项，系统会自动在内层热焊盘通孔的表层上标注一个 X 形标记，使工程人员从通孔的表层就可以知道此通孔在内层有花孔存在，便于识别，如图 10-21 所示。

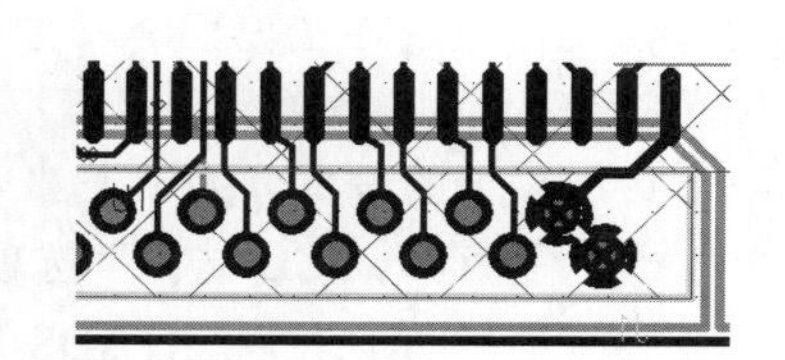

图 10-21　内层热焊盘在表层标记

（4）“移除碎铜”选项

该选项用于在铺铜操作过程中自动移走孤立的铜皮。

（5）“移出违规的热焊盘开口”选项

此项可以保证当在形成热焊盘时，如果热焊盘中有某一条连接线违背了定义好的设计规则，系统自动将其移出去。

10.1.7 “分割 / 混合平面”参数设置

选择菜单栏中的“工具”→“选项”命令，弹出“选项”对话框，单击其中的“分割 / 混合平面”选择项，则弹出图 10-22 所示的设置窗口。

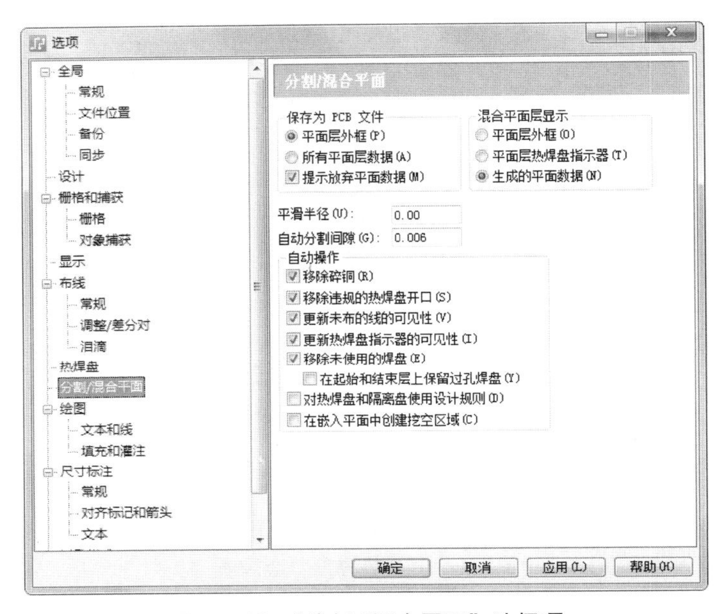

图 10-22 “分割 / 混合平面”选择项

注意

在 PADS Layout 中，电源和地层有两种供选择使用（CAM 平面和分割 / 混合平面），具体选择哪一种可根据需要和自己爱好而定，但是一定要对使用 CAM 平面和使用分割 / 混合平面有什么不同非常清楚。对于使用 CAM 平面层，由于使用的是负片，所以不管保存还是显示都不会影响太大，无须去对它进行设置控制保存与显示方面的情况；但分割 / 混合平面使用的是覆铜处理方法，所以数据量非常之大，如果不加以设置控制，则对设计有时很麻烦，所以提醒大家在使用分割 / 混合平面层时要千万小心。

该选项卡的设置分为 5 个部分。

（1）“保存为 PCB 文件”选项组

- 平面层外框：PADS Layout 提供了一种巧妙存储大数据文件的方法。如果在设计中存在混合分割层，当存盘保存为文件时，系统只是将混合分割层的铜皮外框数据保存，而不是将整块铜皮数据保存，这样保存文件就会大大减少磁盘存储空间。但这一点并不影响设计，下次调入该文件时，使用铜箔管理器中“影线”功能恢复铜箔即可。推荐选择使用。

- 所有平面层数据：选择此项，系统将会完整保存平面层所有的数据，这与上述设置项相反，此时文件字节数比使用上述设置要大得多。推荐一般情况下不要选用。
- 提示放弃平面数据：选择此项，当放弃平面数据时，弹出提示对话框。

（2）“混合平面层显示”选项组

- 平面层外框：不显示出混合分割层所有铜皮而只显示其外框，这样显示刷新很快。
- 平面层热焊接盘指示器：选择此项表示既显示平面层外框，又显示花孔标示符。
- 生成的平面数据：显示平面层所有的数据。

（3）平滑半径

这个数值只对混合分割层有效，表示该层铜皮拐角处圆弧半径值。

（4）自动分割间隙

当混合分割层进行平面自动分割时（比如在这个层上有两个电源，则必须将它们分开，划分为两个互不相连的独立铜皮）所自动分割出来的各部分之间的保持距离值。

（5）“自动操作”选项组

在此以下 5 个设置选项全部推荐选用。

- 移除碎铜：在混合分割层覆铜，系统将自动删除那些没有任何网络连接的孤立铜皮。
- 移除违规的热焊盘开口：如果花孔连接到铜皮上的连接线违反了所定义的规则，则系统会将连接线自动删除。
- 更新未布的线的可见性：当从一个 SMD 元器件管脚开始走线，走出一段后通过过孔接入混合分割层，此时系统会自动在此过孔上附上一个标示符“X”，表示这个过孔接入了混合分割层。
- 更新热焊盘指示器的可见性：当换层刷新时，系统会根据当前不同的层来显示花孔的不同标示符。
- 移除未使用的焊盘：在混合分割层中，如果有某两个同一网络的过孔重复放置，系统将会自动调整为一个，避免了加工钻孔时因重复钻孔而对 PCB 造成损害。
- 对热焊盘和隔离盘使用设计规则：当进行覆铜操作链接平面层时，应用间距规则设置中的焊盘到铜箔的间距规则到热焊盘；应用间距规则设置中的钻孔到铜箔的间距规则到隔离盘。
- 在嵌入平面中创建挖空区域：使用该项创建铜箔挖空区域嵌入平面层。

10.1.8　“绘图”参数设置

选择菜单栏中的“工具”→“选项”命令，弹出“选项”对话框，选择其中的“绘图”项，绘图设置窗口主要是对工具栏中绘图工具按钮中的功能所产生的结果进行控制。包括两个选项：文本和线、填充和灌注。

1. “文本和线”选项卡

单击“文本和线”选项卡，弹出图 10-23 所示的设置窗口。

（1）“默认宽度”

在绘制图形及各种外框时所使用的默认线宽值，可重新输入一个新的默认值。

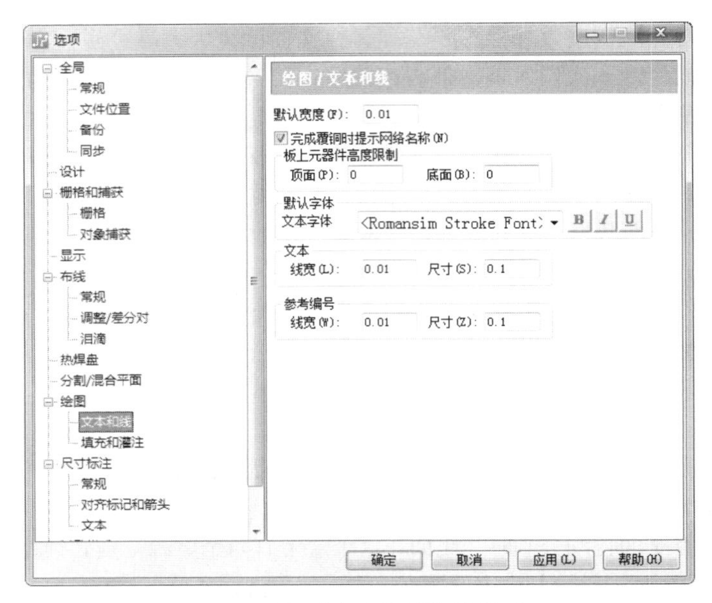

图 10-23 “文本和线”选择项

(2) 完成覆铜时提示网络名称

该选项用于设置 PADS 是否弹出对话框，提示为新铜箔分配网络。

(3)“板上元器件高度限制”选项组

- 顶面：设置限制 PCB 表面层所有元器件在表层所能容许的最高高度值，在框中输入元器件限制最高高度值。
- 底面：限制板底层元器件所允许的最高高度。

(4)“默认字体”选项组

文本字体：选择文本字体类型，设置字体样式。字体样式按钮 B I U 分别为加粗、倾斜、加下划线。

(5)“文本”选项组

- 线宽：设置文字宽度。
- 尺寸：限制文字高度。

(6)“参考编号”选项组

- 线宽：对元器件参考标示符（比如元器件名）的文字线宽控制。特别注意的是，设置只是针对在设计中附增加的元器件名，而不能对设置以前的起作用，当设置好这个值后以后增加的元器件或元器件类名都将以设置的为准。
- 尺寸：设置元器件参考标示符高。

2. “填充和灌注”选项卡

单击“填充和灌注”选项卡，弹出图 10-24 所示的设置窗口。

(1)“填充”选项组

- 查看方式有以下 3 种。
  - 正常：一般情况完全显示板中铺设的铜皮。
  - 无填充：不显示铜皮。
  - 用影线显示：将铜皮显示成一些影线平行线。

- 方向。
  - 正交：将铺设铜皮中的影线组合线呈正交显示。
  - 斜交：将铺设铜皮中的影线组合线以斜交状显示。
  - 与禁止区域的布线方向不同：在禁止区域使用相反的影线方向。

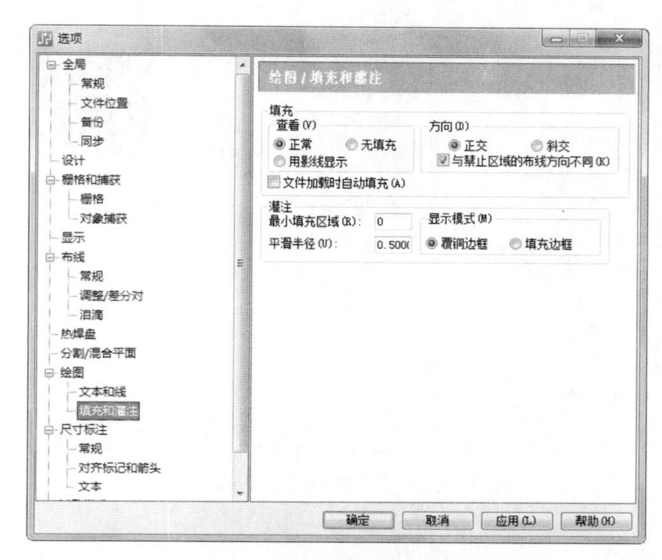

图 10-24 “填充和灌注”选择项

(2)“灌注”选项组

- 最小填充区域：设置一个最小铜皮面积，当铺铜时如果小于这个面积的铜皮，系统将自动删除。
- 平滑半径：设置铜皮在拐角处的平滑度。
- 显示模式有以下两种。
  - 覆铜边框：注意影线包含于覆铜，是覆铜中的每一部分，影线不可能脱离覆铜而独立存在，它的集合就构成了覆铜，所以只有建立了覆铜才能谈影线。选择此项表示显示这一块铜箔中每一个影线的外框。
  - 填充边框：只显示整块铜皮的外框，也就是不显示为实心状况。

10.1.9　“尺寸标注”参数设置

选择菜单栏中的“工具”→“选项”命令，弹出“选项”对话框，单击其中的“尺寸标注”选择项，则弹出图 10-25 所示的设置窗口。

尺寸标注对电子设计非常重要，主要是对标注尺寸时的标注线和文字的有关方面设置，其设置一共包括三大类分别是：常规设置、对齐标记和箭头及文本设置。

系统默认的是常规，其余两类的选择可以通过“常规”选择项中的参数来选择。

1. “常规”选项卡

该选项对应了尺寸标注的一些通用、基本的设置。

(1)“层”选项组

这部分设置很简单，主要是对“文本”和“2D 线”进行层设置，从对应的下拉列表中选择一个层，就表示将“文本”和“2D 线”在尺寸标注时放在该层上。

图 10-25 “尺寸标注”设置窗口

（2）“扩展线”选项组

扩展线是指尺寸标注线的一端可以人为根据自己的需要来控制，而基本部分不变。

- 显示第一条标志线：这是尺寸标注的起点界线标注线，选择表示需要。
- 显示第二条标志线：同上类似，这是测量点终点界线的标注线。
- 捕捉间距：这个距离表示从测量点到尺寸标注线一端之间的距离，如果为零，则表示尺寸标注线从测量点开始出发。
- 箭头偏移：设置尺寸标注线超出箭头的延伸线长度。
- 宽度：尺寸标注线的宽度。

小技巧

在进行这部分设置时，最好的方法是参考窗口下面的阅览小窗口，因为每一个参数不同的设置都会在阅览小窗口中体现出来。

（3）“圆尺寸标注”选项组

在这个设置中只有两种选择，表示当标注圆弧时是用半径来标注还是用直径来标注。

（4）“预览类型”选项

该选项的设置不会对尺寸标注产生影响，只是便于用户查看当前设置。如果在“对齐标记和箭头”设置面板中改变箭头或对齐标记的形状，便可以立即在预览窗口看到改变结果。该选项的下拉列表中有水平、垂直、对齐、角度、圆 5 个选项。

2. 对齐标记和箭头

打开“对齐标记和箭头”选项，如图 10-26 所示。这个窗口包括两大部分设置：对齐工具和箭头。

图 10-26　“对齐标记和箭头”选项卡

（1）“对齐工具”选项组

同上述第一类设置一样，在设置此类设置时如果对某项设置不太明白，最好的方法是看看改变某设置项后在窗口下的阅览小窗口中示范有何变化，如果看不出变化，可将参数值改大些即可。在这一类设置中一共有 6 个按钮、、、、、，这 6 个中可以任选来组合成校准直线。从本窗口中最下面的“预览”窗口中可以看到尺寸标注线的标注起点和终点上都有一个由上面“对齐工具”中 6 个按钮所组成的图形。当选择标注起点和终点时它就会出现在选择点上，供对齐标注线。其参数上的设置有两个：“尺寸”表示标注线的一端距离校直点多远，如果设为零，则表示标注线从对齐点也就是测量点开始；“线宽”表示对齐线的线宽值。

（2）“箭头”选项组

此项设置主要针对标注箭头，里面有 3 个小按钮、、，分别用来设置箭头的 3 种形状，需要哪种就按下哪一种。

- 文本间隔：此项用来设置尺寸标注值与标注线的一端之间保持多远的距离。
- 箭头长度：尺寸标注箭头的长度值。
- 箭头尺寸：尺寸标注箭头的宽度值。
- 末尾长度：箭尾就是箭头标注线长度减去箭头长度的值。
- 线宽：箭头线的宽度。

（3）预览类型

改变上面各参数都可以在此窗口中看到改变后的结果。

3. “文本”设置

尺寸标注除了一般性设置和箭头设置，还有一些有关文字设置。选择“文本”，则窗口变为对标注尺寸值文字的设置窗口。如图 10-27 所示。

在此项设置中共有 6 项参数值设置。

（1）“设置参数”选项组

- 高度：表尺寸数值文字的高度。
- 线宽：表文字线宽。
- 后缀：表数值后所跟单位。

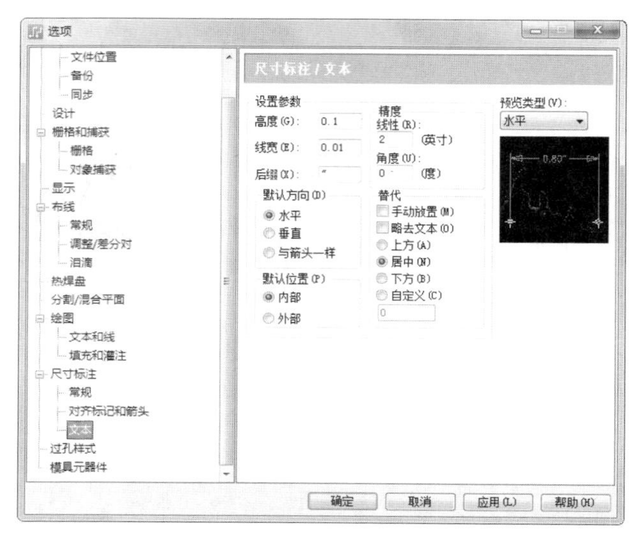

图 10-27 “文本”设置面板

（2）“默认方向”选项组

- 水平：使尺寸标注文字水平放置。
- 垂直：使尺寸标注文字处于垂直放置状态。
- 与箭头一样：使尺寸标注文字跟标注箭头方向一致。

（3）“默认位置”选项组

- 内部：尺寸标注文字处于测量起点和终点标注线的里面。
- 外部：尺寸标注文字在测量起点和终点标注线外面。从下面“预览”中可以清楚地看到这种设置变化。

（4）“精度”选项组

- 线性：线性标注精度。如果设置为 1，表示精确到小数点后一位数。
- 角度：角度标注精度值设置。

（5）“替代”选项组

- 手动放置：标注尺寸时，人为手工来放置尺寸标注文字。
- 略去文本：标注尺寸时，不需要尺寸标注文字。
- 上方：将尺寸标注文字放在箭头标注线上面。
- 居中：将尺寸标注文字放在与箭头同一直线上并在其箭头线中间位置。
- 下方：尺寸标注文字放在箭头线下面。
- 自定义：让用户自己定义尺寸标注文字位置。

（6）预览类型：参数设置同“常规”面板中的“预览类型”设置。

10.1.10 “过孔样式”参数设置

选择菜单栏中的“工具”→“选项”命令，弹出“选项”对话框，单击其中的“过孔样式”选择项，则弹出图 10-28 所示的设置窗口。

该选项卡用来设置缝合过孔和保护过孔的参数，介绍如下。

（1）“当屏蔽时”选项组

- 从网络添加过孔：选择保护过孔所属的网络。

- 过孔类型：选择保护过孔的类型。

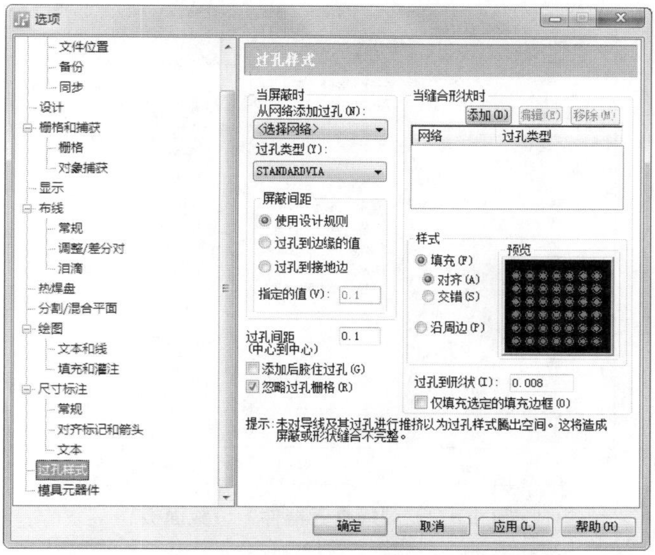

图 10-28 “过孔样式”设置面板

（2）“屏蔽间距”选项组

- 使用设计规则：应用设计规划中关于过孔到保护对象之间的距离规定。
- 过孔到边缘的值：定义不同于设计规则中的过孔到布线或铜箔的最小间距。
- 过孔到接地边：可以激活“指定的值”文本框。
- 指定的值：设定过孔到铜箔的距离，激活后默认值为 100。
- 过孔间距：过孔中心距，默认值为 100。
- 添加后胶住过孔：选中此项，过孔胶住。
- 忽略过孔栅格：选中此项，否则过孔附着在过孔栅格上。

（3）“当缝合形状时”选项组

在下面的列表中添加、编辑和移除网络类型，将制定的网络通过指定的过孔类型缝合到铜箔上。

- 样式：在右侧显示过孔类型预览，左侧显示两种过孔类型。
- 填充：将过孔布满区域，包含对齐、交错两种类型。
- 沿周边：在区域四周一圈放置过孔，其余中间部分空置。
- 过孔到形状：制定过孔到边界的距离，取值范围为 0 ～ 100 mil。
- 仅填充选中的填充边框：选中此项后，按照绘制的图形填充边框。

10.1.11　“模具元器件”参数设置

选择菜单栏中的“工具”→“选项”命令，弹出“选项”对话框，单击其中的“模具元器件”选择项，则弹出图 10-29 所示的设置窗口。

该选项卡用来设置创建模具元器件时所需数据的参数，共分为两个部分。

（1）“在层上创建模具数据”选项组

- 模具边框和焊盘：设置模具轮廓和焊盘出现的板层。
- 打线：设置 Wire 连接出现的板层。

- SBP 参考：设置 SBP 引导出现的板层。

图 10-29 “模具元器件”设置面板

（2）“打线编辑器”选项组

- 捕获 SBP 至参考。
- 捕获阈值。
- 保持 SBP 焦点位置。
- 显示 SBP 安全间距。
- 显示打线长度和角度。

10.2 层定义参数设置

10.2.1 板层的参数设置

在设计 PCB 时，由于电路的复杂程度以及考虑 PCB 的密度，往往需要采用多层板（多于两层）。如果设计的 PCB 是多层板（4 层以上，包括 4 层），那么“层定义”设置是必须要做的。因为 PADS Layout 提供的默认值是两层板设置。选择菜单栏中的“设置”→“层定义”命令，则弹出图 10-30 所示的“层设置”对话框。

1. “层”列表框

图 10-30 窗口中最上部有一个滚动条窗口表框，在表框中列出了可以使用的所有的层，每一个层都显示出有关的 4 种信息，其分别介绍如下。

- 级别：指 PCB 板层，用数字来表示（如第一层用 1）。
- 输入：层所属的类型，层类型包括 CM 元器件面、RX 混合分割层、GN 普通层（也可叫自定义层）、SS 丝印层等。层的类型不需要人为地定义，一旦定义好该层的其他属性，则层类型会自动更新默认设置。
- 目录：该板层的走线方向，在窗口中布线方向栏去定义。H 表示水平，V 表示垂直，A 表示任意方向。

- 名称：板层的名字，可以对板层名修改，修改时只需在窗口中的“名称：”后输入一个新的层名，则系统将自动更新其默认板层名。

2. “名称”选项

该选项的文本框用来编辑用户选中板层的名称。除了顶层和底层，其他层的名字都默认为 Inner Layer。

3. “电气层类型”部分

这部分设置用来改变板层的电气特性。对于顶层和底层，可以定义它们的非电气特性。选中顶层，单击图 10-30 中的“关联”按钮，会弹出图 10-31 所示的对话框。通过该对话框，可以为顶层或底层定义一个不同的文档层，包括丝印、助焊层、阻焊层和装配。

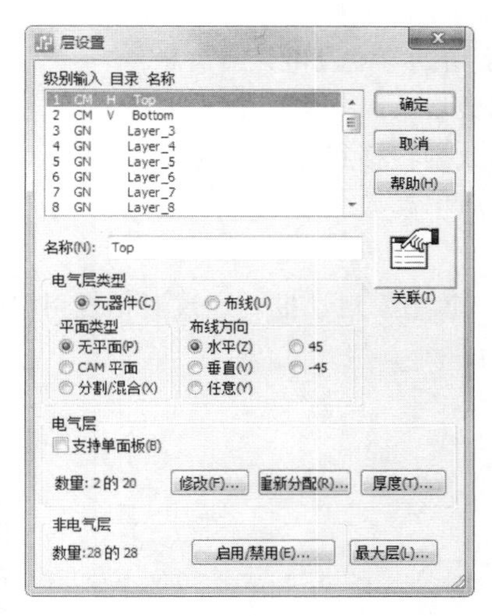

图 10-30　“层设置”对话框

图 10-31　“元器件层关联性”对话框

4. “平面类型”部分

在所有的平面层中一共分为两种层（特殊和非特殊），非特殊层指非平面层，特殊层包括“CAM 平面”和“分割 / 混合”两种层。

（1）无平面

所以“无平面”层一般指的是除 CAM 平面层和 Split/Mixed 这两个特殊层以外的一切层。通常指的是走线层，如 Top（表层）和 Bottom（底层）。但是如果在多层板中有纯走线层，也要设置成非平面层。

（2）CAM 平面

这个特殊平面层之所以特殊，是因为它在输出菲林文件时是以负片的形式输出 Gerber 文件。在设计中常常将电源和地层的平面层类型设置成“CAM 平面”层，因为电源和地层都是一大块铜皮，如果输出正片，其数据量很大，不但不方便交流，而且对设计也不利。当将电源或地层设置为“CAM 平面”时，只需要将电源或地网络分配到该层（关于如何分配，本小节下面有详解），则在此层的分配网络会自动在此层产生花孔，不需要再去通过别的手段（如走线或铺铜）来将它们连接。

（3）分割 / 混合

它同“CAM 平面”一样，一般也是用来处理电源或地平面层，只是它输出菲林文件时不是以负片的形式输出，而是输出正片。所以分配到该层的电源或地网络都必须靠铺铜来连接。但是在铺铜时，系统可以自动地将两个网络（电源或地）分割开来，形成没有任何连接关系的两个部分。在这个层中可允许存在走线，但是一般除非比较特殊的板采用这种层类型外，通常电源或地层都会选择“CAM 平面”类型。推荐一般不要轻易使用“分割 / 混合”类型，除非你对其与“CAM 平面”的区别和用途非常清楚。

5. “布线方向”部分

可以设置选中层的走线方向。所有的电气层都要定义走线方向，非电气层可以不设置走线方向。

- 水平。
- 垂直。
- 任意。
- 45。
- −45。

走线方向会影响手动和自动布线的效果。

6. “电气层”部分

这部分用来改变板层数，重新定义板层序号，改变层的厚度及电介质信息。

- “修改”按钮：可以改变设计中电气层的数目。
- “重新分配”按钮：可以把一个电气层的数据转移到另一个电气层。
- “厚度”按钮：可以改变层的厚度及电介质信息。

7. “非电气层”部分

单击其中的“启用 / 禁用”按钮，会弹出“启用 / 禁用”对话框，通过对话框可以使特定的非电气层有效。

10.2.2 实例——增加板层

下面以设置一个四层板为例来介绍如何增加板层。

扫码看视频

【创建步骤】

（1）单击“标准”工具栏中的“新建”按钮，新建一个空白的 PCB 文件。

（2）选择菜单栏中的“设置”→“层定义”命令，则弹出图 10-32 所示的“层设置”窗口。

（3）单击图 10-32 中窗口最下面的“修改”按钮，系统弹出图 10-33 所示的窗口。

在图 10-33 窗口中输入数字 4，然后单击“确定”，这时在“层设置”窗口中 Top（表层）和 Bottom（底层）之间多了两个层（内层 2 和内层 3），到此完成了从双面板到四层板的设置，如图 10-34 所示。

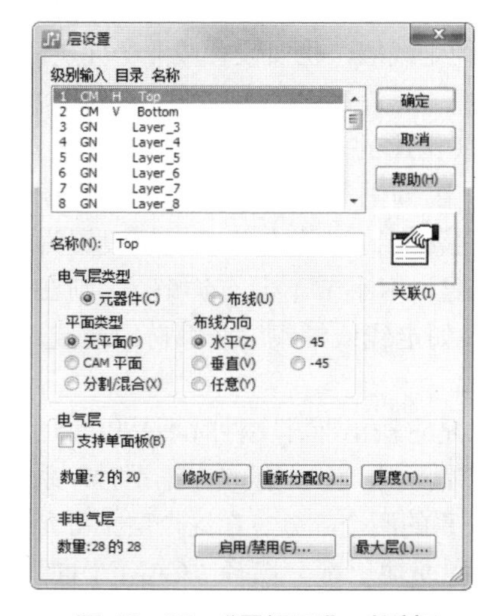

图 10-32 “层设置”对话框

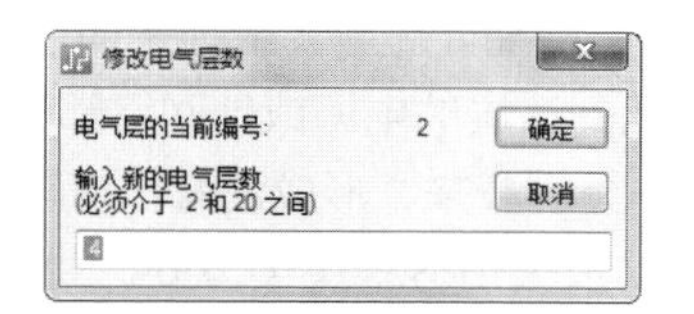

图 10-33 输入板层数

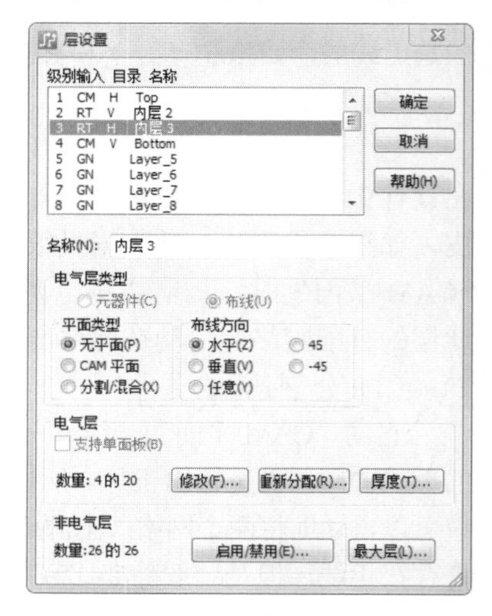

图 10-34 添加两个内层

10.2.3　板层颜色的参数设置

显示颜色的设置直接关系到设计工作的效率。选择菜单栏中的“设置”→“显示颜色”，则系统弹出图 10-35 所示的“显示颜色设置”对话框。

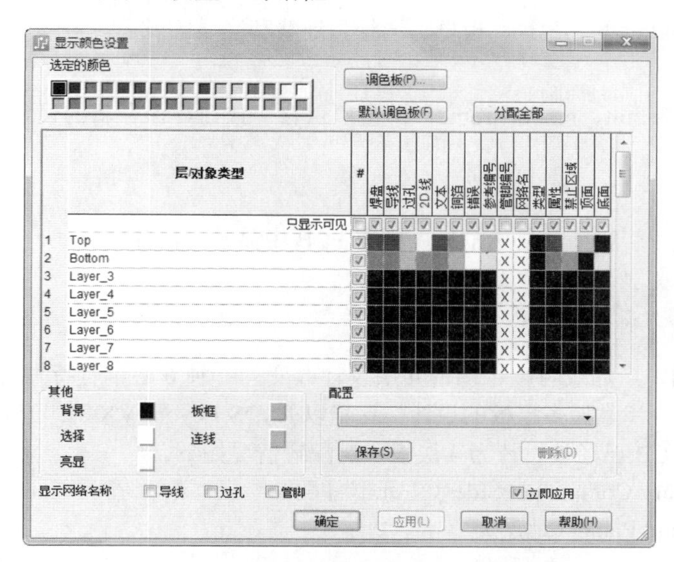

图 10-35　“显示颜色设置”对话框

该对话框用于设置当前设计中的各种对象的颜色及可见性。通过设置不仅为设计者提供和自己习惯的工作背景，还方便选择性查看设计中的各种对象效果。

1. 选定的颜色

在该选项组下选择颜色，然后单击想要改变的对象即可。

- 调色板：单击此按钮，系统弹出图 10-36 所示的“颜色”对话框，可以从中调配颜色。
- 分配全部：单击此按钮，弹出图 10-37 所示的对话框，统一分配颜色。

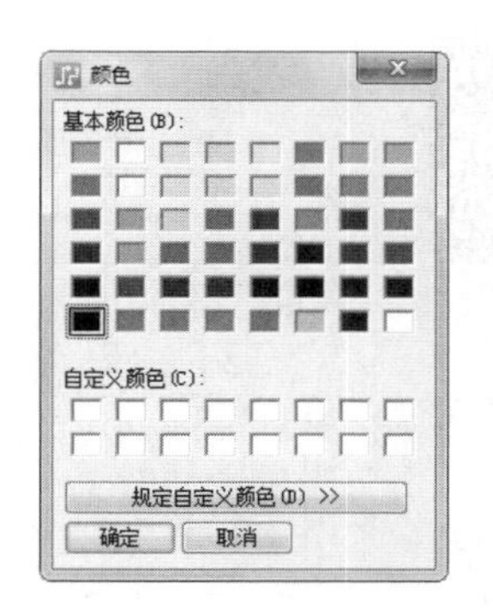

图 10-36　“颜色”对话框

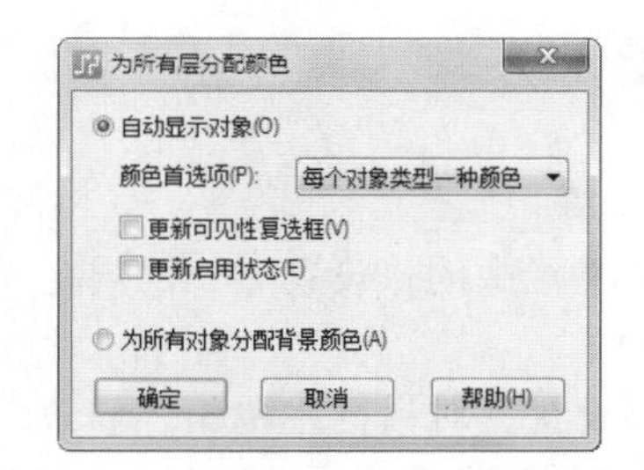

图 10-37　“为所有层分配颜色”对话框

“颜色首选项”列表框中包含：每个对象类型一种颜色、每层一种颜色、选定的颜色三种。前两种所设置的颜色为系统自动选择，最后一种使用的前提是在“显示颜色设置”对话框中选定想要设置的颜色。

2. 层 / 对象类型

此列表作为一个以层为行，以对象为列的矩阵，每一个小方块所在的行说明它所在 PCB 的层数，所在的列说明它代表的是何种对象。

3. 只显示可见

只要单击某一层（对象）复选框组即可实现该层的可见性的切换。

4. 其他

在此选项组下可以设置：背景、板框、选择、连线和亮显的颜色。

5. 配置

选择配置类型：default、monochrome。单击“保存”按钮，保存新的设置作为配置类型，以供后期使用。

6. 显示网络名

勾选导线、过孔、管脚前的复选框后，则在 PCB 中显示元器件的导线、过孔、管脚。

10.2.4 实例——多层电路板设计

在这个设计实例中，通过将一个旧的 4 层设计改变为一种 6 层带有特别的层叠（Stack-up）方式的设计，让大家进一步掌握多层板的设计。这里以 PADS Layout VX.2.2 自带的设计文件 Preview.PCB 为例，Preview.PCB 已经被设计为 4 层板，层配置情况如下。

- Layer1 Primary Component Side（主元器件面）。
- Layer2 Ground Plane（地层）。
- Layer3 Power Plane（电源层）。
- Layer4 Secondary Component Side（次元器件面）。

新的 6 层配置。

- Layer1 Primary Component Side（主元件面）。
- Layer2 Ground Plane1（地层 1）。
- Layer3 Signal（信号层）。
- Layer4 Ground Plane2（地层 2）。
- Layer5 Power Plane（电源层）。
- Layer6 Secondary Component Side（次元器件面）。

扫码看视频

1. 设置层配置

（1）选择菜单栏中的“设置”→“层定义”命令，系统弹出层设置对话框。

（2）在“层设置”对话框中单击“修改”按钮，设计系统弹出“修改电气层数”对话框，如图 10-38 所示。

（3）在“修改电气层数”对话框中将电气层的数目改为 6。

（4）单击“确定”按钮，退出对话框。

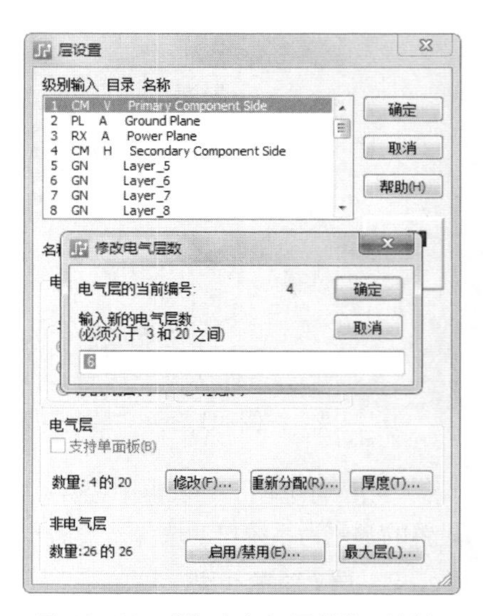

图 10-38 “修改电气层数”对话框

2. 分配电层

在这里设计者需要将原来的层属性重新分配，原来 4 层与新设计 6 层的各层对比如下。

- Layer1 → Layer1
- Layer2 → Layer2
- Layer3 → Layer5
- Layer4 → Layer6

因此需要将原来的第 3 层电源层改为现在的第 5 层，第 4 次层次元器件面层修改为现在的第 6 层。具体操作步骤如下所示。

（1）在“修改电气层数”对话框中单击“确定”按钮后，系统弹出“重新分配电气层”对话框，如图 10-39 所示。

（2）在“重新分配电气层”对话框中，在上面的列表框中选择原来的 3 层，然后在下面的“新层编号”文本框中输入“5”，继续在上面的列表框中选择原来的 4 层，然后在下面的“新层编号”文本框中输入“6”。

（3）完成以上操作后，将鼠标指针移动到上面的列表框中，放在上面的某一层上，稍等片刻系统会显示原来层分配对应现在的层，如图 10-40 所示。

（4）确认无误后，单击“确定”按钮。

3. 重新命名层

返回“层设置”对话框，如图 10-41 所示，需要给新增加的层命名，将第 3 层命名为 signal（信号）层，将第 4 层命名为 Ground Plane2（地层 2），具体步骤如下所述。

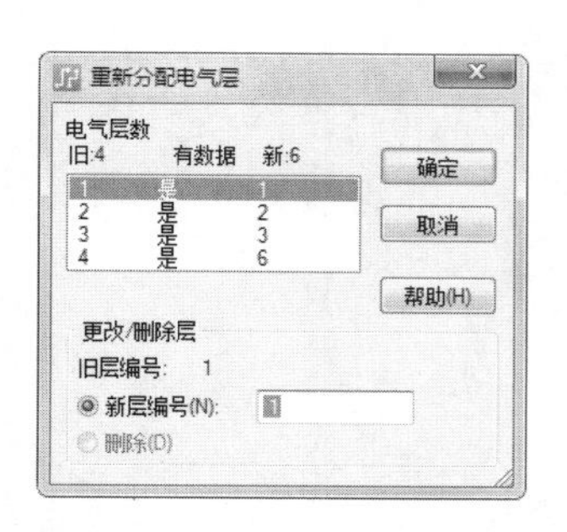

图 10-39 “重新分配电气层”对话框

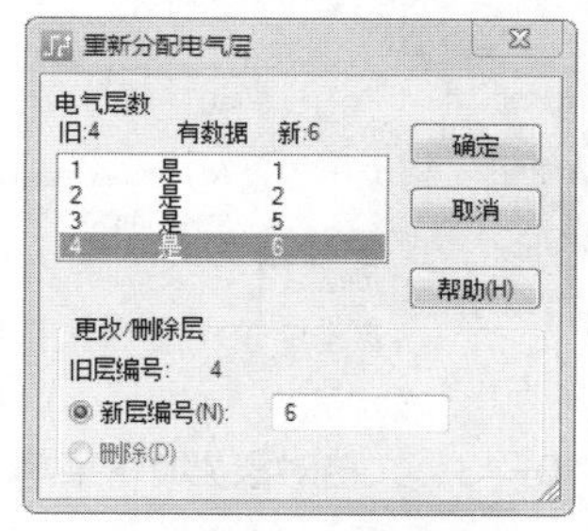

图 10-40 电气层提示图

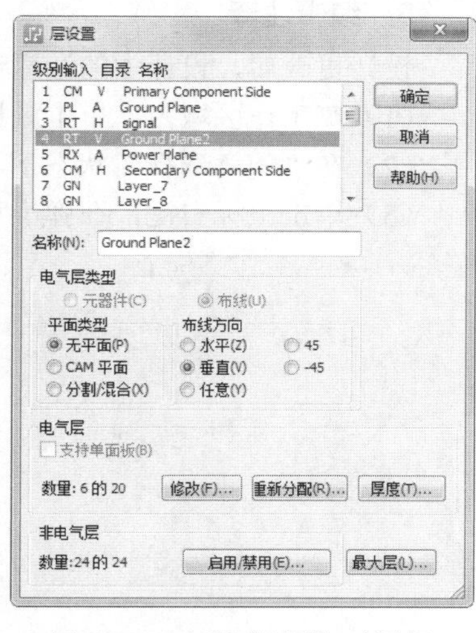

图 10-41 “层设置”对话框

（1）在“层设置”对话框（见图 10-41）的层属性列表中，选择第 3 层。

（2）在“名称”文本框中输入“Signal”。

（3）在“层设置”对话框的层属性列表中，选择第 4 层。

（4）在“名称”文本框中输入“Ground Plane2”。

（5）单击“确定”按钮，完成该设置。

4. 设置显示颜色

（1）选择菜单栏中的“设置”→“显示颜色”命令，系统弹出“显示颜色设置”对话框，如图 10-42 所示。在该对话框中用户可以看到第 3、4 层各属性的颜色为黑色。

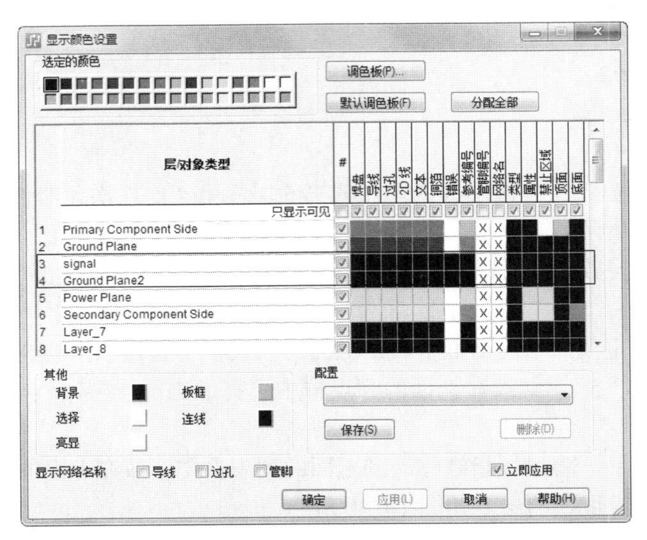

图 10-42 “显示颜色设置”对话框

（2）在“显示颜色设置”对话框中的“配置”下拉列表中，选择 6 层板的配色方案。选择后，查看第 3、4 层就分别设置了相应的匹配颜色。

（3）单击“确定”按钮，退出“显示颜色设置”对话框。

5. 编辑注释

设计更改后，设计中的注意注释也需要进行相应的修改，编辑注释的具体步骤如下所示。

（1）在工作区域内，单击鼠标右键，在弹出菜单中选择“随意选择”。

（2）在“随意选择”状态下，用鼠标单击注释文字，选择该注释。

（3）单击鼠标右键，在弹出菜单中选择“文档对象”→“编辑”，如图 10-43 所示。

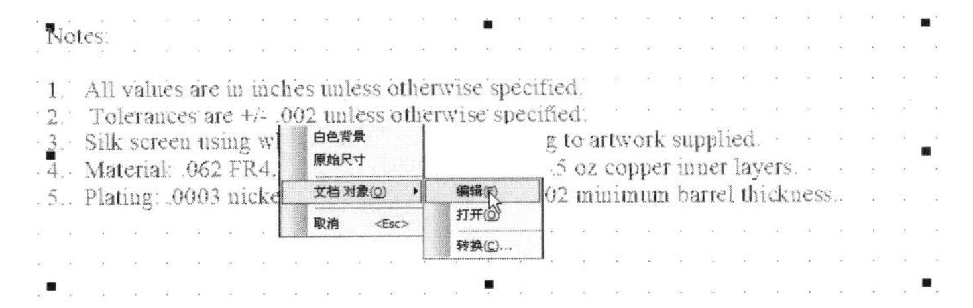

图 10-43 文档对象 / 编辑菜单

（4）进入文字编辑状态后进行相关的修改，如图 10-44 所示。

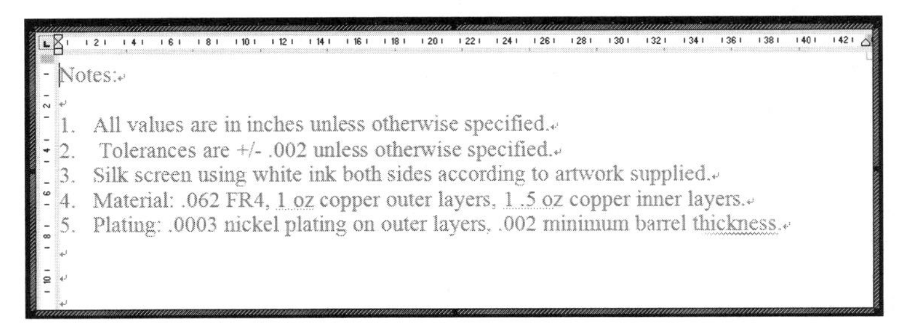

图 10-44 文字编辑状态

（5）完成修改后，在注释编辑区外任一点单击鼠标左键，退出注释编辑状态。

10.3 焊盘的参数设置

选择菜单栏中的“设置”→“焊盘栈”命令，则系统弹出图 10–45 所示的窗口。

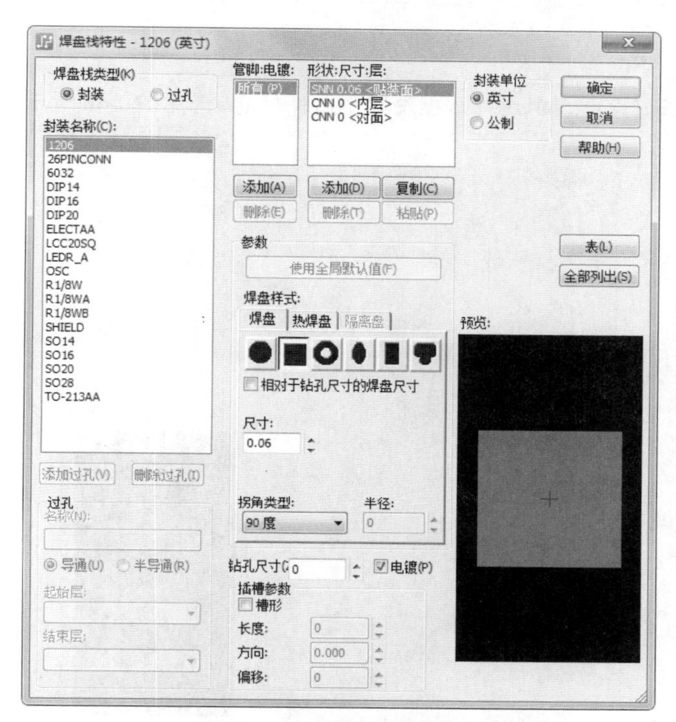

图 10–45　焊盘参数设置对话框

该对话框显示的是当前设计的信息，用来指定焊盘、过孔的尺寸和形状。

在图 10–45 所示的“焊盘栈特性”设置窗口中左上角“焊盘栈类型”下有两个选项，这就说明焊盘栈设置分成两类，分别是：封装和过孔。

1. 选择“封装”

图 10-45 的左上角“封装名称”下有当前设计的所有元器件封装，设置指定的封装焊盘，具体操作如下所示。

（1）首先在这些封装中找到想编辑的元器件封装（在设计中可以点亮该元器件后单击右键，选择弹出菜单中“特性”，从弹出的“元器件特性”窗口中可以知道该被点亮元器件的封装名），在图 10–45 中“封装名称”下找到所需编辑封装后单击鼠标左键，选择其封装名。

（2）从图 10–45 中最上面的“管脚：电镀”下找到需要对该元器件封装的那些元器件焊盘脚，进行编辑，单击鼠标左键选择所需编辑的元器件管脚。

（3）当选择好编辑的元器件管脚之后，在它旁边有一个并列小窗口，窗口上方有“形状：尺寸：层”，这里面的选择项就是你所选择的元器件管脚在 PCB 各层的形状、大小的参数。比如选择“CNN50< 贴装面 >”层，这表示选择的元器件管脚为圆形，外径尺寸为 50，所属层是“贴装面”。

（4）当选择好元器件管脚所在的某一层，比如上述中的“贴装面”，然后就可设置该元器件管脚在这个层的尺寸。尺寸设置在窗口的最右下角，比如尺寸、长度、半径和钻孔尺寸等。设置好该层之后再选该元器件管脚在 PCB 的其他层，比如 Inner Layer（中间层），进行尺寸设置，直到设置完所有的层。如果还需要设置其他的元器件焊盘脚，那么再从“Pin:”下选择，而且还可以用下面的“添加”按钮增加新的元器件管脚类型，使同一封装可同时拥有多种元器件管脚焊盘类型。

小技巧

如果没有打开任何设计，则该对话框没有元器件信息，如图 10-46 所示。

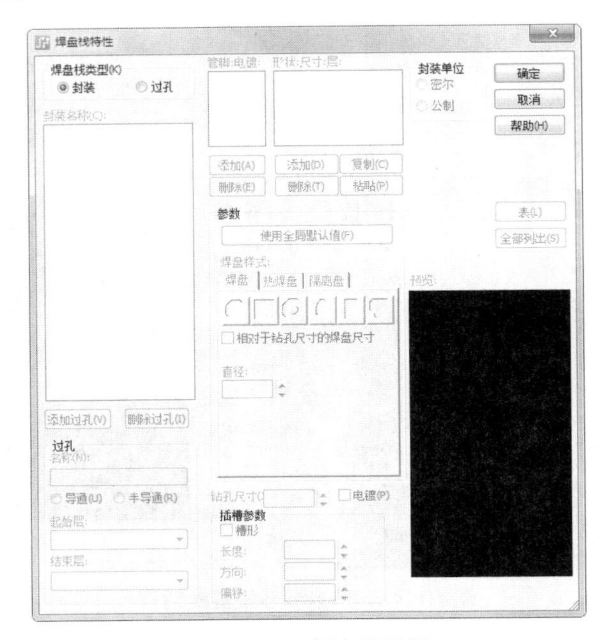

图 10-46　焊盘设置图

2. 选择“过孔”

焊盘的另一种设置是对过孔进行设置，在图 10-45 中的“焊盘栈类型”下选择“过孔”，则窗口将变成图 10-47 所示的窗口。

在 PCB 设计中除了使用系统默认的过孔设置之外，很多时候都会根据设计的需要来增加新的过孔类型。

如图 10-47 所示，这个窗口是专门提供给用户设置或新增加 Via 之用，当前的设置只有两种过孔：MICROVIA（微小型过孔）和 STANDARDVIA（标准过孔）。可以改变它们的孔径和外径大小，编辑方式同前面刚讲述的元器件管脚的编辑方法一样。这里只重点介绍增加新过孔类型。

过孔就是在布线设计中一条走线从一个层到板的另一个层的连接通孔。增加新过孔单击图 10-47 中“添加过孔”按钮，同时系统需要用户在“名称”下输入新的过孔名，一般系统默认的过孔是通孔型，所以在“名称”下默认选择是“导通”。但是某些设计多层板的用户可能要用到 PartialVia（埋入过孔或盲孔），这时一定要选择“半导通”，而且下面的选择“起始层”和“结束层”被激活，这表示还必须设置这个埋入孔或盲孔的起始层和结束层。

单击“起始层”的下拉窗口，从中选择设置的盲孔起始层，同理打开“结束层”，选择盲孔的终止层，最后同样需要对新过孔进行各个层的孔径设置。

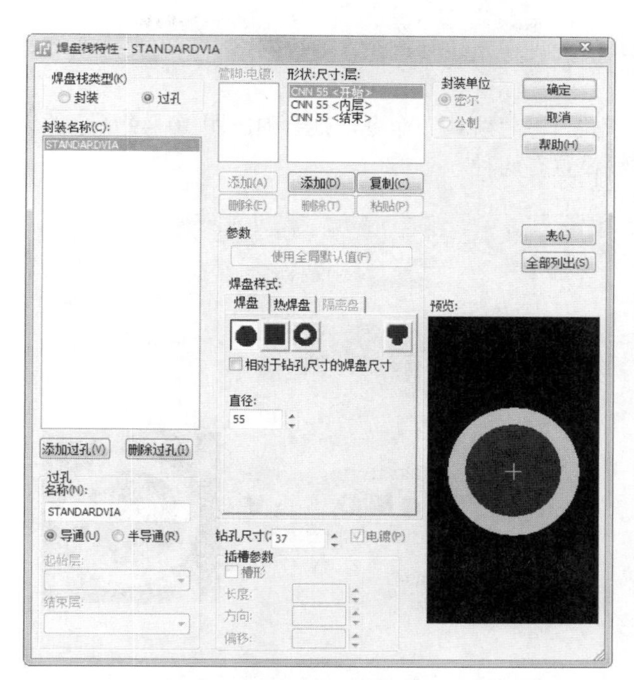

图 10-47　过孔设置

注意

建议用户一般不要使用（盲孔型）过孔，其主要原因还是国内目前的工艺水平问题。

10.4 钻孔对的参数设置

在定义过孔之前，用户必须先进行钻孔对设置。特别对于盲孔，这些钻孔层对在 PADS Layout 中被定义为一对数字或钻孔对，通过这些数字或钻孔对，系统才知道这些过孔从哪个层开始，钻到哪个层结束，从而检查出那些非法的盲孔。

选择菜单栏中的“设置”→“钻孔对”命令，系统弹出“钻孔对设置”窗口，如图 10-48 所示。

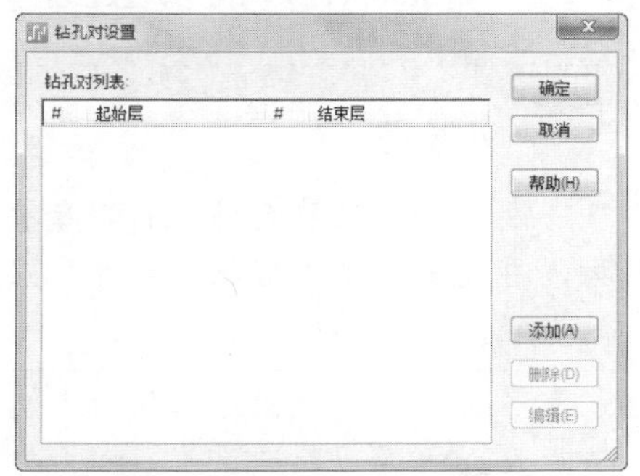

图 10-48　设置钻孔对

建立钻孔层对的步骤如下所述。

（1）单击“添加”按钮添加一对钻孔层。

（2）在“起始层”和“结束层”中选择要成对的层。

（3）单击“确定”按钮结束添加。

10.5 跳线的参数设置

跳线可以提高电路板的适应性和其他设备的兼容性，POWERPCB 为用户提供了一个方便实用的跳线功能。这个跳线功能允许在布线时就加入走线网络中，也允许在布好的走线网络中加入，而且可以实时在线修改。

选择菜单栏中的“设置”→“跳线”命令，则会弹出图10-49所示的设置窗口。从窗口中左上角“应用到”下可知跳线设置有两种。

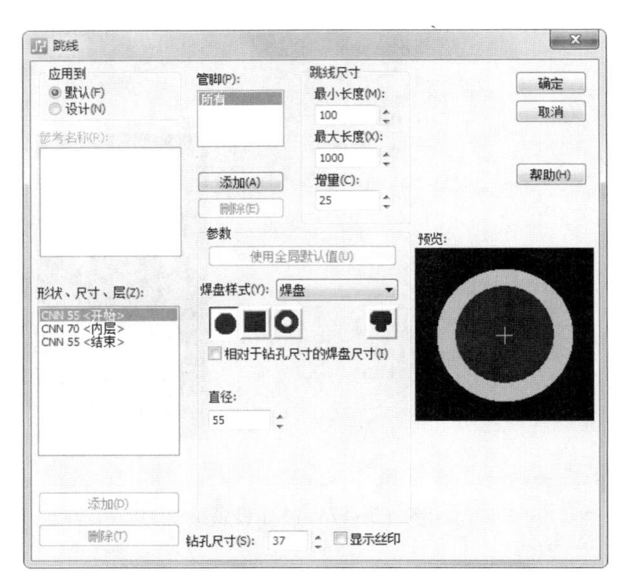

图10-49 “跳线”对话框

1. 默认

在设计中加入的任何一个跳线都是以当前的设置为依据。

2. 设计

此项设置用于统一管理或编辑当前设计中已经存在的跳线。如果当前的设计中还没有加入任何一个跳线，则窗口中所有的设置项均为灰色无效状态，这是因为这项设置的对象只能针对设计中已经存在的跳线。一旦当前设计中存在任何一个跳线时，窗口“参考名称”下就会出现存在的跳线参考名（如Jumper1），可以通过选择参考名来对此设计中对应的跳线进行设置。

小技巧

设置跳线跟前面讲述的焊盘叠设置操作很接近，首先在“管脚”下选择要设置的跳线脚，再逐一选择“形状、尺寸、层”下的各个层，通过“直径”来设置跳线脚通孔在各层的直径。

注意

必须注意“跳线尺寸”的设置，“最小长度”表示当增加跳线时，跳线的两个焊脚至少是这个设置值，最大不可超过“最小长度”设定值，“增量”为跳线距离递增最小单位，在窗口最下面的“钻孔尺寸”设置项表示设置跳线焊脚钻孔内径，设置完之后单击“确定”按钮完成设置。

10.6 工作区原点的设置

PADS Layout 的工作区长、宽均为 56 英寸，其原点如图 10-50 所示。

在设计中，常常需要设置一个原点（零点坐标）参考点。这样就可以知道设计中的任何一点的相对坐标，这个原点的设置并非不变，完全可以随时根据需要来设置。

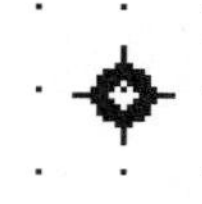

图 10-50　原点

关于原点的设置很简单，只需选择菜单栏中的“设置”→“设置原点”命令，然后再到设计中选择一个点，系统会询问是否以此点作为原点，单击“确定”按钮，则设置原点即可完成。

10.7 ECO 参数设置

PADS Layout 专门提供了一个用于更改使用的 ECO（Engineering Change Order）工具盒。如果在其他工具栏操作状态下进行有关的更改操作，PADS Layout 系统都会时时提醒你到 ECO 模式下来进行，因为 PADS Layout 系统对所有的更改实行统一管理，统一记录所有 ECO 更改数据。这个记录所有更改数据的 ECO 文档不但可以对原理图实施自动更改，使其与 PCB 设计保持一致，而且由于它可以使用文字编辑器打开，所以为设计提供又一个可供查询的证据。

在 PADS Layout 中单击“标准”工具栏中“ECO 工具栏”按钮，则首先会弹出一个有关 ECO 文档设置的对话框，如图 10-51 所示。

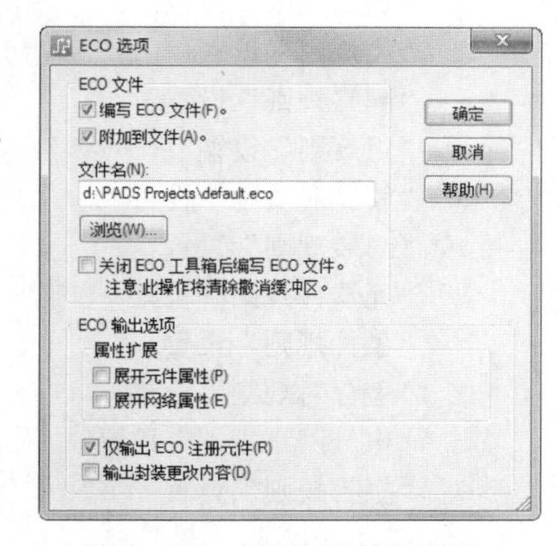

图 10-51　“ECO 选项”对话框

在这个 ECO 选项设置框中的各个设置项意义如下所述。

1. “ECO 文件”选项组

（1）编写 ECO 文件

如果选择这个选项，则表示 PADS Layout 将所有的 ECO 过程记录在 XXX.eco 文件中，并且这些记录数据可以反馈到相应的原理图。

（2）附加到文件

如果选择此项设置，那么在 ECO 更改中，对于使用同一个更改记录文件来记录更改数据时，每一次的更改数据都是在前一次之后继续往下记录，而不会将以前的记录数据覆盖。

（3）文件名

设置记录更改数据的文件名和保存此文件的路径。

（4）关闭 ECO 工具箱后编写 ECO 文件

在关闭 ECO 工具盒或退出 ECO 模式时更新 ECO 文件数据。

2. “ECO 输出”选项组

（1）属性扩展

设计领域从更高的层记录属性，比如从 ECO 文件中元器件类型或板框。

- 展开元件属性。
- 展开网络属性。

（2）仅输出 ECO 注册元件

如果选上此选项，表示在 ECO 中只记录在建立元器件时已经注册了的元器件。

（3）输出封装更改内容

选择该选项后，在“.eco”文件中记录元器件封装的改变。

10.8 设计规则设置

PADS Layout 自一开始就提出了“设计即正确”的概念，即保证一次性设计正确。PADS Layout 的自信来自它有一个实时监控器（设计规则约束驱动器），实时监控用户的设计是否违反设计规则。这些规则除了来自设计经验之外，更准确的是可以通过使用 PADS EDA 系统的仿真软件 Hyper Lynx 来对原理图进行门特性、传输性特性、信号完整性以及电磁兼容性等方面的仿真分析。本节将详细介绍在 PADS Layout 中设置设计规则。

在 PADS Layout 中选择菜单栏中的“设置”→“设计规则”命令，则系统弹出图 10-52 所示的窗口。

从图 10-52 中可知，PADS Layout 的设计规则设置总共有 11 类，它们分别如下所述。

- “默认规则”设置。
- “类规则”设置。
- “网络规则”设置。
- “组规则”设置。
- “管脚对规则”设置。
- “封装规则”设置。
- “元器件规则”设置。
- “条件规则”设置。
- “差分对规则”设置。
- “电气网络规则”设置。
- “报告规则”设置。

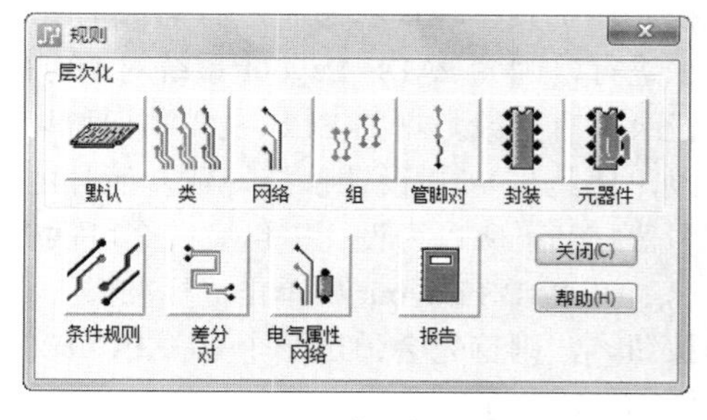

图 10-52 “规则”对话框

10.8.1 “默认规则”设置

单击图 10-52 中“默认”按钮，弹出图 10-53 所示的窗口，共有 6 个按钮。

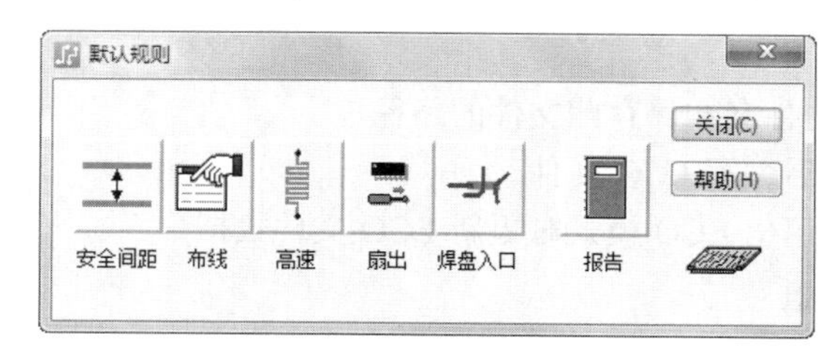

图 10-53 “默认规则”设置

1. 安全间距

单击图 10-53 中“安全间距”按钮，则系统弹出图 10-54 所示的“安全间距规则”设置窗口。

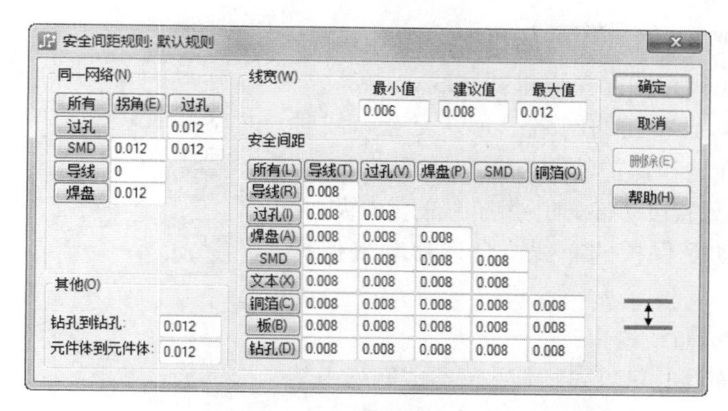

图 10-54　“安全间距规则”设置

“安全间距规则”设置窗口一共分成 4 个部分，介绍如下。

（1）同一网络

该选项用来设置同一网络中两个对象之间边缘到边缘的安全距离。

（2）线宽

该选项用来设置在设计中的布线宽度，这个布线宽度值是以“建议值”为准。比如这里的设置是 0.008mil，那么在布线时的走线宽就为 0.008mil。而“最大值”和“最小值”是用来限制在修改线宽时的极限值。

（3）安全间距

设置设计中各个对象之间的安全间距值，每两个对象设置一个安全间距值，这两个对象以横向和纵向相交为准来配对。比如横向第 2 项是“导线”，纵向第 3 项是“焊盘”，那么在横向第 2 项“导线”下第三个框中的值就表示走线与元器件管脚焊盘的安全距离值。如果希望所有的间距都为同一值，单击“所有”按钮，在弹出的对话窗口中输入一个值即可。

（4）“其他”设置

这项设置只有两个，一个是“钻孔到钻孔”；二是“元件体到元件体”的设置。

注意

默认设置是整体性的，所以它不像其他几类设置那样在设置以前一定要先选择某一设置目标，因为它们的设置是有针对性的。

2. 布线

布线规则设置主要针对鼠线网络和自动布线设计中的一些相关设置。单击图 10-53 中“布线”按钮，则会弹出图 10-55 所示的“布线规则”设置窗口。布线设置有 4 部分，介绍如下。

（1）“拓扑类型”选项组

- 受保护：设置保护类型。
- 最小化：设置长度最小化。
- 串行源：以串行方式放置最多的管脚（ECL）。
- 平行源：以并行方式放置多个管脚。
- 中间向外：以指定的网络顺序最短化和组织连接。

（2）“布线选项”选项组

- 铜共享：布线允许连接到铜皮上。

- 自动布线：允许在布好的线上布线。
- 允许拆线式布线：允许重新布线。
- 允许移动已布线的网络：允许交互布线时推挤被固定和保护的网络。
- 优先级：设置自动布线时网络布线的优先级。
- 允许移动受保护的布线：允许移动受保护的走线。

（3）设置布线层：布线约束

这项设置表示在布线时可以限制某些网络或网络中某两元器件管脚之间的连线不能在某个层上布线。图 10-54 中在“设置布线层”下有两个小窗口，如果左边的“可用层”中没有任何层选项，则表示对所有网络没有进行层布线限制。如果希望进行层布线约束设置，可将右边“选定的层”中的禁止层通过“移除”按钮移到左边窗口中。

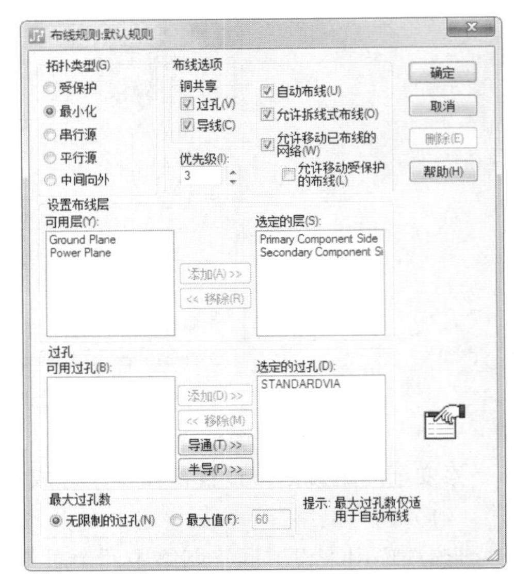

图 10-55 “布线规则”设置

（4）过孔：过孔设置

同上述的布线约束一样，如果希望某种过孔不被使用，可以同上述的方法一样设置，这里不再重复。

3. 高速

从图 10-53 中知道，“默认”的第 3 项设置是“高速”。大家都知道目前设计频率是越来越高，我们都将面临高频所带来的困扰。

> **注意**
>
> 一般在处理高速数字设计的相互连接时主要存在两个问题。一是在计算互联信号路径引入的传播延迟时要满足时序的要求，即控制建立和保持时间、关键的时序路径和时钟偏移，同时考虑通过互联信号路径引入的传播延时；二是保持信号完整性。信号完整性一般受到阻抗不匹配影响的损害，即噪声、瞬时扰动、过冲、欠冲和串扰等都会破坏电路的设计。因此我们面临着对高速 PCB 设计的挑战。

单击图 10-53 中“高速”按钮，则弹出“高速规则”设置窗口，如图 10-56 所示。

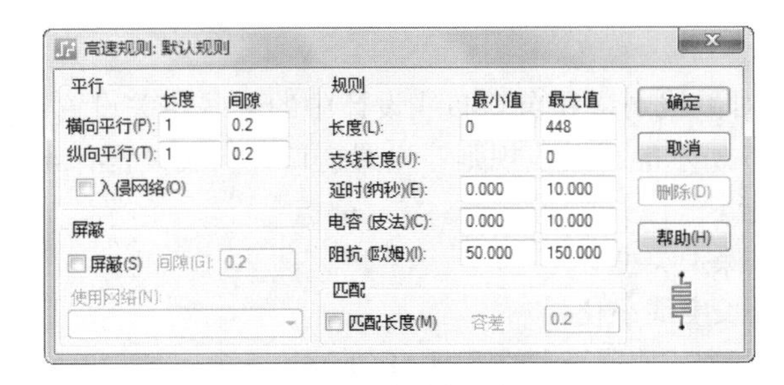

图 10-56 “高速规则”设置

从图 10-56 中可以知道，高速规则设置分成 4 类，每一类分别介绍如下。

（1）平行

平行度就是不同的网络在布线时保持平行走线的长度。在此设置中主要控制“长度”和“间隙”

两个参数值。

- 横向平行：在 PCB 同一个信号层中不同网络平行走线长度。
- 纵向平行：在 PCB 中不同信号层上的纵向平行网络的平行走线长度。
- 入侵网络：确定所定义的网络是否为干扰源。

（2）规则

- 长度：走线长度值，单位以系统设置为准。
- 支线长度：T 形分支走线是指在主信号干线上由分支线与其他管脚相连或导线相连，如果分支线长度过长将会引起信号衰减或混乱。
- 延时：延时以纳秒（ns）为单位。
- 电容：设置电容最大最小值，以皮法（pF）为单位。
- 阻抗：设置阻抗最大最小值，以欧姆（Ω）为单位。

（3）匹配

匹配长度：设置匹配长度值。

（4）屏蔽

在设计中，某些网络借助于一些特殊网络在自己走线两边进行布线，从而达到屏蔽效果。值得注意的是，用作屏蔽的网络一定要是定义在平面层上的网络。

- 屏蔽：确定是否使用屏蔽，如果使用，用鼠标单击前面小框。
- 间隙：网络同屏蔽网络之间的间距值。
- 使用网络：选择屏蔽网络。

4．扇出

在默认设置中第 4 项设置是“扇出”规则，单击图 10-53 中“扇出”按钮，弹出图 10-57 所示对话框。

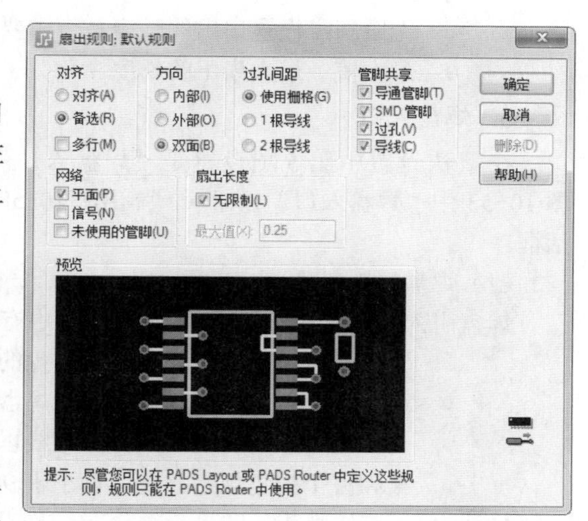

图 10-57　“扇出规则”对话框

所谓扇出就是将焊盘上的网络以走线的形式走出去，如图 10-57 所示。扇出的形式比较多样，从设计的可靠性考虑，需要对扇出的网络进行约束。扇出定义的规则主要是在自动布线器中使用。

扇出的设置共分 6 个部分。

（1）对齐

指扇出的过孔的对齐方式。

- 对齐：过孔排成一列对齐。
- 备选：过孔呈交替对齐。
- 多行：过孔可以多行排列，是前两项的可选项。

（2）方向

指扇出走线的方向，分别为向内部、外部和双面。

（3）过孔间距

指扇出过孔之间的距离。

- 使用栅格：过孔在栅格上。
- 1 根导线：过孔之间可以走线 1 根。
- 2 根导线：过孔之间可以走线 2 根。

（4）管脚共享

指焊盘扇出共享过孔的方式。

- 导通管脚。
- SMD 管脚。
- 过孔。
- 导线。

（5）网络

指扇出的网络类型。

- 平面：平面层网络。
- 信号：信号网络。
- 未使用的管脚：无用的管脚。

（6）扇出长度

- 无限制：设置扇出的长度是否需要限制。
- 最大值：最大扇出的长度。

5. 焊盘入口

在默认设置中第 5 项设置是“焊盘入口”，单击图 10-53 中“焊盘入口”按钮，弹出图 10-58 所示对话框。

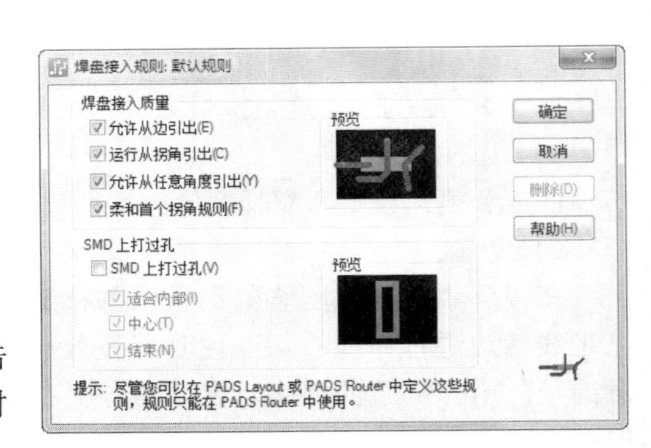

图 10-58 “焊盘接入规则”设置

（1）焊盘接入质量

焊盘引入的质量控制，在 BlazeRouter 中有效，分为 4 个选项。

- 允许从边引出：允许走线从焊盘的侧面引出。
- 运行从拐角引出：允许走线从焊盘的拐角中引出。
- 允许从任意角度引出：允许走线以任何角度从焊盘中引出。
- 柔和首个拐角规则：走线以小于 90° 的角度离开焊盘。

（2）SMD 上打过孔

选中表示可以在焊盘下放置过孔。

- 适合内部：过孔的大小应小于焊盘的大小。
- 中心：在焊盘的中间放置过孔。
- 结束：在焊盘的两端放置过孔。

6. 报告

在默认设置中最后一项设置是：报告，主要是用来产生安全间距、布线和高速等设置的报告，单击图 10-53 中“报告”按钮，弹出图 10-59 所示的“规则报告”窗口。

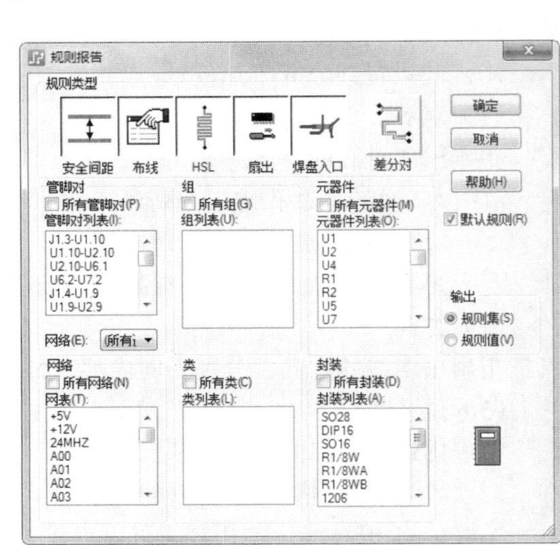

图 10-59 “规则报告”窗口

从图 10-59 中可知，“规则报告”输出很简单，分为两部分。

（1）规则类型

从 6 种规则类型中可任选输出类型，单击其相应按钮即可。

（2）输出内容

选择输出内容可任选输出。

当所有的选择项都选择好之后，单击窗口中“确定”按钮，系统将按所设置的输出选项内容自动打开记事本，将其设置内容输入进去。

10.8.2　“类规则”设置

前面讲述的默认设置是针对整体而言，但是在实际设计中的设置，特别是对“布线”设置和“高速”这两项设置，往往都是针对部分特殊网络来设置，甚至是网络中的管脚对。不管是网络还是管脚对，很多时候有多个网络或管脚对遵守相同的设计规则，于是 PADS Layout 就将这些具有相同规则的网络合并在一起，称为“类”。

单击图 10-52 窗口中按钮“类”，则弹出图 10-60 所示的“类规则”设置窗口。

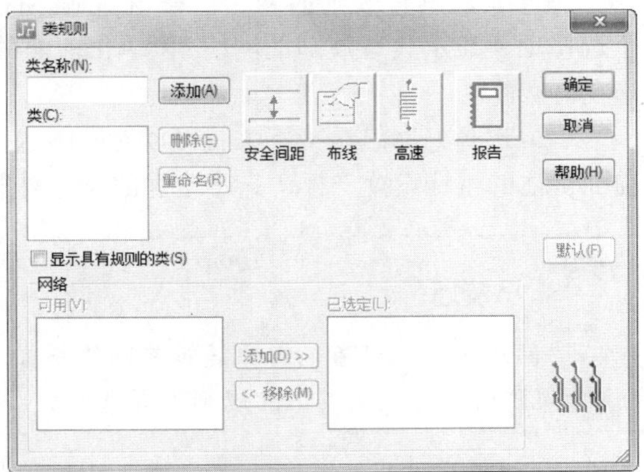

图 10-60　“类规则”设置

有关进行“类规则”设置的步骤如下所述。

（1）如果以前没有建立任何一类，则打开类规则设置窗口时，在窗口中“类”下面没有任何一个类名。这时需要先建类。单击“添加”按钮，弹出对话询问是否建立新类，单击“确定”按钮，这时在“类”下出现默认类名。

（2）在窗口中有两个类，其中排在上面的那个表示当前被激活的类的类名，下面的类表示所有的类。需要改变默认的类名，选中这个类名后修改，修改完后单击右边“重命名”按钮。

（3）左窗口的左下角“可用”下列出了当前设计的所有网络。因为类由网络组成，所以要建立类，首先在“类”下选中一个类名，然后在“可用”下选择这个类中包含的网络，这些网络必须遵守相同的设计规则，无规则的多项选择可按住键盘上 Ctrl 键进行逐一选择多个网络。

（4）选择好所属类的网络后，单击右边“添加”按钮将这些选择网络分配到右边窗口“已选定”中，这样就完成了一个类的建立。同样建立其他类。

（5）当完成了类的建立之后，就可以对每一个类进行规则设置。先在“类”中选择一个类，然后单击窗口中右边需要设置的按钮，在弹出的设置窗口最上面的标题栏中是设置的类名，这就表示当前的设置是针对这个类而言。同理，如果继续设置其他类，必须先选择类的类名，然后再去进行每项设置。

（6）类的三项设置（安全间距、布线、高速）同本章节上述的默认设置，只不过这里设置针对具体的某个类而言，所以设置过程不再重复讲述。通过上述步骤可以完成类的设置。建立类是对具有相同设计规则网络采用的一种简便手段，其设置的参数只对其选择的类有效，对设计中其他网络没有任何约束力。

10.8.3　“网络规则”设置

前一小节讲述了“类”的设置，“类”是以网络为单位构成的，是对网络的一种群体设置，如果需要对网络进行设置，就要用到本节介绍的“网络”规则设置。

单击图 10-52 窗口中“网络”按钮，则弹出“网络规则”设置窗口，如图 10-61 所示。具体“网络规则”设置步骤如下所述。

（1）既然是对网络设置，就必须先选择需要设置的网络。在图 10-61 中的左边“网络”下列出了当前设计所有的网络，移动滚动条选择所需设置的网络名。找到网络名后在其上单击鼠标左键选择。

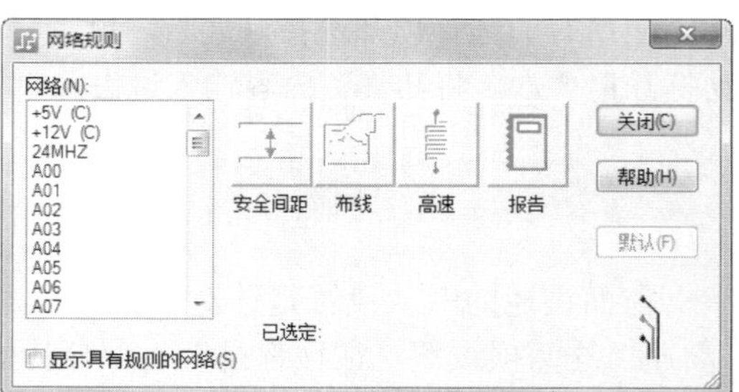

图 10-61 “网络规则”设置

（2）多项选择网络：当选择好网络之后，在选择框右边的 3 个设置项下面就会出现类似于电路板的 3 个按钮，在按钮下面将显示 Selected:×××，表明目前设置的网络对象。

（3）显示具有规则的网络：在窗口最下面有一个选择项“显示具有规则的网络”，单击前面的小框，在“网络”下将会只显示出定义过规则的网络名。

（4）选择好网络，接下来就可以对网络进行设置。有关网络的安全间距、布线和高速的设置同前面讲述的默认设置一样，只是这里的设置对象是一个特定的网络。

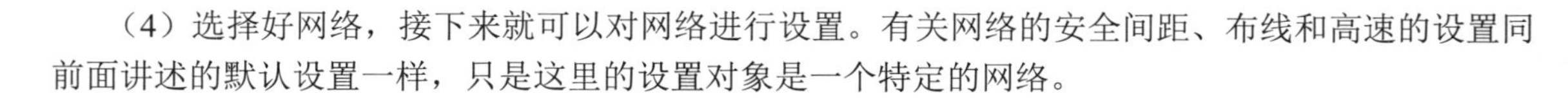

小技巧

“网络规则”设置的对象是对某网络而言，所以在设计中如果需要对某个特殊网络进行定义设计规则时，可利用其 Net 规则设置来完成。

10.8.4 “组规则”设置

“组”跟“类”相似，只是“类”的组成单位是网络，而“组”的组成单位是“管脚对”。管脚对指的是两个元器件管脚之间的连接。也可以说组是管脚对集合的一种形式。这种集合形式在定义多项具有相同设计规则的管脚对时很方便。

在图 10-52 设计规则窗口中单击按钮“组”，则弹出图 10-62 所示的“组规则”设置窗口。

进行“组规则”设置的步骤如下所述。

（1）如果以前没有建立任何组，则打开组规则窗口时，在“组”下面没有组名，这时需要先建组。单击“添加”按钮，弹出对话询问是否建立新组，单击“确定”按钮，这时在“组”下出现默认组名（Group_0）。

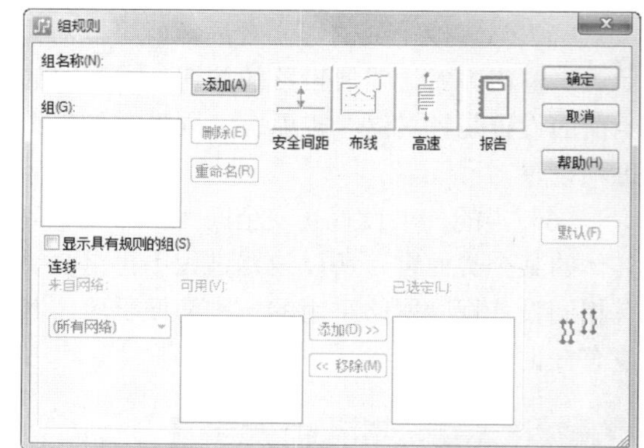

图 10-62 “组规则”设置

（2）在窗口中有两个“组”，其中排在上面的那个是表示当前被激活的组的组名，下面的“组”表示所有的组名。需要改变默认的组名，选中这个组名后修改，修改完后单击右边“重命名”按钮。

（3）左窗口的左下角“可用”下列出了当前设计的所有管脚对。要建立组，首先在“组”下选中一个组名，然后在“可用”下选择这个组中包含的管脚对，无规则的多项选择可按住键盘上 Ctrl 键进行逐一选择。

（4）选择好所属组的管脚对之后，单击右边“添加”按钮将这些选择的管脚对分配到右边窗口“已选定”中，这样就完成了一个组的建立。同样的道理，如果需要继续再建立组，依照上述步骤完成即可。

（5）当完成了组的建立之后，就可以对每一个组进行规则设置。先在“组”中选择一个组，然后单击需要设置的按钮，在弹出的设置窗口最上面的标题栏中可以看见设置的组名，这就表示当前的设置是针对这个组而言。同理，如果继续设置其他组，必须先选择组的组名，然后再去进行每项设置。

（6）关于组的三项设置（安全间距、布线、高速），同本节上述的默认设置，这里不再重复讲述。

10.8.5 “管脚对规则”设置

前面讲述了“类”设置，它是“网络”的一种集合设置方式。同理前面讲述的“组”设置是“管脚对”的一种集合设置方式。有时又往往只需要针对某一管脚对设置，这就可以使用“管脚对”来进行设置。

单击图 10-52 窗口按钮“管脚对”，弹出“管脚对规则”设置窗口，如图 10-63 所示。

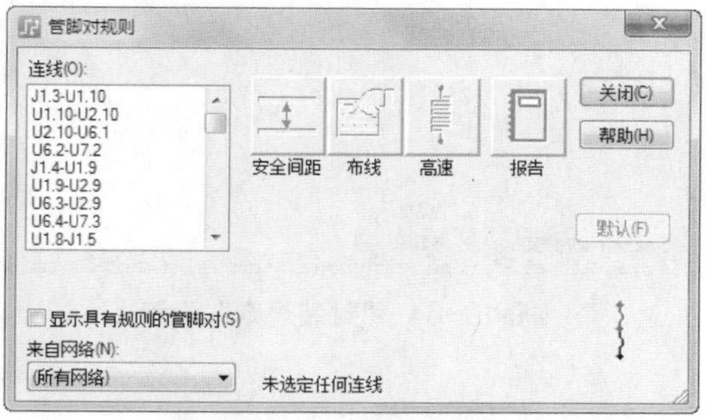

图 10-63 “管脚对规则”设置

“管脚对规则”设置步骤如下所述。

（1）选择管脚对。既然是对管脚对设置，就必须先选择需要设置的管脚对。在图 10-63 中的左边“连线”下列出了当前设计所有的管脚对，移动滚动条选择所需设置的管脚对，找到后在其上单击鼠标左键选择。

（2）过滤网络。在默认状态下，图 10-63 窗口最下面的“来自网络”下为“所有网络”。假如只需要对某个网络去选择管脚对，可以在此网络列表中选择此网络，那么在上面“连线”下将只显示该网络管脚对。

（3）多项选择管脚对。当选择好管脚对之后，在选择框右边的三个设置项下面就会出现类似于电路板三个按钮，在按钮下面将显示 Selected:×××，表明目前设置的管脚对对象。

（4）显示具有规则的管脚对。在窗口最下面有一个选择项“显示具有规则的管脚对”，单击前面的小框，在“连线”下将会只显示出定义过规则的管脚对名。

（5）设置管脚对。选择好管脚对，接下来就可以对管脚对进行设置。

有关管脚对中安全间距、布线和高速的设置同前面讲述的默认设置一样，只是这里的设置对象是特定的管脚对。

小技巧

管脚对是所有设置对象中范围最小的对象，这项设置在 PADS Logic 中不能设置，所以只能在 PADS Layout 中进行设置。

10.8.6 “封装规则”和“元器件规则”设置

封装的设计规则设置是针对封装来进行的，不同封装的管脚大小和管脚间距的大小是不同的。所以不同的封装要进行不同的规则设置。

由于相同的封装也可能有着不同的功能和速率，那么设计规则也有些不同，所以也要区别对待。

单击图 10-52 中的“封装”按钮，弹出图 10-64 所示的窗口，在“封装”列表中选择需要设置的封装，然后设置相应的设计规则，如安全间距、布线、删除和焊盘入口。

单击图 10-52 的“封装”按钮，就会弹出“元器件规则”设置窗口，如图 10-65 所示，元器件的规则设置和封装的类似，不再赘述。

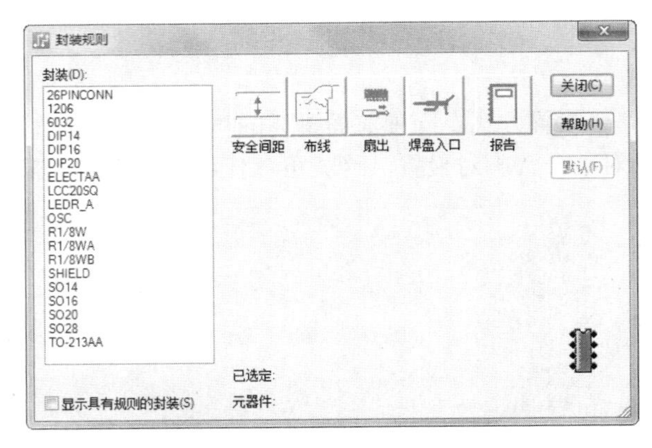

图 10-64 “封装规则”设置

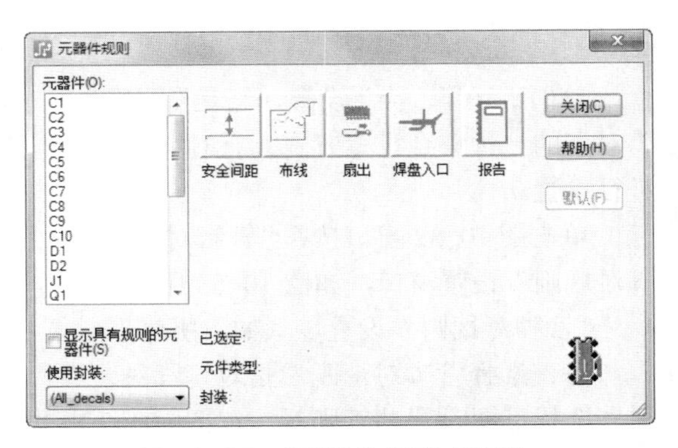

图 10-65 “元器件规则“设置

10.8.7 “条件规则”设置

在前面几个小节中都介绍了对“安全间距”的设置，其规则优先级顺序是，如果在类、网络、组和管脚对中没有设置规则的对象，一律以默认设置为准。但是如果使用主菜单“设置 / 设计规则 / 条件规则设置”，设置的优先级将高于这几种设置。也就是在设计中遇到有满足条件规则设置的情况，系统一律优先以条件规则约束条件为准。

在图 10-52 窗口中单击“条件规则”按钮，则系统弹出图 10-66 所示的“条件规则”设置窗口。

图 10-66 条件规则设置

条件规则设置操作步骤如下所述。

（1）选择“源规则对象”。在图 10-66 设置窗口中，首先要选择源规则对象，在选择之前应确定源规则对象所属类别（比如网络或管脚对等），然后在所属类别之前单击选择框。

（2）选择“针对规则对象”。有了源规则对象，就必须为它选择针对规则对象。针对规则对象的选择同源规则对象一样，这里不再重复。值得注意的是针对规则对象可以选择“层”。

（3）选择规则应用层。选择好源规则对象和针对规则对象后，还必须确定这两个对象在哪一板层上才受下列设置参数的约束，在“应用到层”后选择一个板层即可。

（4）建立相对关系。当源规则对象和针对规则对象以及它们所应用的层都选择好之后，单击窗口右边的“创建”按钮，则可建立它们之间的相对关系。在窗口“当前规则集”下就会出现这一新的相对项。

（5）规则设置。在“当前规则集”下选择一个相对项，然后在“当前规则集”下即可进行单独对选择的相对项进行安全间距和高速两项设置。

10.8.8 “差分对”设置

差分对设置允许两个网络或两个管脚对一起定义规则，但这些规则并不能进行在线检查和设计验证，只是用于自动布线器。

在图 10-52 中单击“差分对”按钮，则会弹出“差分对”设置窗口，如图 10-67 所示。

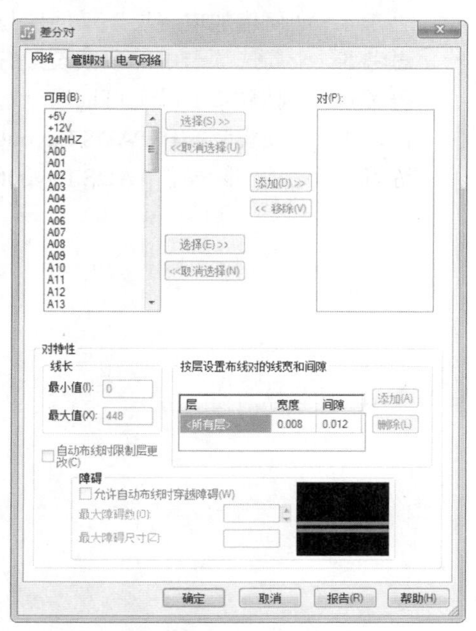

图 10-67 “差分对”设置

有关“差分对”设置步骤如下所述。

（1）选择类型。在图 10-67 窗口下有 3 个选项卡，可以选择需要设置规则的差分对类型：网络、管脚对或电气网络。

（2）清理环境。在开始建立差分对之前，单击窗口最下面“新建”按钮。

（3）建立差分对。在窗口“可用”下面选择一个网络或管脚对，单击“添加”按钮，再选择一个网络或管脚对，单击下面的“添加”按钮，然后在“最小值”下输入最短长度值，在“最大值”中输入最大长度值，一个差分对即建成。

10.8.9 “电气网络规则”规则设置

单击图 10-52 窗口中的按钮“电气属性网络”，则弹出如图 10-68 所示的“电气网络规则”设置窗口。

在“电气网络”列表中选择需要设置的电气网络，然后设置相应的设计规则，如高速设置，同本章节上述的高速的默认设置相同，设置过程不再重复讲述。

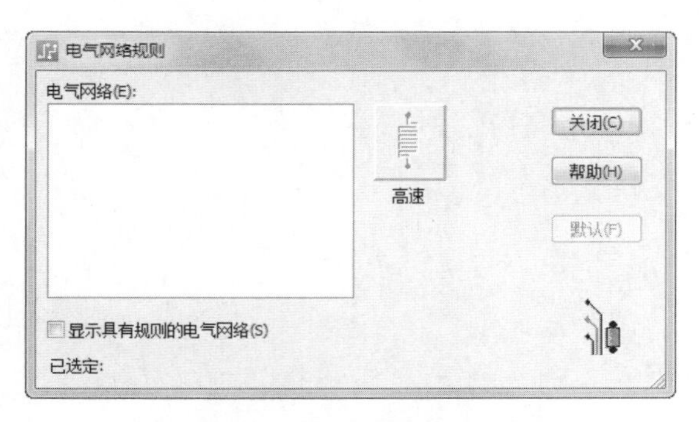

图 10-68 “电气网络规则”设置

10.8.10 “规则报告”设置

单击图 10-52 对话框中的“报告”按钮，则弹出图 10-59 所示的“规则报告”对话框，其使用方法与 10.9.1 中介绍的一样。

10.9 思考与练习

思考 1．进入各参数设置窗口的途径都有哪些，分别是什么？
思考 2．设计单位有几种？如何设置？
思考 3．如何追加过孔？是否可以在封装编辑状态下追加？
思考 4．如何增加电气层？平面层与布线层有何区别？
思考 5．全局选项卡中的参数设置有几项，分别是什么？
思考 6．高亮显示的颜色可以通过选择哪个菜单命令来设置？
练习 1．逐项实际操作 PADS Layout 中系统参数的设置，尤其是选项参数设置。
练习 2．逐项实际操作 PADS Layout 中设计规则的设置。

Chapter 11

第 11 章 元器件库的使用及 PCB 封装的制作

建立封装是设计不可缺少的一部分，往往很多时候由于没有熟练掌握建立封装的一些技巧而浪费了大量的时间，所以本章花大量篇幅来进行详细的介绍。不同类型的元器件将其归类为不同的库进行管理，本章也介绍了如何使用库管理器来对这些不同类型的库进行统一管理。

学习要点

- 怎样建立 PCB 封装
- 元器件库的管理使用

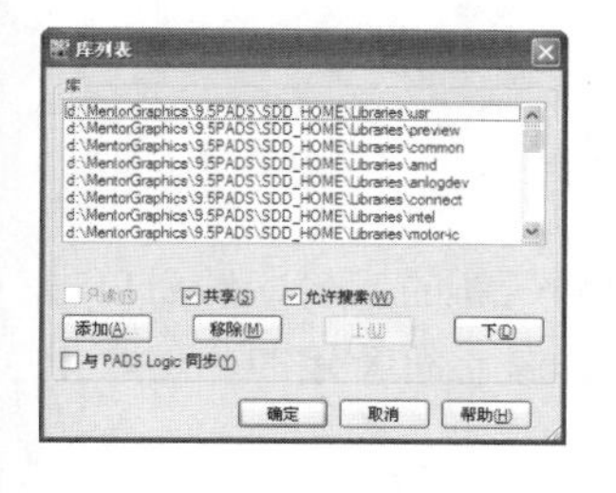

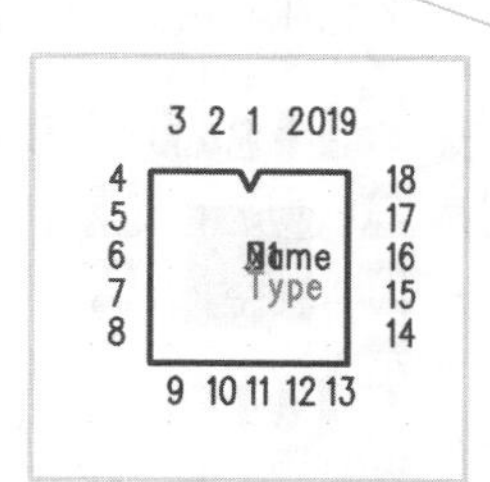

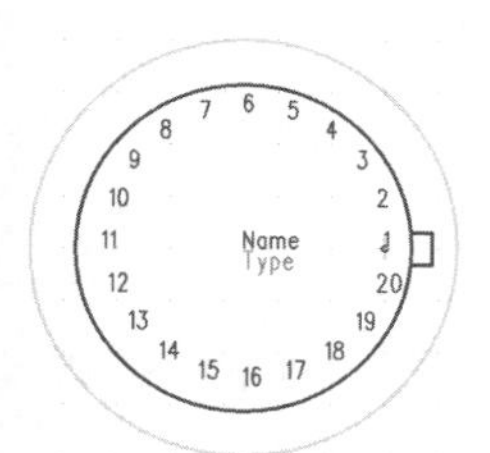

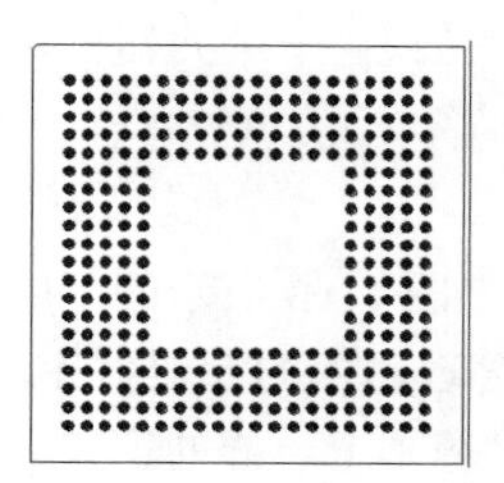

11.1 PADS 元器件库的使用

元器件库管理器中包含了有关 PADS Logic 和 PADS Layout 中所有的元器件库，并按其所属关系将其分成为四大类进行管理，分别为：封装（PCB 封装）、2D 线（图形）、元器件（元器件类型）和逻辑（CAE 逻辑封装）。

11.1.1 元器件库的操作

启动 PADS Layout，选择菜单栏中的“文件”→“库”命令，则弹出“库管理器”，如图 11-1 所示。

1. 建立一个新的元器件库

为了对元器件进行分类管理和不断地增加新的元器件封装，这时往往需要创建一些新的元器件库以方便管理，并不与存在的标准库混合。

在图 11-1 中单击“新建库”按钮，则弹出对话窗口“新建库”，如图 11-2 所示。

图 11-1 库管理器

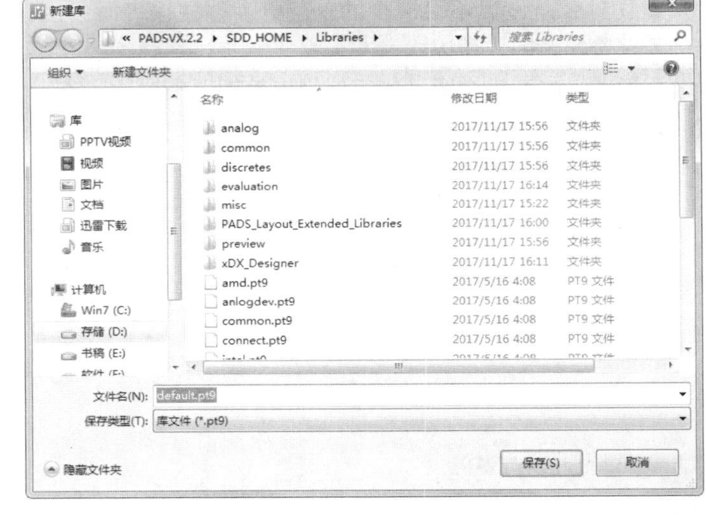

图 11-2 建立新元件库

元器件库文件的扩展名都是以 pt9 结尾，在窗口文件名右边编辑框中输入新的库名，然后单击“保存”按钮，则一个新的元器件库就创建完成了。新建立的元器件库就好像一间新建的库房，里面什么都没有，它为以后新建立的元器件提供了一个存放空间。

2. 打开和关闭一个元器件库

当建好一个元器件库之后，如果不打开，就没法使用它，因为在库管理器元器件库“库”的下拉列表中根本就看不见这个新库的存在。也就是说，一个元器件库必须调入元器件库管理器中之后才可以使用它。

3. 将一个元器件库调入库管理器

单击图 11-1 中“管理库列表”按钮，弹出图 11-3 所示的“库列表”对话框。

在窗口中“库”下面列出所有目前在库管理器中的元器件库，单击窗口下边的“添加”按钮，系统弹出一个跟保存新元器件库时的对话窗口基本上一样的窗口。右窗口中选择一个需要打开的元器件库名后单击“打开”按钮，系统返回到图 11-1 所示的窗口中，不过这时在窗口“库”下比刚才多了一个元器件库，这就是刚打开的元器件库。

在图 11-3 窗口中“库”下面的所有库是按上下顺序排列，这种排列的顺利就表明这些库在使用时的优先级，排在最上的优先权最大，依次往下递减。当在增加元器件或者查寻操作时，它都将会按这个优先顺序来进行。

如果打开的库太多，每次在指定对某元器件库操作时，如果这个库排在最后一个而且经常使用这个库，那么每次都得靠移动窗口滚动条来选择，这就非常麻烦。鉴于以上情况，可以在图 11-3 窗口中来改变这些元器件库的排列顺序，将最常用的元器件库排在前面，也就是使其具有更高的优先级。

图 11-3　“库列表”对话框

改变某个元器件库的顺序位置，只需先在“库”下选择这个元器件库，然后选择窗口下的“上”或“下”来将选中的元器件库向上或向下推到相应的位置。

如果打开的元器件库太多，就算可以设置它们的优先级排列顺序，有时操作也比较麻烦，对于那些几乎很少用或者根本就不用的元器件库可将其关闭。

关闭某一元器件库时先选择这个元器件库，然后单击窗口下的“移除”按钮，则此元器件库被移出。这种移出只意味着关闭而不是删除，当以后需要时可通过上述打开元器件库方法将其打开。

11.1.2　元器件库属性管理

在“库管理器”对话框中选择“属性管理器”，则会弹出图 11-4 所示的属性管理窗口。

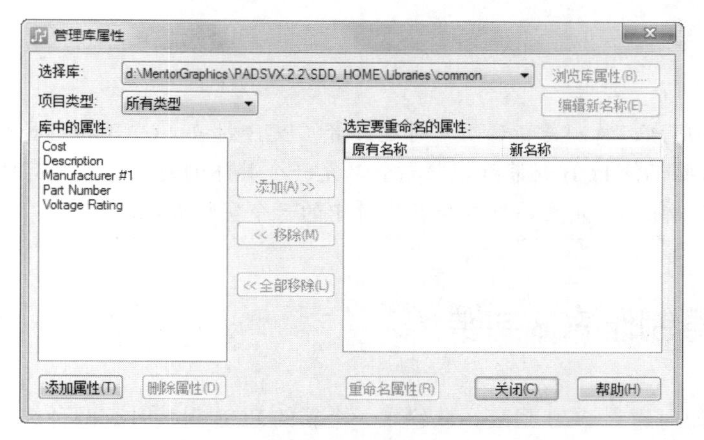

图 11-4　管理库属性

在 PADS Layout 中的每一个元器件都可以具有属性这个参数。简单地讲，元器件的属性就是对元器件的一种描述（如元器件的型号、价格和生产厂商等）。对库属性的管理就是对元器件属性的间接管理，在这个库属性管理器中可以进行增加、减少或者重命名属性等操作。可以参考本章最后在建一个新元器件时怎样去增加元器件的属性，以便对元器件属性有更深的了解。

另外，还可以在库管理器中选择某个库中的某一个元器件（在选择某个元器件时可以使用库管理器下面的“过滤器”，比如可以输入“R*”表示只希望显示以 R 开头的元器件），然后对这个元器件进行复制、删除和编辑等，以此来改变它原来的状态。

这说明库管理器不仅仅是对元器件库，而且对于元器件库中的每一个元器件同样具有管理和编辑功能。

11.1.3 理解元器件类型、PCB 封装和逻辑封装间的关系

不管是在建一个新的元器件还是对一个旧的元器件进行编辑，都必须要清楚地知道在 PADS 中，一个完整的元器件到底包含了哪些内容以及这些内容是怎样来有机地表现一个完整的元器件。

不管是在绘制一张原理图还是设计一块 PCB，都必须要用到一个用来表现元器件的具体图形，借此元器件的图形就会清楚地知道各个元器件之间的电气连接关系。我们把元件在 PCB 上的图形称为 PCB 封装，而把原理图上的元器件图形称为 CAE（逻辑封装），但“元器件”又是什么呢？

对于元器件类型，PADS 巧妙地使用了这种类的管理方法来管理同一个类型的元器件有多种封装的情况。在 PADS Logic 中，一个元器件类型（也就是一个类）中可以最多包含 4 种不同的 CAE 封装和 16 种不同的 PCB 封装。

PCB 封装是一个实际零件在 PCB 上的脚印图形，有关这个脚印图形的相关资料都存放在库文件×××.pd9 中。它包含各个管脚之间的间距及每个脚在 PCB 各层的参数“焊盘栈”、元器件外框图形和元器件的基准点“原点”等信息。所有的 PCB 封装只能在 PADS Layout 的“PCB 封装编辑器”中建立。

当用“添加元器件”命令或快捷图标增加一个元器件到当前的设计中时，输入对话框或从库中去寻找的不是 PCB 封装名，也不是 CAE 封装名，而是包含有这个元器件封装的元器件类型名。元器件类型的资料存放在库文件 ×××.pt9 中，当调用某元器件时，系统一定会先从 ×××.pt9 库中按照输入的元器件类型名寻找该元器件的 Part Type 名称，然后再依据这个元器件类型中包含的资料里所指示的 PCB 封装名称或 CAE 封装名称到库 ×××.pd9 或 ×××.ld9 中去找出这个元器件类型的具体封装，进而将该封装调入当前的设计中。

小技巧

很多的 PADS 用户，特别是新的用户对这三者（PCB 封装、CAE 和元器件类型）非常容易搞混淆，总之，只要记住 PCB 封装和逻辑封装只是一个具体的封装，不具有任何电气特性，它是元器件的一个组成部分，是元器件类型在设计中的一个实体表现。

11.2 使用向导制作 PCB 封装

我们先来看看如何建立 PCB 封装。在建立一个新的 PCB 封装时有两种选择，一些标准元器件或者接近标准元器件的封装使用“PCB 封装编辑器”可以非常轻松愉快地完成 PCB 封装的建立；对于不规则非标准封装就只能采用一般的建立方法。下面先认识一下“PCB 封装编辑器”。

选择菜单栏中的“工具”→“PCB 封装编辑器”命令，打开“PCB 封装编辑器”，进入元器件封装。建立环境之后再次单击“标准”工具栏中的“绘图工具栏”图标，在打开的“绘图”工具栏中选择“向导”按钮，则弹出图 11-5 所示的窗口。

PCB 封装编辑器建立元器件封装只需按每一个表格的提示输入相应的数据，而且每一个数据产生的结果在窗口右边的阅览框中都可以实时看到变化，这对于设计者来讲完全是一种可见可得的设计方法。由于这种建立方式就好像填表一样简单，所以也称其为填表式。从图 11-5 所示中可知，利用“PCB 封装编辑器”可以建立 DIP、SOIC、QUAD、Polar、Polar、SMD、BGA/PGA 等 7 种

标准的 PCB 封装，下面就实例进行简要介绍。

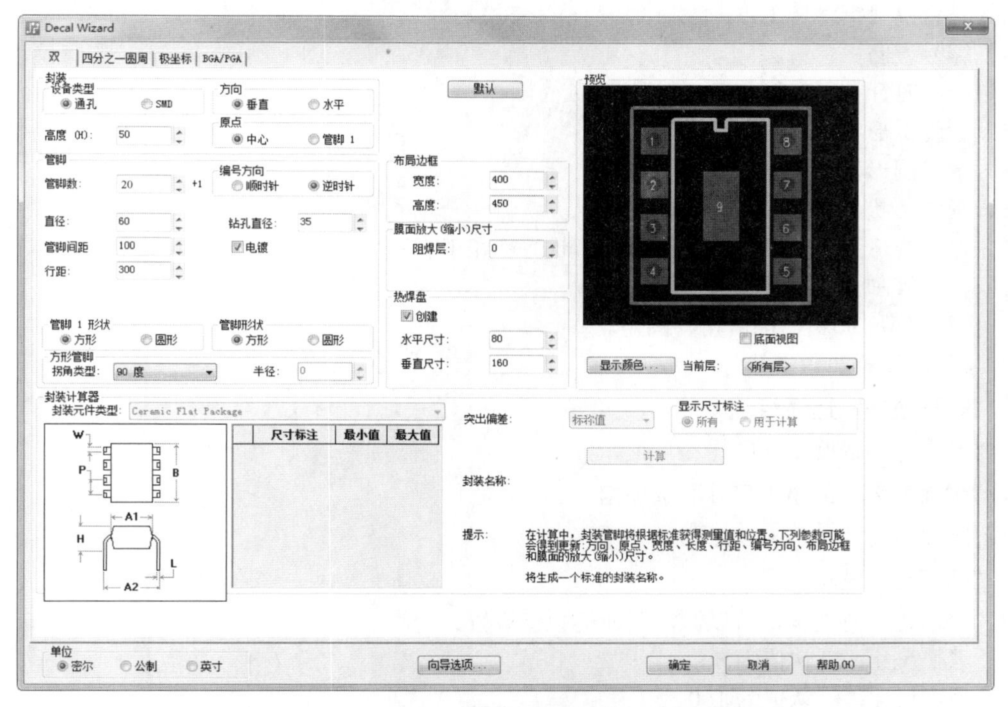

图 11-5　“Decal Wizard（封装向导）”对话框

11.2.1　制作 DIP20 的封装

DIP 类的主要特点是双列直插。直插的分立元器件，如阻容元器件，便属于此类。本节以 DIP 类举例创建一个 DIP20 的封装。

从图 11-5 中的“Decal Wizard（封装向导）”窗口界面可以看出，DIP 类封装的建立分为 7 个部分。

1. “封装”选项组

（1）设备类型

有两种不同的类型：通孔、SMD。

（2）方向

封装方向为：水平或垂直，这个选项可以任意设置。

（3）高度

封装高度默认值为 50。

（4）原点

指封装的原点，可以设置为中心或管脚 1。

2. “管脚”选项组

（1）管脚数

管脚个数设置为 20，以建立 DIP 20 的封装。

（2）管脚直径、钻孔直径、管脚间距和行距

分别设置为 60、35、100 和 300。

（3）电镀

指孔是否要镀铜，选上。

（4）编号方向

可选择顺时针、逆时针。

（5）管脚 1 形状

有方形、圆形两种。

（6）管脚形状

有方形、圆形两种。设置与“管脚 1 形状”不相干。

（7）方形管脚

- 拐角类型：90°、倒斜角、圆角。
- 半径：设置圆角半径。

3. “布局边框”选项组

主要设置边框宽度与高度。

4. “膜面放大（缩小）尺寸”选项组

设置阻焊层尺寸。

5. “热焊盘”选项组

勾选“创建”复选框，可以激活下面的数值设置。

- 水平尺寸：默认值为 80。
- 垂直尺寸：默认值为 160。

6. 封装计算器”选项组

计算封装管脚获得的具体尺寸。

7. “单位”选项组

可以有 3 种设置，这里选择“密尔”。

单击“向导选项”按钮，弹出图 11-6 所示的“封装向导选项”对话框，设置封装参数。设置完成，单击“确定”，就完成了 DIP20 的封装建立，结果如图 11-7 所示。

图 11-6 “封装向导选项”对话框

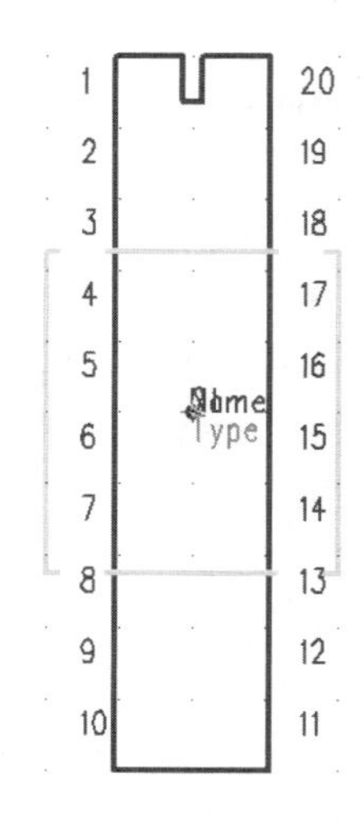

图 11-7 DIP 20

小技巧

图 11-5 中的“预览”窗口用于实时观察所建立的封装，“Decal Wizard（封装向导）”对话框内所有选项卡中的参数设置都可以通过预览窗口反映出来。预览窗口下方的“底面视图”选项用于在预览窗口中从反面观察所设计的封装。

单击“封装设备”选项下的“SMD”，“Decal Wizard（封装向导）”窗口显示图 11-8 所示的界面。

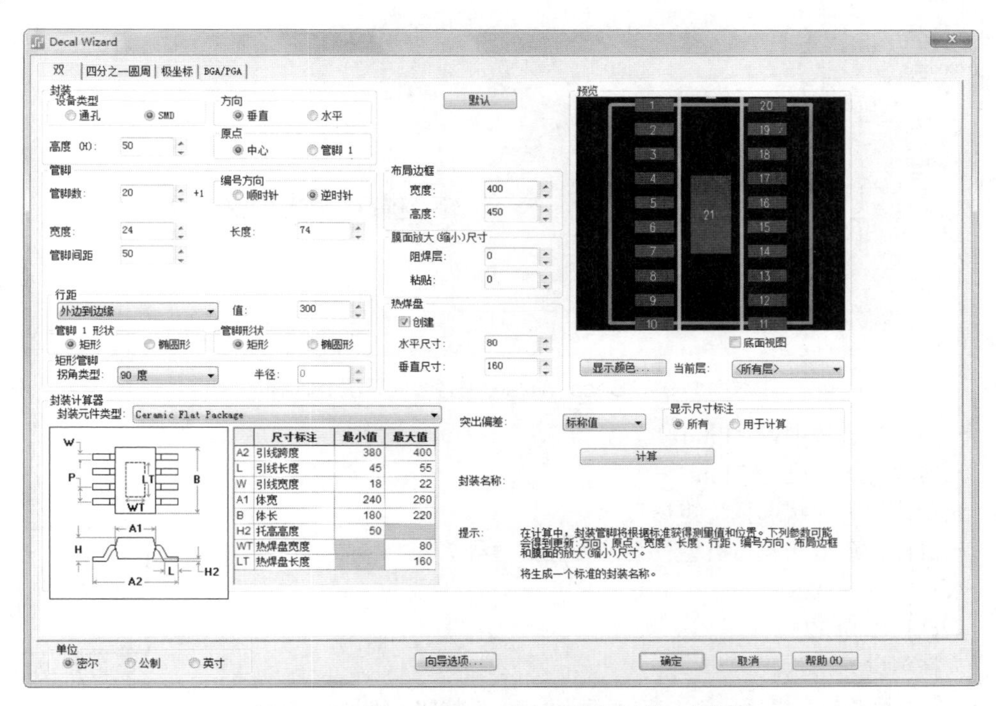

图 11-8 “Decal Wizard（封装向导）”对话框

选项参数含义大致相同，这里不再赘述。

11.2.2 制作 QUAD 型 PCB 封装

注意

QUAD 类和 DIP 类封装是类似的封装，管脚都是表贴的，只是在排布方式上略有不同（DIP 类是双列的，QUAD 类是四面的），所以，本节介绍的 QUAD 类封装的建立，也可以以 DIP 类为参考。

在图 11-9 所示的“DecalWizard”（封装向导）窗口界面中输入下列各参考数值。

- 使封装呈“中心”放置。
- 元器件水平管脚数为 5，垂直管脚数为 5。
- 元器件的原点定在中心。

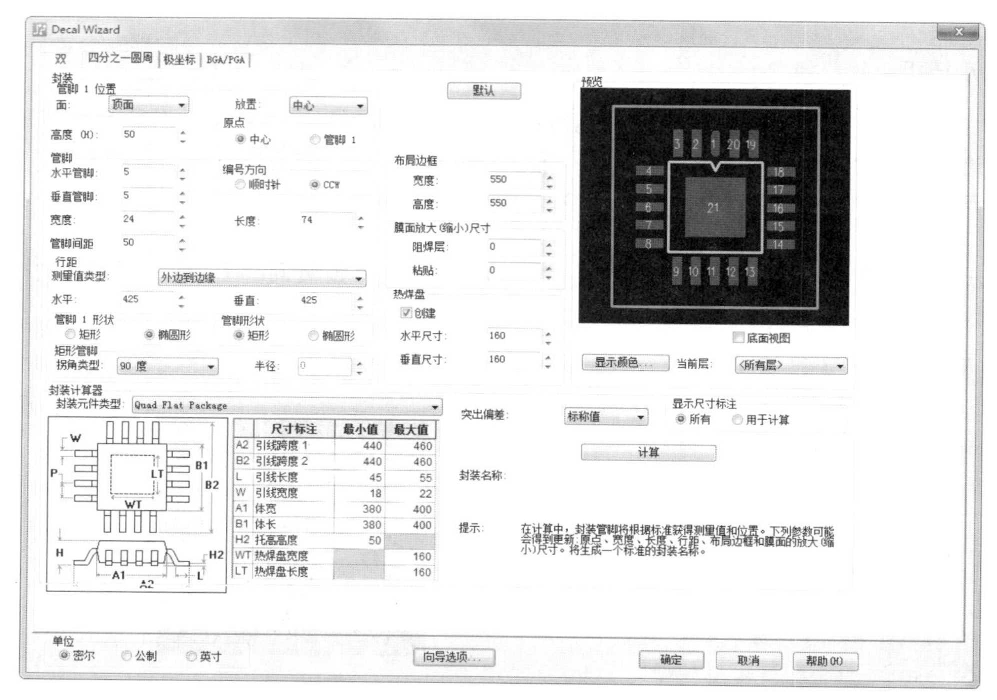

	尺寸标注	最小值	最大值
A2	引线跨度 1	440	460
B2	引线跨度 2	440	460
L	引线长度	45	55
W	引线宽度	18	22
A1	体宽	380	400
B1	体长	380	400
H2	托高高度	50	
WT	热焊盘宽度		160
LT	热焊盘长度		160

图 11-9 “Decal Wizard（封装向导）”对话框

- 元器件管脚宽度为 24 mil。
- 元器件管脚长度为 74 mil。
- 元器件管脚形状选择“矩形”。
- 元器件行距“测量值类型”为“外边到边缘”。
- 水平行距为 425。
- 垂直行距为 425。
- 选择单位为密尔。

当填完所有这些参数之后，单击窗口下面“确定”按钮，则一个按照输入参数要求的 QUAD 元器件就出现在元器件编辑环境中，如图 11-10 所示。

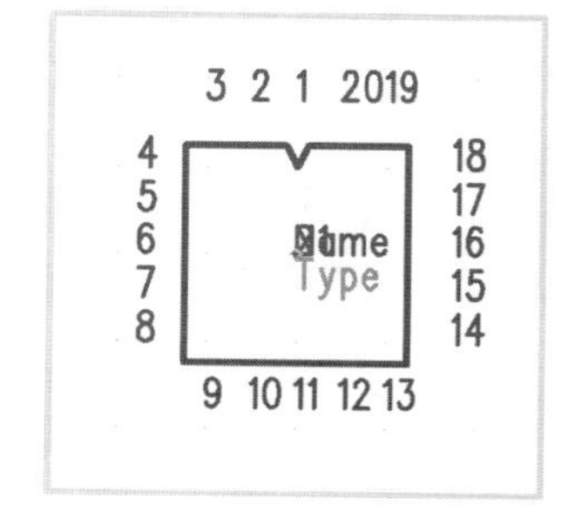

图 11-10 QUAD 元器件

11.2.3 制作极坐标型 PCB 封装

> **注意**
>
> 极坐标类封装管脚都是在圆形的圆周上分布，只是一类的管脚是通孔的，另一类的管脚是表贴的（SMD），下面简要介绍“极坐标”（SMD）型封装的建立。

单击“Decal Wizard（封装向导）”窗口界面中的“极坐标”选项卡，系统进入极坐标型元器件封装生成界面，在极坐标窗口中填入下列参数即可，如图 11-11 所示。

- 设备类型选择为 SMD。
- 元器件的管脚数为 20 个。

- 元器件的原点设置为管脚 1。
- 编号方向为 CCW（逆时针方向）。
- 管脚宽度 24。
- 管脚长度为 74。
- 管脚形状选择矩形。
- 元器件行距“测量值类型”为“外边到边缘”，参数值为 300。
- 选择单位为 mil。

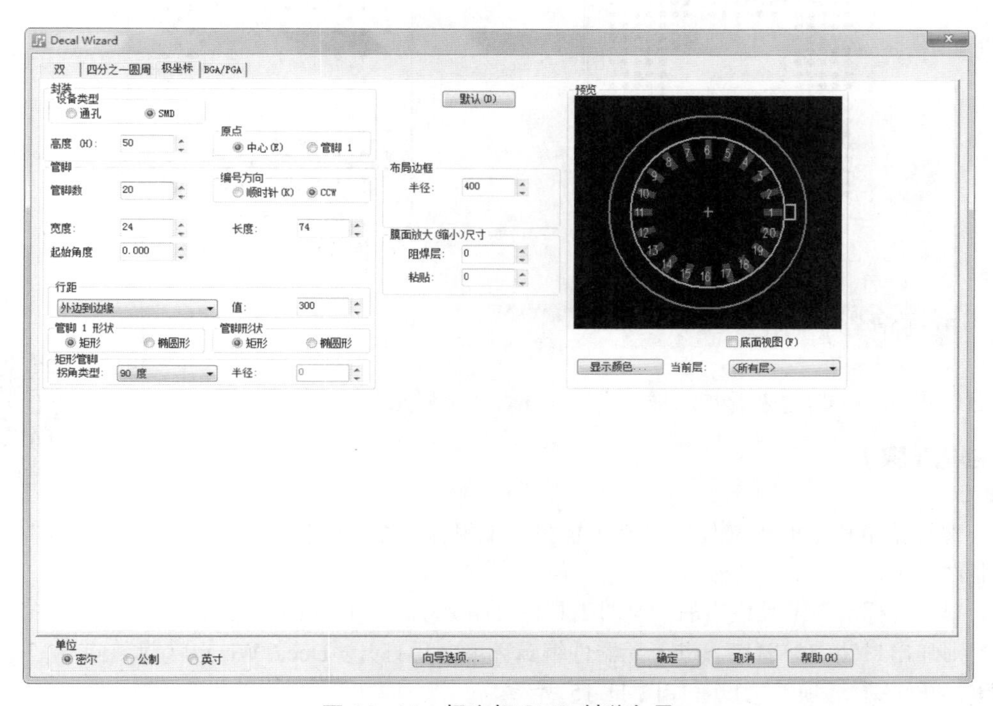

图 11-11 极坐标 SMD 封装向导

当填完所有这些参数之后，单击窗口下面“确定”按钮，则一个按照输入参数要求的极坐标元器件就出现在元器件编辑环境中，如图 11-12 所示。

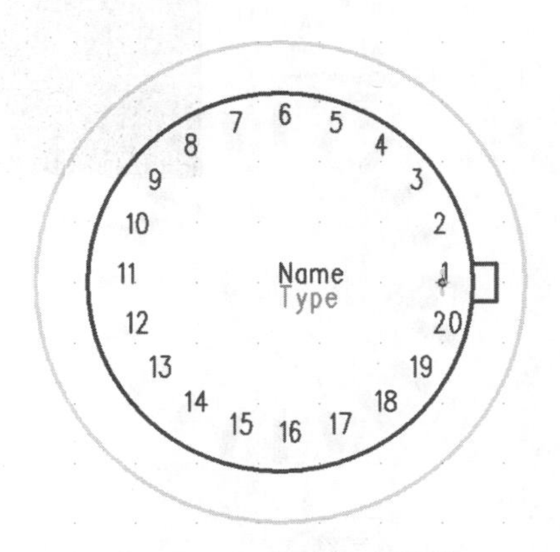

图 11-12 极坐标元器件

11.2.4 制作 BGA/PGA 型 PCB 封装

目前 BGA/PGA 封装已被广泛地应用，建立 BGA/PGA 封装是 PCB 设计过程中不可缺少的部分。BGA/PGA 封装的脚位排列主要有两种，一种是标准的阵列排列，另一种是脚位交错排列，如图 11-13 和图 11-14 所示。

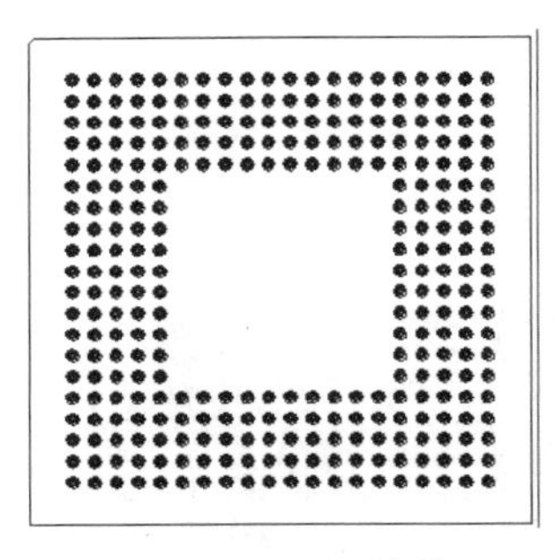

图 11-13　BGA 封装

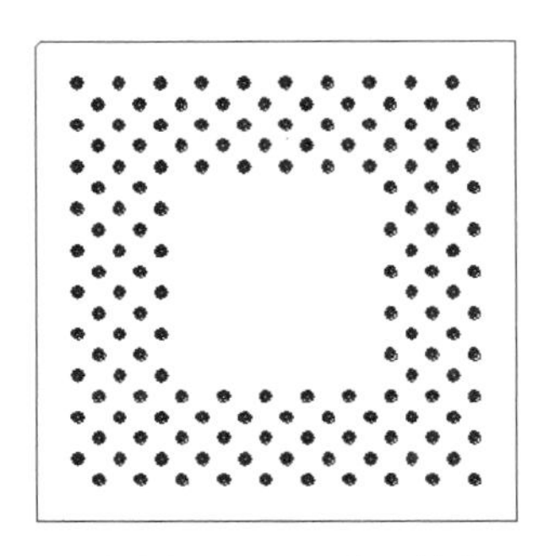

图 11-14　PGA 封装

11.2.5 实例——新建 BGA 封装元器件

下面以图 11-13 为例来看看怎样建立一个 BGA 封装元器件。

扫码看视频

【创建步骤】

（1）选择菜单栏中的“工具”→“PCB 封装编辑器”命令，打开“PCB 封装编辑器”对话框，进入元器件封装。

（2）单击“标准”工具栏中的“绘图工具栏”图标，在打开的“绘图”工具栏中选择“向导”按钮，则弹出封装向导窗口。进入元器件编辑环境之后打开“Decal Wizard（封装向导）”对话框，选择“BGA/PGA”选项卡，设置如图 11-15 所示。

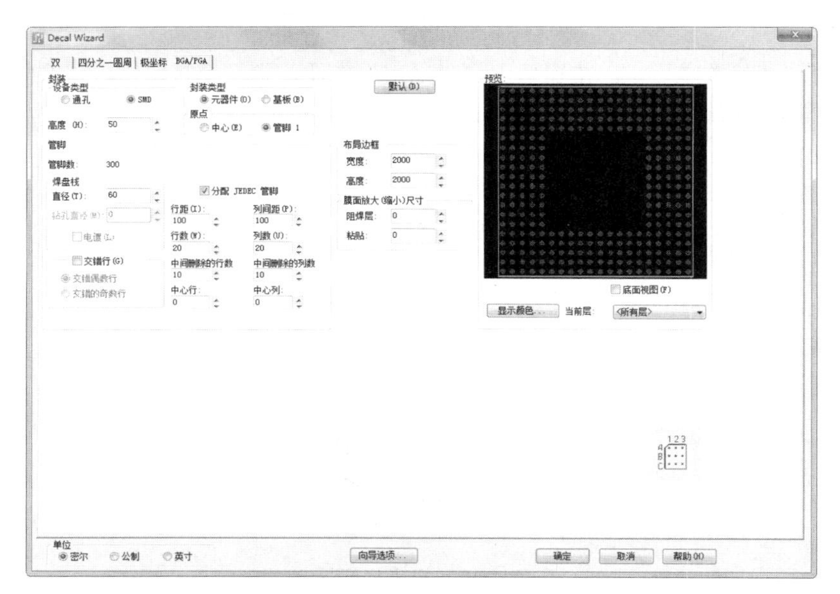

图 11-15　参数设置

- 元器件原点选择管脚 1。
- 设备类型为 SMD 贴片型。
- 行距为 100 mil。
- 列距为 100 mil。
- 中间删除的行数（元器件中心需纵向去掉多少元器件管脚，使其元器件成空心）为 10 个。
- 中间删除的列数（元器件中心需横向去掉多少元器件管脚，使其元器件成空心）为 10 个。
- 中心行（元器件中心纵向保留多少个元器件管脚，一定小于“中间删除的行数”值）0 个。
- 中心列（元器件中心横向保留多少个元器件管脚，一定小于“中间删除的列数”值）0 个。

（3）完成参数设置之后，单击对话框中的“确定”按钮，则一个按照输入参数要求的 BGA 型元器件就出现在元器件编辑环境中，如图 11-16 所示。

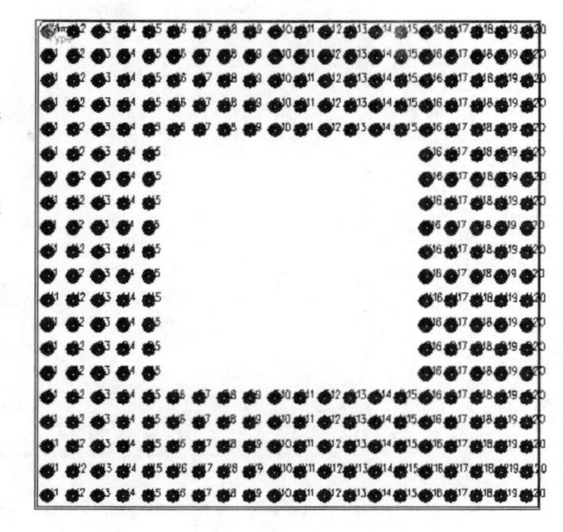

图 11-16　BGA 型元器件

注意

在填入参数时要注意，如果行距、列间距和行数、列数是偶数，则中间删除的行（列）数和中心行（列）也一定要是偶数。

11.3 手工建立 PCB 封装

在 PCB 设计过程中，除了一部分标准 PCB 封装可以采用上述的“Decal Wizard（封装向导）”很快完成，事实上将会面临大量的非标准的 PCB 封装。一直以来，建立不规则的 PCB 封装是一件令每一个工程人员都头痛的事，而且 PCB 封装跟逻辑封装不同，如果元器件管脚的位置建错带来的后果是器件无法插装或贴片。

其实，对于一个 PCB 封装来讲，不管是标准还是不规则，它们都有一个共性，即它们一定是由元器件序号、元器件管脚（焊盘）和元器件外框构成。在这里我们不希望去针对某一个元器件的建立去讲解，既然是不规则的事物，则应以不变应万变。在以下小节中分别介绍建立任何一个元器件都必须经历的 3 个过程，包括增加元器件管脚（焊盘）、建立元器件外框和确定元器件序号的位置。在对 3 个过程详细剖析之后，我们就能快速而又准确地手工制作任意形状的 PCB 封装。

11.3.1 启动元器件编辑器

首先启动 PADS Layout VX.2.2，打开“工具”菜单，单击子菜单“PCB 封装编辑器”，出现图 11-17 的元器件编辑器环境。图 11-17 中的元器件编辑器环境中有一个 Type 字元标号和 Name 字元标号及一个 PCB 封装原点标记。

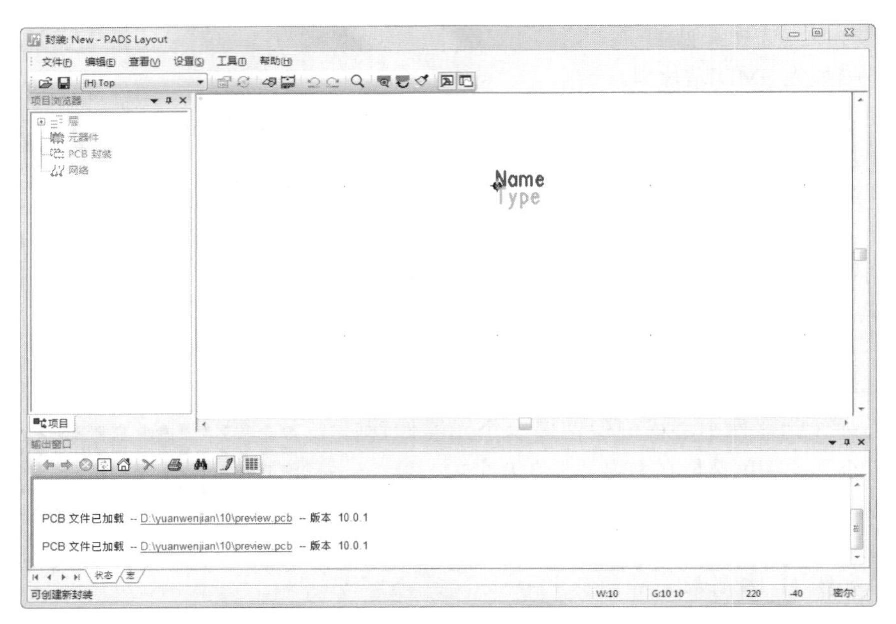

图 11-17　元器件编辑器环境

注意

Type 和 Name 字元标号的存放位置将会影响到当增加某个 PCB 封装到设计中的序号出现的位置，这时这个 PCB 封装的序号（如 U1，R1）出现的位置就是在建这个 PCB 封装时，Name 字元标号所放在的位置。

PCB 封装原点标记的位置将用于当对这个 PCB 封装移动、旋转及其他的一些有关的操作时，鼠标的十字光标被锁定在这个 PCB 封装元器件的位置。

11.3.2　增加元器件管脚焊盘

建立 PCB 封装第一步就是放置元器件管脚焊盘，确定各元器件管脚之间的相对位置，应该讲这也是建立元器件最重要和最难的一点，特别是那些无规则放置的元器件管脚，这是建立元器件的核心内容。在放置元器件焊盘脚之前应根据自己的习惯或者需要设置好栅格单位（如：密尔、英寸、公制）。实际元器件的物理尺寸是以什么单位给出的，我们最好就设置什么栅格单位。设置单位在“工具”菜单“选项”的“全局”中。

设置好栅格单位，接下来就开始放置每一个元器件管脚焊盘。选择“绘图”工具栏中的“端点”按钮增加元器件焊盘，弹出图 11-18 所示的焊盘属性设置对话框，单击“确定”按钮，退出对话框，进入焊盘放置状态。只要在当前的元器件编辑环境中任意一坐标点单击鼠标左键，则一个新的元器件管脚焊盘就出现在当前设计中。如果这个新的焊盘不是所希望的形状，可以点亮它之后单击鼠标右键，选择弹出菜单中的“特性”进行编辑。而在实际中通常的做法是先不用管它，等放完所有的元器件管脚之后再来总体编辑。也可以在菜单“设置”下“焊盘栈”中弹出的图 11-19 所示的“焊盘栈特性”对话框中一次性设置焊盘属性。

放置元器件管脚焊盘时可以一个一个来放置，但这样既费时而且焊盘坐标精度又很难保证，特别对于一些特殊又不规则的排列就更难保证，而且有时根本就做不到。

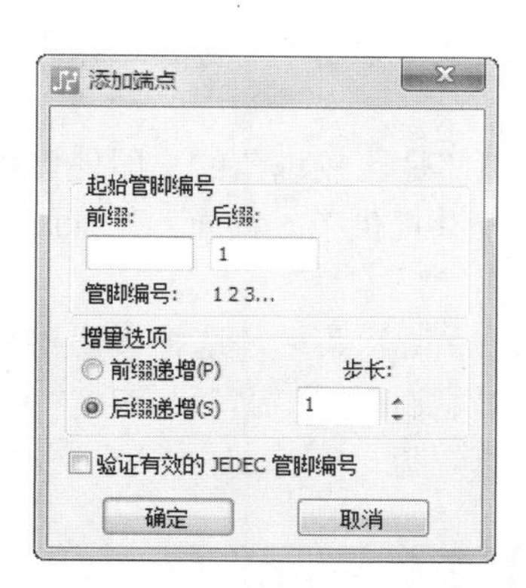

图 11-18　焊盘属性设置对话框

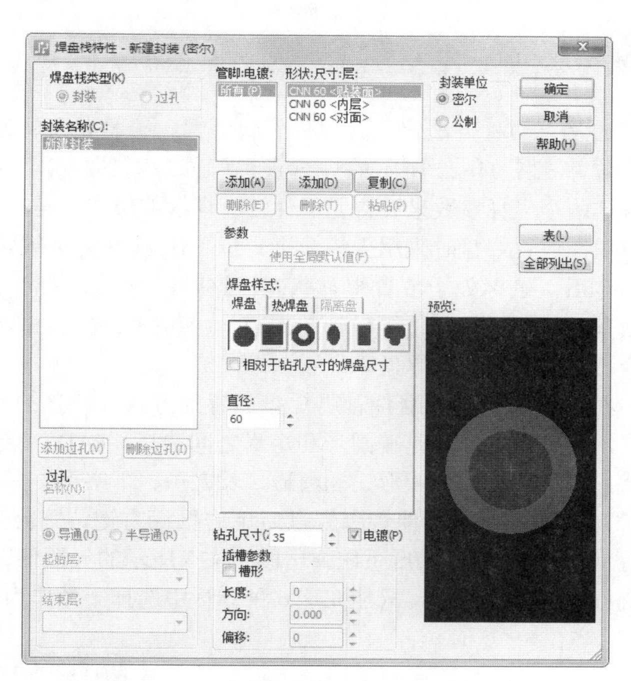

图 11-19　“焊盘栈特性”对话框

下面给大家介绍既简便又准确的重复放置元器件管脚焊盘的快捷方法。

首先运用前面介绍的方法放置好第一个元器件管脚焊盘，作为此后放置元器件管脚焊盘的参考点。然后退出放置元器件管脚焊盘模式（用鼠标单击“绘图”工具栏中的“选择模式”按钮即可，注意如果不退出这个模式将会继续放置新的元器件管脚）。点亮放置好的这第一个元器件管脚焊盘，使其成为被选中状态，再单击鼠标右键，弹出图 11-20 所示菜单。

从图 11-20 中选择“焊盘栈”菜单，则弹出图 11-21 所示窗口，与图 11-19 略有不同。从这个窗口中可以看到 PADS Layout 提供了两种焊盘的类型：封装和过孔。

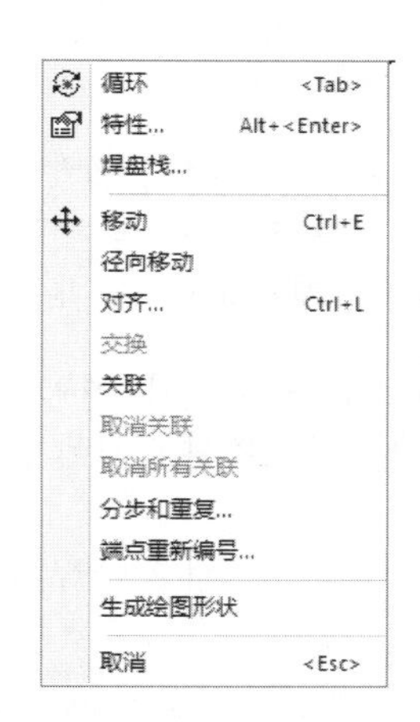

图 11-20　菜单

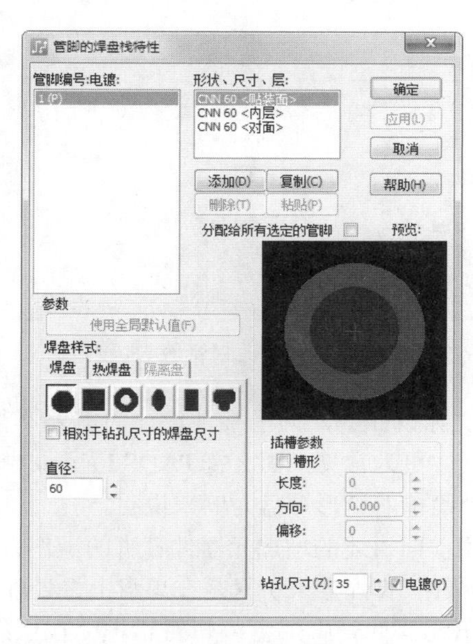

图 11-21　“管脚的焊盘栈特性”对话框

11.3.3 放置和定型元器件管脚焊盘

通常有两种方法定位元器件管脚焊盘，一种是坐标定位，另一种是在放置焊盘时采用无模命令定位。在图 11-22 所示的焊盘查询和修改对话框中，X 和 Y 两个坐标参数决定了焊盘的位置。通过这两个坐标参数来设置元器件管脚焊盘的位置，是一种最准确而又快捷的方法。实际上，我们还可以在放置焊盘时采用无模命令定位。在 PCB 封装编辑窗口，单击“绘图”工具栏中的“端点”按钮后，鼠标处于放置焊盘状态。这时，采用无模命令将鼠标定位（例如，用键盘输入“S00”后回车，就把鼠标定位到设计的原点），然后按键盘上的空格键，这就放置了一个焊盘，再用无模命令还可以继续放置焊盘。

在前面介绍了元器件管脚焊盘放置的方式，放置的元器件管脚都是比较规范的，即使可以编辑它，其外形也不过是在圆形和矩形之间选择。PADS Layout 系统一共提供了 6 种元器件管脚焊盘形状：圆形、方形、环形、椭圆形、长方形、丁字形。

点亮某一个元器件管脚焊盘后单击鼠标右键，则会弹出图 11-20 所示菜单，选择弹出菜单中“焊盘栈”子菜单，然后系统弹出图 11-23 所示的元器件管脚焊盘编辑窗口，在窗口设置项“参数”下就可以清楚地看见，只能在这 6 种焊盘中选择一种作为元器件管脚焊盘。

图 11-22　焊盘查询和修改对话框

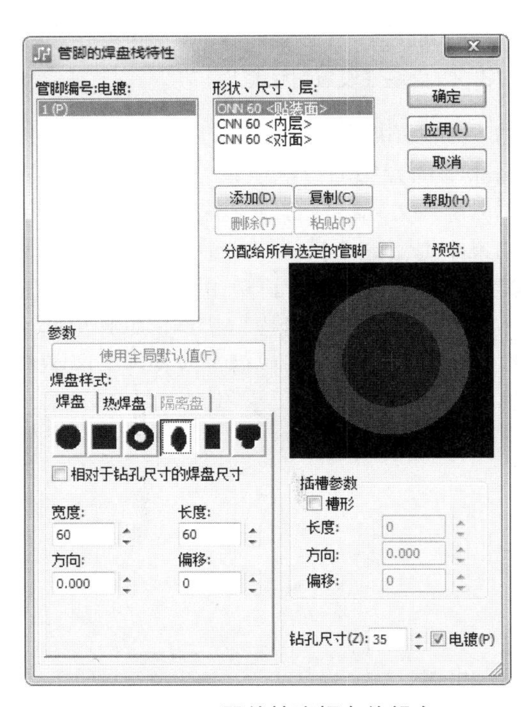

图 11-23　元器件管脚焊盘编辑窗口

但是在实际设计中，为了某种设计的需要不得不采用异形元器件管脚焊盘，特别是在单面板和模拟电路板中更为常见，那么在 PADS Layout 中如何建立所需的异形元器件管脚焊盘呢？下面我们以制作一个简单的异形焊盘为例来说明。

（1）利用前面讲述的增加元器件管脚的操作方法先放置一个标准的元器件管脚焊盘，因为异形焊盘对于元器件管脚焊盘来讲只是在焊盘上去处理。

（2）调出元器件管脚焊盘编辑对话框，在系统提供的 6 种焊盘形状中选择一种符合要求的形状，并按要求修改其直径、钻孔等参数，如图 11-23 所示，设置如下参数。

- 在设置项“参数”中选择椭圆。
- 在“宽度”编辑框中输入“90”。
- 在“长度”编辑框中输入“120”。
- 在“方向”编辑框中输入“30”（度）。
- 在“偏移”编辑框中输入“20”（mil）。
- 在“钻孔尺寸”编辑框中输入“50”（mil）。

（3）单击“绘图”工具栏中选择“铜箔”按钮，然后单击鼠标右键，在弹出的菜单中执行“多段线”命令，绘制符合实物形状的异形铜皮，如图 11-24 所示。

这时这个铜箔与标准元器件管脚之间并没有任何关系，是两个完全独立的对象，系统也不会默认此铜箔是该标准元器件管脚的焊盘，所以还必须经过一种结合方式使这完全独立的两个对象融合成一体。点亮标准元器件管脚后单击鼠标右键，从弹出菜单中选择“关联”，如图 11-25 所示。再点亮需要融合的对象铜箔，这时两者都处于高亮状态，说明这两者已经融为一体了。它们从此将被作为一个整体来操作，此时如果去移动它，你就会看见它们会同时进行移动。

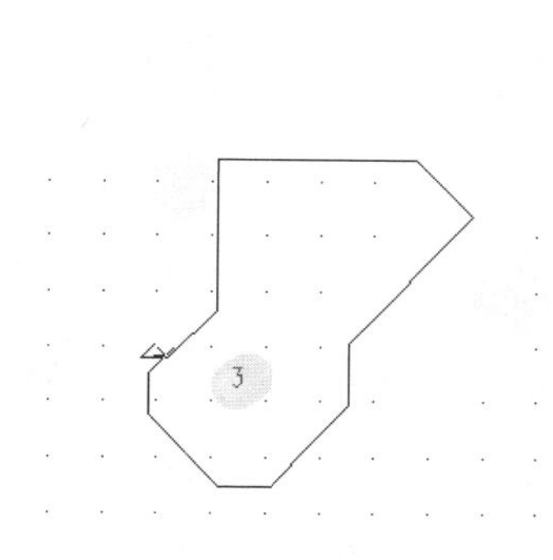

图 11-24　异形铜皮

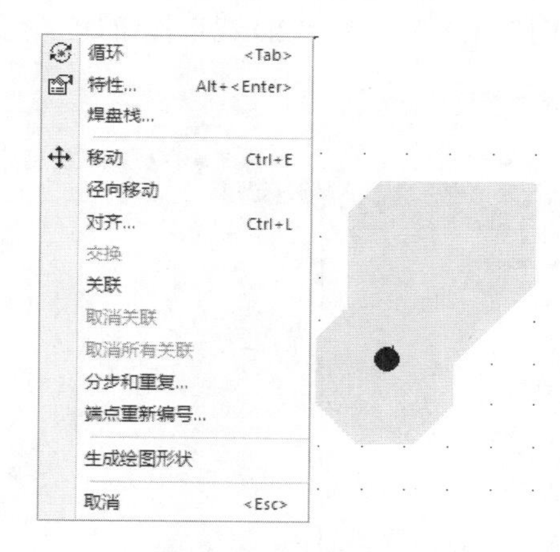

图 11-25　融合铜箔

11.3.4　快速交换元器件管脚焊盘序号

在放置焊盘的过程中，当将所有的焊盘放置完或者放置了一部分时，这些被放置好的焊盘的序号往往都是按顺序排下去的，但有时希望交换某些元器件管脚的顺序，很多的工程人员这时采用移动焊盘本身来达到目的。实际上，PADS Layout 已经提供了一个很好的自动交换元器件管脚焊盘排序功能。

首先用鼠标点亮需要交换排序的元器件管脚，再单击鼠标右键，从弹出的菜单中选择“端点重新编号”子菜单，这时系统会弹出图 11-26 所示的窗口。在这个窗口中需要输入被点亮的元器件管脚焊盘将同哪一个元器件管脚交换位置的排序号。比如同 4 号元器件管脚交换就在窗口中输入 4。

当输入所需交换的元器件管脚号后单击“确定”按钮确定，这时被选择的元器件管脚焊盘排序号变成了所输入的数字号，同时十字光标上出现一段提示下一重新排号的号码是多少，如图 11-27 所示。需要将这个序号分配给哪一个焊盘就用鼠标单击那个焊盘，依次类推，最后双击鼠标左键结束。这样就快速完成了元器件序号的交换。

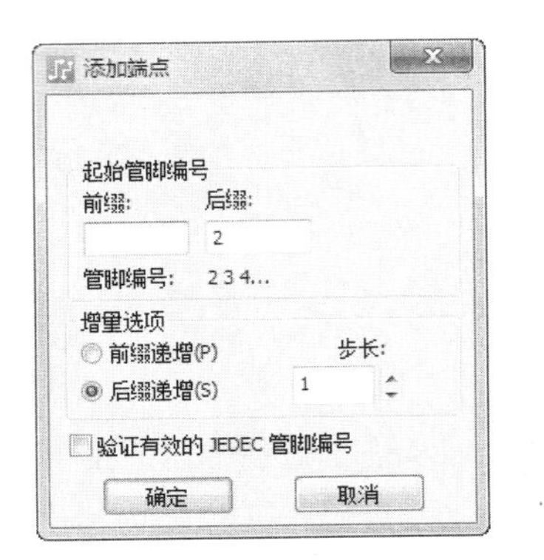

图 11-26 “重新编号管脚”对话框

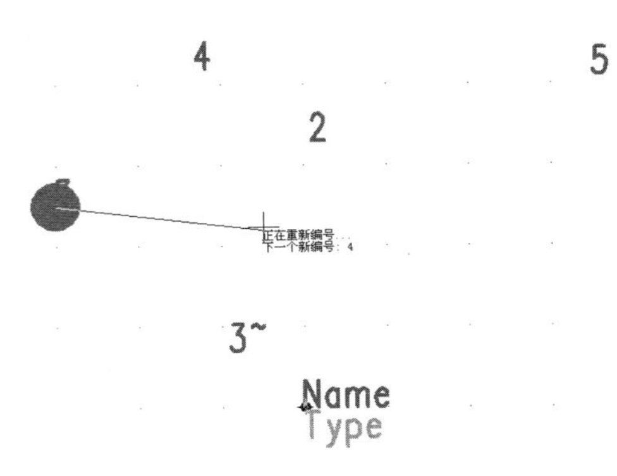

图 11-27 交换焊盘排序

11.3.5 增加 PCB 封装的丝印外框

当放置好所有的元器件管脚焊盘之后，接下来就是建立这个 PCB 封装的外框。在图 11-28 中选择“绘图”工具栏中的“2D 线”按钮，系统进入绘图模式。

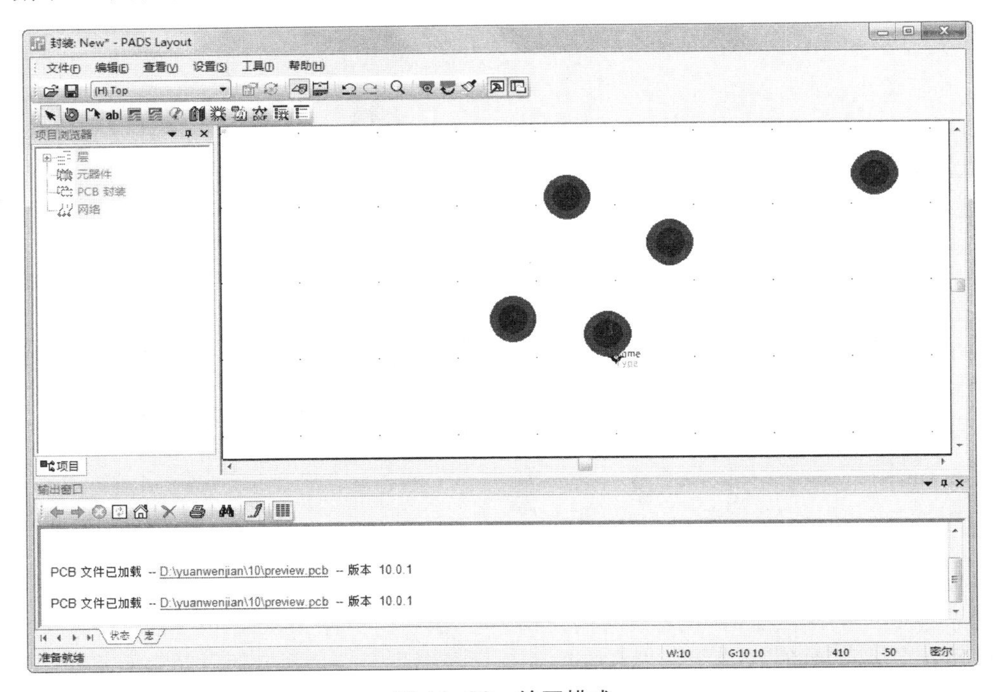

图 11-28 绘图模式

在绘图模式中可以通过选择弹出菜单中的“多边形”“圆形”“矩形”或者“路径”来直接完成绘制各种图形。在绘制封装外框时，有一个最好的方法可以快速而又准确地完成绘制。首先无须去理会封装外框的准确尺寸，通过绘图模式将所需的外框图全部画出来。完成外框图绘制以后，使用自动尺寸标注功能将这个外框所需要调整编辑的尺寸全部标注出来，当这些尺寸全部标注完之后，就可以去编辑这些尺寸标注。

当选择尺寸标注线的一端后进行移动，所标注的尺寸值也随着尺寸标注线的移动在变化。当尺寸标注值变化到外框所需要的尺寸时即停止移动，然后将封装外框线调整到这个位置，此时尺寸标注值就是封装外框尺寸。其他各边依次类推。这种利用调整尺寸标注线来定位封装外框的尺寸的方法可以使你能够轻松自如地完成各种封装外框图的绘制。

11.3.6　保存建立的 PCB 封装

PCB 封装建好之后，最后是将这个 PCB 封装进行保存。选择菜单命令“文件”→“封装另存为”，弹出窗口如图 11-29 所示。

保存封装时首先选择需要将这元器件封装存入到哪一元器件库中。单击窗口“库”下的下拉按钮进行选择。选择好元器件库之后还必须在窗口“PCB 封装名称”下为这个新的元器件封装命名，默认的元器件名为 NEW。命名完成之后单击“确定”即可保存新的元器件封装到指定的元器件库中。

其实在保存封装到元器件库时，系统会询问是否建立新的元器件类型（Wouldyouliketocreatenew Part-type?），如图 11-30 所示。

图 11-29　保存 PCB 封装

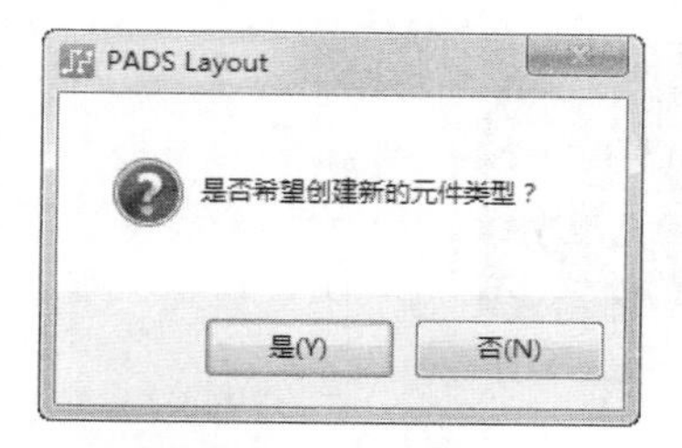

图 11-30　提示对话框

如果选择“是”，则在弹出的窗口中输入一个元器件类型名即可。尽管通过这种方式建立了相应的元器件类型，但是这并不表示这个元器件类型已经完全建好。这时不妨打开库管理器，然后从该元器件类型库中找到这个新的元器件类型名，单击元器件管理器中“编辑”按钮，系统将打开这个新元器件类型的编辑窗口。在此窗口中查看一下这个新元器件类型的有关参数设置后会发现，此时这个新元器件类型的参数设置除了包含了这个新建的 PCB 封装之外，其他什么内容都没有。这就说明如果要完善这个新元器件类型还必须要进一步对其加工，如果保持现状，它就形同一个 PCB 封装的一个替身而已。

11.4　综合实例——建立元器件类型

在 PADS 系统中，一个完整的元器件一定包含两方面的内容，即元器件封装（CAE 封装和 PCB 封装）和该封装所属的元器件类型。不管是建立逻辑封装还是 PCB 封装，当建立完成保存之后，如果不建立相应的元器件类型，则无法对该封装进行调用。在 PADS 系统中允许一个元器件类型可同时包含 4 个逻辑封装和 16 种不同的 PCB 封装，这是因为一种元器件型号的元器件经常会由于不同的需要而存在不同的封装。从这一点就应该明白元器件封装和元器件类型的区别，它们是一种包含关系。

在 PADS Logic 中或者 PADS Layout 中任何一方均可建立元器件类型，因为元器件类型是包含逻辑封装和 PCB 封装，你完全可以选择在建立了逻辑封装后还是建立了 PCB 封装后来建立相应的元器件类型，不管选择哪一方都是一样的。如果选择在建立逻辑封装后建立元器件类型，那么当在 PADS Layout 将此元器件类型的 PCB 封装建立完成之后，通过元器件库管理器来编辑在 PADS Logic 中建立的元器件类型，编辑时将建好的 PCB 封装分配到该元器件类型中即可。反之亦然。但是由于毕竟是在两个不同的环境中，所以在建立时还是有小小的区别。为了能比较清楚地掌握这部分内容，我们将在 PADS Layout 中建立封装之后如何建立完整的元器件类型进行一个介绍。

在 PADS Layout 中建立了 PCB 封装之后，建立其相应的元器件类型的基本步骤如下所述。

扫码看视频

【创建步骤】

（1）在“文件”菜单中选择“库”命令，打开“库管理器”对话框，如图 11-31 所示。

（2）在“库管理器”对话框中单击“元件”按钮，然后单击“新建”按钮，则进入“元件的元件信息”对话框，如图 11-32 所示。

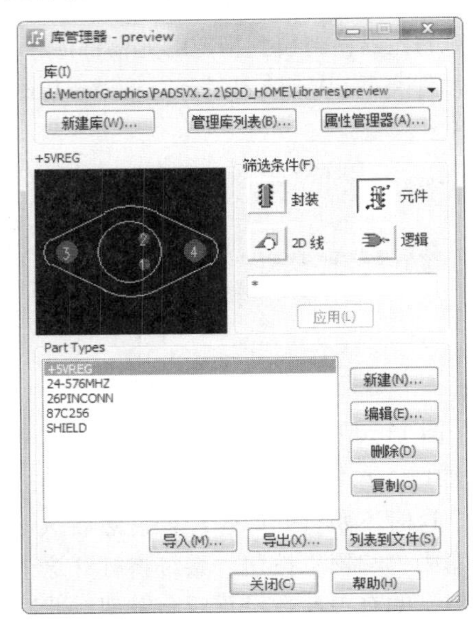

图 11-31 “库管理器”对话框

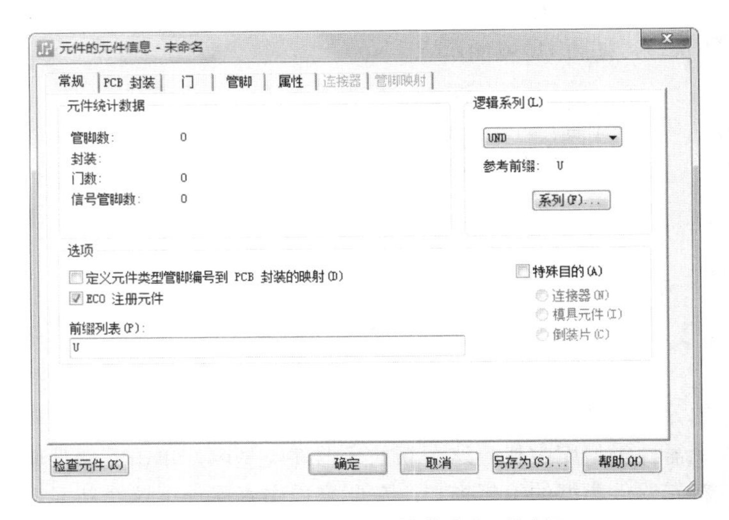

图 11-32 “元件的元件信息”对话框

（3）单击“元件的元件信息”对话框中的“常规”选项卡，设置“前缀列表”为“U”。

（4）单击“元件的元件信息”对话框中的“PCB 封装”选项卡，在其中指定 PCB 封装“221C-02”，如图 11-33 所示。

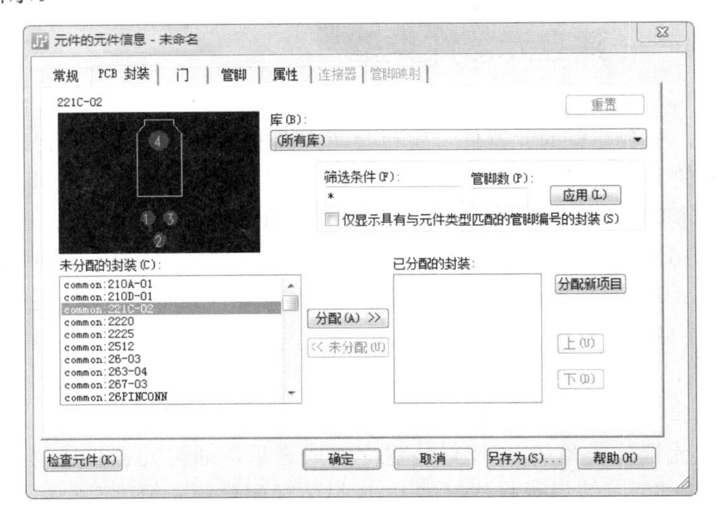

图 11-33 指定封装类型

（5）单击“元件的元件信息”对话框中的“门”选项卡，为新元器件类型指定 CAE 封装 A、B，如图 11-34 所示。

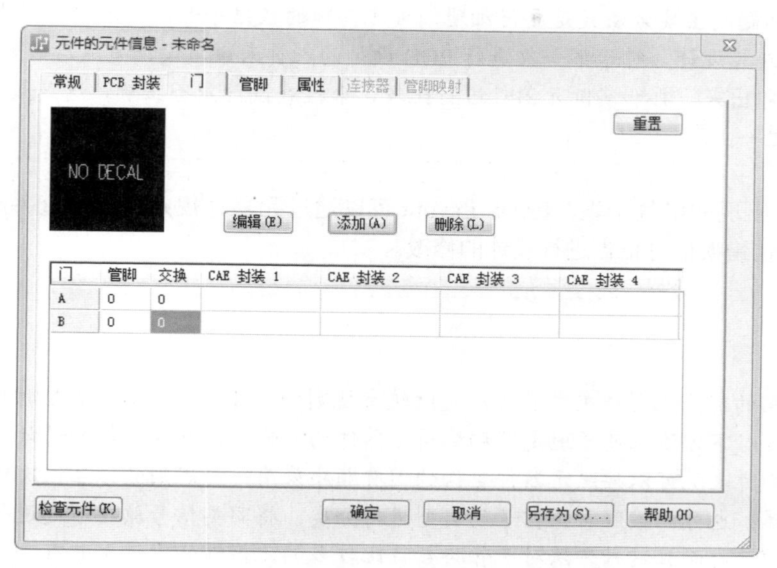

图 11-34　添加门

（6）在为元器件类型分配完 PCB 封装和 CAE 封装后，在“管脚”选项卡中进行元器件信号管脚分配。

（7）在“属性”选项卡中为元器件类型设置属性。

在设计中，一些元器件的 CAE 封装或者 PCB 封装的管脚是用字母来表示的。

（8）在“管脚映射”选项卡中进行设置，将字母和数字对应起来。

注意

上述步骤并非是固定的顺序，用户可以根据实际情况进行修改。

11.5 建立 PCB 封装和元器件类型的问题与技巧

在建立元器件的 PCB 封装中常见的问题有下面几个：机械错误、电气错误以及特殊封装的设计等。下面分别对这几点进行说明。

机械错误和电气错误是建立 PCB 封装中最常发生的错误。其中机械错误包括以下 3 种情况。

- 在 PCB 封装设计中，一定要特别注意焊盘间距的设计要精确，否则在焊接过程中无法正确地安装元器件。
- 直插式封装元器件的 PCB 封装设计中，经常会发生焊盘过孔设计不合理的错误。
- PCB 封装的设计中要重视元器件的定位孔的设计，如果不小心忽略了定为孔，或者定位孔设计不准确则会导致元器件无法安装。

小技巧

解决以上问题的主要方法就是要仔细地阅读元器件的数据手册，并严格按照手册的说明进行相应的 PCB 封装设计。对于第一次进行 PCB 设计的人员来说，设计完成后最好按照实际比例将 PCB 封装打印出来，再和实际元器件进行比较，来检查设计是否正确，这是最直接和简单实用的检查方法之一。

对于设计中出现的电气错误，PADS Layout 可以通过元器件规则进行检查并给出错误信息报告，用户可以通过错误信息报告进行设计的修改。

小技巧

前一节介绍的建立元器件类型的方法是比较有规则的，在设计元器件类型时用户也可以根据自己需要通过以下方法来灵活地定义和编辑元器件的管脚。比如在编辑和设计可编程逻辑器件的元器件管脚时，既可以按照元器件管脚的固有顺序采用一般规则的方法依次对元器件管脚进行定义和编辑；也可以按照管脚信号的类型进行分类，将同类信号放在一起进行定义和编辑，这样方便检查设计，而且这种方法对于管脚数目比较多的元器件的设计尤其有利。

11.6 思考与练习

思考 1．如何使用 PCB 封装编辑器来建立 PCB 封装？

思考 2．PADS Layout 的元器件库保存在哪里？路径？

思考 3．元器件与 PCB 封装、逻辑封装之间有什么关联？定义的先后次序有要求吗？

思考 4．在哪里为元器件分配 PCB 封装？

思考 5．解释 PADS Layout 元器件类型的概念。

思考 6．PADS Layout 如何对元器件进行管理？

练习 1．用两种方法建立各种形式的 PCB 封装。

练习 2．上机建立一个元器件类型。

Chapter 12

第12章 PADS VX.2.2 布局布线设计

本章主要包括 PADS Layout VX.2.2 的布局设计和布线设计。在 PCB 设计中，工程人员往往容易忽视布局设计，其实布局设计在整个 PCB 设计中的重要性并不低于布线设计。当完成了布局而在开始布线之前，必须进行一系列的布线前准备工作。特别是如果设计多层板，那么第 10 章中有关设置的内容（比如设计规则设置和层定义设置等）必须加强复习，养成一种良好的设计习惯。

学习重点

- PADS Layout VX.2.2 布局设计
- PADS Layout VX.2.2 布线设计

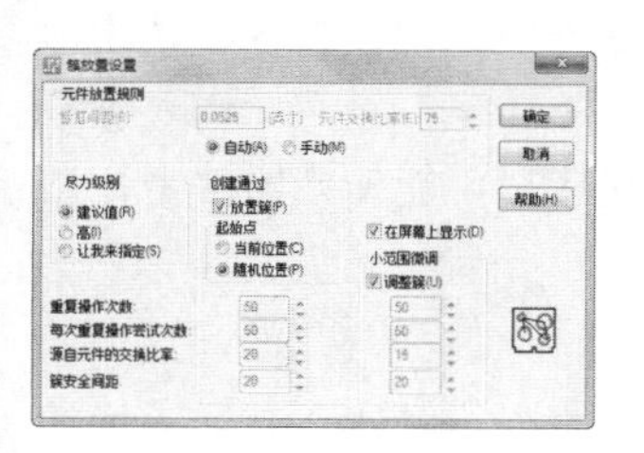

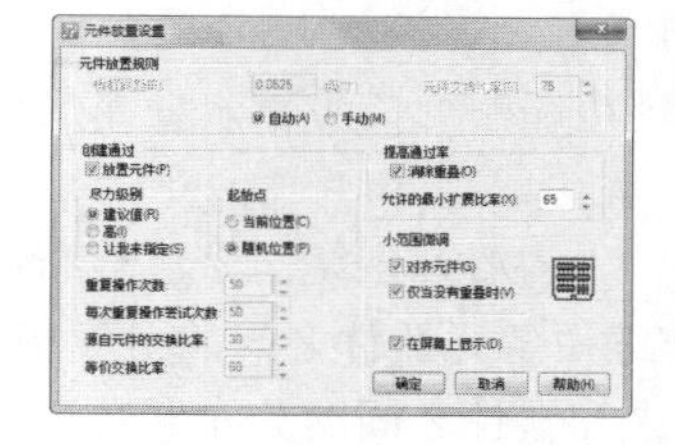

12.1 PCB 布局设计

在 PCB 设计中，布局是一个重要的环节，布局结果的好坏直接影响布线的效果。因此可以这样认为，合理的布局是 PCB 设计成功的关键一步。

12.1.1 PCB 布局规划

在 PCB 设计中，PCB 布局是指对电子元器件在印制电路上如何规划及放置的过程，它包括规划和放置两个阶段。关于如何合理布局应当考虑 PCB 的可制性、合理布线的要求、某种电子产品独有的特性等。

1. PCB 的可制造性与布局设计

PCB 的可制造性是说设计出的 PCB 要符合电子产品的生产条件。如果是试验产品或生产量不大需要手工生产，可以较少考虑；如果需要大批量生产，需要上生产线生产的产品，则 PCB 布局就要进行周密的规划。需要考虑贴片机、插件机的工艺要求及生产中不同的焊接方式对布局的要求，严格遵照生产工艺的要求，这是设计批量生产的 PCB 应当首先考虑的。

当采用波峰焊时，应尽量保证元器件的两端焊点同时接触焊料波峰。当尺寸相差较大的片状元器件相邻排列，且间距很小时，较小的元器件在波峰焊时应排列在前面，先进入焊料池。还应避免尺寸较大的元器件遮蔽其后尺寸较小的元器件，造成漏焊。板上不同组件相邻焊盘图形之间的最小间距应在 1 mm 以上。

元器件在 PCB 上的排向，原则上是随元器件类型的改变而变化，即同类元器件尽可能按相同的方向排列，以便元器件的贴装、焊接和检测。布局时，DIP 封装的 IC 摆放的方向必须与过锡炉的方向垂直，不可平行。如果布局上有困难，可允许水平放置 IC（SOP 封装的 IC 摆放方向与 DIP 相反）。

元器件布置的有效范围：在设计需要到生产线上生产的 PCB 时，x、y 方向均要留出传送边，每边 3.5 mm，如不够，需另加工艺传送边。在印制电路板中位于电路板边缘的元器件离电路板边缘一般不小于 2 mm。电路板的最佳形状为矩形，长宽比为 3:2 或 4:3。电路板面尺寸大于 200 mm×150 mm 时，应考虑电路板所受的机械强度。

在 PCB 设计中，还要考虑导通孔对元器件布局的影响，避免在表面安装焊盘以内，或在距表面安装焊盘 0.635 mm 以内设置导通孔。如果无法避免，需用阻焊剂将焊料流失通道阻断。作为测试支撑导通孔，在设计布局时，需充分考虑不同直径的探针，进行自动在线测试（ATE）时的最小间距。

2. 电路的功能单元与布局设计

PCB 中的布局设计中要分析电路中的电路单元，根据其功能合理地进行布局设计。对电路的全部元器件进行布局时，要符合以下原则。

- 按照电路的流程安排各个功能电路单元的位置，使布局便于信号流通，并使信号尽可能保持一致的方向。
- 以每个功能电路的核心元器件为中心，围绕它来进行布局。元器件应均匀、整齐、紧凑地排列在 PCB 上。尽量减少和缩短各元器件之间的引线和连接。
- 在高频下工作的电路，要考虑元器件之间的分布参数。一般电路应尽可能使元器件平行排列，这样不但美观，而且装焊容易，易于批量生产。

3. 特殊元器件与布局设计

在 PCB 设计中，特殊的元器件是指高频部分的关键元器件、电路中的核心器件、易受干扰的元器件、带高压的元器件、发热量大的器件以及一些异形元器件等。这些特殊元器件的位置需要仔细分析，做到布局合乎电路功能的要求及生产的要求。不恰当地放置它们，可能会产生电磁兼容问题、信号完整性问题，从而导致 PCB 设计的失败。

在设计如何放置特殊元器件时，首先要考虑 PCB 尺寸大小。PCB 尺寸过大时，印制线条长，阻抗增加，抗噪声能力下降，成本也增加；过小，则散热不好，且邻近线条易受干扰。在确定 PCB 尺寸后，再确定特殊元器件的位置。最后，根据电路的功能单元，对电路的全部元器件进行布局。特殊元器件的位置在布局时一般要遵守以下原则。

- 尽可能缩短高频元器件之间的连线，设法减少它们的分布参数和相互间的电磁干扰。易受干扰的元器件不能相互挨得太近，输入和输出元器件应尽量远离。
- 某些元器件或导线之间可能有较高的电位差，应加大它们之间的距离，以免放电引起意外短路。带高电压的元器件应尽量布置在调试时手不易触及的地方。
- 重量超过 15 g 的元器件，应当用支架加以固定，然后焊接。那些又大又重、发热量多的元器件，不宜装在印制板上，而应装在整机的机箱底板上，且应考虑散热问题。热敏元器件应远离发热元器件。
- 对于电位器、可调电感线圈、可变电容器、微动开关等可调元件的布局，应考虑整机的结构要求。若是机内调节，应放在印制板上方便调节的地方；若是机外调节，其位置要与调节旋钮在机箱面板上的位置相适应。
- 应留出印制板定位孔及固定支架所占用的位置。

一个产品的成功与否，一是要注重内在质量，二是兼顾整体的美观，两者都较完美才能认为该产品是成功的。在一个 PCB 上，元器件的布局要求要均衡、疏密有序，不能头重脚轻或一头沉。

4. 布局的检查

- 印制板尺寸是否与图纸要求的加工尺寸相符，是否符合 PCB 制造工艺要求，有无定位标记。
- 元器件在二维、三维空间上有无冲突。
- 元器件布局是否疏密有序、排列整齐，是否全部布完。
- 需经常更换的元器件能否方便地更换，插件板插入设备是否方便。
- 热敏元器件与发热元器件之间是否有适当的距离。
- 调整可调元器件是否方便。
- 在需要散热的地方，是否装了散热器，空气流是否通畅。
- 信号流程是否顺畅且互连最短。
- 插头、插座等与机械设计是否矛盾。
- 线路的干扰问题是否有所考虑。

12.1.2 PCB 自动布局

PADS Layout 系统提供了两种布局方式，其中一种布局方式是自动智能簇布局。智能簇布局器是一个交互式和全自动多遍无矩阵布局器，可进行半自动或全自动的概念定义和布局操作；可人工、半自动或全自动地进行簇的布局、子簇的布局；可打开簇进行单元和器件的布局和调整以及布局优化等工作；也可单独使用对其中的某一部分进行一遍或几遍的反复调整，直到布局效果达到最佳状态。

打开自动簇布局器。在 PADS Layout 中，选择菜单栏中的“工具”→“簇布局”命令，则弹出图 12-1 所示的自动簇布局器对话框。

自动簇布局器是一个交互全自动的多遍无矩阵布局器，采用概念定义、交互操作和智能识别等方法，用以实现最大规模、高密度和复杂电路的设计以及大量采用表面安装器件（SMD）和 PGA 器件的 PCB 设计自动布局。

自动簇布局器一共有 3 个工具，分别用于建立簇、放置簇和放置元器件。

图 12-1　自动簇布局器对话框

1. 建立簇

这个工具可以将在板框外的对象自动创建一个新的簇。它的设置如图 12-2 所示。

- 每簇最大组件数：设置每个簇包含的元器件的最大个数。如果选择“无限制”就是不加以限制的意思。
- 最小顶层数量：设置最小的顶层簇的数量。一个顶层簇的意思是说这个簇没有被其他的簇所包含。
- 新建簇：是否创建新的簇。
- 无胶元器件编号：当前没有被锁定的元器件的数目。
- 创建模式：重建开放簇还是保留开放簇。

2. 放置簇

簇放置设置如图 12-3 所示。

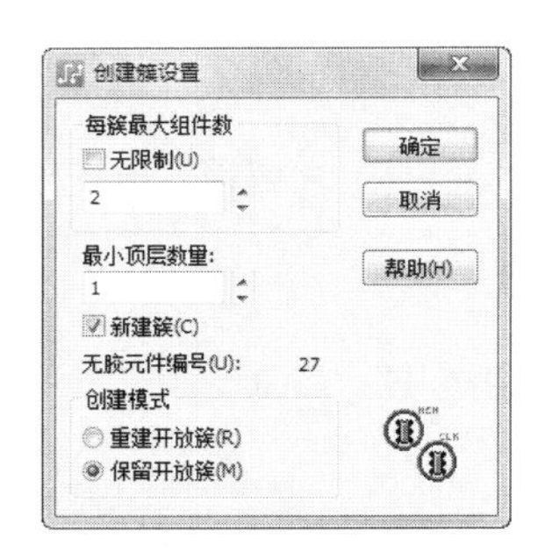

图 12-2　“创建簇设置”对话框

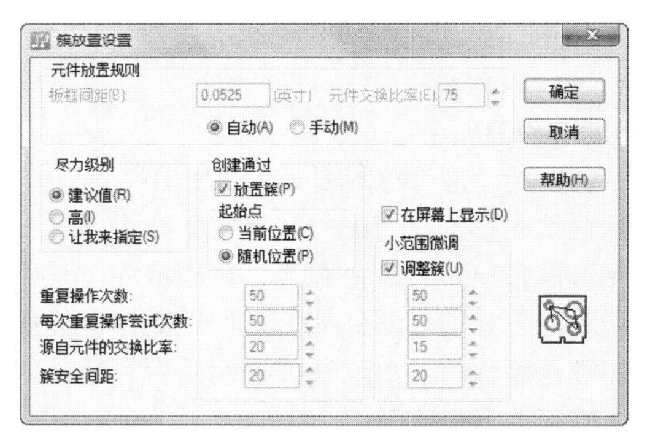

图 12-3　“簇放置设置”对话框

（1）元器件放置规则

- 板框间距：设置簇到板框的最小间距。
- 元器件交换比率：设置簇之间的距离，0 为最小间距，100% 为最大间距。
- 自动、手动：自动还是手动设置布局规则。

（2）尽力级别

指对布局的努力程度，PADS Layout 提供了 3 个选项，即建议值、高和让我来指定。布局的努力程度分为两个部分，分别是“创建通过”的努力程度和“小范围微调”的努力程度。

- 重复操作次数：对簇布局的次数。
- 每次重复操作尝试次数：每次布局的尝试，增加这个值可以使元器件和固定的元器件结合得更加紧密。
- 源自元器件的交换比率：在布局的时候有时需要重新对元器件、簇或组合进行定位，增加这个值可以增加对元器件、簇或组合进行交换的概率。

- 簇安全间距：元器件扩展的范围。

（3）创建通过

- 放置簇：是否对簇进行布局，如果用户已经对簇进行了布局，这个选项可以去掉。
- 起始点：如果设置了对簇进行布局，就要设置布局的开始点；当前位置，如果元器件已经放置在板框内，可以选择这个选项，这样可以保持元器件的位置；随机位置，在板框内的任意位置进行布局。

（4）小范围微调

微调布局，选择调整簇，便可以通过改变下面的参数对布局进行微调。

（5）在屏幕上显示

是否将布局的过程在屏幕上显示。

3. 放置元器件

元器件放置设置如图 12-4 所示。

（1）元件放置规则

布局规则，同簇布局的设置相同。

（2）创建通过

- 放置元件：是否对元器件进行布局，如果元器件已经进行了布局且只需要微调，可以将此项去掉。
- 尽力级别：和簇布局的意义相同。
- 起始点：和簇的意义相同。

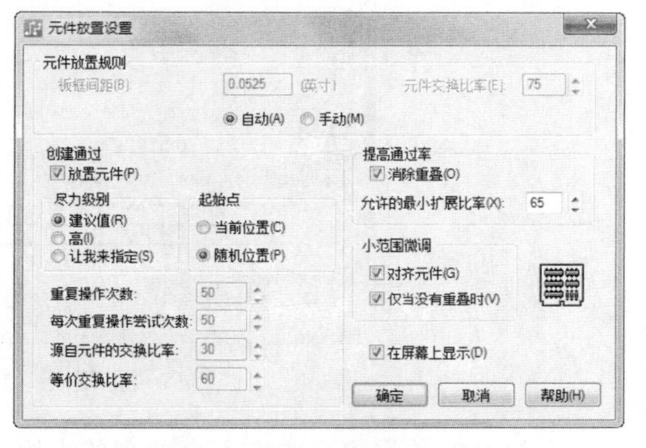

图 12-4　“元件放置设置”对话框

（3）提高通过率

- 消除重叠：是否要消除元器件重叠的情况。
- 允许的最小扩展比率：设置最小的元器件空间扩展的比例。

（4）小范围微调

- 对齐元件：布局微调时，相邻的元器件是否要对齐。
- 仅当没有重叠时：布局微调时，相邻的元器件要对齐的前提是没有元器件叠加的情况。

（5）在屏幕上显示

是否将布局的过程在屏幕上显示。

12.1.3　PCB 手动布局

PADS Layout 系统提供的另一种布局方式是手动（工）布局，手动布局可以使用“查找”工具进行元器件的迅速查找、多重选择和按顺序移动。系统具有元器件的自动推挤、自动对齐、器件位置互换、任意角度旋转、极坐标方式放置元器件、在线切换 PCB 封装、镜像和粘贴等功能。元器件移动时能够动态鼠线重连、相关网络自动高亮、指示最佳位置和最短路径。一般操作步骤分为布局前的设置、散开元器件和放置元器件等几步。

1. 布局前的设置

当开始布局设计之前，很有必要进行一些布局的参数设置。比如设计栅格一般设置成 20 mil（输入直接快捷命令 G20 即可），PCB 的一些局部区域高度控制等，这些参数的设置对于布局设计会带来方便甚至是必不可少的。

除此之外，对于一些比较特殊而且非常重要的网络，特别是对于高频设计电路中的一些高频网络，设置网络的颜色显得很有必要。因为将这些特殊的网络分别用不同的颜色显示在当前设计中，这样在布局设计时就可以将这些特殊网络的设计要求（比如走线要求）考虑进去，不至于在以后的设计中再来进行调整。

设置网络的颜色首先选择菜单“查看”，再选择“查看”菜单中的子菜单“网络”，弹出图 12-5 所示的“查看网络”对话窗口。

图 12-5　特殊网络颜色设置

在这个对话框窗口中有两个并列的小窗口，左边的“网表”下显示了当前设计中的所有网络；右边的“查看列表”小窗口中所显示的是需要设置特殊颜色及进行其他一些设置的网络。可以通过“添加”按钮将左边窗口的网络增加到右边，也可通过“移除”按钮将右边的网络还回到左边。

当进行特殊网络颜色设置时，首先将需要设置的网络从左边小窗口“网表”下通过“添加”按钮传送到右边小窗口“查看列表”下。然后在“查看列表”小窗口中选择一个网络，再单击窗口“按网络（焊盘、过孔、未布的线 / 设置颜色）”下某一个颜色块，这样完成了一个网络的颜色设置。依次类推，可以按这种设置步骤再去设置多个网络。当这些特殊网络的颜色设置完之后单击“确定”按钮，这时这些特殊的网络在当前的设计中以你设置的颜色分别显示出来。

有时有些网络（特别是设计多层板时的地线网络和电源网络）在布局时并不需要考虑它们的布线空间，如果全都显示出来难免显得杂乱，实际中常常先将它们隐去而不显示出来。这时只需在对某一网络进行特殊颜色设置时，再勾选窗口右下角中“查看未布的线的详情”选项下面的“未布线的管脚对”即可。

2. 散开元器件

当完成了一些有关的设置之后，在进行布局之前由于原理图从 PADS Logic 中传送过来之后全部都是放在坐标原点，这样不但占据了板框面积而且也不利于对元器件观察，而且给布局带来了不便，所以必须将这些元器件全部打散放到板框外去。

在 PADS Layout 中只需要选择“工具”菜单的“分散元器件”子菜单，这时弹出提示框如图 12-6 所示，询问“确定要开始分散操作？”，选择“是”按钮，则 PADS Layout 系统就会自动将所有的元器件按归类放在板框外，如图 12-7 所示。

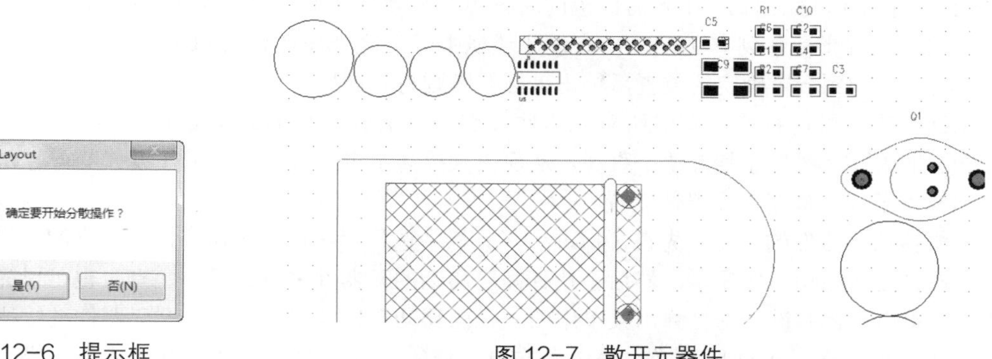

图 12-6　提示框　　　　图 12-7　散开元器件

3. 放置元器件

在整个布局设计中，掌握好元器件的各种移动方式对于快速布局是不可缺少的一部分。一般来讲，元器件移动方式最基本的只有两种，一种是水平和垂直移动，另一种是极坐标移动。不过一般移动元器件前有时需要建立一些群组合，这会给移动带来方便，下面就分别介绍如何建立群组合及各种移动方式。

（1）建立元器件群组合

当在进行 PCB 布局设计或其他一些操作时，常希望将某些相关元器件结合成一个整体，最常见的是一个 IC 元器件和它的去耦电容。当建立了这种组合之后，它们就会成为另一个新的整体，对其进行移动或其他操作时，这个组合就像一个元器件一样整体移动或其他动作。

打开 PCB 设计文件，下面介绍怎样建立一个最基本的群组合（一个 IC 元器件同它的去耦电容）。

首先用寻找命令调出一个 IC 元器件 U5，将其放好，然后再用寻找命令找出一个与它对应的去耦电容，将这个去耦电容放在 U1 的电源管脚旁，调整好位置之后选中 U1 将其点亮，然后按住 Ctrl 键，再用鼠标选中电容 C5，使其点亮，现在 U5 同 C5 都同时处于点亮状态。单击鼠标右键，从弹出的菜单中选择“创建组合”，则一个组合名称定义对话窗口弹出来，如图 12-8 所示。

系统默认的群组合名是 UNI_1，如果想重新命名这个组合，则在这个对话框中输入一个新的组合名，然后单击“确定”按钮，一个新的组合就建立完毕。

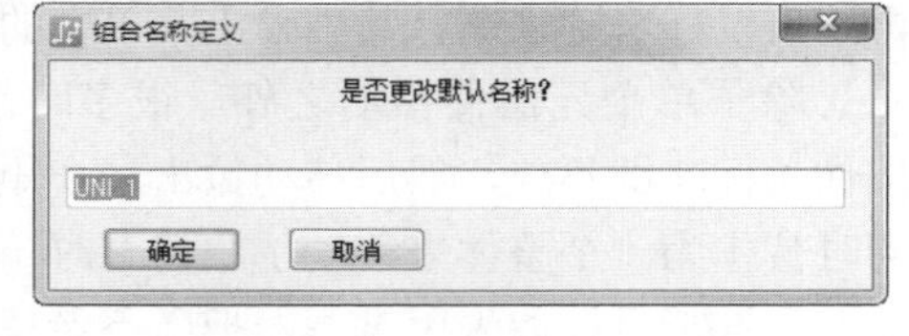

图 12-8　命名群组合

（2）采用最先进的原理图驱动放置元器件进行布局设计

有很多的工程人员对于布局设计并不太重视，其实 PCB 布局设计是否合理对于以后的布线设计及其他一些设计都是举足轻重的，所以尽可能在布局设计时将有关的条件都考虑进去，以免给以后的设计带来麻烦。

另外，我们知道，可以通过 OLE 将 PADS Logic 与 PADS Layout 动态地链接起来，下面介绍怎样利用这种动态链接关系来使用原理图驱动进行放置元器件布局。

首先在 PADS Layout 中打开原理图文件，启动 PADS Layout，将 PADS Layout 与 PADS Logic 通过 OLE 动态链接起来，再将原理图网络表传入 PADS Layout 中。

将网络表传入 PADS Layout 之后，在 PADS Layout“标准”工具栏中选择“设计”按钮，在弹出的“设计”工具栏中选择“移动”按钮，之后就可以利用原理图驱动来从原理图中单击某元器件后，直接在 PADS Layout 中放置该逻辑元器件所对应的 PCB 封装。

在 PADS Logic 中选中一个原理图元器件，当点亮原理图中某一元器件时，这个元器件在

PADS Layout 中所对应的 PCB 元器件也同时被点亮，然后将此元器件从 PADS Logic 中移到 PADS Layout 中。这时光标移到 PADS Layout 设计环境中时，这个被点亮的 PCB 元器件会自动附着在光标上，将它移动到一个确定的位置后单击鼠标左键则将其放好。

依次类推，可以将原理图中所有元器件按这种方法放入 PADS Layout 中。利用这种原理图驱动的方法来放置元器件非常方便、直观，从而大大提高了工作效率，而且使设计变得轻松有趣。

（3）水平、垂直移动元器件放置

一般移动元器件的步骤是先在“标准”工具栏中选择“设计”按钮，在弹出的“设计”工具栏中选择“径向移动”按钮，然后去选择需要移动的元器件来进行操作。有时也可以先点亮一个元器件再单击鼠标右键，选择弹出菜单中的“径向移动”选项就可以对一个元器件进行移动了。

上述两种方法对于移动元器件来讲并非最方便的，更多的时候只需点亮某个元器件后将鼠标十字光标放在该元器件上，按住鼠标左键不放移动鼠标，则这个元器件就可以移动了。当然这种移动方式是有条件的，必须选择菜单栏中的“工具”→“选项”命令，在弹出的“选项”对话框中选择“全局”→“常规”选项卡，在“拖动”选项组下将其设置成“拖动并附着”或“拖动并放下”，如果设置成“无拖动”项，则表示关闭了这种移动方式。

在很多的情况下，被移动的元器件经常需要改变状态，比如旋转 90° 等，这时只需在移动状态下单击鼠标右键，从弹出的菜单中选择想改变的状态选项即可。当然也可以利用菜单“编辑”→“移动”的快捷键 Ctrl+E。

小技巧

实际上，在元器件移动状态时，用键盘上的 Tab 来改变元器件的状态是最好的方式，试试看吧。

如果对一个放置好了的元器件在原地改变状态，可以使用“设计”工具栏下的按钮，它们分别是“旋转”按钮、“绕原点旋转”按钮、“交换元件”按钮。当然也可以先点亮某个元器件，再单击鼠标右键来选择其中弹出菜单中的某个选项来改变元件状态。

除了单个元器件移动之外，很多时候常需要整体块移动，组合移动。当进行块移动时，可以按住鼠标左键不放，然后移动拉出一个矩形框来，矩形框中目标被点亮，这些被点亮的目标就可以同时被作为一个整体来移动了。但有时矩形框中的某些被点亮的目标并不都是所希望移动的，这就需要在选择目标前先用过滤器把所不希望移动的目标过滤掉。同理，在移动组合体时也需要先在过滤器中选择“选择组合 / 元器件”，然后才可以点亮组合体而进行移动。

总之，不管是移动还是改变元器件状态，在实际过程中多总结，多试试，看哪一种方式才是自己认为最方便的。

（4）径向移动元器件放置

径向移动实际上就是常说的极坐标移动，在 PCB 设计中虽然不是常用，但如果没有这种移动方式，有时会不方便，因为在设计某些产品的时候，需要将元器件以极坐标的方式来放置。

选择“标准”工具栏中的“设计工具栏”图标，在弹出的“设计”工具栏中选择“移动”按钮→“径向移动”按钮，再选择需要移动的元器件，也可先点亮元器件后选功能图标。其时很多时候选择点亮了目标之后单击鼠标右键，从弹出菜单中选择“径向移动”就可以了。当选择了“径向移动”方式之后，极坐标会自动显示出来，然后就可以参考坐标放置好元器件，如图 12-9 所示。

在进行极坐标移动之前一般都要对其设置，使之符合自己的设计要求。关于极坐标的设置是：选择菜单栏中的“工具”→“选项”命令，在弹出的“选项”对话框中选择“栅格和捕获”→“栅格”选项卡，选择“径向移动设置”按钮，则弹出窗口如图 12-10 所示。

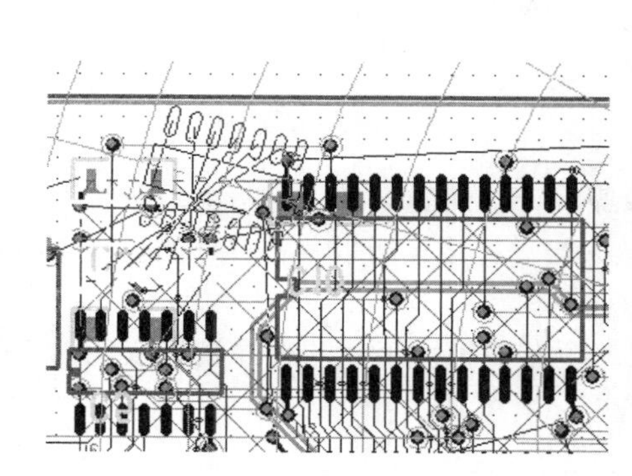

图 12-9　极坐标移动

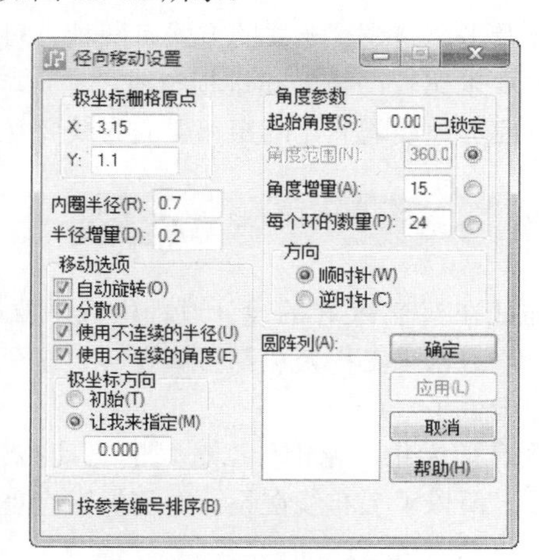

图 12-10　径向移动参数设置

图 12-10 中的各个参数设置如下所述。

- 极坐标栅格原点。
  - X：原点的 x 坐标。
  - Y：原点的 y 坐标。
- 内圈半径：靠近原点的第一个圆环跟原点的径向距离，默认值为 0.7。
- 半径增量：除第一个圆环外，其他各圆环之间的径向距离，默认值为 0.2。
- 角度参数：角度参数设置。
  - 起始角度：起始角度值。
  - 角度范围：整个移动角度的范围。
  - 角度增量：最小移动角度。
  - 每个环的数量：在移动角度范围内最小移动角度（Delta Angle）的个数。
  - 已锁定：锁定某选项，默认是锁定“角度范围”项，被锁定的选项不可以被改变。
  - 顺时针：顺时针方向。
  - 逆时针：逆时针方向。
- 移动选项：当移动元器件时的参数设置。
  - 自动旋转：移动元器件时自动调整元器件状态。
  - 分散：移动元器件时自动疏散元器件。
  - 使用不连续的半径：移动元器件时可以在径向上进行不连续地移动元器件。
  - 使用不连续的角度：移动元器件时在角度方向上可以不连续地移动元器件。
- 极坐标方向：极坐标的方向设置。
  - 初始：使用最初的。
  - 让我来指定：由自己设置。

12.2 PCB 布线设计

在 PCB 设计中，布线是完成产品设计的重要步骤，可以说前面的准备工作都是为它而做的。

在整个 PCB 中，以布线的设计过程限定最高，技巧最细，工作量最大。PCB 布线有单面布线、双面布线及多层布线。布线的方式有两种：自动布线及交互式布线。在自动布线之前，可以用交互式预先对要求比较严格的线进行布线，输入端与输出端的边线应避免相邻平行，以免产生反射干扰。必要时应加地线隔离，两相邻层的布线要互相垂直，平行容易产生寄生耦合。

12.2.1 PCB 布线的基本知识

布线在整个 PCB 的设计过程中几乎要耗费所有板级设计时间的一半，正是由于布线工作耗时耗力，一直以来工程人员都希望有一天这个过程由电脑来自动完成。所以各种各样的自动布线器就由此而诞生了。

到目前为止，无论什么公司的自动布线器都只是一个布线辅助工具，它并没有取代人为的手工走线，所以手工布线在设计中仍然占有重要的地位。

注意

自动布线的布通率，依赖于良好的布局，布线规则可以预先设定，包括走线的弯曲次数、导通孔的数目和步进的数目等。一般先进行探索式布经线，快速地把短线连通；然后进行迷宫式布线，先把要布的连线进行全局的布线路径优化，它可以根据需要断开已布的线，并试着重新再布线，以改进总体效果。

对目前高密度的 PCB 设计已感觉到贯通孔不太适应了，它浪费了许多宝贵的布线通道。为解决这一矛盾，出现了盲孔和埋孔技术。这不仅完成了导通孔的作用，还省出许多布线通道使布线过程完成得更加方便、更加流畅、更为完善，PCB 的设计过程是一个复杂而又简单的过程，要想很好地掌握它，还需广大电子工程设计人员去自己体会，才能得到其中的真谛。

小技巧

以下是布线的一些基本知识和技巧。

1. 电源、地线的处理

即使在整个 PCB 中的布线完成得都很好，但由于电源、地线的考虑不周到而引起的干扰，会使产品的性能下降，有时甚至影响到产品的成功率。所以对电、地线的布线要认真对待，把电、地线所产生的噪音干扰降到最低限度，以保证产品的质量。

对每个从事电子产品设计的工程人员来说都明白地线与电源线之间噪音所产生的原因，现只对降低式抑制噪音加以表述。

众所周知的是在电源、地线之间加上去耦电容。

尽量加宽电源、地线宽度，最好是地线比电源线宽，它们的关系是：地线 > 电源线 > 信号线，通常信号线宽为 0.2 ～ 0.3 mm，最精细宽度可达 0.05 ～ 0.07 mm，电源线为 1.2 ～ 2.5 m。

对数字电路的 PCB 可用宽的地导线组成一个回路，即构成一个地网来使用（模拟电路的地导线不能这样使用）。

用大面积铜层作地线用，在印制板上把没被用上的地方都与地相连接作为地线用。或是做成多层板、电源、地线各占用一层。

2. 数字电路与模拟电路的共地处理

现在有许多 PCB 不再是单一功能电路（数字或模拟电路），而是由数字电路和模拟电路混合构成的。因此在布线时就需要考虑它们之间互相干扰问题，特别是地线上的噪音干扰。

数字电路的频率高，模拟电路的敏感度强。对信号线来说，高频的信号线尽可能远离敏感的模拟电路器件；对地线来说，整个 PCB 对外界只有一个结点，所以必须在 PCB 内部进行处理数、模共地的问题，而在板内部数字地和模拟地实际上是分开的，它们之间互不相连，只是在 PCB 与外界连接的接口处（如插头等），数字地与模拟地有一点短接。请注意，只有一个连接点。也有在 PCB 上不共地的，这由系统设计来决定。

3. 信号线布在电（地）层上

在多层印制板布线时，由于在信号线层没有布完的线剩下已经不多，再多加层数就会造成浪费，也会给生产增加一定的工作量，成本也相应增加。为解决这个矛盾，可以考虑在电（地）层上进行布线。首先应考虑用电源层，其次才是地层。因为最好是保留地层的完整性。

4. 大面积导体中连接管脚的处理

在大面积的接地（电）中，常用元器件的管脚与其连接。对连接管脚的处理需要进行综合的考虑，就电气性能而言，元器件管脚的焊盘与铜面满接为好，但对元器件的焊接装配就存在一些不良隐患，如焊接需要大功率加热器；容易造成虚焊点。所以兼顾电气性能与工艺需要，做成十字花焊盘，称之为热隔离（heat shield），俗称热焊盘（Thermal）。这样，可使在焊接时因截面过分散热而产生虚焊点的可能性大大减少。多层板的接电（地）层管脚的处理相同。

5. 布线中网络系统的作用

在许多 CAD 系统中，布线是依据网络系统决定的。网格过密，通路虽然有所增加，但步进太小，图场的数据量过大，这必然对设备的存储空间有更高的要求，同时也对计算机类电子产品的运算速度有极大的影响。而有些通路是无效的，如被元器件管脚的焊盘占用的或被安装孔、定门孔所占用的等。网格过疏，通路太少对布通率的影响极大。所以要有一个疏密合理的网格系统来支持布线的进行。

标准元器件两管脚之间的距离为 0.1 英寸（2.54 mm），所以网格系统的基础一般就定为 0.1 英寸（2.54 mm）或小于 0.1 英寸的整倍数，如：0.05 英寸、0.025 英寸、0.02 英寸等。

6. 设计规则检查（DRC）

布线设计完成后，需认真检查布线设计是否符合设计者所制定的规则，同时也需确认所制定的规则是否符合印制板生产工艺的需求，一般检查有如下几个方面。

- 线与线、线与元器件焊盘、线与贯通孔、元器件焊盘与贯通孔、贯通孔与贯通孔之间的距离是否合理，是否满足生产要求。
- 电源线和地线的宽度是否合适，电源与地线之间是否紧耦合（低的波阻抗），在 PCB 中是否还有能让地线加宽的地方。
- 对于关键的信号线是否采取了最佳措施，如长度最短，加保护线，输入线及输出线被明显地分开。
- 模拟电路和数字电路部分，是否有各自独立的地线。
- 后加在 PCB 中的图形（如图标、注标）是否会造成信号短路。
- 对一些不理想的线形进行修改。
- 在 PCB 上是否加有工艺线？阻焊是否符合生产工艺的要求，阻焊尺寸是否合适，字符标志是否压在器件焊盘上，影响到电装质量。

● 多层板中的电源地层的外框边缘是否缩小，如电源地层的铜箔露出板外容易造成短路。

12.2.2 PCB 布线的各种方式

PADS Layout 发展到今天，在其机械手工布线和智能布线功能方面可以说是相当成熟，具有几个交互式和半自动的布线方式，利用这些先进的智能化布线工具大大缩短了设计时间，这些布线方式包括：添加布线、动态布线、草图布线、自动布线和总线布线。

1. 添加布线

如果需要使用增加布线方式进行布线时，选择“标准”工具栏中的“设计工具栏”图标，在弹出的“设计”工具栏中选择“添加布线”按钮就可以了。

“添加布线”的布线方式是最原始而又是最基本的布线方式，可以在在线设计检查打开或关闭的状态下操作。在整个布线过程中，它不具有任何的智能性，所有的布线要求比如拐角等都必须人为地来完成，所以也可称其为机械手工布线方式。

在开始布线前，不妨检查一下设计栅格设计，因为设计栅格是移动走线的最小单位，最好依据线宽和线距的设计要求来设置，使线宽和线距之和为其整数倍，这样就方便控制其线距了。

当在“添加布线”走线模式下时，只需用鼠标单击所需布线的鼠线即可开始布线。当布线开始后，可单击鼠标右键，从弹出的菜单中选择所需的功能菜单，如图 12-11 所示。

图 12-11 中所示的功能都是走线要用到的，有了这些功能就可以完成走线。弹出菜单中大部分的菜单所执行的功能都可以用快捷键和直接命令来代替，所以在布线设计时几乎都是采用其对应的快捷键和直接命令，这样就大大提高了布线效率。

图 12-11　布线功能菜单

下面介绍一些在布线过程中经常用的功能，它们分别如下所述。

（1）添加拐角

在图 12-11 中可以选择“添加拐角”菜单来完成，而实际上最快的方法是在需要拐角的地方单击鼠标左键就可以了。

（2）添加过孔

图 12-11 中的“添加过孔”菜单可以执行此功能，实际中只需按住键盘上的 Shift 键后单击鼠标左键或按 F4 键就可以自动增加过孔。当需要改变目前的过孔类型时，输入直接命令“V”即可从当前所有的过孔类型中选择一个所需的过孔类型，当然也可以选择图 12-11 中“过孔类型”菜单来执行。

（3）完成

当完成某个网络的布线时，只需将鼠标指针移动到终点焊盘上，当鼠标指针在终点焊盘上变成两个同心圆形状时，表示已经捕捉到了鼠线终点，这时只需单击鼠标左键即可完成走线。

（4）备份

在走线过程中选择该命令，实时显示走线信息，包括已布线长度和总长度，并随着鼠标的移动，走线发生变化，走线信息同样发生变化。

（5）层切换

增加过孔实际上也是一种换层操作，但是它所转换的层只能是当前的层对，意思是如果当前的层对是第一层和第四层，那么使用增加过孔来换层只能在第一和第四层之间转换。当然可以使用直接命令“PL”来随时在线改变层对设置，然后再用增加过孔来换层。所以如果直接命令“PL”同增加过孔配合使用就可以达到任意换层的目的。除此之外，可以单独使用直接命令“L”随时在线切换走线层。

（6）宽度

在线修改线宽，在布线过程中随时可以使用直接命令“W”来使同一网络的走线宽度呈现不同的线宽。

以上这些操作都是在布线过程中经常用到的，这些操作不光针对 Add Route 布线方式，对于其他走线方式均适合。提高布线效率除了本身跟软件提供的功能有关以外，自身的经验和熟练程度也是一个重要的因素，所以必须要不断地训练自己，从中总结经验。

2. 动态布线

在 5 种布线方式中，除了“添加布线”布线方式以外，其他布线方式都必须是在在线设计规则 DRC 打开的模式下才可以进行操作，这是因为这些布线方式在布线过程中，所有的设计规则都是电脑根据在线规则检查来控制。

选择菜单栏中的“工具”→“选项”命令，在弹出的“选项”对话框中选择“设计”选项卡，在“在线 DRC”选项组下选择“禁用”单选钮外其余 3 个选项，才可操作其余布线模式。

关于 DRC（在线规则检查）模式，PADS Layout 提供了 4 种选择，在布线过程中可以去选择任何一种来进行操作，这 4 种方式分别如下所述。

（1）防止错误

这种模式要求非常严格，在布线过程中系统会严格按照在设计规则中设置的规则来控制走线操作，当有违背规则时，系统将马上阻止继续操作，除非你改变违规状态。但同时因为动态布线具有智能自动调整功能，所以在遇到有违背规则现象时，系统会进行自动排除。在设计过程中可使用直接命令“DRP”随时切换到此模式下。

（2）警告错误

这种模式比上述“防止错误”要宽大得多，当在布线或布局过程中有违背安全间距规则现象时，允许继续操作，并产生出错误信息报告。但在布线过程中不允许出现走线交叉违规现象。可使用直接命令“DRW”随时切换到此模式下。

（3）忽略安全间距

在布线时禁止布交叉走线，其他一切规则忽略，可使用直接命令“DRI”随时切换到此模式下。

（4）禁用

完全关闭 DRC（在线设计规则检查），允许一切错误出现，完全人为自由操作。“添加布线”布线方式可以在 DRC 的 4 种模式下工作，而其他 4 种布线方式只能在 DRC 的“防止错误”模式下操作，所以在应用时要引起注意。下面介绍如何进行“动态布线”。

选择“标准”工具栏中的“设计工具栏”图标，在弹出的“设计”工具栏中选择“动态布线”按钮即可。从上述可知，动态智能布线只能在 DRC 的“防止错误”模式下才有效。动态布线是一种以外形为基础的布线技术，系统最小栅格可定义到 0.01 mil。进行动态布线时，系统自动进行在线检查，并可用鼠标牵引鼠线动态地绕过障碍物，动态推挤其他网络以开辟新的布线路径。这样就避免了用手工布线时的布线路径寻找、走线拐角、拆线和重新布线等一系列复杂的过程，从而使布线变得非常轻松有趣。

关于动态布线时所需进行的其他操作，比如换层等，可参考“添加布线”，这里不再重复介绍。

3. “草图布线”和“自动布线”

“自动布线”和“草图布线”同“动态布线”一样，必须在DRC（在线设计规则检查）的“防止错误”下才有效，下面介绍自动布线方式。

选择“标准”工具栏中的“设计工具栏”图标，在弹出的“设计”工具栏中选择“自动布线”按钮便可进入自动布线方式状态。自动布线方式主要反映在“自动”二字上，其意思是只要用鼠标双击即可完成一个连接的布线。当然如果在走线已经有一定密度时再使用此功能，就要付出大量的时间去等待，所以什么时候选用此功能要具体情况具体安排。

“草图布线”与其说是一种布线方式，不如说是一种修改布线方式。选择“标准”工具栏中的“设计工具栏”图标，在弹出的“设计”工具栏中选择“草图布线”按钮即可进入草图布线方式。

在完成了某个网络的走线以后，有时会发觉走线如果换成另一种路径的布法可能会更好。为了达到这个目的，一般会采取重新布线或移动走线，但是PADS Layout提供的这种“草图布线”法可以快速完成这种修改。

4. 总线布线

总线布线方式同上述介绍的动态、草图和自动方式一样，只能在DRC模式“防止错误”控制下才有效。“总线布线”方式是PADS公司在智能布线的又一大杰作，在布线的过程中不但具有动态布线方式那样可以自动调整规则冲突和完成优化走线，而且可以同时进行多个网络的布线，这大概就是总线命名的由来。

下面介绍如何操作总线布线。

（1）选择“标准”工具栏中的“设计工具栏”图标，在弹出的“设计”工具栏中选择“总线布线”按钮，系统进入总线布线状态。

（2）在总线布线状态下，如果只对一个网络布线，那同动态布线一样，选择网络的方式不是直接单击网络，不管是选择一个还是多个，都必须用区域选择方式进行选择。区域选择就是用鼠标单击某一点，然后按住鼠标左键不放来移动，这种移动就会设定出一个有效的操作范围来。当希望对几个网络使用总线布线来操作时，就必须先用这个方法将这几个网络的焊盘同时选上，然后只有对其中的某一个网络进行布线时，其他网络会紧随其后自动进行布线，而且走线状态完全相同，如图12-12所示。

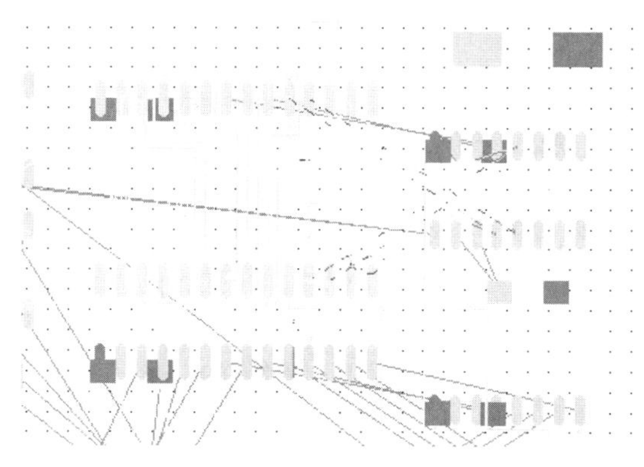

图12-12　总线布线

（3）用上述介绍的区域选择方式选择网络进行总线布线的网络比较有限，因为如果这些网络的起点焊盘如果不是连续的，那么将无法选择。

（4）对于不连续焊盘，如果需要使用总线布线，那么管脚焊盘的选择方法是先退出总线布线模式，不要处于任何一种布线模式下。单击鼠标右键，从弹出菜单中选择“随意选择”，然后按住键盘上 Ctrl 键，用鼠标依次单击元器件管脚，将它们全部点亮后再去单击“设计”工具栏中的“总线布线”按钮。当进入总线布线模式后，网络中某一网络自动出现在鼠标指针上，这时就可以对这些网络利用总线布线方式布线了。

对于在布线过程中的其他操作，比如加过孔和换层等与“添加总线”一样，这里不再重复介绍。

千万不要把整个设计寄希望于某一个走线功能来完成，无论多好的功能都要在某一条件下才能发挥得最好，这 5 个布线功能在设计中相辅相成。在实际设计中根据实际情况决定去使用哪一种布线方式，灵活地运用它们才能发挥其最好的作用。

12.2.3 实例——添加布线

扫码看视频

（1）打开 PADS Layout，打开需要布线的电路板，如图 12-13 所示。

（2）选择“标准”工具栏中的“设计工具栏”图标，在弹出的“设计”工具栏中选择“添加布线”按钮，进入添加布线模式。

（3）单击“J1”中间的焊盘，开始布线操作，如图 12-14 所示。

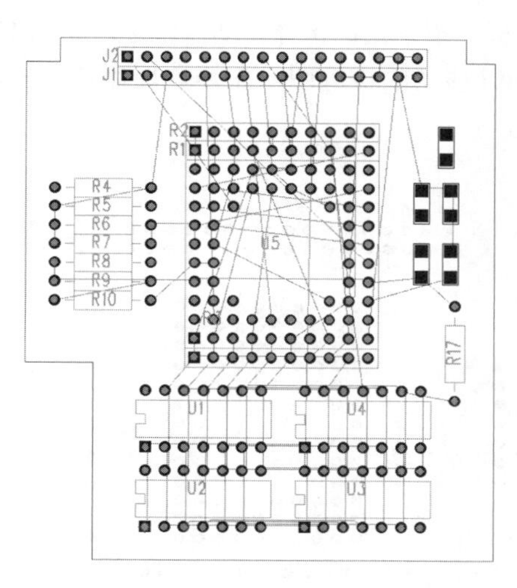

图 12-13 需要布线的电路板

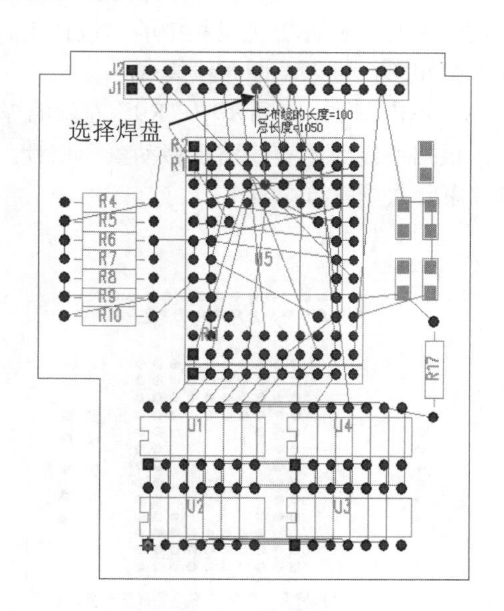

图 12-14 进行布线操作

（4）按住 Shift 键，然后移动鼠标指针，在拐角处单击鼠标左键，增加一个过孔，如图 12-15 所示。

（5）重复上面的操作，移动鼠标指针，双击终点焊盘结束本次布线操作，布线完成后的效果如图 12-16 所示。

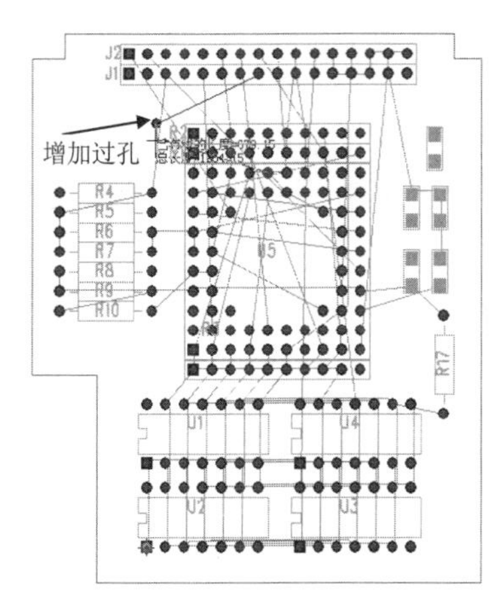

图 12-15　增加过孔的电路板

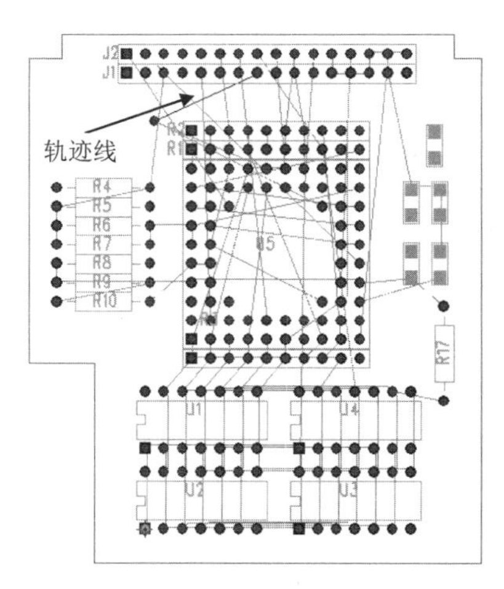

图 12-16　布线完成的电路板

12.2.4　实例——草图布线

扫码看视频

【创建步骤】

（1）打开 PADS Layout，打开需要布线的电路板，如图 12-17 所示。

（2）选择“标准”工具栏中的“设计工具栏”图标，在弹出的“设计”工具栏中选择“草图布线”按钮，进入草图布线模式。

（3）单击图 12-17 所示中“R9”左侧的焊盘，移动鼠标，留下鼠标指针移动的轨迹。如图 12-18 所示。根据所需要的布线路径移动鼠标指针，留下鼠标指针移动的轨迹图，在终点焊盘处单击鼠标左键结束此次草图布线操作。

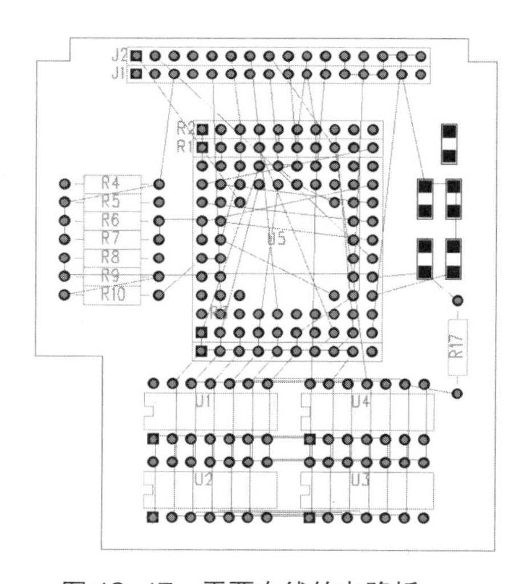

图 12-17　需要布线的电路板

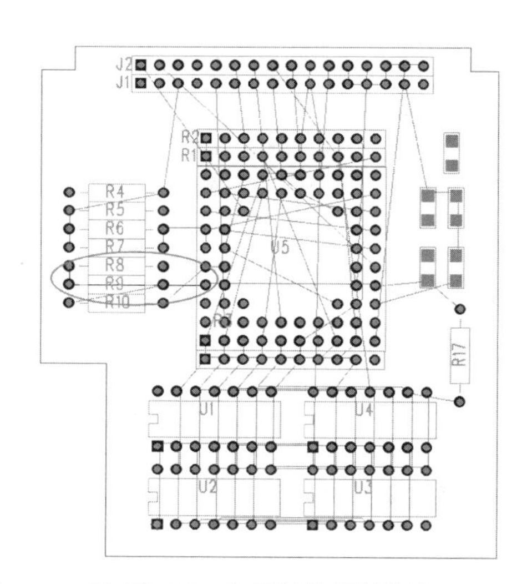

图 12-18　布线时的指针轨迹

12.2.5　PADS Router VX.2.2

前面几个小节介绍了 PADS Layout 的几种手工布线方式，但是随着 EDA 领域的不断发展，工程人员对电脑代替人工布线的欲望已经可以说是望眼欲穿了。1999 年 PADS 公司推出了一个基于 PADS 全新 Latium 技术、功能强大的全自动布线器 PADS Router。PADS Router 不但采用了全新的 Latium 技术，而且也继承了 PADS 获得大奖的用户界面风格和容易操作使用的特点，一般会使用 PADS Layout 的用户就一定自然会使用它。所以 PADS Router 不愧为一个真正非常实用的布线工具。

可以直接从 PADS Layout 中通过单击主菜单“工具”→“PADS Router”或到程序组中去单独启动 PADS Router，因为它是一个可以脱离 PADS Layout 而独立运行的应用软件，如图 12-19 所示。

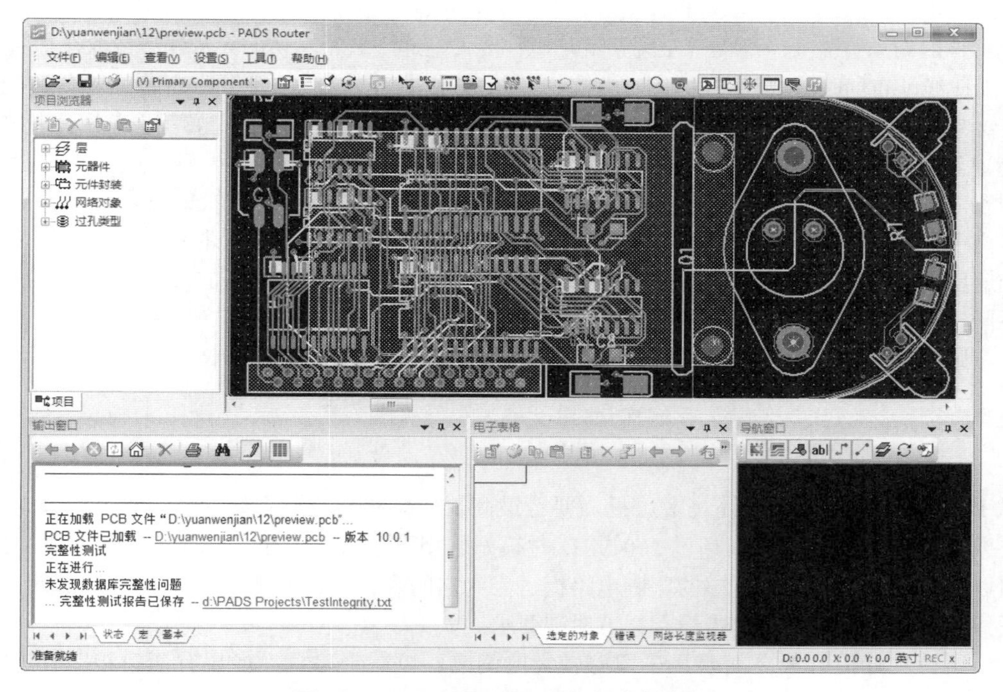

图 12-19　PADS Router 全自动布线器

当一个 PCB 设计从 PADS Layout 中传送到 PADS Router 时，在 PADS Layout 中所定义的设计规则也会随着 PCB 设计而传送入 PADS Router 中。所以对于一个需要进行全自动布线的设计，可以在 PADS Layout 中去定义布线中所遵守的设计规则，当然这些设计规则也可以在 PADS Router 中去修改甚至重新定义。

由于 PADS Router 是一个独立的软件，所以对于 PCB 设计文件，如果不从 PADS Layout VX.2.2 传入，则可以单独启动 PADS Router VX.2.2 之后，直接选择菜单栏中的“文件”→“打开”命令，打开所需进行自动布线的文件。

当将 PCB 文件调入之后，就可以进行自动布线了。PADS Router 自动布线的方式非常灵活，选择“标准”工具栏中的“布线”图标，在弹出的“布线”工具栏中选择“启动自动布线”按钮，即可进行整板自动布线。在进行自动布线时可以根据需要去选择所需自动布线的对象，不仅如此，一些网络还可以在 PADS Layout 中先将其完成走线，然后设置为保护线，那么这些保护线在 PADS Router 中将不被做任何的改动而保持原样。

PADS Router 其他功能使用方式和风格上都和 PADS Layout 具有相同之处，对于一个 PADS Layout 的用户，使用 PADS Router 绝对不是一件难事。

12.3 PCB 的排版技巧

PCB 的排版包括布局与布线操作，如何快速准确地完成 PCB 的排版，则需要从下面的讲解中获取。

12.3.1 PADS Layout 的布局技巧

元器件的布局首先要考虑的一个因素就是电性能，把连线关系密切的元器件尽量放在一起，尤其对一些高速线，布局时就要使它尽可能地短，功率信号和小信号器件要分开。在满足电路性能的前提下，还要考虑元器件摆放整齐、美观，便于测试，板子的机械尺寸，插座的位置等也需认真考虑。

高速系统中的接地和互连线上的传输延迟时间也是在系统设计时首先要考虑的因素。信号线上的传输时间对总的系统速度影响很大，特别是对高速的 ECL 电路。虽然集成电路块本身速度很高，但由于在底板上用普通的互连线（每 30 cm 线长约有 2 ns 的延迟量）带来延迟时间的增加，可使系统速度大为降低。像移位寄存器、同步计数器这种同步工作部件最好放在同一块插件板上，因为到不同插件板上的时钟信号的传输延迟时间不相等，可能使移位寄存器产生错误。若不能放在一块板上，则在同步是关键的地方，从公共时钟源连到各插件板的时钟线的长度必须相等。

12.3.2 PADS Router 的布线注意

做 PCB 时是选用双面板还是多层板，要看最高工作频率和电路系统的复杂程度以及对组装密度的要求来决定。在时钟频率超过 200 MHz 时最好选用多层板。如果工作频率超过 350 MHz，最好选用以聚四氟乙烯作为介质层的印制电路板，因为它的高频衰耗要小些，寄生电容要小些。传输速度要快些。对印制电路板的走线有如下原则要求。

- 所有平行信号线之间要尽量留有较大的间隔，以减少串扰。如果有两条相距较近的信号线，最好在两线之间走一条接地线，这样可以起到屏蔽作用。
- 设计信号传输线时要避免急拐弯，以防传输线特性阻抗的突变而产生反射，要尽量设计成具有一定尺寸的均匀的圆弧线。
- 印制线的宽度可根据上述微带线和带状线的特性阻抗计算公式计算。印制电路板上的微带线的特性阻抗一般在 50 ～ 120Ω。要想得到大的特性阻抗，线宽必须做得很窄。但很细的线条又不容易制作。综合各种因素考虑，一般选择 68Ω 左右的阻抗值比较合适，因为选择 68Ω 的特性阻抗，可以在延迟时间和功耗之间达到最佳平衡。一条 50Ω 的传输线将消耗更多的功率；较大的阻抗固然可以使消耗功率减少，但会使传输延迟时间增大。由于负线电容会造成传输延迟时间的增大和特性阻抗的降低，但特性阻抗很低的线段单位长度的本征电容比较大，所以传输延迟时间及特性阻抗受负载电容的影响较小。具有适当端接的传输线的一个重要特征是，分支短线对线延迟时间应没有什么影响。当 Z0 为 50Ω 时。分支短线的长度必须限制在 2.5 cm 以内，以免出现很大的振铃。

- 对于双面板（或六层板中走四层线），电路板两面的线要互相垂直，以防止互相感应产生串扰。
- 印制板上若装有大电流器件，如继电器、指示灯、喇叭等，它们的地线最好要分开单独走，以减少地线上的噪声。这些大电流器件的地线应连到插件板和背板上的一个独立的地总线上去，而且这些独立的地线还应该与整个系统的接地点相连接。
- 如果板上有小信号放大器，则放大前的弱信号线要远离强信号线，而且走线要尽可能地短，如有可能还要用地线对其进行屏蔽。

12.4 思考与练习

思考 1．布局布线的设计原则是什么？

思考 2．手工布线有几种方式，它们分别是什么？

思考 3．概述一下如何做一款比较好的 PCB ？

思考 4．介绍一下自动簇布局器。

思考 5．简单介绍一下动态布线模式。

思考 6．总线布线模式使用的步骤与其他布线模式是否一样，若不一样，有什么不同？

练习 1．用各种方法建立 PCB 布线。

练习 2．上机操作 PADS Router。

Chapter 13

第 13 章 工程设计更改和覆铜设计

本章主要包括 PADS Layout VX.2.2 的工程设计更改和覆铜设计。在 PCB 设计过程中，难免要对已经完成的 PCB 设计工作做些修改，所以本章对工程设计更改的方法进行了讲述。另外，由于对电气特性的良好作用，覆铜在 PCB 中的应用越来越多，除了平面层、分割平面层的覆铜，在信号层上也开始大量覆铜。鉴于覆铜在 PCB 设计中的广泛应用，本章专门对 PCB 设计中的覆铜设计进行了介绍。

学习重点

- 工程设计更改
- 覆铜设计

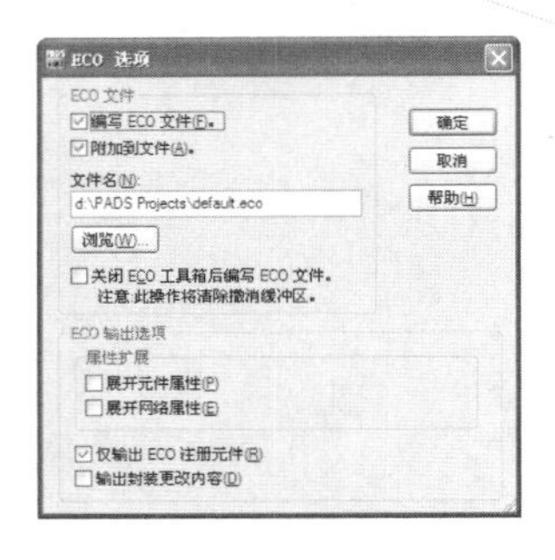

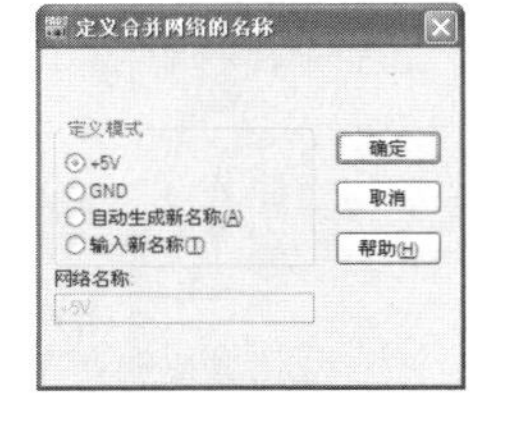

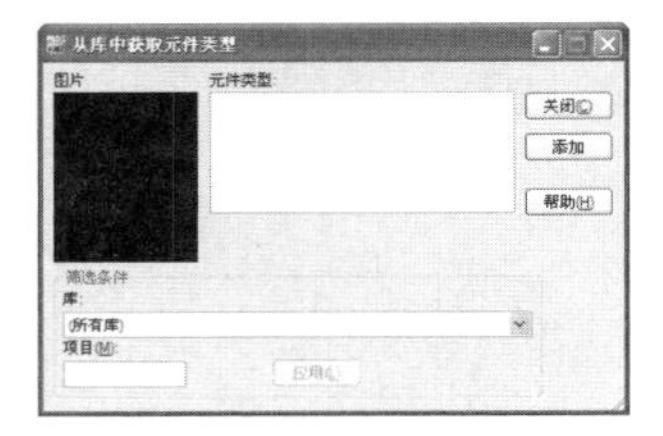

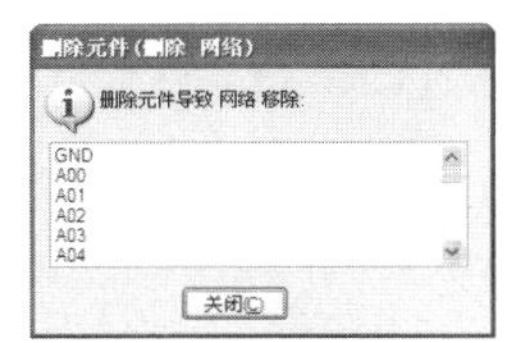

13.1 工程设计更改（ECO）

ECO（Engineering Change Order），也就是工程设计更改。在 PCB 设计中，不管是在设计过程中还是设计完成，修改是难免的事。PADS Layout 提供了两种最主要的设计更改方法，一种是利用 OLE 动态链接，原理图驱动来进行工程设计更改；另外一种是利用 ECO 更改工具栏，所有的更改工具和更改记录进行统一的管理，从而保证了设计的一次正确。

13.1.1 ECO 参数设置

PADS 系统自从运行在 Windows 操作平台后，在设计更改功能方面进行了全方位的改进，不仅在线修改功能方面可以做到随心所欲，而且提供了独具特色的 ECO 更改工具栏，将一切更改进行统一管理和方便查询，为设计提供了有力的保证。

如果在其他工具栏操作状态下进行有关的更改操作，PADS Layout 系统都会时时提醒你到 ECO 模式下来进行，弹出提示对话框。因为 PADS Layout 系统对所有的更改实行统一管理，统一记录所有 ECO 更改数据。这个记录所有更改数据的 ECO 文档不单可以对原理图实施自动更改，使其与 PCB 设计保持一致，而且由于它可以使用文字编辑器打开，所以为设计提供了又一个可供查询的证据。

选择“标准”工具栏中的“ECO 工具栏”按钮，则首先会弹出一个有关 ECO 文档设置的对话框，如图 13-1 所示。

在这个 ECO 对话框中的各个设置项意义如下所述。

- 编写 ECO 文件：如果选择这个选项，则表示 PADS Layout 将所有的 ECO 过程记录在 XXX.eco 文件中，并且这些记录数据可以反馈到相应的原理图。
- 附加到文件：如果选择此项设置，那么在 ECO 更改中，对于使用同一个更改记录文件来记录更改数据时，每一次的更改数据都是在前一次之后继续往下记录，而不会将以前的记录数据覆盖。
- 文件名：设置记录更改数据的文件名和保存此文件的路径。
- 关闭 ECO 工具箱后编写 ECO 文件：在关闭 ECO 工具栏或退出 ECO 模式时更新 ECO 文件数据。

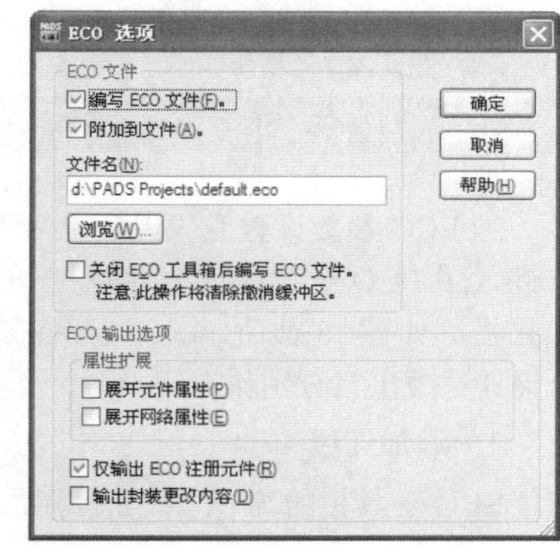

图 13-1 “ECO 选项”对话框

- “展开元件属性”选项：选中该选项，表示扩展元器件属性的记录。
- “展开网络属性”选项：选中该选项，表示扩展网络属性的记录。
- “仅输出 ECO 注册元件”：如果选上此选项，表示在 ECO 中只记录在建立元器件时已经注册了的元器件。
- “输出封装更改内容”选项：该选项表示把封装的更改情况记录到文件中。

13.1.2 原理图驱动工程更改

OLE 链接是一种动态的链接，它能够将完全独立的两个应用窗口融会贯通，不单是本系统，而且对于本系统以外的其他应程序也做到了数据共享。比如同 Office 的链接，PADS Layout 可以在瞬息之间将当前设计的有关数据传入Excel中进行数据处理，这就给设计带来了极大的方便。利用OLE动态链接来进行设计更改也是OLE技术在PADS统中的一个应用，这使得工程人员不管是对原理图还是PCB的改动，可以将改动进行互传，这不但避免了可能因人为改动带来错误，而且在效率上是以前的传统方式无法相提并论的。

下面以PADS Logic为例，简单介绍一下利用原理图驱动进行工程设计更改。

首先启动PADS Layout，打开需要更改的PCB设计文件。再打开PADS Logic，在PADS Logic中打开当前PADS Layout中的PCB设计文件所对应的原理图文件，再选择PADS Logic的菜单“工具”→“PADS Layout”(动态链接PADS Layout)，弹出OLE窗口，这时完成了PADS Layout与PADS Logic的动态链接。

再来改动原理图。在PADS Logic原理图中点亮一个逻辑元器件，PADS Layout中的PCB与这个逻辑元器件所对应的PCB元器件也同时被点亮。然后在原理图中将这个点亮的逻辑元器件删除，这时PADS Layout中并没有什么动态变化，但是很显然，这时的原理图与PCB不再是一一对应关系了。为了保证原理图与PCB设计一致，也就是将原理图改动传递给PCB，用鼠标单击“PADS Layout链接”对话框中“同步PCB至ECO”(同步PCB)按钮，这时在PCB中与原理图那个被删除逻辑元器件所对应的PCB元器件被系统自动地删除了，这就保证了原理图与PCB的一致性。

同理也可以在原理图中去增加一个逻辑元器件，用同样的方式在PCB上会自动加入一个新的PCB元器件。不过要注意，这个加入的原理图元器件必须要存在对应的PCB元器件，否则将无法自动更改。总之，原理图的任何改动都可以通过OLE功能使PCB自动更改成与原理图保持一致。

由于本书篇幅和内容的限制，我们着重介绍利用PADS Layout提供的ECO更改工具栏进行设计更改的方法和步骤。

13.1.3 ECO工具栏进行设计更改

当ECO参数设置完成以后单击“确定”按钮，系统进入了ECO更改模式，并且打开了ECO设计更改工具栏，如图13-2所示。下面对ECO工具栏中每一个设计更改工具分别作介绍。

图13-2 ECO工具栏

1. 添加连线

ECO工具栏的第一个按钮“添加连线”主要用来手工增加连接鼠线（或称飞线）。

这个功能如果对于少量的增加连接比较方便，对于较大的改动最好是先改原理图，然后让原理图驱动来自动更改PCB。

这个功能的使用很简单，先单击按钮“添加连线”，然后单击想连接的起始元器件管脚，鼠标十字光标上就会出现一段跟刚选择的元器件管脚连接的鼠线，移动十字光标到想连接的元器件管脚上，单击鼠标左键就可以了。如果是合并两个网络，将出现对话框让你确定新的网络名，如图13-3所示。系统将会让你选择合并后的网络名，可以选择两个合并网络中任何一个合并前的网络名作为合并后的新网络名，同时也可以选择“自动生成新名称”，让系统自动命名或选择“输入新名称”，在“网络名称”下输入一个新网络名。

小技巧

在连接鼠线寻找连接元器件管脚时，最好的方法是用寻找快捷命令 S（如：Sr1.1 表示寻找电阻 r1 的第①脚）来定位，这样既准确又快速。

2. 添加布线

在工具栏中的第 2 个按钮“添加布线”用于增加走线，注意走线和鼠线的区别，走线就是在电路板上的铜箔导线。其实这个功能同工具栏中“设计”按钮工具栏中走线功能一样，在这里重复这个功能是因为 PADS 要将这个 ECO 增加走线的更改过程统一与其他 ECO 过程一起记录。

3. 添加元器件

如果在当前的设计中需要增加元器件，则单击 ECO 工具栏中第 3 个按钮“添加元器件”，弹出一个“从库中获取元件类型”的对话窗口，如图 13-4 所示。

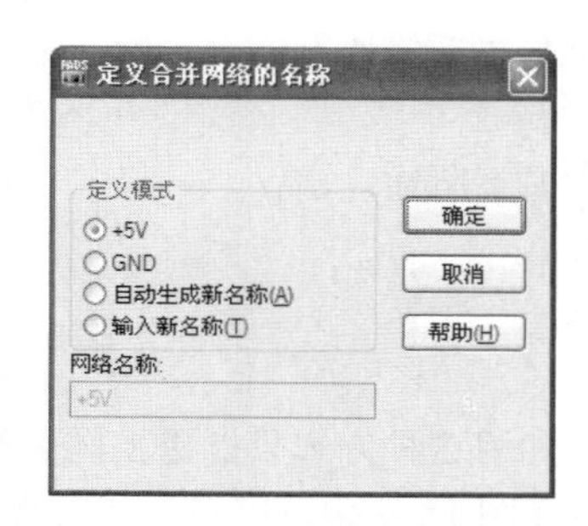

图 13-3　定义合并网络的名称

图 13-4　添加元器件对话框

在图 13-4 窗口中，从“元件类型”下面找到所需要的元器件后单击“添加”按钮即可将此元器件从元器件库调到当前设计中。

但是在使用这个功能时一定要清楚 PADS Layout 从元器件库调元器件到设计中时系统搜索这个新增元器件存在的路径。当确定了需要增加的元器件时，系统一定会先搜索当前设计中有无此新增加的元器件类型，如果有，系统将会直接从当前设计复制一个该元器件类型；假如没有，系统才会到指定的元器件库中去寻找。

所以有时一些用户在当前设计中编辑某一个元器件时，编辑后用同样的元器件类型名保存，但是调用时仍然同以前没有编辑时一样。这是因为没有将那个编辑的元器件从设计中删除，系统在增加该元器件类型时从当前设计中找到了此元器件类型，所以调出来的元器件当然同没编辑前一样。

4. 重命名网络

单击 ECO 工具栏中第 4 个按钮“重命名网络”就可以将选择的网络重新命名。操作时，首先选择这个“重命名网络”按钮，然后点亮想重新命名的网络，这时系统会弹出一个对话框让你输入一个新网络名，如图 13-5 所示。

在图 13-5 中“新名称”后的编辑框中输入一个新的网络名后单击“确定”按钮，则这个被选择网络的网络名将被输入的网络名所取代。

5. 重命名元器件

单击 ECO 工具栏中第 5 个按钮“重命名元器件”，然后选择所需要更改元器件名的元器件，同样会弹出一个跟重命名网络基本一样的对话窗口，如图 13-6 所示，在窗口中“新名称”后输入一个新的元器件名，单击“确定”按钮即可完成元器件的重新命名。

图 13-5　输入新的网络名

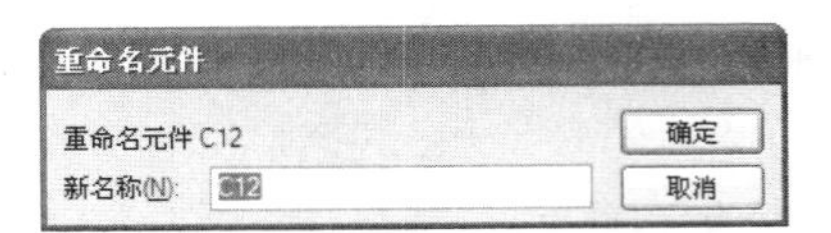

图 13-6　输入新的元器件名

注意

如果当前设计中有重复的元器件名时，系统会弹出警告窗口，告知此元器件名已经被使用，那么必须换用其他元器件名或先将重复的元器件命名为别的元器件名。

6. 更改元器件

单击 ECO 工具栏中第 6 个按钮“更改元器件”，进入更换元器件模式之后，再点亮需要更换元器件类型的元器件，此元器件被点亮后，将鼠标十字光标放在该元器件上单击右键，则系统会弹出图 13-7 所示菜单。

从弹出的菜单中知道，更换元器件封装有 3 种方式供选择，如下所述。

- 特性：询问 / 修改方式。
- 浏览库：库阅览方式。
- 查找：查找方式。

首先看看如何运用“特性”方式来更换元器件。严格地讲，利用这种方式只能更换同类型元器件的不同封装，无法更换其被选元器件成为其他类型的元器件。在图 13-7 中选择菜单“特性”，系统弹出图 13-8 所示窗口。

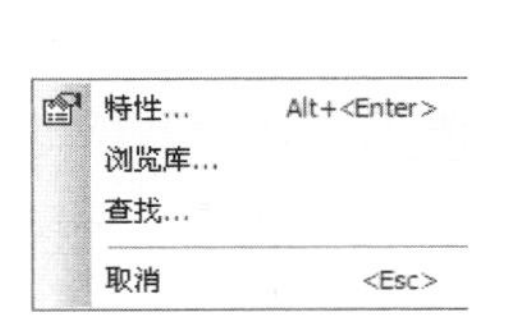

图 13-7　更换元器件方式选择

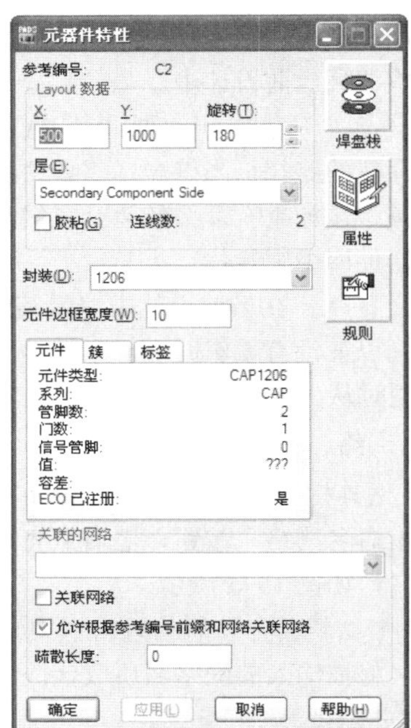

图 13-8　特性更换元器件类型

单击图 13-8 中“封装”处下拉按钮，如果下拉窗口中只有当前这一种元器件封装，则表示通过这种方式无法更换当前的元器件封装。如果有两种或更多，可以选择任何一个去替换。

注意

在图 13-8 中“元器件特性”对话框中到底包含了多少种同类型的封装可以替换是由建立元器件类型时分配 PCB 封装时决定的。在 PADS Layout 中，同一个类型的元器件中可最多包含 16 种不同的 PCB 封装。

如果选择图 13-7 中第二项“浏览库”，则可以将被点亮的元器件更换成别的元器件类型。更换时可以从任何一个元器件库去寻找，而选择“特性”只能在同类型中更换，这两者有很大区别，使用时请注意。

选择了图 13-7 中“浏览库”后，系统会弹出一个同图 13-4 所示一样的窗口，其有关操作也一样，这里不再重复。

更换元器件的第三项是“查找”。它跟前面两项都不同，不仅可将被选择元器件更换成同类型中的不同封装，又可更换成别的元器件类型。所以从这一点看是包括了上面两种方式的功能，但是在更换时，用来更换的封装和元器件类型却只能在当前设计中去寻找，这也是使用此方法的一大局限。

7. 删除连线

单击 ECO 工具栏中第 7 个按钮“删除连线”，用于删除一对元器件管脚之间的连接。单击此按钮后，选择所需要删除的管脚对连接，如果这个连接位于一个网络的中间而不是在网络连接的终端，则会弹出一个类似图 13-9 所示的警告窗口。

小技巧

在进行删除操作之前一定要清楚管脚对和网络之间的概念，管脚对包含于网络，也可反过来说网络包含了管脚对。因为管脚对指的是两个元器件管脚之间的连接，在一个网络中可能包含很多个这样的管脚对连接，所以应注意这两者的区别。

选择“确定”按钮，完成删除。对于管脚对删除功能，还可以灵活运用它。比如希望将某一个元器件管脚从网络中删除，当然这种删除只是这个元器件管脚脱离某个网络连接，而不是将这个元器件管脚删除掉。这时可以进入删除管脚对模式后，选择要删除的元器件管脚即可。

8. 删除网络

选择 ECO 工具栏中按钮“删除网络”，则是对一个网络的整体删除。当进入此删除模式，选择一个网络进行删除时，系统会弹出一个警告窗口询问是否真要删除此网络，如图 13-10 所示。这是系统对删除操作的一种保护手段，单击“是”按钮，被选择的网络就会被删除。

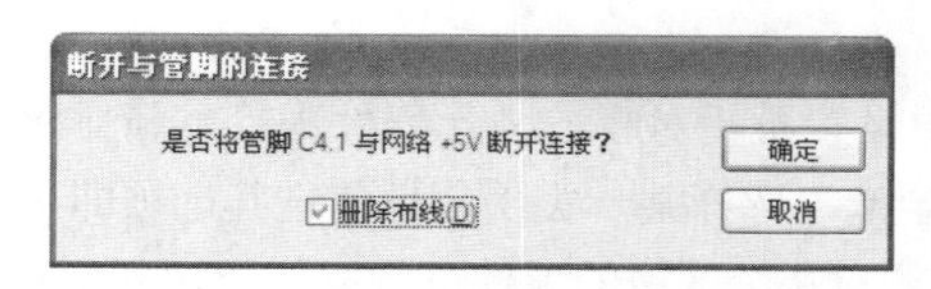

图 13-9 删除管脚对警告

图 13-10 删除网络提示框

9. 删除元器件

需要删除设计中的某一元器件时，单击 ECO 工具栏中按钮“删除元器件”，然后选择所需删除的元器件，弹出提示对话框，如图 13-11 所示。当多个元器件被删除后，系统又会弹出一个类似图 13-12 的信息窗口，在这个信息窗口中将显示出被选择的元器件删除后，有哪些网络连接也同时从设计中被删除。

图 13-11　删除元器件提示信息

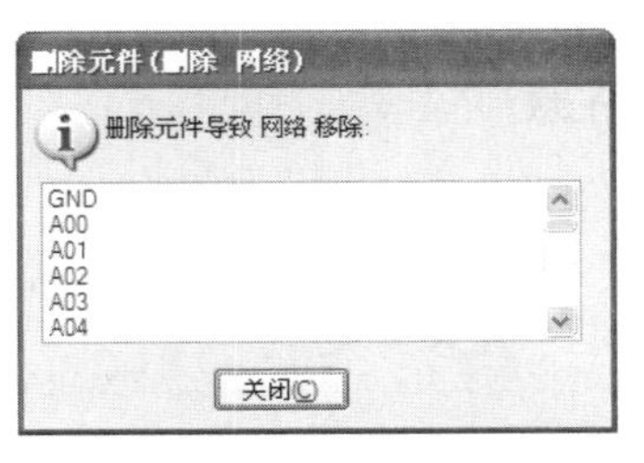

图 13-12　删除元器件时同时被删除的网络链接显示信息

10. 交换管脚

在 ECO 工具栏中按钮“交换管脚”用于在设计中交换元器件管脚。因为在 PCB 设计过程中，很多时候由于某种需要要对一个元器件的不同管脚进行交换连接线。交换时首先点亮一个元器件管脚，再选择“交换管脚”按钮，然后再选择所希望与被点亮管脚进行交换的元器件管脚即可。

11. 交换门

在 ECO 工具栏中按钮“交换门”用于在设计中交换逻辑门。要进行互换逻辑门功能必须要有一个条件，即这个元件必须包含两个或两个以上的逻辑门，而且在建立这个元件的时候定义了某两个门可以互换（可互换就说明它们的电气特性是相同的）。互换时先点亮其中一个逻辑门，这时在这个元件中可互换的逻辑门元件管脚同时被点亮，只需选择所需交换的逻辑门即可。

12. 设计规则

在 ECO 工具栏中有一个工具“设计规则”，单击此按钮后弹出一个窗口，这个规则设置窗口跟 PADS Layout 界面主菜单“设置”→“设计规则”下的设置窗口是完全一样的。因为在 ECO 工具栏中通过按钮打开这个设计规则设置窗口实际上是对在“设置”→“设计规则”设置的规则进行修改或补充。两者在设置操作上完全相同，所以请参考本书有关内容，这里不再重复介绍。

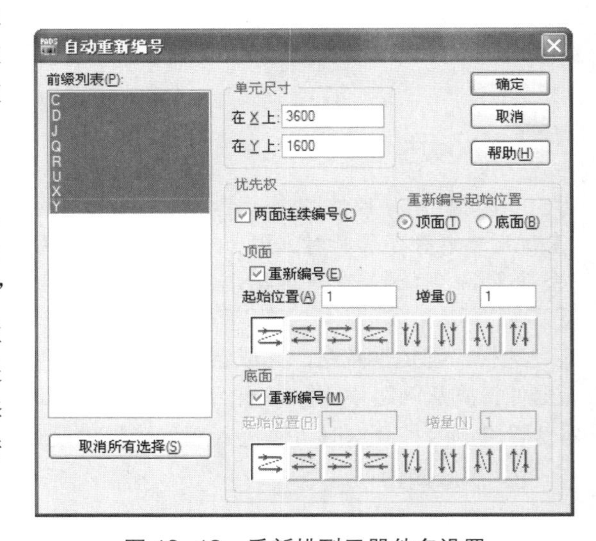

图 13-13　重新排列元器件名设置

13. 自动重新编号

ECO 工具栏中按钮“自动重新编号”可以将当前设计中的元器件局部或整体重新将元器件名依照设置好的顺序来排列。单击 ECO 工具栏中按钮“自动重新编号”，弹出图 13-13 所示的窗口。

在图 13-13 窗口中首先要在“前缀列表”中设置希望对哪一类元器件进行重新排序（比如选择 R 则表示电阻，C 表示电容等），可以多类选择或全选，选择某一类用鼠标单击其选项即可，全选时按下面“全选”按钮。然后在“单元尺寸”中设置希望对哪个区域的元件进行操作，输入 x 坐标值与 y 坐标值或按住鼠标右键后移动来设置一个区域。

最后需要来设置选择区域元器件名的排序方式。在窗口中“顶面”下一共有 8 个按钮，这 8 个按钮就代表了 8 种排序方式。

注意

第一个按钮中的箭头由左上角开始在右下角结束，这表示当对这个设定的区域进行重新排序元器件名时，这类元器件的最小一个元器件名（比如 R1）排在这个区域的最左上角，将最大的元器件名排在最右下角，而且排列顺序是从左上角开始以横向的方式一排一排地排列下来。没有进行元器件排列的 PCB 图如图 13-14 所示；以第一种排列方式排列的元器件图如图 13-15 所示；如果选择第二个按钮，则表示排序从右上角开始到左下角结束，如图 13-16 所示。

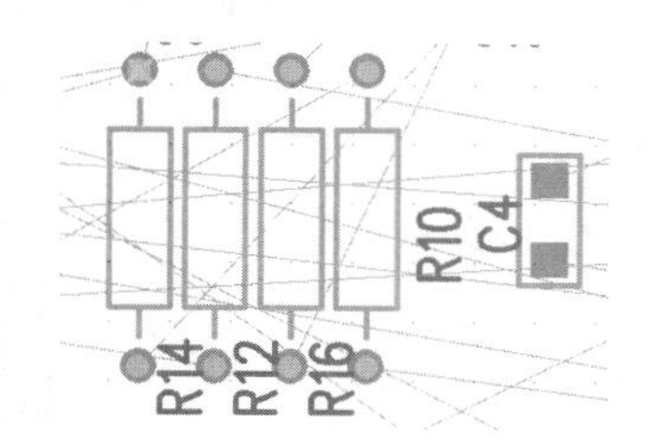

图 13-14　未排列的元器件图

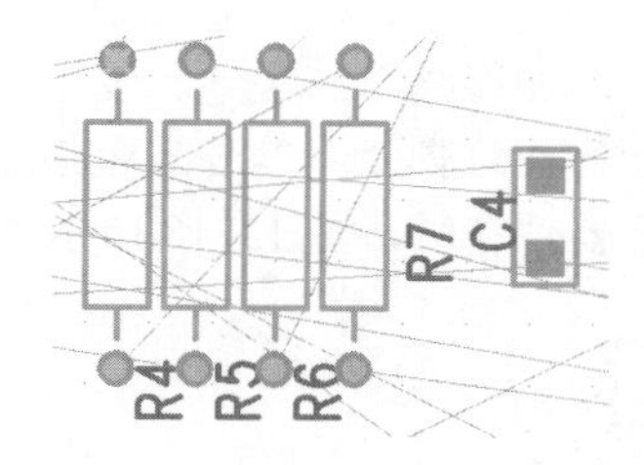

图 13-15　第一种方式排列

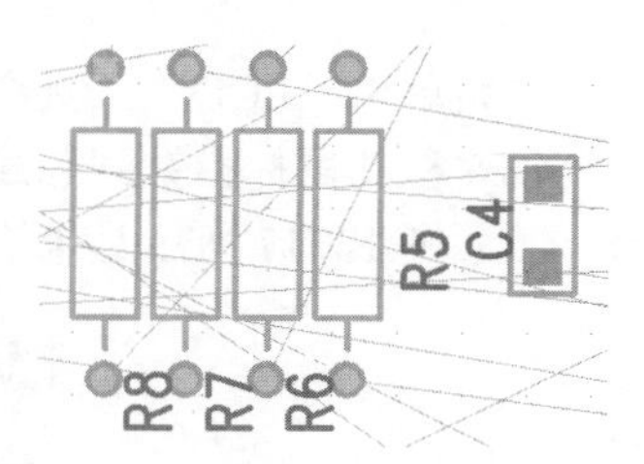

图 13-16　第二种排列方式

当 PCB 是单面放元器件时，则“底面”下的按钮为灰色无效状态。但如果是双面元器件放置时在“底面”下的 8 个按钮同“顶面”下的 8 个按钮完全一样，而且功能上也是一样的。

当前设计如果是双面元器件放置时，窗口下的设置项“重新编号起始位置”也同样变为有效，在这个设置项下有两个设置，分别如下所述。

- 顶面：表示对选择区域重新排列元器件名时从顶层开始排列。
- 底面：同上述项相反，重新排列元器件名时从 PCB 底层开始排列。

14. 自动交换管脚和自动交换门

在前面介绍的交换管脚和交换门这两个 ECO 更改工具在进行交换操作时都必须人为地指定所需要相互交换的元器件管脚或逻辑门，在 ECO 工具栏中有两个交换元器件管脚和逻辑门的工具，它们是“自动交换管脚”和“自动交换门”。这两个工具与前面介绍的那两个交换工具最大的区别在于后者在交换时是自动的而不是人为地去指定交换元器件管脚或逻辑门。

15. 自动终端分配

除此之外，在 ECO 工具栏中还有一个自动工具“自动终端分配”。

这三个自动工具的操作都是先单击其按钮后，系统自动完成其图标所对应的功能。

- 自动交换管脚：用来自动将各元器件管脚之间的连接最短化。
- 自动交换门：通过自动交换门来使各元器件管脚之间连接最短化。
- 自动终端分配：自动地交换 ECL 终结分配，或在 ECL 管脚之间交换网络名。

所以在实际运用时根据实际情况选用交换方式。这两者的选用并非是绝对的，很多时候可以配合使用。

16. 物理设计重复使用

“物理设计重复使用”具有智能化的对象建立能力，支持一个物理可重复对象建立、保存和放置，并独立于源设计原理图。这个对象完全由人为地去进行设定，可以包含设计中的任何一个部分甚至一个元器件（比如一个 BGA 封装元器件）和整个设计。这个对象定义之后作为一个文件来保存，在以后任何一个跟此文件有相同的电路电气连接关系的设计都可以把此文件调入设计中使用。

所以如果建立了可重复性使用电路，在当前设计中需要使用时则单击此按钮“添加复用模块”，系统会弹出一个对话框，输入可重复性电路的文件名，选择“打开”按钮即可。

17. ECO 选项

ECO 工具栏中的最后一个工具按钮是“ECO 选项”，这在本书已经介绍过，请自行翻阅。

13.1.4 实例——增加连接

扫码看视频

【创建步骤】

（1）单击“ECO”工具栏中的“添加连线”按钮，增加连线。

（2）移动鼠标指针到想连接的元器件管脚上，单击鼠标左键即可。

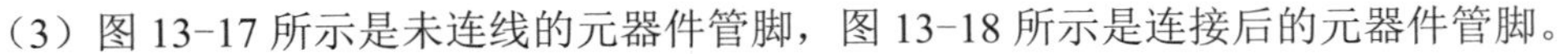

（3）图 13-17 所示是未连线的元器件管脚，图 13-18 所示是连接后的元器件管脚。

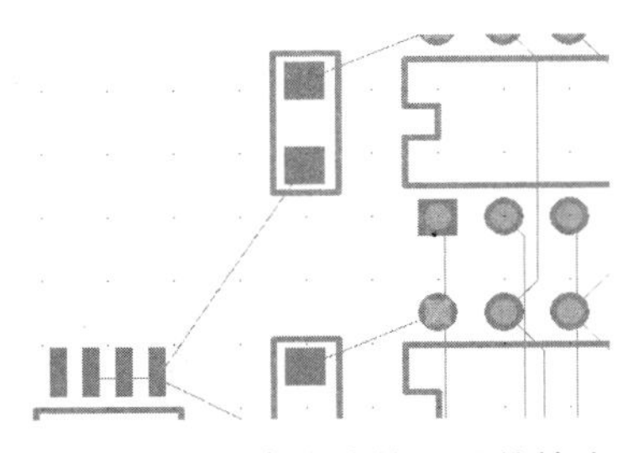

图 13-17　未连线的元器件管脚

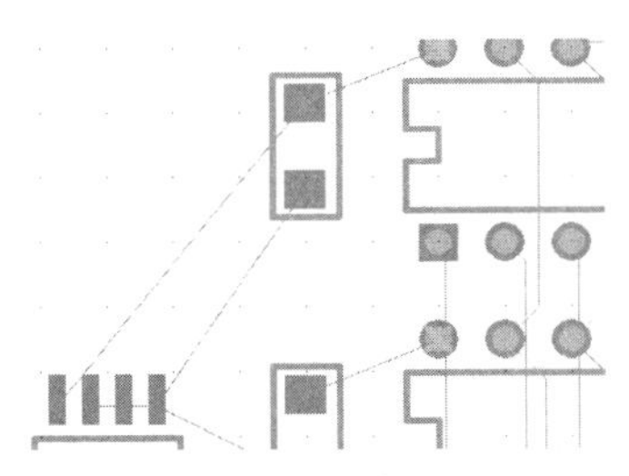

图 13-18　连线后的元器件管脚

13.1.5 实例——增加元器件

扫码看视频

【创建步骤】

（1）打开需要增加元器件的电路板，如图 13-19 所示。

（2）单击“ECO”工具栏中的“添加元器件”按钮，弹出一个“从库中获取元件类型”的对话窗口，如图 13-4 所示。

（3）在图 13-4 窗口中，从“元件类型”下面找到所需要的元器件 CAP-CX12-B 后单击“添加”按钮即可将此元器件从元器件库调到当前设计中，结果如图 13-20 所示。

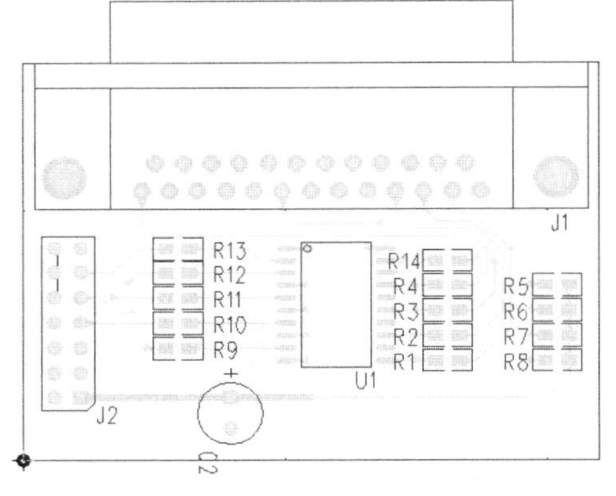

图 13-19　增加元器件前的电路图

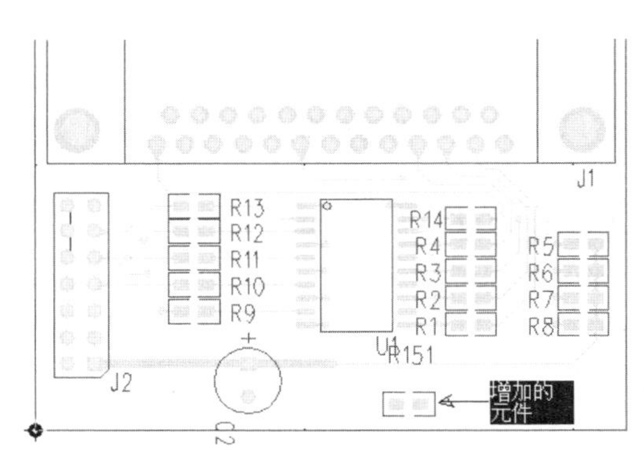

图 13-20　增加元器件后的电路图

13.1.6　实例——更改元器件

打开需要更改元器件的电路板，如图 13-19 所示。

（1）单击“ECO”工具栏中的“更改元器件”按钮，进入更换元器件模式之后，再点亮需要更换元器件类型的元器件“C2”。此元器件被点亮后，将鼠标十字光标放在该元器件上单击右键，则系统会弹出图 13-7 所示菜单。选择图 13-7 中“浏览库”菜单，系统会弹出一个同图 13-4 一样的窗口，在“元件类型”列表中选择 misc:CAP1812 选项，表示以“CAP1812”的封装替换原来的电容封装，如图 13-21 所示。

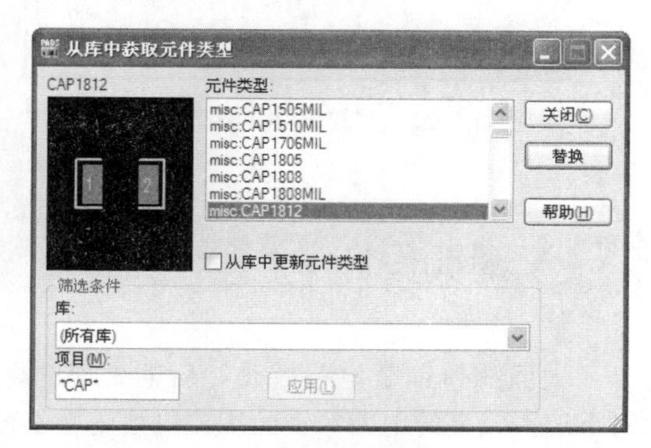

图 13-21　“从库中获取元件类型”对话框

（2）单击替换按钮，弹出“更改元器件”对话框，如图 13-22 所示。

（3）单击“更改元器件”对话框中的是按钮，确认元器件的更改。更改后的电容如图 13-23 所示。

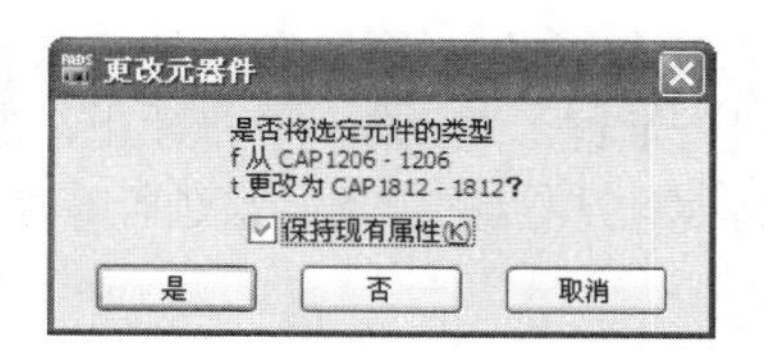

图 13-22　“更改元器件”对话框

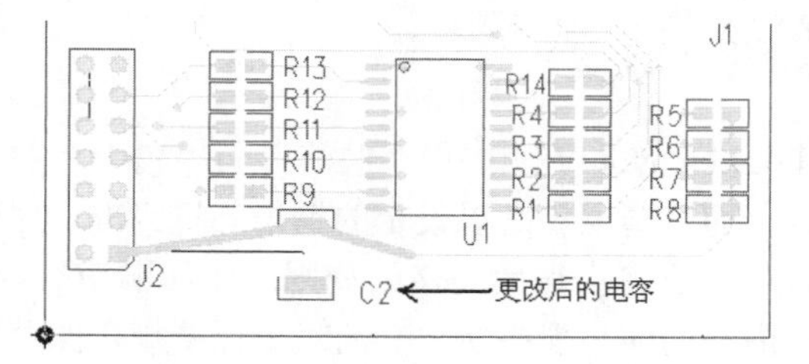

图 13-23　更改电容后的电路图

13.1.7　实例——更改网络名

（1）打开需要更改网络名的电路板，如图 13-24 所示。

（2）单击“ECO”工具栏中的“重命名网络”按钮就可以将选择的网络重新命名。单击电容“C2”上边的管脚（方形焊盘），属于此网络的（+5V）焊盘和过孔都会高亮显示并弹出“重命名网络”对话框，如图 13-25 所示，该对话框中显示的是当前网络名。

（3）在“新名称”选项的文本中输入新的网络名“VCC”，单击“确定”按钮进行确认。

至此，该网络由“+5V”改名为“VCC”。

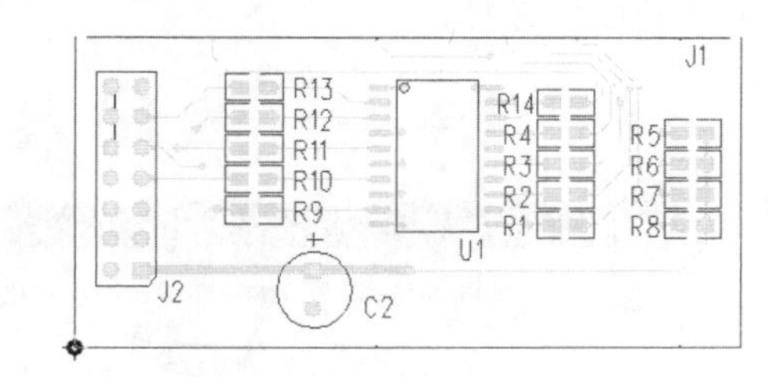

图 13-24　更改网络名前的电路图

（4）再次单击“ECO”工具栏中的“重命名网络”

按钮，单击电容“C2”上边的管脚（方形焊盘），属于此网络的（VCC）焊盘和过孔都会高亮显示并弹出“重命名网络”对话框，如图 13-26 所示。

图 13-25 “重命名网络”对话框

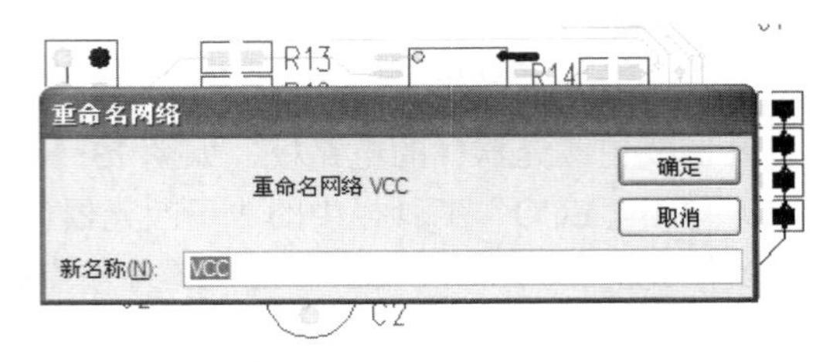

图 13-26 更改网络名后的电路图

13.2 覆铜设计

大面积覆铜是电路板设计后期处理的重要一步，它对电路板制作后的电磁性能起关键作用。对于速率较高的电路，大面积覆铜更是必不可少。有关其理论推导的内容，大家可以参阅电磁场和电磁波的相关书籍。

13.2.1 铜箔

在 PADS Layout 应用中，“铜箔”与“覆铜”完全不同。顾名思义，“铜箔”就是建立一整块实心铜箔。而“覆铜”是以设定的铜箔外框为准，对该框内进行灌铜，重点在这个灌字上，而且在灌铜的过程中它将遵循所定义的规则（比如铜箔与走线的距离，与焊盘的距离）来进行智能调整，以保证所灌入的铜与那些所定义的对象保持规定的距离等。

1. 建立“铜箔”

由于建立铜箔时不受任何规则约束，所以这个功能不能在 DRC（在线规则检查）模式处于有效的状态下操作。如果系统此时 DRC 处于打开状态，可用直接命令 DRO 关掉它，否则将会弹出图 13-27 所示的警告窗口。

建立铜箔的操作步骤如下所述。

（1）启动 PADS Layout，单击“标准”工具栏中“绘图”按钮。

（2）在打开的“绘图”工具栏中选择“铜箔”按钮，系统进入建立铜箔模式。

（3）单击鼠标右键，从弹出的菜单选择：矩形、多边形、圆形、路径来建立这四种形状的铜箔。

（4）当选好所要建立的铜箔形状之后，就可以分别在设计中将此铜箔画出。图 13-28 所示是对应的四种形状的铜箔。

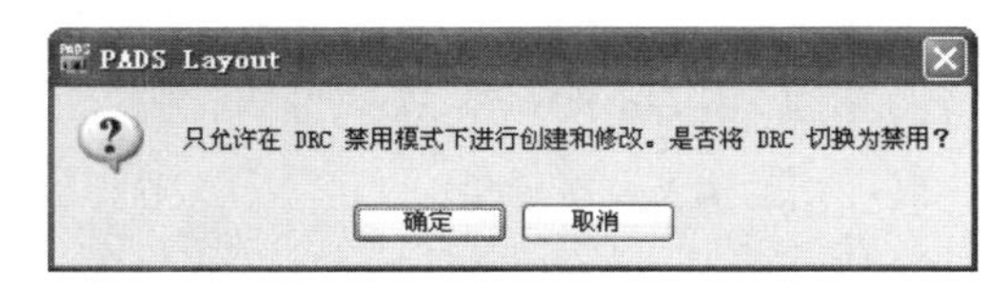

图 13-27 DRC 警告窗口

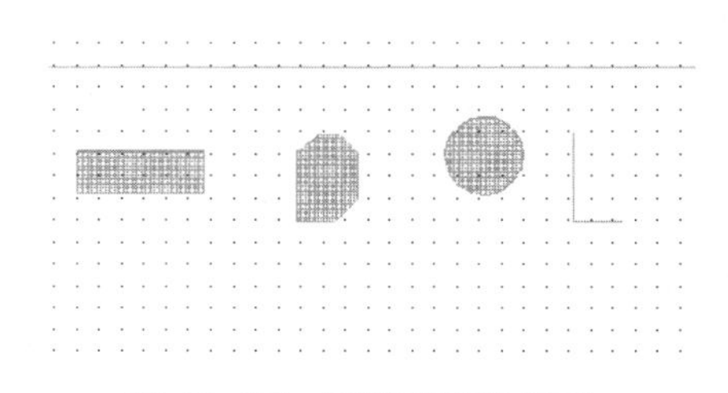

图 13-28 四种形状的铜箔

铜箔在设计中是一个对象，所以完全可以对其进行编辑，甚至将其变为设计中的某一网络，下面将介绍如何编辑铜箔。

2. 编辑铜箔

当建好了一块实心铜箔，根据需要对其进行修改，修改时先退出建立铜箔状态。单击鼠标右键，选择弹出菜单中的“选择形状”可以一次性点亮整块铜箔，如果对这块铜箔的某一边编辑，则选择弹出菜单中的“随意选择”。

现在改变一个实心铜箔的网络名，使其与连在一起的网络（比如：GND）成为一个网络。单击鼠标右键，从弹出菜单中选择“选择形状”，再单击实心铜箔外框，整个铜箔点亮，单击鼠标右键，从弹出菜单中选择“特性”，则会弹出图 13-29 所示窗口。

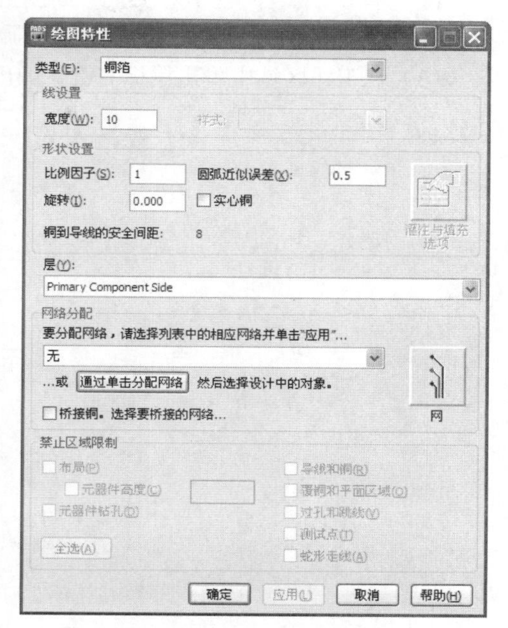

图 13-29　选择网络

在这个窗口“网络分配”选择下 GND，单击“确定”按钮，则这个实心的铜箔就与 GND 网络成为了一个网络。如果要改变实心铜箔的形状，先点亮某一边，再单击鼠标右键，选择所需的菜单进行修改即可。

注意

有时常需要在这个实心的铜箔中挖出各种形状的图形来，这时可选择“绘图”工具栏中的“挖空区域”按钮，然后在实心铜箔中画一个所需的图形。但是画完之后并看不见被挖出的图形，其原因是没有将这个实心铜箔与这个挖出的图形进行“合并”。进行结合只需先点亮实心铜箔，按住键盘 Ctrl 键，再点亮挖出的图形框，也可以通过按住鼠标左键拉出一个矩形框来将它们同时点亮。然后单击鼠标右键，从弹出菜单中选择“合并”，则被挖出的图形就马上在实心铜箔中显示出来，如图 13-30 所示。

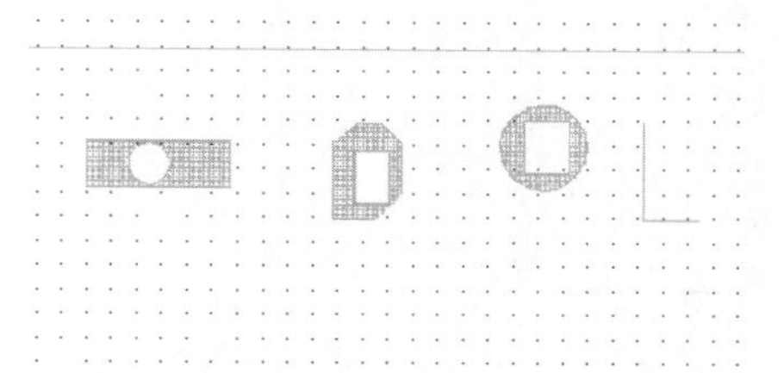

图 13-30　从实心铜箔中挖出各种图形

13.2.2　实例——修改铜箔属性

扫码看视频

【创建步骤】

（1）打开 PADS Layout，打开需要修改铜箔属性的文件，如图 13-31 所示。

（2）单击“标准”工具栏中的“绘图工具栏”按钮，打开“绘图”工具栏，单击“选择模式”按钮，使系统进入选中模式。

（3）在工作区域中单击鼠标右键，弹出图 13-32 所示菜单，选择菜单中的“选择形状”命令。

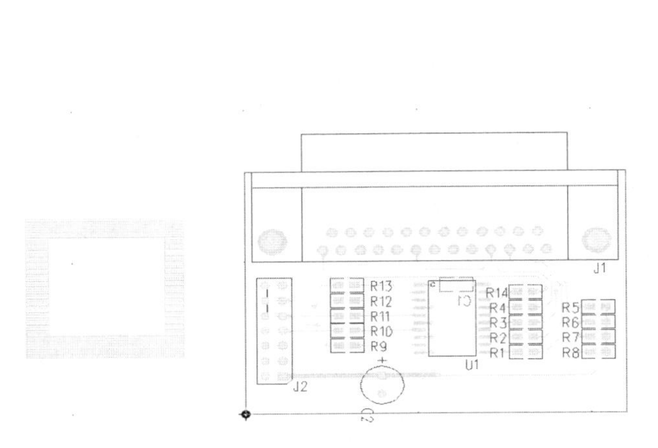

图 13-31　需进行编辑的文件图

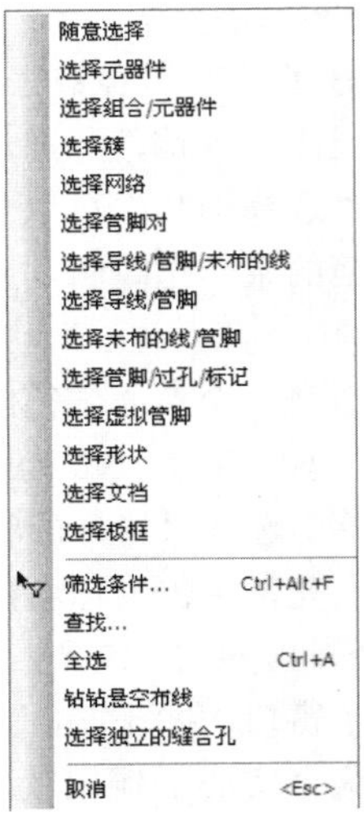

随意选择
选择元器件
选择组合/元器件
选择簇
选择网络
选择管脚对
选择导线/管脚/未布的线
选择导线/管脚
选择未布的线/管脚
选择管脚/过孔/标记
选择虚拟管脚
选择形状
选择文档
选择板框
筛选条件...　Ctrl+Alt+F
查找...
全选　Ctrl+A
钻钻悬空布线
选择独立的缝合孔
取消　<Esc>

图 13-32“选择形状”命令

（4）此时，铜箔成为被选中的对象，在 PCB 左侧的铜箔上单击鼠标左键，选中此铜箔，铜箔高亮显示，如图 13-33 所示。

（5）在工作区域中单击鼠标右键，在图 13-34 所示的弹出菜单中选择“特性”命令，弹出“绘图特性”对话框，如图 13-35 所示。

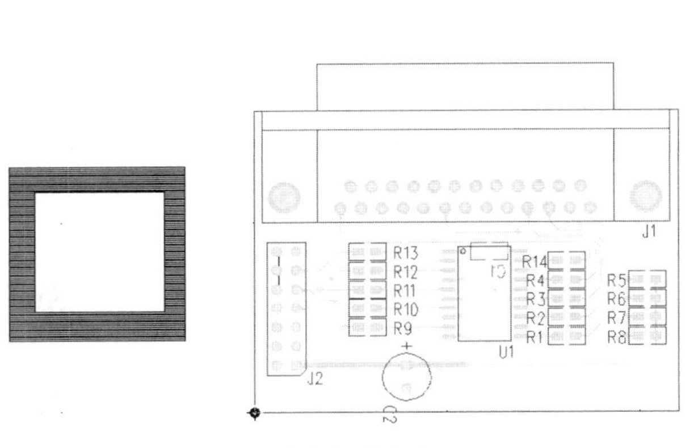

图 13-33　选中铜箔高亮显示

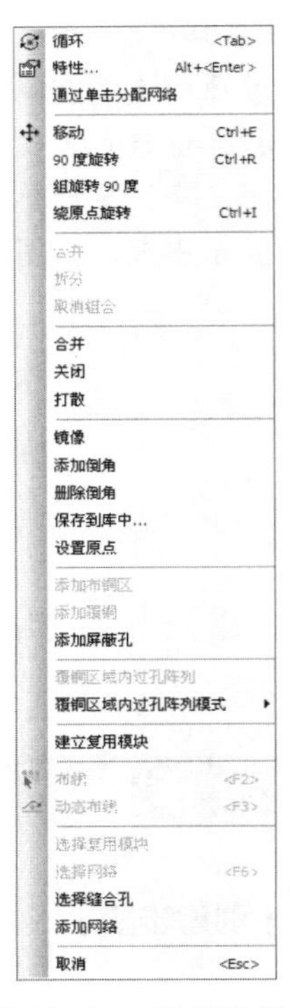

图 13-34　弹出菜单图

（6）“网络分配”列表框中显示的是此电路图中的所有网络名，如果电路没有任何网络，则只会显示“无”。本例中，在“网络分配”列表中选择“GND”，将此铜箔连到地网络中，单击“确定”按钮，关闭“绘图特性”对话框，完成铜箔属性的修改，如图 13-36 所示。

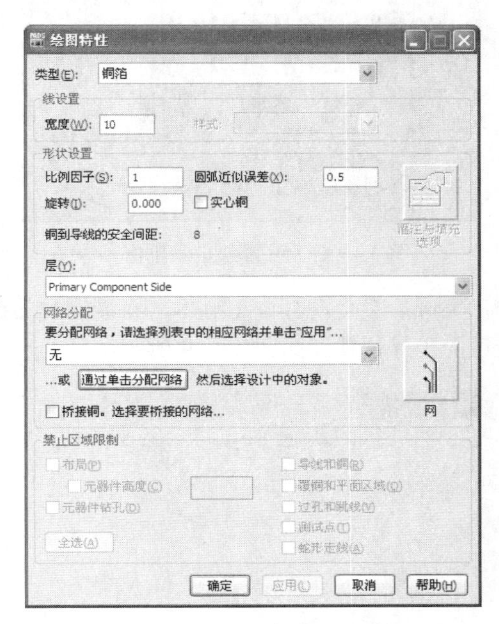

图 13-35　“绘图特性”对话框

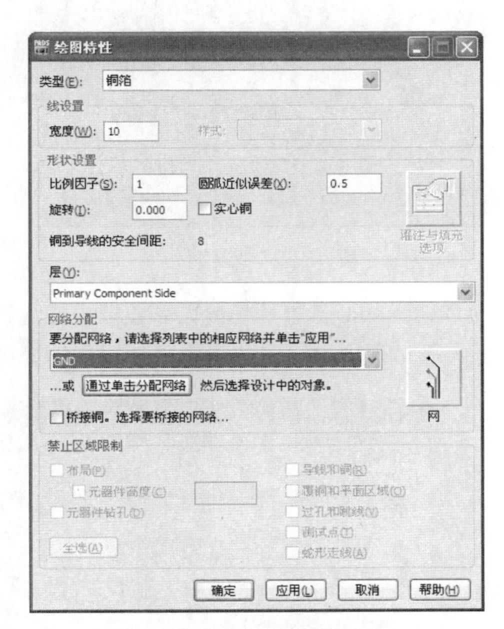

图 13-36　修改铜箔属性

13.2.3　覆铜

从上述中知道，“铜箔”与“覆铜”有很大区别，后者带有很大的智能性，而“铜箔”是一块实实在在铜箔，下面将介绍有关灌铜的操作和编辑。

1. 建立覆铜

建立灌铜和建立铜箔不一样，铜箔是画出来的，而灌铜却体现在一个灌字上面。既然是灌，那么一定需要一个容纳铜的区域，所以在建立灌铜时首先必须设定好灌铜范围。下面介绍有关灌铜的具体操作步骤。

（1）启动 PADS Layout，单击“标准”工具栏中“绘图工具栏”图标。

（2）从打开的“绘图”工具栏中选择“覆铜”按钮，其目的是首先绘制出覆铜的区域。

（3）单击鼠标右键，从弹出的菜单中选择多边形、圆形、矩形和路径这四种绘图方式的一种来建立灌铜区面积的形状，在设计中绘制出所需灌铜的区域。

（4）当建立好覆铜区域以后，单击“绘图“工具栏中的“灌注”按钮，此时系统进入了灌铜模式。在设计中单击所需灌铜的区域外框，然后系统开始往此区域进行灌铜。在进行灌铜过程中，系统将遵守在设计规则中所定义的有关规则，比如铜箔与走线、过孔和元器件管脚等之间的间距。图 13-37 所示为一个对表层灌铜的范例。

同铜箔一样，如果在灌铜区域内设置一个禁止灌铜区，则系统在进行灌铜时这个禁区将不灌入铜。单击“绘图”工具栏中按钮“禁止区域”，然后单击鼠标右键，选择绘制禁止区方式，以图 13-37 为例，在灌铜区设置一个圆形禁铜区，重新灌铜后如图 13-38 所示。

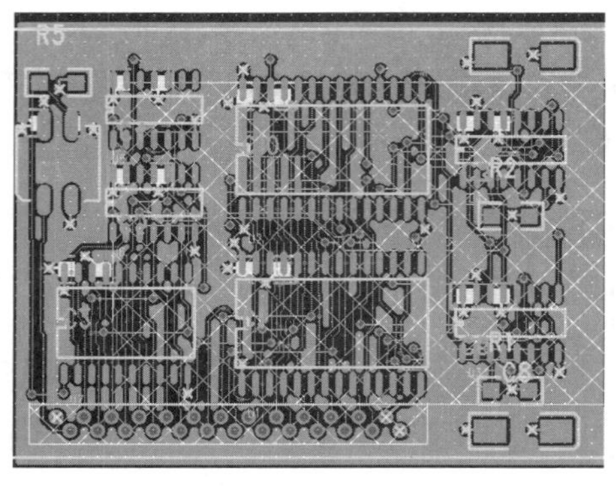

图 13-37　灌铜

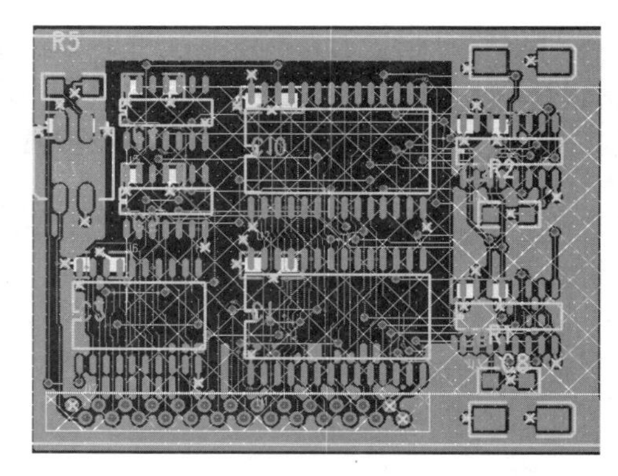

图 13-38　设置禁止灌铜区

PADS Layout 自动对灌铜矩形边框进行灌铜操作，完成后会自动打开记事本，将灌铜时的错误生成报表显示在记事本中，报表包括错误的原因和错误的坐标位置。如图 13-39 所示。

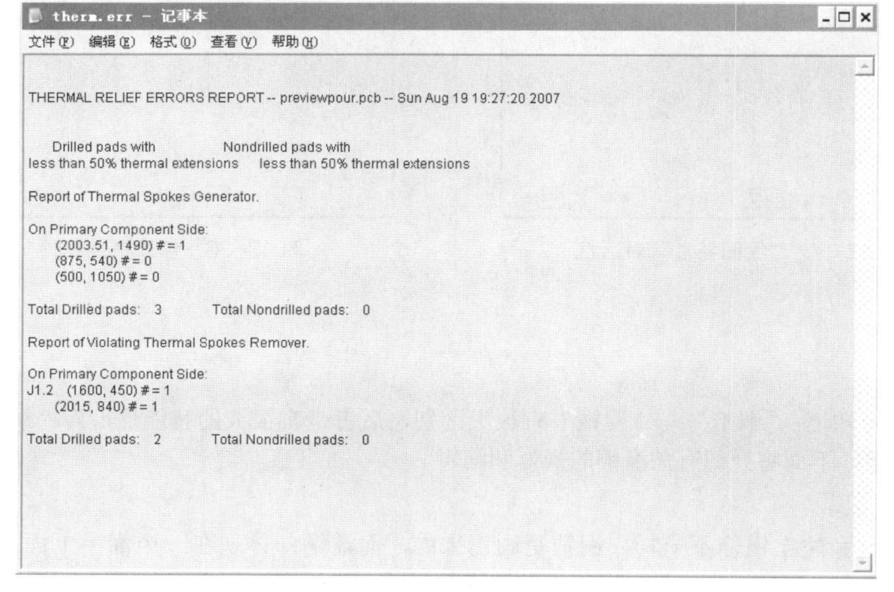

therm.err - 记事本

文件(F)　编辑(E)　格式(O)　查看(V)　帮助(H)

THERMAL RELIEF ERRORS REPORT -- previewpour.pcb -- Sun Aug 19 19:27:20 2007

Drilled pads with　　Nondrilled pads with
less than 50% thermal extensions　　less than 50% thermal extensions

Report of Thermal Spokes Generator.

On Primary Component Side:
(2003.51, 1490) # = 1
(875, 540) # = 0
(500, 1050) # = 0

Total Drilled pads:　3　　Total Nondrilled pads:　0

Report of Violating Thermal Spokes Remover.

On Primary Component Side:
J1.2　(1600, 450) # = 1
(2015, 840) # = 1

Total Drilled pads:　2　　Total Nondrilled pads:　0

图 13-39　报表显示

2. 编辑灌铜

同编辑铜箔一样，可以对灌铜进行各种各样的编辑，最常见的就是查询与修改。

如果希望对某灌铜区编辑，最好使用直接命令 PO 将灌铜关闭，只显示灌铜区外框，否则可能无法点亮整个灌铜区。当点亮了灌铜区外框后，单击鼠标右键，从弹出菜单中选择“特性”，则弹出图 13-40 所示的窗口。

最常见的是编辑灌铜的属性，一般总是将灌铜与某一网络连在一起从而形成一个网络，最常见的连接网络有地（GND）和电源等。比如连接地就可以在图 13-40 中“网络分配”下选择 GND 后单击“确定”按钮就可以了。

3. 删除碎铜

在设计中进行大面积灌铜时，往往都会设置某一网络与铜箔连接。由于在进行灌铜的过程中，系统对于灌铜区内任何在设计规则规定以内的区域都将进行灌铜，这就会导致在灌铜区域出现一些没有任何网络连接关系的孤岛区域铜箔，我们称其为碎铜。对于那些很小的孤岛铜箔，有时由于板设计密度较高，所以会导致大量出现。这些孤岛铜箔（特别是很小的孤岛铜箔）留在板上有时会对板生产带来不利，所以一般都需要将它们删除。

在 PADS Layout 中，系统提供了一个查找碎铜的功能。单击主菜单“编辑”→“查找”，打开查找窗口，如图 13-41 所示。在查找窗口“查找”下使其处于查找“碎覆铜”模式下，然后单击“应用”按钮即可将当前设计中的碎片全部点亮，单击“确定”按钮退出查找窗口。由于所有碎铜仍然处于点亮状态，所以按键盘上 Del 键即可将碎铜全部删除。

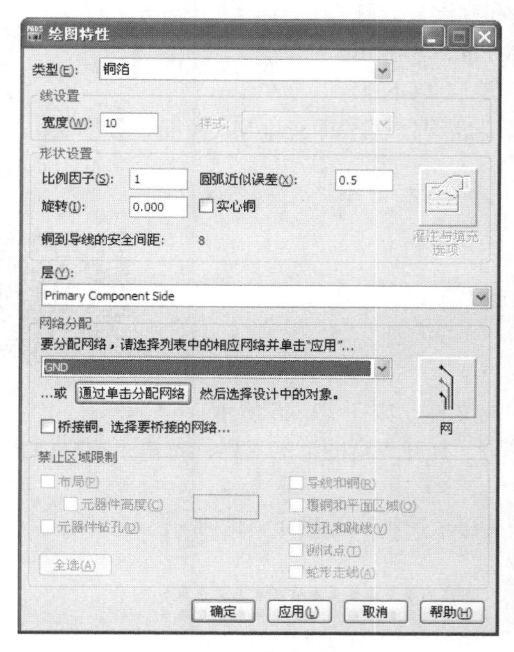

图 13-40　修改灌铜

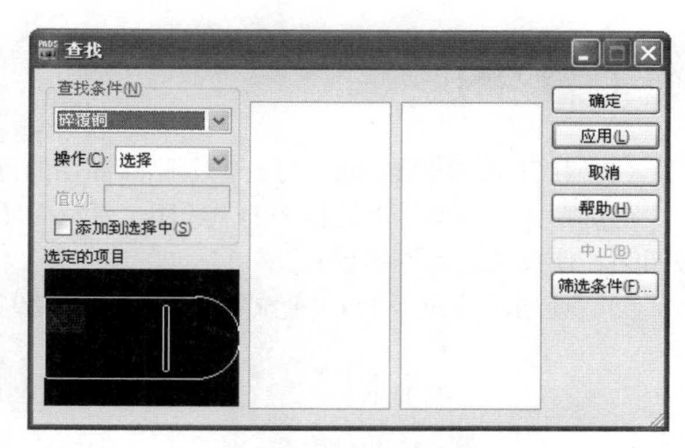

图 13-41　查找碎铜

13.2.4　覆铜管理器

在 PADS Layout 系统中专门设置了一个有关灌铜的管理器，覆铜管理器的范围是针对当前整个设计，通过覆铜管理器可以很方便地对设计进行灌铜，快速灌铜和恢复灌铜等。

选择菜单栏中的“工具”→“覆铜管理器”命令，则系统弹出图 13-42 所示的“覆铜管理器”窗口。

覆铜管理器有“分填”和“灌”两个单选钮，选择“填”单选钮，如图 13-43 所示。

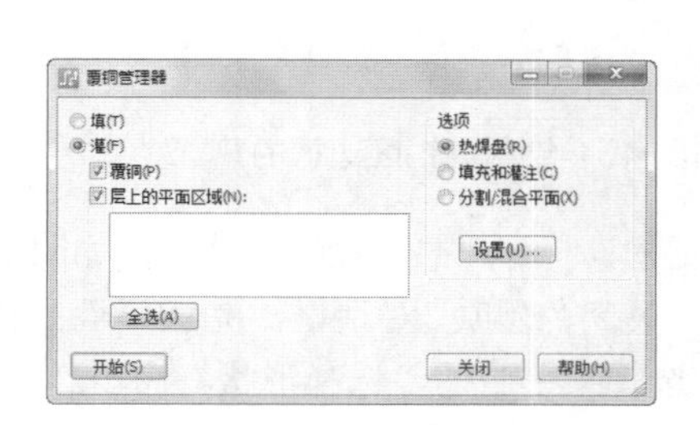

图 13-42　覆铜管理器

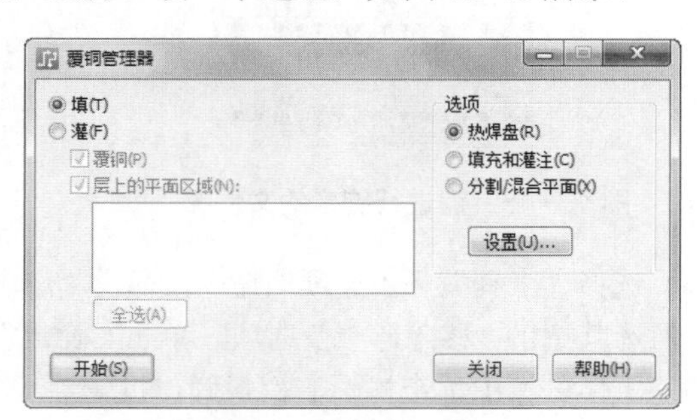

图 13-43　提示对话框

选择“灌”单选钮，激活“覆铜”“层上的平面区域”复选框，设置灌铜过程。

当单击“开始”按钮进化灌铜时，系统将会弹出一对话窗口询问是否确定进行灌铜，如图 13-44 所示，单击“是”按钮，系统便开始对当前设计进行灌铜，如果单击“否”按钮，则放弃灌铜。如果单击窗口中“设置”按钮，则前面介绍的“热焊盘”设置安全一样，请自行参考。

图 13-44　提示对话框

在空白文框中显示需要覆铜的层，在列表框中选择某一层后单击“开始”按钮即可进行覆铜。

在“选项”选项组下显示三个选项：热焊盘、填充和灌注、分割 / 混合平面。在 PADS Layout 系统中平面层有两种，CAMPlane 和 Split/Mix，其实这里指的平面层一般都是指电源（Power）和地层（GND）。CAMPlane 层在输出 Gerber 时采用的是页片形势，不需要灌铜处理。而 Split/Mix（混合分割层）却采用的是灌铜方式，所以需要对其进行灌铜。

13.2.5　实例——删除灌铜的碎铜

扫码看视频

【创建步骤】

（1）打开 PADS Layout，打开需要删除灌铜的碎铜的文件；如图 13-45 所示。

（2）单击“标准”工具栏中的“绘图工具栏”图标，打开“绘图”工具栏，单击“选择模式”按钮，使系统进入选中模式。

（3）使用快捷命令 PO，使 PADS Layout 对灌铜区只显示边框，如图 13-46 所示。

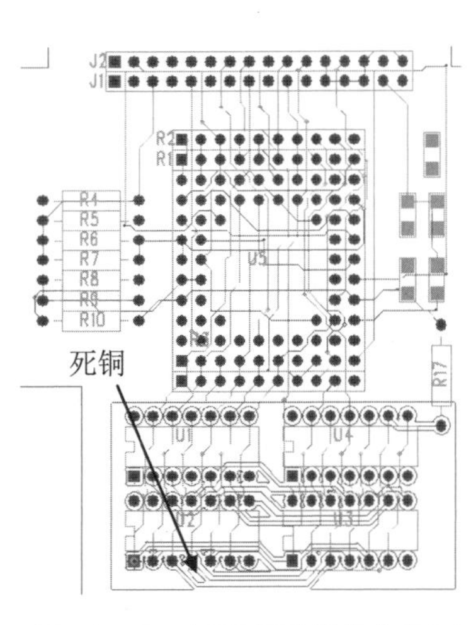

图 13-45　需进行编辑的文件图

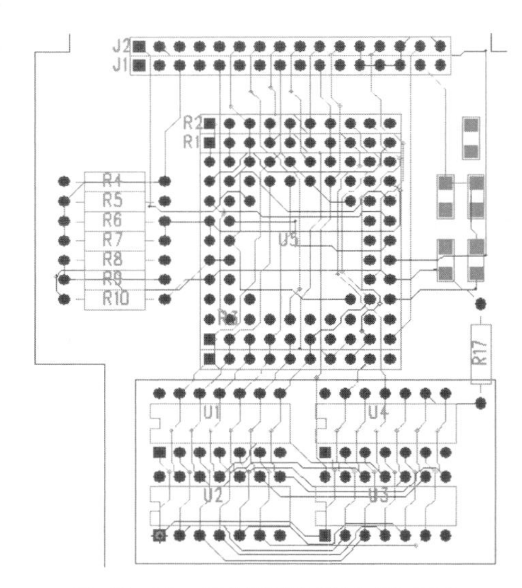

图 13-46　绘制灌铜区边框的 PCB

（4）选择“工具”→“选项”命令，弹出“选项”对话框，打开“热焊盘”选项卡，如图 13-47 所示，勾选其中的“移除碎铜”选项，单击“确定”按钮，关闭“选项”对话框，完成属性的修改。

（5）工作区域中单击鼠标右键，弹出过滤器子菜单，选择菜单中的“选择形状”命令。

（6）在灌铜边框上单击鼠标左键，选中此灌铜区。

（7）在工作区域中单击鼠标右键，在弹出的快捷键菜单中选择“灌注”命令，让 PADS Layout 对此覆铜区重新进行灌铜处理。

（8）覆铜修改完成后，读者可以发现覆铜区中的碎铜被删除，如图 13-48 所示。

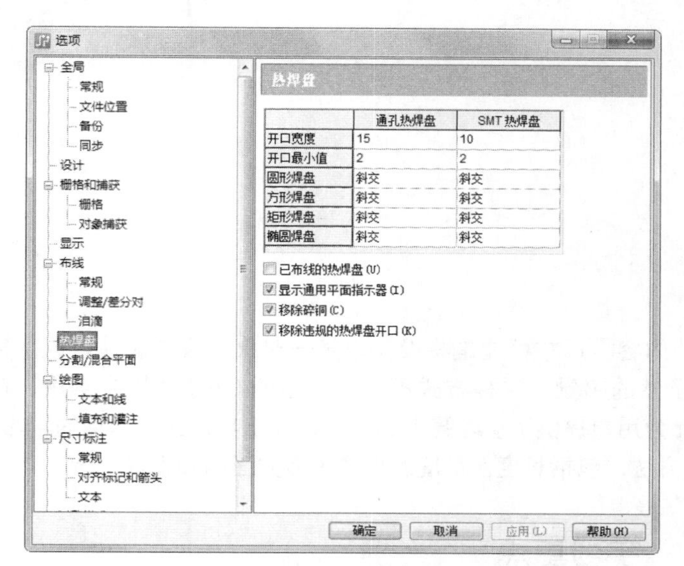

图 13-47　“热焊盘”选项卡

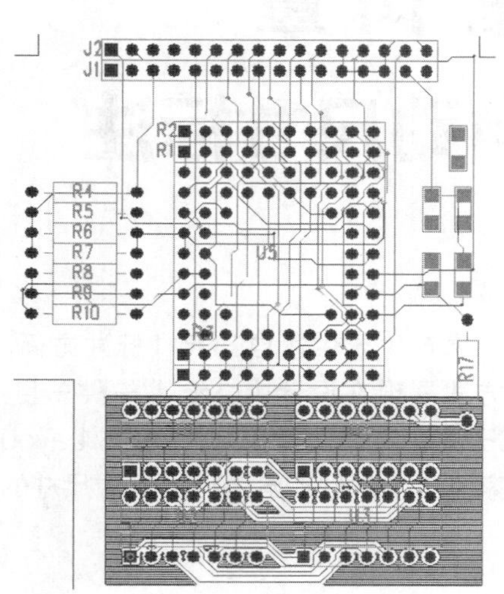

图 13-48　删除碎铜后的 PCB

13.3 思考与练习

思考 1．简述覆铜与铜箔的区别。

思考 2．覆铜与铜箔的修改方法。

思考 3．ECO 参数设置的方法。

思考 4．OLE 动态链接方法。

练习 1．在软件中实践覆铜和铜箔的修改。

练习 2．上机操作“绘图”工具栏中各工具的使用。

Chapter 14

第 14 章
自动尺寸标注

本章主要讲述自动尺寸标注方面的内容。尺寸标注是将设计中某一对象的尺寸属性以数字化的方式展现在设计中，给人一种一目了然的感觉，这种方式不光是其他的 CAD 领域中常用，在 PCB 设计中也尤其常见。PADS Layout 为用户提供了功能强大的尺寸标注工具，通过本章的学习，大家可以了解到在电路板上标注尺寸的方法，包括长度、角度的标注等多方面的知识。

学习重点

- 自动尺寸标注
- 标注工具盒的使用

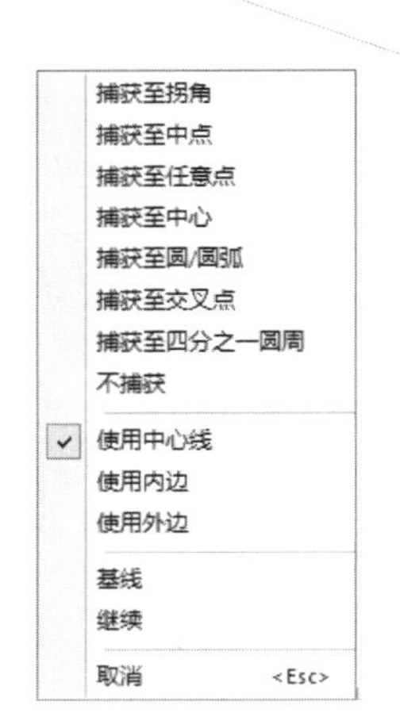

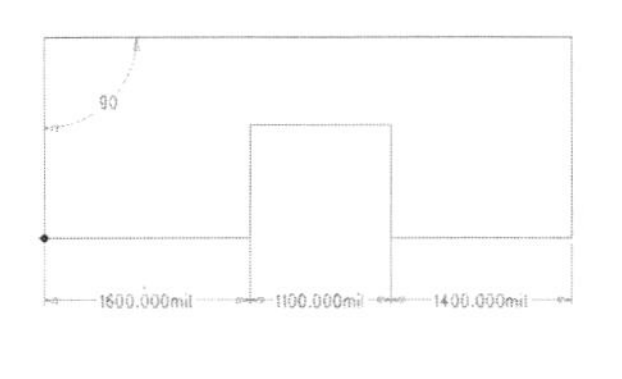

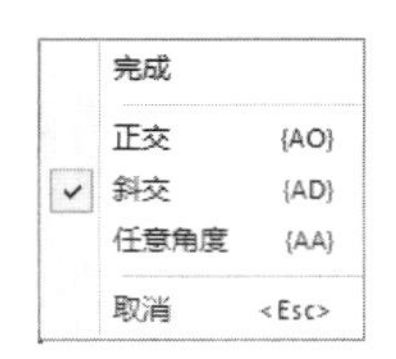

14.1 基本操作知识

PADS Layout 除了具有强大的 PCB 设计相关的各种功能之外，大量的辅助功能并不逊色于与此相关的专业软件，比如数据处理能力、CAMPlus 和 DFTAuditDesignforTest（测试点检测与自动加入）等。其中尺寸标注功能就是一个有力的证明。

在 PADS Layout 系统中，单击“标准”工具栏中的“尺寸标注工具栏”按钮，则会弹出尺寸标注工具栏，如图 14-1 所示。

图 14-1　尺寸标注工具栏

系统一共提供了 8 种尺寸标注方式，如图 14-1 所示。除了第一种标注方式“自动尺寸标注”以外，其余 7 种分别都是针对 7 种不同的特定标注而设定的，单击任何一个图标就可以进入其中的一种尺寸标注模式。

图 14-1 中每一个图标名称分别如下所述。

- 自动尺寸标注。
- 水平。
- 垂直。
- 已对齐。
- 已旋转。
- 角度。
- 圆弧。
- 引线。

> **注意**
>
> 值得注意的是，打开尺寸标注工具栏进行尺寸标注之前应该确定对什么对象进行尺寸标注，所以先单击鼠标右键，从弹出的菜单中选择所需要标注的对象，将其他对象过滤掉。
>
> 比如：对元器件标尺寸就选择“选择模式”，对板框标尺寸应选择“选择板框”。选择好操作对象之后再到尺寸标注工具栏中选择所需的尺寸标注模式。
>
> 假如不先确定操作对象，比如系统当前只能对元器件操作，如果你对板框进行尺寸标注操作，则系统将认为操作无效。

14.1.1 抓取点的选择

从 PADS Layout 尺寸标注工具栏中选择一种标注方式，然后在设计中空白处单击鼠标右键，则弹出图 14-2 所示菜单。这个弹出菜单一共分成 3 部分。

- 从“捕获至拐角”到“不捕获”（属于标注首末点的捕捉方式）。
- 从“使用中心线”到“使用外边”（标注首末点的取样方式）。
- “基线”和“继续”（标注基线的选择方式）。

“捕获方式”表示如何捕获尺寸标注的起点和终点。从图 14-2 所示中可知，系统一共提供了 8 种方式。

- 捕获至拐角。
- 捕获至中点。
- 捕获至任意点。
- 捕获至中心。
- 捕获至圆 / 圆弧。
- 捕获至交叉点。
- 捕获至四分之一圆周。
- 不捕获。

其中第 8 项捕获方式是一种自由发挥捕获方式，可以选择设计中任何一个点来做尺寸标注的首末点，包括设计画面空白处。这个空白处没有任何对象，这就是它区别于“捕获至任意点”项的地方，因为“捕获至任意点”虽然可以捕获任何点，但是捕获对象一定要存在而不能是空白。

图 14-2　右键弹出菜单

小技巧

值得注意的是，标注首末点可以选择不同的捕获方式，具体做法是当选择好了标注起点之后再一次单击鼠标右键，从菜单中去选择另一种捕获方式来确定标注末点。

14.1.2　两端点的边界模式

“边界模式”表示进行标注时对边缘的选取方式，有 3 种模式选择。

- 使用中心线，如图 14-3（a）所示。当选择这种方式时，尺寸标注线跟标注点所在对象的中心线是同心线。

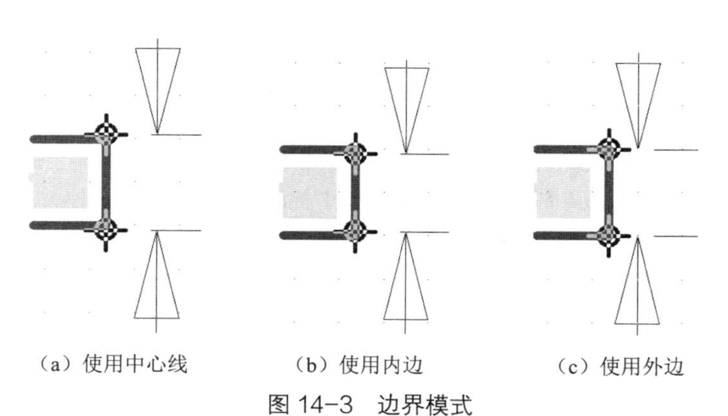
（a）使用中心线　（b）使用内边　（c）使用外边

图 14-3　边界模式

- 使用内边，如图 14-3（b）所示。这种标注方式标注线的中心线是尺寸标注首末点所在的对象的内边缘线。这个内边缘是相对的，根据尺寸标注的方向而定，不同的尺寸标注方向内边缘可能就会变成外边缘。下面“使用外边”也是同样的道理。
- 使用外边，如图 14-3（c）所示。这种标注方式为首末尺寸标注线的中心线是尺寸标注首末点所在的对象的外边缘线。

掌握这 3 种尺寸标注线在标注所在点对象的不同边缘取样方式后，就可根据需要来进行选择。

小技巧

从图 14-3 中可以清楚看出 3 种边界模式的区别，不同的模式选择有其使用环境。“使用外边”模式主要用于绘制装配图；“使用内边”模式主要用于绘制电路板时元器件走线的放置，它们必须在电路板边框之内。

14.1.3　标注的基线

“基线”是指进行尺寸标注时作为参考对象的线条，标注时的起点就是基线上的点。PADS Layout 系统提供了两种基线的选择方式，这就是图 14-2 所示的第 3 部分。

1．基线（使用同一基线）

基线方式就是在尺寸标注时，各个不同的尺寸标注点对象使用同一个参考点基线来进行尺寸标注，如图 14-4 所示。这种尺寸标注方法步骤如下所述。

（1）从“尺寸标注”工具栏中选择“水平”尺寸标注方式。

（2）单击鼠标右键，从弹出的菜单中（见图 14-2）选择“捕获至中点”和“使用中心线”方式，然后再选择“基线”方式。

（3）用鼠标单击图 14-4 中的第 1 点。

（4）用鼠标单击图 14-4 中的第 2 点，建立了第一个尺寸标注。

（5）再用鼠标直接单击图 14-4 中的第 3 点，这时系统自动以第一点所在的尺寸标注线为基线进行尺寸标注，这是因为在第（2）步操作中选择了基线方式。

（6）同理，再次用鼠标单击图 14-4 中的第 4 点时，还是使用同一基线。

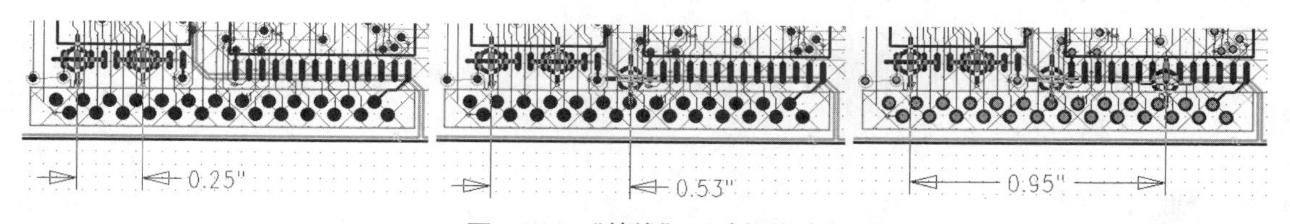

图 14-4　“基线”尺寸标注法

2．继续（使用连续标注）

对于标注同一两点之间的距离，如图 14-4 中第 1 与第 4 点，除了上述的基线标注法之外，系统还提供了另一种继续标注法，如图 14-5 所示。

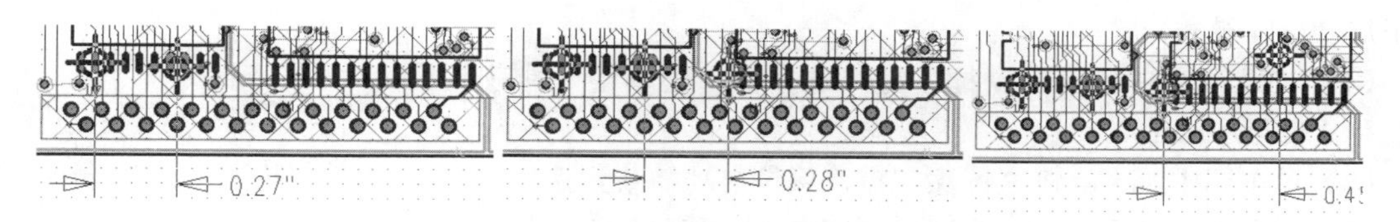

图 14-5　“继续”尺寸标注法

"继续"标注法操作步骤跟"基线"标注法基本一样，只是在上述右键菜单中选择"继续"方式。

（1）从"尺寸标注"工具栏中选择"水平"尺寸标注方式。

（2）单击鼠标右键，从弹出的菜单中（如图 14-2 所示）选择"捕获至中心"和"试用中心线"方式，然后再选择"继续"方式，这是与上一种标注法不同的地方。

（3）用鼠标单击图 14-5 中所示的第 1 点为标注起点。

（4）用鼠标单击图 14-5 所示的第 2 点，这时系统建立了第一个尺寸标注。

（5）再用鼠标直接单击图 14-5 中的第 3 点，这时系统将自动以第 2 点所在的尺寸标注线为基准线进行尺寸标注，这是因为在第 2 步操作中选择了"继续"方式。

（6）继续单击图 14-5 中第 4 点，则系统将以连续标注方式进行标注，如图 14-5 所示。

注意

这两种标注方式都可以得出图中第 1 点到第 4 点的距离，当然图 14-4 要直观得多，因为可以直接看到其距离值，而图 14-5 却需要一个运算过程。

但这并不表明"基线"标注法一定比"继续"标注法要直观，在实际中根据实际情况而定，尽量使自己的尺寸标注显得简单明了。

14.2 尺寸标注

14.2.1 水平尺寸标注

水平尺寸标注是一个水平方向专用的尺寸标注工具，也就是说它的尺寸标注功能仅仅是对水平方向而言，标注值就是指这首末两点之间的水平距离值。

如果试图使用它对其他方向进行尺寸标注，那么将会有错误提示信息窗口出现，如图 14-6 所示。

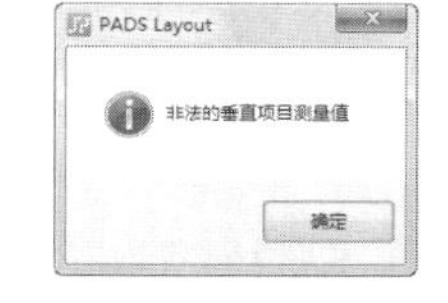

图 14-6　错误提示

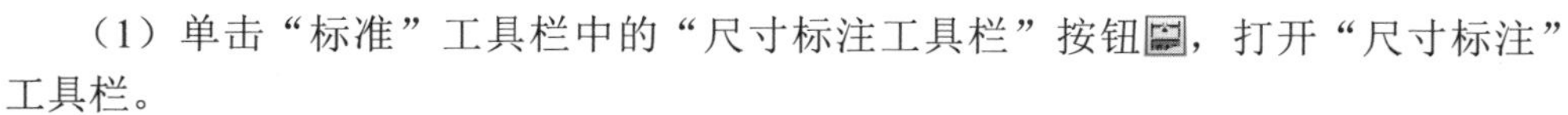

扫码看视频

（1）单击"标准"工具栏中的"尺寸标注工具栏"按钮，打开"尺寸标注"工具栏。

（2）单击鼠标右键，选择弹出菜单中"选择板框"子菜单，使系统处于板框操作模式下。

（3）单击"尺寸标注"工具栏中的"水平"按钮，使系统进入水平尺寸标注模式。

（4）在设计空白处单击鼠标右键，选择弹出菜单中"捕获至拐角"和"使用中心线"。

（5）单击图中第 1 点确立标注起点，系统自动捕获到拐角处。

（6）再单击图中第 2 点，则系统自动以水平尺寸标注出这两点之间的水平距离，结果如图 14-7 所示。

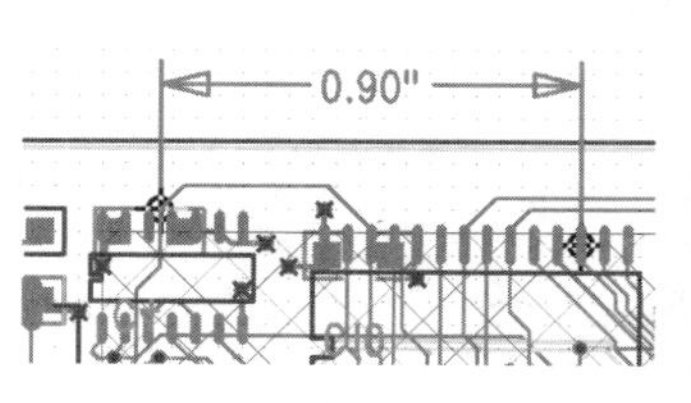

图 14-7　水平尺寸标注

注意

同水平尺寸标注一样，垂直尺寸标注仅仅对垂直方向（y 轴方向）有效。操作时单击“尺寸标注”工具栏中“垂直”按钮。

14.2.2　自动尺寸标注

现在介绍一种完全的自动标注方式，打开“尺寸标注”工具栏，在工具栏中第一个图标就是“自动尺寸标注”。

“自动尺寸标注”可以说包括所有其他的 6 种标注方式，可以完成另外 6 种方式中任何一种所能做到的标注。它所标注出来的尺寸完全取决于选择的对象。比如说选择 PCB 的水平外框线，则出现的标注就是相当于用尺寸标注工具栏中的“水平”（水平标注）所完成的尺寸标注，如果选择的是板框的圆角拐角，则标注出来的圆弧半径相当于用尺寸标注工具栏中的“圆弧”（圆弧标注）功能图标来完成的标注。

所以如果使用“自动尺寸标注”，有时能很快地提高标注速度。只是在标注以前一定要对所需标注的对象进行合适的设置，否则完全有可能得不到想要的标注结果。

14.2.3　对齐尺寸标注

本节讲述的“对齐”尺寸标注用来标注任意方向上两个点之间的距离值，这两个点不受方向上的限制，如果在水平方向上就相当于水平尺寸标注，在垂直方向上就相当于垂直尺寸标注，所以在某种意义上讲，它包括了水平和垂直两种标注方法。

下面就以图 14-8 所示为例来介绍是如何使用对齐尺寸标注的。

对齐尺寸标注操作步骤如下所述。

（1）单击“标准”工具栏中的“尺寸标注工具栏”按钮，打开“尺寸标注”工具栏。

（2）因为是标注板框，所以单击鼠标右键，选择弹出菜单中“选择板框”子菜单，使系统处于板框操作模式下。

（3）单击“尺寸标注”工具栏中的“已对齐”按钮，使系统进入对齐尺寸标注模式。

（4）在进行尺寸标注之前应选择捕获方式，所以在设计空白处单击鼠标右键，选择弹出菜单中“捕获至拐角”和“使用中心线”。

（5）单击图 14-8 中第 1 点，系统自动捕获到拐角处建立了标注起点。

（6）单击鼠标右键，从弹出菜单中选择“捕获至中点”。

（7）再单击图中第 2 点所示圆弧线上任意一点，则系统自动捕获到圆弧中点并以对齐尺寸标注方式标注出这两点之间的距离，如图 14-8 所示。

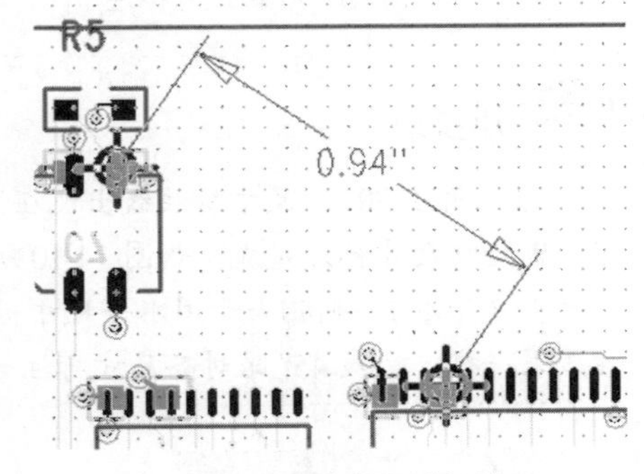

图 14-8　对齐尺寸标注

小技巧

注意的是，当首末两点在同一水平线上时，对齐尺寸标注与水平尺寸标注的结果是一样的；同理首末两点在同一垂直线上时，它也同垂直尺寸标注得出同样的结果。所以可以这么讲，水平尺寸标注和垂直尺寸标注是对齐尺寸标注的一种特殊情况。

14.2.4 旋转尺寸标注

旋转尺寸标注是一种更为特殊的尺寸标注模式，因为同其他标注方式相比较，它带有很大的灵活性并包含了上述三种标注方式。

对于任何两个点而言，它的尺寸标注值不是唯一的，给出的标注角度（此角度可以从 0 ～ 360°）条件不同，就会得出不同的标注结果。所以称这种尺寸标注法为旋转尺寸标注法，也可以称其为条件标注法。

现在使用旋转尺寸标注法来完成图 14-9 中的标注。

（1）单击“标准”工具栏中的“尺寸标注工具栏”按钮，打开“尺寸标注”工具栏。

（2）单击鼠标右键，选择弹出菜单中“选择板框”子菜单，使系统处于板框操作模式下。

（3）单击“尺寸标注”工具栏中的“已旋转”按钮，使系统进入旋转尺寸标注模式。

（4）在进行尺寸标注之前应选择捕获方式等准备工作，所以在设计空白处单击鼠标右键，选择弹出菜单中选择“捕获至拐角”和“使用外边”。

（5）单击图 14-9 中第 1 点处，系统自动捕捉到拐角处建立了标注起点。

（6）单击鼠标右键，从弹出菜单中选择“捕获至中点”。

（7）单击图 14-9 中第 2 点所在线段，系统自动捕获到该段中点上并且弹出图 14-10 所示窗口。在这个“角度旋转”窗口中要求输入一个角度数，这个角度输入不同的值，尺寸标注值的结果完全不一样。

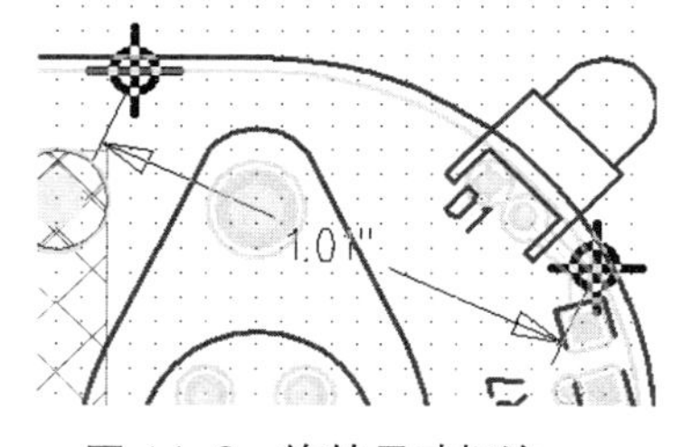

图 14-9　旋转尺寸标注

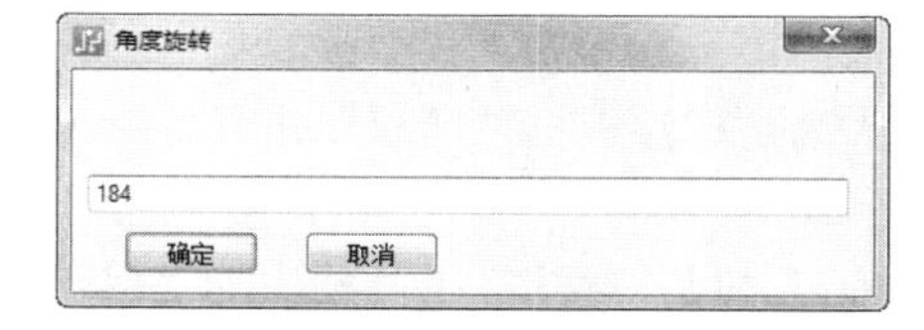

图 14-10　输入角度

小技巧

输入角度 30°，尺寸标注线出现在鼠标十字光标上，然后移动到合适的位置后单击鼠标左键确定，则旋转尺寸标注完成，如图 14-10 所示。如果在图 14-10 中输入 180°（这个角度是以起始点所在的直线为准），则相当于用水平尺寸标注模式标注的结果，如果是输入角度 90°，则同垂直尺寸标注效果一样，输入 45° 跟对齐尺寸标注等效，在实际应用中具体情况具体分析使用。

14.2.5 角度尺寸标注

PCB 中除对两个点之间进行尺寸标注之外，也常常要对角度标注。

角度的标注原理和步骤大致跟上述几种基本相同，最大的区别在于它需要选择两个点作为尺寸标注起点直线，同理尺寸标注终点也需要选择两个点。因为角度是由两条直线相交而形成的，两点确定一条直线，所以需要选择 4 个点产生两条相交直线。

角度尺寸的标注具体操作步骤如下所述。

（1）单击“标准”工具栏中的“尺寸标注工具栏”按钮，打开“尺寸标注”工具栏。

（2）单击鼠标右键，选择弹出菜单中“选择板框”子菜单，使系统处于板框操作模式下。

（3）单击“尺寸标注”工具栏中的“角度”按钮，使系统进入角度尺寸标注模式状态。

（4）两点确定一条直线，这两个点可以是直线上任意两点。所以在设计空白处单击鼠标右键，选择弹出菜单中“捕获至任意点”。

（5）单击图 14-11 中所示的第 1 和第 2 点处，确定了角度标注起点直线。

（6）再单击图中第 3 点与第 4 点处，这时这两条直线确定的角度值就出现在鼠标十字光标上，调节到适当的位置即可，如图 14-11 所示。由此可见，角度的标注并不复杂，只是在标注时要灵活地选择两条直线上的 4 个点。

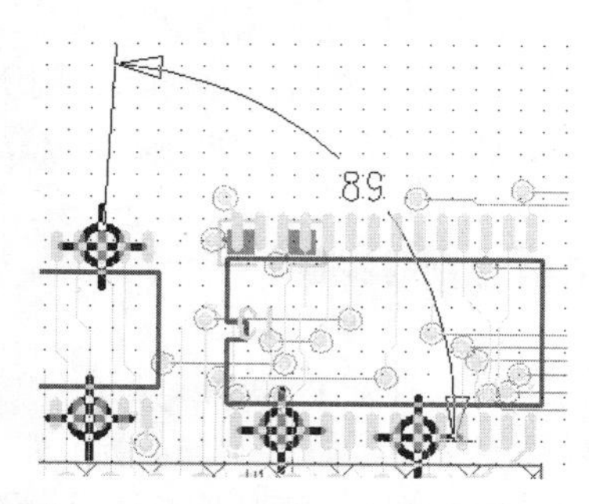

图 14-11　Angular 角度尺寸标注

14.2.6　圆弧尺寸标注

在所有的尺寸标注工具中，就操作方式上讲，圆弧尺寸标注是最简单的一种标注，它不需要选择任何捕获方式，在“尺寸标注”工具栏中选择“圆弧”按钮，直接到设计中选择所需要标注的任何圆弧，单击圆弧后系统就可以标上尺寸标注。

圆弧尺寸标注方式实际上是标注选定圆或圆弧的半径或直径，而不是弧长。在“工具 / 选项 / 尺寸标注”选项卡中有“圆尺寸标注”选项栏，如图 14-12 所示。

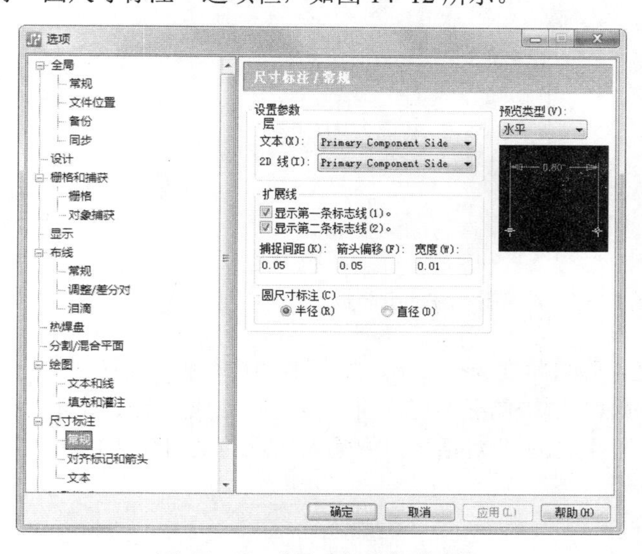

图 14-12　“尺寸标注”选项卡

14.2.7　引线尺寸标注

除了前几个小节介绍的各种尺寸标注外，还有一种最特殊的标注法，它的标注不是自动产生，而是要人为输入。它实际上并不完全属于一种尺寸标注法。

单击“标准”工具栏中的“尺寸标注工具栏”按钮，打开“尺寸标注”工具栏。单击“尺寸标注”工具栏中的“引线”按钮，单击鼠标右键选择捕获方式，然后选择要标注的对象。在鼠标十字光标上出现一个箭头标注符，移动鼠标，最后双击鼠标左键，弹出一个对话窗口，如图 14-13 所示。可以在此对话窗口中输入任意的说明性（Text）文字。

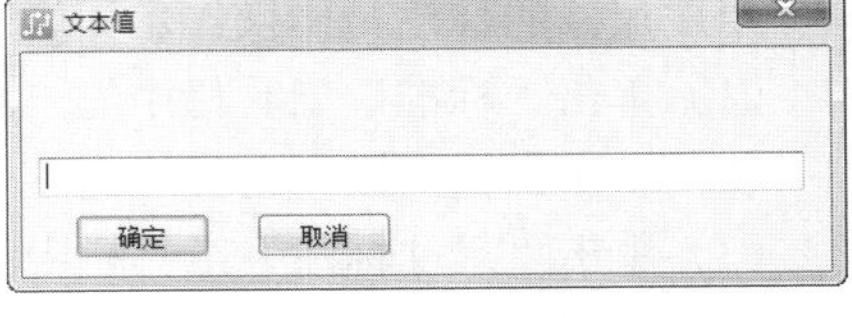

图 14-13 对话框

在图 14-13 中输入文字来对设计中的标注加以说明，输入完毕后单击确定完成输入，则所输入的说明性文字出现在鼠标十字光标上，移动到合适位置双击鼠标完成放置。

扫码看视频

【创建步骤】

（1）打开 PADS Layout，单击“标准”工具栏中的“打开”按钮，打开需要标注的文件，如图 14-14 所示。

（2）单击“标准”工具栏中的“尺寸标注工具栏”按钮，打开“尺寸标注”工具栏，单击“选择模式”按钮，进入选择模式。

（3）在工作区域中单击鼠标右键，在弹出的菜单中选择“选择板框”命令。

（4）单击“尺寸标注”工具栏中的“引线”按钮，进入引线尺寸标注模式，在工作区域中单击鼠标右键，弹出图 14-15 所示的菜单，选择“捕获至任意点”命令。

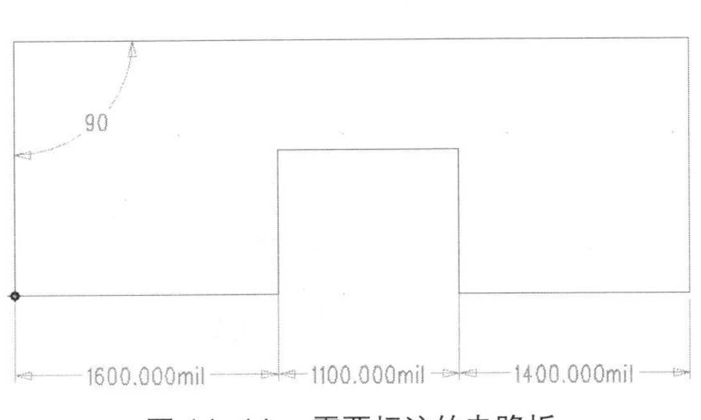

图 14-14 需要标注的电路板

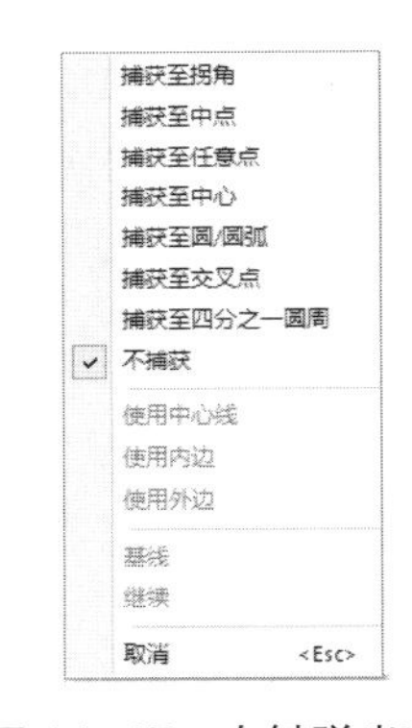

图 14-15 右键弹出菜单

（5）单击鼠标右键，弹出角度选择菜单，如图 14-16 所示，选择其中的“斜交”命令。

（6）在需要拐角的地方单击鼠标左键，引出线绘制完成后双击鼠标左键，弹出“文本值”对话框，如图 14-17 所示。可以在此对话窗口中输入任意的说明性（Text）文字。

图 14-16 角度选择菜单

图 14-17 “文本值”对话框

在图 14-17 中输入文字来对设计中的标注加以说明，输入完毕后单击“确定”完成输入，则所输入的说明性文字出现在鼠标十字光标上，移动到合适位置双击鼠标完成放置。

至此，引线尺寸标注操作完成，效果如图 14-18 所示。

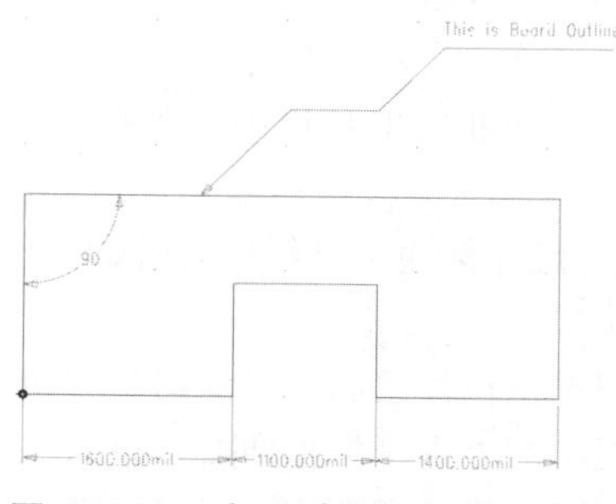

图 14-18　在“引线”方式下标注

14.2.8 实例——利用基线标注

扫码看视频

【创建步骤】

（1）打开 PADS Layout，单击“标准”工具栏中的“打开”按钮，打开需要标注的文件，如图 14-19 所示。

（2）单击“标准”工具栏中的“尺寸标注工具栏”按钮，打开“尺寸标注”工具栏，单击“选择模式”按钮，进入选择模式。

（3）在工作区域中单击鼠标右键，在弹出的“过滤器”菜单中选择“选择板框”命令。

（4）单击“尺寸标注”工具栏中的“水平”按钮，进入水平尺寸标注模式。

（5）在工作区域中单击鼠标右键，弹出图 14-15 所示的菜单，选择“捕获至拐角”命令。

（6）在工作区域中单击鼠标右键，弹出图 14-15 所示的菜单，选择“使用中心线”模式。

（7）在工作区域中单击鼠标右键，弹出图 14-15 所示的菜单，选择“基线”方式。

（8）在图 14-19 所示的 A 点处的电路板边框拐角上单击鼠标左键，选中 A 点为起点。

（9）在图 14-19 所示的 B 点处的电路板边框拐角上单击鼠标左键，系统自动以水平尺寸标注 A、B 两点间的水平距离。

（10）在图 14-19 所示的 C 点处的电路板边框拐角上单击鼠标左键，系统自动以水平尺寸标注 A、C 两点间的水平距离。

（11）在图 14-19 所示的 D 点处的电路板边框拐角上单击鼠标左键，系统自动以水平尺寸标注 A、D 两点间的水平距离，效果如图 14-20 所示。

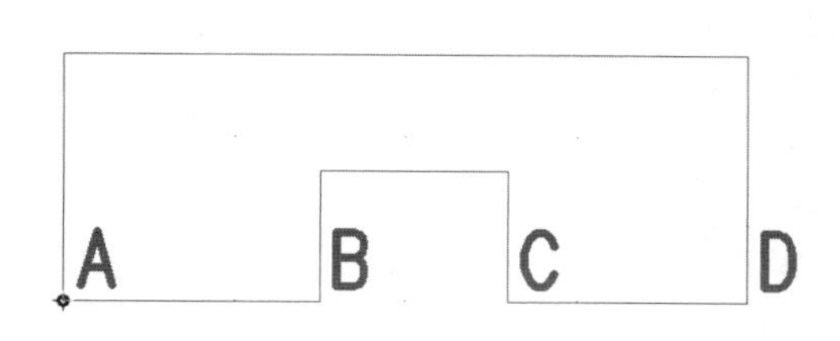

图 14-19　需要标注的文件图

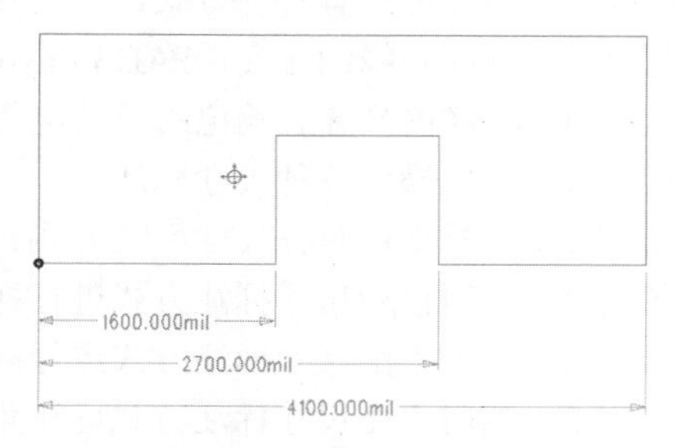

图 14-20　利用水平尺寸标注

14.2.9 实例——“继续”标注法

扫码看视频

【创建步骤】

（1）打开 PADS Layout，单击“标准”工具栏中的“打开”按钮，打开需要标注的文件，如图 14-21 所示。

（2）单击“标准”工具栏中的“尺寸标注工具栏”按钮，打开“尺寸标注”工具栏，单击“选择模式”按钮，进入选择模式。

（3）在工作区域中单击鼠标右键，在弹出的“过滤器”菜单中选择“选择板框”命令。

（4）单击“尺寸标注”工具栏中的“水平”按钮，进入水平尺寸标注模式。

（5）在工作区域中单击鼠标右键，弹出图 14-15 所示的菜单，选择“捕获至拐角”命令。

（6）在工作区域中单击鼠标右键，弹出图 14-15 所示的菜单，选择“使用中心线”模式。

（7）在工作区域中单击鼠标右键，弹出图 14-15 所示的菜单，选择“继续”方式。

（8）在图 14-21 所示的 A 点处的电路板边框拐角上单击鼠标左键，选中 A 点为起点。

（9）在图 14-21 所示的 B 点处的电路板边框拐角上单击鼠标左键，系统自动以水平尺寸标注 A、B 两点间的水平距离，同时 B 点成为下一步标注的起点。

（10）在图 14-21 所示的 C 点处的电路板边框拐角上单击鼠标左键，系统自动以水平尺寸标注 B、C 两点间的水平距离，同时 C 点成为下一步标注的起点。

（11）在图 14-21 所示的 D 点处的电路板边框拐角上单击鼠标左键，系统自动以水平尺寸标注 C、D 两点间的水平距离，效果如图 14-22 所示。

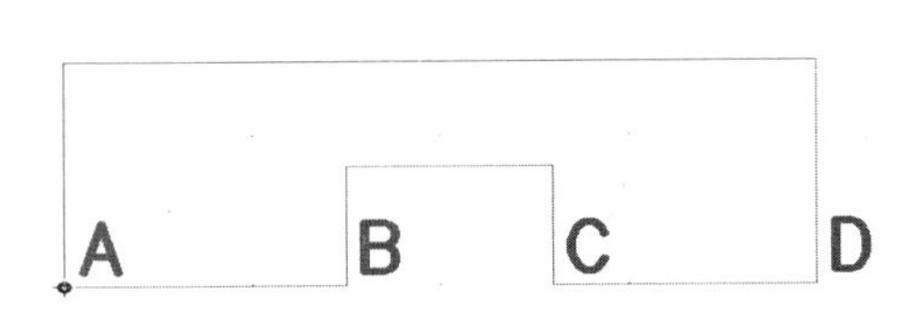

图 14-21 需要标注的文件图

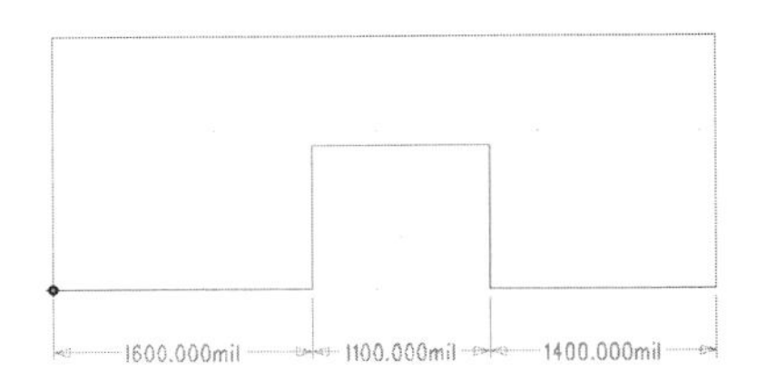

图 14-22 利用“继续”方式标注

14.3 思考与练习

思考 1. 自动尺寸标注的基本知识？

思考 2. 尺寸标注有几种方式，它们分别是什么？

思考 3. 标注基线的含义，PADS Layout 提供哪两种基线的选择方式？

思考 4. 标注的尺寸影响电路板的电气性能吗？

练习 1. 上机操作各种尺寸标注。

练习 2. 上机操作对齐尺寸标注方式。

练习 3. 利用自动尺寸标注方式进行标注。

练习 4. 利用水平尺寸标注方式进行标注。

练习 5. 利用角度尺寸标注方式标注角度。

练习 6. 利用圆弧尺寸标注方式进行标注。

Chapter 15

第 15 章
设计验证

本章主要讲述 PCB 设计验证方面的内容。当完成了 PCB 的设计过程之后，在将 PCB 送去生产之前，一定要对自己的设计进行一次全面的检查，以确保设计没有任何错误的情况下才可以将设计送去生产。设计验证可以对 PCB 设计进行全面或者部分检查，从最基本的设计要求，比如线宽、线距和所有网络的连通性开始到高速电路设计、测试点和生产加工的检查，自始至终都为设计提供了有力的保证。

学习重点

- 各种设计验证
- 验证时的提示

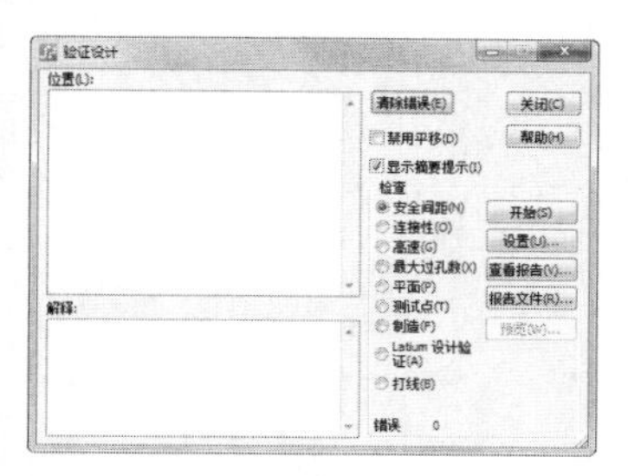

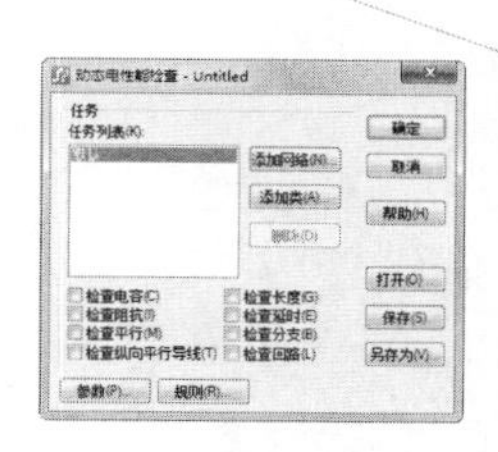

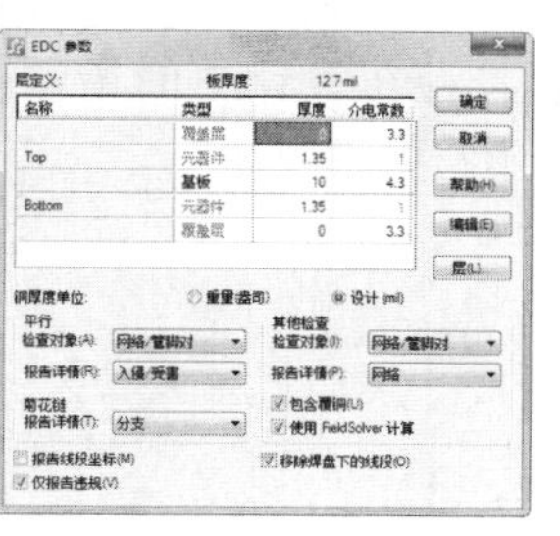

15.1 设计验证界面

每个电路板设计软件都带有设计验证的功能，PADS Layout 也不例外。PADS Layout 提供了精度为 0.000 01 mil 的设计验证管理器，可以检查设计中的所有网络、走线宽度及距离、钻孔到钻孔的距离、元器件到元器件的距离和元器件外框之间的距离等；同时进行连通性、平面层和热焊盘检查；还有动态电性能检查（Electro-Dynamic Checking），主要针对平行度（Parallelism）、回路（Loop）、延时（Delay）、电容（Capacitance）、阻抗（Impedance）和长度等，这样避免在高速电路设计中出现问题。

打开 PADS Layout VX.2.2，选择菜单栏中的“工具”→“验证设计”命令，打开“验证设计”对话框，如图 15-1 所示。

对话框中各项主要设置含义如下所述。

在进行设计验证时如果有错误出现，“位置”列表框的信息告诉了这个错误的坐标位置，以方便寻找。“解释”列表框的信息显示了上述“位置”窗口中错误产生的原因。在“位置”窗口中选择每一个错误，在“解释”窗口中都有对应的错误原因解释信息。

图 15-1 “验证设计”对话框

窗口中的“清除错误”按钮用于清除所有的两个列表框中的信息；清除错误按钮下面的选项“禁用平移”，默认状态是将其选上，如果改变这种默认状态，将其处于不被选择状态下，这时只要用鼠标选择“位置”窗口中的任何一个错误，则 PADS Layout 系统会自动将这个错误的位置移动到设计环境的中心点，从而达到自动定位每一个错误的目的。

此外，“验证设计”对话框中还包括了 9 种验证方式。

- 安全间距。
- 连接性。
- 高速。
- 最大过孔数。
- 平面。
- 测试点。
- 制造。
- Latium 设计验证。
- 打线。

在设计验证中，难免会验证出各种各样的错误，为了便于用户识别各种在设计中的错误，PADS Layout 分别采用了各种不同的标示符来表示不同的错误，这些错误标示符如下所述。

- 安全间距，安全间距出错标示符。
- 连接性，可测试性和连通性出错标示符。
- 高速，高频特性出错标示符。
- 制造，装配错误标示符。

- 最小 / 最大长度，最大或最小长度错误标示符，这个错误标示符只用于 PADS BGA 系统中。
- 制造（只有 Latium），在区域中集合出错。
- 钻孔到钻孔，钻孔重叠放置错误标示符。
- 禁止区域，违反禁止区设置错误标示符。
- 板框，违反框设置错误标示符。
- 最大角度，只用于 PADS BGA 系统中。
- Latium 错误标记，局部检查出错。

这些错误通常都会用标示符号在出错的地方标示出来，有了这些不同的标示符，就可以在设计中清楚地知道每一个出错点出错的原因。

注意

标示符“最小 / 最大长度”和“最大角度”这两标示符只能用于 PADS BGA 中。

15.2 安全间距验证

验证安全间距主要是检查当前设计中所有的设计对象是否有违反间距设置参数的规定，比如走线与走线距离，走线与过孔距离等。这是为了保证电路板的生产厂商可以生产电路板，因为每个生产厂商都有自己的生产精度，如果将走线与过孔放得太近的话，那么走线与过孔有可能短路。

利用“验证设计”对话框中的“安全间距”验证工具，用户可以毫不遗漏地检查整个设计中各对象之间的距离，验证的依据主要是在主菜单“设置 / 设计规则”中设置的安全间距参数值。

打开“验证设计”对话框，如图 15-1 所示，选择其中的“安全间距”选项，单击“开始”按钮即可开始间距验证。

单击图 15-1 中的“设置”按钮，则会弹出“安全间距检查设置”对话框，如图 15-2 所示。从中可以设置安全间距验证时所要进行的验证操作。

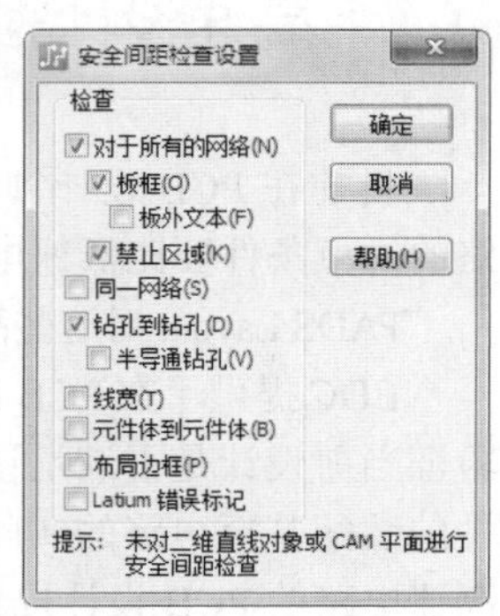

图 15-2　“安全间距检查设置”对话框

- 对于所有的网络：表示对电路板上的所有网络进行间距验证。
- 板框：表示对电路板上的板框和组件隔离区进行间距验证。
- 板外文本：选择该项后，如果进行间距验证时发现电路板外有“文本”和“符号”，则认为是间距错误。
- 禁止区域：表示用组件隔离区的严格规则来检查隔离区的间距。
- 同一网络：表示对同一网络的对象也要进行间距验证。

对于同一网络，PADS Layout 系统在以下方面可以进行设置验证。

- 从一个焊盘外边缘到另一个焊盘外边缘的间距。
- 焊盘外边缘到走出线的第一个拐角距离。
- SMD 焊盘外边缘到穿孔焊盘外边缘的间距，其中穿孔焊盘包括通孔和埋入孔，比如埋孔焊盘。
- SMD 焊盘外边缘到走出线第一个拐角的距离，这个设置可避免加工时 SMD 焊盘上的焊料所可能引起的急剧角度。
- 焊盘和走线的急剧角度，不管对于生产加工还是设计本身，这项检查都是很有必要的。

- 钻孔到钻孔：检查电路板上所有钻孔之间的间距。
- 线宽：检查走线的宽度是否符合设计规则中规定线宽的限制。
- 元器件体到元器件体：检查各元器件的边框是否过近。
- 布局边框：在默认模式下第 20 层比较元器件边框之间的间距；若在增加层模式下，则在第 120 层比较元器件边框之间的间距。
- Latium 错误标记：标注当前设计中违背 Latium 规则的错误。Latium 规则包括以下几方面。
  - 元器件安全间距规则。
  - 元器件布线规则。
  - 差分对规则。
  - 焊盘上的过孔规则。

15.3 连接性验证

连接性的验证没有更多的设置，所以在验证窗口中的“设置”按钮成灰色无效状态。连接性除了检查网络的连通状况之外，还会对设计中的通孔焊盘进行检查，验证其焊盘钻孔尺寸是否比焊盘本身尺寸更大。

连接性的验证很简单，在验证时将当前设计整体化显示，打开验证窗口，如图 15-1 所示，选择“连接性”选项，再按“开始”按钮，则 PADS Layout 系统即开始执行验证，如果有错误，系统将会在设计中标示出来。

当发现设计中有未连通的网络时，可以单击验证窗口中“位置”下的每一个错误信息，则系统将会在窗口“解释”下显示出该连接错误产生的元器件管脚位置，然后逐一排除。

15.4 高速设计验证

目前在 PCB 设计领域，伴随着设计频率的不断提高，高速电路的比重越来越大。设计高速电路的约束条件要比低速电路多得多，所以在设计的最后必须对这些高速 PCB 设计规则验证。

PADS Layout 对这些高频参数的验证称之为动态电性能检查（Electro Dynamic Check），简称 EDC。

EDC 提供了在 PCB 设计过程中或者设计完成后对 PCB 的设计进行电性特性的检验和仿真功能，验证当前设计是否满足该高速电路的要求。同时 EDC 还可以使用户不必进行 PCB 实际生产和元器件的装配甚至电路的实际测量，只需通过仿真 PCB 电特性参数的方法进行 PCB 设计分析，从而为高速电路的 PCB 设计提供了依据，大大缩短了开发的周期和降低了产品的成本。

因为高速 PCB 的设计应该去避免信号串扰、回路和分支线过长的发生，即设计时可采用菊花链布线。当设计验证时，EDC 可自动判断信号网络是否采用了菊花链布线。

由 EDC 进行的高速验证，对于所有超出约束条件的错误会在设计中标示出来并产生相应的报告。EDC 的验证可以将其分为两类，分别如下。

1. 线性参数检查

对于线性参数的检查，EDC 会根据在系统设置定义中的 PCB 的参数（比如：PCB 的层数、每个层的铜皮厚度、各个板层间介质的厚度和介质的绝缘参数等）、走线和铺铜的宽度和长度以及空间距离等，指定电源地层参数，自动对 PCB 设计中每一条网络和导线计算出其阻抗、长度、容抗和延时等数据。并对“设计规则”所定义的高速参数设置等进行检查。

2. 串扰分析检查

串扰是指在 PCB 上存在着两条或者两条以上的导线，由于在走线时平行走线长度过长或者相互距离太近，信号网络存在分支太长或回路所引起的信号交叉干扰及混乱现象。

进行 EDC 验证时，在验证窗口（图 15-1）选择“高速”项，在进行验证时很有必要对所需验证的对象进行设置，所以在选择“高速”项之后再单击右边的“设置”按钮，则系统弹出图 15-3 所示的 EDC 验证设置窗口。

从图 15-3 中可知，在进行 EDC 设置时首先必须确定验证对象。单击 EDC 设置窗口中的“添加网络”或者“添加类”按钮将所需验证的信号网络或信号束增加到 EDC 设置窗口下“任务”中。当所有所需的信号网络或信号束都增加到 EDC 窗口之后就可以在窗口下的 8 个验证选项中去选择所需验证的选项，这 8 个验证选项分别如下。

- 检查电容。
- 检查阻抗。
- 检查平行。
- 检查纵向平行导线。
- 检查长度。
- 检查延时。
- 检查分支。
- 检查回路。

选择好验证项目之后还可以进一步地进行设置。单击 EDC 设置窗口下“参数”设置按钮，则弹出图 15-4 所示的“EDC 参数”对话框。

图 15-3 EDC 验证设置

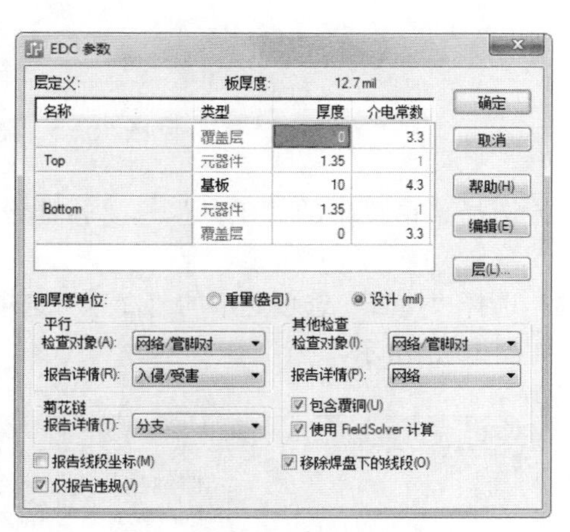

图 15-4 EDC 参数设置

EDC 参数设置有 5 部分，分别如下所述。

- 层定义：有关层定义这部分设置本书中已介绍，请自行翻阅。
- 平行：在这部分有两个设置，“检查对象”和“报告详情”。在“检查对象”中可以选择“网络 / 管脚对”，而产生“报告详情”可选择“入侵 / 受害”(信号干扰源网络 / 被干扰信号网络)。
- 菊花链：在“报告详情”中所需产生报表的选择项有：分支、管脚对、仅网络名和线段。
- 其他检查：在这部分中可设置一个检查对象和产生报告的对象，其中可选择项为“包含覆铜”“使用 Field Solver 计算”。

- 在 EDC 参数设置窗口右下角有 3 个选择项可供选择使用，选择所需的选项即可。

设置完这些参数之后单击“确定”按钮退出设置，在 EDC 窗口下“参数”按钮旁还有一个“规则”设置按钮，其设置内容本书已介绍，请自行翻阅。

当所有的 EDC 参数都设置完成之后，单击 EDC 窗口中“确定”按钮退出，然后在“设计验证”窗口中单击“开始”按钮，系统即开始高速验证。

【创建步骤】

扫码看视频

（1）打开 PADS Layout，单击“标准”工具栏中的“打开”按钮，打开需要验证的文件，如图 15-5 所示为需要验证的电路板。

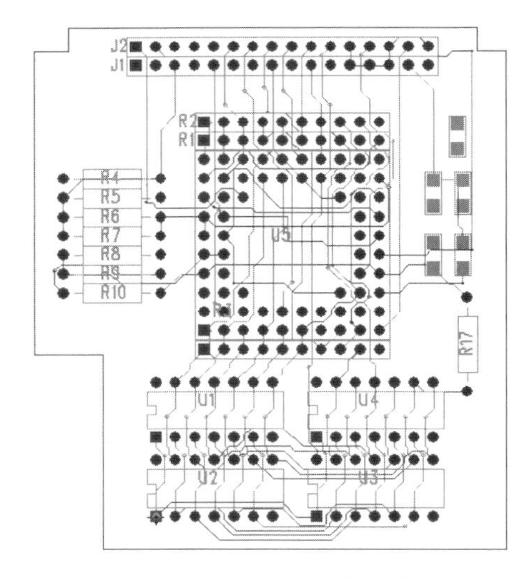

图 15-5　需要验证的电路板

（2）选择菜单栏中的“工具”→“验证设计”命令，打开“验证设计”对话框，如图 15-6 所示。

（3）选择“检查”选项组中的“高速”选项，单击“设置”按钮，弹出“动态电性能检查”对话框，如图 15-7 所示。

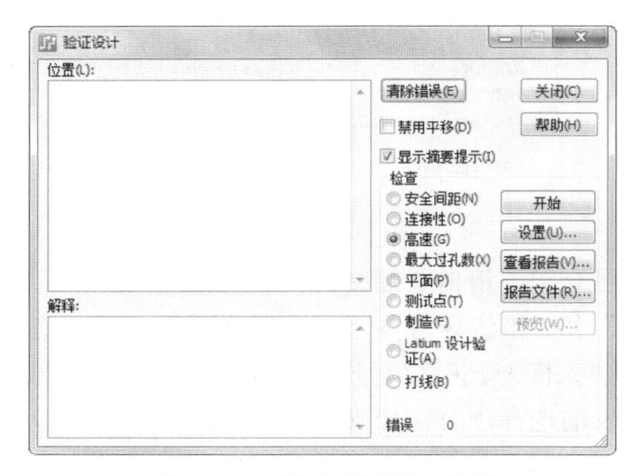

图 15-6　“验证设计”对话框

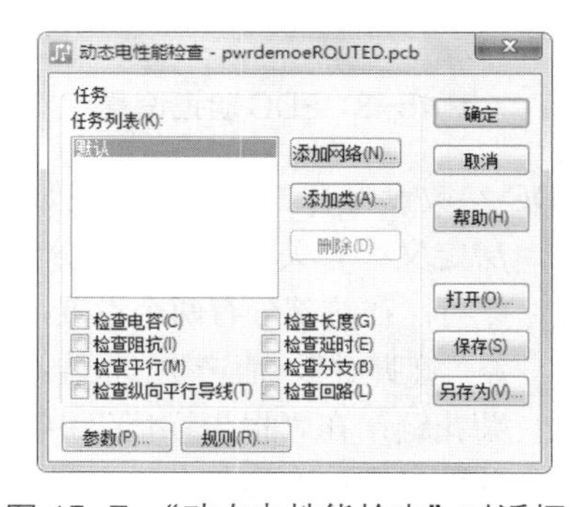

图 15-7　“动态电性能检查”对话框

（4）单击“添加网络”按钮，弹出“添加网络任务”对话框，如图 15-8 所示，在“网络”列表框中选择需要进行高速电路验证的网络，本例中选择网络“TCK”，单击“确定”按钮。

（5）在“动态电性能检查”对话框中选择“TCK”网络，然后在“任务列表”列表框的下方选择需要验证的内容，如图 15-9 所示。

图 15-8 “添加网络任务”对话框

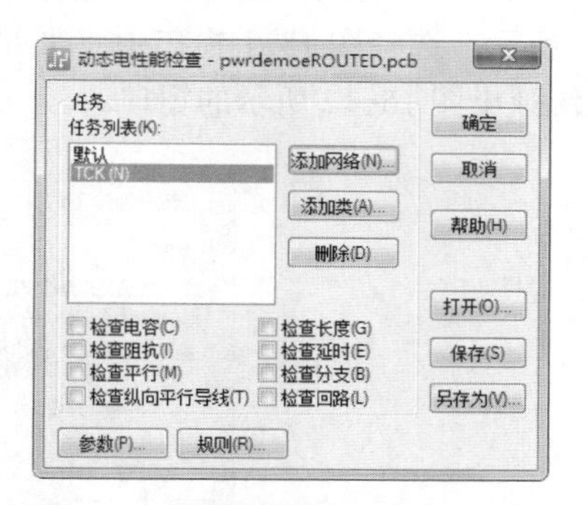

图 15-9 “动态电性能检查”对话框

（6）单击图 15-9 所示对话框中的“参数”按钮，打开“EDC 参数”对话框，如图 15-10 所示；在该对话框中，用户可以设置板层的厚度、铜厚等参数。

（7）在“EDC 参数”对话框中设置完参数之后，单击“确定”按钮将其关闭，然后单击对话框中的“确定”按钮，开始进行高速验证。

验证时发现的错误会在“位置”和“解释”列表框中显示，本例符合高频特性，系统弹出提示对话框，如图 15-11 所示。

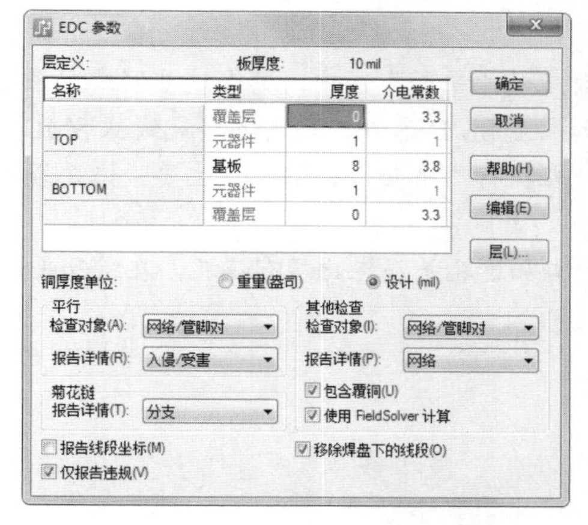

图 15-10 “EDC 参数”对话框

图 15-11 提示对话框

注意

验证时发现的错误会在“位置”和“解释”列表框中显示。

15.5 平面层设计验证

在设计多层板（一般指四层以上）的时候，往往将电源、地等特殊网络放在一个专门的层，在PADS Layout 中称这个层为“平面”层。

打开设计并将设计呈整体显示状态，选择菜单命令工“具”→“验证设计”，进入设计验证窗口，如图 15-1 所示。选择图 15-1 窗口中“平面”，再选择左边的“设置”按钮可进行“平面”层验证设置。系统弹出图 15-12 所示的窗口。

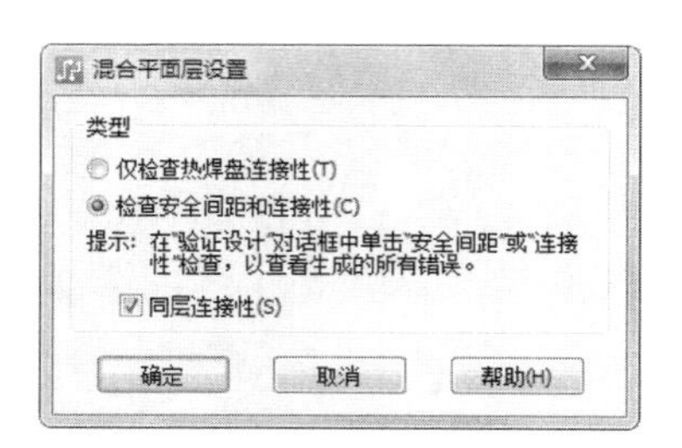

图 15-12　平面验证设置

在这个窗口中有两个选择项可供选择，分别如下。

- 仅检查热焊盘连接性。
- 检查安全间距和连接性。

在这两个选项下面还有一个选项“同层连接性”可供选择使用。设置完成后单击“确定”按钮退出设置，然后单击验证窗口中“开始”按钮即可开始“平面”层设计验证。

小技巧

在设计时如果将电源、地等网络设置在对应的“平面”层中，那么这些网络如果是通孔元器件，则将会自动按层设置接入对应的层，如果是 SMD 器件，则需要将鼠线从 SMD 焊盘引出一段走线后通过过孔连入对应的“平面”层。在执行“平面”验证时，主要验证是否所有分配到“平面”层的网络都接入了指定的层。

在 CAM 平面中一般验证对应的元器件管脚和过孔是否在此层有花孔，在缓和平面层中主要验证热焊盘的属性和连通性。

15.6 测试点及其他设计验证

测试点设计验证主要用于检查整个设计的测试点，这些检查项包括测试探针的安全距离、测试点过孔和焊盘的最小尺寸和每一个网络所对应的测试点数目等。在设计验证窗口中选择“测试点”后单击“开始”按钮即可开始检查验证。

其他设计验证包括制造、Latium 设计验证和打线等设计验证，图 15-13、图 15-14 和图 15-15 所示分别为这三项设计验证的设置对话框，用户可以对所需要的验证进行设置，之后单击“设置”按钮即可进行设计验证。

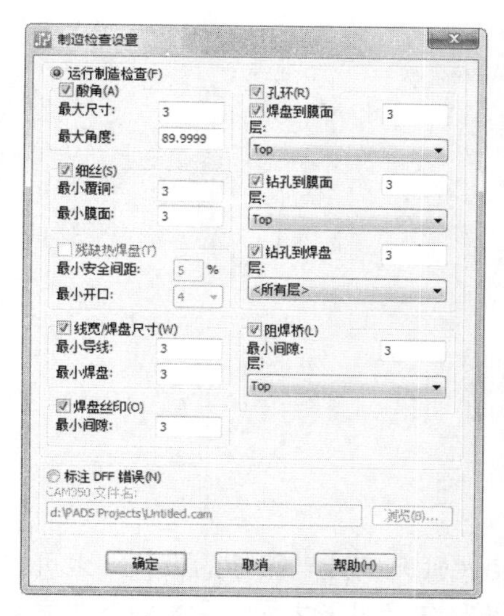

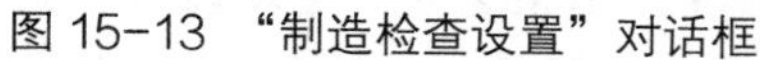
图 15-13 “制造检查设置”对话框

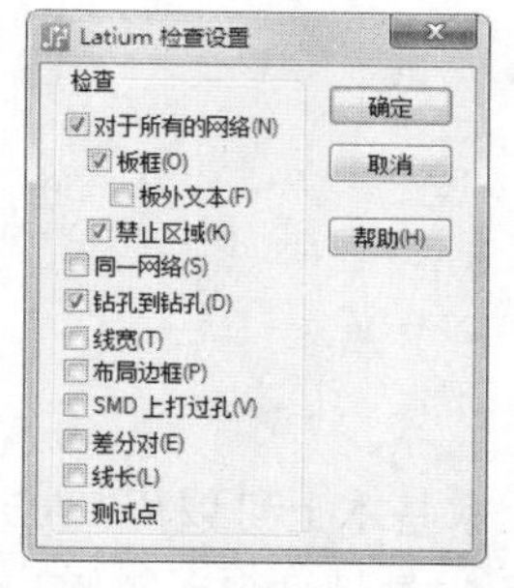

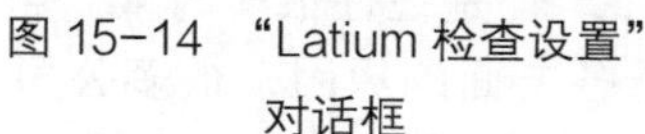
图 15-14 “Latium 检查设置”对话框

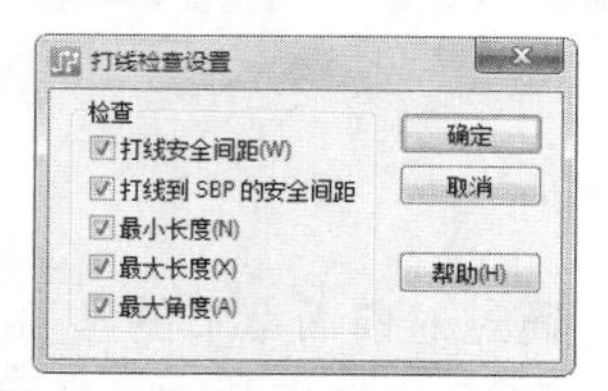

图 15-15 “打线检查设置”对话框

15.7 思考与练习

思考 1．概述电路板设计验证工具的使用方法。
思考 2．概述验证后的出错信息都有什么？
思考 3．简述间距验证。
思考 4．简述高速验证和连接性验证。
练习 1．上机操作各种电路板设计验证工具。
练习 2．验证结果文件输出。

Chapter 16

第 16 章 CAM 输出

通过对前面章节的学习，大家基本上可以用 PADS Layout 来完成电路板的设计，也可以直接用 PCB 文件来制作电路板了。但是往往很多时候，当 PCB 生产出来之后，会发现并非完全是自己所希望的那样。而且由于各方面的原因，很多公司并不希望直接将自己的 PCB 文件交给厂商生产 PCB。其实所有的 CAD 设计软件一定都会提供 Gerber 文件的输出功能，但有一部分工程人员本身对 Gerber 文件的输出还不太了解。所以希望通过本章的介绍能给大家一个参考。

重点与难点

- CAM 输出概述
- 各种 Gerber 文件输出

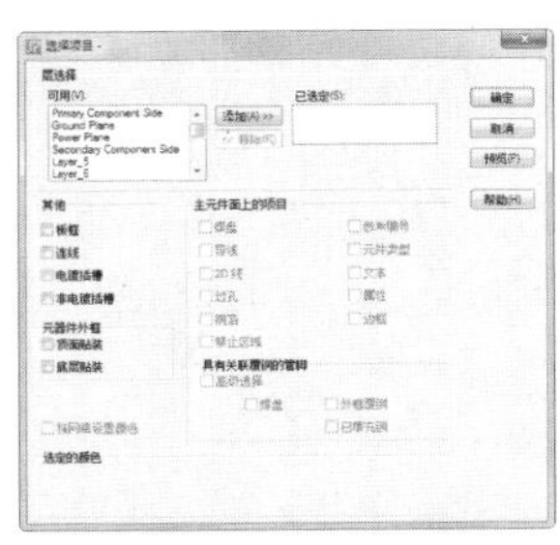

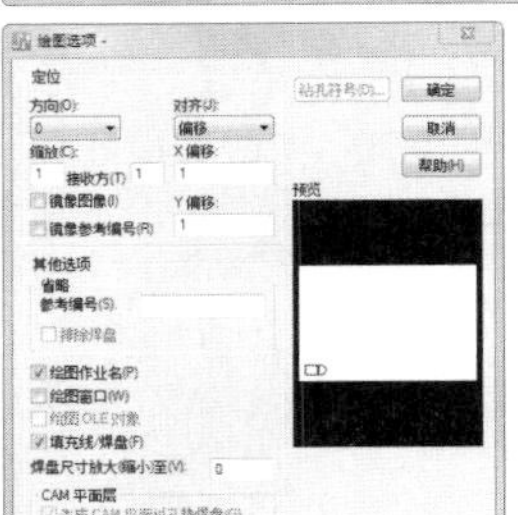

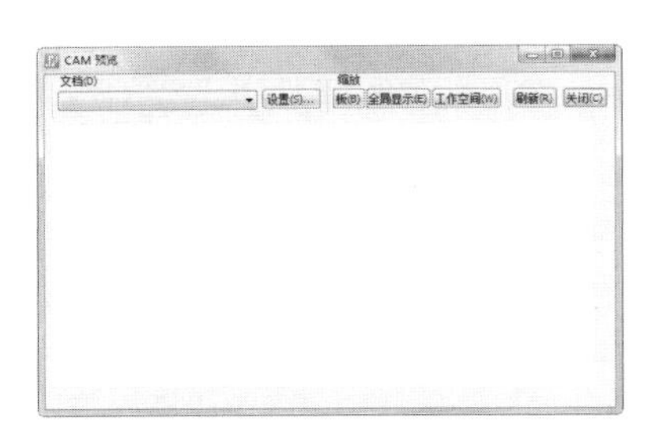

16.1 CAM 输出概述

CAM 即 Computer-Aided Manufacturing（计算机辅助制作），PADS Layout 的 CAM 输出功能包括了打印和 Gerber 输出等。不管哪一种输出功能，其输出选择项都可进行设置共享，而且具有在线阅览功能，能够使输出选择设置在线体现出来，真正做到了可见可得，从而保证了输出的可靠性。

注意

当完成了 PCB 设计之后的设计文件为 PCB 原文件，而 Gerber 文件却是以 PCB 原文件为依据产生出来的坐标（Axis）文件和光码（Aperture）文件。利用这些 Gerber 文件就可以进行光绘生成该 PCB 的菲林（胶片），再将这些菲林（胶片）送去 PCB 厂商就可以生产 PCB 了。

不要误认为一个 PCB 设计对应一个 Gerber 文件，其实一个 PCB 设计有很多个 Gerber 文件，每一个 Gerber 文件就包括了 PCB 设计某一层一定的光绘信息，一个 PCB 设计所有的 Gerber 文件就可以把这个 PCB 完全体现出来。

下面将详细介绍如何在 PADS Layout 中进行 CAM 文件的输出。

选择菜单栏中的“文件”→“CAM”命令，打开“定义 CAM 文档”对话框，如图 16-1 所示。

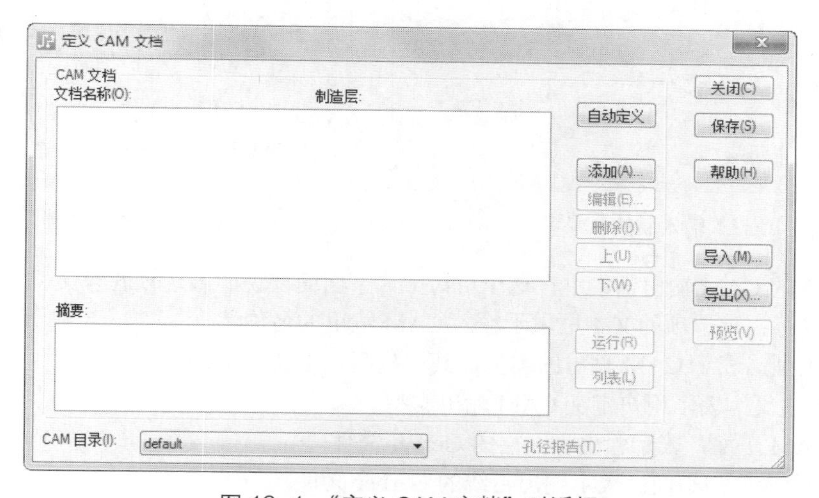

图 16-1 “定义 CAM 文档”对话框

该对话框实际是需要输出的 CAM 文件的管理器。通过该对话框，用户可以把所有需要输出的 CAM 文件都设置好，再一次输出完成，类似批处理操作。在以后文件有改动时，可以调用此批处理文件一次性地将这些文件数据更新过来，而且批处理文件交流也比较方便。保存批处理文件时，单击图 16-1 中窗口右边的“导出”按钮，输入时单击“导入”按钮，不过在输入时如果“文档名称”下有重复的文件名时，系统会提示是否要覆盖，所以在应用时要注意。

在图 16-1 窗口最下面 CAM 的右边还有一个设置项，当还没对其设置时，显示的是 default。这个 default 是一个目录名而不是一个文件名。打开安装 PADS Layout 的目录，在里面可以找到一个 CAM 子目录，子目录下就有 default 这个目录了，这是系统自带的默认目录。它的作用是如果在输出 Gerber 文件或其他 CAM 输出文件时，这些文件都会保存在这个目录下。但在实际中往往希望不同的设计 CAM 输出文件放在不同目录下。为了建立一个新目录，可单击 default 旁边的下拉窗口按钮，在 default 下可以看到"创建"，选择"创建"则系统会弹出一个窗口，如图 16-2 所示，在这个窗口中输入一个新的子目录名。

在图 16-2 窗口中输入一个新的目录名后单击"确定"按钮关闭窗口，这个新的子目录名就建立完成，它是当前 CAM 输出文件的保存目录，当前所有的 CAM 输出文件都将保存在这个目录下。

在图 16-1 的最下面还有一个较长的按钮"孔径报告"，单击它可以将所有输出 Gerber 文件的光码文件合成为一个光码表文件。最后单击窗口中"添加"按钮进入 CAM 输出（也就是 Gerber 文件输出）界面窗口，如图 16-3 所示。

图 16-2　输入新的目录名

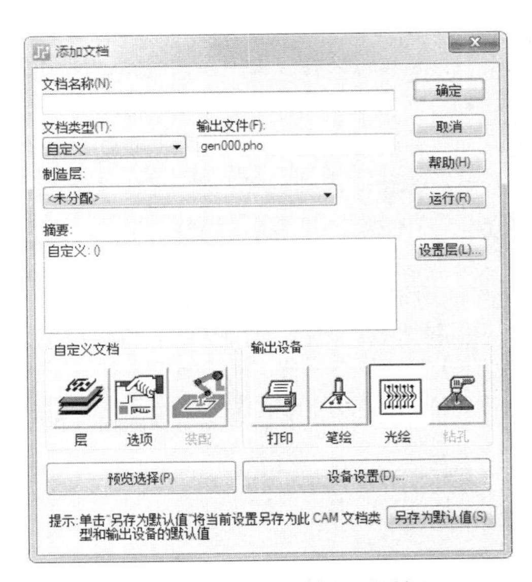

图 16-3　"添加文档"对话框

系统将所有的 CAM 输出都集中在这个窗口中，下面简要说明各选项的含义。

- 文档名称：该选项的文本框用于输入 CAM 输出的名称。
- 文档类型：表示 CAM 输出的类型，其下拉列表中共有 10 个选项。
  - 自定义：表示用户定义 CAM 输出类型。
  - CAM 平面：表示输出平面层的 Gerber 文件。
  - 布线 / 分割平面：表示输出走线的 Gerber 文件。
  - 丝印：表示输出丝印层的 Gerber 文件。
  - 助焊层：表示输出 SMD 元器件的 Gerber 文件。
  - 阻焊层：表示输出阻焊层的 Gerber 文件。
  - 装配：表示输出装配的 Gerber 文件。
  - 钻孔图：表示输出钻孔参考图文件。
  - 数控钻孔：表示输出钻孔文件。
  - 验证照片：表示检查输出的 Gerber 文件。
- 输出文件：该选项的文本框用于输入 CAM 输出的文件名。
- 制造层：该选项用于选择 CAM 输出用哪一种装配方法。
- 摘要：用户设定的 CAM 输出的简要说明。
- "层"按钮：用于选择 CAM 输出是针对电路板上的哪几层进行的。单击该按钮，弹出

图 16-4 所示的对话框。

- “选项”按钮：用于对 CAM 输出进行设置。单击该按钮，弹出图 16-5 所示的对话框。

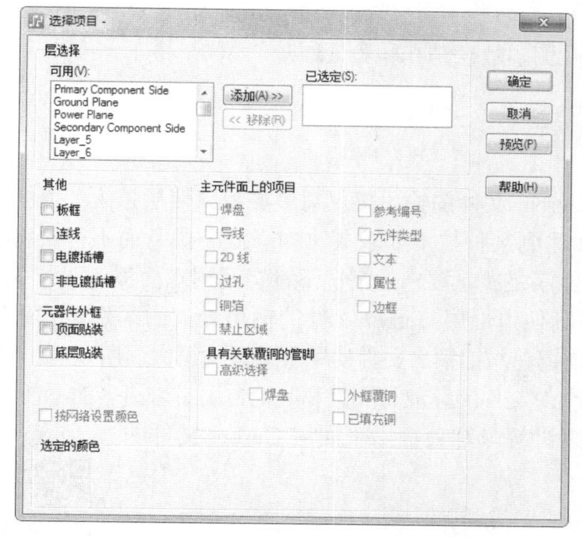

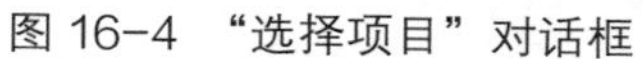

图 16-4 “选择项目”对话框

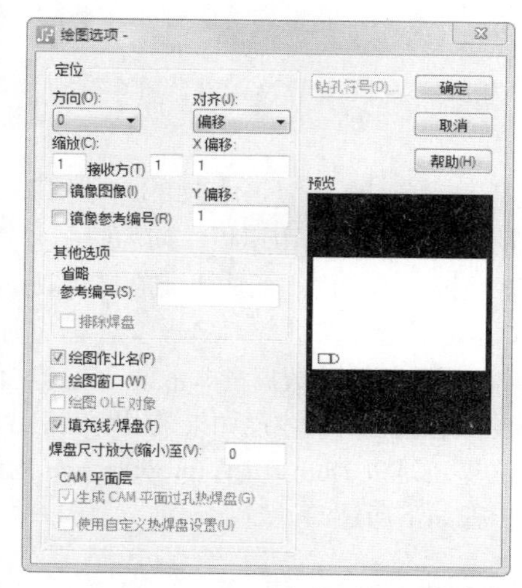

图 16-5 “绘图选项”对话框

- “装配”按钮：表示装配图的设置。
- “打印”按钮：表示 CAM 输出是打印图纸。
- “笔绘”按钮：表示 CAM 输出是绘图仪绘制的图纸。
- “光绘”按钮：表示 CAM 输出是光绘图。
- “钻孔”按钮：表示 CAM 输出是钻孔设备对电路板的钻孔。
- 预览选择(P) 按钮：单击该按钮，则弹出“CAM 预览”对话框，如图 16-6 所示。
- 设备设置(D)... 按钮：单击该按钮，则设置 CAM 的输出设备，如打印机、绘图仪、光绘图或钻孔机的设置。

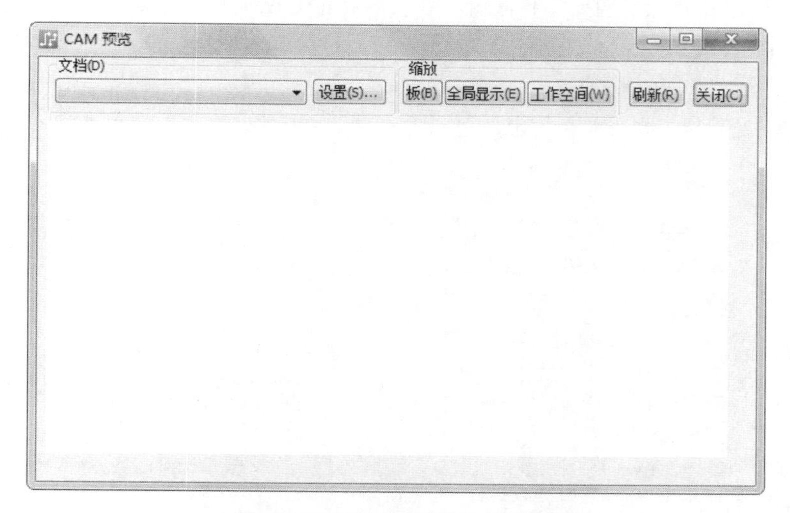

图 16-6 “CAM 预览”对话框

16.2 光绘（Gerber）文件输出

用户可以利用 PADS Layout 为导线设置的 Gerber 文件类型有 9 种，分别为：CAM 平面、布线 / 分割平面、丝印、助焊层、阻焊层、装配、钻孔图、数控钻孔和验证照片。

16.2.1 CAM 平面层 Gerber 文件输出

对于平面层（一般指电源和地网络层），Gerber 文件的输出仅仅对多层板（四层以上）而言。在 PCB 的设计过程中，由于板空间的限制和为了达到某种技术要求（比如降低干扰）而不得不将板设计为多层板，但考虑产品成本一般只要双面板能满足质量要求的情况下都会采用双面板。

CAM 平面层在进行 Gerber 文件输出时与其他电性层 Gerber 文件的输出最大的区别是它采用负片输出。因为铜皮的数据量非常大，设计文件铺铜前与铺铜后文件的字节数区别很大，所以对于 CAM Plane 层这种完全的铜皮层如果采用输出正片将会对文件的存放、交流和其他方面带来诸多的不便。

这里还是以 Demo 文件 preview.pcb 为例来讲解。有关输出平面层 Gerber 文件的详细步骤如下所述。

扫码看视频

（1）打开 PADS Layout，单击“标准”工具栏中的“打开”按钮，打开需要验证的文件“preview.pcb”。

（2）选择菜单栏中的“文件”→“CAM”命令，在弹出的“定义 CAM 文档”对话框中选择“添加”按钮系统进入 CAM 输出窗口“添加文档”对话框，如图 16-3 所示，单击图中“输出设备”选项组下“光绘”图标，使系统处于 Gerber 输出模式下。

（3）在 CAM 输出窗口中“文档类型”下拉列表中选择“CAM 平面”项，则系统弹出“层关联性”对话框。由于在 PCB 设计“预览”中只有一个平面层（地层），所以弹出的层选择中只有“Ground Plane”一个项，如图 16-7 所示。单击“确定”按钮，退出对话框。

（4）从 CAM 输出窗口中“摘要”下可知，系统默认的 CAM 平面层设置项为焊盘、过孔、铜箔、线和文本，如图 16-8 所示。

图 16-7　选择 CAM 平面层

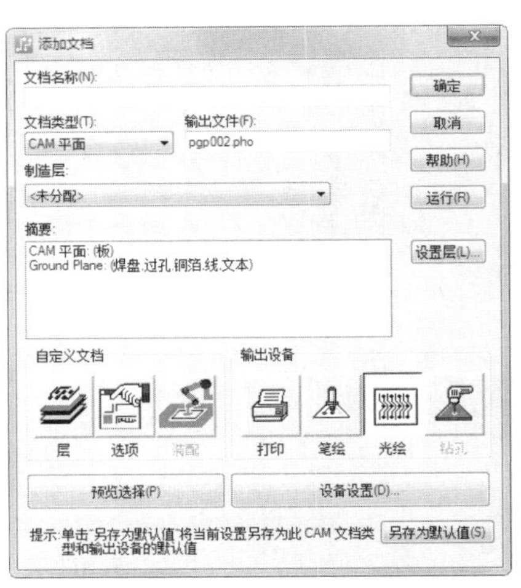

图 16-8　“添加文档”对话框

（5）一般来讲，CAM 平面层对于过孔和焊盘是一定需要的，因为它们是网络链接到 CAM 平面层的通道。单击窗口下的“预览选择”按钮预览，如图 16-9 所示。

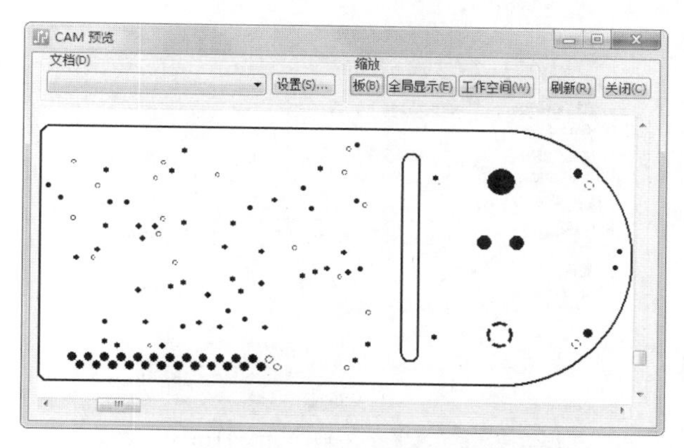

图 16-9　CAM 平面预览图

（6）单击“自定义文档”选项组下“层”图标，进入输出项选择窗口，如图 16-10 所示，在选项中取消“文本”复选框的勾选，但是不可以将“2D 线”选项去掉。

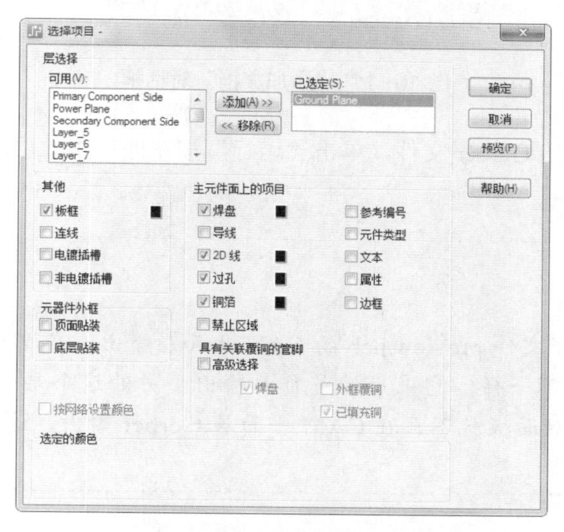

图 16-10　“选择项目”对话框

注意

在 CAM 平面层沿着 PCB 的外框画有一条二维线（一般线宽是 30 ～ 80 mil），这就是选项中的“2D 线”选项。因为 CAM 平面层采用的是负片输出，所以这条沿板框画出的二维线所经过的地方在这一层都是绝缘的，也就是说没有铜箔存在，在该层上如果有两个电源和地，也是采用此方法将它们分开的。让 CAM 平面层铜箔与板框边缘保持一定的距离绝缘，这是因为在加工生产 PCB 最后整形处理时，将会沿着板外框将板切割下来，这时如果板内层（电源和地层）铜皮都是一直铺到该层的板边缘，那么在机器切割板外框时，内层板框边缘的切割毛刺完全可能与下一层的切割毛刺相连接，从而导致短路。所以建议大家在设计多层板时，尽量在内层 CAM 平面层边缘沿板框设计一条绝缘二维线。当上述选项设置好之后单击“预览”按钮进行阅览，没有错误之后关闭设置窗口返回 CAM 输出窗口。

（7）单击“确定”按钮，退出对话框，返回“添加文档”对话框，在 CAM 输出窗口中“文档名称”选项下输入 Ground-Plane 文件名，如图 16-11 所示。

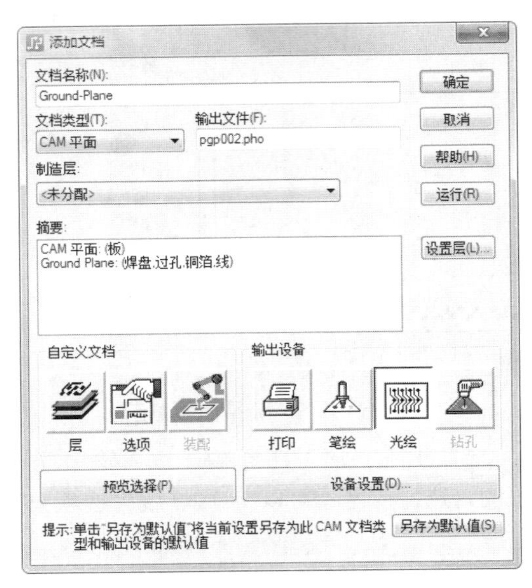

图 16-11 “添加文档”对话框

（8）如果希望立即输出 Gerber 文件，单击“运行”按钮即可将此层的 Gerber 文件保存到指定的目录下。

小技巧

通过以上步骤完成了文件 preview.pcb 的 CAM 平面层输出，在设置和输出此层 Gerber 时要注意这个层与其他层不一样，它采用的是负片输出。另外这个层一般只有在多层板下才可能存在，对于单面或双面板就不存在 CAM 平面层 Gerber 输出。这一点在输出 Gerber 时要注意。

16.2.2 布线 / 分割平面层 Gerber 文件输出

用户可以利用 PADS Layout 为走线设置的 Gerber 文件参数对走线层进行 CAM 输出。“布线 / 分割平面”层的 Gerber 文件包括该层的焊盘、导线、2D 线、过孔、覆铜和文本。

图 16-9 所示为有 4 个层、2 个丝印面和双面放元器件的 PCB 设计，那么对于这样一个 PCB 设计如何去输出它的 Gerber 文件呢？下面首先来看如何输出图 16-9 中设计的“布线 / 分割平面”层 Gerber。

在图 16-12 中“preview.pcb”设计一共有 3 个走线层，除了表层和底层之外，由于该设计的电源层（第 3 层）采用的并不是像第 2 层（地层）那样使用的混合平面层，而是分散 / 混合层（在分散 / 混合层中可以走线，故将其归入布线 / 分割平面层），所以此设计一共有 3 个布线 / 分割平面层。

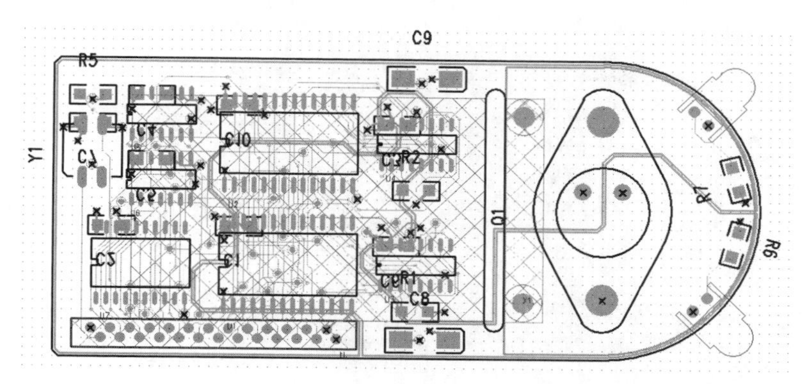

图 16-12　例图

下面首先输出 preview 设计的表层布线 / 分割平面层，其输出步骤如下所述。

扫码看视频

【创建步骤】

（1）打开 PADS Layout，单击“标准”工具栏中的“打开”按钮，打开需要验证的文件“preview.pcb”。

（2）选择菜单栏中的“文件”→“CAM”命令，打开“定义 CAM 文档”对话框，如图 16-13 所示。

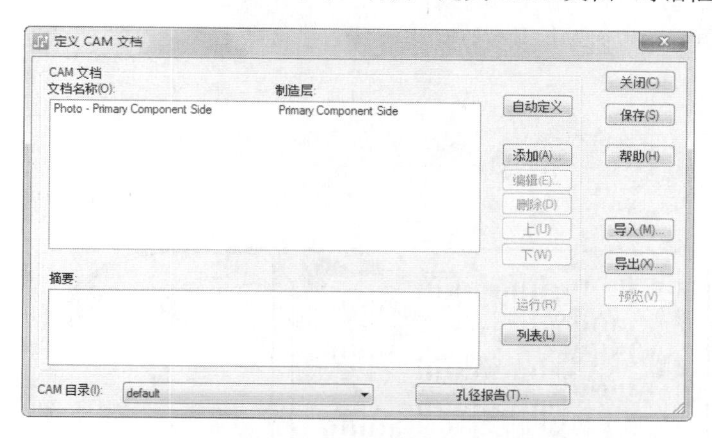

图 16-13　“定义 CAM 文档”对话框

（3）单击“添加”按钮，弹出“添加文档”对话框，单击“输出设备”选项组下“光绘”图标，使其系统进入 Gerber 输出模式。

（4）在图 16-14 所示的 CAM 输出窗口中“文档类型”下的下拉功能按钮，从中选择“布线 / 分割平面”，则系统弹出层选择窗口，如图 16-14 所示。

（5）从图 16-14 中选择“Primary Component Side”，单击“确定”关闭该对话框。

（6）对于系统默认的走线层，Gerber 输出默认选项。有时需要改变它，只需单击 CAM 输出窗口“添加文档”对话框中“自定义文档”选项组下“层”图标，即可进入重新设置 Gerber 输出选项“选择项目”对话框，如图 16-15 所示。

（7）当刚进入 Gerber 输出选项窗口时，在窗口“主元件面上的项目”下的选项都处于无效状态，单击窗口中“已选定”下的层名，则所有选项变为可选择有效状态。如果希望再另外将某一层的一些对象放在这个走线层输出，则可在窗口中“可用”下选择这个层后单击右边的“添加”按钮，将这个层增加到右边的“已选定”下。

图 16-14 “层关联性”对话框

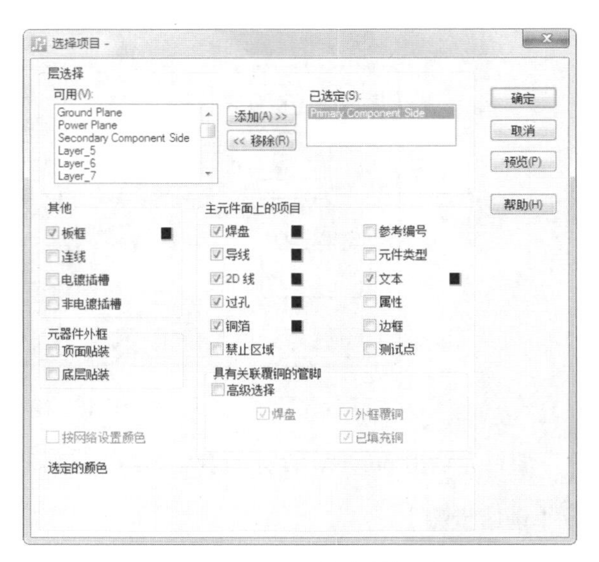

图 16-15 Gerber 输出项设置

（8）在设置 Gerber 输出选项时，先在窗口“可用”下选择一个层，然后再选择这个层中所需输出的选项，注意只要选择的对象在 PCB 的这个层上生产出来就都是导电的铜皮。设置好选择项之后单击窗口右边的“预览”按钮进行预览，如果发现有错可马上改动。图 16-16 所示为该层 Gerber 输出菲林（胶片）图。

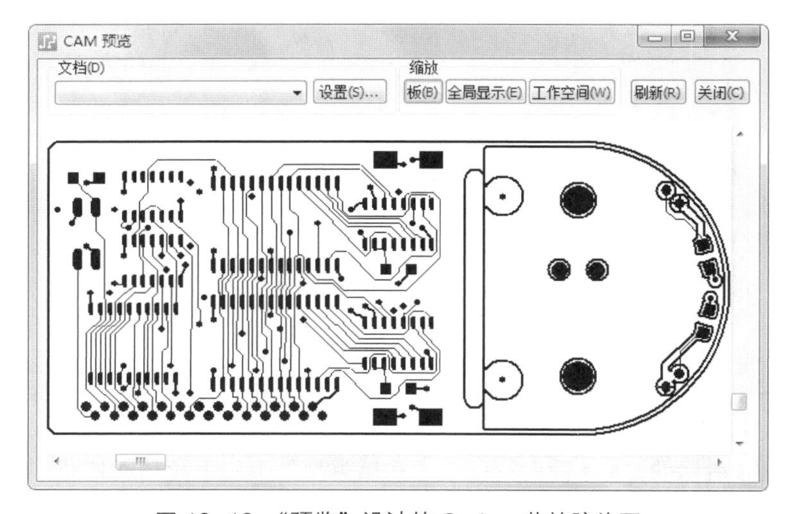

图 16-16 “预览”设计的 Gerber 菲林胶片图

（9）当设置好输出选项之后单击“确定”按钮退回到“添加文档”对话框，然后在窗口“文档名称”下输入文件名（Top-Routing），Gerber 文件名系统默认为 art001。

上述步骤完成了 Preview 设计的表层走线层的 Gerber 输出，底层走线 Gerber 的输出方法同表层完全一样，其操作过程不再重复介绍。最后输出 Preview 设计的第 3 层（电源层）Gerber 文件，其整个操作步骤都一样，只是由于该层在 PCB 中间，所以在设置选择输出选项时需选择过孔和铜箔，到此介绍完了有关 Preview 设计的 3 个走线层的 Gerber 输出。

16.2.3　丝印层 Gerber 文件输出

丝印层的 Gerber 文件的建立方式与走线层的 Gerber 文件建立方法大同小异，只是在“文档类型”下拉列表中选择“丝印”选项。

对于丝印层 Gerber 文件的 CAM 输出，PADS Layout 将会对选定的丝印层中的 2D 线、文本和板框进行输出。

16.2.4　助焊层 Gerber 文件输出

助焊层 Gerber 文件主要针对 PCB 上的 SMD 元器件。如果板全部放置的是通孔元器件，这一层就不用输出 Gerber 文件了。但是就目前发展来讲，大量使用 SMD 贴片元器件已经非常普及，因为 SMD 元器件体积小，贴装连接性好，而且在大批量生产中生产效率相当高。在将 SMD 元器件贴在 PCB 上以前，必须在每一个 SMD 焊盘上先涂上锡膏，在涂锡膏用的钢网就一定需要这个助焊文件——菲林（胶片），才可以加工出来。

一般助焊层最多只有表层和底面两个层，对于单面板来讲就一定只有表层，对于两层以上的多面板就需要看是否采用的是双面放元器件，如果表层与底层都放置了 SMD 元器件，那么就需要输出两个层的菲林文件。

在设计预览中，由于其采用的是双面放贴片元器件，所以需要输出表层和底层两个层的 Gerber 文件。

【创建步骤】

扫码看视频

（1）打开 PADS Layout，单击“标准”工具栏中的“打开”按钮，打开需要验证的文件“preview.pcb”。

（2）选择菜单栏中的“文件”→“CAM”命令，在弹出的“定义 CAM 文档”对话框中选择“添加”按钮系统进入 CAM 输出窗口“添加文档”对话框，如图 16-11 所示。单击图中“输出设备”选项组下“光绘”图标，使系统处于 Gerber 输出模式下。

（3）在 CAM 输出窗口中“文档类型”下的下拉列表中选择“助焊层”项，则系统弹出“层关联性”对话框。如图 16-17 所示。单击“确定”按钮，退出对话框。

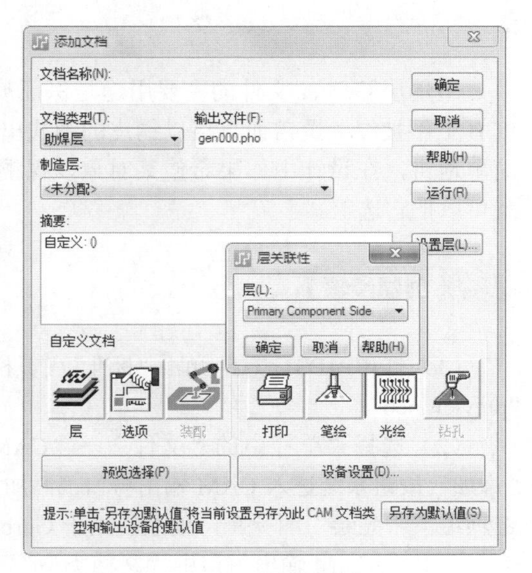

图 16-17　助焊层设置

（4）从图 16-15 窗口中“层”下拉列表中选择 Primary Component Side（主元器件面）后单击“确定”按钮返回 CAM 输出窗口，从 CAM 输出窗口中“摘要”下可知，系统默认的助焊层设置项只有（焊盘），在另外一个附加层 Paste Mask-Top 中设置选项有焊盘、铜箔、线和文本。

（5）由于助焊层设置很简单，一般默认设置就能满足要求，除非设计有特殊的处理方式。单击 CAM 输出窗口下“预览选择”阅览，如图 16-18 所示。

（6）在 CAM 输出窗口中“文档名称”下输入 Paste Mask-Top 文件名，如图 16-19 所示。如果希望立即输出 Gerber 文件，单击“运行”按钮即可将此层的 Gerber 文件保存到指定的目录下。

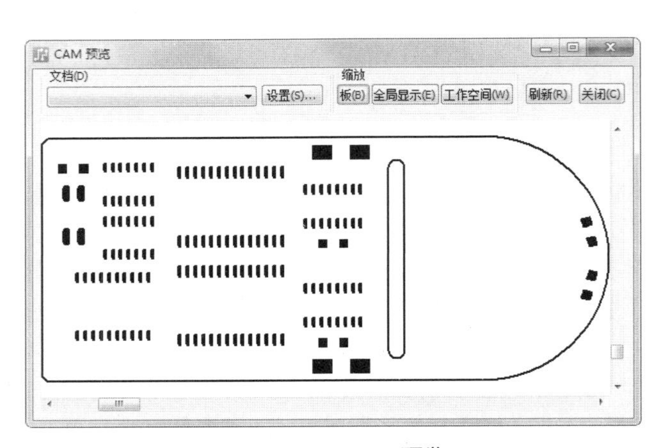

图 16-18 CAM 预览

图 16-19 “添加文档”对话框

小技巧

从上述的操作步骤可知，助焊层的 Gerber 输出最重要的一点要清楚，即这个层主要针对 SMD 元器件。

16.2.5 阻焊层 Gerber 文件输出

阻焊层 Gerber 文件的主要用途是保证被选项（比如元器件管脚焊盘和某些特殊的铜皮等）在 PCB 上不被绿油覆盖而直接以铜皮的形式出现在板上。凡是需要焊接与贴片的对象都一定要选择。简单地讲，在设计中如果希望某对象以裸铜的形式出现在板上，那么在输出主焊层就可以把它选上。

扫码看视频

【创建步骤】

（1）打开 PADS Layout，单击“标准”工具栏中的“打开”按钮，打开需要验证的文件“preview.pcb”。

（2）选择菜单栏中的“文件”→“CAM”命令，在弹出的“定义 CAM 文档”对话框中选择“添加”按钮系统进入 CAM 输出窗口“添加文档”对话框，如图 16-9 所示。单击图中“输出设备”选项组下“光绘”图标，使系统处于 Gerber 输出模式下。

（3）在 CAM 输出窗口中“文档类型”下的下拉列表中选择“阻焊层”项，则系统弹出“层关联性”对话框，如图 16-20 所示。单击“确定”按钮，退出对话框。

（4）从图 16-20 窗口中“层”下拉列表中选择 Primary Component Side（主元器件面）后单击“确定”按钮返回 CAM 输出窗口。从 CAM 输出窗口中“摘要”下可知，系统默认的阻焊层设置项只有焊盘测试点，在另外一个附加层 Solder Mask-Top 中设置选项有焊盘、铜箔、线和文本。

（5）由于阻焊层设置很简单，一般默认设置就能满足要求，除非设计有特殊的处理方式。单击 CAM 输出窗口下“预览选择”预览，如图 16-21 所示。

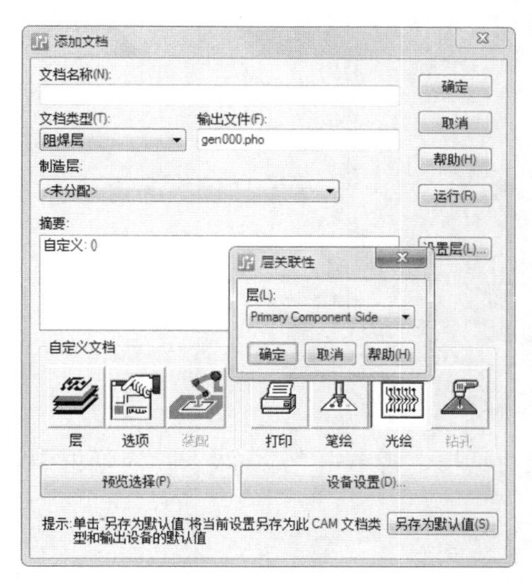

图 16-20　助焊层设置

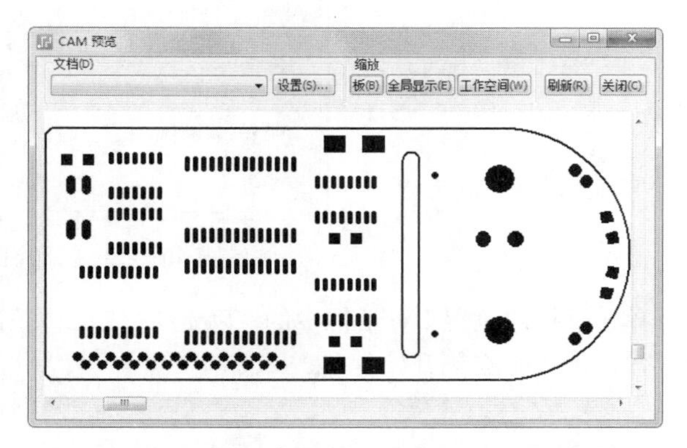

图 16-21　预览设计的阻焊层 Gerber 菲林胶片图

（6）在 CAM 输出窗口中“文档名称”下输入 SolderMask-Top 文件名，如图 16-22 所示。如果希望立即输出 Gerber 文件单击“运行”按钮，即可将此层的 Gerber 文件保存到指定的目录下。

图 16-22　“添加文档”对话框

16.3 打印输出

将 Gerber 文件设置完成后，用户可以直接将其用打印机打印出来，在图 16-22 所示的“添加文档”对话框中的“输出设备”选项组中单击“打印”按钮，表示用打印机输出设定好的 Gerber 文件。单击“预览选择”按钮，系统则显示打印预览图。单击“设备设置”按钮，则弹出“打印设置”对话框，如图 16-23 所示，用户可以按实际情况完成打印机设置。

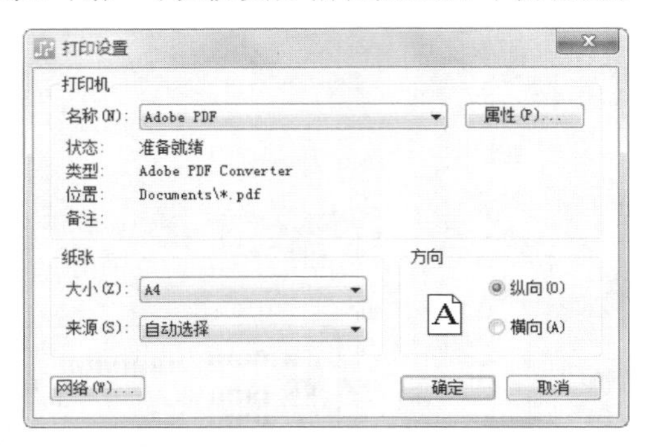

图 16-23　打印设置对话框

单击“打印设置”对话框中的“确定”按钮，关闭该对话框，再单击“添加文档”对话框中“运行”按钮，系统立刻开始打印。

16.4 绘图输出

绘图输出与打印输出一样，不同的是在图 16-22 所示“添加文档”对话框中的输出设备框中单击“笔绘”按钮，选择用绘图仪输出设定好的 Gerber 文件。

选择绘图输出后，单击“设备设置”按钮，则弹出“笔绘图机设置”对话框，如图 16-24 所示，从中可以选择绘图仪的型号、绘图颜色、绘图大小等参数。

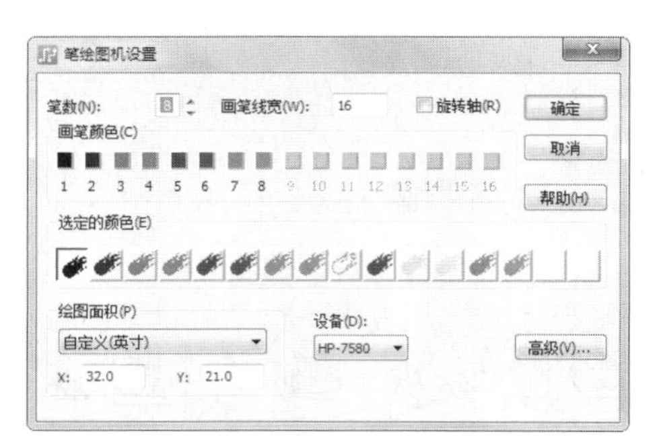

图 16-24　“笔绘图机设置”对话框

完成绘图仪设置后，单击图 16-24 所示对话框中的“确定”按钮将其关闭，再单击“添加文档”对话框中“运行”按钮，系统立刻开始绘图输出。

16.4.1 实例——输出平面层的 Gerber 文件

扫码看视频

（1）打开 PADS Layout，单击“标准”工具栏中的“打开”按钮，打开需要输出的文件，如

图 16-25 所示。

（2）选择菜单栏中的“文件”→“CAM”命令，在弹出的“定义 CAM 文档”对话框中选择“添加”按钮，系统进入 CAM 输出窗口“添加文档”对话框。在“文档类型”选项的下拉列表中选择“CAM 平面”选项，弹出“层关联性”对话框，如图 16-26 所示。

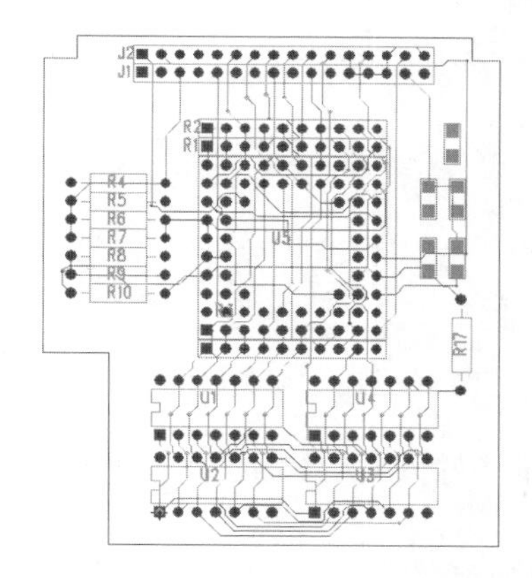

图 16-25　输出平面层的文件

图 16-26　“层关联性”对话框

（3）在“层”下拉列表中选择“Groud Plane”选项，单击“确定”按钮关闭“层关联性”对话框。

（4）在“添加文档”对话框的“输出设备”选项组中单击“光绘”按钮，表示选择输出的是光绘图。

（5）在“添加文档”对话框的“文档名称”文本框中输入 CAM 输出的文档名“Groud Plane”。这个文档中将存放 CAM 输出的设置。

（6）在“添加文档”对话框的“输出文件”文本框中默认 CAM 输出结果的文件名，在这个文档中存放着光绘图。

（7）单击“添加文档”对话框中的“运行”按钮，进行平面层光绘图的 CAM 输出。

16.4.2　实例——输出走线层的 Gerber 文件

扫码看视频

（1）打开 PADS Layout，单击“标准”工具栏中的“打开”按钮，打开需要输出的文件，如图 16-27 所示。

（2）选择菜单栏中的“文件”→“CAM”命令，弹出“定义 CAM 文档”对话框，单击其中的“添加”按钮，弹出“添加文档”对话框。

（3）在“文档类型”选项的下拉列表中选择“布线 / 分割平面层”选项，弹出“层关联性”对话框，如图 16-28 所示。

（4）在“层”下拉列表中选择“Primary Component Side”选项，单击“确定”按钮关闭“层关联性”对话框。

（5）在“添加文档”对话框的“输出设备”选项组中单击“光绘”按钮，表示选择输出的是光绘图。

（6）在“添加文档”对话框的“文档名称”文本框中输入 CAM 输出的文档名“Top-Routing”，在这个文档中将存放 CAM 输出的设置。

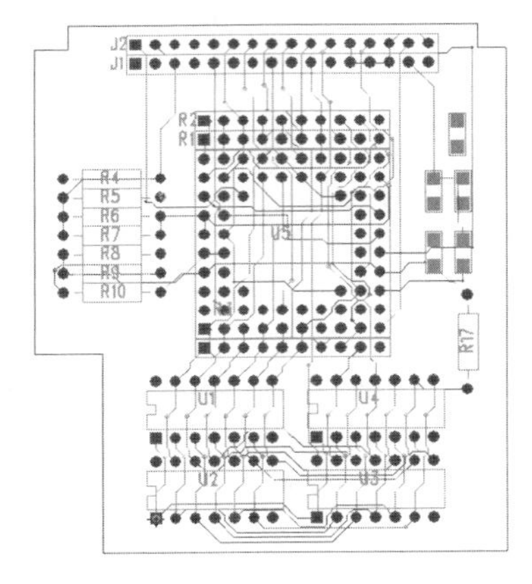

图 16-27 输出走线层的文件

图 16-28 “层关联性”对话框

（7）在“添加文档”对话框的“输出文件”文本框中输入 CAM 输出结果的文件名“art001.pho”，在这个文档中存放着光绘图。

（8）单击“添加文档”对话框中的“运行”按钮，进行走线层光绘图的 CAM 输出。

16.5 思考与练习

思考 1．CAM 输出有几种方式，都是什么？

思考 2．简述 CAM 输出的使用方法。

思考 3．概述 PADS Layout 的 CAM 输出工具。

练习 1．上机操作绘图输出方式。

练习 2．上机操作光绘输出方式

练习 3．上机操作打印输出。

Chapter 17

第 17 章 调试器设计实例

本章内容是对原理图设计和 PCB 设计的整个过程的贯穿和融合，同时也是对前面内容的一个补充。前面章节没有介绍的 PADS Logic 的应用以及 PCB 设计的一些功能，将通过本章实例介绍给大家。通过本章设计实例完整流程的学习，可以在较短时间内快速地理解和掌握 PCB 设计的方法和技巧，提高 PCB 的设计能力。

学习重点

- PADS VX.2.2 设计实例
- 调试器设计实例

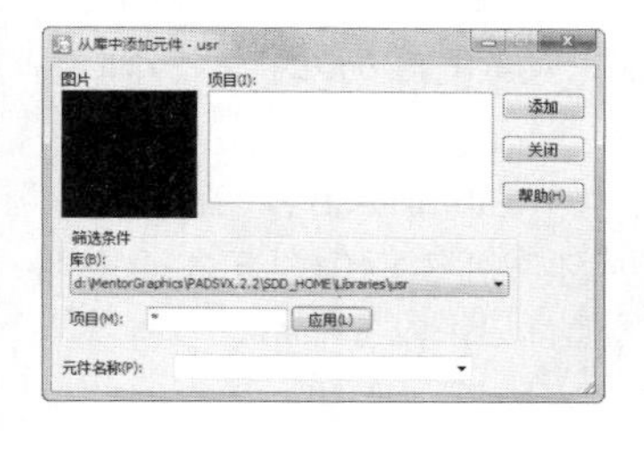

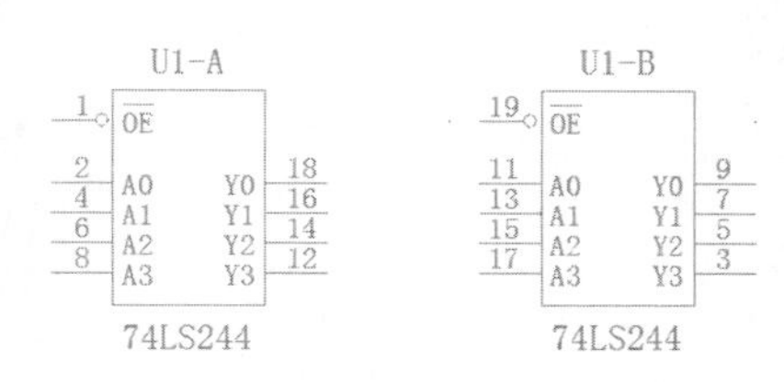

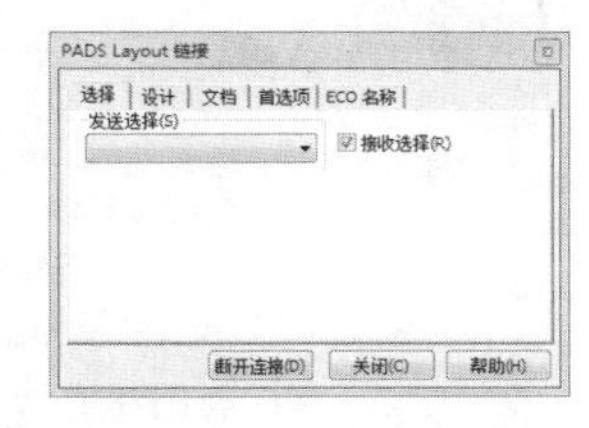

17.1 设计分析

现在嵌入式系统开发应用得非常广泛，对于初学嵌入式系统的用户来说，主要是调试困难。因为嵌入式系统的硬件基本上是按照 CPU 厂家提供的 Demo 图设计，并根据实际情况增删各个模块；软件方面则主要是将通用的操作系统进行移植，并根据板上的实际情况修改底层驱动。

通过对前面章节的学习，大家基本上可以用 PADS 来完成电路板的设计，也可以直接用 PCB 文件来制作电路板。本章我们将通过实例详细说明一个电路板的设计过程，包括建立元器件库、绘制原理图、绘制 PCB 图以及最后的 PCB 图打印输出等。

本章所举的实例就是一套简易调试工具的 PCB 设计。这套调试工具的硬件成本很低，而且可以调试基于 ARM 核的 CPU，虽然调试速度比较慢，但是对于电路板的初期调试是完全足够了。

该调试器用总线驱动芯片做信号驱动的作用，另外加上少量的接口器件和电阻电容，其中包括的元器件类型如下。

- 与计算机并口相连的接口。
- 总线驱动芯片 74LS244。
- 贴片、直插电容。
- 贴片电阻。

17.2 原理图设计

现在用 PADS Logic 软件来绘制简易调试工具的原理图。

扫码看视频

【创建步骤】

（1）单击 PADS Logic 图标，打开 PADS Logic VX.2.2。

（2）单击“标准”工具栏中的“新建”按钮，新建一个原理图文件。

（3）单击“标准”工具栏中的“原理图编辑工具栏”按钮，打开“原理图编辑”工具栏。

（4）单击“原理图编辑”工具栏中的“增加元件”按钮，弹出“从库中添加元件”对话框，如图 17-1 所示。

（5）在“筛选条件”选项组下“库”下拉列表中选择元器件库文件“…\Libraries\ti”，在“项目”文本框中输入元器件关键词“74LS244*”，单击“应用”按钮，在“项目”列表框中显示符合条件的元器件，如图 17-2 所示。

图 17-1 “从库中添加元件”对话框

图 17-2 “从库中添加元件”对话框

（6）选择“74LS244”选项，单击“添加”按钮，此时元器件图形符号附着在鼠标指针上。移动鼠标指针到适当的位置，单击鼠标左键，将元器件放置在当前鼠标指针的位置上。由于“74LS244”是多模块元器件，有两个子模块，因此，继续单击放置第 2 个模块后，按 ESC 键结束放置，结果如图 17-3 所示。

（7）将“从库中添加元件”对话框置为当前，在“筛选条件”选项组下“库”下拉列表中选择“所有库”，在“项目”文本框中输入元器件关键词“CON-DB*”，单击“应用”按钮，在“项目”列表框中显示符合条件的元器件，如图 17-4 所示。

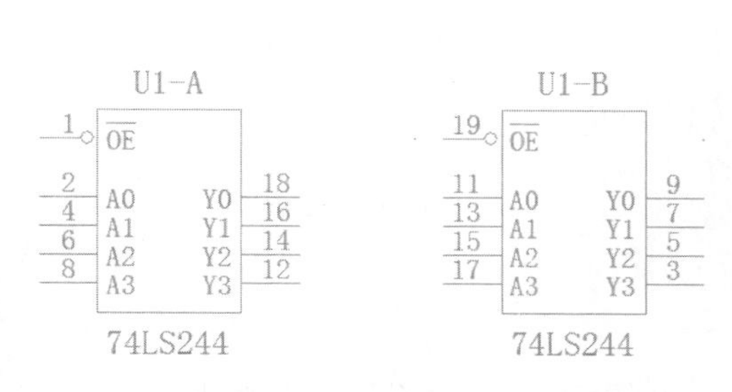

图 17-3　放置 74LS244

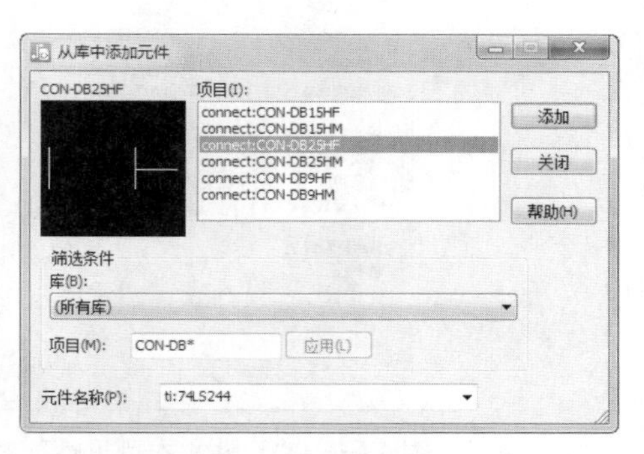

图 17-4　“从库中添加元件”对话框

（8）选择“CON-DB25HF”选项，单击“添加”按钮，此时元器件图形符号附着在鼠标指针上，移动鼠标指针到适当的位置，单击鼠标左键，将元器件放置在当前鼠标指针的位置上，如图 17-5 所示。继续放置元器件，最后按 ESC 键结束放置，结果如图 17-6 所示。

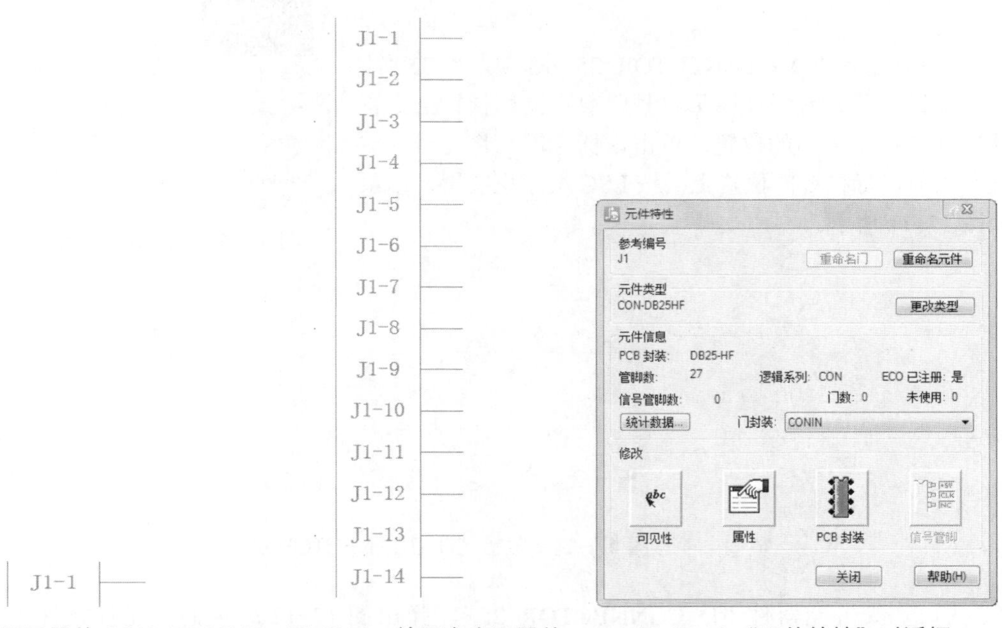

图 17-5　放置元器件 CON-DB25HF　图 17-6　放置多个元器件　图 17-7　“元件特性”对话框

（9）双击元器件“CON-DB25HF”，弹出图 17-7 所示的“元件特性”对话框。单击“可见性”按钮，弹出“元件文本可见性”对话框，勾选“项目可见性”选项组下“元件类型”复选框，如图 17-8 所示。单击“确定”按钮，退出对话框，完成元器件显示设置，结果如图 17-9 所示。

图 17-8 “元件文本可见性”对话框

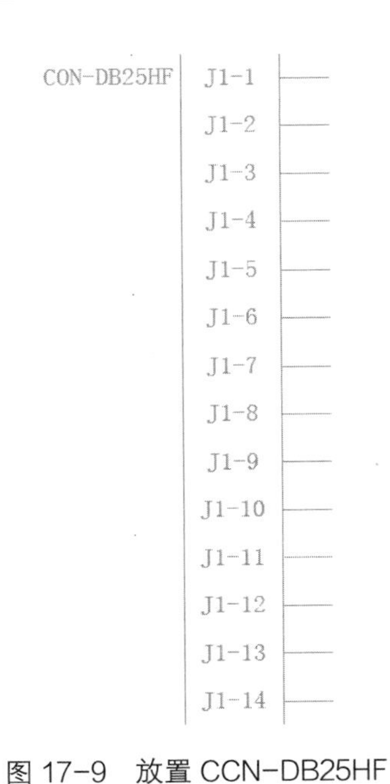

图 17-9 放置 CCN-DB25HF

（10）将“从库中添加元件”对话框置为当前，在“筛选条件”选项组下“库”下拉列表中选择元器件库文件“…\17\PADS，在“项目”文本框中输入元器件关键词“*”，单击“应用”按钮，在“项目”列表框中显示符合条件的元器件，如图 17-10 所示。

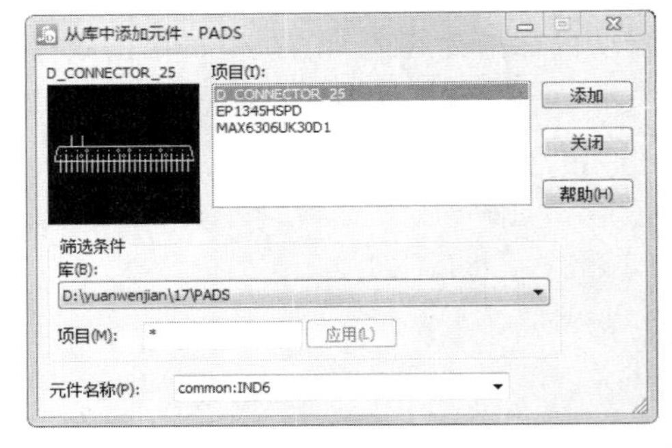

图 17-10 “从库中添加元件”对话框

（11）选择“D_CCNNECTOR_25”选项，单击“添加”按钮，此时元器件图形符号附着在鼠标指针上。移动鼠标指针到适当的位置，单击鼠标左键，将元器件放置在当前鼠标指针的位置上，按 ESC 键结束放置，结果如图 17-11 所示。

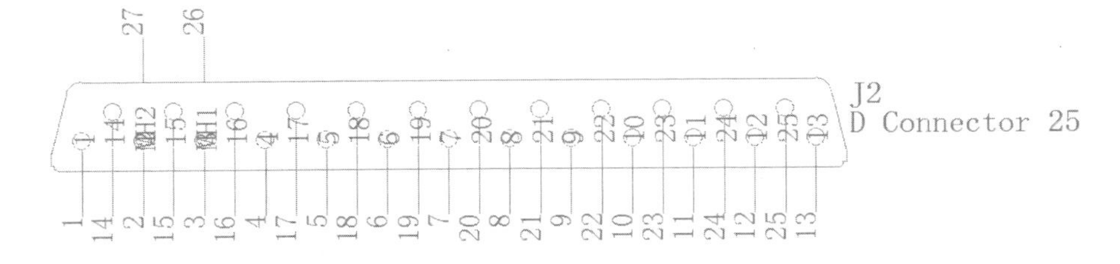

图 17-11 放置“D_CCNNECTOR_25”

（12）双击元器件“D_CCNNECTOR_25”，弹出图 17-12 所示的“元件特性”对话框，单击“可见性”按钮，弹出“元件文本可见性”对话框，取消“项目可见性”选项组下“管脚名称”复选框的勾选，如图 17-13 所示。单击“确定”按钮，退出对话框。完成元器件显示设置，结果如图 17-14 所示。

（13）依上增加元器件的方法，继续增加外围元器件，结果如图 17-15 所示。

图 17-12　“元件特性”对话框

图 17-13　“元件文本可见性”对话框

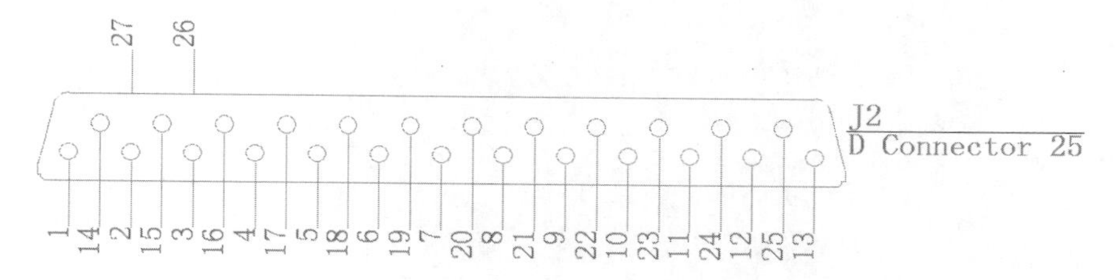

图 17-14　显示编辑结果

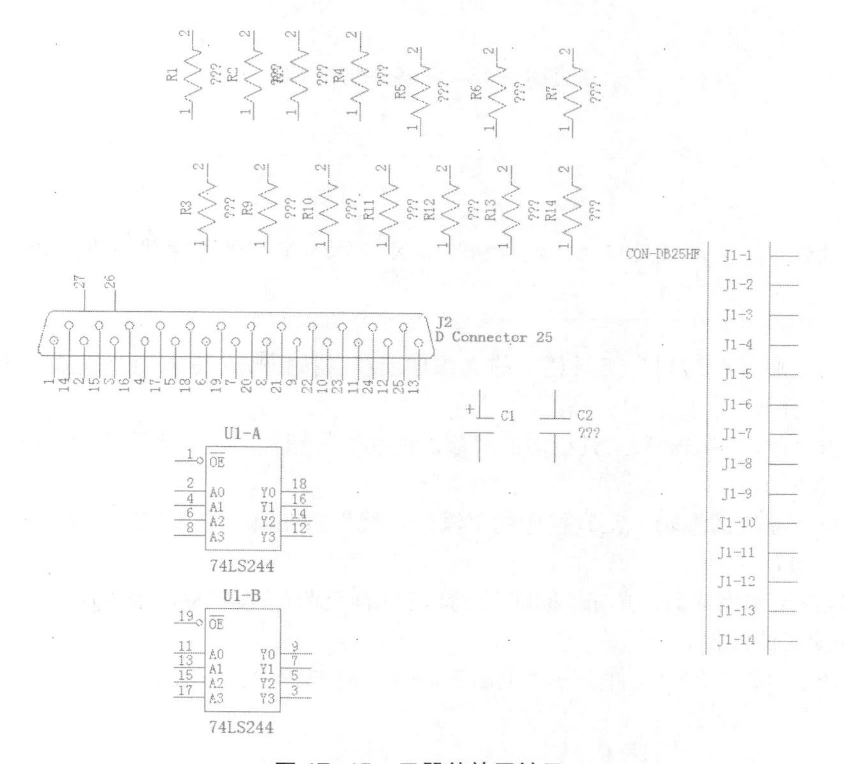

图 17-15　元器件放置结果

（14）按照电路要求移动元器件，进行布局操作，同时按照上面的方法编辑外围元器件属性，结果如图 17-16 所示。

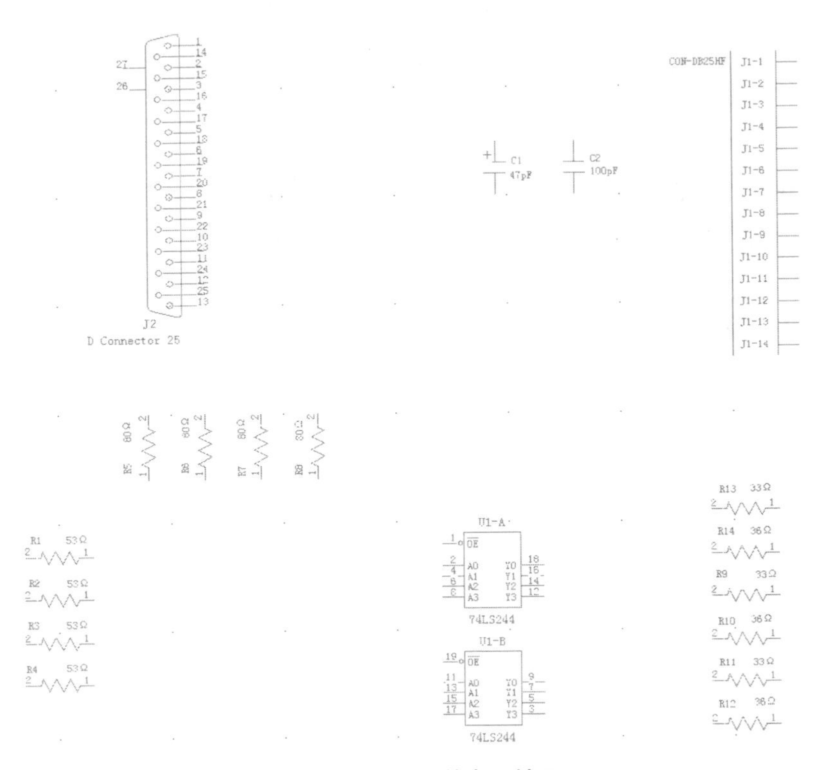

图 17-16　元器件布局结果

注意

在布局过程中，灵活使用移动、旋转 90°、X 镜像和 Y 镜像等操作的快捷命令，能大大节省时间。

（15）单击“原理图编辑”工具栏中的“添加连线”按钮，进入连线模式，进行连线操作，结果如图 17-17 所示。

（16）单击“原理图编辑”工具栏中的“添加连线”按钮，进入连线模式，放置页间连接符，结果如图 17-18 所示。

（17）单击“原理图编辑”工具栏中的“添加连线”按钮，进入连线模式，放置接地、电源符号，结果如图 17-19 所示。

（18）原理图绘制完成后，单击“标准”工具栏中的“保存”按钮，输入原理图名称“Dubug”，保存绘制好的原理图文件。

（19）选择菜单栏中的“文件”→“退出”命令，退出 PADS Logic。

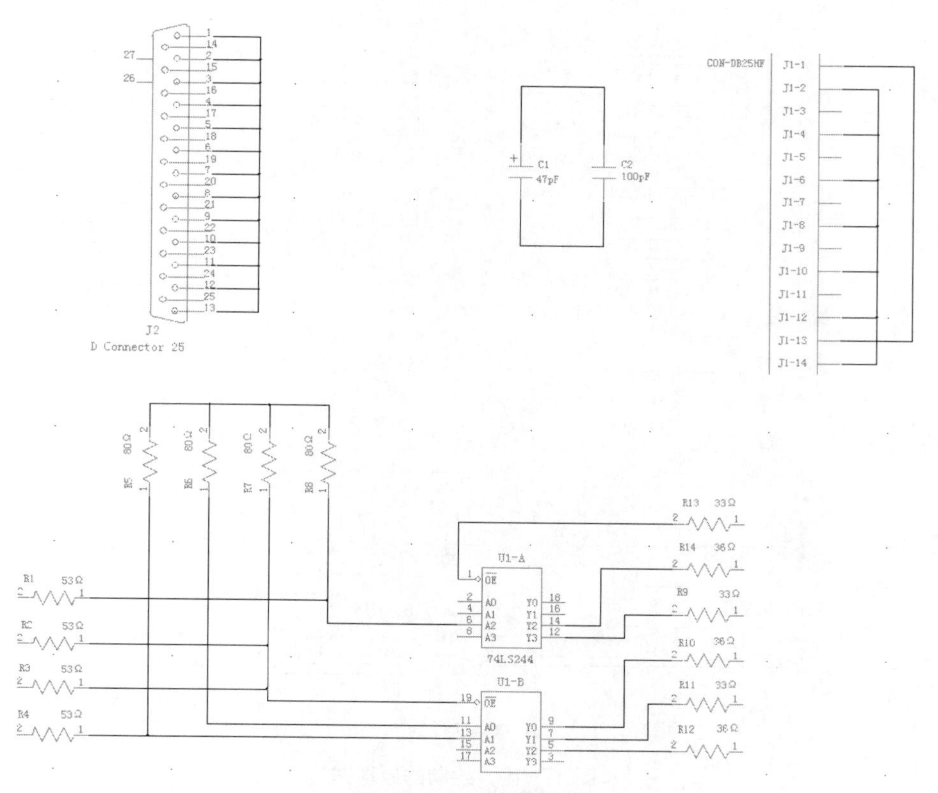

图 17-17 连线操作

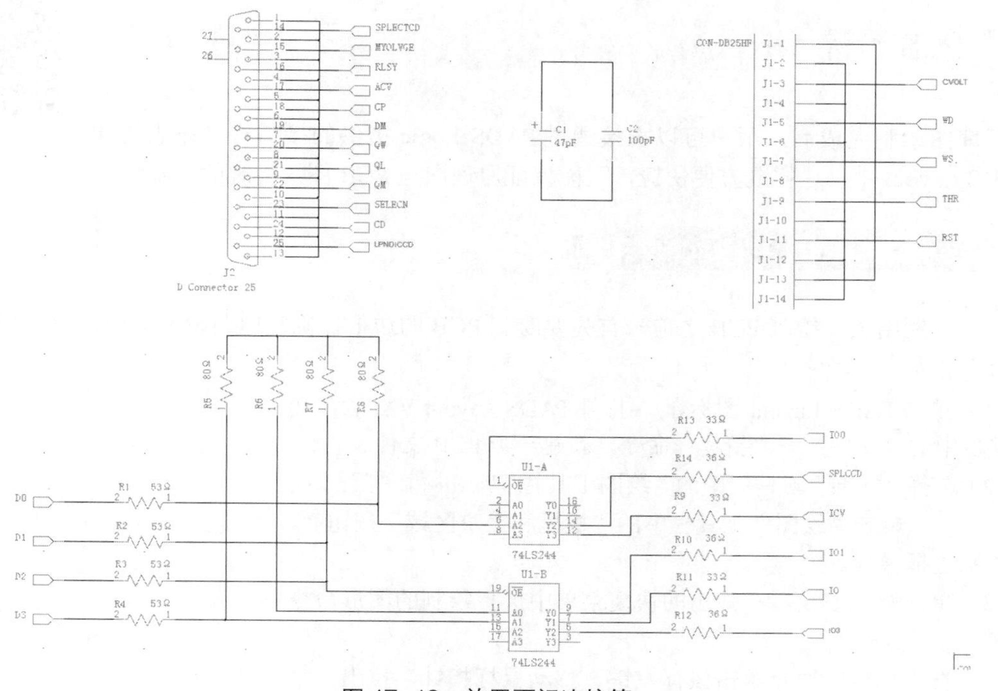

图 17-18 放置页间连接符

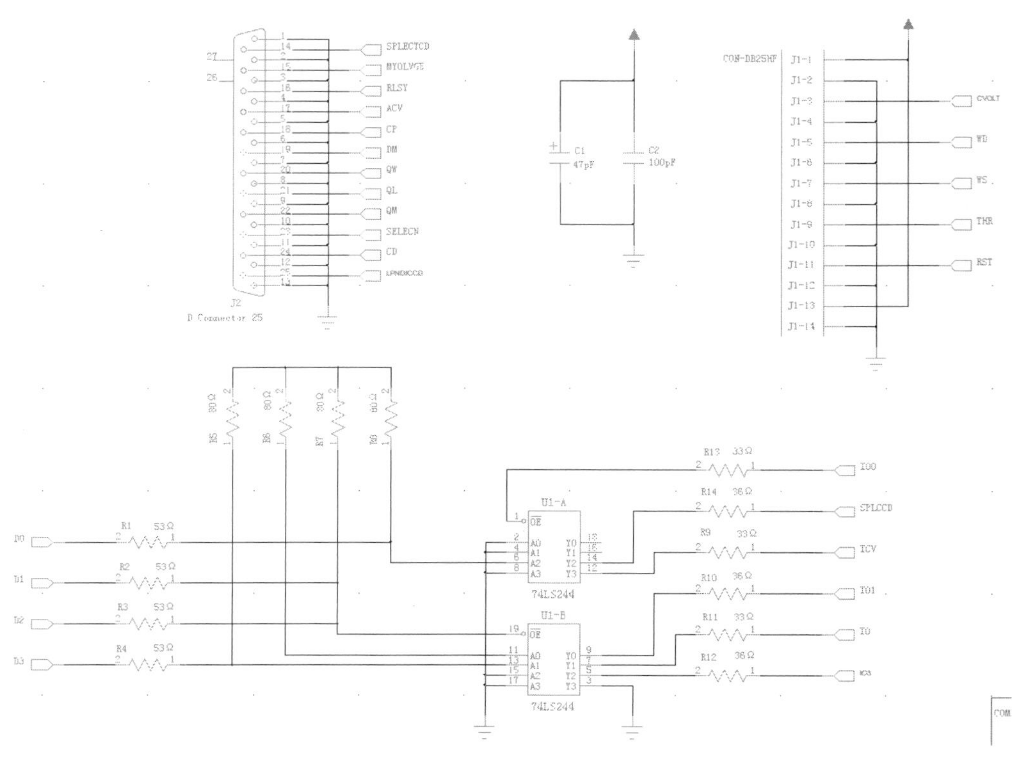

图 17-19 绘制的原理图

17.3 PCB 设计

扫码看视频

原理图绘制完成后，用户可以直接通过 PADS Logic 提供的接口将网络表传送到 PADS Layout 中，这样既方便快捷，又能保证原理图与 PCB 图互传时的正确性。

17.3.1 新建 PADS Layout 文件

在传递网络表、绘制 PCB 之前，首先要绘制 PCB 的边框，确定电路板的大小，使元器件和布线能合理分布。

（1）单击 PADS Layout 图标，打开 PADS Layout VX.2.2。选择菜单栏中的“文件”→“新建”命令，新建一个 PCB 文件。

（2）选择“标准”工具栏中的“绘图工具栏”按钮，打开“绘图”工具栏，单击“绘图”工具栏中的“板框和挖空区域”按钮，进入绘制边框模式。

（3）单击鼠标右键，在弹出的快捷菜单中选择绘制的图形命令“矩形”。

（4）在工作区的原点单击鼠标左键，移动鼠标指针，拉出一个边框范围的矩形框，单击鼠标左键，确定电路板的边框，如图 17-20 所示。

图 17-20 电路板边框图

（5）单击“标准”工具栏中的“保存”按钮，输入文件名称“Dubug.pcb”，保存 PCB 图。

（6）选择菜单栏中的“文件”→“退出”命令，退出 PADS Layout VX.2.2。

17.3.2 PADS 的 OLE 链接

采用 PADS Layout 和 PADS Logic 中的 OLE 数据传递，保证 PADS Layout 中的 PCB 图和 PADS Logic 中的原理图完全一致。

下面我们就把 PADS Logic VX.2.2 中绘制的调试工具原理图传递到 PADS Layout VX.2.2 中。

（1）单击 PADS Logic 图标，打开 PADS Logic VX.2.2。单击“标准”工具栏中的“打开”按钮，在弹出的“文件打开”对话框中选择绘制的原理图文件“Dubug.sch”。

（2）单击 PADS Layout 图标，打开 PADS Layout VX.2.2。单击“标准”工具栏中的“打开”按钮，在弹出的“文件打开”对话框中选择绘制的电路板边框文件“Dubug.pcb”。

（3）调整 PADS Layout 和 PADS Logic 的位置，使两个窗口并排显示在屏幕上，如图 17-21 所示。

（4）在 PADS Logic 窗口中，单击“标准”工具栏中的“PADS Layout”按钮，打开“PADS Layout 链接”对话框，如图 17-22 所示。

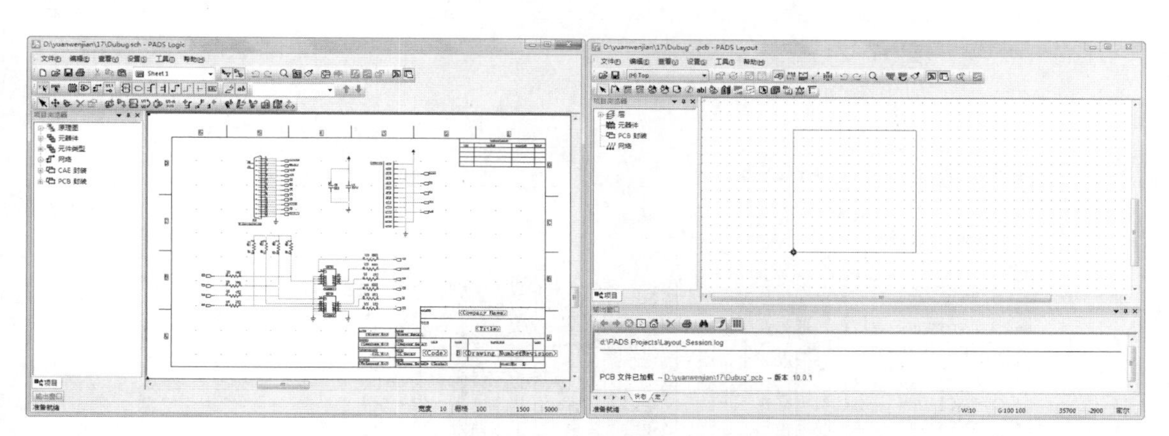

图 17-21 PADS Layout 和 PADS Logic 共同显示

（5）单击“PADS Layout 链接”对话框中“设计”下的“发送网表”按钮，如图 17-23 所示。

图 17-22 “PADS Layout 链接”对话框

图 17-23 “设计”选项卡

（6）PADS Logic 将原理图的网络表传递到 PADS Layout 中，同时记事本显示传递过程中的错误报表，如图 17-24 所示。

（7）弹出提示对话框，如图 17-25 所示，单击“是”按钮，弹出生成网表文本文件，如图 17-26 所示。

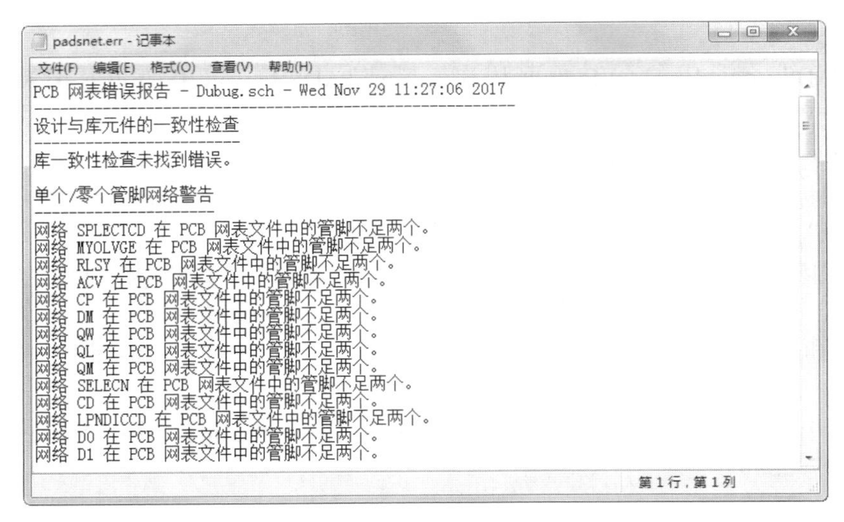

图 17-24　显示错误报表

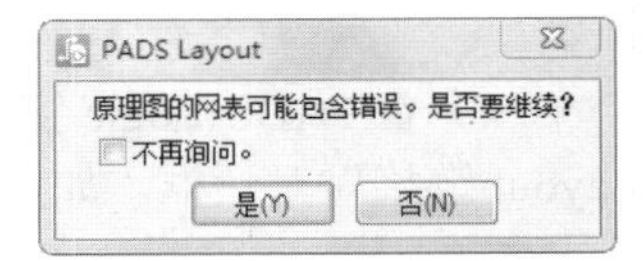

图 17-25　提示对话框

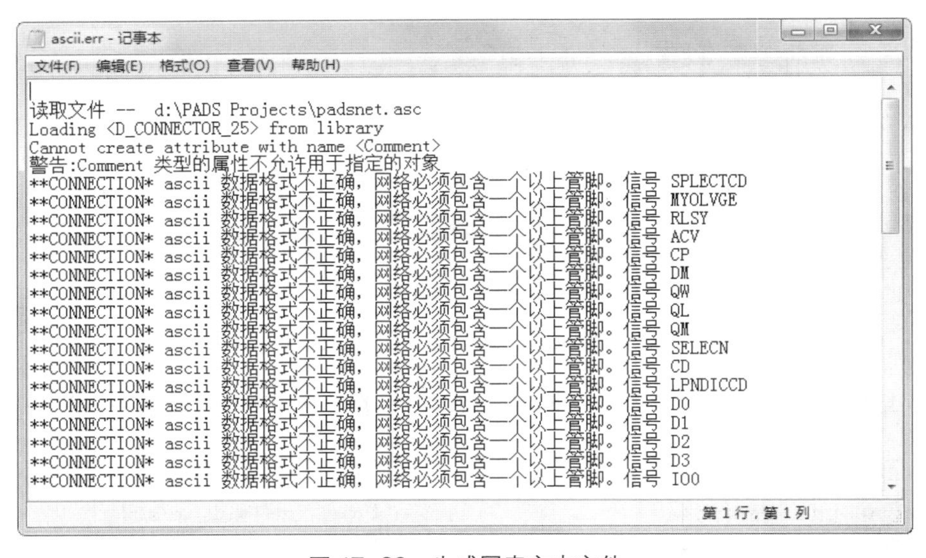

图 17-26　生成网表文本文件

注意

报表中的有些警告是预知的，可以忽略。

（8）关闭报表的文本文件，单击 PADS Layout 窗口，可以看到各元器件已经显示在 PADS Layout 工作区域的原点上，如图 17-27 所示。

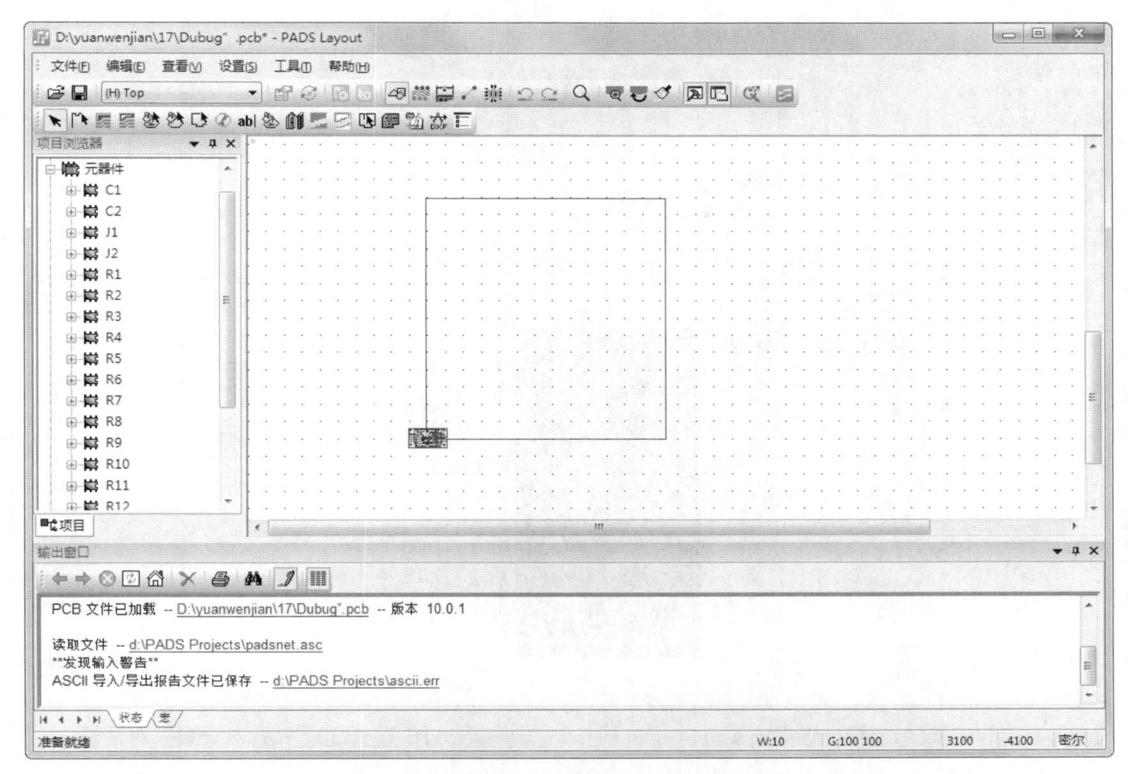

图 17-27　调入网络表后的元器件 PCB 图

17.3.3 PADS Layout 的环境设置

当开始布局设计之前，很有必要进行一些布局的参数设置，比如设计栅格一般设置成 20 mil（输入直接快捷命令 G20 即可），PCB 的一些局部区域高度控制等，这些参数的设置对于布局设计会带来方便甚至是必不可少的。

本节将专门针对调试器电路的 PCB 进行参数设置。

（1）打开图 17-27 所示网络表传递完成后生成的电路板文件。

（2）选择菜单栏中的“设置”→“层定义”命令，弹出“层设置”对话框，对 PCB 的层定义进行参数设置，如图 17-28 所示。

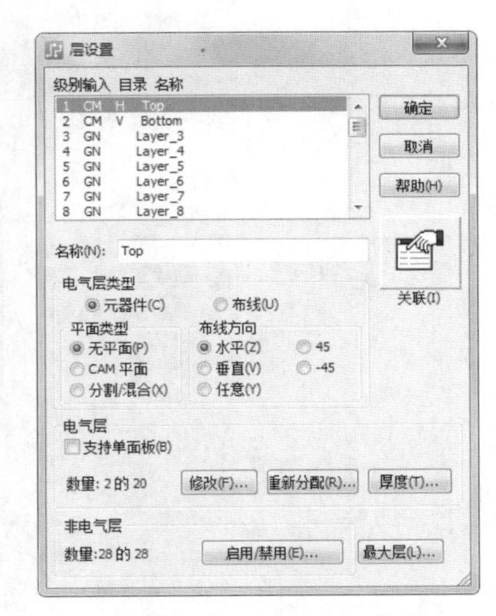

图 17-28　“层设置”对话框

（3）选择菜单栏中的“设置”→“焊盘栈”命令，弹出“焊盘栈特性”对话框，对 PCB 的焊盘进行参数设置，如图 17-29 所示。

（4）选择菜单栏中的“设置”→“钻孔对”命令，弹出“钻孔对设置”对话框，对 PCB 的钻孔层对进行参数设置，如图 17-30 所示。

（5）选择菜单栏中的“设置”→“跳线”命令，弹出“跳线”对话框，对 PCB 的跳线进行参数设置，如图 17-31 所示。

图 17-29　焊盘设置

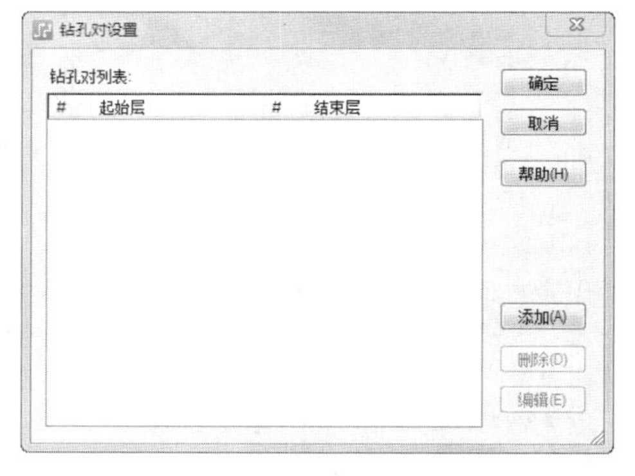

图 17-30　“钻孔对设置”对话框

（6）选择菜单栏中的“设置”→“设计规则”命令，弹出“规则”对话框，对 PCB 的规则进行参数设置，如图 17-32 所示。

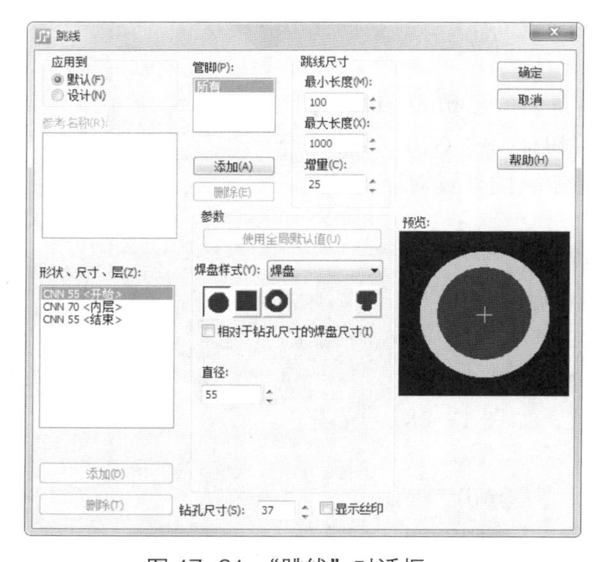

图 17-31　“跳线”对话框

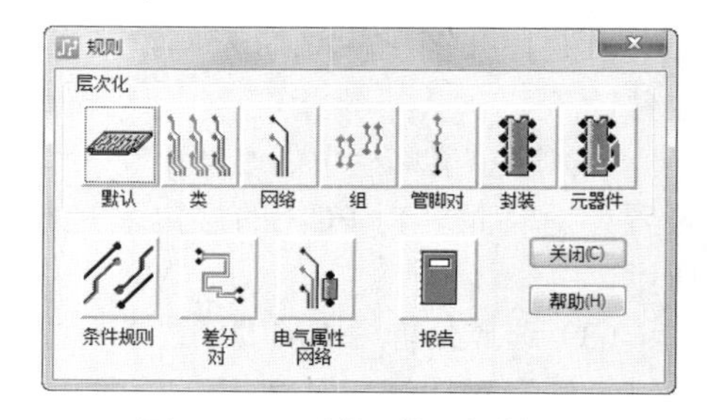

图 17-32　“规则”对话框

（7）选择菜单栏中的“工具”→“选项”命令，弹出“选项”对话框，对 PCB 进行参数设置，如图 17-33 所示。

（8）选择菜单栏中的“工具”→“ECO 选项”命令，弹出“ECO 选项”对话框，对 PCB 的 ECO 进行参数设置，如图 17-34 所示。

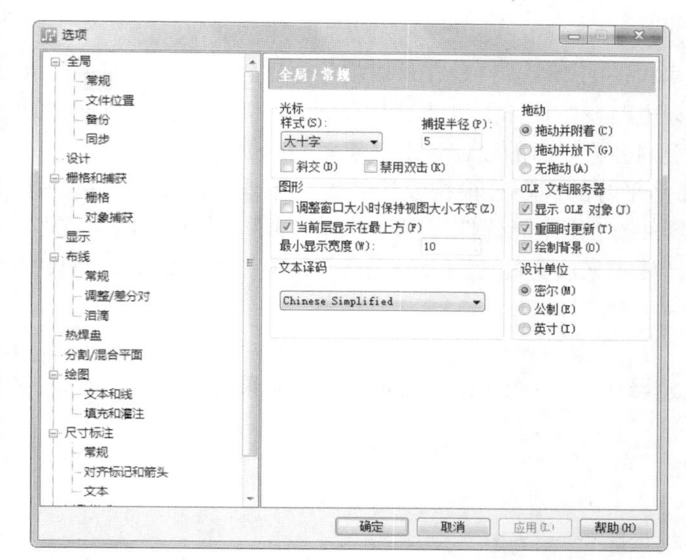

图 17-33　“选项”对话框

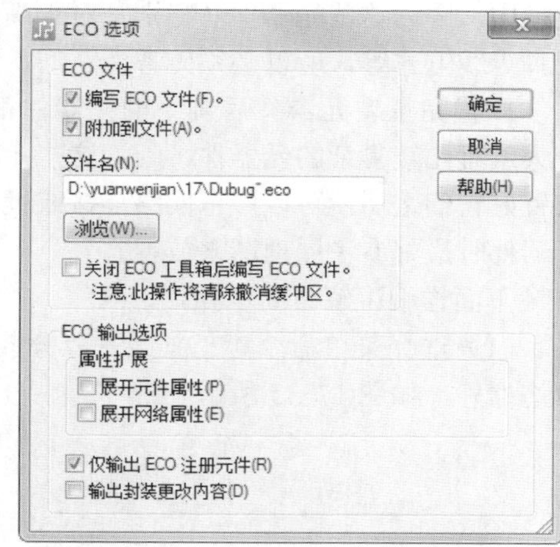

图 17-34　“ECO 选项”对话框

除此之外，对于一些比较特殊而且非常重要的网络，特别是对于高频设计电路中的一些高频网络，这种设置就显得更有必要，因为将这些特殊的网络分别用不同的颜色显示在当前设计中，这样在布局设计时就可以将这些特殊网络的设计要求（比如走线要求）考虑进去，不至于在以后的设计中再来进行调整。

17.3.4　PADS Layout 的布局设计

当完成了一些有关的设置之后，在进行布局之前由于原理图从 PADS Logic 中传送过来之后全部都是放在坐标原点，这样不但占据了板框面积而且也不利于对元器件观察，而且给布局带来了不便，所以必须将这些元器件全部打散放到板框外去。

面对着如此多的元器件，应该如何去将它们放到板框内呢？这对于工程人员来讲，如果碰见比较复杂的 PCB 有时难免会变得茫然，就更不用说 PCB 设计新手了。

其实只要自己多总结，将其步骤化，到时按部就班，这就省事多了。下面是总结的一些布局经验，提供给大家参考。其步骤大概分为 5 步，分别如下所述。

- 首先放置板中固定元器件。
- 设置板中有条件限制的区域。
- 放置重要元器件。
- 放置比较复杂或者面积比较大的元器件。
- 根据原理图将剩下的元器件分别放到上述已经放好的元器件周围，最后整体调整。

为什么把放置固定元器件放在布局的第一步呢？其实很简单，因为固定件在板中的位置主要是根据这个 PCB 板在整个产品系统结构中的位置来决定的，当然也有可能由其他原因决定。不管由什么原因决定，总之这些固定的位置一旦确定下来是不可以随便改动的，不用说改动，有时就是有误差都有可能导致心血付之东流。

放置好固定件之后布局的第 2 个步骤需要设置一些条件区域，这些条件区域会对设置的区域进行某种控制，使得元器件、走线或其他对象不可以违背此限制。为什么将其放在第 2 步呢？因为固定件已经考虑了这个条件，不受此约束，但是对于其他元器件则必须考虑了。

在电路板上最通常的控制是对板上某个区域器件高度限制、禁止布线限制及不允许放入测试点限制等。这些限制条件有必要而且有些是必须考虑的。

设置好局部区域限制条件之后进入布局设计的第 3 步，现在可以将一些比较重要的元器件放入板框中，因为这些元器件（特别是对于高频电路）在设计上可能对其有一定的要求，其中包括它的管脚走线方式等，所以必须先考虑它们，否则会给以后的设计带来一连串的麻烦。

放置完重要元器件后剩下的元器件都是平等的，不过根据设计经验，还是必须先放置那些比较大或者比较复杂的元器件，因为这些元器件（特别是元器件管脚较多的元器件）包括的网络较多，放置好它们之后就可以参考网络连接或设计要求来放置最后剩余的元器件，不过在放置最后剩余的元器件时最好参考原理图来放置。

下面详细讲解布局步骤。

（1）选择菜单命令“工具”→“分散元器件”，将图 12-27 所示的叠加封装元器件分散在电路板边框外，如图 17-35 所示。

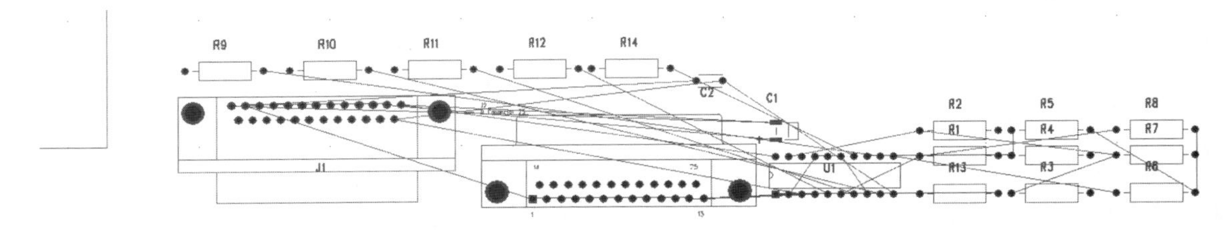

图 17-35　自动分散元器件

（2）同类型的元器件尽量就近放置，考虑减少布线、美观等因素下，对元器件封装进行布局操作，结果如图 17-36 所示。

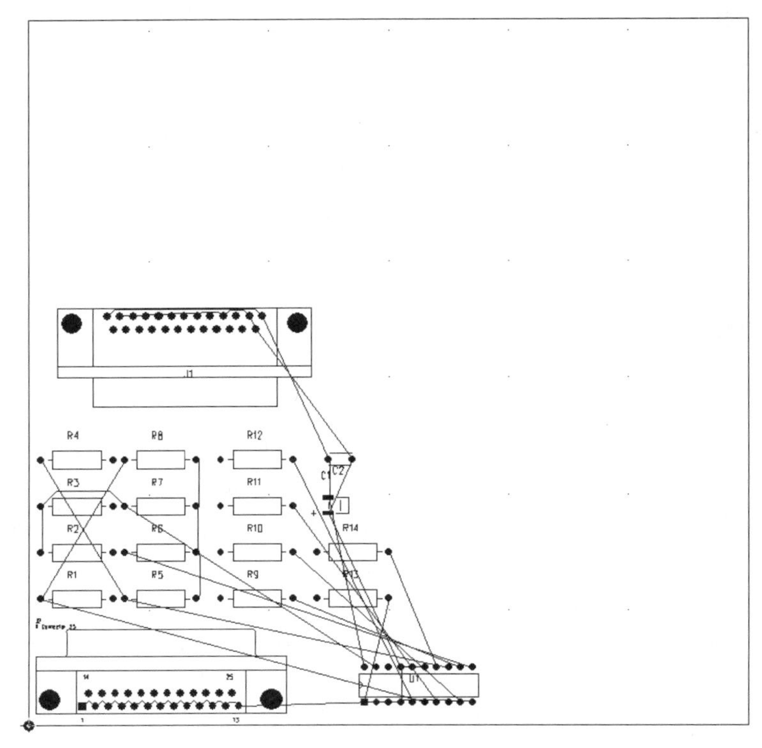

图 17-36　布局图

（3）由图 17-36 中可以看出，板框过大，因此需要修改板框大小。单击鼠标右键，在弹出的快捷菜单中选择“选择板框”命令，在右上角板框边线上单击拖动，调整板框大小，结果如图 17-37 所示。

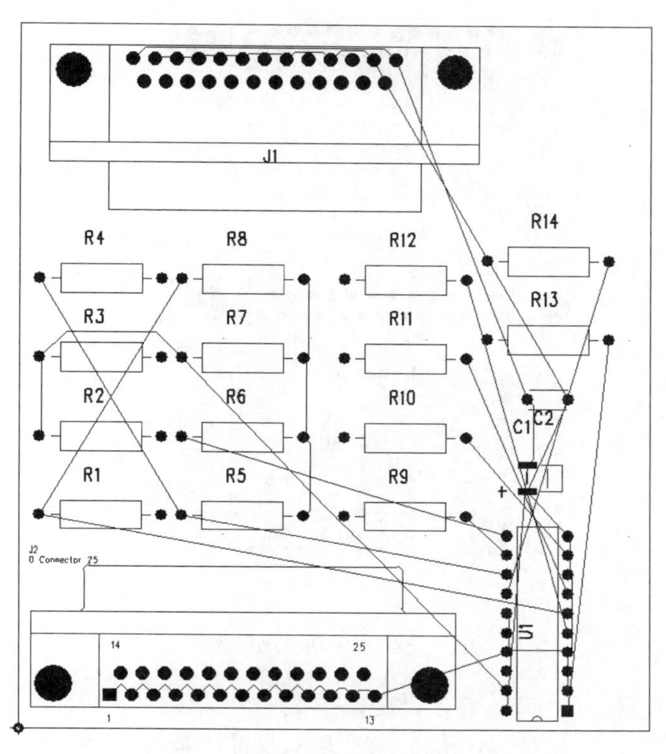

图 17-37　布局设计好的调试器图

17.3.5　PADS Layout 的自动布局

下面讲解自动布局操作步骤。

（1）选择菜单栏中的“工具”→“簇布局”命令，则弹出图 17-38 所示的“簇布局”对话框。

（2）单击对话框中的“放置簇”图标，激活“设置”按钮与“运行”按钮。单击“设置”按钮，弹出“簇放置设置”对话框，如图 17-39 所示。参数默认设置，单击“确定”按钮，退出对话框。

图 17-38　“簇布局”对话框

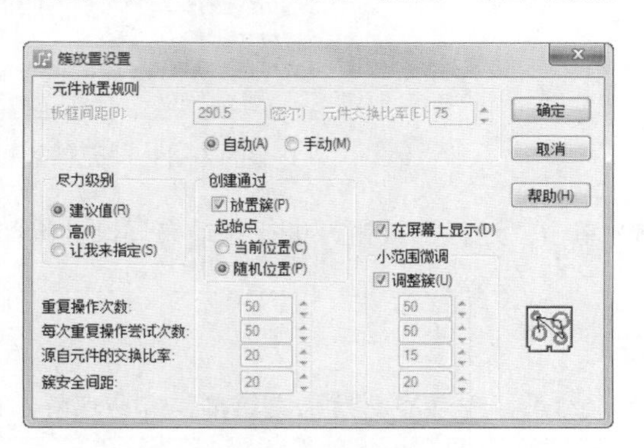

图 17-39　“簇放置设置”对话框

（3）单击“运行”按钮，进行自动布局，结果如图 17-40 所示。

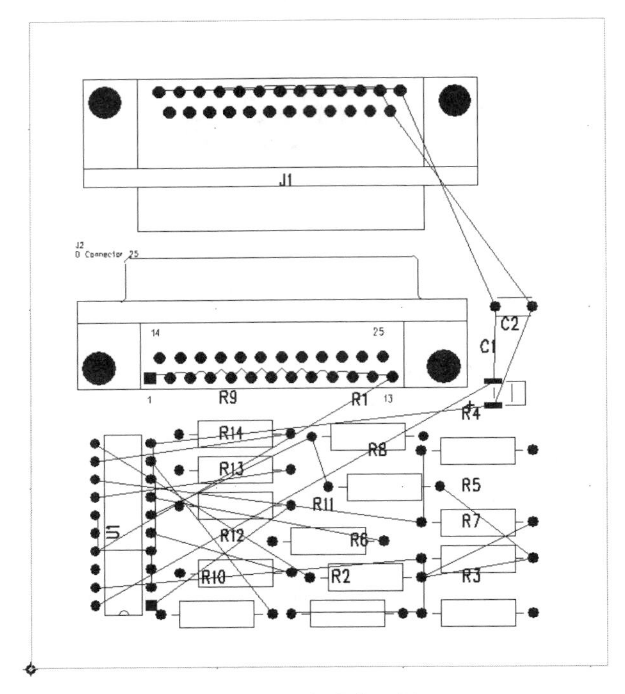

图 17-40　自动布局结果 1

（4）单击“放置元件”图标▦，激活“设置”按钮与“运行”按钮，单击“设置”按钮，弹出“元件放置设置”对话框，如图 17-41 所示。参数默认设置，单击“确定”按钮，退出对话框。

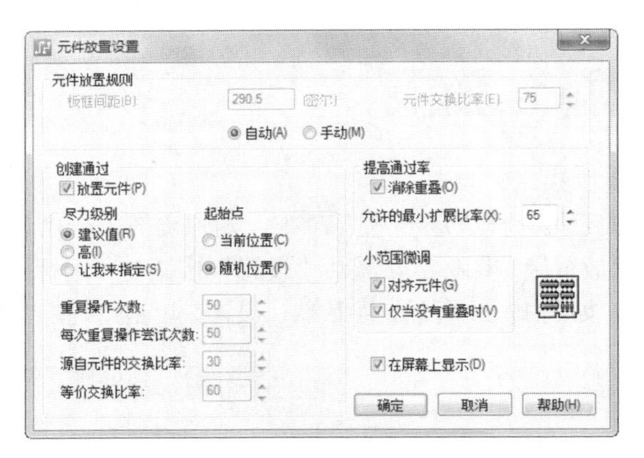

图 17-41　“元件放置设置”对话框

（5）单击“运行”按钮，进行自动布局，结果如图 17-42 所示。

注意

对比结果，手动布局结果更简单、容易理解，因此采用手动布局结果作为布局结果。

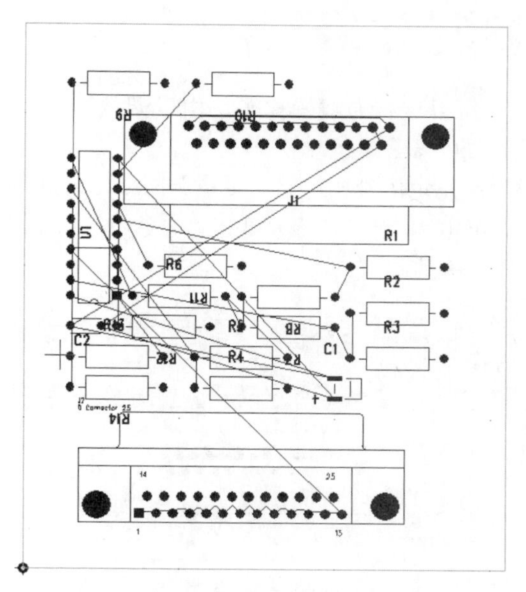

图 17-42　自动布局结果 2

17.3.6　PADS Layout 的电路板显示

选择菜单栏中的“查看”→“PADS 3D”命令，弹出图 17-43 所示的动态视图窗口。在视图中利用鼠标旋转、移动电路板，也可利用窗口中的菜单命令、工具栏命令，这里不再赘述。

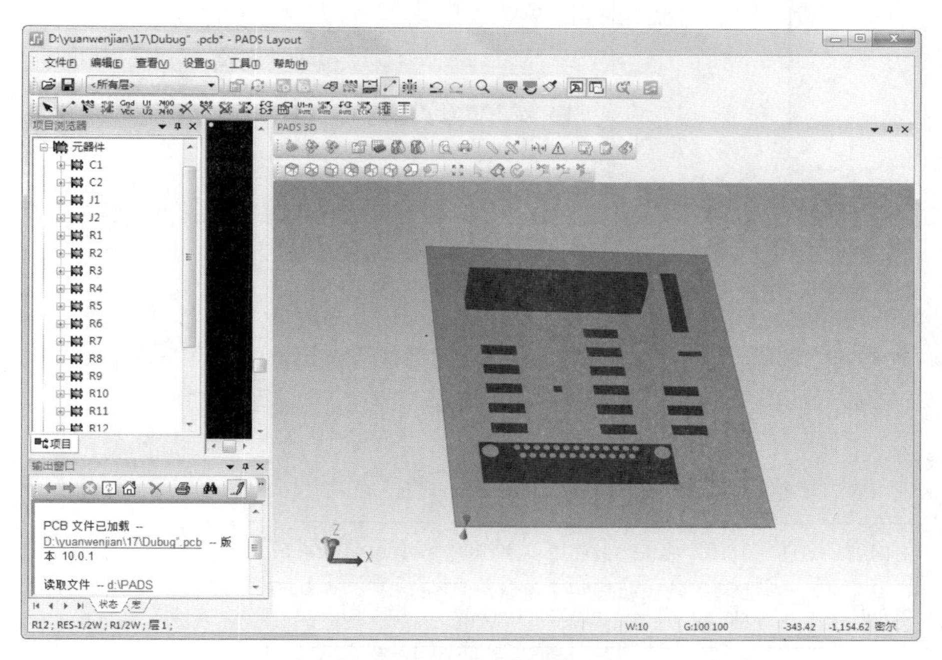

图 17-43　动态视图窗口

17.3.7 PADS Router 的布线设计

元器件布局完成之后，就可以进行布线操作了，由于调试器的电路图比较简单，所以我们可以在 PADS Router 中用最简单的布线工具。

双层板的布线过程一般为：先走信号线，然后走电源网络，最后为地网络覆铜。

（1）在 PADS Layout 中，单击“标准”工具栏中的“布线”按钮，打开“PADS Router”界面，进行电路板布线设计，如图 17-44 所示。

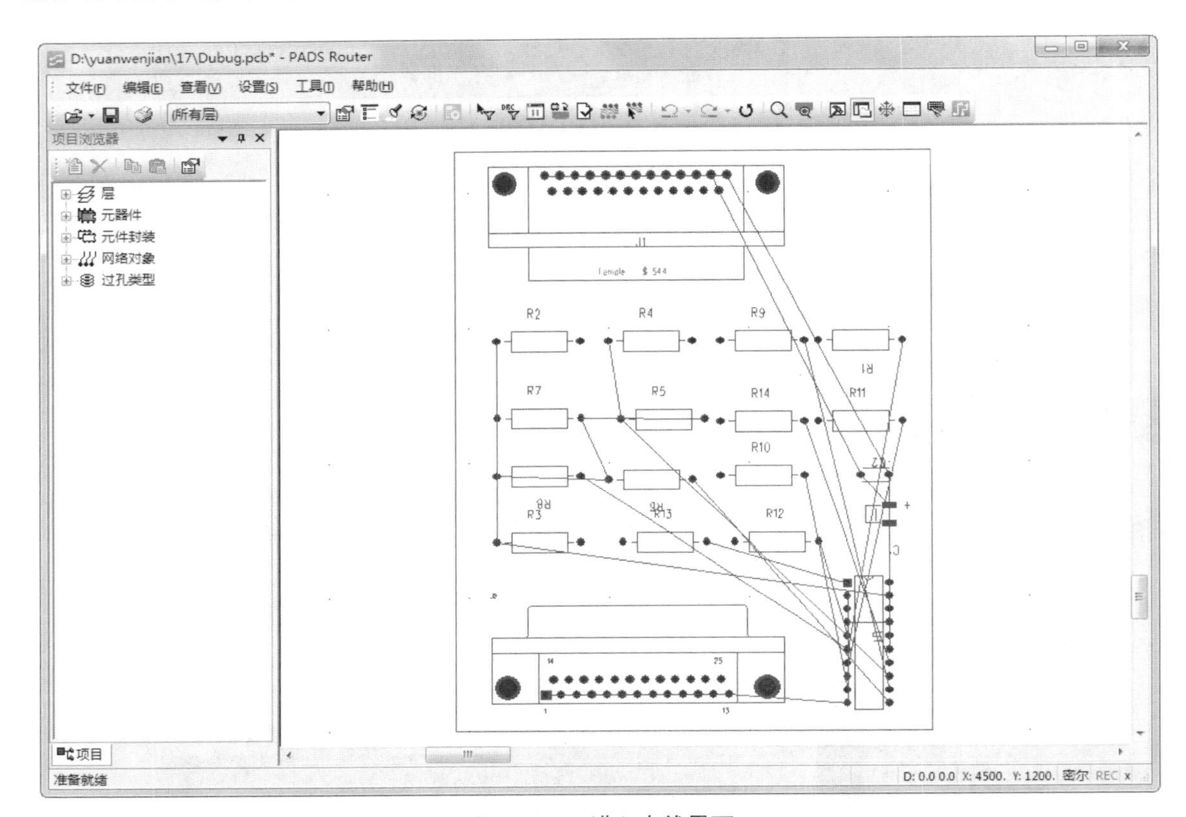

图 17-44 进入布线界面

（2）单击“标准”工具栏中的“布线”按钮，弹出“布线”工具栏，单击“布线”工具栏中的“启动自动布线”按钮，进行自动布线，完成的调试器 PCB 图如图 17-45 所示。

（3）在“输出窗口”下显示布线信息，如下所述。

```
预布线分析完成。
布线 所有网络： 已布线 49 总计 49 的 49 (100.0%) 过孔 10 用时 00:00:01 (+00:00:01)
-----------------------------------------------------------------------------
优化 所有网络： 过孔 10(+0) 线长 39(+0) 英寸 用时 00:00:01 (+00:00:01)
-----------------------------------------------------------------------------
完成 > 未布的线 0 已布线 49 的 49 (100.0%) 过孔 10 用时 00:00:01
-----------------------------------------------------------------------------
布线报告 -- d:\PADS Projects\RoutingReport.txt
```

（4）在显示的布线信息中单击“d:\PADS Projects\RoutingReport.txt”，在“输出窗口”下显示

打开的报告文本文件，具体内容如下所述。

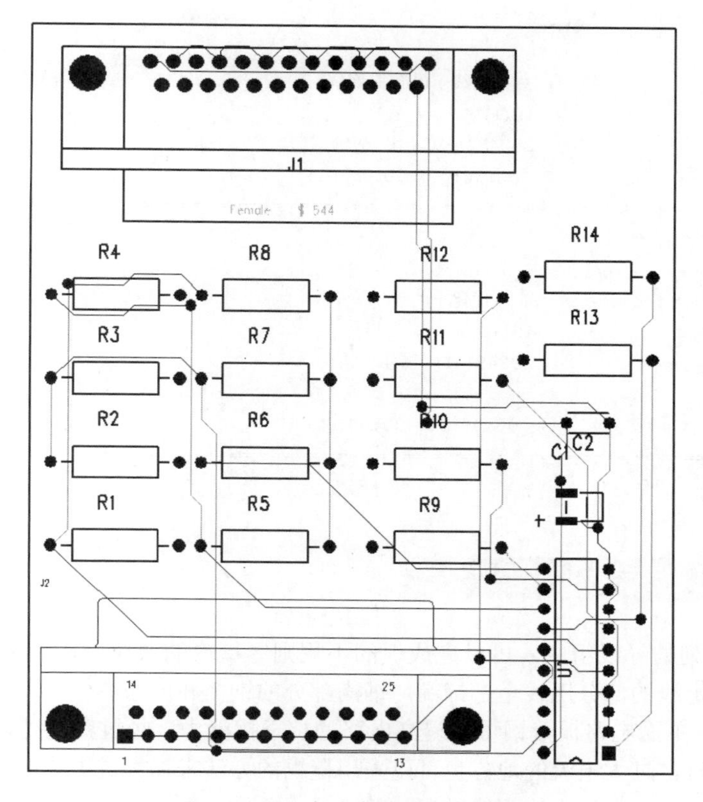

图 17-45　布线完成的电路板图

```
==========================================================================================
Wed Oct 22 09:27:44 2017

自动布线 D:\Backup\ 我的文档 \yuanwenjian\17\Dubug.pcb
==========================================================================================
预布线分析

警告：用于布线， 过孔， 扇出， 测试点的栅格设置高于默认的导线至导线安全间距加上建议的默认线宽。
          这可能会降低布线的完成率。
          要更正此问题，请打开“设计特性”对话框的“栅格”选项卡，然后对栅格进行相应地调整。
          PADS Router 在捕获到禁用导线的栅格时能获得最佳结果。
==========================================================================================
通过已处理:                    布线， 优化
已布的连线:                    49(+49)
过孔:                                  10(+10)
线长:                                  39249(+39249) 密尔
测试点:                            0(+0)
可到达的网络:              13(+0)
用时                                    00:00:01
```

```
========================================================================================

通过:                       3 (布线)已布的连线:            49(+49)
过孔:                       10(+10)
线长:                       39248(+39248) 密尔
用时                         00:00:01(+00:00:01)
========================================================================================

通过:                       4 (优化)
过孔:                       10(+0)
线长:                       39249(+1) 密尔
已重新布线:        0
用时                         00:00:01(+00:00:01)
========================================================================================
```

17.3.8 PADS Layout 的覆铜设置

覆铜是由一系列的导线组成，可以完成板的不规则区域内的填充。在绘制 PCB 图时，覆铜主要是指把空余没有走线的部分用线全部铺满。铺满部分的铜箔和电路的一个网络相连，多数情况是和 GND 网络相连。单面电路板覆铜可以提高电路的抗干扰能力，经过覆铜处理后制作的印制板会显得十分美观，同时，过大电流的地方也可以采用覆铜的方法来加大过电流的能力。覆铜通常的安全间距应该在一般导线安全间距的两倍以上。

下面详细讲解覆铜步骤。

（1）在 PADS Router 中，单击“标准”工具栏中的“Layout”按钮，打开“PADS Layout”界面，进行电路板覆铜设计。

（2）单击“标准”工具栏中的“绘图工具栏”按钮，打开“绘图”工具栏。

（3）单击“绘图”工具栏中选择“覆铜”按钮，进入覆铜模式。

（4）单击鼠标右键，从弹出的菜单中选择“矩形”命令，沿板框边线绘制出覆铜的区域。

（5）单击鼠标右键选择“完成”命令后，弹出“添加绘图”对话框，如图 17-46 所示，单击“确定”按钮，退出对话框，在设计中绘制出所需灌铜的区域。

（6）当建立好覆铜区域以后，单击“绘图“工具栏中的“灌注”按钮，此时系统进入了灌铜模式。在设计中单击所需灌铜的区域外框，弹出询问对话框，如图 17-47 所示。

（7）单击“是”按钮，确认继续灌铜，然后系统开始往此区域进行灌铜，结果如图 17-48 所示。

注意

在进行灌铜过程中，系统将遵守在设计规则中所定义的有关规则，比如铜箔与走线、过孔和元器件管脚等之间的间距。

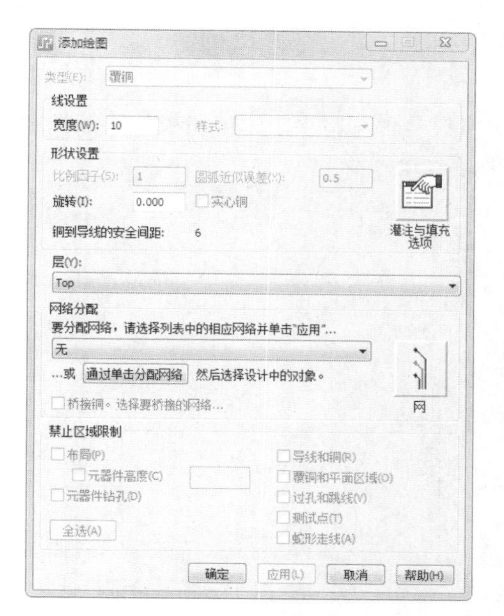

图 17-46 “添加绘图”对话框

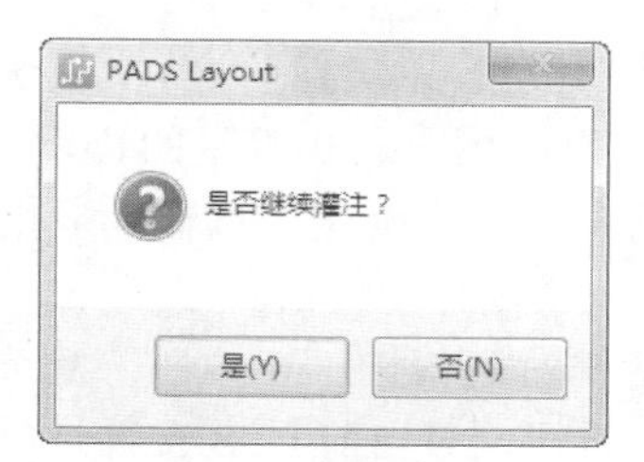

图 17-47 询问对话框

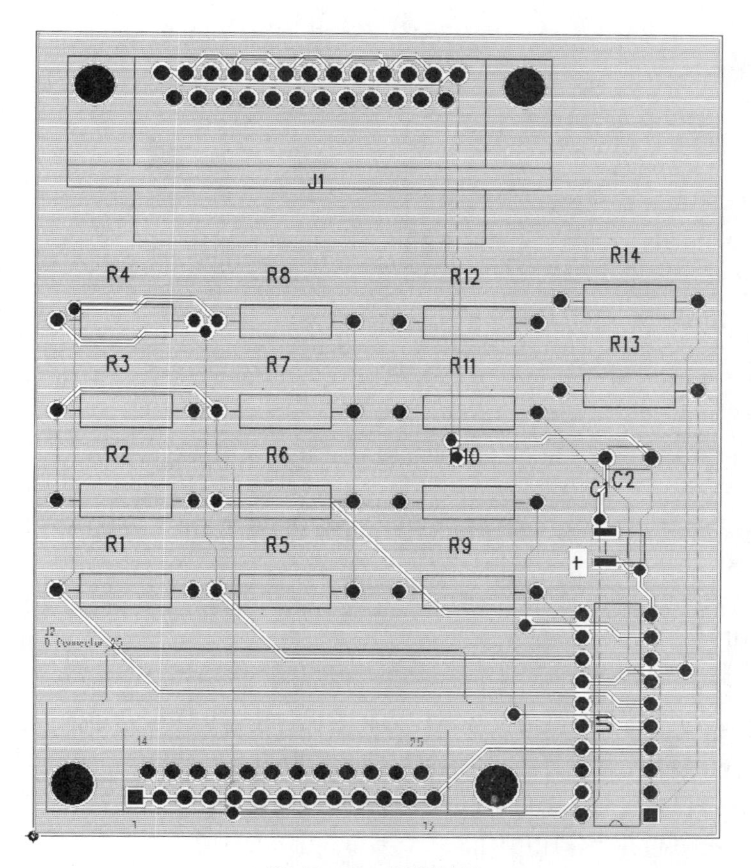

图 17-48 覆铜结果

17.3.9 PADS Layout 的设计验证

电路板布线覆铜完成后，接着就是检查电路板是否有错误了。电路板的连接性和间距是肯定要检查的。连接性检查可以发现是否有些网络没有连接；间距检查用于发现是否有短路或者两个网络连线过近的情况。

选择菜单栏中的“工具”→“验证设计”命令，弹出验证窗口，如图 17-49 所示。

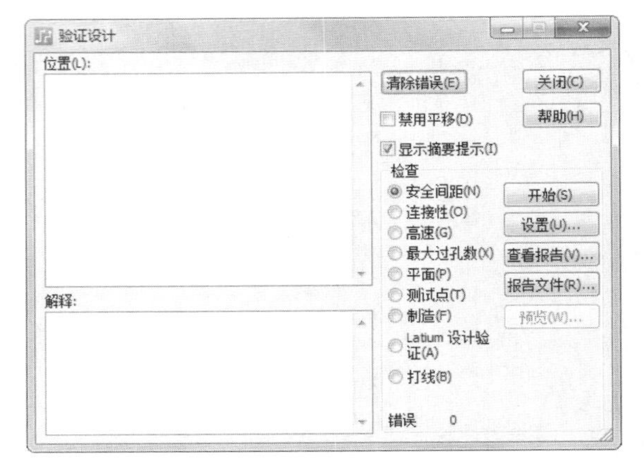

图 17-49　验证设计

在对话框右侧勾选“安全间距”复选框，单击“开始”按钮，对当前 PCB 文件进行安全间距检查。弹出图 17-50 所示的提示对话框，显示无错误，单击“确定”按钮，退出提示对话框，完成安全间距检查。

在对话框右侧勾选“连接性”复选框，单击“开始”按钮，对当前 PCB 文件进行连接性检查。弹出图 17-51 所示的提示对话框，显示无错误，单击“确定”按钮，退出提示对话框，完成安全性检查。

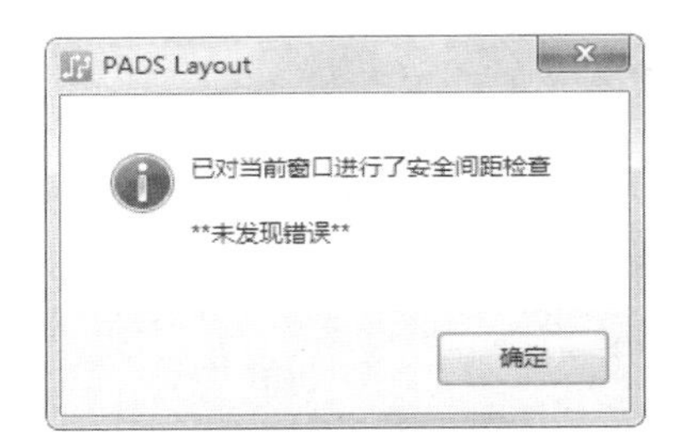

图 17-50　显示检查结果

图 17-51　显示检查结果

提示
可以利用同样的方法对文件进行其他验证设计，这里不再赘述。

在 PADS Router 中也可以利用同样的方法进行验证设计，这里不再赘述。

17.4 文件输出

电路图的设计完成之后，我们可以将设计好的文件直接交给电路板生产厂商制板。一般的制板商可以将 PCB 文件生成 Gerber 文件拿去制板。

将 Gerber 文件设置完成后，用户可以直接将其用打印机打印出来。

将 PCB 全部内容设置在“丝印层”中。

（1）选择菜单栏中的“文件”→“CAM”命令，打开“定义 CAM 文档”对话框，进入 CAM 输出窗口，如图 17-52 所示。

（2）单击“添加”按钮，弹出“添加文档”对话框，在“文档名称”文本框中输入“Dubug”，作为输出文件名称。

（3）在“文档类型”下拉列表中选择“丝印”，弹出“层关联性”对话框，选择“Top”，如图 17-53 所示。

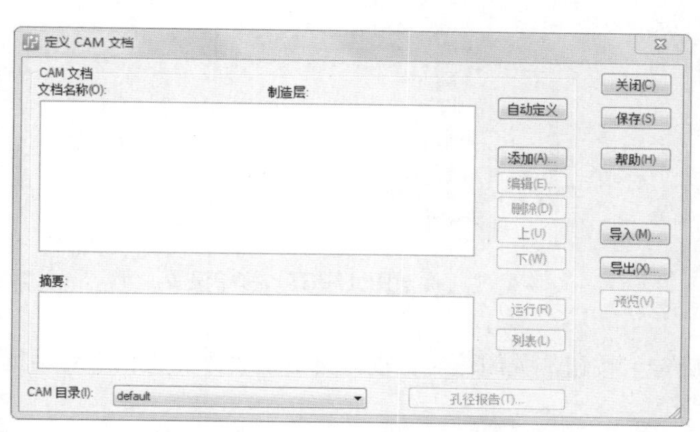
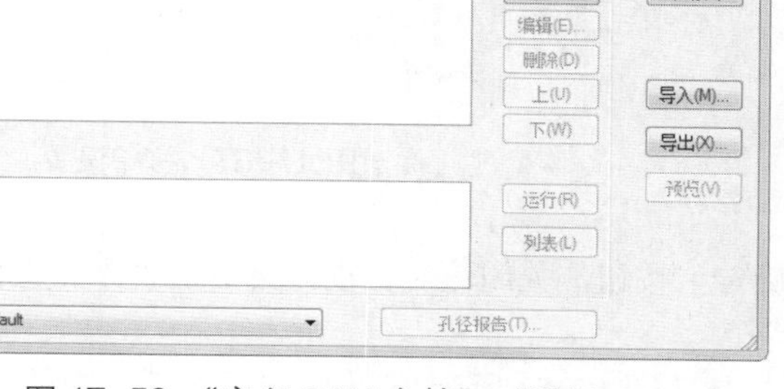

图 17-52　“定义 CAM 文档”对话框

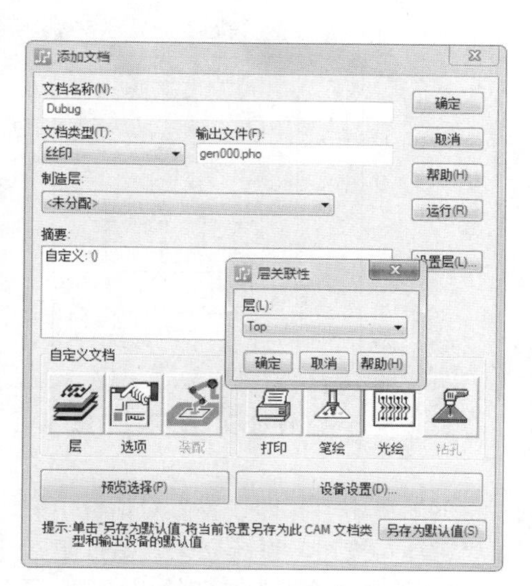

图 17-53　选择文档类型

（4）单击“确定”按钮，完成设置，在“摘要”文本框中显示 PCB 层信息，如图 17-54 所示。

（5）单击“输出设备”选项组下“打印”按钮，表示用打印机输出设定好的 Gerber 文件。

（6）单击“添加文档”对话框中“打印预览”的按钮，系统则全局显示打印预览图，如图 17-55 所示。

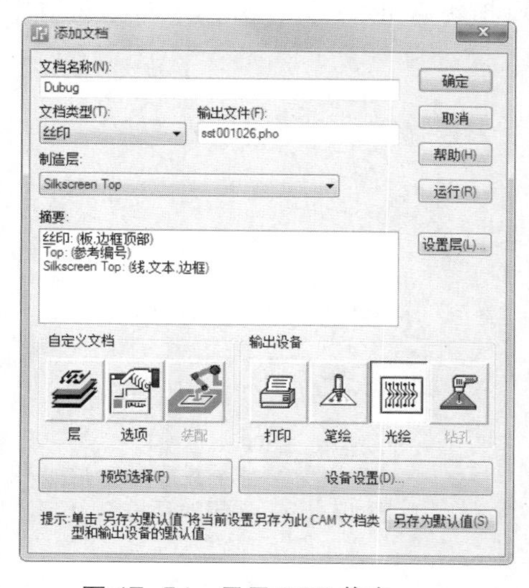

图 17-54　显示 PCB 信息

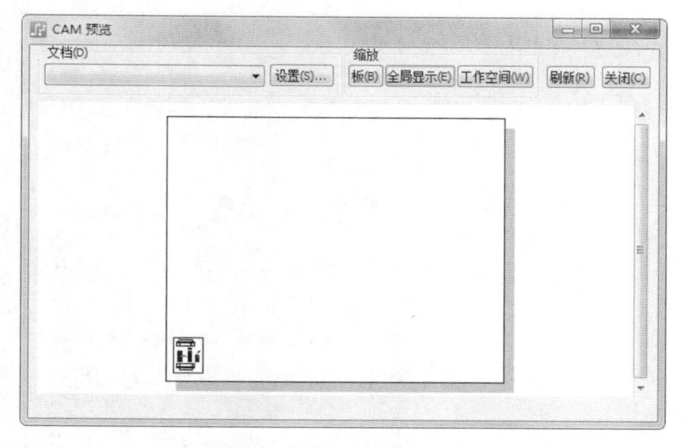

图 17-55　预览图

（7）单击“CAM 预览”对话框中的“板”按钮，显示电路板上元器件，如图 17-56 所示。单击“关闭”按钮，关闭对话框。

（8）单击“添加文档”对话框中的“设备设置”按钮，则弹出“打印设置”对话框，如图 17-57 所示，用户可以按实际情况完成打印机设置。

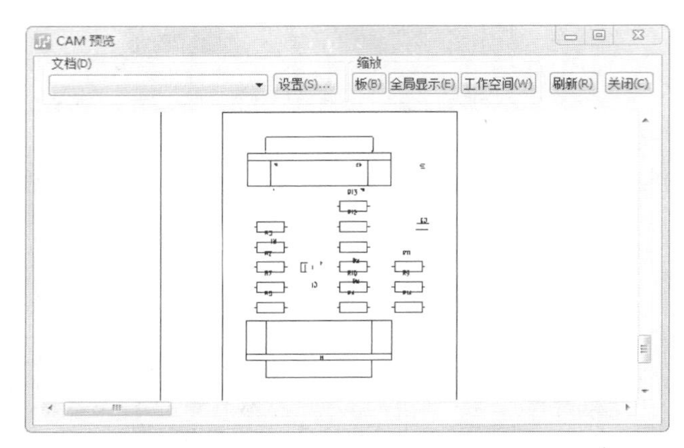

图 17-56　显示板信息

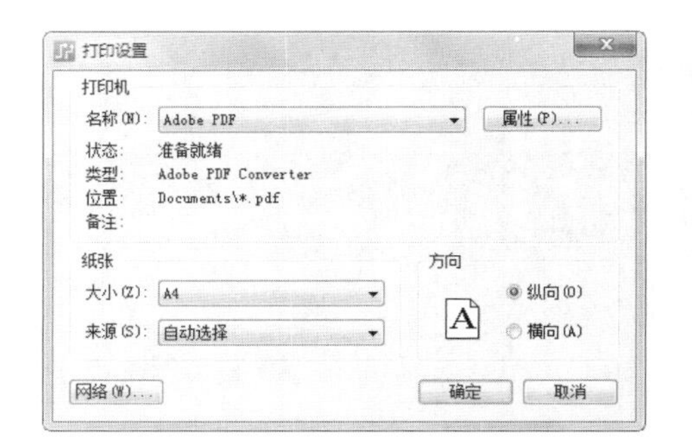

图 17-57　打印设置

（9）单击“打印设置”对话框中的“确定”按钮，关闭该对话框，再单击“添加文档”对话框中“运行”按钮，系统立刻开始打印。

（10）绘图输出与打印输出一样，不同的是在图 17-53 所示“添加文档”对话框中的“输出设备”选项组下单击“笔绘”按钮，选择用绘图仪输出设定好的 Gerber 文件。

（11）选择绘图输出后，单击“添加文档”对话框中的“设备设置”按钮，则弹出“笔绘图机设置”对话框，如图 17-58 所示。从中可以选择绘图仪的型号、绘图颜色、绘图大小等参数。

（12）完成绘图仪设置后，单击对话框中的“确定”按钮将其关闭，单击“添加文档”话框中“运行”按钮，弹出提示确认输出对话框，如图 17-59 所示。单击“是”按钮，系统立刻开始绘图输出。

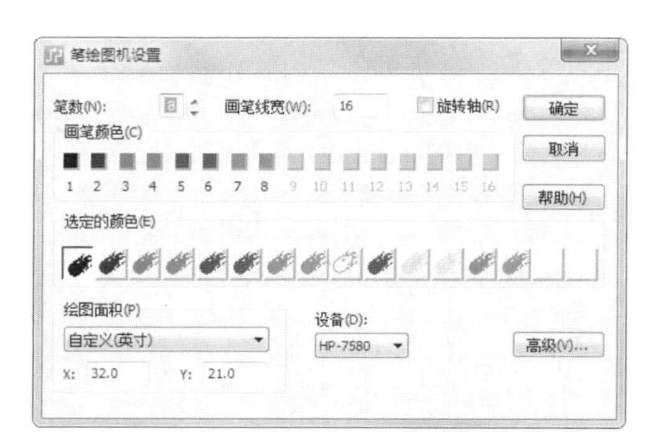

图 17-58　“笔绘图机设置”对话框

图 17-59　提示对话框

（13）完成输出后，单击“确定”按钮，返回“定义 CAM 文档”对话框，在“文档名称”选项组下显示文档文件，生成的报告文件目录为“\PADS Projects\Cam\default”，打开的文本格式文件如图 17-60 所示。

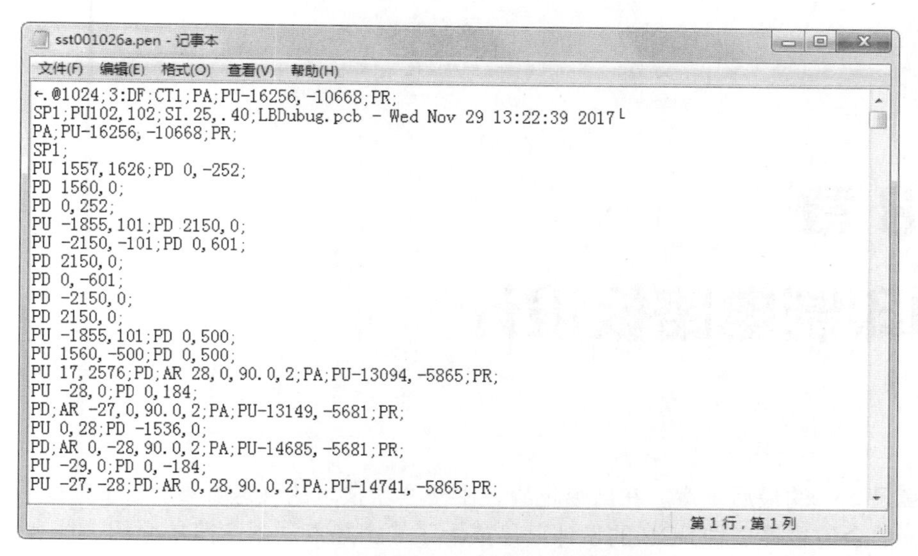


```
←.@1024;3:DF;CT1;PA;PU-16256,-10668;PR;
SP1;PU102,102;SI.25,.40;LBDubug.pcb - Wed Nov 29 13:22:39 2017└
PA;PU-16256,-10668;PR;
SP1;
PU 1557,1626;PD 0,-252;
PD 1560,0;
PD 0,252;
PU -1855,101;PD 2150,0;
PU -2150,-101;PD 0,601;
PD 2150,0;
PD 0,-601;
PD -2150,0;
PD 2150,0;
PU -1855,101;PD 0,500;
PU 1560,-500;PD 0,500;
PU 17,2576;PD;AR 28,0,90.0,2;PA;PU-13094,-5865;PR;
PU -28,0;PD 0,184;
PD;AR -27,0,90.0,2;PA;PU-13149,-5681;PR;
PU 0,28;PD -1536,0;
PD;AR 0,-28,90.0,2;PA;PU-14685,-5681;PR;
PU -29,0;PD 0,-184;
PU -27,-28;PD;AR 0,28,90.0,2;PA;PU-14741,-5865;PR;
```

图 17-60　输出文本格式文件

17.5 思考与练习

思考 1．建立元器件库，理解元器件的元器件类型、逻辑封装和 PCB 封装的关系。

思考 2．电路板制造的步骤是什么？

练习 1．上机操作利用 PADS Logic 绘制原理图。

练习 2．生成网络表，并传递至 PADS Layout。

Chapter 18

第 18 章 多种印制电路板设计

这一章是本书的最后一章。在当今世界，由于科学技术的飞速发展，在 PCB 设计领域，高速、多层、混合信号等多种 PCB 的设计已经成为了一个热点。本章简单介绍一些有关多种印制电路板设计方面的内容，供广大用户参考。

学习重点

- 高速信号印制电路板设计
- 多层印制电路板设计实例
- 混合信号印制电路板设计

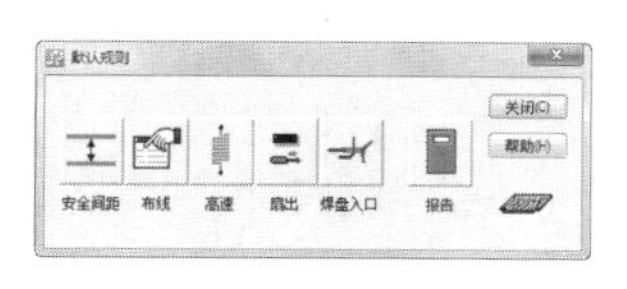

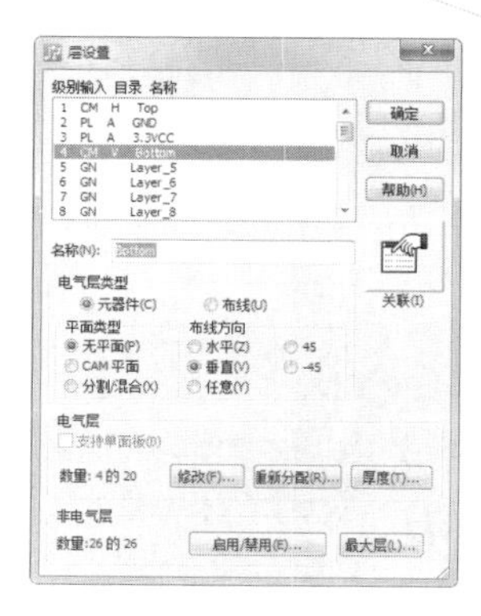

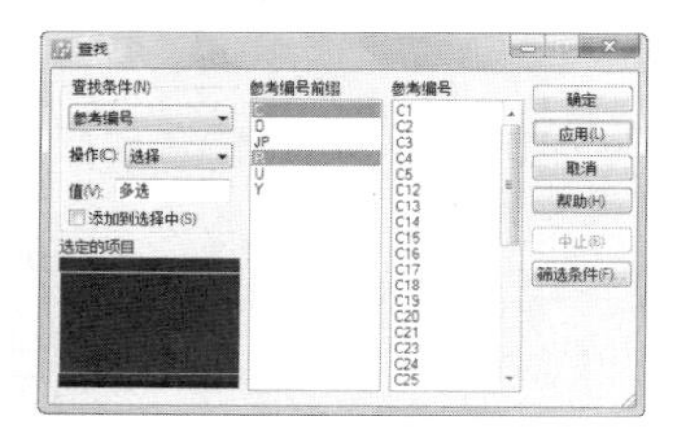

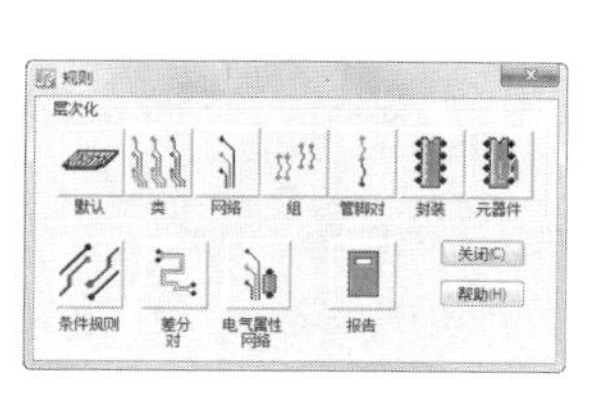

18.1 高速信号印制电路板设计

随着系统设计复杂性和集成度的大规模提高，电子系统设计师们正在从事信号频率为 100MHz 以上的电路设计。总线的工作频率也已经达到或者超过 50 MHz，有的甚至超过 100 MHz。目前约 50% 的设计的时钟频率超过 50 MHz，将近 20% 的设计主频超过 120 MHz。当系统工作在 50MHz 时，将产生传输线效应和信号的完整性问题；而当系统时钟达到 120 MHz 时，除非使用高速电路设计知识，否则基于传统方法设计的 PCB 将无法工作。因此，高速电路设计技术已经成为电子系统设计师必须采取的设计手段。只有通过使用高速电路设计技术，才能实现设计过程的可控性。

18.1.1 高速 PCB 设计简介

1. 高速电路的定义

通常认为，如果数字逻辑电路的频率达到或者超过 45 ～ 50 MHz，而且工作在这个频率之上的电路已经占到了整个电子系统一定的分量（比如 1/3），就称其为高速电路。实际上，信号边沿的谐波频率比信号本身的频率高，是信号快速变化的上升沿与下降沿（或称信号的跳变）引发了信号传输的非预期结果。因此，通常约定如果线传播延时大于 1/2 数字信号驱动端的上升时间，则认为此类信号是高速信号并产生传输线效应。信号的传递发生在信号状态改变的瞬间，如上升或下降时间。信号从驱动端到接收端经过一段固定的时间，如果传输时间小于 1/2 的上升或下降时间，那么来自接收端的反射信号将在信号改变状态之前到达驱动端。反之，反射信号将在信号改变状态之后到达驱动端。如果反射信号很强，叠加的波形就有可能会改变逻辑状态。

2. 高速信号的确定

定义了传输线效应发生的前提条件，但是如何得知线延时是否大于 1/2 驱动端的信号上升时间呢？一般地，信号上升时间的典型值可通过器件手册给出，而信号的传播时间在 PCB 设计中由实际布线长度决定。通常高速逻辑器件的信号上升时间大约为 0.2 ns。如果板上有 GaAs 芯片，则最大布线长度为 7.62 mm。设 T_r 为信号上升时间，T_{pd} 为信号线传播延时。如果 $T_r > 4T_{pd}$，则信号落在安全区域；如果 $2T_{pd} > T_r \geqslant 4T_{pd}$，信号落在不确定区域；如果 $T_r \leqslant 2T_{pd}$，信号落在问题区域。对于落在不确定区域及问题区域的信号，应该使用高速布线方法。

3. 传输线的定义

PCB 板上的走线可等效为串联和并联的电容、电阻和电感结构。串联电阻的典型值为 0.25 ～ 0.55Ω/ 英尺（1 英尺≈ 0.3048 米），因为绝缘层的缘故，并联电阻阻值通常很高。将寄生电阻、电容和电感加到实际的 PCB 连线中之后，连线上的最终阻抗称为特征阻抗 Z_o。线径越宽，距电源 / 地越近，或隔离层的介电常数越高，特征阻抗就越小。如果传输线和接收端的阻抗不匹配，那么输出的电流信号和信号最终的稳定状态将不同，这就引起信号在接收端产生反射，这个反射信号将传回信号发射端，并再次反射回来。随着能量的减弱，反射信号的幅度将减小，直到信号的电压和电流达到稳定。这种效应被称为振荡，信号的振荡在信号的上升沿和下降沿经常可以看到。

4. 传输线效应

基于上述定义的传输线模型，归纳起来，传输线会对整个电路设计带来以下效应。

- 反射信号：如果一根走线没有被正确终结（终端不匹配），那么来自于驱动端的信号脉冲在接收端被反射，从而引发不预期效应，使信号轮廓失真。当失真变形非常显著时，可导致多种错误，引起设计失败。同时，失真变形的信号对噪声的敏感性增加，也会引起设计失败。如果上述情况没有被足够考虑，电磁干扰（EMI）将显著增加，这就不单单影响自身设计结果，还会造成整个系统的失败。反射信号产生的主要原因是：过长的走线；未被匹配终结的传输线；过量电容或电感以及阻抗失配。

- 延时和时序错误：信号延时和时序错误表现为信号在逻辑电平的高与低门限之间变化时保持一段时间信号不跳变。过多的信号延时可能导致时序错误和器件功能的混乱。通常在有多个接收端时会出现这种问题。电路设计师必须确定最坏情况下的时间延时，以确保设计的正确性。信号延时产生的原因是驱动过载或走线过长。
- 多次跨越逻辑电平门限错误：信号在跳变的过程中可能多次跨越逻辑电平门限，从而导致这一类型的错误。多次跨越逻辑电平门限错误是信号振荡的一种特殊形式，即信号的振荡发生在逻辑电平门限附近，多次跨越逻辑电平门限会导致逻辑功能紊乱。
- 过冲与下冲：过冲与下冲来源于走线过长或者信号变化太快两方面。虽然大多数元器件接收端有输入保护二极管保护，但有时这些过冲电平会远远超过元器件电源电压范围，损坏元器件。
- 串扰：串扰表现为在一根信号线上有信号通过时，在 PCB 上与之相邻的信号线上就会感应出相关的信号，我们称之为串扰。信号线距离地线越近，线间距越大，产生的串扰信号就越小。异步信号和时钟信号更容易产生串扰，因此解串扰的方法是移开发生串扰的信号或屏蔽被严重干扰的信号。
- 电磁辐射：即电磁干扰（Electro-Magnetic Interference，EMI）。产生的问题包含过量的电磁辐射及对电磁辐射的敏感性两方面。EMI 表现为当数字系统加电运行时，会对周围环境辐射电磁波，从而干扰周围环境中电子设备的正常工作。它产生的主要原因是电路工作频率太高以及布局布线不合理。目前已有进行 EMI 仿真的软件工具，但 EMI 仿真器都很昂贵，仿真参数和边界条件设置又很困难，这将直接影响仿真结果的准确性和实用性。最通常的做法是将控制 EMI 的各项设计规则应用在设计的每个环节，实现在设计各环节上的规则驱动和控制。

18.1.2 高速 PCB 设计经验

针对上述传输线问题所引入的影响，设计时应从以下几方面加以控制。

1. 严格控制关键网线的走线长度

如果设计中有高速跳变的边沿，就必须考虑到在 PCB 上存在传输线效应的问题。现在普遍使用的有很高时钟频率的快速集成电路芯片，更是存在这样的问题。解决这个问题有一些基本原则：如果采用 CMOS 或 TTL 电路进行设计，工作频率小于 10 MHz，布线长度应不大于 7 英寸（1 英寸≈ 25.4 毫米），工作频率在 50 MHz，布线长度应不大于 1.5 英寸。如果工作频率达到或超过 75MHz，布线长度应在 1 英寸以内；对于 GaAs 芯片，最大的布线长度应为 0.3 英寸。如果超过这个标准，就存在传输线的问题。

2. 合理规划走线的拓扑结构

解决传输线效应的另一个方法是选择正确的布线路径和终端拓扑结构。走线的拓扑结构是指一根网线的布线顺序及布线结构。当使用高速逻辑器件时，除非走线分支长度保持很短，否则边沿快速变化的信号将被信号主干走线上的分支走线所扭曲。通常情形下，PCB 走线采用两种基本的拓扑结构，即菊花链（Daisy Chain）布线和星状（Star）分布。对于菊花链布线，布线从驱动端开始，依次到达各接收端。如果使用串联电阻来改变信号特性，串联电阻的位置应该紧靠驱动端。在控制走线的高次谐波干扰方面，菊花链走线效果最好。但这种走线方式布通率最低，不容易 100% 布通。在实际设计中，我们要使菊花链布线中分支长度尽可能短，安全的长度值应该是：

Stub Delay ≤ T_{rt}×0.1，T_{rt} 为分支长度，例如，高速 TTL 电路中的分支端长度应小于 1.5 英寸。这种拓扑结构占用的布线空间较小并可用单一电阻匹配终结。但是这种走线结构使得在不同的信号接收端信号的接收是不同步的，星状拓扑结构可以有效地避免时钟信号的不同步问题。但在密度很高的 PCB 上手工完成布线十分困难，采用自动布线器是完成星状布线的最好方法。每条分支上都需要终端电阻，终端电阻的阻值应和连线的特征阻抗相匹配。这可通过手工计算，也可通过 CAD 工具计算出特征阻抗值和终端匹配电阻值。

在上面的两个例子中使用了简单的终端电阻，实际中可选择使用更复杂的匹配终端。第一种选择是 RC 匹配终端。RC 匹配终端可以减少功率消耗，但只能使用于信号工作比较稳定的情况。这种方式最适合于对时钟线信号进行匹配处理。其缺点是 RC 匹配终端中的电容可能影响信号的形状和传播速度。串联电阻匹配终端不会产生额外的功率消耗，但会减慢信号的传输。这种方式用于时间延迟影响不大的总线驱动电路。串联电阻匹配终端的优势还在于可以减少板上器件的使用数量和连线密度。最后一种方式为分离匹配终端，这种方式匹配元器件需要放置在接收端附近。其优点是不会拉低信号，并且可以很好地避免噪声。

此外，对于终端匹配电阻的封装形式和安装形式也必须加以考虑。通常 SMD 表面贴装电阻比通孔元器件具有较低的电感，所以 SMD 封装元器件成为首选。如果选择普通直插电阻，也有两种安装方式可选：垂直方式和水平方式。

在垂直安装方式中，电阻的一条安装管脚很短，可以减少电阻和电路板间的热阻，使电阻的热量更加容易散发到空气中，但较长的垂直安装会增加电阻的电感。水平安装方式因安装较低有更低的电感。但过热的电阻会出现漂移，在最坏的情况下电阻成为开路，造成 PCB 走线终端匹配失效，成为潜在的失败因素。

3. 抑止电磁干扰的方法

很好地解决信号完整性问题将改善 PCB 的电磁兼容性（EMC）。其中非常重要的是保证 PCB 能很好地接地。对复杂的设计，采用一个信号层配一个地线层是十分有效的方法。此外，使电路板的最外层信号的密度最小也是减少电磁辐射的好方法，这种方法可采用“表面积层”技术设计制作 PCB 来实现。表面积层通过在普通工艺 PCB 上增加薄绝缘层和用于贯穿这些层的微孔的组合来实现。电阻和电容可埋在表层下，单位面积上的走线密度会增加近一倍，因而可降低 PCB 的体积。PCB 体积的缩小对走线的拓扑结构有巨大的影响，这意味着缩小的电流回路、缩小的分支走线长度，而电磁辐射近似正比于电流回路的面积。同时小体积特征意味着高密度管脚封装器件可以被使用，这又使得连线长度下降，从而电流回路减小，提高电磁兼容特性。

4. 其他可采用的技术

为减小集成电路芯片电源上的电压瞬时过冲，应该为集成电路芯片添加去耦电容。这可以有效去除电源上的毛刺影响，并减少在印制板上的电源环路的辐射。当去耦电容直接连接在集成电路的电源管脚上而不是连接在电源层上时，其平滑毛刺的效果最好。这就是为什么有一些器件插座上带有去耦电容，而有的器件要求去耦电容距器件的距离要足够小。任何高速和高功耗的器件应尽量放置在一起，以减少电源电压瞬时过冲。如果没有电源层，那么长的电源连线会在信号和回路间形成环路，成为辐射源和易感应电路。走线构成一个不穿过同一网线或其他走线的环路的情况称为开环；如果环路穿过同一网线其他走线则构成闭环。两种情况都会形成天线效应（线天线和环形天线）。天线对外产生 EMI 辐射，同时自身也是敏感电路。闭环是必须考虑的，因为它产生的辐射与闭环面积近似成正比。此外，在进行高速电路设计时，有多个因素需要加以考虑，这些因素有时互相对立。例如高速器件布局时位置靠近，虽可以减少延时，但可能产生串扰和显著的热效应。因此在设计中，需权衡各因素，做出全面的折中考虑，既满足设计要求，又降低设计复杂度。

18.1.3 高速 PCB 的关键电路设计

PCB 中的关键信号包括地、电源、时钟和总线信号等。

1. 地线的设计规则

地线的设计规则有下面几点。

（1）数字地与模拟地分开

若线路板上既有逻辑电路又有线性电路，应使它们尽量分开。低频电路的地应尽量采用单点并联接地，实际布线有困难时可部分串联后再并联接地。高频电路宜采用多点串联接地，地线应短而粗，高频元器件周围尽量用栅格状大面积地箔。

（2）接地线应尽量加粗

若接地线用很细的线条，则接地电位随电流的变化而变化，使抗噪性能降低。因此应将接地线加粗，使它能通过 3 倍于印制电路板上的允许电流。如有可能，接地线的粗细应该在 3 mm 以上。

（3）接地线构成闭环路

只由数字电路组成的印制电路板，其接地电路布成闭环路大多能提高抗噪声能力。

（4）正确选择单点接地与多点接地

低频电路中，信号的工作频率小于 1 MHz，它的布线和器件间的电感影响较小，而接地电路形成的环流对干扰影响较大，因而应采用一点接地；当信号工作频率大于 10 MHz 时，地线阻抗变得很大，此时应尽量降低地线阻抗，应采用就近多点接地；当工作频率在 1 ～ 10 MHz 时，如果采用一点接地，其地线长度不应超过波长的 1/20，否则应采用多点接地法。

2. 电源和高速信号的设计规则

关于其他的电源和高速信号，有下面几个设计规则需要遵守。

- 要保证电源有足够的能力给负载供电，并且输出电压波动 <50mV。
- 确保有充足的电源和地层。
- 用 4.7 ～ 10μF 的大电容接在电源和地层之间，用于旁路开关噪声，特别在接近高速（>25 MHz）数据线的地方。
- 用足够多的 0.01μF 电容接在电源和地之间以减少高频噪音。
- 要对板子上的 DC-DC 电源变换（开关电源）和振荡器加上滤波器和一些防护措施。
- 布高速信号线，注意不要穿过地层，保证它在一个面上。
- 确保高速信号线和时钟都有终端负载。
- 长线要保证其阻抗匹配，以防反射。
- 把没有布线的地方用铜箔填充，并连接到电源层或地层。

PCB 上因 EMI 而增加的成本通常是因增加地层数目以增强屏蔽效应引起，如果所有的高频电路都采用具有地平面层的多层电路板，则 EMI 问题就少得多。经验证明，将一个两层 PCB 改为多层 PCB 的设计，性能很容易提高 10 倍，发射减少了，同时射频及 ESD 两者的抗扰度都得以提高。但是随着 PCB 层的增加，成本费用也会成倍地增长，这并不是任何一种产品都可以接受的事实。

在这种情况下就不得不回到双面板上来下一点功夫。我们可以把关键电路（时钟和复位等）接近地回线来模拟一个多层电路板。同时也可以把电源线作为电源 / 回程传输线，使这些“天线”作用较小。用地网络铜皮来填充 PCB 上空着的区域也是有帮助的。借助这些布线设计，可以得到一个电磁兼容性好、功能稳定的双层电路板，这虽然不容易，但可以做到。

18.1.4 高速 PCB 的布线设计

在电路板尺寸固定的情况下，如果设计中需要容纳更多的功能，就往往需要提高 PCB 的走线密度，但是这样有可能导致走线的相互干扰增强，同时走线过细也使阻抗无法降低。在设计高速高密度 PCB 时，串扰确实是要特别注意的，因为它对时序与信号完整性有很大的影响。

以下提供几个需要注意的地方。

（1）控制走线特性阻抗的连续与匹配。

（2）走线间距的大小。一般常看到的间距为两倍线宽。可以透过仿真来知道走线间距对时序及信号完整性的影响，找出可容忍的最小间距。不同芯片信号的结果可能不同。

（3）选择适当的端接方式。

（4）避免上下相邻两层的走线方向相同，甚至有走线正好上下重叠在一起，因为这种串扰比同层相邻走线的情形还大。

（5）利用盲埋孔增加走线面积。但 PCB 的制作成本会增加。

（6）在实际执行时确实很难达到完全平行与等长，不过还是要尽量做到。除此以外，可以预留差分端接和共模端接，以缓和对时序与信号完整性的影响。高速设计中经常用到 LVDS 信号，对于 LVDS 低压差分信号，在布线时要求等长且平行的原因有下列几点。

- 平行的目的是要确保差分阻抗的完整性。平行间距不同的地方就等于是差分阻抗不连续。
- 等长的目的是想要确保时序的准确与对称性。因为差分信号的时序跟这两个信号交叉点（或相对电压差值）有关，如果不等长，则此交叉点不会出现在信号振幅的中间，也会造成相邻两个时间间隔不对称，增加时序控制的难度。
- 不等长也会增加共模信号的成分，影响信号完整性。

18.1.5 去耦电容设计

在直流电源回路中，负载的变化会引起电源噪声。例如在数字电路中，当电路从一种状态转换为另一种状态时，就会在电源线上产生一个很大的尖峰电流，形成瞬变的噪声电压。配置去耦电容可以抑制因负载变化而产生的噪声，是印制电路板的可靠性设计的一种常规做法，配置原则如下。

- 电源输入端跨接一个 10 ～ 100μF 的电解电容器。如果印制电路板的位置允许，采用 100μF 以上的电解电容器的抗干扰效果会更好。
- 为每个集成电路芯片配置一个 0.01μF 的陶瓷电容器。如遇到印制电路板空间小而装不下时，可每 4 ～ 10 个芯片配置一个 1 ～ 10μF 钽电解电容器，这种器件的高频阻抗特别小，在 500 kHz ～ 20 MHz 范围内阻抗小于 1Ω，而且漏电流很小（0.5μA 以下）。
- 对于噪声能力弱、关断时电流变化大的器件和 ROM、RAM 等存储型器件，应在芯片的电源线和地线间直接接入去耦电容。
- 去耦电容的引线不能过长，特别是高频旁路电容不能带引线。

18.2 多层印制电路板设计

随着电子产品设计的高密度、高速度特性的增强及生产成本的降低，多层电路板在电子产品的

PCB 设计中越来越得到广泛的应用。设计者需要根据多层电路板设计的规则、方法，选择恰当的设计工具。结合设计工具高效优质地设计出电子产品是对工程人员的要求，下面结合 PADS Layout 设计系统为例介绍多层印制电路板的设计。

所谓多层印制电路板，就是把两层以上的薄双面板牢固地胶合在一起，成为一块组件。这种结构既适应了复杂的设计又改善了信号特征。其中的电源线路层和地线层深埋在主板的内层，不易受到电源杂波的干扰，尤其是高频电路，可以获得较好的抗干扰能力，表层一般为信号层，这可以缩小电路板的体积，提高产品设计的质量。

多层电路板的设计流程，如图 18-1 所示。

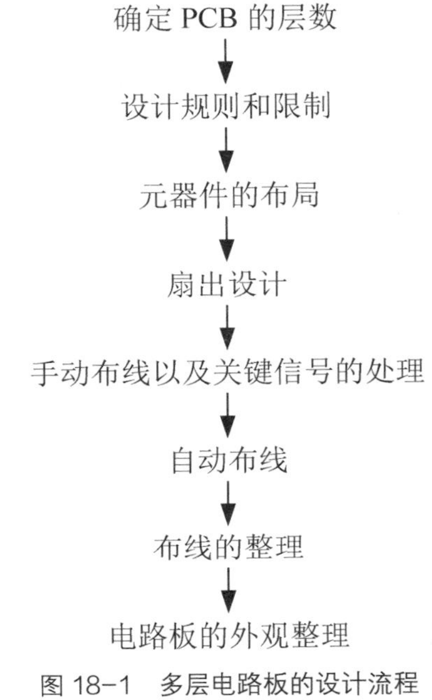

图 18-1　多层电路板的设计流程

电路板尺寸和布线层数需要在设计初期确定。如果设计要求使用高密度球栅阵列（BGA）组件，就必须考虑这些器件布线所需要的最少布线层数。布线层的数量以及层叠方式会直接影响到印制线的布线和阻抗。板的大小有助于确定层叠方式和印制线宽度，实现期望的设计效果。近年来，多层板的成本已经大大降低。在开始设计时最好采用较多的电路层并使覆铜均匀分布，以避免在设计临近结束时才发现有少量信号不符合已定义的规则以及空间要求，从而被迫添加新层。在设计之前认真地规划，恰当地选择 PCB 的层次，将减少布线中很多的麻烦。

对于电源、地的层数以及信号层数确定后，它们之间的位置排列是每一个 PCB 工程师都不能回避的话题，板层的排列一般原则如下所述。

- 元器件面下边（第二层）为地平面，提供器件屏蔽层以及为顶层布线提供参考平面。
- 所有信号层尽可能与地平面相邻。
- 尽量避免两信号层直接相邻。
- 主电源尽可能与其对应地相邻。
- 兼顾层间结构对称。

对于母板的层排布，现有母板很难控制平行长距离布线，对于板级工作频率在 50 MHz 以上的情况（50 MHz 以下的情况可参照，适当放宽），建议排布原则如下所述。

- 元器件面、焊接面为完整的地平面（屏蔽）。
- 无相邻平行布线层。
- 所有信号层尽可能与地平面相邻。
- 关键信号与地层相邻，不跨分割区。

注意

在进行具体的 PCB 层的设置时，要对以上原则进行灵活掌握。在领会以上原则的基础上，根据实际单板的需求，如：是否需要一个关键布线层，电源、地平面的分割情况等，确定层的排布，切忌生搬硬套，或抠住一点不放。

18.3 多层印制电路板设计实例

本实例针对网上公布的一种 U 盘电路，U 盘是应用广泛的便携式存储器件，其原理简单，所用芯片数量少，价格便宜，使用方便，可以直接插入计算机的 USB 接口。

18.3.1 U 盘电路网表的导入

我们已经知道在 PADS Logic 和 PADS Layout 之间可以通过 OLE 链接技术，将本来孤立存在的 PADS Layout 与 PADS Logic 动态地链接成为一个抽象的整体环境，在这两个独立的环境中随时可以进行数据的共享和交换。本节将介绍如何通过动态链接技术从 PADS Logic 向 PADS Layout 导入网表。

从 PADS Logic 向 PADS Layout 导入网表 。

扫码看视频

【创建步骤】

（1）单击 PADS Logic 图标，启动 PADS Logic VX.2.2。

（2）单击“标准”工具栏中的“打开”按钮，在弹出的“文件打开”对话框中选择打开绘制的原理图文件“USB.sch”。

（3）单击 PADS Layout 图标，启动 PADS Layout VX.2.2，并将这两个设计窗口同时并列显示，如图 18-2 所示。

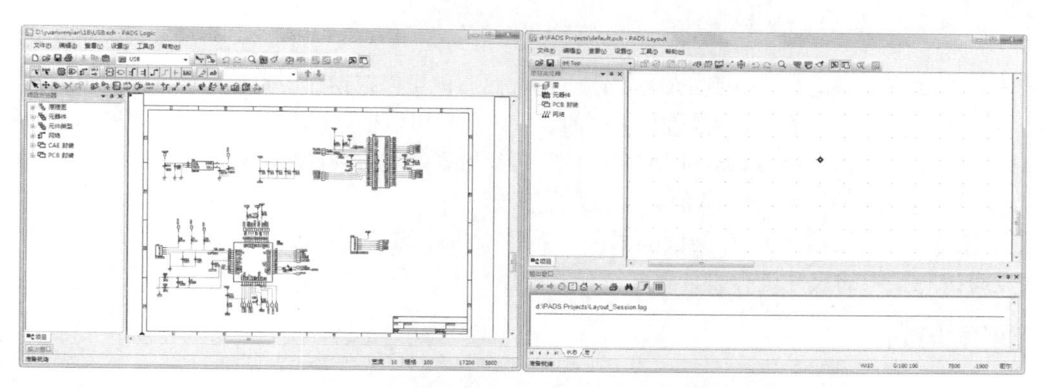

图 18-2　PADS Logic 和 PADS Layout 并行放置

（4）在 PADS Logic 中选择菜单栏中的“工具”→“PADS Layout”命令，或单击“标准”工具栏中的“PADS Layout”图标，系统会弹出“PADS Layout 链接”对话框，如图 18-3 所示。

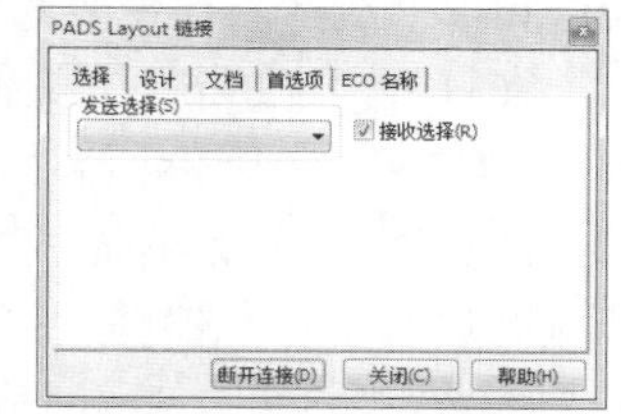

图 18-3　“PADS Layout 链接”对话框

（5）单击“发送网表”按钮，如果设计中有一些存在引起警告的设计，则会弹出“ascii.err”文件，其中包含了当前所有的警告甚至错误内容，同时在 PADS Layout 中执行“查看”→“全局显示”命令，可以看到导入网表后的结果。

对于“ascii.err”文件中给出的报告内容，如果只是警告信息，一般不影响正常设计，但是如果出现了错误信息，一定要认真检查和修改原理图设计，排除错误。

（6）单击“标准”工具栏中的“保存”按钮，输入文件名称“USB.pcb”，保存 PCB 图，如图 18-4 所示。

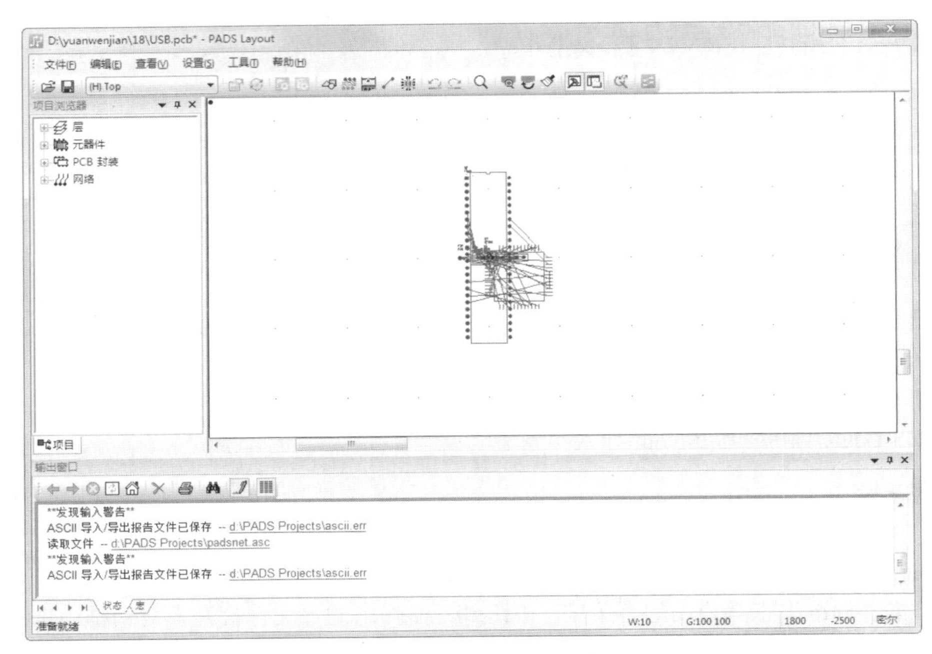

图 18-4　导入网表后的结果

18.3.2　PCB 元器件的布局设计和自动尺寸标注

当 USB 电路的网表已经传送到 PADS Layout 中，这时就可以根据应用要求和使用元器件的特性进行合理的布局设计了。首先对相关参数进行必要的设置，用户可以根据需要进行一些与布局相关的参数设置，比如设计栅格、PCB 的一些局部区域高度控制等，这些参数的设置对于布局设计会带来方便。在本设计中，这些参数使用了系统的默认值，没有进行修改。

进行布局前还需要绘制 PCB 的板框线。对于 U 盘电路的设计，这一步显得尤为重要，因为如果板框线没有按照要求的尺寸进行设计，那么最终的接口卡是很难插入计算机使用的。

【创建步骤】

扫码看视频

1. Flash 存储器芯片的固定

由于在 U 盘电路中有一个 Flash 存储器芯片，板框线的绘制要和该芯片进行严密的对齐和配合，所以在绘制板框线前，首先要选出并固定 Flash 存储器芯片。下面将介绍具体的操作过程。

（1）在打开“USB.pcb”文件的前提下，执行右键菜单命令“选择元器件”，然后单击 Flash 存储器芯片（U2），选中该元器件。

（2）接着执行右键菜单命令“移动”，将 Flash 存储器芯片移动到一个合适的位置上，放置该元器件。

（3）然后选中该元器件，执行右键菜单命令“特性”，弹出“元器件特性”对话框，选中该对话框的“胶粘”复选框，如图 18-5 所示，单击“确定”按钮，就完成了对 Flash 存储器芯片的固定，结果如图 18-6 所示。

2. Flash 存储器芯片的板框线绘制

参照 PCI 板卡的尺寸标准，开始绘制板框线。

（1）选择“标准”工具栏中的“绘图工具栏”图标，打开“绘图”工具栏，单击“绘图”工具栏中的“板框和挖空区域”按钮，进入绘制边框模式。绘制 Flash 存储器芯片的板框线，结果如图 18-7 所示。

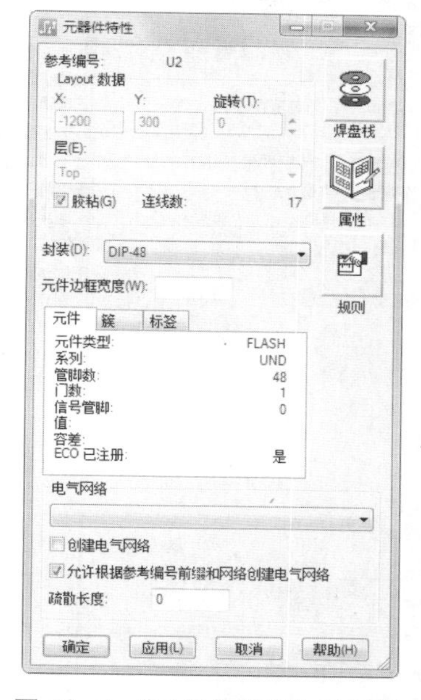

图 18-5 “元器件特性”对话框

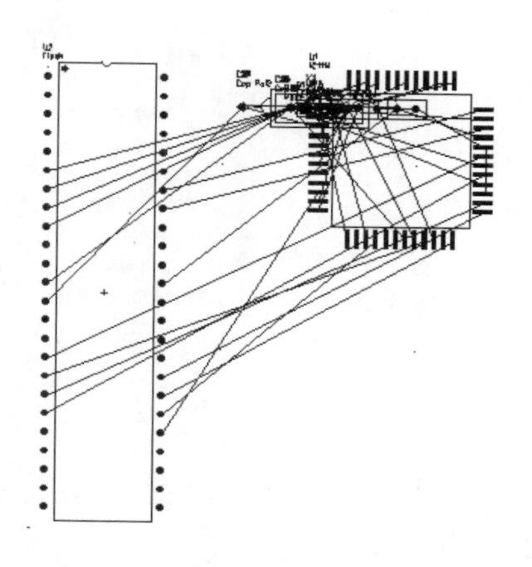

图 18-6 Flash 存储器芯片移动和固定后的结果

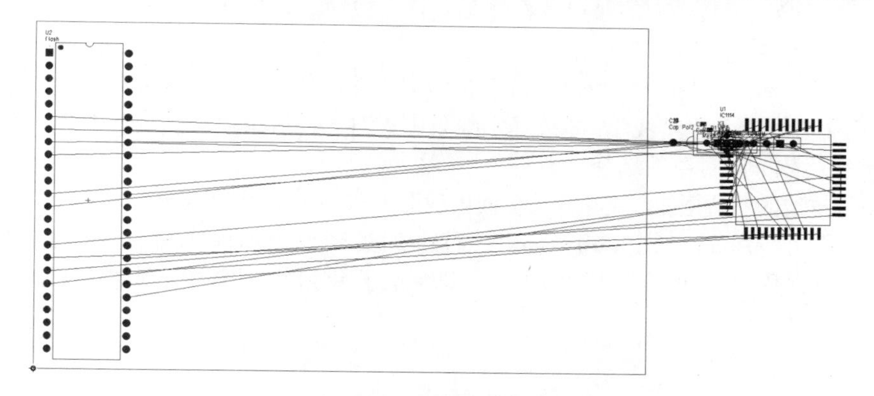

图 18-7 初步绘制的板框线

如果绘制的板框线尺寸不合理，可以通过移动来修改。

（2）首先执行右键菜单命令“选择板框”，然后单击选中要进行移动或者修改的板框线部分，可以根据需要选择执行下列右键菜单命令：移动、分割、添加拐角、推挤和径向移动等，如图 18-8 所示，完成对板框线的修改和编辑。

为了明确板框线的大小，以确定设计是否正确，需要对板框线的相关尺寸进行自动尺寸标注。下面以接口卡的长、宽标注为例，介绍自动尺寸标注的方法。尺寸标注前，为了使标注的尺寸以公有制毫米（mm）为单位，首先需要在 PADS Layout 中执行“工具”→“选项”命令，在弹出的“选项”对话框中选择“全局”选项卡，并将该选项卡中的“设计单位”设置为“公制”选项，如图 18-9 所示，则标注的尺寸便以毫米（mm）为单位了。

3. Flash 存储器芯片的标注

（1）标注 Flash 存储器芯片板框线的长度

图 18-8 快捷菜单

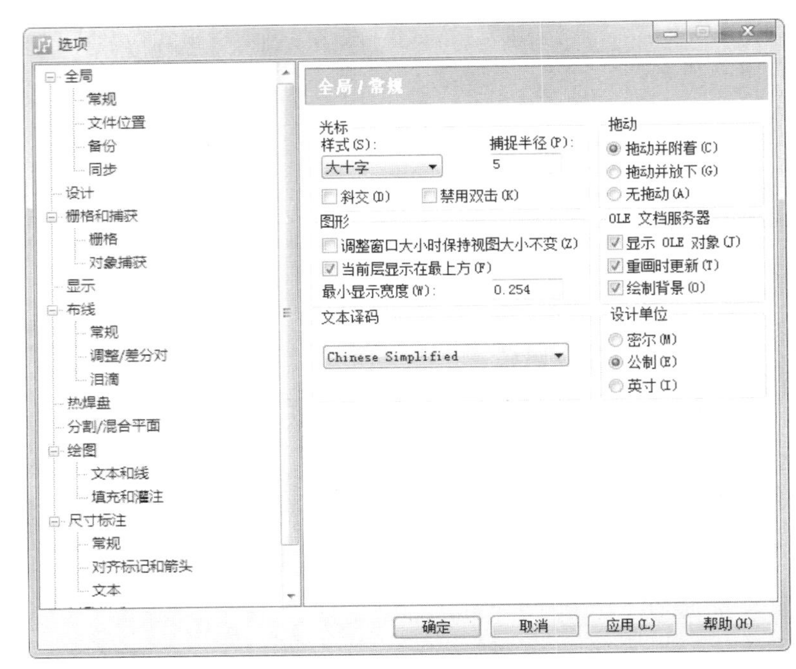

图 18-9 “选项”对话框

- 单击“标准”工具栏中的“尺寸标注工具栏”按钮，打开“尺寸标注”工具栏，执行右键菜单命令“选择板框”。
- 单击“尺寸标注”工具栏中的“水平”按钮，接着依次执行右键菜单命令“捕获至中点”、“使用中心线”和“基线”，即选择了线条中点对齐、线条中心到线条中心、基线式标注方法进行尺寸标注对象的选择。
- 选中板框线的左边框线，则在左边框线出现图 18-10 所示标记的结果。单击选中右边框线，则会出现尺寸标注线，如图 18-11 所示。而且这时当移动光标时该尺寸标注线也随着移动，这样将该标注线移到合适的位置后单击鼠标，即完成了标注尺寸的放置，结果如图 18-12 所示。

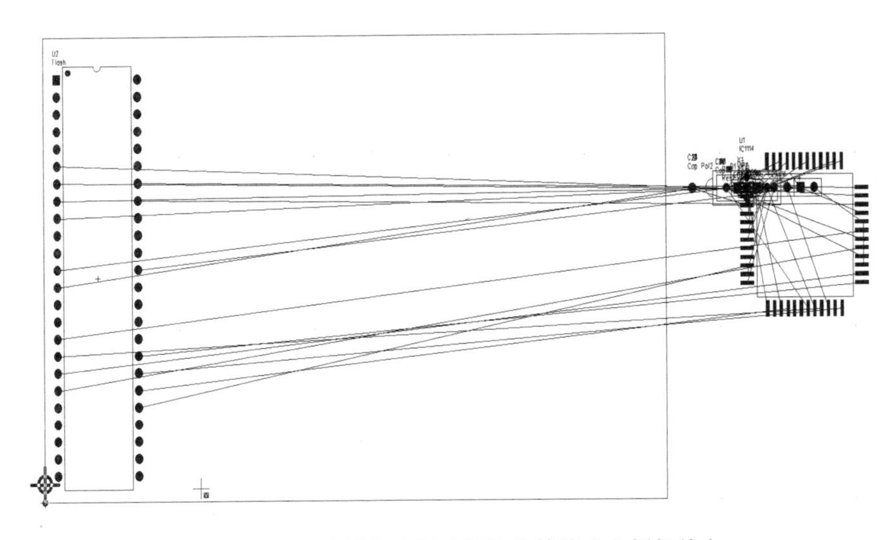

图 18-10 选择自动尺寸标注的基线（左板框线）

从图中的标注可以看到当前 PCB 的长度为 116.8 mm。

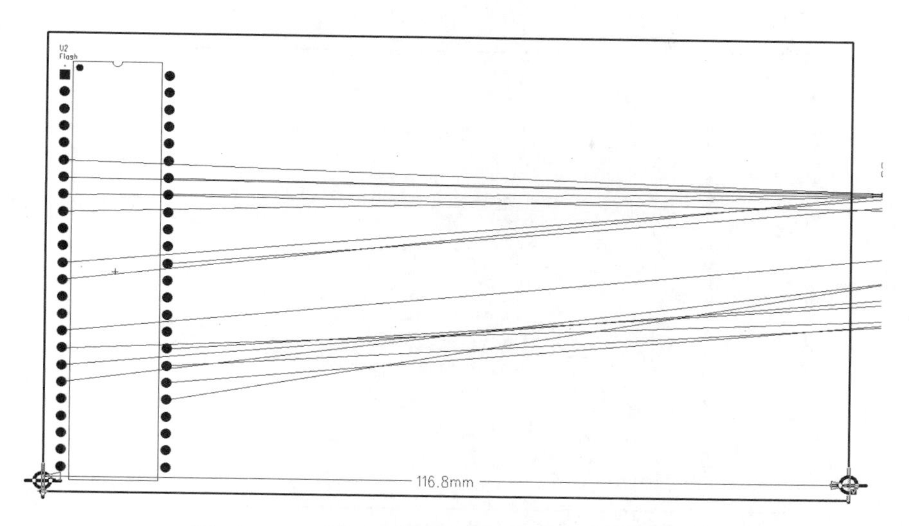

图 18-11　选择自动尺寸标注的终线（右板框线）

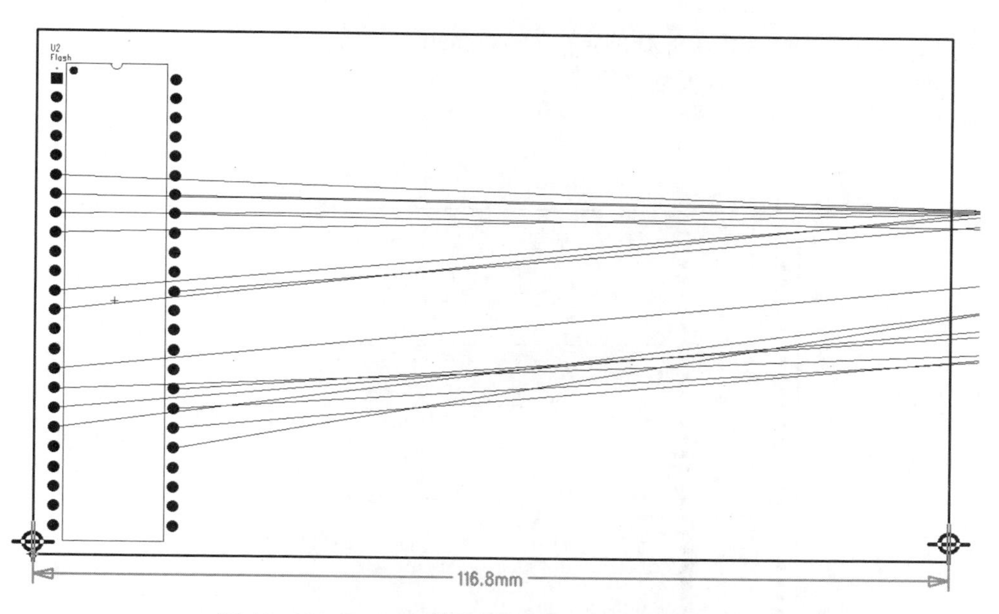

图 18-12　Flash 存储器芯片板框线的长度标注结果

（2）标注 Flash 存储器芯片板框线的宽度

- 单击“标准”工具栏中的“尺寸标注工具栏”按钮，打开“尺寸标注”工具栏，执行右键菜单命令“选择板框”。
- 单击“尺寸标注”工具栏中“垂直”按钮，接着依次执行右键菜单命令“捕获至中点”、“使用中心线”和“基线”，即选择了线条中点对齐、线条中心到线条中心、基线式标注方法进行尺寸标注。
- 选中板框线的上边框线，在上边框线出现标记后单击选中下边框线，并将出现的标注线移到合适的位置后单击鼠标放置，结果如图 18-13 所示。

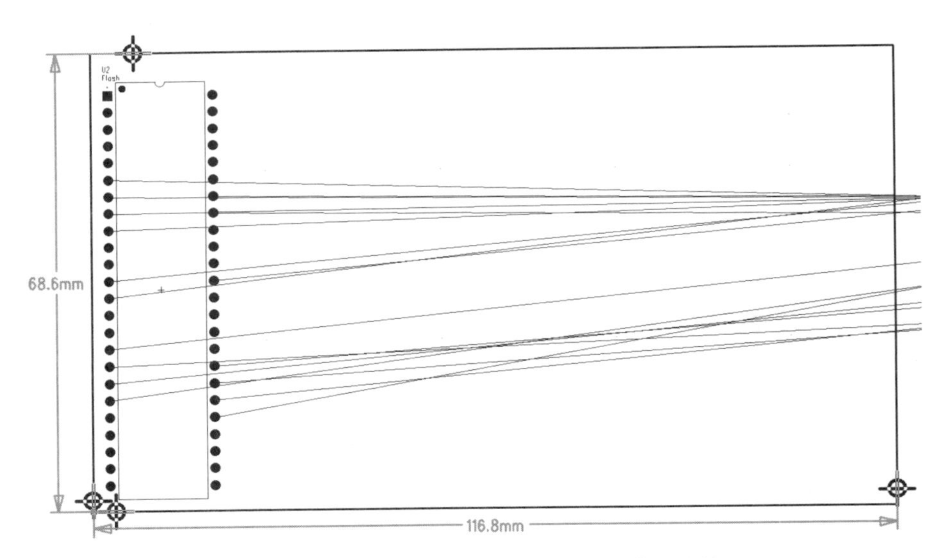

图 18-13　Flash 存储器芯片板框线的宽度标注结果

从图中的标注可以看到当前 PCB 的宽度为 68.6 mm。

（3）标注 Flash 存储器芯片板框线的其他重要尺寸

标注方法基本和以上方法类似，标注结果如图 18-14 所示。

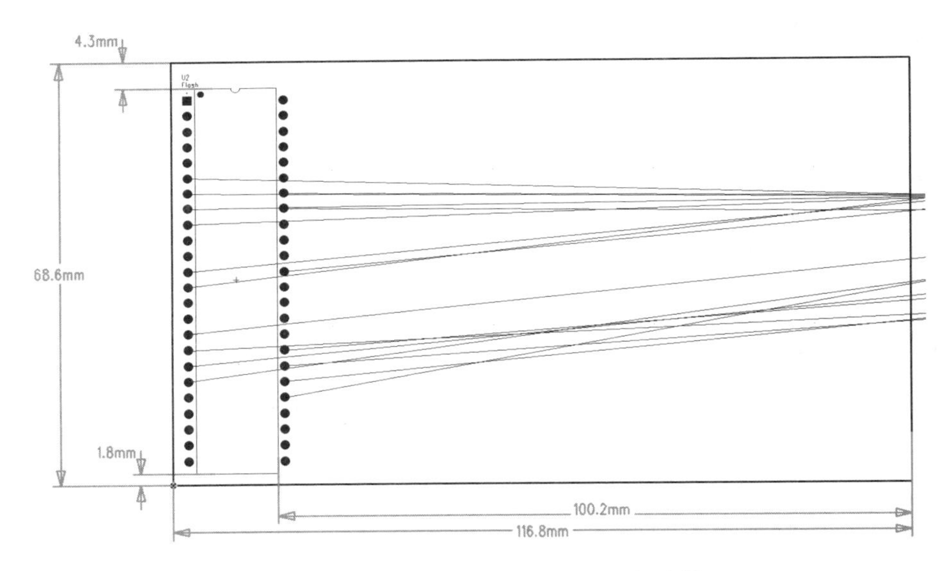

图 18-14　Flash 存储器芯片板框线的标注结果

根据以上标注尺寸，参照板卡的尺寸标准，可见以上板框线设计是合理的，PCB 尺寸的大小和误差均控制在标准规定的范围内。大家在进行该练习时，除了板长和板宽可以在标准规定的范围内进行较大调整外，其他尺寸一定要严格控制，尽量与标准中给定的尺寸大小接近或相同。完成了 PCB 框线的绘制后，下面介绍其他元器件的布局设计。

4. 元器件布局设计

PCB 的元器件布局对于后面的布线设计非常重要，合理的布局有利于提高布线的通过率，加快布线的效率，也有利于提高 PCB 卡的高速性能。

由于原理图从 PADS Logic 中传送过来之后全部都是叠放在坐标原点，这样不利于对元器件的观察，给布局带来了不便。所以在绘制、设计完板框线后，需要将这些元器件散开并放置到板框线外。PADS Layout 已经提供了这样的功能。

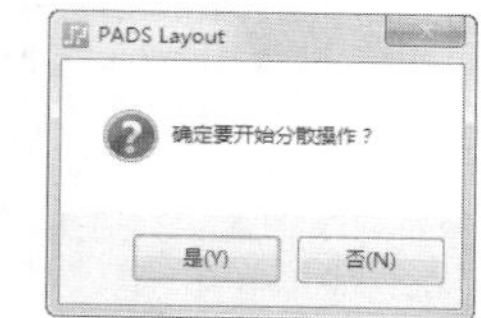

图 18-15　散开元器件提示对话框

（1）散开元器件

在打开“USB.pcb”文件的前提下，执行“工具”→“分散元件”命令，弹出图 18-15 所示的提示对话框，单击“是”按钮，可以看到元器件被全部散开到板框线以外（除了被固定的元器件），并有序地排列开来，如图 18-16 所示。

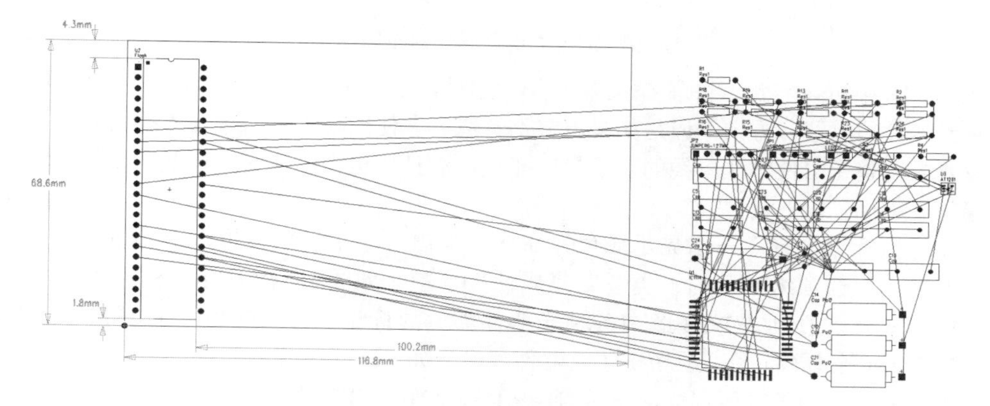

图 18-16　散开元器件后的结果

（2）放置重要的和主要的元器件

在 USB 电路中最重要又复杂的是 AT1201、IC1114 和 JUMPER6-1.27MM，所以首先移动这 3 个元器件，并放置到合理的位置上。这里的合理不但包括物理位置的合理，而且包括信号互连上的合理性。这里的物理位置比较好把握，但是信号互连的合理性是需要进行一定分析的，基本原则是通过元器件放置位置（平移）和方向（旋转）的调整，使元器件间的信号互连最容易，进行合理的布局规划。

- 首先对 USB 电路中的 AT1201、IC1114 和 JUMPER6-1.27MM，进行图 18-17 所示的布局。完成对这 3 个重要元器件的布局后，再对其他的主要元器件进行布局，结果如图 18-18 所示。

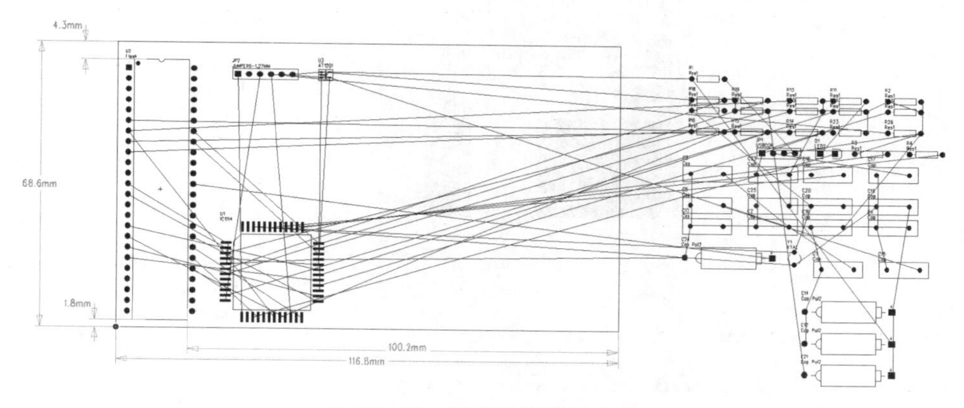

图 18-17　重要元器件的布局

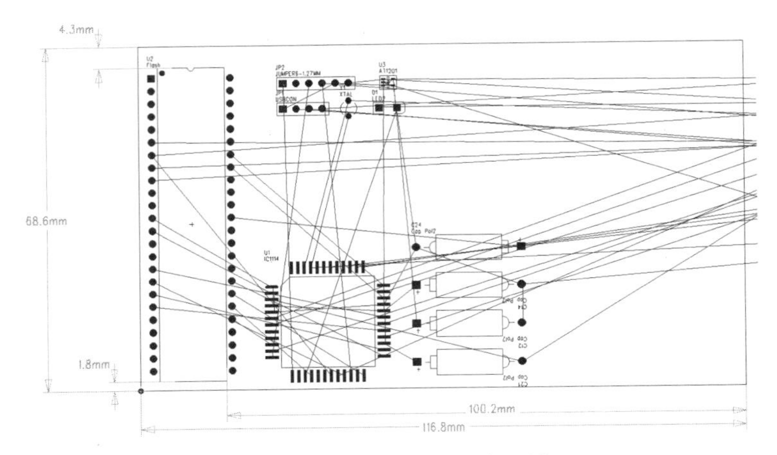

图 18-18　主要元器件的布局结果

从图 18-18 中可以看出，除了在位置上要考虑外，还要考虑元器件间信号要便于互连。可以试着调整元器件的位置和方向，但是如果调整不合适，会使图中表示信号互连的鼠线变得交错、复杂。一般要求调整元器件时让鼠线的长度尽可能短，而且尽量少出现交叉情况。在图 18-18 中，为了显示清楚，进行了以下设置。

- 首先执行“设置”→“显示颜色”命令，弹出“显示颜色设置”对话框，取消“层 / 对象类型”选项组右侧的“类型”、“属性”选项，如图 18-18 所示。然后单击“确定”按钮，就可以看到在 PCB 图中各种元器件类型的标记，如 AT1201、IC1114 和 JUMPER6-1.27MM 等均不可见，只留下了元器件编号，如 U2、U3 等。

在图 18-19 中，为了方便浏览，还对 U1 ～ U3、JP1 ～ JP3 的元器件编号的字号大小进行了修改。这里系统设计单位为“mm”。

- 执行右键菜单命令“选择文档”，然后依次同时选中以上元器件编号（通过 Ctrl 键可以实现多选），执行右键菜单命令“特性”，弹出“元件标签特性”对话框，对对话框的“尺寸”和“线宽”进行图 18-20 所示的设置，然后单击“确定”按钮，即改变了 PCB 中以上元器件编号文本的大小。

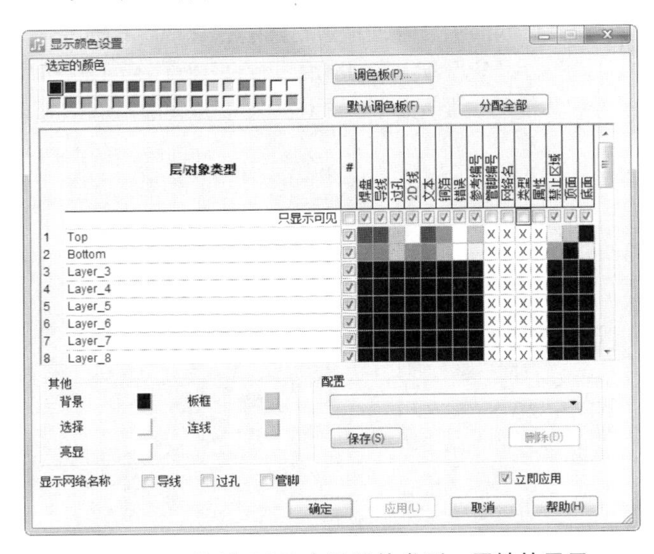

图 18-19　取消 PCB 中元器件类型、属性的显示

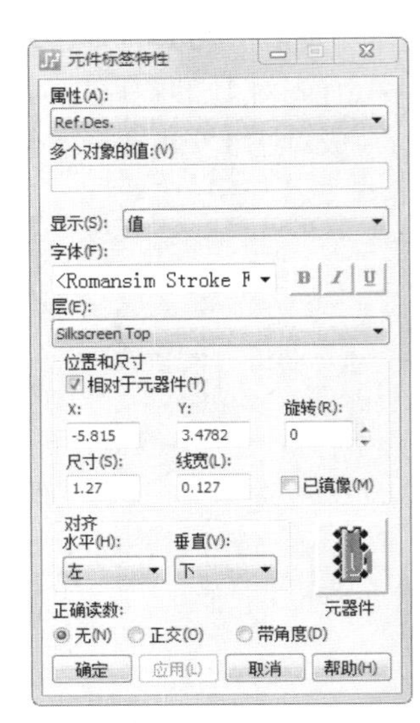

图 18-20　设置元器件标号的字体大小

电路中除了以上的重要和主要元器件外还有很多辅助元器件，如退耦电容、上拉电阻、下拉电阻等，如何放置好这些辅助元器件也是 PCB 设计中非常重要的。一般情况下，这些辅助元器件需要根据原理图设计，要求尽可能靠近起作用的元器件和元器件管脚，而且通常放置在电路板的背面层（如 Bottom 层）。下面我们在以上原则的指导下，开始 USB 电路相关辅助元器件的放置。

（3）放置辅助元器件

首先将辅助元器件全部放置到电路板的底层（即 Bottom 层）。在设计中以 C 和 R 开头的元器件都是辅助元器件，首先设置以 C 开头的电容元器件，通过“查找”对话框进行选择。

- 执行“编辑”→“查找”命令，弹出“查找”对话框，进行图 18-21 所示的选择，单击“确定”按钮便选中了 PCB 中所有的电容元器件。接着执行右键菜单命令“特性”，弹出“元器件特性”对话框，在对话框的“层”下拉式列表中选择“Bottom”，如图 18-22 所示。

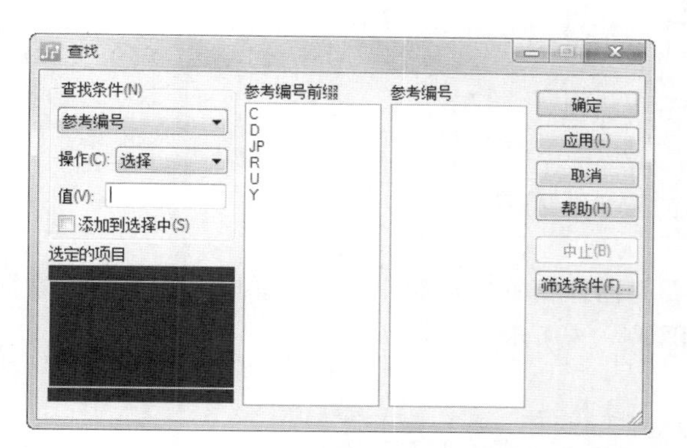

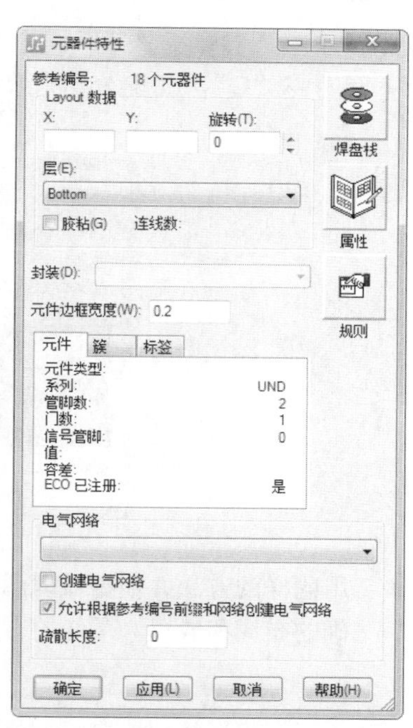

图 18-21　在“查找”对话框中选中所有电容元器件　图 18-22　将所有电容元器件放置到底层（Bottom 层）

- 用同样的方法再将电阻放置到电路板的背面底层（Bottom 层），最终在 PCB 中可以看到所有的电容、电阻和阻排元器件均变成了蓝色（Bottom 层元器件的颜色）显示，与顶层（Top 层）的元器件明显区分开来。在设计中这些辅助元器件绝大部分都位于底层，只有少量的会根据需要调整到顶层，这完全根据用户的需要进行调整，后面关于这方面的调整不会再进行特别说明。设置完这些辅助元器件所在的电路层后，需要进一步根据原理图将这些辅助元器件放置到相关主要元器件的周围，并尽可能靠近这些元器件的相关管脚。
- 在原理图中，与 AT1201（U3）元器件相关的辅助元器件为 C12 ～ C15 这 4 个电容，在 PCB 图中需要将这 4 个电容选中并移到 AT1201 元器件附近，而且这些电容要求尽量能够靠近 AT1201 的管脚放置，这样才能起到好的链接作用，结果如图 18-23 所示。

从图 18-22 中可以看到这 4 个电容都很靠近 AT1201 的管脚，符合电容布局设计的常规要求，不过由于电容元器件在背面底层，所以元器件标志看起来是反的，但制出板子后在板子上看是正的，这是初次制板时需要注意的。

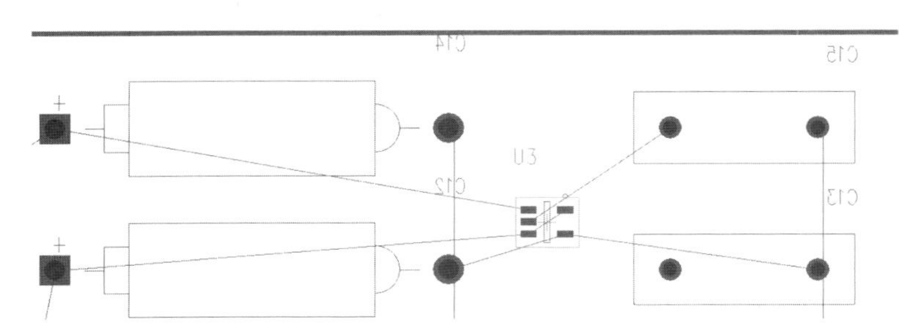

图 18-23　放置 AT1201 元器件的去耦电容

注意

在“查找”对话框中可以按住“Ctrl”键同时查找多种不同字母开头的元器件，如图 18-24 所示，选择以“C”、“R”为开头的元器件。

图 18-24　“查找”对话框

- 用同样的方法并根据原理图将每个主要元器件相关的辅助元器件（如电容和电阻）进行正确的布局和放置。最终的布局结果如图 18-25 所示。

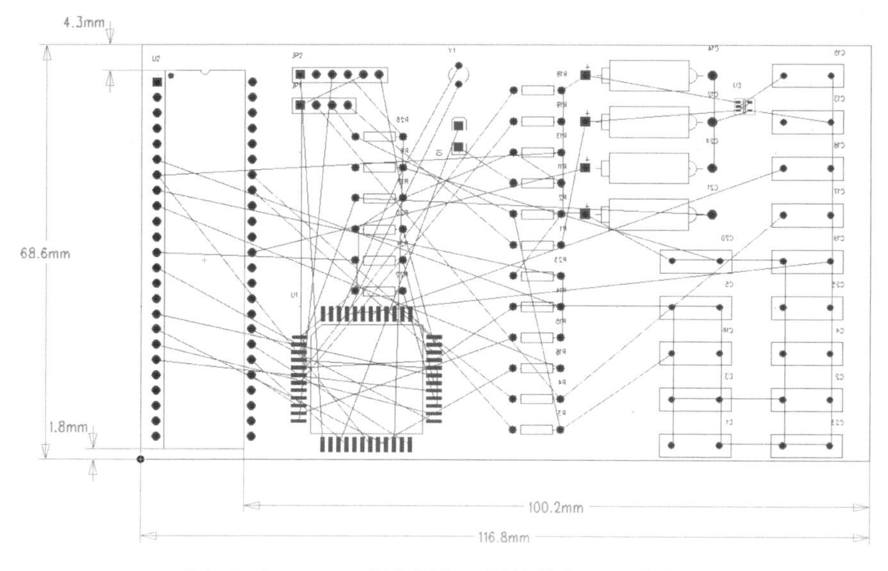

图 18-25　USB 电路所有元器件的布局设计结果

18.3.3　布线前的相关参数设置

当完成布局后，还必须进行一系列的布线前的准备工作。尤其是对多层板设计而言，以下的几个相关参数设置更是不容忽视的。

- “层定义”设置。
- “焊盘栈”设置。
- “钻孔对”设置。
- “跳线”设置。
- “设计规则”设置。

1. USB 电路的层设置

由于 USB 电路是 4 层板，所以需要进行相应的电路层设置。选择菜单栏中的“设置”→“层定义”命令，弹出“层设置”对话框。对话框的默认设置为 2 层板，这里参照以前讲的方法，完成对 4 层电路板的设置，结果如图 18-26 所示。

第 2 层（GND 层）分配的网络名称为“GND”，如图 18-27 所示。第 3 层分配的网络名称为“3.3VCC”。

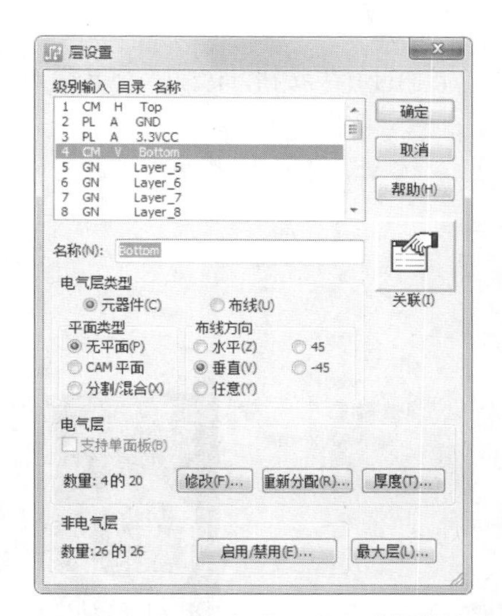

图 18-26　USB 电路 4 层电路板的定义结果

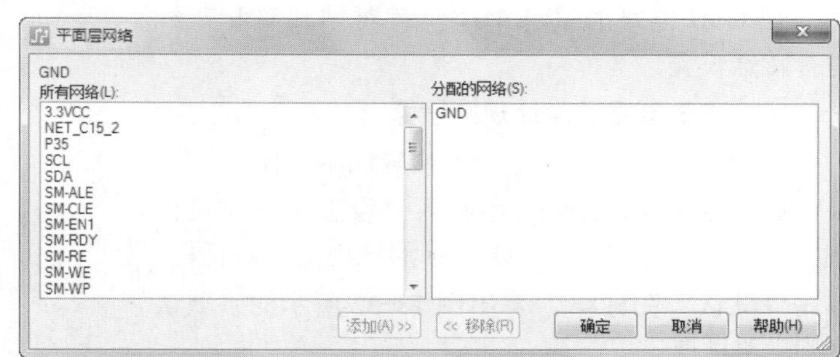

图 18-27　为 USB 电路的 GND 层分配网络

2. 焊盘栈的定义

通过“焊盘栈特性”对话框可以对 PCB 中的封装和过孔的焊盘属性进行设置。

一般情况下，在 PCB 中很少对封装的焊盘属性进行修改，因为这些封装的管脚焊盘是在 PCB 封装设计时已经考虑过的，一般不需要再进行修改。

但是对过孔焊盘的定义和修改是设计中经常用到的。在 PADS Layout 的设计单位为“mm”时，选择菜单栏中的“工具”→“选项”命令，在弹出的“选项”对话框中设置单位为“密尔”，方便过孔尺寸设置。

选择菜单栏中的“设置”→“焊盘栈”命令，打开“焊盘栈特性”对话框，并在“焊盘栈类型”选项组中选择“过孔”，如图 18-28 所示。可以看到系统默认定义了一个名称为“STANDARDVIA”的过孔焊盘，该焊盘的直径为 55 mil，过孔直径为 37 mil。显然这样的过孔焊盘偏大，不利于布线。所以考虑将该焊盘的参数修改为焊盘直径 25 mil，过孔直径 16 mil，如图 18-29 所示。

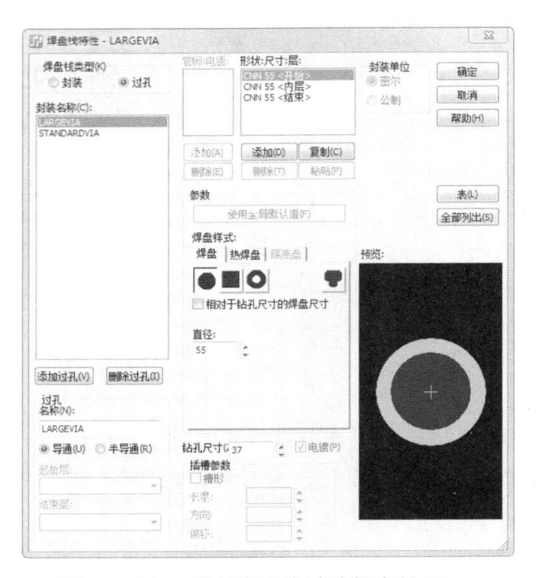

图 18-28　系统默认的过孔焊盘设置

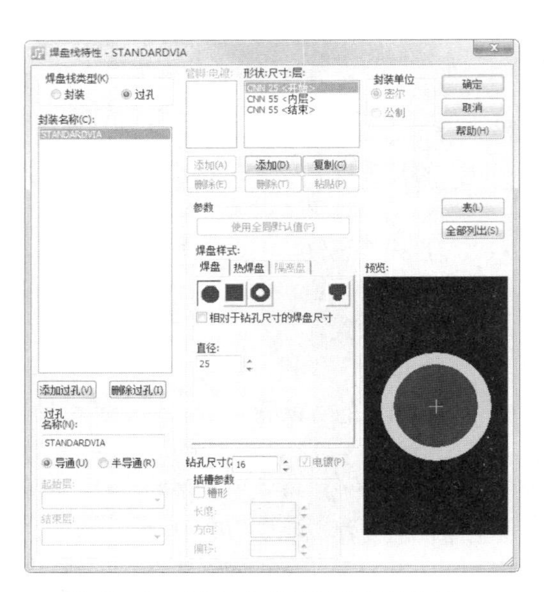

图 18-29　USB 电路的过孔焊盘设置

同时考虑到 USB 电路中也需要少量较大尺寸的焊盘，所以单击“添加过孔”按钮，添加一个名称为“LARGEVIA”的焊盘。该焊盘直径为 55 mil，过孔直径为 37 mil，结果如图 18-30 所示。需要注意的是，系统布线时默认均采用“STANDARDVIA”过孔焊盘。

在 USB 电路的设计中，没有对钻孔对和条线进行特殊设置。

3. USB 电路的设计规则设置

USB 电路的设计规则设置步骤如下所述。

（1）在 PADS Layout 中执行“设置”→“设计规则”命令，弹出图 18-31 所示的“规则”对话框，单击“默认”图标，弹出图 18-32 所示的“默认规则”对话框。

（2）单击“默认规则”对话框中的“安全间距”图标，弹出“安全间距规则”对话框，按照图 18-33 所示修改对话框的“线宽”项，其中系统的设计单位为“mil”。然后单击“确定”按钮，关闭“安全间距规则”和“默认规则”对话框。

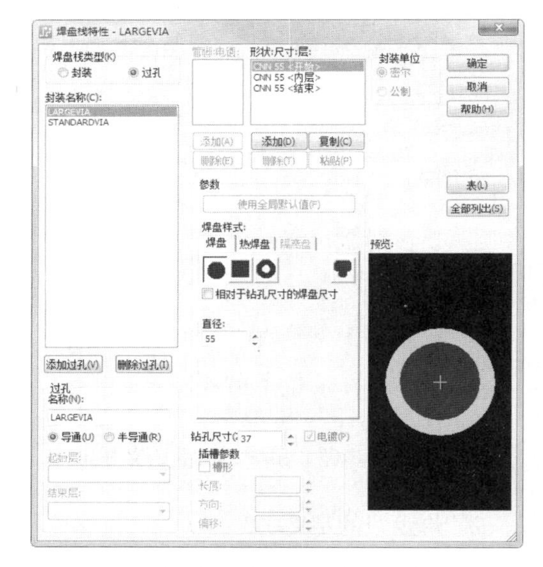

图 18-30　添加过孔焊盘设置

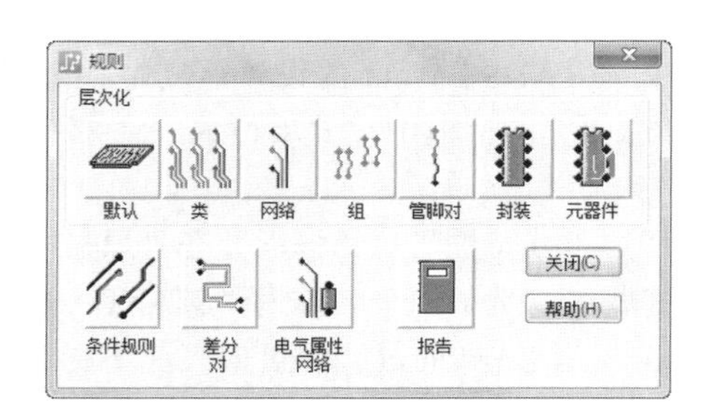

图 18-31　设计规则定义对话框

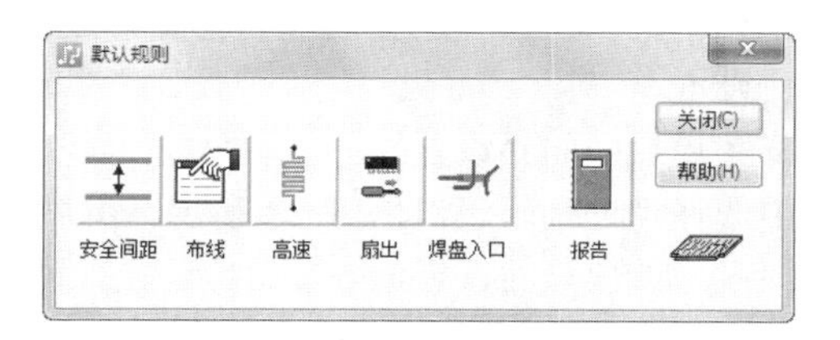

图 18-32　默认规则定义对话框

设置完了系统默认的安全间距规则后，下面将对电路板中的一些特殊信号网络（如电源、时钟）进行相关设置。

（3）单击图 18-31 所示“规则”对话框中的“网络”图标，弹出图 18-34 所示的“网络规则”对话框。在“网络”列表中选择“GND”信号网络。然后单击“安全间距”图标，弹出“安全间距规则”对话框，修改对话框的“线宽”项，如图 18-35 所示，其中系统的设计单位为“mil”。然后单击“确定”按钮，关闭“安全间距规则”对话框。

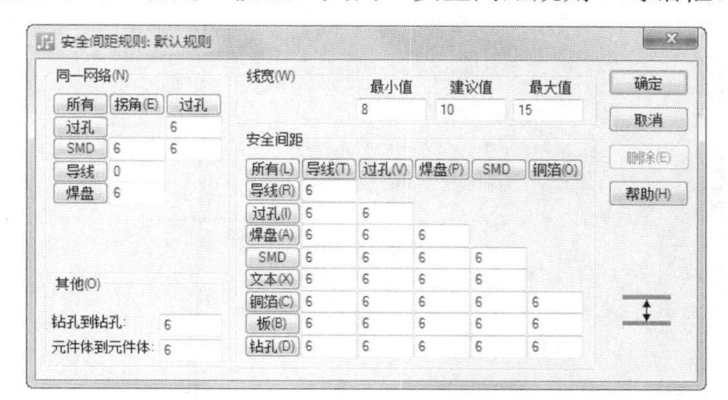

图 18-33　默认安全间距规则定义对话框

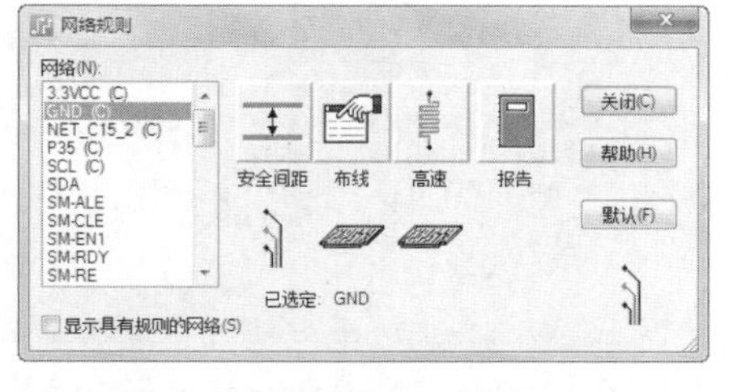

图 18-34　信号网络安全间距规则定义对话框

这时可以看到在图 18-34 所示对话框“网络”列表中的“GND”变成了“GND (C)”，其中“(C)”表示“GND”信号网络的安全间距的默认设置已被修改。用同样的方法完成对下列信号网络的布线线宽设置。

GND、3.3VCC 和 NET_C15_2：最小线宽 12 mil，推荐线宽 20 mil，最大线宽 25 mil。

P35 和 SCL：最小线宽 10 mil，推荐线宽 15 mil，最大线宽 25 mil。

网络设置的最终结果如图 18-36 所示。以上就完成了所有相关设计规则的修改，没有进行修改的设计规则保持默认设置不变。下面就可以开始进行相关布线的工作了。

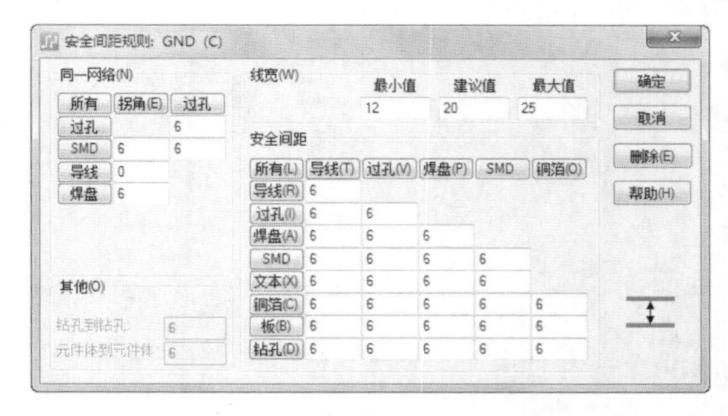

图 18-35　信号网络的安全间距规则定义

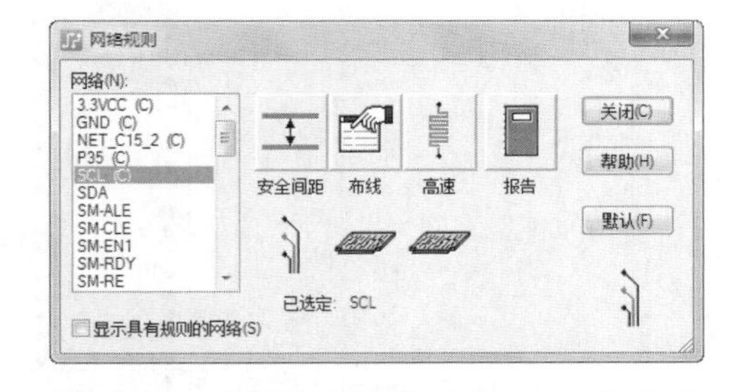

图 18-36　设置信号网络的安全间距的结果

18.3.4　PADS Router 的布线和验证

在 PADS Layout 中提供了自动布线和手工布线两种方式。但一般情况下，均首先使用自动布线器进行布线，然后针对自动布线的结果，使用手工布线进行修改。PCB 的元器件布局设计操作步骤如下所述。

扫码看视频

【创建步骤】

（1）在 PADS Layout 窗口下，进行 PADS Router 连接器的设置。首先打开“USB.

pcb”文件，然后执行“工具”→“PADS Router”命令，弹出“PADS Router 链接”对话框，在“操作”选项组下勾选“在前台自动布线”单选钮，如图 18-37 所示。

（2）进行布线处理。完成以上设置后，单击“继续”按钮，弹出图 18-37 所示的“PADS Router Monitor”（PADS Router 观察器）对话框，通过该对话框可以监视布线的进度。

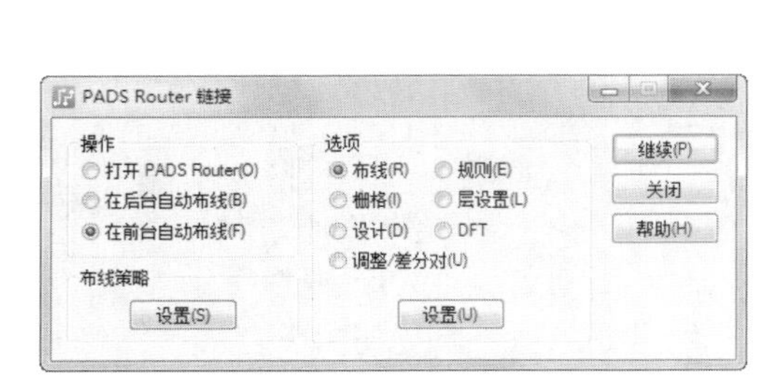

图 18-37　PADS Router 运行布线前的设置

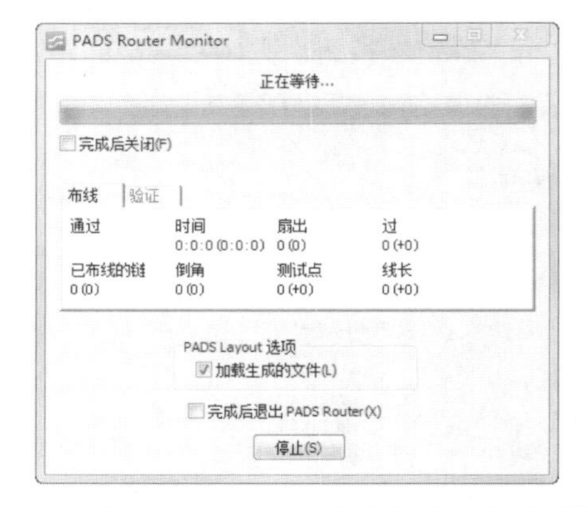

图 18-38　PADS Router 布线进度观察对话框

（3）保存自动布线结果。当观察到图 18-38 所示对话框的布线进度条被充满时，表示布线已经完成，这时单击“停止”按钮关闭对话框。启动一个新的 PADS Layout 窗口，并在其中打开布线结果文件“USB_blz.pcb”，如图 18-39 所示。

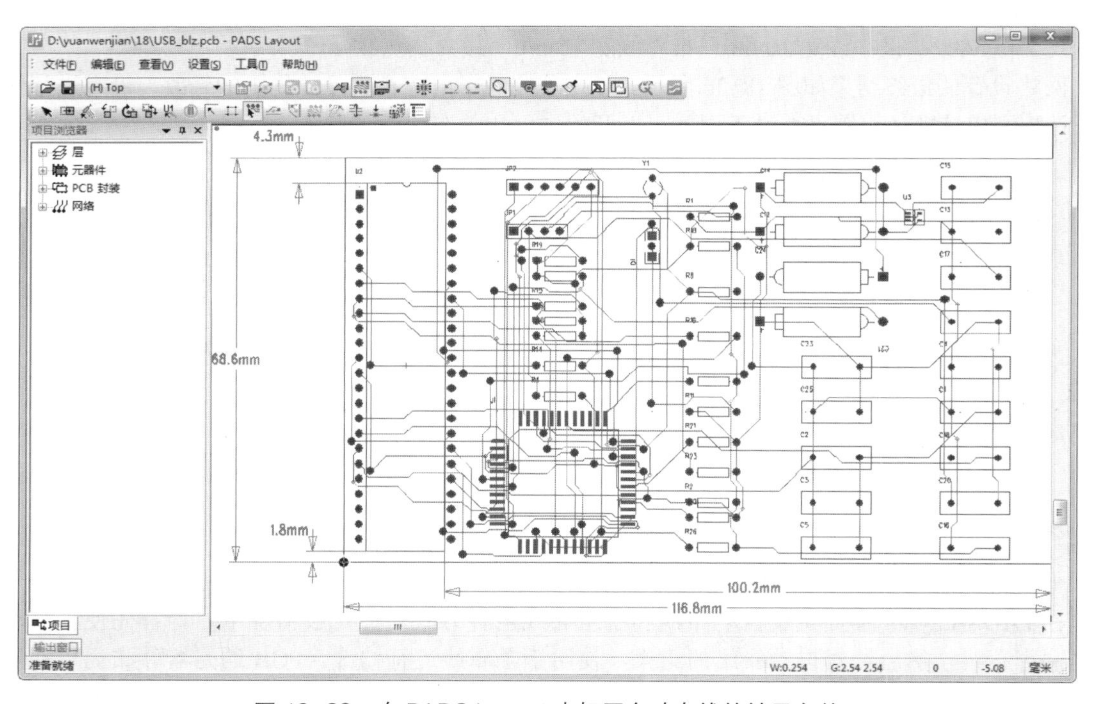

图 18-39　在 PADS Layout 中打开自动布线的结果文件

（4）同时启动 PADS Router 界面，并在其中打开布线结果文件“USB_blz.pcb”，如图 18-40 所示。

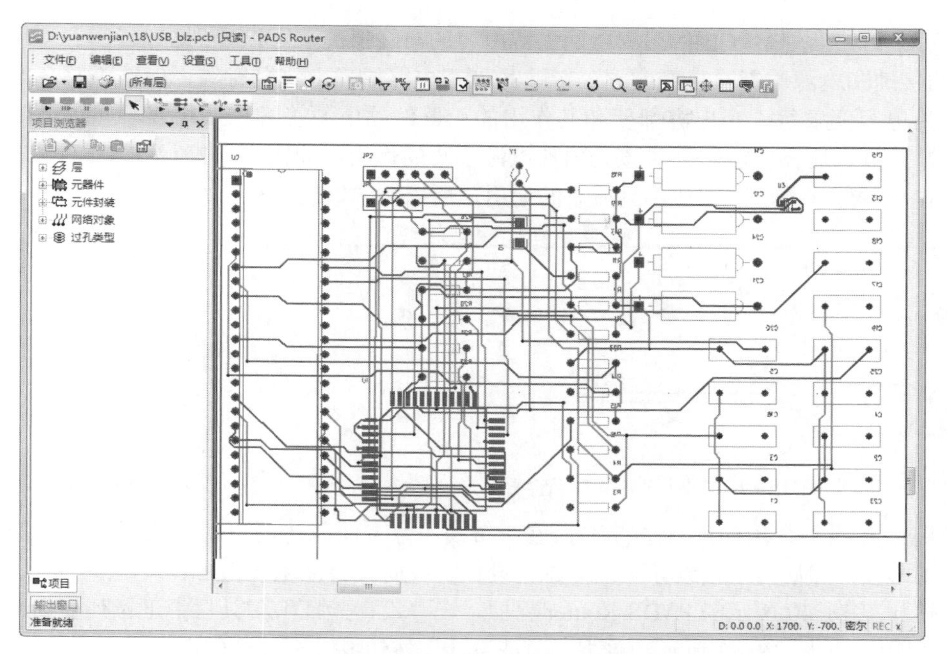

图 18-40　在 PADS Router 中打开自动布线的结果文件

注意

完成布线操作后进行后期设计验证及规则检查均可在 PADS Layout、PADS Router 两个界面中进行。

（5）进行初步验证。为了验证该 PCB 布线的结果是否完全和正确，我们先对“USB_blz.pcb”文件进行设计验证。

执行“设置”→“显示颜色”命令，弹出“显示颜色设置”对话框，取消对话框中“层 / 对象类型”选项组的“Top”复选项，如图 18-41 所示。然后单击“确定”按钮，则 PCB 图中的“Top”

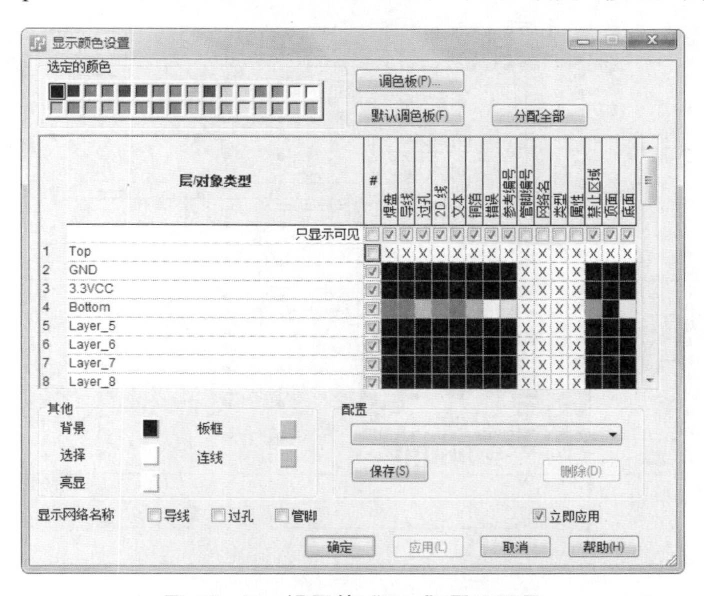

图 18-41　设置使“Top”层不可见

层变得不可见。然后观察PCB中U3周围的去耦电容的布线情况，可以看到C12、C13、C14和C15这4个电容的接地和电源端都直接搅到了一起，虽然在电路原理上这没有错，但这不符合电容的使用方法。因为电容要求每一个电容都要和其作用的元器件的电源管脚直接相连，并尽可能靠近该元器件的电源管脚，这样才能起到对该元器件电源管脚的作用，而图18-42所示的C12、C13、C14和C15这4个电容的连线方法显然达不到应有的作用，所以必须修改。

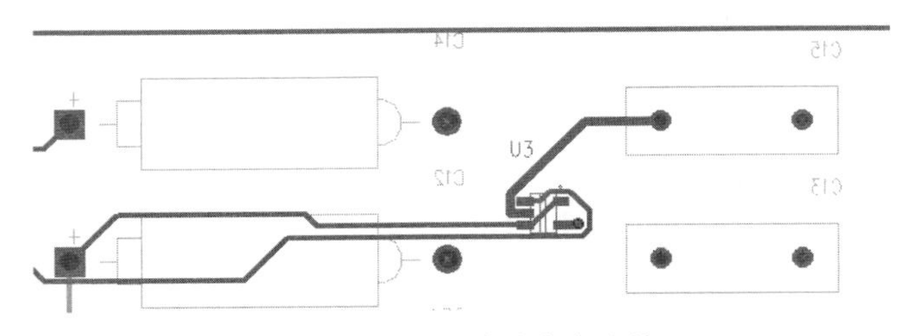

图 18-42　不正确的电容连线

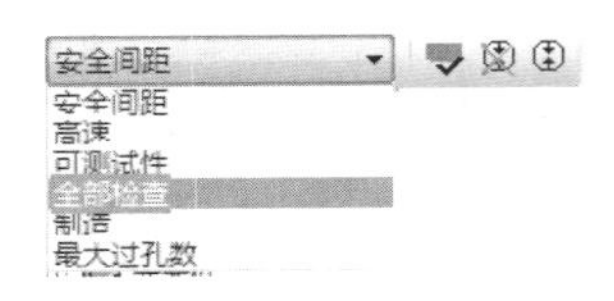

图 18-43　“设计验证”工具栏

对电路中布线不合理的地方进行手工重新布线。像上面所述的自动布线中不合理的地方，必须进行手工修改，然后再进行设计验证，直到设计合理而且验证无误为止。

- 打开图 18-40 所示的 PADS Router 界面，在“设计验证”工具栏中下拉列表中选择“安全间距”，如图 18-43 所示，单击“验证设计”按钮，在“输出窗口”中显示验证信息：
  已删除 0 个错误，全部检查。未发现错误。错误总数为 0。
  表示安全间距检查正常。
- 选择“高速”，单击“验证设计”按钮，在“输出窗口”中显示验证信息：
  已删除 0 个错误，全部检查。未发现错误。错误总数为 0。
- 选择“制造”，单击“验证设计”按钮，在“输出窗口”中显示验证信息：
  已删除 0 个错误，全部检查。未发现错误。错误总数为 0。
  最终的设计结果如图 18-44 所示。

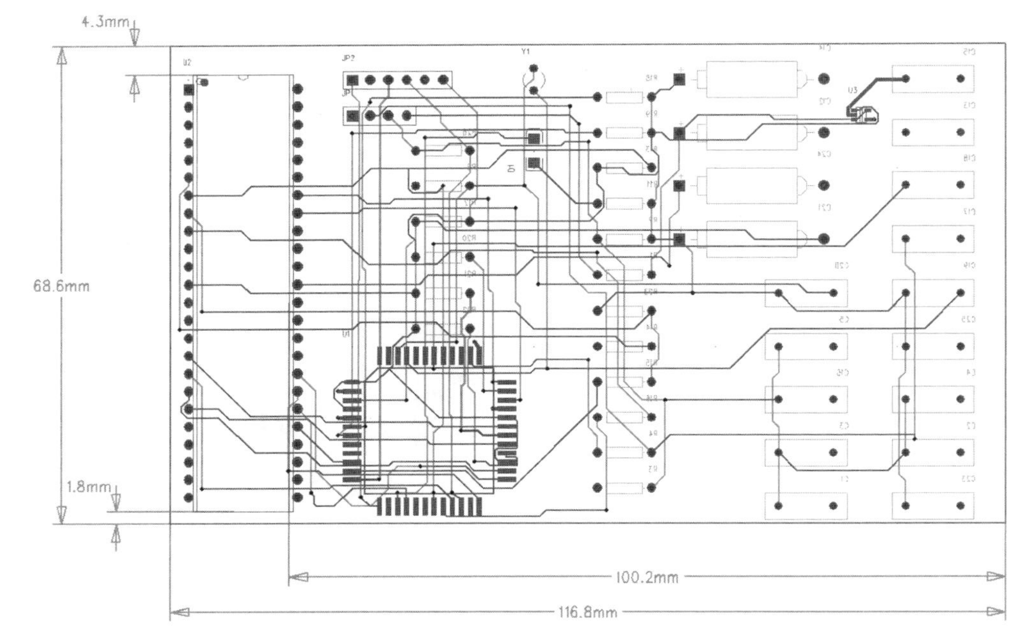

图 18-44　USB 电路的 PCB 手工布线修改后的设计结果

18.3.5　PCB 的 Gerber 光绘文件输出

完成了 PCB 的布局、布线和验证，可以说已经完成了设计工作的绝大部分，但还不能说完成了所有的设计工作，因为设计中还有最后一步，即产生 PCB 的 Gerber 文件，用于 PCB 板的加工和生产。为了方便用户操作，我们将上一节得到的“USB_blz.pcb”文件另存为“USB_blz_cam.pcb”。在“USB_blz _cam.pcb”中保存了因为光绘输出而需要对 PCB 文件进行的修改，用户可以通过比较前后这两个文件来进一步理解，在完成 PCB 的设计后为了输出好的 Gerber 光绘文件，还需要对 PCB 设计进行一些必要的修改。

所谓 Gerber 文件，是以 PCB 原文件为依据，产生出来的坐标和光码文件，利用这些 Gerber 文件就可以进行光绘，生成 PCB 的菲林，然后通过菲林就可以生产 PCB 了。一个 PCB 通常包括多个 Gerber 文件，每个 Gerber 文件包含 PCB 设计中的某一层的一定的光绘信息，一个 PCB 的所有 Gerber 文件就体现了该 PCB 的全部加工和生产信息。不同的 PCB 包含的 Gerber 文件数目是不一样的，特别是不同板层的 PCB 设计差异会更大。通常需要输出下面常用的 7 种板层数据。

- Routing（走线层）。
- Silkscreen（丝印层）。
- Plane（电源、地平面层）。
- Drill Drawing（钻孔参考图层）。
- Paste Mask（助焊层）。
- Solder Mask（阻焊层）。
- NC Drill（NC 钻孔层）。

下面的操作均是在 PADS Layout 中已打开“USB_blz _cam.pcb”文件的前提下进行的。

扫码看视频

【创建步骤】

1．顶层走线层的 Gerber 文件输出

（1）选择菜单栏中的“文件”→“CAM”命令，弹出“定义 CAM 文档”对话框，如图 18-45 所示。在“CAM 目录”下拉列表中选择“创建”项，弹出“CAM 问题”对话框，在对话框的文本框中输入新的子文件夹名称“USB_CAM”，作为当前 PCB 文件的 CAM 输出相关文件的保存位置，如图 18-46 所示。如果 CAM350 软件安装在“D:\padspwr\CAM”目录下，则新建的目录为““X:\...\yuanwenjian\18\USM_CAM”。单击“确定”按钮，关闭“CAM 问题”对话框。

图 18-45　“定义 CAM 文档”对话框

（2）创建了子文件夹后，单击“添加”按钮，弹出“添加文档”对话框，在对话框的“文档类型”下拉列表中选择“布线 / 分割平面”，弹出“层关联性”对话框，在该对话框的“层”下拉列表中选择“Top”，如图 18-47 所示，然后单击“确定”按钮，关闭“层关联性”对话框。

（3）接着对“添加文档”对话框的其他各项进行设置。在“文档名称”文本框中输入“routing_top”，在“输出文件”文本框中输入“routing_top.pho”，如图 18-48 所示。

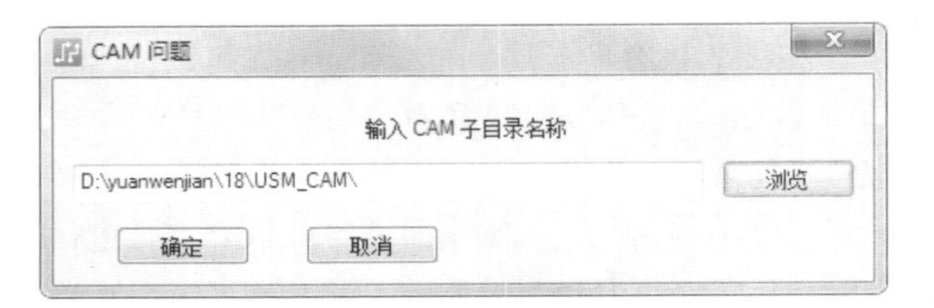

图 18-46　建立 CAM 输出文件的子文件夹

图 18-47　电路层选择对话框

图 18-48　添加文档的设置对话框

（4）单击对话框中的“运行”按钮，弹出提示对话框，询问是否生成输出文件，如图 18-49 所示，单击“是”按钮，系统会在“USB_CAM”文件夹下输出“routing_top.pho”文件。然后单击“添加文档”对话框中的“确定”按钮，关闭该对话框。同时在“定义 CAM 文档”对话框中可以看到将该文档添加到了“文档名称”列表框中，如图 18-50 所示。

图 18-49　输出生成提示对话框

图 18-50　在“定义 CAM 文档”对话框中添加了新文档

（5）为了浏览以上步骤生成的“routing_top.pho”光绘文件，在选中“routing_top”文档的前提下，单击图 18-50 所示的“预览”按钮，弹出“CAM 预览”对话框，单击对话框中的“板”按钮，顶层布线层的 Gerber 输出文件的显示结果如图 18-51 所示。单击“关闭”按钮可以关闭该对话框。

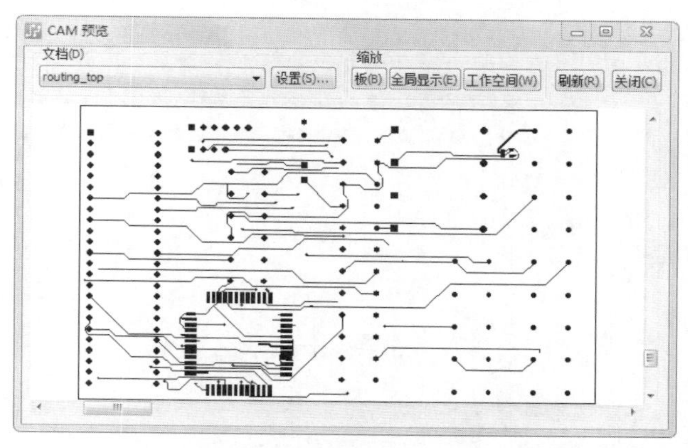

图 18-51　USB 电路顶层布线的 Gerber 文件输出显示

（6）单击“定义 CAM 文档”对话框中的“保存”按钮，将定义的 CAM 文档保存。这样当以后再次进入“USB_blz.pcb”文件的“定义 CAM 文档”对话框时，仍能看到以前设置并保存的文档。

2. 其他的 Gerber 文件也可以用同样的方法依次输出

（1）为了添加底层走线层的 CAM 文档，单击“定义 CAM 文档”对话框的“添加”按钮，弹出“添加文档”对话框，在对话框的“文档类型”下拉列表中选择“布线 / 分割平面”，弹出“层关联性”对话框，在该对话框的“层”下拉列表中选择“Bottom”，如图 18-52 所示。然后单击“确定”按钮，关闭“层关联性”对话框。

（2）接着对”添加文档”对话框的其他各项进行设置。在“文档名称”文本框中输入“routing_bottom”，在“输出文件”文本框中输入“routing_bottom.pho”，如图 18-53 所示。

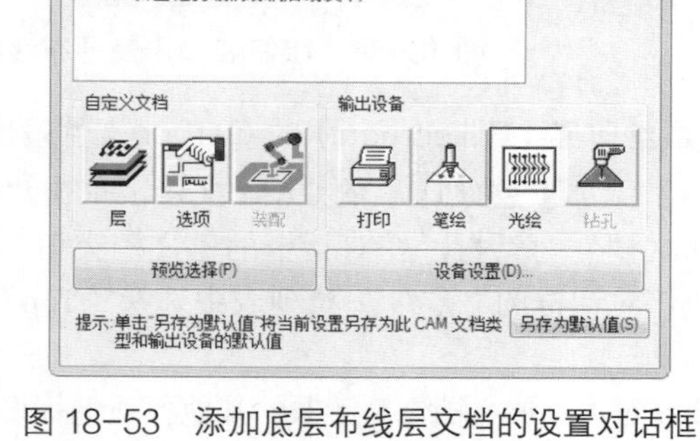

图 18-52　Bottom 层电路层选择对话框

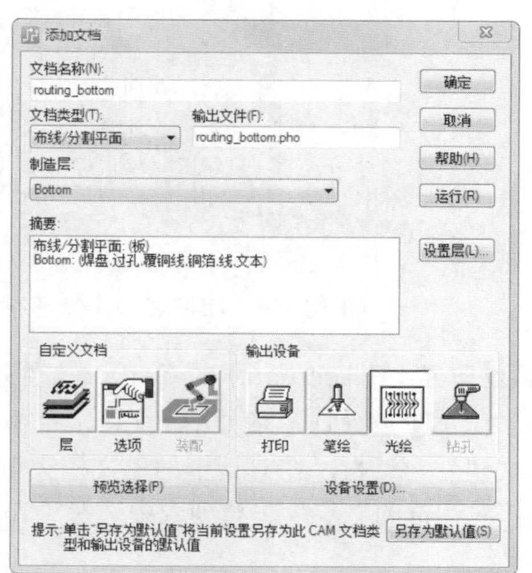

图 18-53　添加底层布线层文档的设置对话框

（3）单击对话框中的“运行”按钮，弹出提示对话框，询问是否生成输出文件，如图 18-54 所示。单击“是”按钮，系统会在“USB_CAM”文件夹下输出“routing_bottom.pho”文件。单击“添加文档”对话框中的“确定”按钮，关闭该对话框，同时在“定义 CAM 文档”对话框中可以看到将该文档“routing_bottom”添加到了“文档名称”列表框中，如图 18-55 所示。

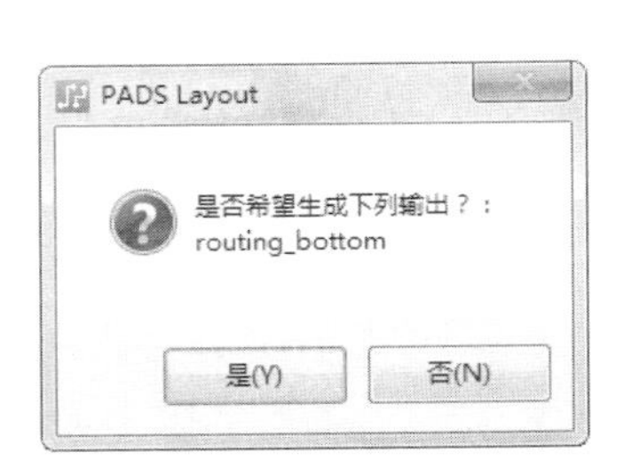

图 18-54　输出生成提示对话框

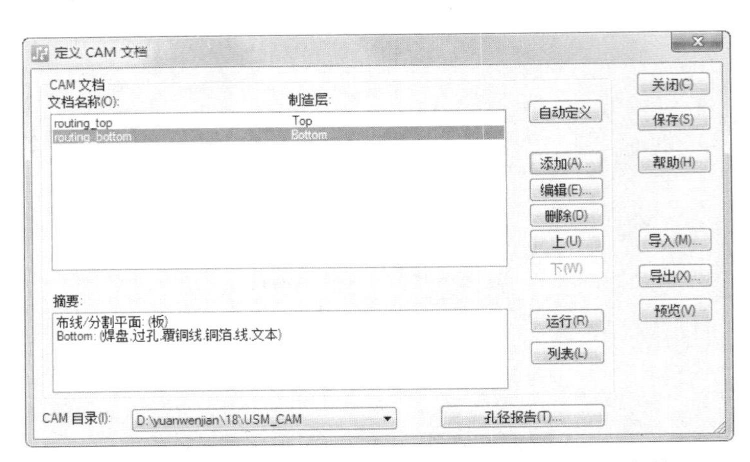

图 18-55　在“定义 CAM 文档”对话框中添加了新文档

（4）为了浏览以上步骤生成的“routing_bottom.pho”光绘文件，在选中“routing_bottom”文档的前提下，单击“定义 CAM 文档”对话框的“预览”按钮，弹出“CAM 预览”对话框。单击该对话框中的“板”按钮，底层布线层的 Gerber 输出文件的显示结果如图 18-56 所示，单击“关闭”按钮关闭对话框。

（5）最后单击“定义 CAM 文档”对话框中的“保存”按钮，保存添加的文档。

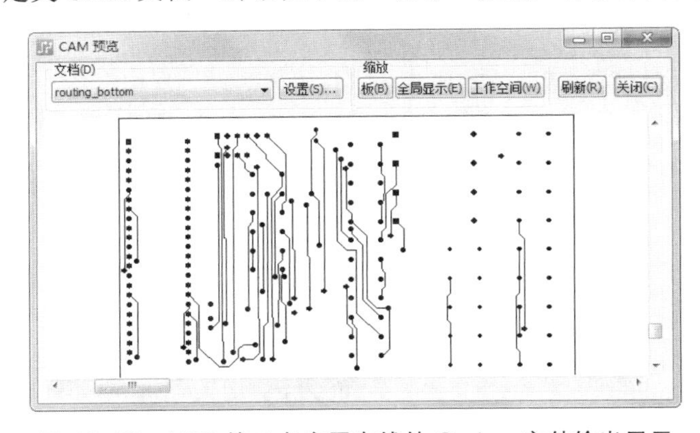

图 18-56　USB 接口卡底层布线的 Gerber 文件输出显示

3. 顶层丝印层（Silkscreen）的 Gerber 文件输出

（1）为了添加顶层丝印层的 CAM 文档，单击“定义 CAM 文档”对话框中的“添加”按钮，弹出“添加文档”对话框，在对话框的“文档类型”下拉列表中选择“丝印”，弹出”层关联性”对话框，在该对话框的”层”下拉列表中选择“Top”，然后单击“确定“按钮，关闭”层关联性”对话框。

（2）接着对“添加文档”对话框的其他各项进行设置。在”文档名称”文本框中输入“silkscreen_top”，在“输出文件”文本框中输入“silkscreen_top.pho”，如图 18-57 所示。

（3）单击对话框中的“运行”按钮，弹出提示对话框，询问是否生成输出文件，单击“是”按钮，系统会在“USB_CAM”文件夹下输出“silkscreen_top.pho”文件。单击“添加文档”对话框中的“确定”按钮，关闭该对话框，同时在“定义 CAM 文档”对话框中可以看到将该文档“silkscreen_top”添加到了”文档名称”列表框中。

（4）为了浏览以上步骤生成的“silkscreen_top.pho ”光绘文件，在选中“silkscreen_top”文档的前提下，单击“定义 CAM 文档”对话框中的“预览”按钮，弹出了“CAM 预览”对话框，单击对话框中的“板”按钮，顶层丝印层的 Gerber 输出文件的显示结果如图 18-58 所示，单击“关闭”按钮关闭对话框。

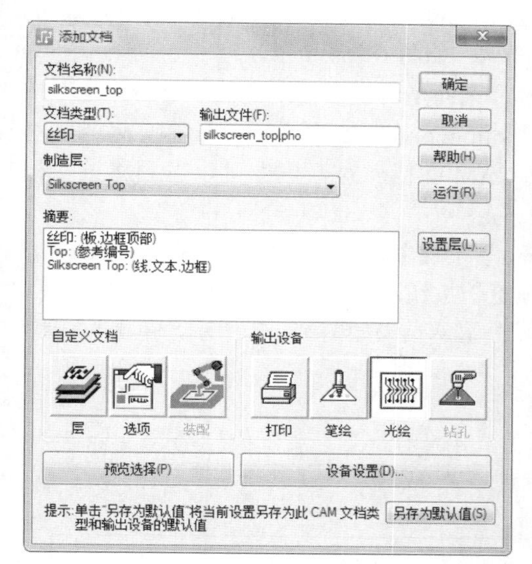

图 18-57　添加顶层丝印层文档的设置对话框

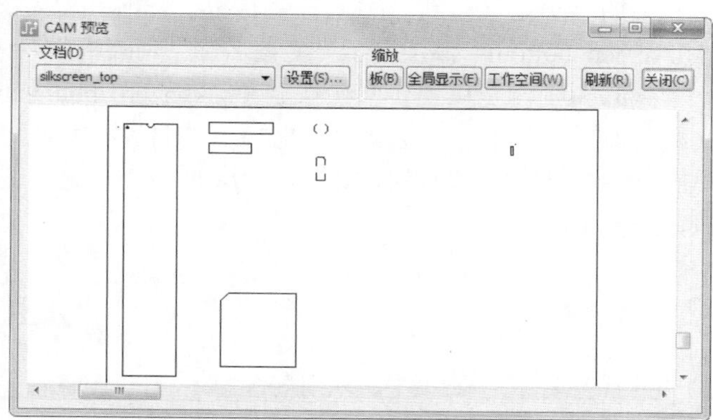

图 18-58　USB 电路顶层丝印层的 Gerber 文件输出显示

（5）单击“自定义文档”选项组下“层”选项，进入“选择项目”对话框。在“已选定”选项栏中选中“Silkscreen Top”，在“主元件面上的项目”选项组下勾选“参考编号”、“属性”复选框，单击“确定”按钮，保存修改后，再运行并生成新的顶层丝印层光绘文件，如图 18-59 所示。

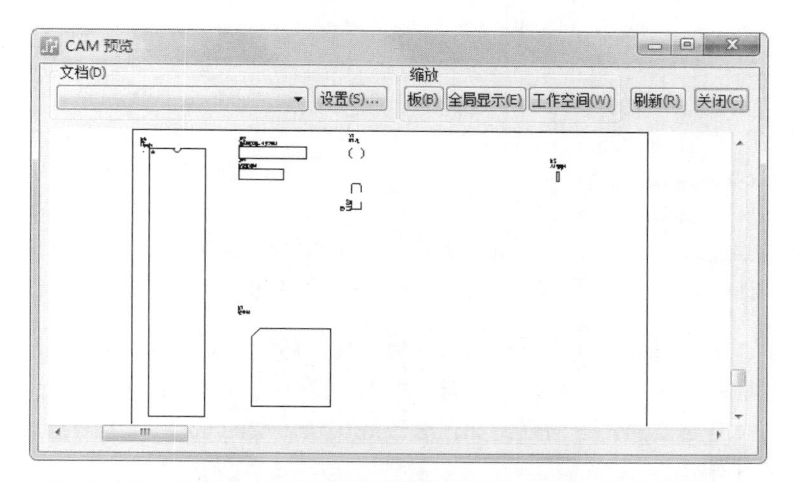

图 18-59　修改后的 USB 电路顶层丝印层的 Gerber 文件输出显示

之所以进行上述修改，是因为在图 18-57 中，我们可以看到除了有元器件编号（如 U1、U2、U3 等）外，还包括了元器件类型名称，显然在顶层丝印层上大多数的元器件类型名称是必要的，但是也有一些是不必要的，如输出的顶层电容元器件类型名称就使顶层丝印层显得很凌乱，所以可以将其删除掉。

（6）最后单击“定义 CAM 文档”对话框中的“保存”按钮保存添加的文档。

4. 底层丝印层（Silkscreen）的 Gerber 文件输出

（1）为了添加底层丝印层的 CAM 文档，单击“定义 CAM 文档”对话框中的“添加”按钮，弹出“添加文档”对话框，在对话框的“文档类型”下拉列表中选择“Silkscreen”，弹出“层关联性”对话框，在该对话框的“层”下拉列表中选择“Bottom”，然后单击“确定”按钮，关闭“层关联性”对话框。

（2）接着对”添加文档”对话框中的其他各项进行设置。在“文档名称”文本框中输入“silkscreen_bottom”，在“输出文件”文本框中输入“silkscreen_bottom.pho”，如图 18-60 所示。

（3）单击对话框中的“运行”按钮，弹出提示对话框，询问是否生成输出文件，单击“是”按钮，系统会在“USB_CAM”文件夹下输出“silkscreen_bottom.pho”文件。单击“添加文档”对话框中的“确定”按钮，关闭该对话框，同时在“定义 CAM 文档”对话框中可以看到将该文档“silkscreen_bottom”添加到了“文档名称”列表框中。

（4）为了浏览以上步骤生成的“silkscreen_ bottom.pho”光绘文件，在选中“silkscreen_bottom”文档的前提下，单击“定义 CAM 文档”对话框中的“预览”按钮，弹出了“CAM 预览”对话框，单击对话框中的“板”按钮，底层丝印层的 Gerber 输出文件的显示结果如图 18-61 所示，单击“关闭”按钮关闭对话框。

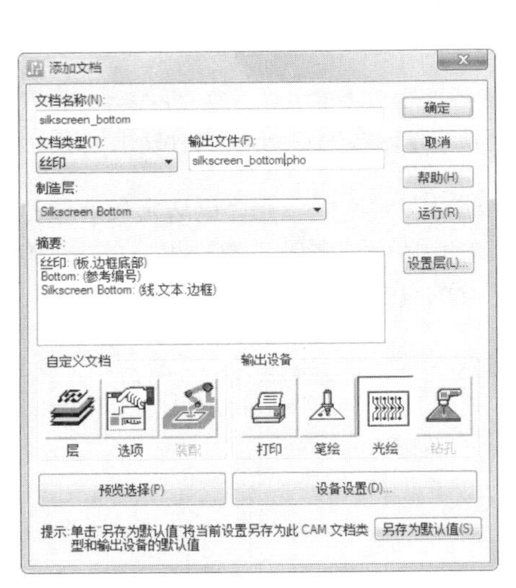

图 18-60　添加底层丝印层文档的设置对话框

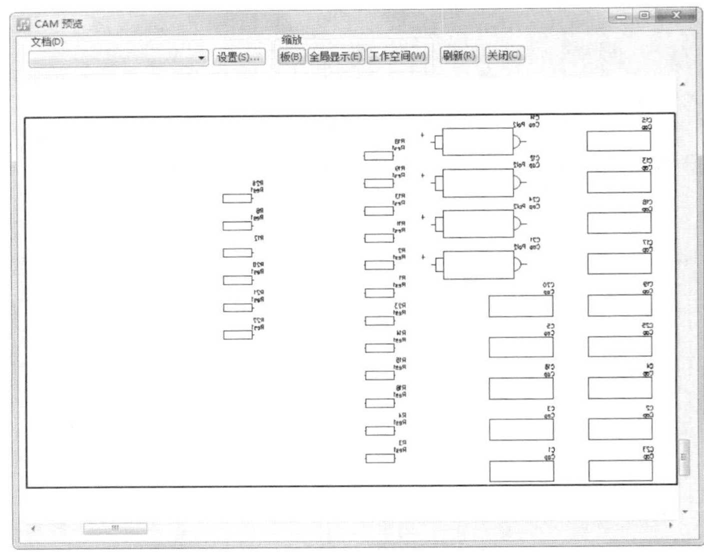

图 18-61　USB 电路底层（Bottom）丝印层的 Gerber 文件输出显示

从图 18-61 中，我们可以看到除了有元器件编号外，还包括元器件类型名称，在底层丝印层上元器件类型较少，只有电容、电阻和阻排，而且根据元器件编号很容易区分，所以在该丝印层元器件类型名称输出是没有必要的。下面介绍如何修改底层丝印层的 CAM 文档，让底层元器件类型名称不在 Gerber 文件中输出。

（5）在“定义 CAM 文档”对话框中，选中“silkscreen_bottom”文档的前提下，单击对话框中的“编辑”按钮，弹出图 18-62 所示的“编辑文档”对话框。单击该对话框中“定义文档”栏中的“层”图标，弹出“选择项目”对话框，选择该对话框“已选定”列表中的“Silkscreen Bottom”项，然后取消“主元件面上的项目”中的“属性”复项选，如图 18-63 所示，单击“确定”按钮，关闭“选择项目”对话框。

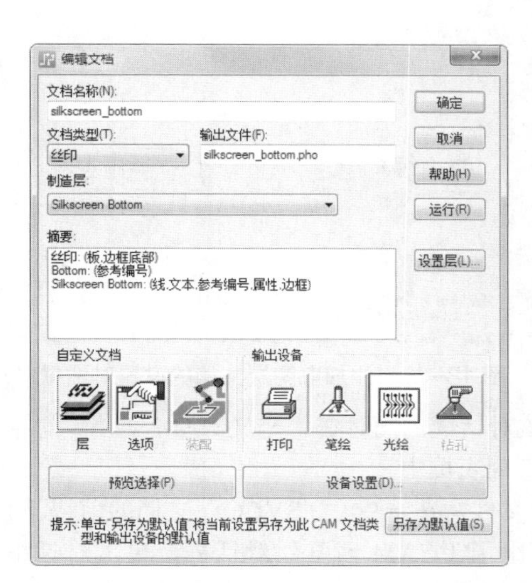

图 18-62　编辑底层丝印层文档的设置对话框

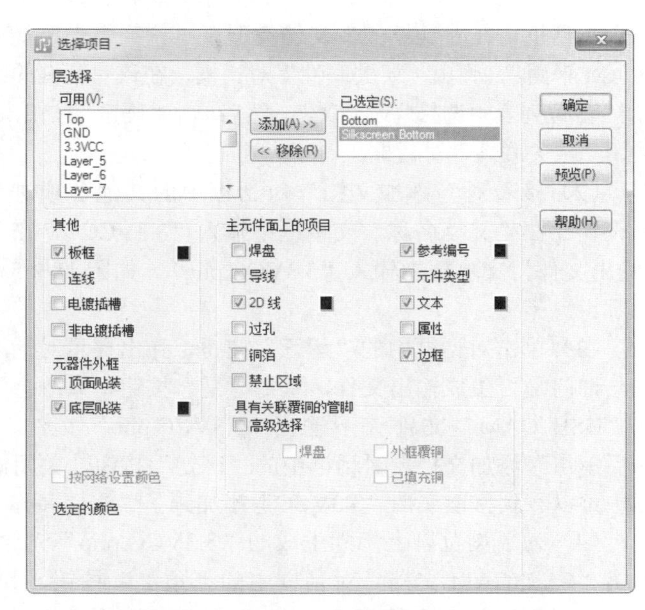

图 18-63　底层丝印层项目选择设置对话框

（6）返回到图 18-62 所示的“编辑文档”对话框后，单击对话框中的“运行”按钮，依次弹出生成输出提示对话框和覆盖提示对话框，均单击“是”按钮，然后单击“确定”按钮，关闭“编辑文档”对话框，返回到“定义 CAM 文档”对话框。再次浏览“silkscreen_bottom”的光绘文件，结果如图 18-64 所示。单击“关闭”按钮关闭该对话框。

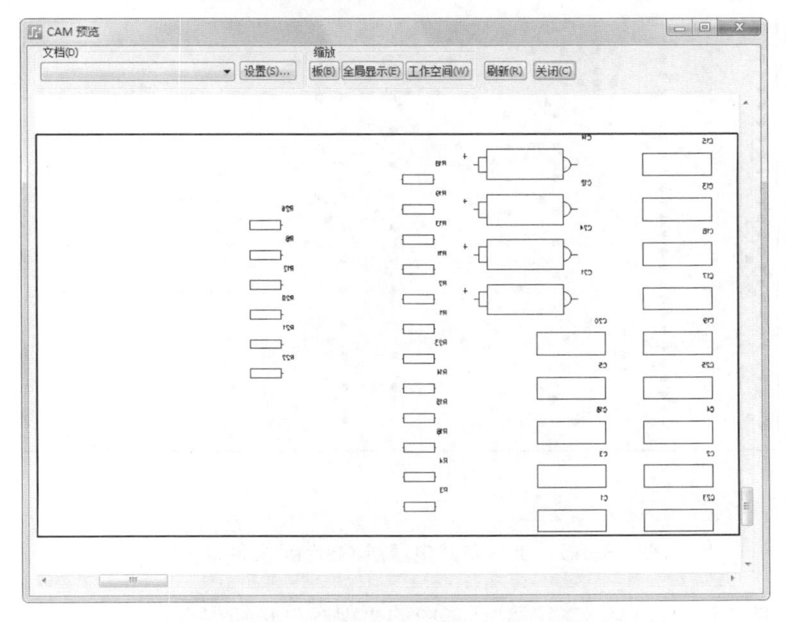

图 18-64　修改后的底层丝印层输出显示结果

（7）最后单击“定义 CAM 文档”对话框中的“保存”按钮保存添加的文档。

5. 电源平面层的 Gerber 文件输出

（1）为了添加电源层的 CAM 文档，单击“定义 CAM 文档”对话框中的“添加”按钮，弹出”添加文档”对话框，在对话框的”文档类型”下拉列表中选择“CAM 平面”，弹出“层关联性”对话框，在该对话框的“层”下拉列表中选择“3.3VCC”，然后单击“确定”按钮，关闭“层关联性”对话框。

（2）接着对”添加文档”对话框中的其他各项进行设置，在“文档名称”文本框中输入“3.3VCC”，在“输出文件”文本框中输入“3.3VCC.pho”，如图 18-65 所示。

图 18-65　添加电源层文档的设置对话框

（3）单击对话框中的“运行”按钮，弹出提示对话框，询问是否生成输出文件，单击“是”按钮，系统会在“USB_CAM”文件夹下输出“3.3VCC.pho”文件。然后单击”添加文档”对话框中的“确定”按钮，关闭该对话框，同时在“定义 CAM 文档”对话框中可以看到将该文档“3.3VCC”添加到了“文档名称”列表框中。

（4）为了浏览以上步骤生成的“3.3VCC.pho”光绘文件，在选中“3.3VCC”文档的前提下，单击“定义 CAM 文档”对话框中的“预览”按钮，弹出了“CAM 预览”对话框，单击对话框中的“板”按钮，电源层的 Gerber 输出文件的显示结果如图 18-66 所示，单击“关闭”按钮关闭对话框。

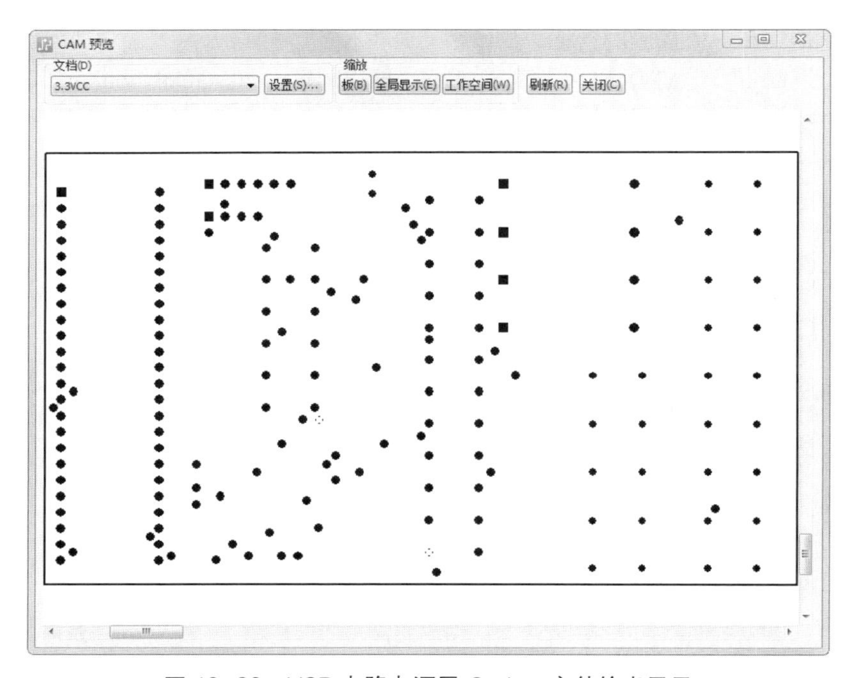

图 18-66　USB 电路电源层 Gerber 文件输出显示

（5）最后单击“定义 CAM 文档”对话框中的“保存”按钮保存添加的文档。

6. 地平面层的 Gerber 文件输出

（1）为了添加地平面层的 CAM 文档，单击“定义 CAM 文档”对话框中的“添加”按钮，弹出“添加文档”对话框，在对话框的“文档类型”下拉列表中选择“CAM 平面”,，弹出“层关联性”对话框，在该对话框的“层”下拉列表中选择“GND”，然后单击“确定”按钮，关闭“层关联性”对话框。

（2）接着对“添加文档”对话框中的其他各项进行设置，在“文档名称”文本框中输入“gnd”，在“输出文件”文本框中输入“gnd.pho”，如图 18-67 所示。

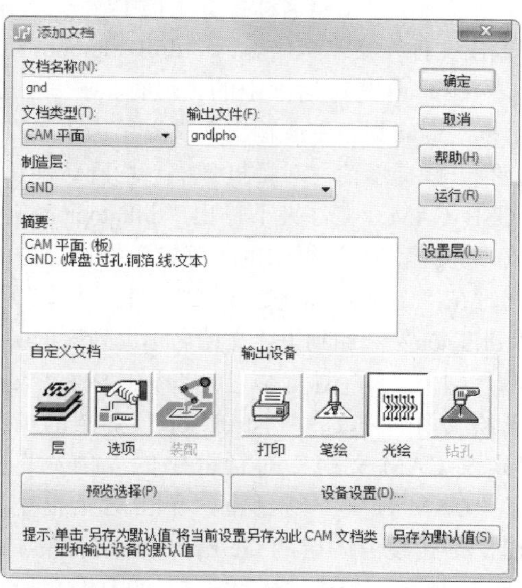

图 18-67　添加地平面层文档的设置对话框

（3）单击对话框中的“运行”按钮，弹出提示对话框，询问是否生成输出文件，单击“是”按钮，系统会在“USB_CAM”文件夹下输出“gnd.pho”文件。单击“添加文档”对话框中的“确定”按钮，关闭该对话框，同时在“定义 CAM 文档”对话框中可以看到将该文档“gnd”添加到了“文档名称”列表框中。

（4）为了浏览以上步骤生成的“gnd.pho”光绘文件，在选中“gnd”文档的前提下，单击“定义 CAM 文档”对话框中的“预览”按钮，弹出了“CAM 预览”对话框，单击对话框中的“板”按钮，地平面层的 Gerber 输出文件的显示结果如图 18-68 所示，单击“关闭”按钮关闭对话框。

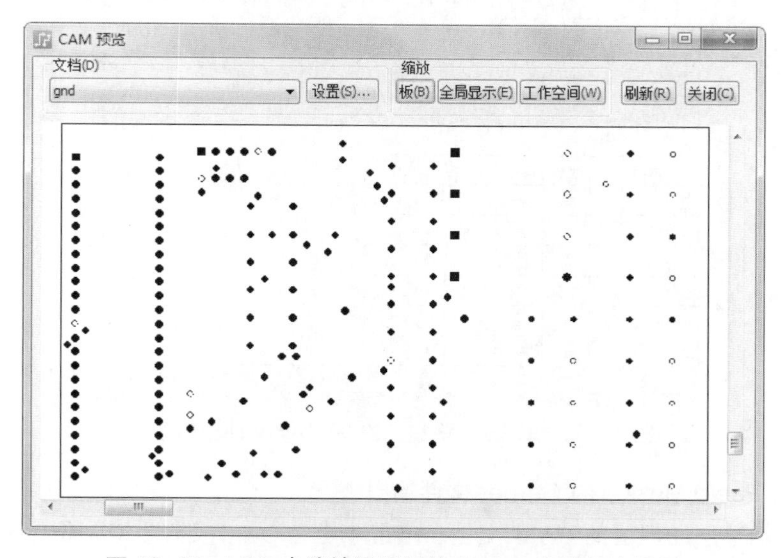

图 18-68　USB 电路地平面层的 Gerber 文件输出显示

（5）最后单击“定义 CAM 文档”对话框中的“保存”按钮保存添加的文档。

7. 钻孔的 Gerber 文件输出

（1）为了添加板上钻孔的 CAM 文档，单击“定义 CAM 文档”对话框中的“添加”按钮，弹出“添加文档”对话框，在对话框的“文档类型”下拉列表中选择“钻孔图”，弹出“层关联性”对话框，在该对话框的“层”下拉列表中选择“Top”，如图 18-69 所示，然后单击“确定”按钮，关闭“层关联性”对话框。

（2）接着对“添加文档”对话框中的其他各项进行设置。在“文档名称”文本框中输入“drill_top”，在“输出文件”文本框中输入“drill_top.pho”。

（3）单击对话框中的“运行”按钮，弹出提示对话框，询问是否生成输出文件，单击“是”按钮，随之会有一些提示信息对话框弹出，均确认即可，系统会在“USB_CAM”文件夹下输出“drill_top.pho”文件。单击“添加文档”对话框中的“确定”按钮，关闭该对话框，同时在“定义 CAM 文档”对话框中可以看到将该文档““drill_top”添加到了“文档名称”列表框中。

（4）为了浏览以上步骤生成的“drill_top.pho”光绘文件，在选中“drill_top”文档的前提下，单击“定义 CAM 文档”对话框中的“预览”按钮，弹出了“CAM 预览”对话框，单击对话框中的“板”按钮，钻孔参考图层的 Gerber 输出文件的显示结果如图 18-70 所示，单击“关闭”按钮关闭对话框。

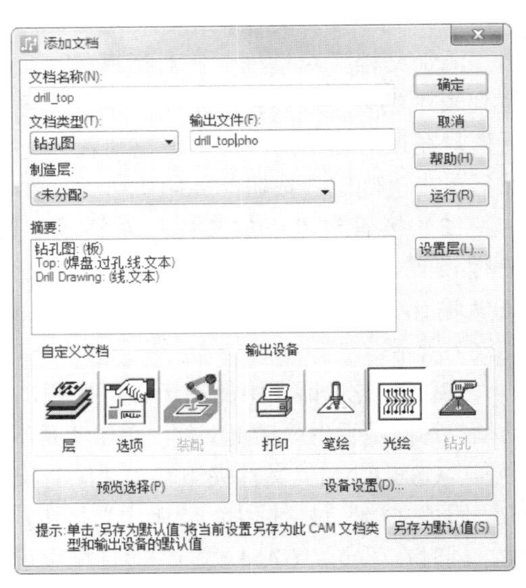

图 18-69　添加钻孔文档的设置对话框

（5）最后单击“定义 CAM 文档”对话框中的“保存”按钮保存添加的文档。

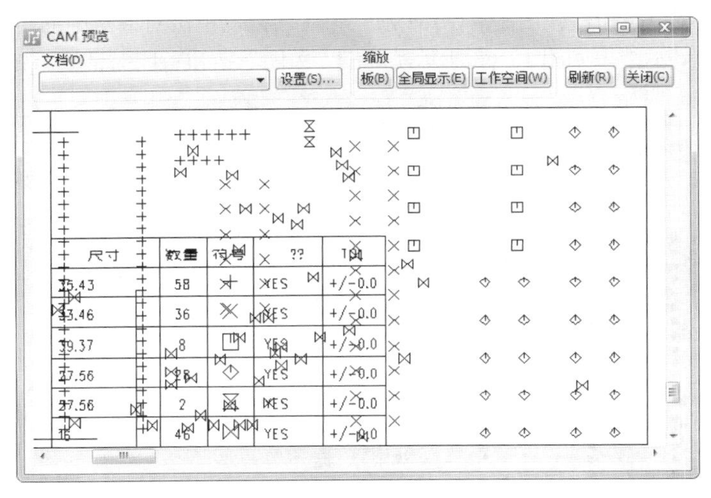

图 18-70　USB 电路钻孔的 Gerber 文件输出显示

8. 助焊层（Paste Mask）的 Gerber 文件输出

（1）为了添加顶层助焊层的 CAM 文档，单击“定义 CAM 文档”对话框中的“添加”按钮，弹出“添加文档”对话框，在对话框的”文档类型”下拉列表中选择“助焊层”，弹出“层关联性”对话框，在该对话框的”层”下拉列表中选择“Top”，然后单击“确定”按钮，关闭“层关联性”对话框。

（2）接着对“添加文档”对话框中的其他各项进行设置。在“文档名称”文本框中输入“pmask_top”，在“输出文件”文本框中输入“pmask_top.pho”，如图 18-71 所示。

（3）单击对话框中的“运行”按钮，弹出提示对话框，询问是否生成输出文件，单击“是”按钮，系统会在“USB_CAM”文件夹下输出“pmask_top.pho”文件。然后单击“添加文档”对话框中的“确定”按钮，关闭该对话框，同时在“定义 CAM 文档”对话框中可以看到将该文档“pmask_top”添加到了“文档名称”列表框中。

（4）为了浏览以上步骤生成的“pmask_ top.pho”光绘文件，在选中“pmask_top”文档的前提下，单击“定义 CAM 文档”对话框中的“预览”按钮，弹出“CAM 预览”对话框，单击对话框中的“板”按钮，则顶层助焊层的 Gerber 输出文件的显示结果如图 18-72 所示，单击“关闭”按钮关闭对话框。

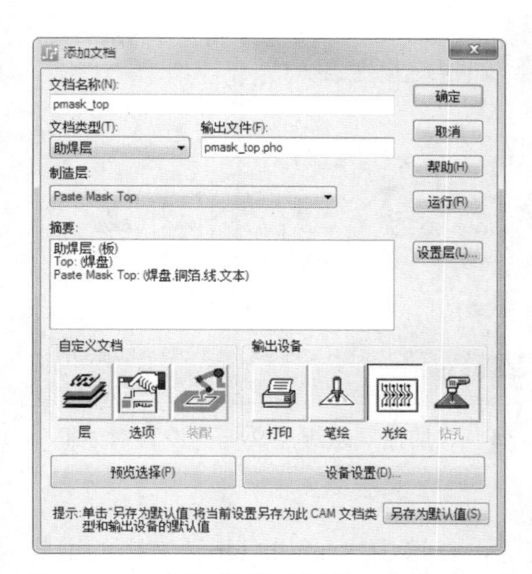

图 18-71 添加顶层助焊层层文档的设置对话框

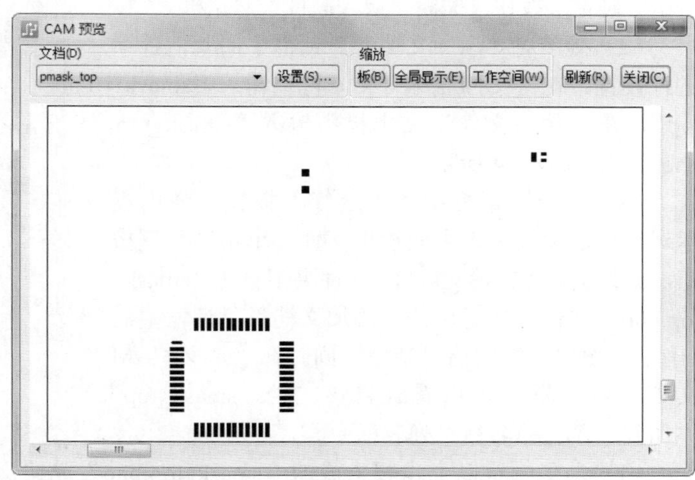

图 18-72 USB 电路顶层助焊层的 Gerber 文件输出显示

用类似的方法，也可以添加底层助焊层的 CAM 文档“pmask_bottom”，只要在“层关联性”对话框的“层”下拉列表中选择“Bottom”，并完成其他各项的相应设置，就可以同样输出底层助焊层的 Gerber 文件，其结果显示如图 18-73 所示。

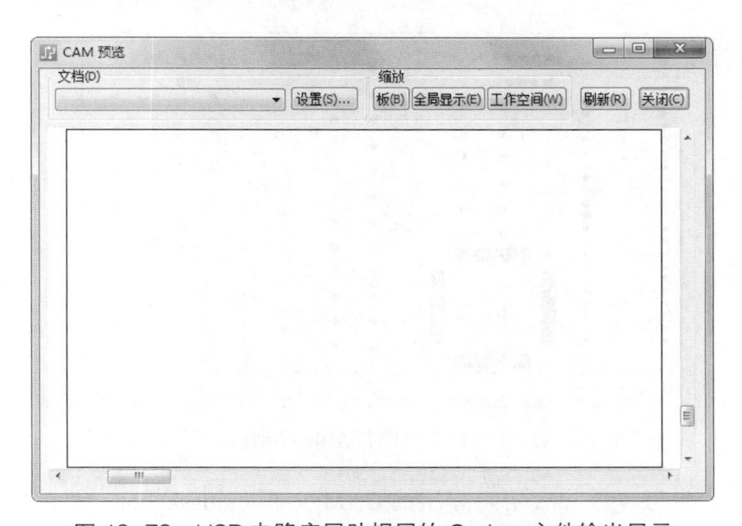

图 18-73 USB 电路底层助焊层的 Gerber 文件输出显示

（5）最后单击“定义 CAM 文档”对话框中的“保存”按钮保存添加的文档。

9. 阻焊层（Solder Mask）的 Gerber 文件输出

（1）为了添加顶层阻焊层的 CAM 文档，单击“定义 CAM 文档”对话框中的“添加”按钮，弹出“添加文档”对话框，在对话框的“文档类型”下拉列表中选择“阻焊层”，弹出“层关联性”对话框，在该对话框的“层”下拉列表中选择“Top”，然后单击“确定”按钮，关闭“层关联性”对话框。

（2）接着对“添加文档”对话框中的其他各项进行设置。在“文档名称”文本框中输入“smask_top”，在“输出文件”文本框中输入“smask_top.pho”，如图 18-74 所示。

图 18-74　添加顶层阻焊层文档的设置对话框

（3）单击对话框中的“运行”按钮，弹出提示对话框，询问是否生成输出文件，单击“是”按钮，系统会在“USB_CAM”文件夹下输出“smask_top.pho”文件。然后单击“添加文档”对话框中的“确定”按钮，关闭该对话框，同时在“定义 CAM 文档”对话框中可以看到将该文档“smask_top”添加到了“文档名称”列表框中。

（4）为了浏览以上步骤生成的“smask_top.pho”光绘文件，在选中“smask_top”文档的前提下，单击“定义 CAM 文档”对话框中的“预览”按钮，弹出了“CAM 预览”对话框，单击对话框中的“保存”按钮，则顶层阻焊层的 Gerber 输出文件的显示结果如图 18-75 所示，单击“关闭”按钮关闭对话框。

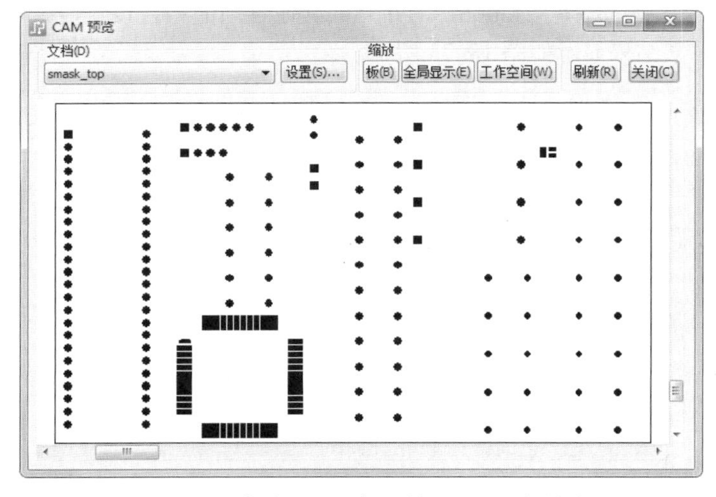

图 18-75　USB 电路顶层阻焊层的 Gerber 文件输出显示

用类似的方法，也可以添加底层阻焊层的 CAM 文档“smask_bottom”，只要在“层关联性”对话框的“层”下拉列表中选择“Bottom”，并完成其他各项的相应设置，就可以同样输出底层主焊层的 Gerber 文件，其结果显示如图 18-76 所示。

（5）最后单击“定义 CAM 文档”对话框中的“保存”按钮，保存添加的文档。

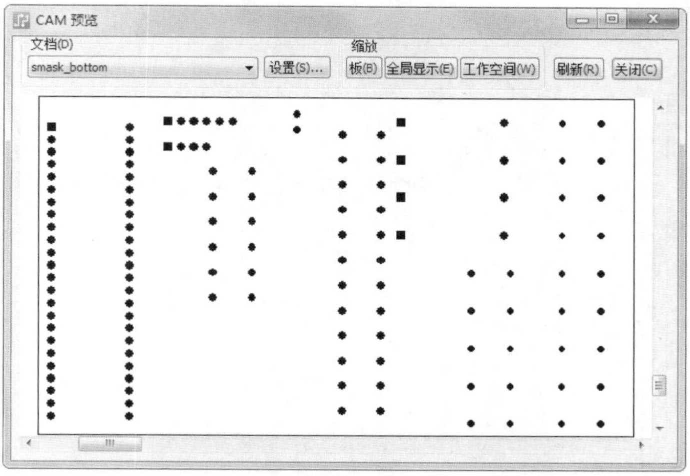

图 18-76　USB 电路底层阻焊层的 Gerber 文件输出显示

10. 数控钻孔的 Gerber 文件输出

（1）单击“定义 CAM 文档”对话框中的“添加”按钮，弹出“添加文档”对话框，在对话框的“文档类型”下拉列表中选择“数控钻孔”，然后在“文档名称”文本框中输入“ncdrill”，在“输出文件”文本框中输入“ncdrill.drl”，如图 18-77 所示。

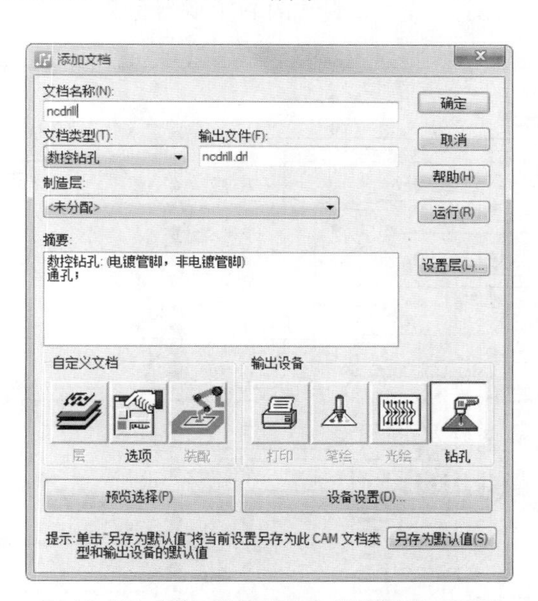

图 18-77　添加数控钻孔文档的设置对话框

（2）单击对话框中的“运行”按钮，弹出提示对话框，询问是否生成输出文件，单击“是”按钮，系统会在“USB_CAM”文件夹下输出“ncdrill.drl”文件。单击“添加文档”对话框中的“确定”按钮，关闭该对话框，同时在“定义 CAM 文档”对话框中可以看到将该文档“ncdrill”添加到了“文档名称”列表框中。

（3）为了浏览以上步骤生成的“ncdrill.drl”光绘文件，在选中“ncdrill”文档的前提下，单击“定义 CAM 文档”对话框中的“预览”按钮，弹出了“CAM 预览”对话框，单击对话框中的“板”按钮，则数控钻孔的 Gerber 输出文件的显示结果如图 18-78 所示，单击“关闭”按钮关闭对话框。

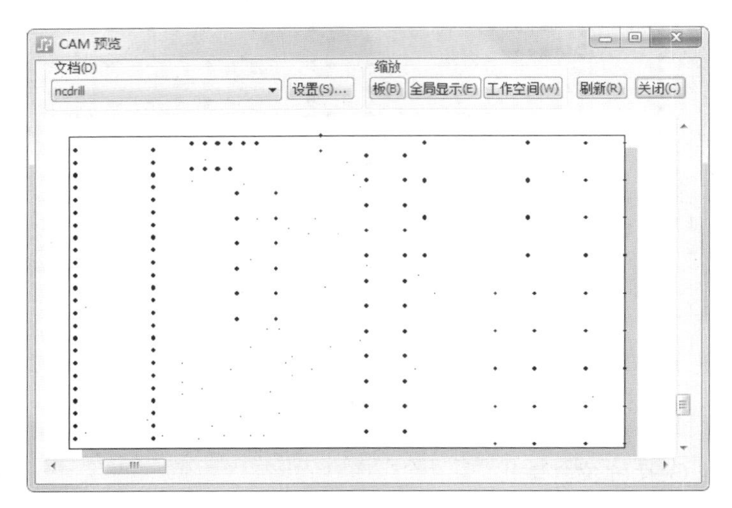

图 18-78　USB 电路数控钻孔的 Gerber 文件输出显示

（4）单击“定义 CAM 文档”对话框中的“保存”按钮，保存添加的文档。

（5）保存“USB_blz_cam.pcb”文件，最终的 PCB 设计结果如图 18-79 所示。

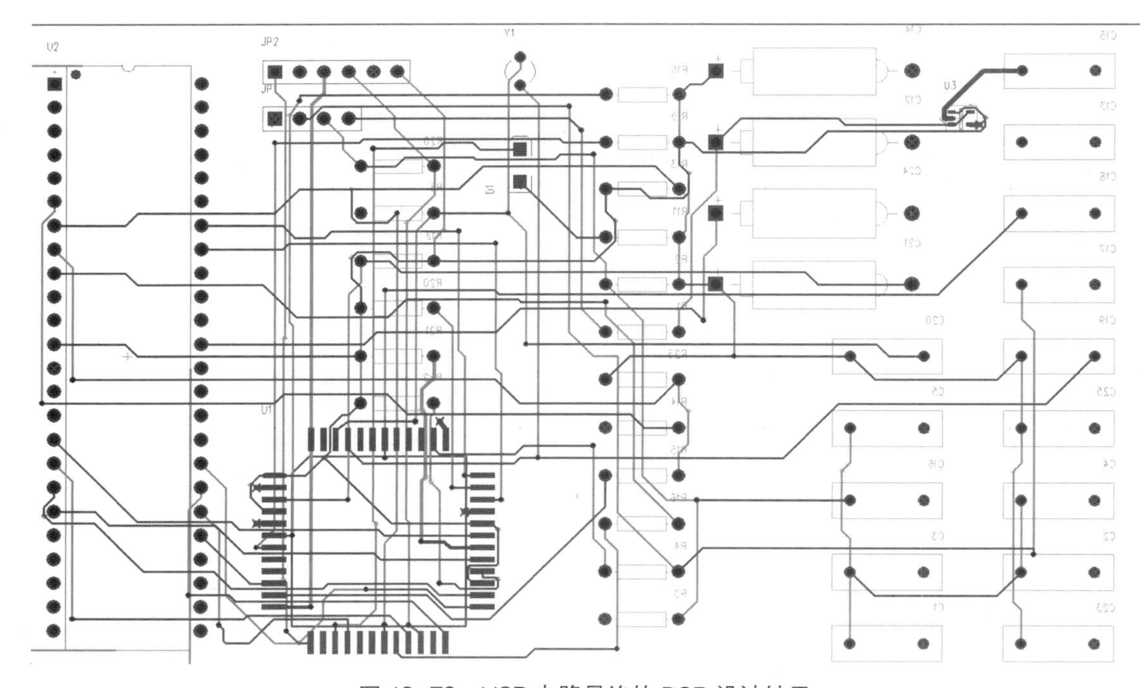

图 18-79　USB 电路最终的 PCB 设计结果

18.4 混合信号印制电路板设计

混合信号 PCB 是说该 PCB 中既有数字电路部分也有模拟电路部分。由于数字信号和模拟信号性质的不同，若在 PCB 设计中布局布线不当，会造成数字信号和模拟信号相互干扰，甚至会使得 PCB 设计失败。本节主要结合 PADS Layout 设计系统介绍混合信号 PCB 设计。

1. 混合信号印制电路板的设计原则

在混合信号 PCB 设计中，只有将数字信号布线在电路板的模拟部分之上或者将模拟信号布线在电路板的数字部分之上时，才会出现数字信号对模拟信号的干扰。出现这种问题并不是因为没有分割地，真正的原因是数字信号的布线不恰当。PCB 设计采用统一地，通过数字电路和模拟电路分区以及合适的信号布线，通常可以解决一些比较困难的布局布线问题，同时也不会产生因地分割带来的一些潜在的麻烦。在这种情况下，元器件的布局和分区就成为决定设计优劣的关键。如果布局布线合理，数字地电流将限制在电路板的数字部分，不会干扰模拟信号，对于这样的布线必须仔细地检查和核对，要保证百分之百遵守布线规则。否则，一条信号线走线不当就会彻底破坏一个本来非常不错的电路板。

混合信号 PCB 的设计比较复杂，元器件的布局、布线以及电源和地线的处理将直接影响到电路性能和电磁兼容性能。如何降低数字信号和模拟信号间的相互干扰呢？在设计之前必须了解电磁兼容的两个基本原则：第一个原则是尽可能减小电流环路的面积；第二个原则是系统只采用一个参考面。相反，如果系统存在两个参考面，就可能形成一个偶极天线（注：小型偶极天线的辐射大小与线的长度、流过的电流大小以及频率成正比）；而如果信号不能通过尽可能小的环路返回，就可能形成一个大的环状天线（注：小型环状天线的辐射大小与环路面积、流过环路的电流大小以及频率的平方成正比）。在设计中要尽可能避免这两种情况发生。

模拟电路的工作依赖于连续变化的电流和电压。数字电路的工作依赖于接收端根据预先定义的电压电平或门限对高电平或低电平的检测，它相当于判断逻辑状态的“真”或“假”。在数字电路的高电平和低电平之间，存在“灰色”区域，在此区域，数字电路有时表现出模拟效应。例如当从低电平向高电平（状态）跳变时，如果数字信号跳变的速度足够快，则将产生过冲和回铃反射现象。

对于现代板极设计来说，混合信号 PCB 的概念比较模糊，这是因为即使在纯粹的“数字”器件中，仍然存在模拟电路和模拟效应。因此，在设计初期，为了实现严格的时序分配，必须对模拟效应进行仿真。实际上，除了通信产品必须具备无故障持续工作数年的可靠性之外，大量生产的低成本 / 高性能消费类产品中特别需要对模拟效应进行仿真。

现代混合信号 PCB 设计的另一个难点是，不同数字逻辑的器件越来越多，比如 GTL，LVTTL，LVCMOS 及 LVDS 逻辑，且每种逻辑电路的逻辑门限和电压摆幅都不同，但是，这些不同逻辑门限和电压摆幅的电路必须共同设计在一块 PCB 上。因此，设计者需要透彻分析高密度、高性能、混合信号 PCB 的布局和布线设计。

当数字电路和模拟电路在同一块板卡上共享相同的元器件时，电路的布局及布线必须讲究方法。只有揭示数字和模拟电路的特性，才能在实际布局和布线中达到要求的 PCB 设计目标。在混合信号 PCB 设计中，对电源走线有特别要求并且要求模拟噪声和数字电路噪声相互隔离以避免噪声耦合，这样一来，布局和布线的复杂性就增加了。对电源传输线的特殊需求以及隔离模拟和数字电路之间噪声耦合的要求，使混合信号 PCB 的布局和布线的复杂性进一步增加。例如将 A/D 转换器中模拟放大器的电源和 A/D 转换器的数字电源接在一起，则很有可能造成模拟部分和数字部分电路的相互影响。或许，由于输入 / 输出连接器位置的缘故，布局方案必须把数字和模拟电路的布线混合在一起。在布局和布线之前，设计者要弄清楚布局和布线方案的基本弱点。

要避免在邻近电源层的地方走数字时钟线和高频模拟信号线，否则，电源信号的噪声将耦合到敏感的模拟信号之中。要根据数字信号布线的需要，仔细考虑利用电源和模拟接地层的开口，特别是在混合信号器件的输入和输出端。在邻近信号层穿过一开口走线会造成阻抗不连续和不良的传输线回路。这些都会造成信号质量、时序和 EMI 问题。有时增加若干接地层，或在一个器件下面为本地电源层或接地层使用若干外围层，就可以取消开口并避免出现上述问题。由于 1 盎司（35um）覆铜板耐大电流的能力强，3.3 V 电源层和对应的接地层要采用 1 盎司覆铜板，其他层可以采用半盎司（18um）覆铜板。这样，可以降低暂态高电流或尖峰期间引起的电压波动。

与大多数成功的高密度模拟布局和布线方案一样，布局要满足布线的要求，布局和布线的要求必须互相兼顾。差分布局和布线的对称性将减少共模噪声的影响，有时需要向芯片分销商咨询 PCB 排板的设计指南。

对于数字器件电源线和混合信号 DSP 的数字部分，数字布线要从 SMD 电路图开始，要采用装配工艺允许的最短和最宽的印制线。对于高频器件来说，电源的印制线相当于小电感，它将恶化电源噪声，使模拟和数字电路之间产生不期望的耦合。电源印制线越长，电感越大。采用数字旁路电容可以得到最佳的布局和布线方案。简言之，根据需要微调旁路电容的位置，使之安装方便并分布在数字部件和混合信号器件数字部分的周围。要采用同样的“最短和最宽的走线”方法对旁路电容电路图进行布线。

当电源分支要穿过连续的平面时，则电源管脚和旁路电容本身不必共享相同的出口图，就可以得到最低的电感和 ESR 旁路。在混合信号 PCB 上，要特别注意电源分支的布线。

如果要采用一个电源和接地层开口方案，应在平行于开口的邻近布线层上选择偏移层。在邻近层上按该开口区域的周长定义禁止布线区，防止布线进入。如果布线必须穿过开口区域到另一层，应确保与布线相邻的另一层为连续的接地层。这将减少反射路径。让旁路电容跨过开口的电源层对一些数字信号的布板有好处，但不推荐在数字和模拟电源层之间进行桥接，这是因为噪声会通过旁路电容互相耦合。

PCB 设计完成之后要进行信号完整性核查和时序仿真。仿真证明布线直到达到预期的要求。像 SPICE 这样的通用仿真技术适用于模拟电路和某些数字电路，这包括中规模集成电路（MSI）和大规模集成电路（LSI），但是，要用 SPICE 在晶体管和门级对相当复杂的数字芯片（微处理器、存储器、FPGA、CPLD 等）建模是比较困难的。

混合信号 PCB 的设计一般要注意以下几点。

- 将 PCB 分区为独立的模拟部分和数字部分。
- 合适的元器件布局。
- A/D 转换器跨分区放置。
- 不要对地进行分割。在电路板的模拟部分和数字部分下面敷设统一地。
- 在电路板的所有层中，数字信号只能在电路板的数字部分布线。
- 在电路板的所有层中，模拟信号只能在电路板的模拟部分布线。
- 实现模拟和数字电源分割。
- 布线不能跨越分割电源面之间的间隙。
- 跨越分割电源之间间隙的信号线要位于紧邻大面积地的布线层上。
- 分析返回地电流实际流过的路径和方式。
- 采用正确的布线规则。

2. 差分对布线在混合模拟信号 PCB 设计中的应用

由于差分信号并不参照它们自身以外的任何信号，并且可以更加严格地控制信号交叉点的时序，所以差分电路同常规的单端信号电路相比通常可以工作在更高的速度。由于差分电路的工作取决于两个信号线（它们的信号等值而反向）上信号之间的差值，与周围的噪声相比，得到的信号就是任何一个单端信号大小的两倍。所以，在其他所有情况都一样的条件下，差分信号总是具有更高的信噪比，因而提供更高的性能。

差分电路对于差分对上的信号电平之间的差异非常灵敏。但是相对于一些其他的参考（尤其是地）来说，它们对于差分线上的绝对电压值却不敏感。相对来说，差分电路对于类似地弹反射和其他可能存在于电源和地平面上的噪声信号等这样的问题是不敏感的，而对共模信号来说，它们则会完全一致地出现在每条信号线上。差分信号对 EMI 和信号之间的串扰耦合也具有一定的免疫能力。如果一对差分信号线对的布线非常紧凑，那么任何外部耦合的噪声都会相同程度地耦合到线对中的每一条信号线上。所以耦合的噪声就成为“共模”噪声，而差分信号电路对这种信号具有非常完美的免疫能力。如果线对是绞合在一起的，那么信号线对耦合噪声的免疫能力会更强。

布线非常靠近的差分信号对相互之间也会互相耦合，这种互相之间的耦合会减小 EMI 发射，特别是同单端 PCB 信号线相比尤其如此。可以这样想象，差分信号中每一条信号线对外的辐射是大小相等而方向相反，因此会相互抵消，就像信号在双绞线中的情况一样。差分信号在布线时靠得越近，相互之间的耦合也就越强，因而对外的 EMI 辐射也就越小。

差分电路的主要缺点就是增加了 PCB 线。所以，如果应用过程中不能发挥差分信号的优点的话，那么不值得增加 PCB 面积。但是如果设计出的电路性能方面有重大改进的话，那么增加的布线面积所付出的代价就是值得的。

差分信号线之间互相会耦合。这种耦合会影响信号线的外在阻抗，因此必须采用终端匹配策略（参见有关差分阻抗的计算）。差分阻抗的计算很困难，美国国家半导体公司在这个领域提供了一些参考。Polar Instruments 也提供一个独立的可以计算许多种不同差分信号结构的差分阻抗计算器（需要一些费用）。高端的设计工具包也可以计算差分阻抗。

注意

差分线之间的相互耦合将直接影响差分阻抗的计算。差分线之间的耦合必须保证沿整个差分线都保持为一个常数，或者确保阻抗的连续性。这也是差分线之间必须保持“恒定间距”设计规则的原因。

18.5 思考与练习

思考 1．概述高速信号印制电路板设计的原则。

思考 2．混合信号电路板布线的原则是什么？

练习 1．分别利用 PADS Lagoat、PADS Router 进行布线。

练习 2．练习输出丝印层顶层与底层 Gerber 文件。